Kolumban Hutter (Hrsg.)
Dynamik umweltrelevanter Systeme

K. Hutter (Hrsg.)

Dynamik umweltrelevanter Systeme

Mit Beiträgen von
E. Augstein, H. Blatter, B. Diekmann, H. Fleer,
F. Gassmann, H. Grassl, G. Gross, K. Herterich,
K. Hutter, W. Klug, G. Manier, A. Neftel, A. Ohmura,
C.-D. Schönwiese, F. H. Schwarzenbach, M. M. Tilzer

Mit 186 Abbildungen

Springer-Verlag
Berlin Heidelberg New York London Paris
Tokyo Hong Kong Barcelona Budapest

Professor Dr. Kolumban Hutter
Institut für Mechanik, Technische Hochschule Darmstadt,
Hochschulstraße 1, W-6100 Darmstadt

Umschlagbild:
„Leewellen-Rotor über Island", Wolf Dietrich Heckendorff, Manaira, Brasilien

ISBN 3-540-53597-7 Springer-Verlag Berlin Heidelberg New York

Dieses Werk ist urheberrechtlich geschützt. Die dadurch begründeten Rechte, insbesondere die der Übersetzung, des Nachdrucks, des Vortrags, der Entnahme von Abbildungen und Tabellen, der Funksendung, der Mikroverfilmung oder der Vervielfältigung auf anderen Wegen und der Speicherung in Datenverarbeitungsanlagen, bleiben, auch bei nur auszugsweiser Verwertung, vorbehalten. Eine Vervielfältigung dieses Werkes oder von Teilen dieses Werkes ist auch im Einzelfall nur in den Grenzen der gesetzlichen Bestimmungen des Urheberrechtsgesetzes der Bundesrepublik Deutschland vom 9. September 1965 in der jeweils geltenden Fassung zulässig. Sie ist grundsätzlich vergütungspflichtig. Zuwiderhandlungen unterliegen den Strafbestimmungen des Urheberrechtsgesetzes.

© Springer-Verlag Berlin Heidelberg 1991
Printed in Germany

Die Wiedergabe von Gebrauchsnamen, Handelsnamen, Warenbezeichnungen usw. in diesem Werk berechtigt auch ohne besondere Kennzeichnung nicht zu der Annahme, daß solche Namen im Sinne der Warenzeichen- und Markenschutz-Gesetzgebung als frei zu betrachten wären und daher von jedermann benutzt werden dürfen.

Satz: Reproduktionsfertige Vorlage vom Herausgeber

55/3140-543210 – Gedruckt auf säurefreiem Papier

Prof. Dr. E. Augstein
Alfred-Wegener-Institut für Polar- und Meeresforschung
Am Handelshafen 12
W-2850 Bremerhaven

Dr. H. Blatter
Geographisches Institut der ETHZ
Winterthurer Straße 190
CH-8057 Zürich

Priv.-Doz. Dr. B. Diekmann
Physikalisches Institut
Rheinische Friedrich-Wilhelms-Universität
Nußallee 12
W-5300 Bonn

Prof. Dr. H. Fleer
Geographisches Institut
Ruhr-Universität Bochum
Universitätstraße 150
W-4630 Bochum

Dr. F. Gassmann
Labor Umwelt- u. Systemanalysen
Paul-Scherrer-Institut
CH-5232 Villigen

Prof. Dr. H. Grassl
Max-Plank-Institut für Meteorologie
Bundesstraße 55
W-2000 Hamburg

Prof. Dr. G. Gross
Institut für Meteorologie
Technische Universität
Herrenhäuser Straße 2
W-3000 Hannover 21

Dr. K. Herterich
Max-Planck-Institut für Meteorologie
Bundesstraße 55
W-2000 Hamburg 13

Prof. Dr. K. Hutter
Institut für Mechanik (III)
Technische Hochschule
Hochschulstraße 1
W-6100 Darmstadt

Prof. Dr. W. Klug
Institut für Meteorologie
Technische Hochschule
Hochschulstraße 1
W-6100 Darmstadt

Prof. Dr. G. Manier
Institut für Meteorologie
Technische Hochschule
Hochschulstraße 1
W-6100 Darmstadt

Dr. A. Neftel
Physikalisches Institut
Universität Bern
Abteilung Klima u. Umweltphysik
Sidlerstraße 5
CH-3012 Bern

Prof. Dr. A. Ohmura
Geographisches Institut der ETHZ
Winterthurer Straße 190
CH-8057 Zürich

Prof. Dr. C.-D. Schönwiese
Institut für Meteorologie und Geophysik
J.W. Goethe-Universität
Praunheimer Landstraße 70
W-6000 Frankfurt a.M. 90

Dr. F. H. Schwarzenbach
Forschungsanstalt für Wald, Schnee und Landschaft
Gheggio
CH-6714 Semione

Prof. Dr. M. M. Tilzer
Limnologisches Institut
Universität Konstanz
Postfach 5560
W-7750 Konstanz

Zur Einführung

Es ist uns allen sicherlich hinlänglich bekannt, wenn vielleicht auch nicht in der notwendigen Schärfe bewußt, daß der Mensch und seine Umwelt in einer Wechselbeziehung zueinander stehen. Während Jahrtausenden – bis in die Anfänge dieses Jahrhunderts hinein – bestand diese Beziehung weitgehend in einer Abhängigkeit des Menschen von seiner Umwelt; er hatte gelernt, im Einklang mit der Natur zu leben. Seit jüngster Zeit wird jedoch mit immens anwachsender Intensität die Umwelt – und damit sei hier der gesamte Erdball gemeint – mehr und mehr vom Menschen abhängig. Dies hängt eng zusammen mit dem Anstieg der Weltbevölkerung und den wachsenden Ansprüchen unserer eigenen Zivilisation sowie derjenigen der unterentwickelten Länder. Umweltforschung geht uns alle an; sie hat naturwissenschaftliche, sozioökonomische und politische Hintergründe und ist daher komplex und schwierig zu verstehen. Ihre Einführung an Universitäten und Technischen Hochschulen, ihr Eingang in fachbezogene oder fachübergreifende Veranstaltungen und ihre Darstellung in zielgerichteten Lehrbüchern tun Not. Wir unternehmen hier einen Versuch der integrierenden Darstellung, notwendigerweise einschränkend, um von erstklassigen Wissenschaftlern ihres Fachgebietes zu erfahren, was wir zu erwarten haben, was im Prozeß des vielleicht Zu-spät-Erkennens schon eingetreten ist, und was getan werden muß, damit gewisse unerwünschte Entwicklungen abgewendet werden können. Um diese Erkenntnisse in ihrem vollen Umfang werten zu können, sind gründliche naturwissenschaftliche Kenntnisse notwendig, Kenntnisse der Physik, Chemie und Biologie, die alle im Wechselspiel ökologischer Fragestellungen teilhaben. Das ist denn auch der Grund, warum die Beurteilung umweltrelevanter Systeme so schwierig ist und warum – mangels solider Fachkenntnisse – ihre Behandlung oft im Dilletantischen stecken bleibt.

Umweltforschung hat lokale wie globale Komponenten. Erstere mögen sich in den Wechselwirkungen der in der Luft vorhandenen chemischen Spurenstoffe mit Oberflächen – als Verwitterung, Korrosion – äußern; sie mögen die Auswirkungen einer Verstädterung auf das Mikroklima der unmittelbaren Umgebung der Stadt oder den Transport von Schadstoffen über größere Distanzen betreffen. Damit sind v.a. der saure Regen und das Waldsterben gemeint; letzteres wirkt sich in alpinen Ländern übrigens direkt auf die Lawinen- und Murganghäufigkeit aus und beeinflußt dabei die dort ansässige Bevölkerung. Aber auch die Verschmutzung unseres Bodens, des Grundwassers, der Flüsse, der Seen und des Ozeans sind angesprochen; gerade durch die immer häufiger auftretenden Ölunfälle sind wir uns der Umweltrelevanz der Pedosphäre und Hydrosphäre bewußt geworden.

Wesentlich tiefgreifender und auch unheimlicher, weil nur langsam eintretend und erst unsere nächsten Generationen schädigend, dann aber um so nachhaltender, sind die globalen, anthropogenen Umweltveränderungen, die mit dem Begriff "Treibhauseffekt" verbunden sind. Es handelt sich hier um die

Erwärmung der unteren Atmosphäre durch von Menschen verursachte Emissionen bestimmter Spurengase. Diese globale Erwärmung wird, sofern wir nicht rechtzeitig entsprechende Maßnahmen ergreifen, mit an Sicherheit grenzender Wahrscheinlichkeit in den nächsten 50 – 100 Jahren eine globale Klimaveränderung bewirken, welche tiefgreifende ökologisch-wirtschaftlich-soziale Auswirkungen nach sich ziehen wird – erwähnt seien hier die mögliche Nordverschiebung arider Wüstengebiete auf der nördlichen Hemisphäre und der wahrscheinliche Landverlust weiter flacher Küstengebiete aufgrund der Anhebung des Meeresspiegels. Das Problem der Erfassung der Auswirkungen des "Treibhauseffektes" ist deshalb so schwierig, weil neben den komplexen naturwissenschaftlichen Wechselwirkungen – es spielen Atmosphäre, Biosphäre, Hydrosphäre, Kryosphäre und Pedosphäre eine Rolle – auch soziopolitische Reaktionen die Systemdynamik beeinflussen.

In ähnlicher Weise komplexe Systeme sind der Ozean oder ein See, die beide als Szene für das Wechselspiel von physikalischen, chemischen und biologischen Prozessen aufgefaßt werden können. Auf der physikalischen Seite sorgt der atmosphärische Wind- und Wärmeeintrag (durch die Sonneneinstrahlung) einerseits für eine von diesen treibenden Agenzien erzeugte Schichtung und Strömung. Diese sorgen andererseits durch den diffusen und advektierten Nährstoff- und Spurenelementtransport für einen entsprechend verknüpften Verlauf biologischer und chemischer Prozesse. Die Ozeanographie und die Limnologie sind erst seit wenigen Jahren dabei, ein die Physik, Chemie und Biologie integrierendes Verständnis zu entwickeln. Man erkennt diese Wechselwirkung jedoch in unzähligen Teilfragen; sie werden uns hier besonders anschaulich im Phänomen "El Niño" und bei der Behandlung der biologischen Produktionsprozesse durch Umweltfaktoren vor Augen geführt.

Schließlich kann man unsere Umwelt, ja die Natur schlechthin, unter dem verbindenden Konzept der Systemdynamik betrachten. Dadurch wird deutlich, daß die natürlichen Systeme alle in verblüffend ähnlicher Weise den widerstrebenden Kräften von Chaos und Ordnung unterworfen sind und gemäß ihrer Evolution entweder einen eher dem Chaos oder der Ordnung entsprechenden Zustand einnehmen können.

Die Texte dieses Buches stützen sich auf Vorträge, welche innerhalb einer zweisemestrigen Ringvorlesung "Dynamik umweltrelevanter Systeme" im akademischen Jahr 1989/90 an der Technischen Hochschule Darmstadt gehalten wurden. Das Ziel war, ein naturwissenschaftlich begründetes Fundament der Dynamik umweltrelevanter Systeme zu schaffen, diese aber fachübergreifend zu behandeln, eingebettet in ein ganzheitliches Verständnis, um so den Blick für verantwortungsvolles zukünftiges Verstehen und Handeln zu schaffen. Es ist mir gelungen, eine Schar hervorragender Wissenschaftler als Vortragende dieser Veranstaltung zu gewinnen und die meisten von ihnen zur Ausarbeitung der hier abgedruckten Texte zu bewegen. Ihnen sei für den Einsatz mein Dank ausgesprochen.

Danken möchte ich auch dem Präsidenten der Technischen Hochschule Darmstadt, Professor G. Böhme, der die Veranstaltung durch die Bereitstellung der Gelder finanziell ermöglicht hat.

Meinen Mitarbeitern, allen voran Frau R. Danner, den Herren S. Diebels, T. Koch, Qin Shilun, C. Balan sowie Frau R. Schreiber, möchte ich für die Hilfe bei der Erstellung der druckreifen Vorlage des Buches sowie dem Springer-Verlag für die Drucklegung danken.

Darmstadt, im März 1991   K. Hutter

Inhaltsverzeichnis

K. Hutter, H. Blatter, A. Ohmura
Treibhauseffekt, Eisschilde und Meeresspiegel — 1

C.-D. Schönwiese
Der Treibhauseffekt – Klimamodellrechnung und Beobachtungsindizien — 29

H. Grassl
Die besondere Rolle des Wasserkreislaufs für das Klima — 59

A. Neftel
Polare Eiskappen – Das kalte Archiv des Klimas — 83

K. Herterich
Zur Stabilität der Westantarktis — 109

B. Diekmann
Aspekte einer zukünftigen Energieversorgung
angesichts des Treibhauseffektes — 123

E. Augstein
Die Bedeutung des Ozeans für das irdische Klima — 141

H. Fleer
Die sozio-ökologischen Auswirkungen des El Niño Ereignisses — 171

K. Hutter
Großskalige Wasserbewegungen in Seen:
Grundlage der physikalischen Limnologie — 187

M. M. Tilzer
Biologie natürlicher Gewässer: Die Beeinflussung
des Produktionsprozesses durch physikalische Umweltfaktoren — 249

G. Gross
Das Klima der Stadt — 271

W. Klug
Schadstoffausbreitung in der Atmosphäre — 291

G. Manier
Wechselwirkungen zwischen Oberflächen und der Atmosphäre — 297

F. H. Schwarzenbach
Waldschäden in den Schweizer Alpen: Problemanalyse
zur Erfassung der Auswirkung auf das Berggebiet — 319

F. H. Schwarzenbach
Methodologische Beiträge zum Thema
Dynamik von Waldökosystemen — 341

F. Gassmann
Chaos und Ordnung in natürlichen Systemen — 369

Treibhauseffekt, Eisschilde und Meeresspiegel [1]

KOLUMBAN HUTTER, *Darmstadt*,
HEINZ BLATTER und ATSUMU OHMURA, *Zürich*

Die Konzentration der Treibhausgase in der Atmosphäre nimmt ständig zu; schon um 2030 wird eine Verdopplung des effektiven CO_2-Gehaltes erreicht. Bis dahin erwartet man eine Temperaturerhöhung um 2 bis 4 K, Veränderungen im globalen Niederschalgsmuster und ein Ansteigen des Meeresspiegels um 30 bis 60 cm. Beim Abschmelzen des westantarktischen Eisschelfes stiege der Meeresspiegel um katastrophale 6 m an.

1 Einleitung

Noch vor 18 000 Jahen überzog ein Eispanzer 28 % der festen Oberfläche der Erde. Die Eisdecke war in Amerika teilweise mehrere Kilometer dick und reichte an ihrer südlichen Berandung bis nach Oregon und New York. In Europa lagerte ein Eisschild über den Alpen und begrub fast die ganze Schweiz unter sich. Der noch größere skandinavische Eisschild bedeckte auch England und reichte in Deutschland an seiner südlichen Grenze bis nach Bremen. Das Eis band soviel Wasser des hydrologischen Kreislaufs, daß die Meeresoberfläche etwa 100 m tiefer lag als heute.

Glaziale Perioden traten etwa in den letzten zwei Millionen Jahren auf. Der jüngste Vereisungszyklus datiert ca. 80 000 Jahre zurück und stellt eine von insgesamt etwa 10 pleistozänen Eiszeiten dar. Der nächste Höhepunkt einer Eiszeit – sofern sie auf Grund anthropogener Eingriffe überhaupt noch eintreten kann – wird in etwa 60 000 Jahren erwartet.

Mit direkten meteorologischen Messungen und indirekten geophysikalischen Methoden können verschiedenartige Klimaschwankungen mit unterschiedlichen charakteristischen Zeitskalen von wenigen Jahren bis Äonen (109 Jahre) nachgewiesen werden. Nach heutigem Verständnis werden solche Klimaschwankungen durch

- astronomische,

- geophysikalische und

- atmosphärenchemische

Ursachen bewirkt.

---

[1] Beglaubigter Nachdruck des in *Physik in unserer Zeit* 20 (1989):161-171 erschienenen Artikels

Astronomische Ursachen, wie die Schwankungen von Erdbahnelementen und die Schiefe der Ekliptik auf Grund der gravitativen Störung durch die anderen Planeten haben Zeitskalen von 104 bis 105 Jahren.

Bei den geophysikalischen Ursachen liegt die Zeitskala für die Kontinentaldrift mit der entsprechenden Änderung der Kontinent-Ozean-Verteilung und der Oberflächentopographie zwischen 10^7 und 10^8 Jahren.

Die extremsten charakteristischen Zeitskalen ergeben sich für den atmosphären-chemischen Bereich: 10^8 bis 10^9 Jahre vergingen für die ursprüngliche biotische und abiotische Evolution der Atmosphäre. Die Schwankungen des Gehalts an treibhausrelevanten Spurengasen verlaufen dagegen innerhalb von Jahrzehnten bis 10^4 Jahren ab.

Die astronomischen und geophysikalischen Ursachen wirken praktisch rein transitiv auf das Klima ein: Diese Prozesse bestimmen das Klima ohne umgekehrt von diesen beeinflußt zu werden. Chemische Ursachen sind mindestens teilweise intransitiv: Klima und chemische Zusammensetzung der Atmosphäre sind wechselseitig gekoppelt. Dabei spielen Subsysteme, wie Biosphäre, Hydrosphäre, die eisbedeckten Zonen (Kryosphäre) und das Festland (Pedosphäre) eine wichtige Rolle. Die Bedeutung der atmosphärischen Zusammensetzung für das Klima resultiert vor allem aus der Fähigkeit gewisser Spurengase, Wärmestrahlung im infraroten Spektralbereich zu absorbieren und zu emittieren. Dadurch wird der Energiehaushalt der Luftschichten und der Erdoberfläche verändert, was man als Treibhauseffekt bezeichnet. Ohne die Wirkung der infrarot-aktiven Spurengase hätten wir eine mittlere Lufttemperatur an der Erdoberfläche von $-18°C$ anstatt $+15°C$. Die Konzentration von CO_2 in der Atmosphäre war während der letzten Eiszeit um einen Faktor 1,5 geringer als heute. Wegen des Einsatzes fossiler Brennstoffe steigt der CO_2-Gehalt pro Jahr um etwa 1,5 ppm an (Abbildung 1). Werte vor der Industrialisierung lagen etwa bei 280 ppm; 1988 registrierte man 350 ppm. Rechnet man neben CO_2 auch die anderen infrarot-aktiven Spurengase, wie die Fluorchlorkohlenwasserstoffe, CH_4, N_2O und O_3 mit, erwartet man eine Verdoppelung des äquivalenten CO_2-Gehaltes auf 560 ppm um das Jahr 2030.

Meteorologische Messungen lieferten einen Anstieg der mittleren Lufttemperatur auf der nördlichen Hemisphäre um etwa $0,7K$ seit 100 Jahren (Abbildung 2). Da Schwankungen dieser Größenordnung mit Perioden zwischen zehn und einigen hundert Jahren auch für die letzten Jahrtausende nachweisbar sind, läßt sich der anthropogene Beitrag zum Treibhauseffekt aber nur schwer von den natürlichen Ursachen trennen. Nach heutigem Verständnis geht man davon aus, daß die Messungen einen Trend zeigen, dessen Signifikanz wohl schon in zehn Jahren deutlich in Erscheinung treten wird.

Falls ein wesentlicher Teil der beobachteten Temperaturerhöhung eindeutig auf den Treibhauseffekt zurückführbar ist, tritt diese und die nächste Generation des Homo Sapiens in eine anthropogene Klimaexkursion von ungeahntem Ausmaß mit nicht vorhersehbaren sozioökonomischen Konsequenzen ein. Die

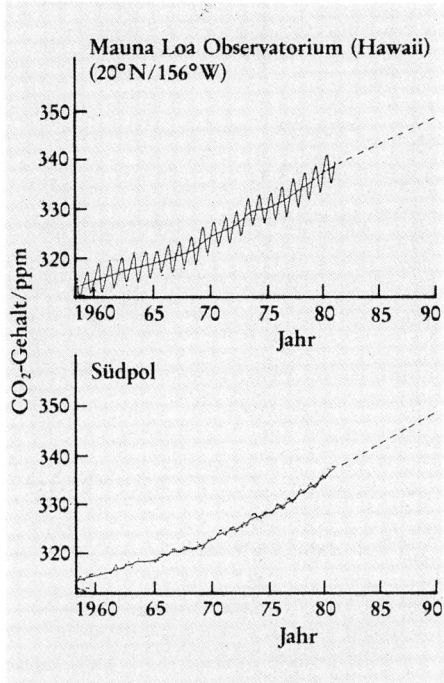

Abbildung 1: CO_2-Konzentration ($1 ppm \hat{=} 10^{-6}$) in der Atmosphäre gemessen am Mauna-Loa-Observatorium Hawaii (nördliche Hemisphäre) und am Südpol. Wegen der größeren Aktivität der Biosphäre ist der Jahresgang in der nördlichen Hemisphäre ausgeprägter. 1988 wurde eine CO_2-Konzentration von 350 ppm erreicht [1,14].

atmosphärische und ozeanische Zirkulation und damit die Klimazonen können sich dramatisch verändern: das Eis der Gletscher und der großen Eiskappen in Grönland und der Antarktis wird möglicherweise teilweise abschmelzen und die Meeresoberfläche entsprechend ansteigen. Auch synergistische, rückkoppelnde Effekte können nicht ausgeschlossen werden. Auf die drohenden Klimaveränderungen haben Wissenschaftler [3,4] und Wissenschaftsorganisationen [5] bereits mehrfach eindringlich hingewiesen. Der Zwischenbericht der Bundestags-Enquetekommission zum Schutz der Erdatmosphäre [6] gibt bereits detaillierte Empfehlungen zur Eindämmung des Treibhauseffektes.

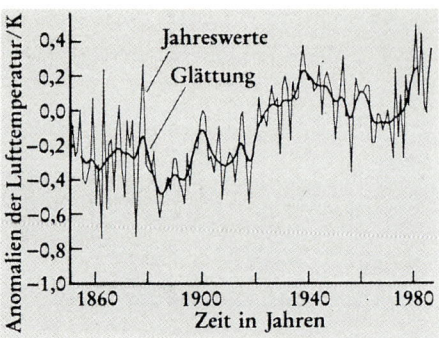

Abbildung 2: *Abweichungen der mittleren Jahrestemperatur auf der nördlichen Hemisphäre vom 100 Jahre-Mittelwert [2].*

2 Das Klimasystem

2.1 Der Energiehaushalt der Erde

Das Klima der Erde wird zu einem großen Teil durch den Energiehaushalt an der Erdoberfläche und in der Atmosphäre bestimmt. Die globale Energiezufuhr pro Zeiteinheit ist einmal durch den mittleren Strahlungsfluß $S/4$ von der Sonne auf die Erdkugel im Wellenbereich von 0,3 bis 4 µm gegeben; dabei ist $S = 1360 W/m^2$ die Solarkonstante; der Faktor 1/4 berücksichtigt, daß der Sonne immer nur die Erdscheibe", d. h. ein Viertel der Erdoberfläche ausgesetzt ist. Für die Leistungsbilanz ist ebenfalls der Bruchteil A (Albedo) des von der Erdoberfläche und von der Atmosphäre (vor allem den Wolken) reflektierten Lichtes von Bedeutung. Die absorbierte Strahlungsleistung wird vom Erde-Atmosphäre-System über die langwellige Strahlung L im Wellenlängenbereich 4 bis 40 µm wieder in den Weltraum abgegeben (Abbildung 3a). Dieser Strahlung entspricht gemäß dem Stefan-Boltzmannschen Gesetz eine effektive Temperatur T_e. Die Leistungsbilanz stellt sich wie folgt dar:

$$(1-A)S/4 = L_e = \epsilon \sigma T_e^4. \tag{1}$$

Die effektive Temperatur der Erde berechnet sich mit der Emissivität der Erdoberfläche $\epsilon \cong 1$ zu $T_e = -18°C$. Nun ist aber die global gemittelte Temperatur am Erdboden $T_s = +15°C$. Die Differenz $T_s - T_e = 33K$ entsteht durch die Wirkung der infrarot-aktiven Spurengase; sie wird oft Treibhauseffekt genannt.

Ohne Treibhauseffekt wäre die Erde unwirtlich kalt und unbewohnbar. Allerdings kann die Verstärkung des Treibhauseffektes durch menschliche Aktivitäten auch zum globalen Problem werden. Unter Einbeziehung des Treibhauseffektes ist die Strahlungsbilanz an der Erdoberfläche wie folgt zu modifizieren (siehe auch Abbildung 3b):

$$q(1-A)S/4 + L_a = L_s = \sigma T_s^4. \tag{2}$$

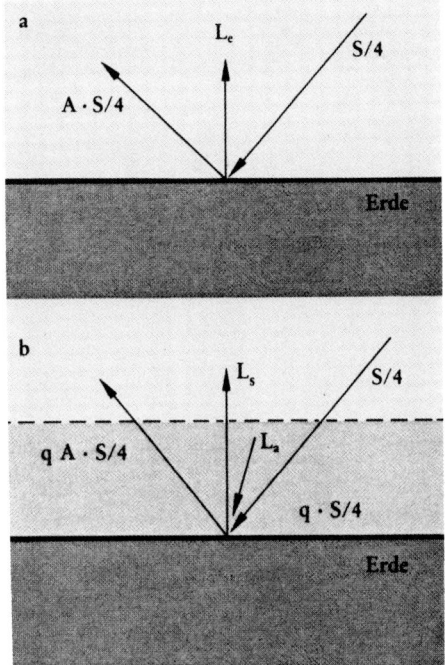

Abbildung 3: *Schematische Darstellung der Strahlungsbilanz an der Erdoberfläche, a) ohne Atmosphäre und b) mit einer idealen Treibhausatmosphäre.*

Hierbei bedeuten L_a die Einstrahlung aus der Atmosphäre im infraroten Spektralbereich, L_6s die Infrarotabstrahlung der Erdoberfläche mit der Temperatur T_s.

Die atmosphärisch bedingte Verringerung der solaren Einstrahlung am Erdboden wird durch den Faktor q charakterisiert; sie wird mehr als kompensiert durch die verstärkte Rückstrahlung der infrarot-aktiven Spurengase. Eine Erhöhung des Gehaltes an Treibhausgasen bewirkt somit in erster Linie eine Zunahme der Oberflächentemperatur.

Sehr effizient ist wegen seiner breiten Absorptionsbanden der Wasserdampf (Abbildung 4). Er ist jedoch in zwei Wellenlängenbereichen, von 3 bis 5 μm und 7 bis 20 μm wenig wirksam. Hier können nun CO_2, O_3, O_2, NO_2 und CH_4 in die Strahlungsbilanz eingreifen (Tabelle 1).

Bei der eben beschriebenen Bilanz handelt es sich um eine grobe Vereinfachung. Die tages- und jahreszeitlichen Variationen, die vertikale Struktur der Atmosphäre und die allgemeine globale Zirkulation der Luft sind nicht berücksichtigt. Außerdem wurde etwa der latente Energiefluß durch Verdunstung oder Kondensation von Wasser vernachlässigt. Der Einfluß von Dunst

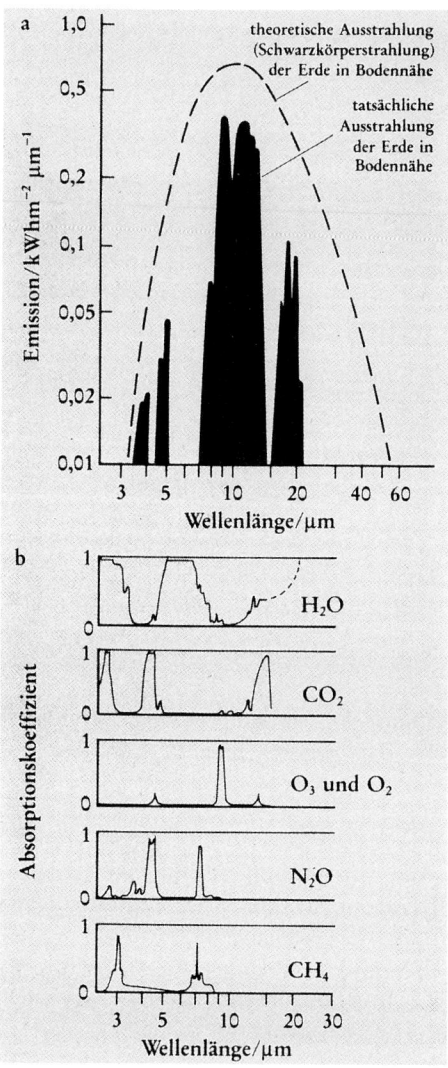

Abbildung 4: *a) Theoretische Ausstrahlung der Erdoberfläche ohne Treibhauswirkung (gestrichelte Kurve) und tatsächliche Ausstrahlung (schraffierte Fläche) aufgrund der Wirkung der Treibhausgase, b) Wellenlängenbereiche, in denen die angegebenen Treibhausgase die Wärmeabstrahlung absorbieren und dementsprechend zur Erdoberfläche zurückwerfen [3].*

Tabelle 1: *Gegenwärtiger Treibhauseffekt der klimatisch relevanten atmosphärischen Spurengase [3].*

Spurengas	atmosphärische Konzentration/ppm	gegenwärtiger Erwärmungseffekt/K
H_2O	$(2-3)10^4$	20,6
CO_2	3	7,2
O_3	0,03	2,4
N_2O	0,3	1,4
CH_4	1,7	0,8
andere		$\cong$ 0,6
Summe		$\cong$ 33,0

und Wolken auf die solare Strahlung ist ebenfalls beträchtlich. Die dadurch bewirkten Rückkopplungen machen das Systemverhalten äußerst komplex.

Ein Vergleich der Klimata von Venus, Erde und Mars illustriert auf eindrucksvolle Weise die gegenseitige Abhängigkeit der Parameter T_s, S und A (Tabelle 2). So ist z.B. wegen der großen Albedo die effektive solare Einstrahlung auf die Venus kleiner als auf die Erde, und dies trotz der größeren Sonnennähe. Die extrem dichte Venusatmosphäre besteht fast vollständig aus dem Treibhausgas CO_2; dementsprechend beträgt die Temperatur an der Venusoberfläche etwa 450°C.

2.2 Theorie der Eiszeiten

Mathematische Modelle allein genügen nicht für das Verständnis der klimatischen Folgen einer Veränderung des Gehaltes an Treibhausgasen. Da mit dem Klimasystem nicht gezielt experimentiert werden kann, bleibt nur die Beobachtung der Natur und die Rekonstruktion vergangener Klimaabläufe. Dafür bieten sich vor allem die pleistozänen Eiszeiten an, deren letzter Glazial-Interglazialzyklus wegen seiner reltiven zeitlichen Nähe am besten erforscht ist [8]. Die Rekonstruktion der Klimageschichte mit den begleitenden glaziologischen und biologischen Erscheinungen basiert auf geologischen und geomorphologischen Beobachtungen. Seit neuerer Zeit beruht sie vorwiegend auf der Analyse von Bohrkernen aus Sedimenten. Sedimente aus Inlandseen geben vor allem Auskunft über die lokalen Vergletscherungen und die Flora; Tiefseesedimente und der Firn auf hochgelegenen Eisschilden liefern Hinweise auf die globale Menge vorhandenen Eises und, in beschränktem Maß, auf die Temperatur der obersten ozeanischen Wasserschichten.

Einer der wichtigsten Indikatoren ist dabei das Verhältnis zwischen den beiden Sauerstoffisotopen O^{16} und O^{18}. So kann z. B. das globale Eisvolumen

Tabelle 2: *Klimarelevante Daten von Venus, Erde und Mars [7].*

	Venus	Erde	Mars
Masse der Atmosphäre/$kg cm^{-2}$	115	1,03	0,016
mittlere Distanz zur Sonne/$10^6 km$	108	150	228
Solarkonstante $S/(Wm^{-2})$	2637	1367	592
Rückstreuung (Albedo) A	0,77	0,30	0,15
Abkühlung durch Rückstreuung solarer Strahlung/K	-100	-24	-9
Erwärmung infolge Treibhauseffekt $(T_s - T_e)/K$	+500	+33	+3
mittlere Oberflächentemperatur $T_s/°C$	+455	+15	-53

aus dem O^{18}/O^{16}-Verhältnis im Karbonat von sedimentierten Schalentieren (etwa Foraminifera) abgeschätzt werden. Der Sauerstoff des Meerwassers wird teilweise in diese Schalen eingelagert und speichert damit das entsprechende Isotopenverhältnis. Bei der Verdunstung des Wassers in die Atmosphäre sind die leichteren O^{16}-Moleküle bevorzugt. Deshalb werden das Ozeanwasser und die Sedimente mit O^{18} angereichert, während das Wasser im Regen und Schnee ein entsprechendes Defizit aufweist. Je mehr Wasser des hydrologischen Zyklus als Eis in den Gletschern und Eisschilden gespeichert ist, um so größer wird die O^{18}-Anreicherung in den Meeren und den Sedimenten.

Zeitreihen der O^{18}-Variationen in verschiedenen Bohrkernen aus Tiefseesedimenten sind systematisch untersucht worden (Abbildung 5 und 6). Spektralanalysen solcher Zeitreihen ergaben periodische Schwankungen mit Perioden von 100, 69, 41, 23 und 19 Tausend Jahren. Diese Perioden stimmen überraschend gut mit den Perioden der Schwankungen von Elementen der Erdbahn um die Sonne überein. Das ist eine der überzeugendsten Stützen der astronomischen Theorie der Eiszeiten, die vom jugoslawischen Astronomen MILUTIN MILANKOVITCH [9,10] zwischen 1920 und 1941 erstmals systematisch entwickelt wurde.

Die jahreszeitliche und zonale Sonneneinstrahlung hängt von vier solchen Elementen ab (Abbildung 7):

- der großen Halbachse der Bahnellipse,

- der Exzentrizität der Bahn,

- der Jahreszeit des Periheldurchganges (des sonnennächsten Punktes auf der Bahn) und

- der Schiefe der Erdachse zur Bahnebene.

Die letzten drei Elemente werden durch die anderen Planeten beeinflußt; sie weisen Schwankungen etwa mit folgenden Perioden auf: 400'000 und 100'000

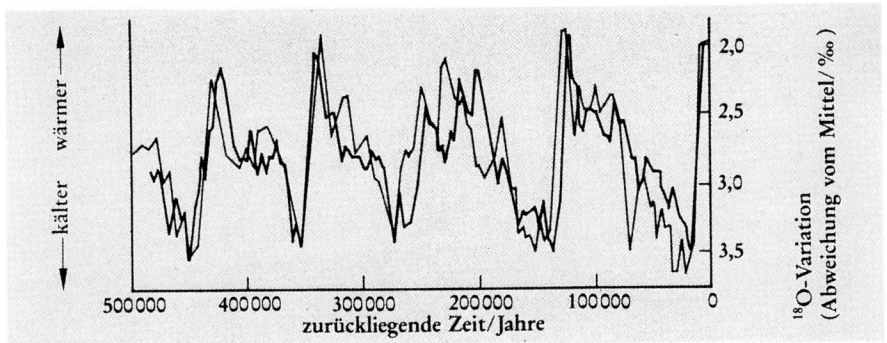

Abbildung 5: *Abweichung des O^{18}/O^{16}-Verhältnisses vom Standard für zwei verschiedene Sedimente aus Tiefseebohrkernen [11].*

Jahre für die Exzentrizität, 54'000 und 41'000 Jahre für die Schiefe der Ekliptik sowie 23'000 und 19'000 Jahre für die Perihellänge, d.h. für die Jahreszeit des Periheldurchganges (Abbildung 8). Die Variationen der Exzentrizität wirken sich zwar nur sehr schwach auf die jährlich gemittelte Einstrahlung aus. Bei großer Exzentrizität treten jedoch große Unterschiede zwischen dem sonnenfernsten und sonnennächsten Punkt auf der Erdbahn auf und die Perihellänge entscheidet dabei, zu welcher Jahreszeit die Erde sich im Perihel befindet. Die Schiefe der Ekliptik bestimmt sowohl die Einstrahlungsunterschiede zwischen Polen und Äquator als auch die Sommer-Winter-Unterschiede. Die stärksten Variationen in der Einstrahlung für verschiedene astronomische Situationen treten im Sommer für hohe Breitengrade auf, Breiten, in denen auch der Vereisungsschwerpunkt in den Eiszeiten liegt. Aus Sedimentanalysen kann geschlossen werden, daß die Variationen der Bahnelemente bis einige 10^8 Jahre zurück in ähnlicher Form existiert haben müssen, ohne jedoch zu Glazialzyklen geführt zu haben. Dazu sollte sich zusätzlich das Klimasystem aus internen Gründen in einem besonderen, eventuell leicht instabilen Zustand befinden. Nur dann können sich die astronomisch bedingten Einstrahlungsvariationen klimatisch deutlich auswirken.

Eine ähnlich überzeugende Korrelation besteht auch zwischen den O^{18}-Variationen und dem jeweiligen atmosphärischen CO_2-Gehalt. Systematische und verlässliche Messungen des CO_2-Gehaltes liegen erst seit 1958 vor. Glücklicherweise hat die Natur seit Jahrtausenden Luftproben konserviert und zwar durch Einschluß von Luftblasen im Eis der großen kalten Eisschilde. Diese Luft kann aus den Proben von Kernbohrungen wieder zurückgewonnen und durch gaschromatographische Analysen auf ihren Gasgehalt hin geprüft werden. Trotz der nicht ganz einfachen Datierung des entsprechenden Eises aus der Tiefe ergeben sich aus solchen Analysen Zeitreihen des atmosphärischen CO_2-Gehaltes. Diese Methode ist von französischen und schweizer Physikern

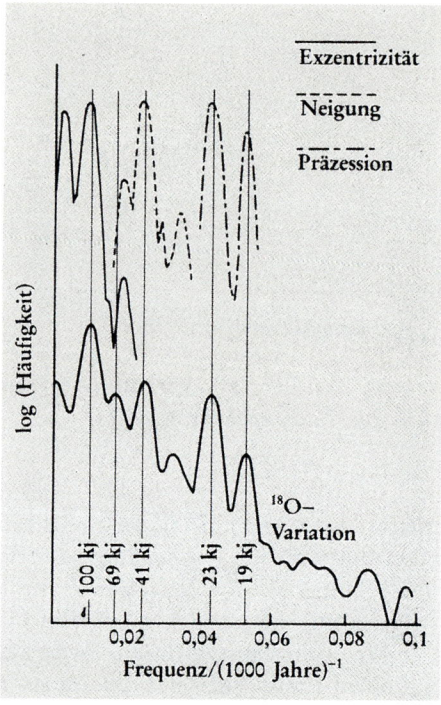

Abbildung 6: *Varianzspektren von Exzentrizität, Neigung der Ekliptik und Präzession sowie O-Variationen der letzten 800 kJahre über der Frequenz. Die eingetragenen Zahlen geben Schwankungsperioden in kJahren an [8].*

entwickelt worden (siehe auch [7]). Eine der neuen Arbeiten [12] in dieser Beziehung ist die gemeinsame französische-russische Analyse der Eiskerne der Vostok-Station in der Antarktis. Die CO_2-Schwankungen korrelieren mit den O^{18}-Variationen über den Zeitraum der letzten 16'0000 Jahre (Abbildung 9).

Diese Befunde sowie verschiedene Zirkulationsmodelle weisen auf einen Zusammenhang zwischen den klimatischen Bedingungen, dem Grad der Vergletscherung und insbesondere dem Gehalt an atmosphärischem CO_2 hin (Tabelle 3). Bei einem derart komplexen System wie dem Klimasystem kann nicht mehr klar zwischen Ursachen und Wirkungen unterschieden werden. Zwei unterschiedliche Studien mit allgemeinen Zirkulationsmodellen kommen zum Schluß, daß die Differenzen der Oberflächentemperaturen des Ozeans sowie der Lufttemperatur zwischen heute und der Zeit des letzten Maximums der Vergletscherung vor 18'000 Jahren abhängig sind von der Eisbedeckung, der Albedo der eisfreien Kontinentalflächen und der Konzentration des CO_2 in der Luft. Der Beitrag des atmosphärischen CO_2-Gehaltes spielt dabei eine bedeutende Rolle.

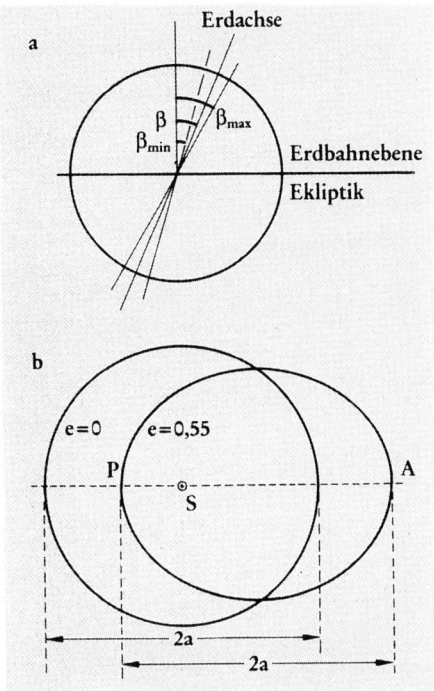

Abbildung 7: *Illustration a) zur Schiefe der Ekliptik β und ihrer Variation und b) zur Exzentrizität e der Bahn bei gleichen großen Halbachsen a. S bedeuten die Sonne, P das Perihel und A das Aphel der Bahn.*

2.3 CO_2-Szenarien

Nachdem wir die Bedeutung der atmosphärischen CO_2-Konzentration für das Klima der Eiszeiten aufgezeigt haben, ist unser nächstes Ziel, die anthropogene CO_2-Produktion im Hinblick auf das Klima unserer Erde in der nächsten Zukunft einzuschätzen. Seit 1958 werden am Mauna-Loa-Observatorium auf Hawaii und auf der Amundsen-Scott-Station am Südpol die CO_2-Konzentrationen in der Luft kontinuierlich gemessen (Abbildung 1).

Gleichzeitig war es möglich, aus Eiskernbohrungen die Entwicklung der entsprechenden Konzentrationen in die Vergangenheit zurück zu verfolgen. Die Daten vom Südpol und vom Mauna Loa passen gut aufeinander; sie weisen auf einen vorindustriellen Gehalt von ca. 280 ppm (Abbildung 10) und auf ein beschleunigtes Anwachsen in neuerer Zeit hin, das dem vermehrten Einsatz von fossilen Brennstoffen zugeordnet werden kann. Die jahreszeitlichen Schwankungen der CO_2-Konzentration sind durch die Wachstumsprozesse im Frühjahr und die Oxidation von Biomasse im Herbst verursacht. Auf der südli-

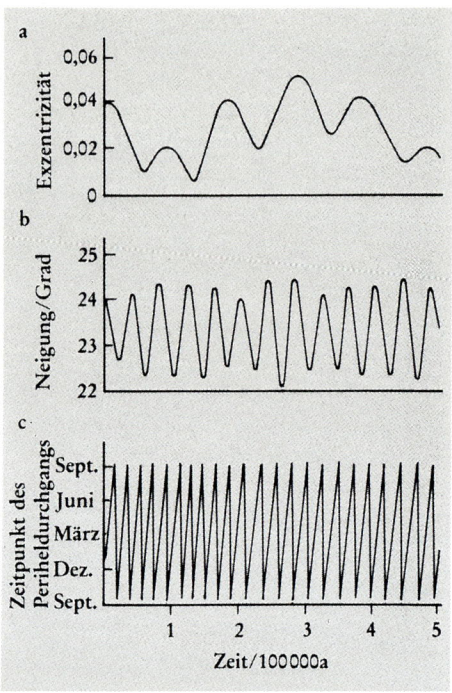

Abbildung 8: *Variation a) der Exzentrizität, b) der Schiefe der Ekliptik und c) der Jahreszeit des Periheldurchganges für die letzten 500'000 Jahre [11].*

Tabelle 3: *Abweichungen der Wassertemperatur an der Meeresoberfläche (in Klammern: der Oberflächentemperaturen der mit Eis bedeckten Landmassen) in K zwischen heute und vor 18'000 Jahren. Die Abweichungen sind total und ursachenbezogen dargestellt und basieren auf Berechnungen von* BROCCOLI *und* MANABE. *Schätzungen aufgrund der CLIMAP-Studie ergeben ähnliche Werte (nach [7]).*

Klima-Faktor	Global	Nördliche Hemisphäre	Südliche Hemisphäre
Eisbedeckung	0,8 (1,3)	1,6 (2,4)	0,2 (0,3)
CO_2	1,0 (1,2)	0,7 (1,1)	1,1 (1,3)
Land Albedo	0,2 (0,3)	0,3 (0,4)	0,2 (0,3)
Total	2,0 (2,8)	2,6 (3,9)	1,5 (1,9)
CLIMAP	1,6	1,9	1,3

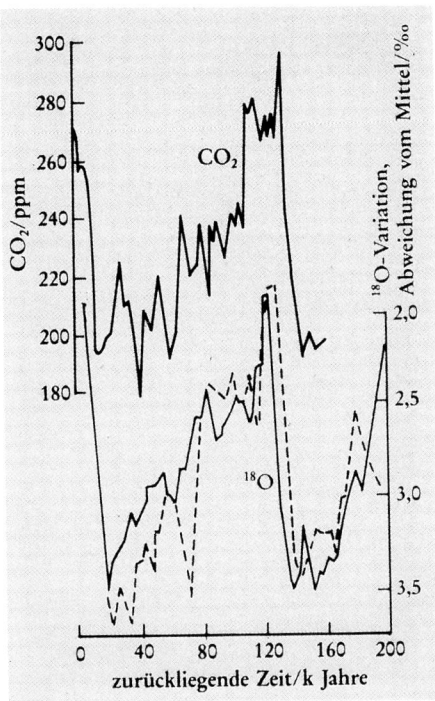

Abbildung 9: *Variation des atmosphärischen CO_2-Gehaltes für die letzten 160'000 Jahre aufgrund der Analyse der Vostok-Eiskerne [12]; Variation des Sauerstoffverhältnisses O^{18}/O^{16} für zwei verschiedene Tiefseebohrkerne während der letzten 160'000 Jahre.*

chen Hemisphäre ist dieser Zyklus wegen der bedeutend kleineren Ausdehnung der kontinentalen Oberflächen weniger ausgeprägt (siehe auch Abbildung 1).

Die fundamentalen Fragen, die wir zu beantworten haben, sind die folgenden: Welches ist der wahrscheinlichste Anstieg der CO_2-Konzentration in den nächsten 50 Jahren? Und wie wird dieser Anstieg das Klima und damit das Leben auf der Erde beeinflussen?

Effektive CO_2-Szenarien bestehen aus einem Energieverbrauchszenarium und einem Modell für den Kohlenstoffzyklus. Das Energieszenarium wird zur Abschätzung des zukünftigen CO_2-Ausstosses gebraucht. Mit dem Modell für den Kohlenstoffzyklus berechnet man, wieviel des anthropogenen CO_2-Ausstosses tatsächlich in der Atmosphäre bleibt. Schätzungen der CO_2-Emission von 1860 bis 1985 sind in Abbildung 11 zusammengefaßt. Vor 100 Jahren wurden pro Jahr etwa 200 Megatonnen, heute rund 5,5 Gigatonnen Kohlenstoff in Form von CO_2 an die Atmosphäre abgegeben. Dies entspricht etwa der hundertfachen C-Produktion der Vulkane. Wie aus der Abbildung 11

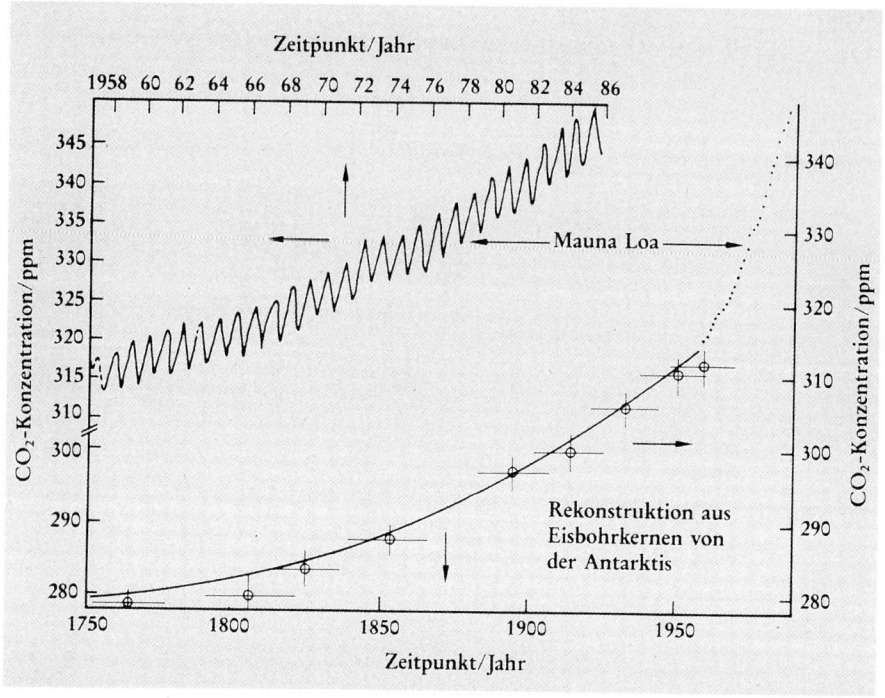

Abbildung 10: *Atmosphärische CO_2-Konzentration, rekonstruiert aus Bohrungen im antarktischen Eis (untere Kurve) und direkt gemessen auf dem Mauna Loa, Hawaii (Punkte rechts oben), sowie zugehörige Monatswerte im oberen linken Bereich der Abbildung [3].*

ersichtlich ist, stammt der größte Teil des anthropogenen CO_2-Ausstosses aus der Verbrennung von Öl, gefolgt von Kohle und Gas. 1,5 bis 2,5 Gt/a sind der indirekten CO_2-Emission zuzuweisen, vor allem dem Abbau der Tropenwälder.

Der Energieverbrauch wird zu einem großen Anteil durch sozio-ökonomische Faktoren bestimmt und ist schwierig vorauszusagen. Vier solche Szenarien aus dem Jahre 1975 sind in Abbildung 12a gezeigt. Sie variieren für das Jahr 2030 zwischen einem C-Ausstoß von 15 Gt/a bis zu einem Ausstoß von 1 Gt/a. Hieraus lassen sich die entsprechenden atmosphärischen CO_2-Konzentrationen abschätzen (Abbildung 12b). Man erkennt, daß selbst für das extreme Szenario 4 die CO_2-Konzentration immer noch steigt.

2.4 Allgemeine Zirkulationsmodelle

Dies sind dreidimensionale numerische Modelle der Atmosphäre und des Ozeans, mit denen man Änderungen im thermomechanischen Zustand räumlich

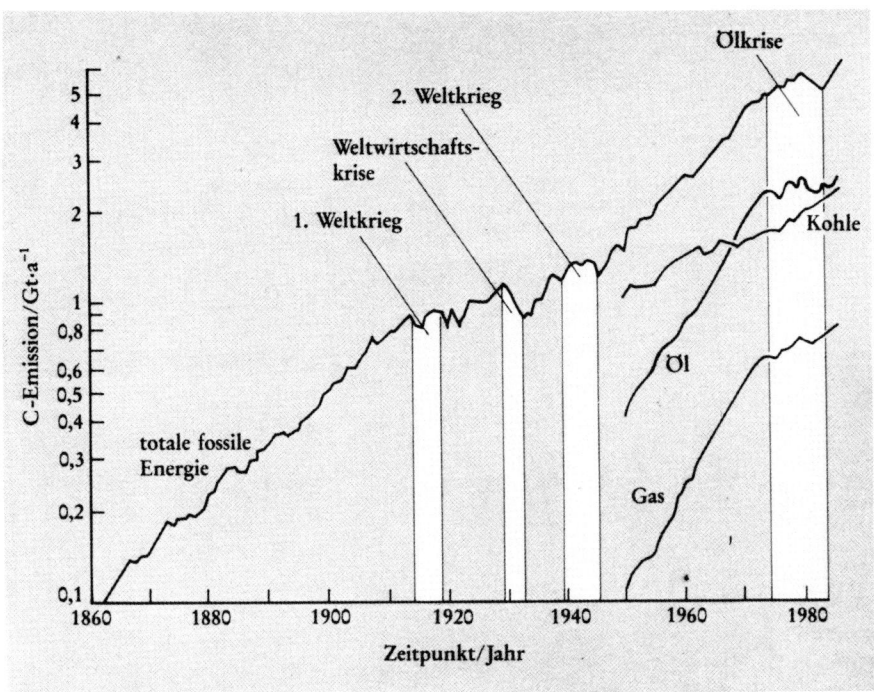

Abbildung 11: *Anthropogene C-Emission in die Atmosphäre, hier aufgrund des Verbrauchs fossiler Energie, seit 1950 aufgeschlüsselt in Kohle, Erdöl und Erdgas. Im Jahr 1989 sind etwa 5,5 Gt/a erreicht worden. Die indirekte Kohlenstoff-Emission durch Reduktion der Biosphäre beträgt derzeit etwa 1,5 Gt/a [3].*

und zeitlich berechnen kann. Bei einer äquivalenten CO_2-Verdopplung sind demnach folgende Konsequenzen zu erwarten [3,7,14]:

- Die Troposphärentemperatur steigt, jene der Stratosphäre nimmt ab.

- Über dem arktischen Ozean und den benachbarten Regionen ist die Erwärmung im Winter maximal und im Sommer minimal. Diese überrachende Tatsache ist auf das Abschmelzen des Meeres zurückzuführen.

- Qualitativ ist mit Temperaturerhöhungen der unteren Atmosphäre zu rechnen: Für den ganzen Erdball zwischen 1,5 und 4 K; für die nördliche Hemisphäre sind die Werte etwas höher, für die südliche Hemisphäre etwas geringer.

- Die zonal gemittelte Temperaturänderung an der Erdoberfläche beträgt ca. 1,5 K am Äquator, 3 K bei 60° (nördlicher) Breite, sowie etwa 7 K

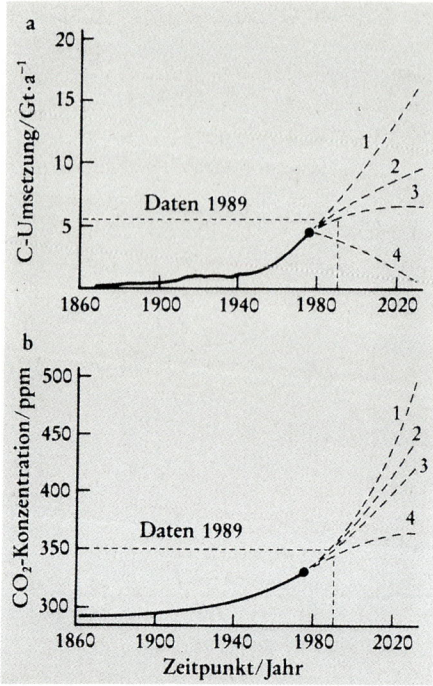

Abbildung 12: *Vergleich der Kohlenstoff-Emission a) mit der atmosphärischen CO_2-Konzentration. b) Bis 1975 sind Schätzungen oder Messungen angegeben; danach Vorhersagen nach Szenarien: (1) hohes Szenario des Internationalen Instituts für Angewandte Systemanalyse 1981. (2) zugehöriges niedriges Szenario, (3) EG-Szenario sowie (4) sogenanntes Effizienz-Szenario [3].*

am Pol.

- Der Niederschlag steigt im Mittel um 7 %. Dieser Anstieg ist in höheren Breiten allerdings viel größer als in niederen Breiten, was einem verstärkten Feuchtetransport der Modellatmosphäre zu den Polen hin entspricht.

- Die Oberflächentemperatur des Ozeans steigt um 1,5 bis 4 K.

- Aus transienten Modellrechnungen der allgemeinen Zirkulationsmodelle folgt, daß die Reaktionszeit der Atmosphäre und des oberen Ozeans ein paar Jahrzente beträgt. Demgegenüber ist der tiefe Ozean sehr träge und erreicht einen neuen stationären Zustand erst in Tausenden von Jahren.

3 Eisschilde und Klima

Gewöhnlich schließen die allgemeinen Zirkulationsmodelle das Meereis ein, vernachlässigen jedoch das Landeis. Der Grund hierfür liegt in einer starken Kopplung zwischen Albedo und Oberflächentemperatur und einer ausgeprägten und raschen Variabilität der Meereisbedeckung unter klimatischen Veränderungen. Die charakteristischen Zeiten liegen bei Eisschilden in der Größenordnung von mehreren Tausend Jahren, weshalb sie für kurzzeitige Studien als passive Komponenten des Klimas betrachtet werden können.

3.1 Verhaltensweisen von Eischilden

Eine Abschätzung der Verhaltensweisen von Eisschilden unter klimatischen Veränderungen ist dringend notwendig. Heutige Analysen sind allerdings kaum mehr als grobe Schätzungen.

Globale Klimaänderungen beeinflussen die Größe und den thermodynamischen Zustand von Eisschilden weit mehr als umgekehrt. Zum Beispiel würde ein plötzliches Abschmelzen des antarktischen Eisschildes, bei dem innerhalb von 100 Jahren 10 % des heutigen Volumens verloren ginge, zu einer mittleren Erhöhung der Ozeantemperatur um nur 0,25 K führen.

Die Faktoren, welche die Bewegung und den thermischen Zustand der Eisschilde beschreiben, sind die folgenden:

- Die **Lufttemperatur** an der Eisoberfläche. Sie bestimmt im wesentlichen die Oberflächentemperatur des Eises. Letztere ist eine Funktion der Lufttemperatur auf der Basishöhe (meist Meereshöhe) und des Vertikalgradienten, der in der Regel einer Temperaturabnahme um 0,2 - 0,8 K pro 100 m entspricht.

- Die **Massenbilanz** an der Oberfläche. Die mittlere jährliche Schneemenge, die auf einem Eisschild deponiert wird bzw. die Eismenge, die wegschmilzt oder verdunstet, hängt von mehreren Faktoren ab. Die Lufttemperatur bestimmt die niederschlagbare Wassermenge. Diese ist groß (klein) für kleine (große) Höhen über dem Meeresspiegel. Dieser Zusammenhang ist verantwortlich dafür, daß die hochgelegene östliche Antarktis im wesentlichen einem ariden Kontinent mit 5 cm WE (Wasseräquivalent Akkumulation) pro Jahr, einer mittleren Sommertemperatur von $-30°C$ und einer mittleren Wintertemperatur von $-65°C$ entspricht.

- Die **Randbedingungen** an der Basis. Diese sind in der Regel sehr schwierig zu beschreiben, da kein direkter Zugang zur Basis möglich ist. Drei Effekte, die untereinander verkoppelt sind, müssen berücksichtigt werden:
  a) **Geothermer Wärmefluß**. Mittlere Werte sind bekannt, aber lokale Variationen sind schwierig abzuschätzen.

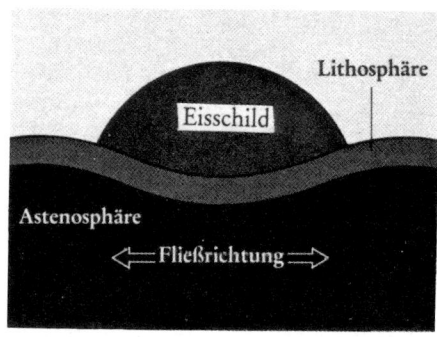

Abbildung 13: *Senkung des Erdmantels unter der Last eines Eisschildes. Das Eisschild ist in Wirklichkeit viel dünner als die Lithosphäre.*

b) **Basales Gleiten**: Das Eis am Untergrund ist in der Regel nicht am Felsbett angefroren, sondern gleitet darauf. Der Widerstand der dieser Bewegung entgegengesetzt wird, hängt vom lokalen Spannungszustand, den thermischen Bedingungen, dem Wassergehalt innerhalb des Eises und von den Untergrundbedingungen ab. Dementsprechend kann die Geschwindigkeit des Eises an der Oberfläche unter normalen Bedingungen von 100 bis 500 m pro Jahr bis zu mehreren Kilometern pro Jahr bei einem "Surge" variieren. Man geht davon aus, daß eine globale Erwärmung das Aurftreten solcher Surges fördert.

c) **Deformation der Erdkruste**: Die Lithosphäre (die oberen 80 bis 200 km des Erdmantels) wird als elastische Platte verformt. Das Gewicht großer und schwerer Eisschilde verursacht eine Absenkung. Einige 100 km vom Rande des Eisschildes entfernt, bilden sich "Buckel" (Abbildung 13). Die Erdoberfläche bewegt sich noch während mehrerer tausend Jahre nach Verschwinden eines Eisschildes. Die zentralen Gegenden von Skandinavien haben sich zum Beispiel in den letzten 10'000 Jahren um 250 m gehoben, und diese Bewegung setzt sich mit einer Rate von 1 cm pro Jahr fort.

All diese Faktoren sind wichtig, wenn man das Verhalten von Eisschilden bei klimatischen Veränderungen beschreiben will. Einige Resultate von Modellrechnungen seien jetzt kurz zusammengefaßt:

- Die Abhängigkeit der Massenbilanz von der Meereshöhe hat einen dominanten Einfluß auf die Empfindlichkeit eines Eisschildes gegenüber klimabedingten Erwärmungen. Die Massenbilanz über der Antarktis ist zum Beispiel fast überall positiv; sie ist nur am Rande negativ, wo der Massenverlust fast ausschließlich durch Kalbung erfolgt. Nur 1 % des Massenverlustes geschieht durch Schmelzen. Demgegenüber wird der Massenverlust in Grönland mit gleichen Anteilen durch Schmelzen und durch Kalben verursacht. Eine globale Erwärmung wird daher Grönland weit mehr beeinflussen als die Antarktis.

- Wenn die Temperatur eines Eisschildes sehr nahe am Schmelzpunkt liegt (was nahe an der Basis oft passiert), wird infolge der viskosen Verformung und der damit verbundenen Wärmefreisetzung basales Wasser erzeugt. Dies führt zu erhöhten Fließgeschwindigkeiten von Eisschilden und kann unter Umständen Surges hervorrufen.

- Die Reaktion auf eine plötzliche Klimaänderung ist in der Regel langsam. Das Eisschild nach Abbildung 14 war während 60'000 Jahren einem konstanten Klima ausgesetzt. Dann wurde es einer plötzlichen Erwärmung unterworfen. Es setzt sein Anwachsen noch während mehr als 15'000 Jahren fort, bis das Abschmelzen beginnt. Dann ist der Rückgang des Schildes allerdings bedeutend. Ein neuer stationärer Zustand wird erst nach 50'000 Jahren erreicht.

- Transiente Störungen des Temperaturprofils im Untergrund, die von kurzperiodischen klimatischen Variationen (ungefähr Perioden von 100 Jahren) herrühren mögen, beeinflußen den lokalen geothermen Wärmefluß über kurze Zeiten in bedeutendem Maße. Dieses Resultat ist nicht nur merkwürdig, sonder sogar verwirrend, da es nahelegt, daß Eisschildbewegungen, die sich auf Grund einer Klimaerwärmung infolge eines CO_2-Szenarios einstellen, mit einem Modell berechnet werden sollen, das sie Eisschildbewegung mit der Temperaturverteilung der Lithosphäre koppelt.

Die obigen Aussagen beziehen sich auf Eismassen auf festem Untergrund. Zwei andere Arten sind Schelfeise und die marinen Eisschilde. Erstere schwimmen gänzlich; die Basis der zweiten liegt zwar unterhalb der Meeresoberfläche, aber nach Abschmelzen des Schelfeises und nach einer isostatischen Bewegung des Meeresbodens würde sich dieser nicht über die Meeresoberfläche heben. Die Ostantarktis und Grönland sind Eisschilde trotz ihrer submarinen Basis. Die Westantarktis ist ein marines Eisschild und ist von Schelfeisen umgeben; die wichtigsten unter ihnen sind das Ross-Schelfeis und das Ronne-Filchner Schelfeis (Abbildung 15).

Schelfeise verursachen beim Abschmelzen selbst keine Erhöhung des Meeresspiegels. Als berandende Eismassen tragen sie jedoch beim Verschwinden direkt zum Massenverlust der Eisschilde bei; hierbei tritt dann eine Erhöhung des Meeresspiegels auf. Parameterstudien haben folgende Merkmale aufgezeigt [14]:

- **Ein freies Schelfeis** wird nur beeinflußt von der vom Inlandeis der Grundlinie zufließenden Eismenge, der Eisdicke über der Grundlinie, der

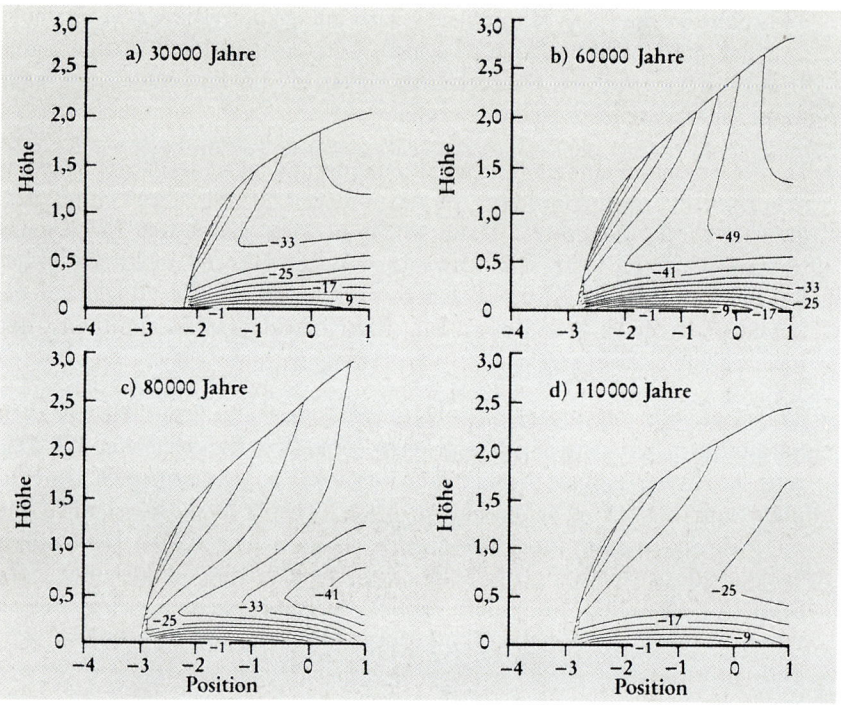

Abbildung 14: *Entwicklung eines ebenen Eisschildes unter vorgegebenen äußeren klimatischen Bedingungen. Vorgegeben sind der räumliche und zeitliche Verlauf der Oberflächentemperatur, der Akkumulationsrate und des geothermen Wärmeflusses am Boden. Gezeichnet sind die Eisschildform und die Isothermen 30, 60, 80 und 110 kJahre nach Bildung des Eisschildes. Nach 60'000 Jahren ist durch eine Halbierung des vertikalen Gradienten der atmosphärischen Temperatur eine plötzliche Klimaerwärmung erzeugt worden. Trotzdem wächst das Eisschild während weiterer 20'000 Jahre an, um erst nachher einen Massenverlust vorwiegend im Eisscheidenbereich (links) zu erleiden [13].*

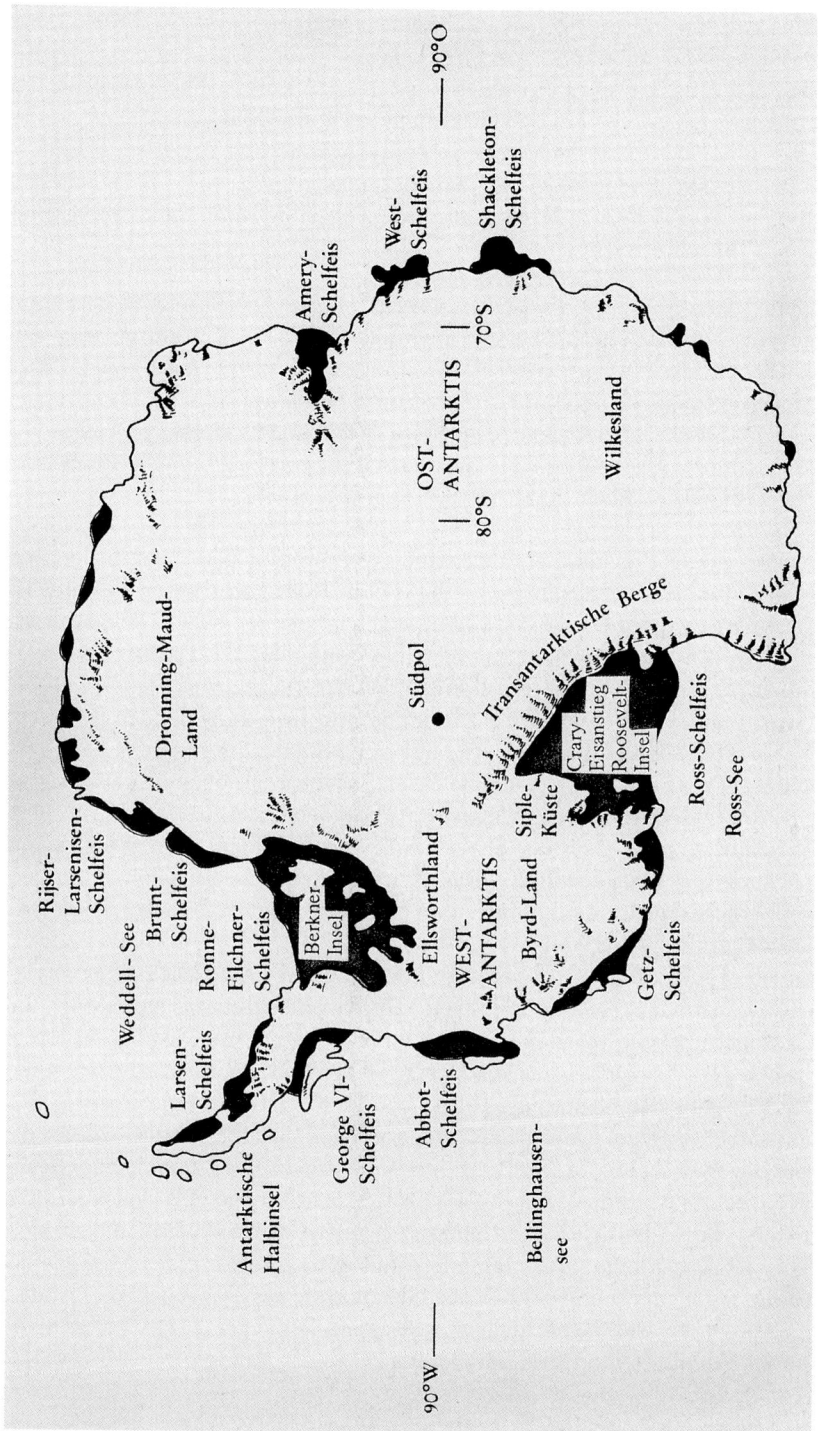

Abbildung 15: *Karte der Antarktis. Die schraffierten Bereiche deuten den freien Fels an, die Schelfeise sind schattiert dargestellt* [14].

Massenbilanz für die Schneeakkumulation von oben und das Abschmelzen des Eises von unter und von der Eistemperatur. Die charakteristischen Zeiten bei transienten Prozessen sind relativ kurz. Eine plötzliche Variation der Eisdicke bei der Grundlinie oder des Massentransportes vom Inland her oder eine plötzliche Temperaturänderung des Eises führen zu wesentlichen Änderungen der Schelfeisausdehnung und -dicke schon in 100 bis 500 Jahren. Neue stationäre Zustände sind nach weniger als 2'000 Jahren erreicht.

- Gebundene Schelfeise sind nur teilweise frei, da ihre Bewegung von topographischen Hügeln, die zu Eiserhebungen ("Ice rises") führen, oder dem seitlichen Reibungswiderstand bestimmt wird. "Ice rises" sind Zonen großen basalen Widerstandes; sie verursachen longitudinale Kompression und plastisches Umfließen. Die Wirkung dieser Widerstandskräfte verlangsamt das Eisfließen in der Nachbarschaft, was zu einer entsprechenden Verdickung des Eises führt.

Einfache ebene Fließmodelle vernachlässigen einmal den Einfluß der Ozeanströmung unterhalb der Schelfeise, über deren Rolle recht wenig bekannt ist, deren Temperaturregime jedoch den Massenhaushalt der Schelfe beeinflussen; zum anderen muß man ohne eine genauere Erfassung der Bewegung in der Zone auskommen, in der das Schelfeis auf Grund sitzt.

Es wird behauptet, daß marine Eisschilde und ihre umgebenden Schelfeise inhärent instabil seien und daher heftig auf eine klimatische Erwärmung reagieren könnten. Es ist nämlich so, daß die freien Schelfeise aufgrund ihrer divergierenden viskosen Kriechbewegung quasi am Inlandeis "ziehen". Die Grundlinie stellt sich dort ein, wo sich der Massenfluß vom Inlandeis und derjenige des Kriechziehens die Waage halten. Das Kriechziehen wächst dabei überlinear mit der Eisdicke an der Grundlinie, der Massenfluß ist von dieser Dicke fast linear abhängig.

Nehmen wir also an, ein Eisschild entleere sich in ein Schelf über ansteigendem Meeresboden (Abbildung 16a). Durch eine klimatische Erwärmung wird Eis wegschmelzen; trotz eines Grundlinienrückzugs kann in solchen Fällen die Eisdicke daselbst ansteigen, was das Kriechziehen verstärkt und zu einem weiteren Rückzug der Grundlinie führt, bis die Grundlinie eine Position mit fallendem Meeresspiegel erreicht hat. Bei abfallendem Meeresboden bleibt das Schleifeis dagegen stabil, da sich die Grundlinie umgehend "dem neuen Gleichgewicht anpaßt" (Abbildung 16b). Diese Betrachtung vernachlässigt allerdings die Existenz eines delikaten nichtlinearen Gleichgewichts zwischen der Massenbilanz, der Zuströmung vom Inlandeis und dem Übergang des Fließens des Inlandeises in ein zugdominiertes Fließen des Schelfeises. Verschiedene Studien [14,17] kommen zu widersprüchlichen Aussagen: Die einen sagen Instabilität, die anderen Stabilität für Eisschilde voraus.

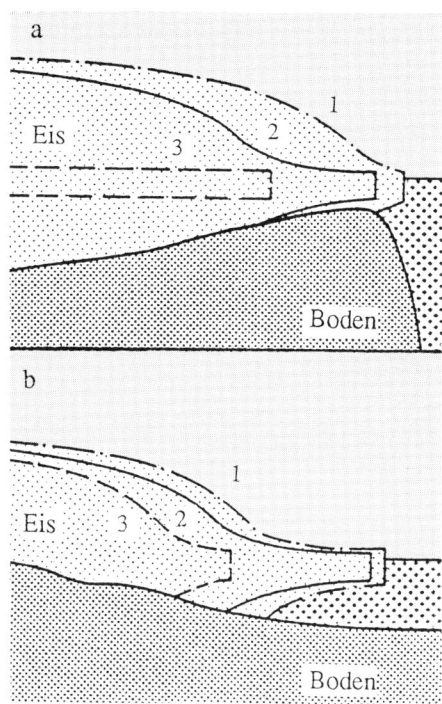

Abbildung 16: *Wechselwirkung zwischen der Wanderung der Grundlinie eines Schelfeises und der Meeresbodentopographie. a) Instabile Situation und b) stabile Situation für Rückzug; die Symbole bedeuten — Gleichgewichtslage, - - - neues Gleichgewicht nach Abkühlung [14].*

3.2 Ist das westantarktische Eisschild stabil?

Der antarktische Kontinent, etwa doppelt so groß wie Australien, ist fast vollständig mit Eis bedeckt. Nur etwa 1 % ist eisfrei, hauptsächlich auf der antarktischen Halbinsel und in der Nähe des Ross-Schelfeises. Die transantarktischen Berge trennen die Ost- und Westantarktis. Das Bett der Westantarktis ist wesentlich tiefer als dasjenige der Ostantarktis; daher ist die Westantarktis ein marines Eisschild, die Ostantarktis eine Eiskappe auf festem Grund. In der Ostantarktis fließt das Eis hauptsächlich schwerkraftgesteuert. Die Geschwindigkeiten sind somit proportional zur Oberflächenneigung und folgen den Richtungen des steilsten Gefälles. Demgegenüber erfolgt der Massenverlust in der Westantarktis über einige konzentrierte "schnelle" Eisströme, die voneinander durch relativ langsames Eis getrennt sind. Etwa 60 % allen Eises der gesamten Antarktis wird durch die Eisströme drainiert, welche ins Ross- und ins Ronne-Filchner-Schelfeis münden. Die Fließgeschwindigkeiten betragen dort 500 m pro Jahr und sind somit bis zu zehnmal größer als zwischen den Strömen. Der wahre Grund der großen Strömungsgeschwindigkeiten ist bis heute nicht klar. Damit kann noch kein realistisches Modell der Dynamik der Antarktis angegeben werden, obwohl zur Zeit mehrere Forschergruppen in aller Welt die Dynamik dieser Eisströme intensiv untersuchen.

Wir können also schließen, daß in einer zukünftigen Klimaerwärmung das Verhalten des westantarktischen Eisschildes derzeit nicht vorhergesagt werden kann. Da ein vollständiges Abschmelzen der Westantarktis eine Erhöhung des Meeresspiegels um 6 m produzieren würde, ist diese Unkenntnis äußerst beunruhigend. Im Sinne einer Vorsorge müßten wir heute eigentlich von der Instabilität des westantarktischen Eisschildes ausgehen.

3.3 Zukünftige Meeresspiegellage

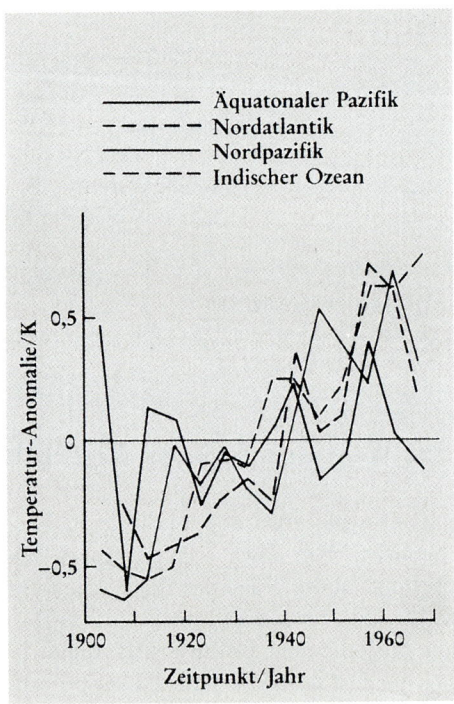

Abbildung 17: *Fünfjahres-Durchschnitts-Temperaturen des Meerwassers an der Meeresoberfläche, über große Ozeanflächen gemittelt, während der letzten 70 Jahre [15].*

Der Meeresspiegel steigt gegenwärtig mit einer Rate von 15 ± 1,5 cm pro Jahrhundert. Fragen wir uns also, ob und wie dieser Anstieg bekannten Ur-

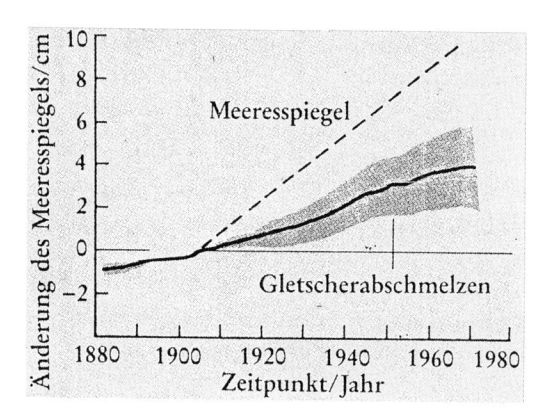

Abbildung 18: *Änderung der Meeresoberfläche in mm normiert auf das Jahr 1900 sowie Anteil dieser Änderung, der auf die kleineren Berggletscher zurückzuführen ist. Die farbige Fläche gibt die Fehlergrenze an [16].*

sachen zugewiesen werden kann. In den letzten 60 bis 100 Jahren ist die Oberflächentemperatur der Ozeane, gemittelt über große Flächen zunehmend angestiegen (Abbildung 17). Die Temperaturerhöhung entspricht etwa einer Hebung des Meeresspiegels um 2 cm. Dieser positive Trend in der Oberflächentemperatur der Ozeane läuft parallel mit einem entsprechenden Trend der Jahresmittelwerte der Lufttemperatur an der Oberfläche der nördlichen Hemisphäre und läßt sich damit gut korrelieren. Die restlichen etwa 13 cm lassen sich nicht auf die beobachtete Ablation der grönländischen und antarktischen Eisschilde zurückführen. Der Schwund des grönländischen Eisschildes trägt zwar allein mit etwa 6 cm bei. Dieser Effekt wird aber durch das gegenwärtige Wachsen des antarktischen Eisschildes voll ausgeglichen. Wegen des erhöhten Feuchtetransportes zu den Polen hin wachsen nämlich die inneren Teile des antarktischen Eisschildes mit 10 cm pro Jahrhundert.

Eine neuere Untersuchung [16] kommt zum Schluß, daß die Berggletscher ungefähr für ein Drittel der beobachteten Erhöhung der Meeresspiegeloberfläche verantwortlich sind, das heißt für ca. 5 cm seit 1884 (Abbildung 18).

Es gibt noch weitere Faktoren, welche im Hinblick auf Meeresspiegelveränderungen betrachtet werden müssen:

- Mittlere, jährliche atmosphärische Druckschwankungen variieren sehr stark über den Erdball. Sie führen zu Differenzen in der Meeresspiegelhöhe von lokal bis zu 15 cm.

- Die Dichte des Meereswassers ist eine Funktion der Temperatur und des Salzgehaltes. Ein Anstieg der Ozeantemperatur um 1 K entspricht einem Meeresspiegelanstieg von ca. 2 cm.

- Die vertikalen Bewegungen der Erdkruste durch Tektonik sind klein und sollten vernachlässigbar sein.

- Schwierig einzuschätzen ist der hydrologische Zyklus. Er besteht aus den Komponenten Ozean, Atmosphäre, Eis und terrestrischem Wasser (Flüsse, Seen, Bodenfeuchte, Grundwasser). Jede dieser Komponenten besitzt ihre eigene typische Zeitskala. Während der jüngsten geologischen Zeit haben die in den einzelnen Komponenten gespeicherten Wassermengen höchstwahrscheinlich stark variiert. Eine Vergrößerung (Verkleinerung) des Eisvolumens ist von Senkungen (Hebungen) des Meeresspiegels begleitet; weiter wird das Gewicht der Eisschilde wohl durch entsprechende Verformungen der Erdkruste kompensiert.

Mit all den obigen Unsicherheiten ist eine verläßliche Prognose der Meeresspiegelerhöhung für die nächsten 100 Jahre eine riskante Sache. Gehen wir einmal von einer Verdoppelung des atmosphärischen CO_2-Gehaltes in den nächsten 100 Jahren aus. Dies wird zu einer geschätzten globalen Erwärmung der oberen Ozeanschichten um 2 bis 4 K mit entsprechenden Verstärkungen in den polaren Zonen führen. Nehmen wir weiter an, der gegenwärtige Anstieg des Meeresspiegels von 15 cm pro Jahrhundert würde sich fortsetzen, selbst wenn der CO_2-Gehalt der Luft nicht stiege.

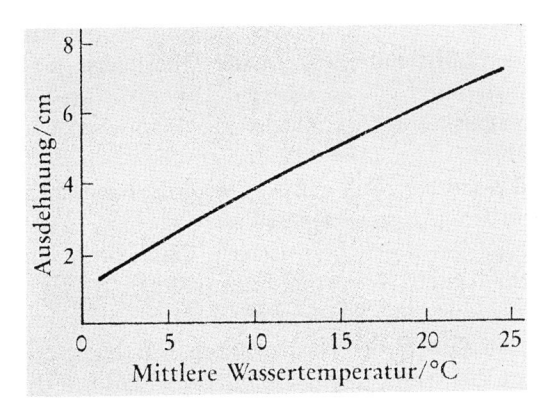

Abbildung 19: *Thermische Ausdehnung einer Ozeanschicht von 100 m Dicke nach einer Erwärmung um 2 K, dargestellt als Funktion der mittleren Temperatur der Schicht [14].*

Die Wärmeausdehnung des Ozeans auf Grund einer klimatischen Erwärmung kann mit einem Zweischichtenmodell mit einer 100 m dicken Deckschicht und einer 900 m dicken tiefen Ozeanschicht abgeschätzt werden. Die Ausdehnung der oberen Schicht nach einer Erwärmung von 2 K ist in Abbildung 19 als Funktion der mittleren Temperatur aufgetragen. Auf dieser Grundlage können die Erhöhungen des Meeresspiegels in den äquatorialen und polaren Zonen separat abgeschätzt werden. Ähnlich kann man den Anteil des tiefen Ozeans abschätzen, der entsprechend eine mittlere Jahrestemperatur von 5° C und 1° C aufweist und eine Temperaturerhöhung von ca. 0,5 K erfährt. Die gesamte thermohaline Expansion beträgt 7,5 cm bei einer Erhöhung der Temperatur der Deckschicht um 2 K. Dieser Betrag erhöht sich auf etwa das Doppelte bei einer Erwärmung der Deckschicht um 4 K.

Der Beitrag der Kryosphäre kann in die Anteile von Grönland, der Ostantarktis, der Westantarktis und der Berggletscher aufgeteilt werden. Die letzteren würden bei einer vollständigen Abschmelzung zu etwa 30 bis 50 cm Meeresspiegelerhöhung führen. Das Eintreten eines solchen Ereignisses ist aber unwahrscheinlich. Da sich die meisten alpinen Gletscher im letzten Jahrhundert bereits stark zurückgezogen haben, mag eine Schätzung zwischen 10 und 25 cm vernünftig sein. Momentan wächst die Ostantarktis,; sie trägt zu einem Abfallen des Meeresspiegels von 0 bis 5 cm bei. Ein zu erwartender Anstieg des Meeresspiegels infolge Nettoablation der grönländischen Eiskappe wird in den nächsten 100 Jahren zwischen 0 und 10 cm betragen (ein vollständiges Abschmelzen würde 6 m Anstieg ergeben). Diese Schätzungen addieren sich total zu 28 bis 66 cm. Über Zeitskalen von mehreren 100 Jahren setzt sich dieser Trend fort, und es ist mit einem Anstieg von mehreren Metern zu rechnen. Bei einem Abgleiten des westantarktischen Eisschelfes, das nicht ausgeschlossen werden kann, läßt sich ein Anstieg des Meeresspiegels um zusätzliche 6 m abschätzen. Die Menschheit ist aufgerufen, alles zu tun, um eine derartige Katastrophe zu vermeiden.

Literatur

[1] C. D. KEELING: Mauna Loa Observatory/Hawaii

[2] P. D. JONES, T. M. L. WIGLEY, P. M. KELLY: Variation in Surface Air Temperature: Northern Hemisphere 1881 - 1980, *Monthly Weather Rev.* 110, 59 (1982)

[3] C. D. SCHÖNWIESE, B. DIEKMANN: *Der Treibhauseffekt. Der Mensch ändert das Klima.* Deutsche Verlags-Anstalt, Stuttgart, 2. Aufl.1988. überarbeitete Auflage als RORORO-Sachbuch No 880

[4] K. HEINLOTH: *Physik in unserer Zeit* 18, 47 (1987)

[5] Aufruf der DPG und DMG: *Phys. Blätter* 43, 347 (1987)

[6] 1. Zwischenbericht der Bundestags-Enquete-Kommission "Vorsorge zum Schutz der Erdatmosphäre", Nov. 1988

[7] H. OESCHGER: Die Ursachen der Eiszeiten und die Möglichkeit der Klimabeeinflussung durch den Menschen. *Mitt. d. Natf. Gesellschaften Luzern,* 29, 51 (1987)

[8]   J. IMBRIE, K. PALMER-IMBRIE: *Ice Ages, Solving the Mystery*,Harward University Press, Cambridge/MA, London 1986

[9]   M. M. MILANKOVICH: Astronomische Theorie der Klimaschwankungen, ihr Werdegang und Widerhall, *Serb. Acad. Sci. Mono* **280**, 1 (1957)

[10]   M. M. MILANKOVICH: *Kanon der Erdbestrahlung*, Königlich Serbische Akademie, Belgrad, 1941

[11]   C. COVERY: The Earth's orbit and the ice ages, *Scientific American*, Februar 1984, S. 42

[12]   J. M. BARNOLA, D. REYNAUD, Y. S. KOROTKEVICH, C. LORIUS: Vostok ice core provides 160000-year record of atmospheric CO_2, *Nature* **329**/6138, 408 (1987)

[13]   R. C. A. HINDMARSH, G. S. BOULTON, K. HUTTER: Modes of Operation of Thermomechanically Coupled Ice-Sheets, *Annals of Glaciology*, **13**, 57 (1989)

[14]   C. J. VAN DER VEEN, *Ice Sheets. Atmospheric CO_2 and Sea Level.* Ph. D.-Dissertation, University of Utrecht, Netherlands 1986

[15]   T. P. BARNETT: Recent Changes in Sea Level and their Possible Causes. CLIM. CHANGE **5**, 15 (1983)

[16]   M. F. MEIER: Contribution of Small Glaciers to Global Sea Level, *Science* **226**, 1418 (1984)

[17]   R. H. THOMAS: Responses of the Polar Ice Sheets to Climatic Warming. In: Glaciers, Ice Sheets, and Sea Level: Effect of a CO_2-Induced Climatic Change. *US Dept. of Energy Report DOE/EV/*60235-1, 301 - 316 (1983)

Der Treibhauseffekt – Klimamodellrechnung und Beobachtungsindizien

CHRISTIAN.-D. SCHÖNWIESE, *Frankfurt/Main*

Der durch Messungen belegte Anstieg der Konzentration von Kohlendioxid (CO_2) und anderer klimawirksamen Spurengasen in der Atmosphäre ist unzweifelhaft auf menschliche Aktivitäten zurückzuführen. Geht diese Entwicklung so weiter wie bisher, so könnte eine Situation, die einer atmosphärischen CO_2-Verdoppelung entspricht, schon um das Jahr 2030 eingetreten sein. Als Folge davon sagen die derzeit besten Klimamodelle eine Erhöhung der bodennahen Weltmitteltemperatur um ca. $1,5° - 5°C$ voraus ("Treibhauseffekt"). Mit der Temperatur ändern sich stets aber auch die Bewegungsvorgänge in der Atmosphäre und mit ihnen Bewölkung, Niederschlag, Luftfeuchte, Meeresspiegelhöhe usw., auch wenn die Unsicherheiten solcher Vorhersagen zur Zeit noch erheblich sind, insbesondere was die regionale Verteilung dieser durch den Menschen verursachten Klimaänderungen betrifft. Umso wichtiger ist es, den Klimabeobachtungsindizien nachzuspüren, die darauf hinweisen, daß die Lawine weltweiter anthropogener Klimaänderungen bereits rollt. Als Ergebnis entsprechender Risikoabschätzungen ergibt sich zweifellos ein dringender internationaler Handlungsbedarf.

1 Einführung

Die wissenschaftliche Warnung vor weltweiten Klimaänderungen durch den Menschen kann mittlerweile auf eine lange Geschichte zurückblicken. Nachdem der französische Physiker und Mathematiker G. FOURIER (1827) sowie der irische Physiker J. TYNDALL (1861) den Zusammenhang zwischen atmospährischer Kohlendioxid (CO_2)-Konzentration und Klima, den natürlichen "Treibhauseffekt", bereits qualitativ richtig erkannt hatten, war es wohl der schwedische Physiker und Chemiker S. ARRHENIUS (1896), der als erster auf die Gefahren der Nutzung fossiler Energie und die damit verbundene CO_2-Emission in die Atmospähre hingewiesen hat, weil dadurch der natürliche "Treibhauseffekt" verstärkt wird, was weltweite Klimaänderungen zur Folge haben muß. Seit jener Zeit führt eine Kette wissenschaftlicher Befunde und Warnungen bis in unsere Zeit (BACH, 1982; BOLIN et al., 1986; IPCC, 1990).

Spätestens 1979, als die erste UN-Weltklimakonferenz einen Appell an alle Nationen der Welt richtete, mögliche anthropogene Klimaänderungen nicht nur vorherzusehen, sondern auch zu verhindern, wurde die Warnung vor solchen

Tabelle 1: *Einige Charakteristika klimawirksamer Spurengase, Ozon (O_3) nur untere Atmosphäre (Troposphäre) und unsicher (Deutscher Bundestag, 1988; Schönwiese und Dickmann, 1989, IPCC, 1990)*

Spurengas	derzeitige[a] (und vorindustrielle) Konzentration	antropogene Emission pro Jahr	Konzentrationsanstieg pro Jahr	mittlere atmosphärische Verweilzeit	molekulares Treibhauspotnetial[b]
CO_2	353 (280) ppm	6-7 Gt[c]	0,5%	5-10 Jahre[d]	1
O_3	30 (?) ppb	1 Gt	1% (?)	1-3 Monate	2000
FCKW, F11	0,3 (0) ppb	1,1 Mt	4%	65 Jahre	3500
F12	0,5 (0) ppb			130 Jahre	7300
N_2O	0,31 (0,29) ppm	4-7 Mt	0,25%	100 Jahre	290
CH_4	1,7 (0,8) ppm	140-370 Mt	0,9%	10 Jahre	21

Gt = Gigatonnen (Milliarden t), Mt = Megatonnen (Millionen t), C = Kohlenstoffeinheiten, N = Stickstoffeinheiten

[a] 1990
[b] 100 Jahre Zeithorizont
[c] davon 5,5 Gt fossile Energie
[d] Störungszeit (e-folding time) 50-200 Jahre

Der Treibhauseffekt – Klimamodellrechnung und Beobachtungsindizien 31

Änderungen zum internationalen Anliegen der Klimatologie. Die Weltkonferenz "The Changing Atmosphere" (Toronto, 1988) sprach sogar von einem unkontrollierten Experiment, das die Menschheit mit der Atmosphäre der Erde durchführe und dessen Konsequenzen letztlich mit einem Weltatomkrieg vergleichbar sein könnten. Derartig drastische Formulierungen ließen nun auch

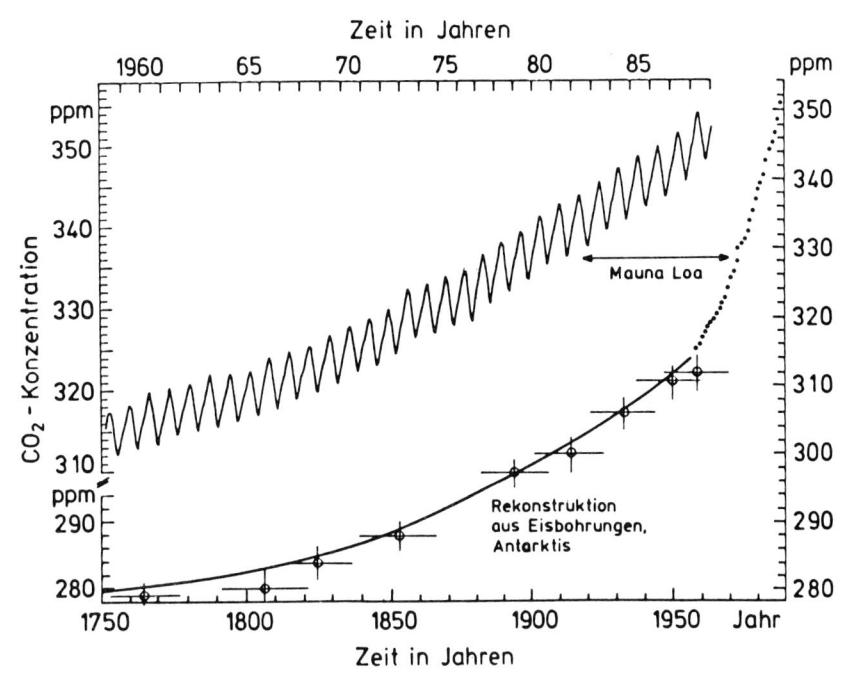

Abbildung 1: *Anstieg der atmosphärischen Kohlendioxid (CO_2)-Konzentration nach direkten Messungen auf dem Mauna Loa (Hawaii), oben Monatswerte mit Jahresgang, rechts (Punkte) Jahreswerte, jeweils seit 1958 (Quelle: Keeling, 1989); weiterhin Rekonstruktion aus Eisbohrungen (Antarktis), Kreise mit in Kreuzform angegebenen Unsicherheitsbereichen (Quelle: Neftel et al., 1985) und zugehörige Regression; hier nach Schönwiese und Diekmann, 1989, ergänzt.*

Medien, Politik und Wirtschaft aufhorchen. Im Jahr 1987 hat der deutsche Bundestag die Enquete-Kommission "Vorsorge zum Schutz der Erdatmosphäre" ins Leben gerufen. Die Medien, die das Thema unter den Schlagworten "Klimakatastrophe" u.ä. vor einigen Jahren zum Teil sehr panikartig aufgegriffen haben, berichten nun auch über Unsicherheiten, Meinungsveränderungen und Stimmen, die alle Klimawarnungen in Zweifel zu ziehen scheinen. Diese Extrempositionen müssen in der Öffentlichkeit zu Irritationen führen, zumal es dabei häufig zu Fehlinterpretationen und Widersprüchen kommt. Eine wissenschaftliche Bestandsaufnahme muß dagegen versuchen, Fakten, Fehler und Bandbreiten, d.h. Unsicherheiten bzw. Wahrscheinlichkeiten, klar auseinanderzuhalten.

Kein Zweifel kann zunächst daran bestehen, daß der Mensch durch vielfältige Aktivitäten die Zusammensetzung der Atmosphäre ändert. So hat die atmosphärische Kohlendioxid (CO_2)-Konzentration seit vorindustrieller Zeit (vor ca. 150-200 Jahren) von ca. 280ppm (Unsicherheit ca. ±5ppm) auf heute über 350ppm zugenommen, vergl. Abbildung 1. Die Hauptquelle dafür, vergl. Tabelle 1, stellt die Nutzung fossiler Energie dar, die heute einen Anteil von 88% der Weltprimärenergieerzeugung aufweist und zu einer Emission von derzeit rund 5,5 Gt Kohlenstoff oder rund 22 Gt CO_2 pro Jahr führt. Dies ist eine Folge des steilen Anstiegs der Weltenergienutzung, die um 1900 noch um 1 Gt SKE lag und heute rund 12 Gt SKE erreicht hat. Damit hat die Weltenergienutzung noch wesentlich rascher als die Weltbevölkerung zugenommen, die um 1900 etwa 2 Milliarden aufwies und heute ca. 5.3 Milliarden beträgt. Eine weitere wichtige Quelle für CO_2-Emissionen sind Waldrodungen, insbesondere Brandrodungen in den Tropen, sowie Bodenverluste.

Nun ist aber CO_2 keineswegs das einzige klimawirksame Spurengas, dessen atmosphärische Konzentration aufgrund menschlicher Aktivitäten zunimmt. In Tabelle 1 sind auch einige Informationen über die wichtigsten weiteren anthropogen direkt beeinflußten klimawirksamen Spurengase zusammengestellt. Diese spielen seit einigen Jahrzehnten eine immer größere Rolle, weil sie zum Teil wesentlich rascher als CO_2 in ihren atmosphärischen Konzentrationen ansteigen, zum Teil eine wesentlich größere Verweilzeit in der Atmosphäre aufweisen und allesamt ein größeres molekulares Treibhauspotential beinhalten, d.h. pro Molekül mehr Wärmestrahlung absorbieren und zur Erdoberfläche zurückemittieren; dieser "Treibhauseffekt", der die untere Atmosphäre erwärmt und die obere abkühlt, ist die Ursache für die Klimawirksamkeit der genannten Spurengase, vergl. Abbildung 2. Dabei spielt als wichtigstes natürliches Treibhausgas auch der Wasserdampf eine bedeutende Rolle. Wenn der Mensch nichts wesentliches ändert (einfaches Extrapolationsszenario) ist der in Abbildung 3 skizzierte Konzentrationsverlauf zu erwarten, wobei die über CO_2 hinaus gehenden Spurengase in sog. CO_2-Äquivalenten angegeben sind, d.h. in zusätzlichen fiktiven CO_2-Konzentrationswerten, die der Strahlungs- und somit Klimawirksamkeit dieser Gase entsprechen.

Während beim natürlichen Treibhauseffekt, der etwa +33°C ausmacht (d.h. 15°C bodennahe Weltmitteltemperatur statt −18°C ohne klimawirksame Spurengase) dem Wasserdampf die tragende Rolle zukommt (ca. 64%, CO_2 ca 22%), hat beim bisherigen anthropogenen Spurengas-Konzentrationsanstieg die Klimawirksamkeit des CO_2 eindeutig dominiert, vergl. Tabelle 2 (je nach Autor ein Anteil von 50 - 74% am bisherigen "Treibhauseffekt"). Für die Zukunft ist nun eigentlich weniger eine CO_2 - Verdopplung als vielmehr eine Situation von Interesse, die unter Hinzunahme der weiteren klimawirksamen Spurengase einer solchen Verdoppelung entspricht. Wie Abbildung 3 zeigt, könnte dies bei Fortschreibung der derzeitigen Trends grob geschätzt um das Jahr 2030 (nach

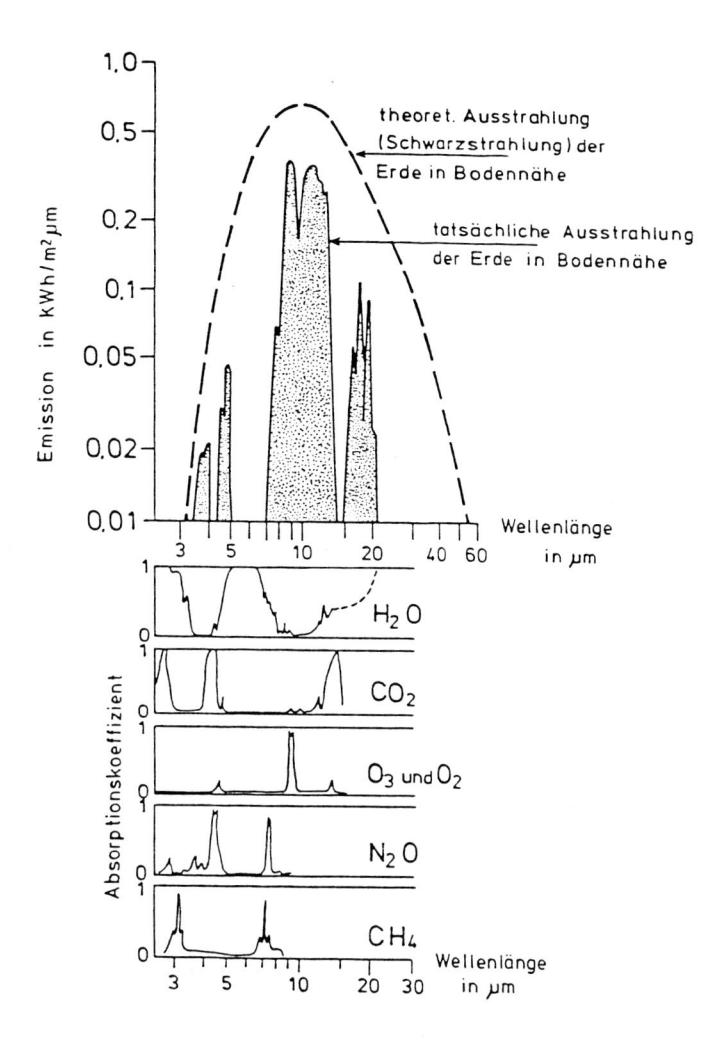

Abbildung 2: *Physikalische Grundlage des "Treibhauseffektes": Die theoretische Wärmeausstrahlung der Erdoberfläche wird durch die unten angegebenen wellenlängenabhängigen Absorptionen klimawirksamer Spurengase herabgesetzt, so daß statt der theoretischen Ausstrahlung ("Schwarzstrahlung") nur der dunkel getönte Bereich tatsächlich wirksam ist. Soweit diese Vorgänge nicht durch entsprechende Schwächung der Sonneneinstrahlung kompensiert werden, resultiert daraus eine Erwärmung der Erdoberfläche und unteren Atmosphäre (nach Fortak, hier nach Schönwiese und Diekmann, 1989).*

Tabelle 2: *Bisheriger anthropogener Treibhauseffekt (d.h. Erhöhung der bodennahen Weltmitteltemperatur) in prozentualer Aufschlüsselung der einzelnen beteiligten Spurengase.*

Autor	CO_2	FCKW	N_2	CH_4	weitere[a]
Ramanathan (1985)	69%	12%	3%	16%	-
Ramanathan (1987)	50%	17%	4%	19%	10%
Tricot/Berger (1987)	74%	9%	2%	13%	2%
Hansen et al. (1988)	64%	16%	4%	8%	8%
Hekstra (1989)	61%	11%	4%	24%	-
IPCC (1990)	61%	11%	4%	15%	9%

[a]Ozon, stratosphärischer Wasserdampf und F22 (HCFC 22)

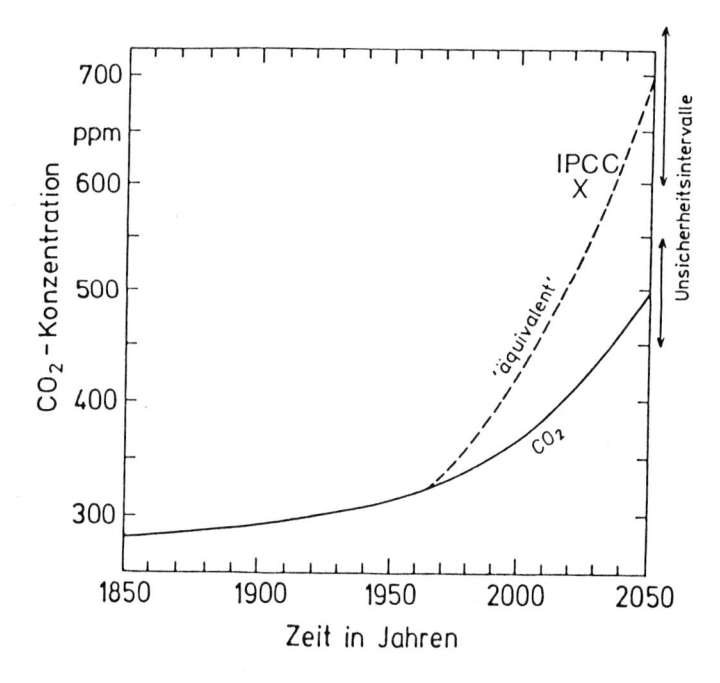

Abbildung 3: *Gemessener bzw. rekonstruierter (vergl. Abbildung 1) sowie extrapolierter Anstieg der atmosphärischen CO_2-Konzentration, mittlere grobe Schätzung auf Grund von sog. Energieszenarien. Der "äquivalente" CO_2-Anstieg berücksichtigt darüber hinaus den Temperatureffekt der wichtigsten weiteren "Treibhausgase", deren Konzentration ebenfalls anthropogen ansteigt; Quelle wie Abbildung 1 (nach verschiedenen Primärquellen); die IPCC (1990)-Schätzung (Trendfortschreibung, x) gibt das Erreichen einer äquivalenten CO_2-Konzentration im Jahr 2025 an.*

IPCC, 1990, um das Jahr 2025) der Fall sein. Viel weiter sollte man nicht in die Zukunft schauen, weil dann die Effekte extrem nichtlinear und somit auch extrem unsicher werden.

2 Die Vorhersagen der "Klimamodell - Experimente"

Welche Konsequenzen wird eine solche Entwicklung nun für das Klima der Erde haben? Der einfachste Weg, dies abzuschätzen, ist die Anwendung sog. Energiebilanzmodelle (EBM), welche die Vorgänge der solaren Einstrahlung zu den in Abbildung 2 skizzierten Vorgängen der terrestrischen Wärmeausstrahlung in Beziehung setzen. Solche Abschätzungen können in globaler Mittelung, aber auch in Aufschlüsselung nach den Breitenkreiszonen oder nach der Höhe vorgenommen werden. Gerade bei der Höhenabhängigkeit ist es aber problematisch, beispielsweise die Konvektionsvorgänge (turbulente Durchmischung und Umsetzungen latenter Wärme bei Temperaturanstieg) realistisch zu erfassen.

Daher sind, sozusagen als zweite Stufe, sog. Strahlungskonvektionsmodelle (radiative convective models, RCM) entwickelt worden. Auch diese Technik kann letztlich jedoch nicht befriedigen, weil sie die regionale Verteilung der zu erwartenden Temperaturänderungen nicht oder kaum erfassen kann. Noch wichtiger ist die Tatsache, daß Temperaturänderungen niemals isoliert auftreten, sondern über atmosphärische Bewegungsvorgänge, die sog. Zirkulation, stets mit Änderungen von Bewölkung, Niederschlag, Luftfeuchte usw., nicht zuletzt auch mit Windänderungen, verknüpft sind, wobei eine ganze Reihe von Rückkopplungsmechanismen auftreten. Schließlich ist die Atmosphäre mit Ozean, Kryosphäre (Eisgebieten), Biosphäre und Landoberfläche gekoppelt, so daß nicht allein die Atmosphäre, sondern dieses gesamte "Klimasystem" zu betrachten ist.

Bei den derzeit besten und somit relativ verläßlichsten Klimamodellrechnungen zum anthropogenen Spurengasproblem handelt es sich somit um Approximationen, welche die dreidimensionalen Bewegungsvorgänge der Atmosphäre in einem Gitterpunktnetz (typischer Gitterpunktabstand 200-300km) und in mehreren Schichten bis in die Stratosphäre hinein simulieren (general circulation model, GCM). Sie sind mit einem stark vereinfachten Ozeanmodell gekoppelt, das zumindest die obere relativ warme "Mischungsschicht" umfasst, und berücksichtigen außerdem, in ebenfalls stark vereinfachter Form, das Verhalten der Eisgebiete der Erde (Kryosphäre), was z.B. zur Abschätzung von Meeresspiegeländerungen unerläßlich ist. Nur solche Modelle sind in der Lage, alle wesentlichen Klimaelemente (Temperatur, Niederschlag usw.) und deren regionale Verteilung zu simulieren.

Diese Modelle werden zunächst in einem "Kontrollexperiment" auf ihre Fähigkeit hin getestet, das derzeitige Klima hinreichend korrekt wiederzugeben. Erst danach können z.B. "CO_2 - Verdoppelungsexperimente" durchgeführt werden, in denen die atmosphärische CO_2-Konzentration sprunghaft von z.B. 300 auf 600 ppm (oder auch 280 auf 560ppm) erhöht wird. Nach einer "Integrations-" (d.h. Simulations-) Zeit von einigen Jahrzehnten, was, wegen des physikalisch-numerischen Aufwandes, einer Rechenzeit von einigen Tagen oder gar Wochen entspricht, stellt sich dann – hoffentlich – eine Gleichgewichtsreaktion ein, welche die "Antwort" des Klimas auf die betreffende Spurengaskonzentration darstellt.

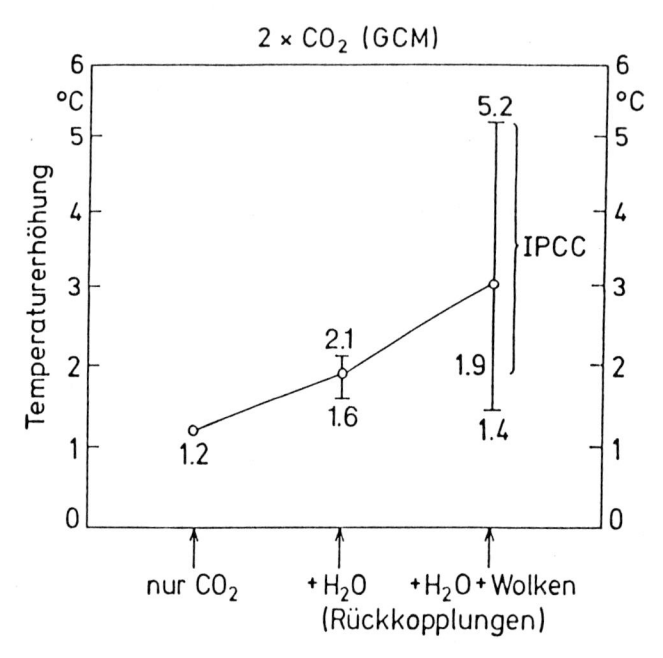

Abbildung 4: *Erhöhung der global und jährlich gemittelten bodennahen Lufttemperatur im Fall einer atmosphärischen CO_2-Verdoppelung (im "Gleichgewicht") ohne ("nur CO_2") und mit hydrologischen Rückkopplungen ("H_2O" = Wasserdampf, d.h.Luftfeuchte) nach verschiedenen Klimamodellrechnungen ("general circulation models", GCM); nach Roecker (1988), ergänzt (vergl. auch Abbildung 5).*

In welchem Jahr diese Reaktion eintritt, bleibt dabei zunächst offen. Zwar gibt es auch sog. transiente, d.h. zeitabhängige Modellrechnungen, die aber noch wesentlich unzuverlässiger als die Gleichgewichtsmodellierungen sind, und zwar deswegen, weil, um solche Berechnungen überhaupt zu ermöglichen, Vereinfachungen in noch gravierenderer Art und Weise vorgenommen werden müssen und weil man nicht genau weiß, wie groß die Verzögerungszeit zwischen dem Spurengas-Konzentrationsniveau und der Klimareaktion ist; denn

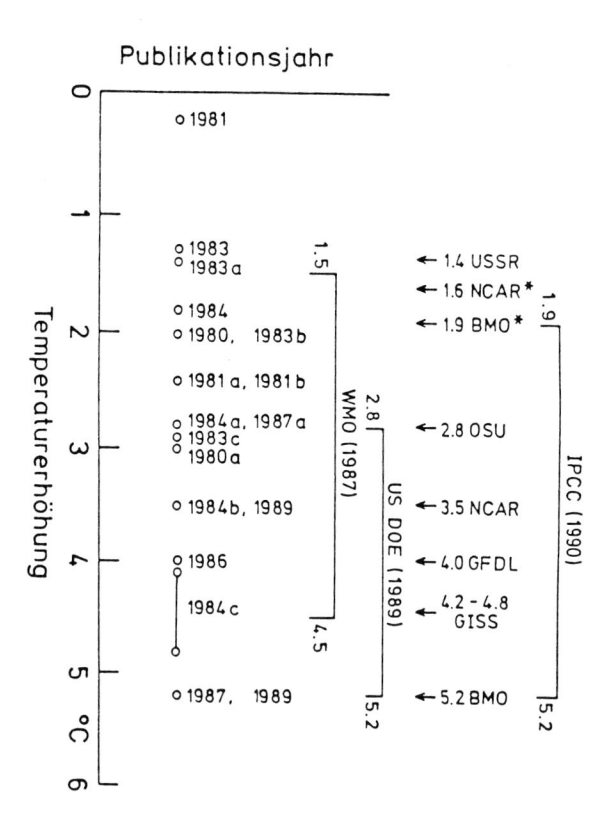

Abbildung 5: *Seit 1980 publizierte Klimamodellergebnisse ("GCM"), in denen ähnlich Abbildung 4 die im Fall einer CO_2-Verdoppelung zu erwartende Temperaturerhöhung angegeben ist (mit Publikationsjahr). WMO (Weltmeteorologische Organisation), US DOE (Department of Energy) und IPCC (Intergovernmental Panel on Climate Change) weisen auf Verlautbarungen der entsprechenden Gremien hin. Oberhalb US DOE sind die Ergebnisse der letzten Versionen der führenden Modellgruppen angegeben, BMO* mit gegenüber BMO alternativer Wolkenparameterisierung, NCAR* entgegen NCAR mit Einfluß des sog. "tiefen" d.h. ganzen Ozeans (BMO = British Meteorological Office, Mitchell et al.; GFDL = Geophysical Fluid Dynamics Laboratory, USA, Manabe et al.; GISS = Goddard Insitute for Space Studies, USA, Hansen et al.; NCAR = National Center for Atmospheric Research, USA, Washington und Meehl; OSU =Oregon State University, USA, Schlesinger et al.). Zusammenstellung hier nach Schönwiese et al., 1990.*

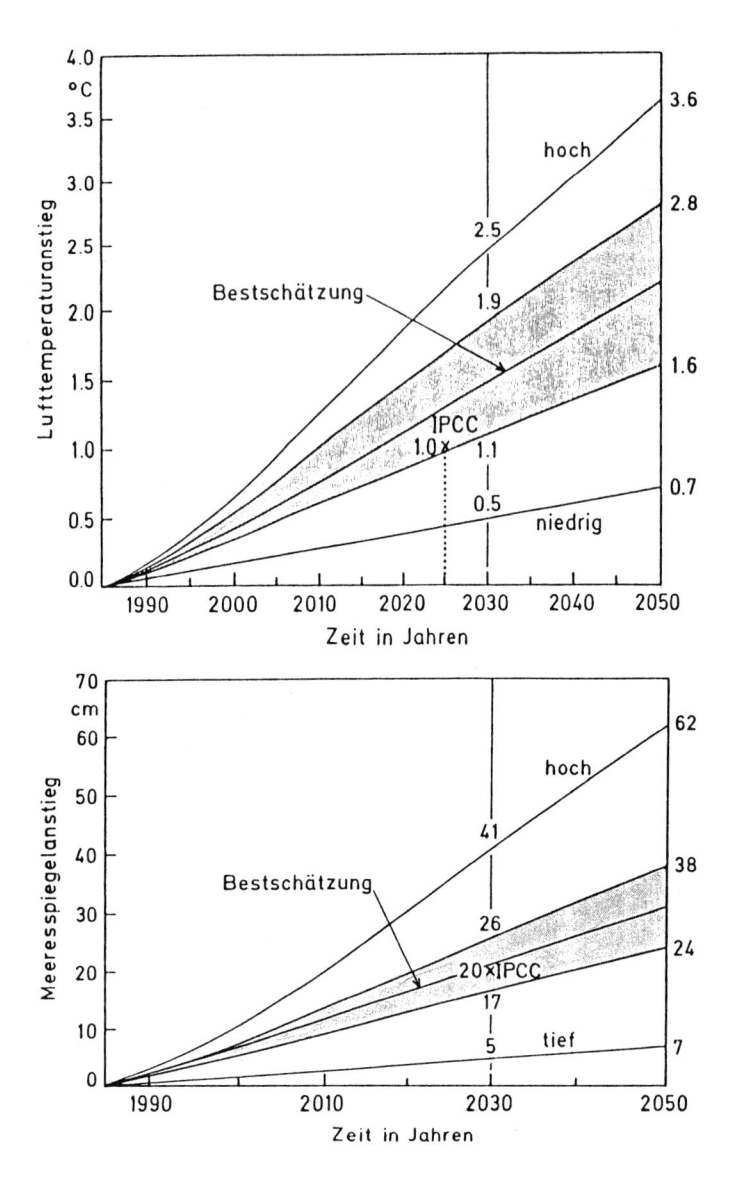

Abbildung 6: a) "Transiente", d.h. zeitabhängige Simulation des global und jährlich gemittelten Lufttemperaturanstiegs als Folge des Konzentrationsanstieges klimawirksamer Spurengase; Zusammenstellung aufgrund verschiedener vorliegender Berechnungen nach Wigley (1989), umgezeichnet und IPCC(1990)- Schätzung (x), 1°C im Jahr 2025, nachgetragen. b) Entsprechend a) für Meeresspiegelhöhe; die IPCC (1990)-Schätzung (x) beträgt 20cm im Jahr 2030.

tatsächlich ist das Klima nie im Gleichgewicht mit seinen Antriebsmechanismen, und im Fall der reinen bzw. äquivalenten CO_2-Konzentration dürfte die Verzögerung in der Größenordnung von einigen Jahrzehnten liegen.

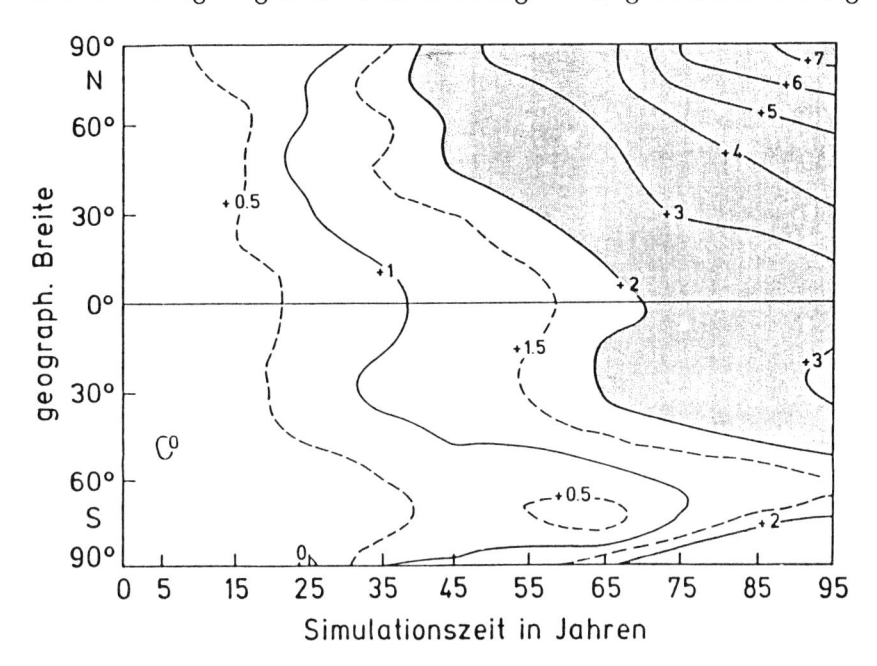

Abbildung 7: *Ähnlich Abbildung 6a, jedoch spezielle neue Modellrechnung (GFDL) unter Einschluß des "tiefen" Ozeans und mit Aufschlüsselung nach den Breitenkreiszonen unter Annahme eines atmosphärischen CO_2-Anstiegs von 1% pro Monat, Isolinien der Temperaturreaktion in °C; nach Stouffer et al., 1989.*

Dabei sind sich die "Modellierer" in der Frage der Temperaturerhöhung (zunächst bodennah sowie jährlich und global gemittelt) durch die Strahlungswirkung des sich verdoppelnden CO_2 ausgesprochen einig: 1,2°C; vergl. Abbildung 4. Sobald aber die verschiedenen Rückkopplungseffekte hinzutreten, vor allem bezüglich des Wassers in all seinen Erscheinungsformen (Wasserdampfanstieg durch erhöhte Verdunstung, Wolkenreaktionen, Strahlungseffekte von Schnee und Eis), beginnen die Unsicherheiten, wobei interessanterweise die positiven Rückkopplungen (Verstärkungseffekte) zu überwiegen scheinen. Dies bedeutet, daß in den meisten Klimamodellrechnungen der Bedeckungsgrad an tiefen und mittleren Wolken, die aus Wasser bzw. einem Wasser-/Eisgemisch bestehen, als Folge der Temperaturzunahme abnimmt (während die in größerer Höhe auftretenden Eiswolken ganz im Gegenteil den "Treibhauseffekt" verstärken). Die Weltmeteorologische Organisation (WMO) der UN hat für diese Temperaturerhöhung wiederholt eine wahrscheinliche Spanne von

$1,5 - 4,5°C$ angegeben, die bei einem Modellvergleich des amerikanischen Department of Energy (U.S. DOE, 1989) auf $2,8 - 5,2°C$ erhöht wurde; vergl. Abbildung 5. Die ersten Berechnungen unter Berücksichtigung des tiefen Ozeans (Kaltwasser unter der sog. oberen Mischungsschicht) sowie jüngste Verbesserungen bei der Behandlung der Wolken deuten jedoch auf geringere Werte hin: $1,6-1,9°C$, mit geringer Reaktion oder vielleicht sogar Abkühlung großer Bereiche der Südhemisphäre. Auf der anderen Seite dürften bisher weitgehend unberücksichtigte biologische Rückkopplungen wieder überwiegend verstärkend wirken. Die Unsicherheit ist somit erheblich und erlaubt derzeit keine genauere Angabe als ca. $1,5 - 5°C$ bzw. $1,9 - 5,2°C$ (IPCC, 1990) ohne Berücksichtigung der Reaktion des "tiefen Ozeans" (Abbildung 5). Zugehörige transiente Abschätzungen, d.h. bezüglich des zeitlichen Verlaufs der Temperaturänderungen sind in Abbildung 6 und 7 zu sehen, wobei das IPCC-Trendfortschreibung-Szenario ("Business-as-Usual Scenario") Erwärmungsraten von $0,2-0,5°C$ pro Jahrzehnt befürchtet. Trotz der dabei berücksichtigten, aber quantitativ sehr unsicheren Zeitverzögerung des Temperaturanstiegs gegenüber dem "Spurengasantrieb" erwartet das IPCC als "Bestschätzung" im Jahr 2025 eine gegenber heute um ca. $1°C$ höhere globale Mitteltemperatur. Die in Abbildung 7 gezeigte transiente Modellstudie weist auf eine mögliche erhebliche Asymmetrie der Temperaturreaktionen der beiden Hemisphären hin, was aber offensichtlich für die Nordhemisphäre keine "Entwarnung" bedeutet.

Bei regionalen Aussagen und anderen Klimaelementen als der Lufttemperatur sind die Klimamodelle derzeit noch mehr überfordert. Trotzdem sollen die wichtigsten Modellerwartungen für den Fall einer äquivalenten CO_2-Verdoppelung kurz genannt sein:

- Temperaturerhöhung von den Tropen in Richtung gemäßigter und subpolarer Breiten ansteigend, dies jedoch auf den Winter (vielleicht auch Frühjahr und Herbst) beschränkt, wo einige Modelle über $10°C$ anzeigen; vergl. Abbildung 8. Der Erwärmung der bodennahen Atmosphäre steht eine vermutlich quantitativ noch ausgeprägtere Abkühlung der Stratosphäre gegenüber, vergl. Abbildung 9.

- Meeresspiegelanstieg, (vergl. Abbildung 6b), dies jedoch überwiegend als Expansionseffekt des (oberen) Mischungsschichtozeans. (In den polaren Gebieten, zumindest aber in der Antarktis, wird wegen zunehmendem Niederschlag her eine Akkumulationszunahme als ein Überwiegen der Abschmelzvorgänge angenommen.) Die erwarteten "Bestwerte" für das Jahr 2030 werden derzeit bei 20 cm Anstieg gegenüber dem heutigen Niveau gehandelt (IPCC, 1990), während die Weltmeteorologische Organisation (WMO) noch vor wenigen Jahren 0,2 - 1,4 m nannte.

- Im globalen Mittel Zunahme von Verdunstung, Luftfeuchte und Niederschlag, in Zusammenhang mit Änderungen der atmosphärischen Zirkulation sowie der thermischen Schichtung aber markante regionale Umverteilung des Niederschlags. Dabei sind die Vorhersagen von weniger

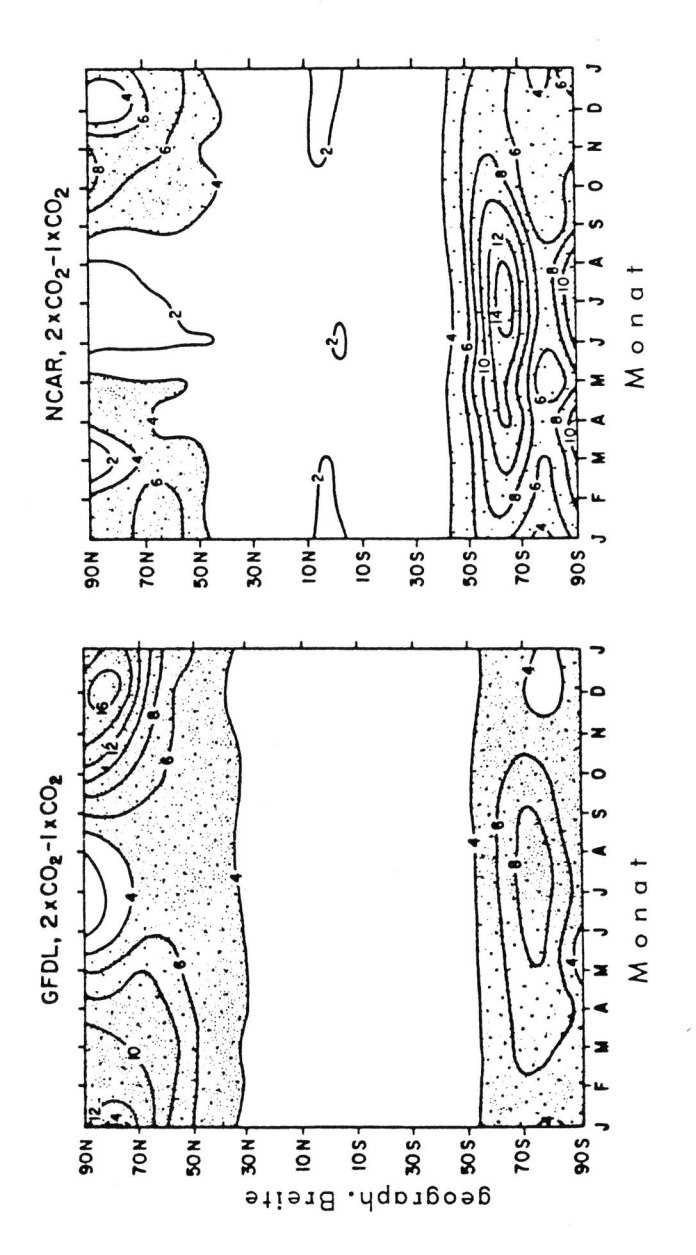

Der Treibhauseffekt – Klimamodellrechnung und Beobachtungsindizien 41

Abbildung 8: "Gleichgewichtssimulationen" der Temperaturerhöhung im Fall einer CO_2 - Verdoppelung, ähnlich Abbildung 4 und 5, jedoch Vergleich zweier US-amerikanischer Modellrechnungen und Aufschlüsselung nach der Jahreszeit und den Breitenkreiszonen, Isolinien in °C; nach Schlesinger und Mitchell, 1987.

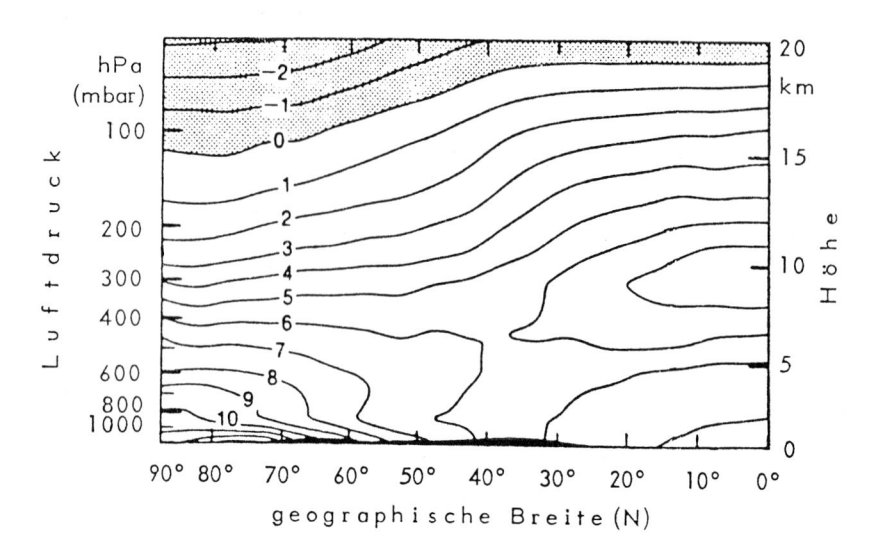

Abbildung 9: *Ähnlich Abbildung 8, jedoch Aufschlüsselung nach der Höhe und der geographischen Breite (BMO-Modell, vergl. Abbildung 5).*

Niederschlag in den Subtropen und wahrscheinlich auch in den Tropen gegenüber einer Niederschlagszunahme in mittleren bis polaren Breiten am wahrscheinlichsten, vergl. Abbildung 10 (NCAR), jedoch insgesamt wesentlich unsicherer als die Temperaturvorhersagen.

- Möglicherweise Intensitäts- und Häufigkeitszunahmen von tropischen Wirbelstürmen und anderen extremen Wettererscheinungen.

Dabei ist das Verhalten des Windes sehr problematisch. In der gemäßigten Klimazone, in der wir leben, wird wegen der Abschwächung der Temperaturunterschiede zwischen Tropen und Polargebiet (das sich stärker erwärmt als die Tropen) auch eine Abschwächung der mittleren Windgeschwindigkeit erwartet. Gleichzeitig könnte aber der Sekundäreffekt die Intensivierung der vertikalen Temperaturunterschiede (Erwärmung unten, Abkühlung oben) die Atmosphäre "labilisieren", d.h. das Vertikalwachstum der Wolken fördern und damit die Häufigkeit und Intensität von Starkniederschlägen, Gewitter, Hagel und eben auch kurzzeitigen Windböen. Dagegen ist bei den tropischen Wirbelstürmen eine relativ hohe Ozeanoberflächentemperatur und mit ihr der Transport von Wasserdampf in die Atmosphäre von primärer Bedeutung, der bei der Wolkenbildung dort große Energievorräte freisetzt. Somit erscheint eine Häufigkeitssteigerung tropischer Wirbelstürme plausibel. Ob dies aber generell mit einer Intensitätssteigerung einhergeht, ist noch umstritten. Tabelle 3 gibt

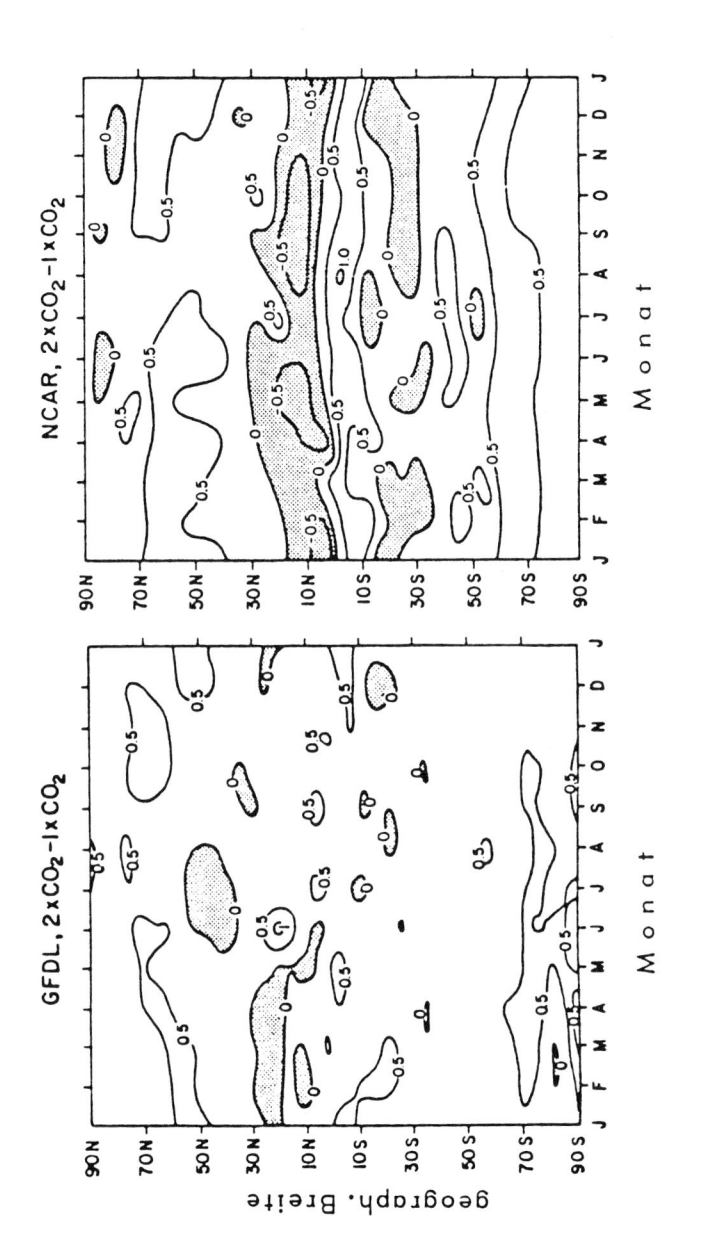

Abbildung 10: "Gleichgewichtssimulationen" der Niederschlagsumverteilungen, Abnahmegebiete dunkel gerastert, im Fall einer CO_2-Verdoppelung; wie Abbildung 8 Vergleich zweier US-amerikanischer Modellrechnungen, Isolinien hier in Millimeter (entsprechend Liter pro Quadratmeter) pro Tag; nach Schlesinger und Mitchell, 1987.

Tabelle 3: *Änderungen des globalen Klimas (bodennahe globale Mittelwerte) im Fall einer atmosphärischen CO_2-Verdoppelung, nach der Modellrechnung von Wilson und Mitchell (1987).*

Klimaelement	Änderung
Lufttemperatur, Landgebiete	$+6,4°C$
Meeresoberflächentemperatur	$+4,1°C$
Weltmitteltemperatur	$+5,2°C$
Luftfeuchte	$+41\%$
Verdunstung	$+15\%$
Niederschlag	$+15\%$ [a]
Wolkenbedeckung	-4%

[a] jedoch mit erheblichen regionalen Unterschieden, insbesondere Niederschlagsrückgang in den Suptropen

derzeitige Situation | **CO_2-Verdoppelung**

Klimazonen

Links: tropisch 25%, sub-tropisch 16%, warm-gemäßigt 21%, kalt-gemäßigt 15%, boreal 23%

Rechts: tropisch 40%, sub-tropisch 14%, warm-gemäßigt 25%, kalt-gemäßigt 20%, boreal <1%

Vegetationsklassen

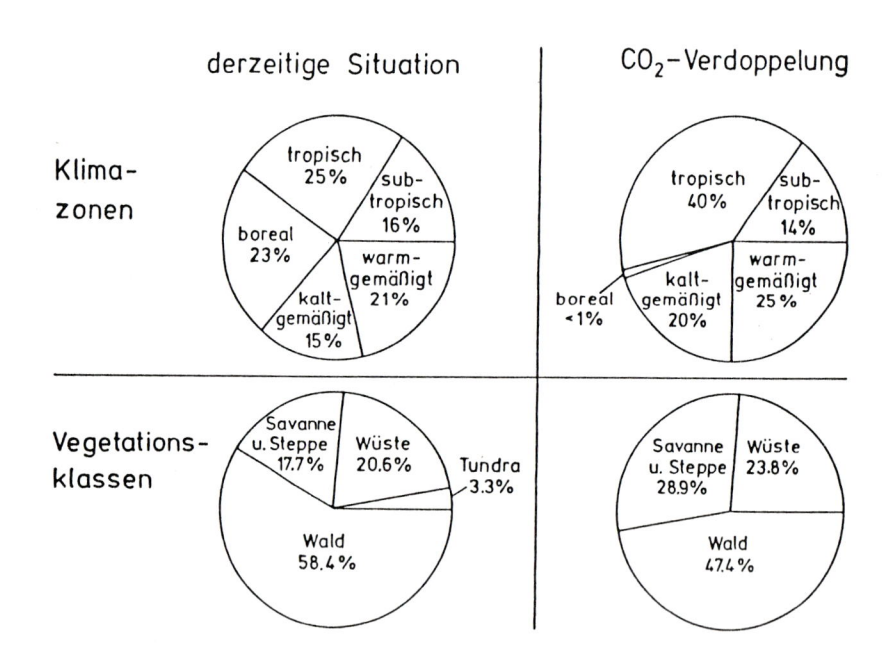

Links: Savanne u. Steppe 17,7%, Wüste 20,6%, Tundra 3,3%, Wald 58,4%

Rechts: Savanne u. Steppe 28,9%, Wüste 23,8%, Wald 47,4%

Abbildung 11: *"Impaktmodellrechnungen" der Veränderungen der globalen Flächenanteile von Klimazonen und potentiellen natürlichen Vegetationsklassen heute (links) und im Fall einer CO_2-Verdoppelung (rechts) nach Emanuel et al., 1985.*

einen Überblick der zu erwartenden global gemittelten Trends, wobei das hier benutzte Modell (BMO, vergl. Abbildung 5) quantitativ an der oberen Grenze der insgesamt aufscheinenden Temperaturbandbreite liegt. Die Auswirkungen der zu erwartenden global-anthropogenen Klimaänderungen in biosphärisch-ökologischer sowie ökonomisch-sozialer Hinsicht, der sog. Klimaimpakt, sind vermutlich das für die Menschheit eigentlich brisante Problem, wobei es regional neben "Verlierern" vielleicht auch einige "Gewinner" geben wird.

Koppelt man die zuvor beschriebenen Klimamodelle mit solchen "Impaktmodellen", so kommen weitere Unsicherheiten hinzu, wobei insbesondere wieder bei Regionalaussagen größte Vorsicht geboten ist. Abbildung 11 zeigt ein Globalbeispiel einer solchen Impaktrechnung, das neben der Veränderung von Klimazonen auch die Veränderung der natürlichen Vegetationsklassen (in sehr grober Aufteilung) angibt. Danach besteht eine Tendenz zum Rückgang der Waldflächen (potentieller natürlicher Wald, ohne Rodungen und schadstoffbedingte Waldschäden!), die vielleicht wegen der Geschwindigkeit der zu erwartenden Klimaänderungen noch drastischer ausfallen könnte; Wüsten- und Steppen-/Savannengebiete würden danach deutlich zunehmen.

3 Die Klimabeobachtungsdaten

Die offensichtlichen Unsicherheiten der Klimamodellrechnungen erfordern zweifellos genaue und kritische Verifikationen, und dies nicht nur hinsichtlich des derzeitigen Klimas ("Kontrollexperiment", Validierung), sondern auch bezüglich der Vorhersagen. Dabei spielt gerade bei der Vorhersage die große räumlich-zeitliche Größenordnung ("Scale") des Einflusses der klimawirksamen Spurengase eine entscheidende Rolle. Wer daher global wirksamen Ursachen von Klimaänderungen auf der Spur ist, muß – um zu Verifizierungen zu kommen – globale Datensätze von Klimabeobachtungsdaten analysieren. Regionale Analysen sind auch deswegen oft zum Scheitern verurteilt, weil es typisch für die (natürliche!) atmosphärische Zirkulation ist, daß sie Wärmeanomalien in bestimmten Regionen, z.B. in Europa, durch Kälteanomalien in anderen Gebieten (z.B. Alaska und Kanada, so geschehen z.B. im Winter 1988/89) kompensiert. Großzügige räumliche und zeitliche Mittelung unterdrückt einen Großteil der natürlichen Schwankungen (das sog. Klimarauschen) und läßt das gesuchte Signal, d.h. die anthropogenen spurengasinduzierten Klimaänderungen, deutlicher hervortreten.

Abbildung 12 zeigt die jährlich und hemisphärisch gemittelten Temperaturdaten der bodennahen Atmosphäre (Arbeitsgruppe Jones, 1989; University of East Anglia, Norwich, England) seit 1851 bzw. 1858, die sich von entsprechenden russischen Schätzungen nur wenig unterscheiden. Amerikanische Schätzungen (Hansen und Mitarbeiter) kommen dagegen für die Nordhemisphäre zu einem stärkeren, für die Südhemisphäre zu einem geringeren Temperaturanstieg.

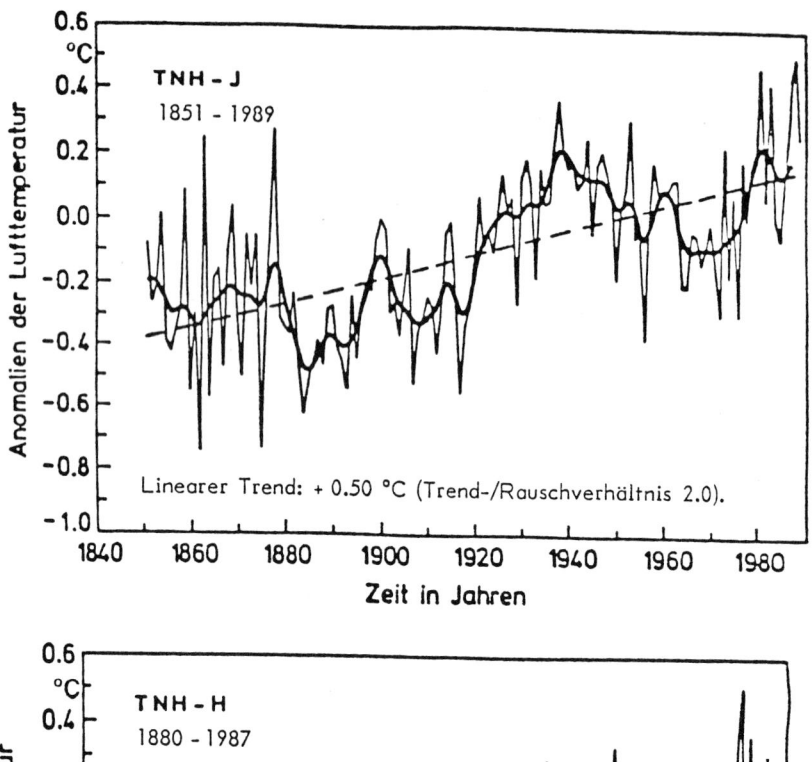

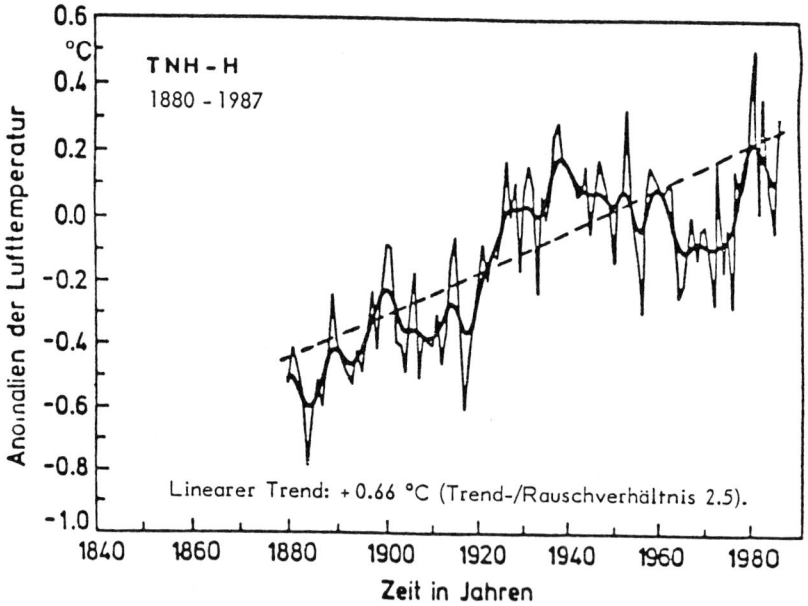

Abbildung 12: *a) Jahr-zu-Jahr-Variationen der beobachteten mittleren jährlichen nordhemisphärischen bodennahen Lufttemperatur (TNH) mit zehnjähriger Glättung der Daten und linearen Trends (Datenquellen: J = Jones et al., 1989; oben; H = Hansen et al. 1987, 1988; unten. Bearbeitung Schönwiese et al., 1990). Referenzperiode der dargestellten Anomalien (Abweichungen vom Mittelwert): 1951-1970, J, bzw. 1951-1980, H.*

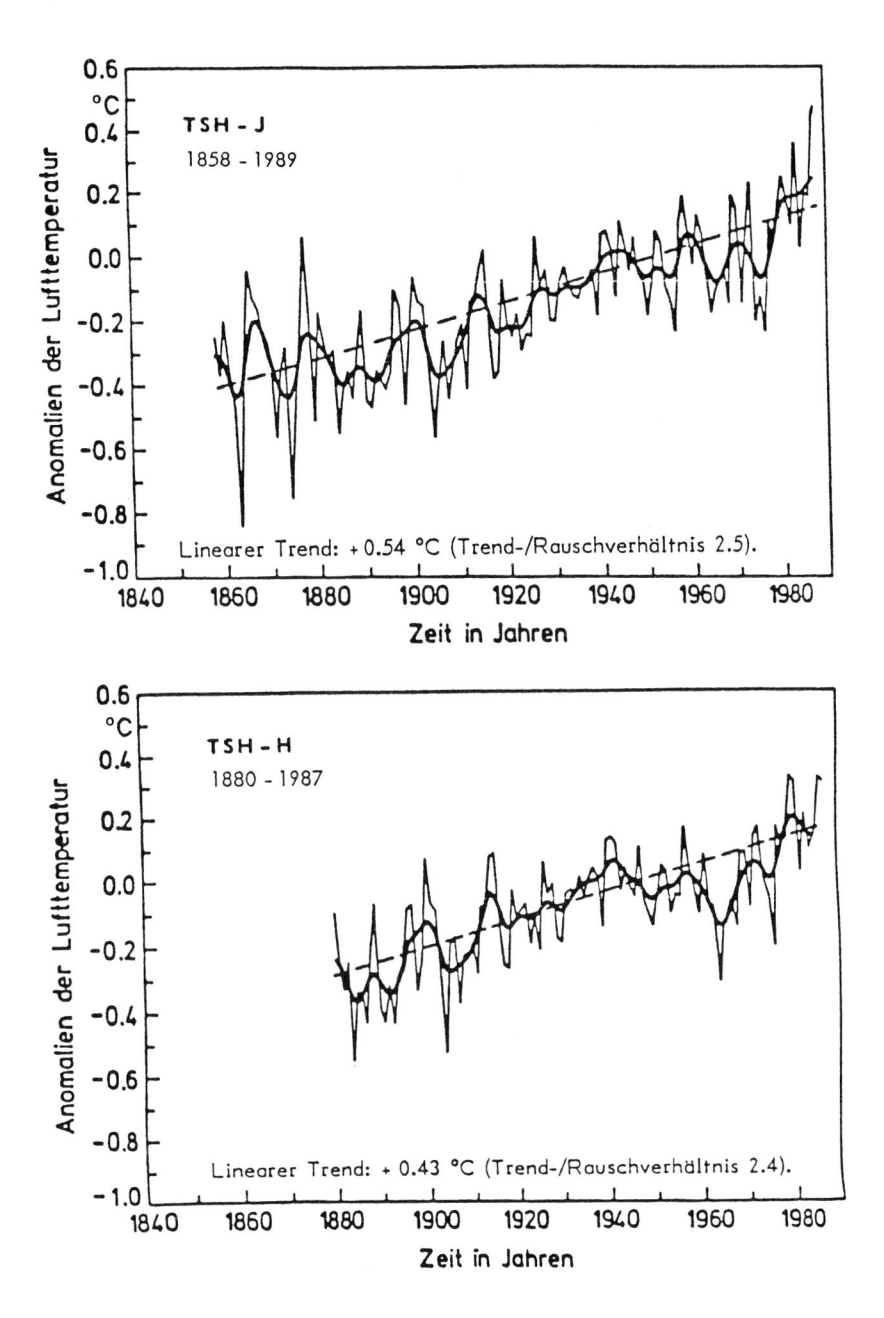

Der Treibhauseffekt – Klimamodellrechnung und Beobachtungsindizien 47

Abbildung 12: b) Ähnlich Abbildung 12a, jedoch Südhemisphäre (TSH).

Auf die Beseitigung von Fehlern und sog. Inhomogenitäten der Meßreihen (z.B. durch Stadteinfluß) ist dabei großer Wert gelegt und Jones gibt den Fehler dieser Datenreihen mit $\pm 0,1°C$ an. Bemerkenswert ist, daß sich die Südhemisphäre deutlich anders als die Nordhemisphäre verhalten hat, nicht nur was die geringeren Jahr-zu-Jahr Variationen (größerer ozeanischer Einfluß), sondern auch was die durch Glättung hervorgehobenen relativ langfristigen Fluktuationen betrifft. So ist auf der Nordhemisphäre eigentlich nur zwischen 1880 und 1940 sowie in jüngster Zeit ein ausgeprägter Temperaturanstieg zu erkennen, und der Temperaturrückgang zwischen 1940 und den siebziger Jahren scheint der Treibhaushypothese zu widersprechen. Extreme Glättung, d.h.

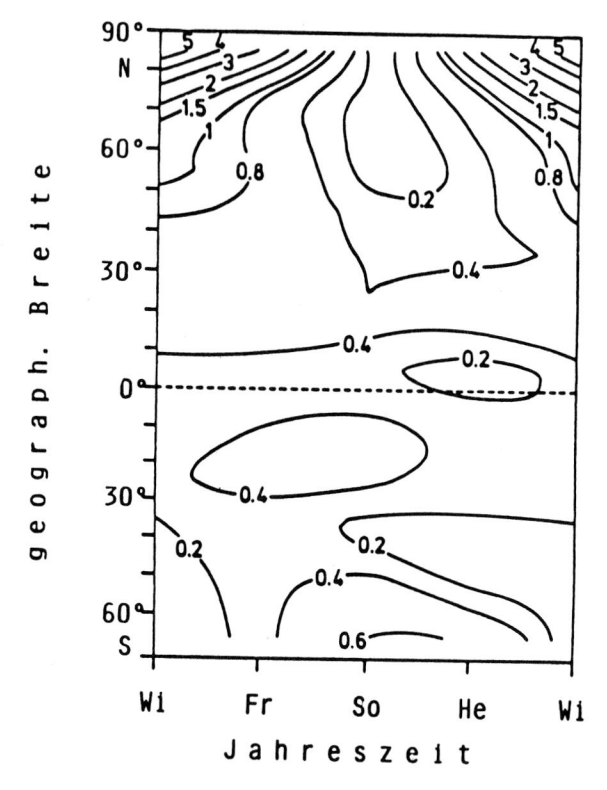

Abbildung 13: *Beobachtete lineare Temperaturtrends in °C (bodennahe Atmosphäre, Datenquelle Hansen und Lebedeff, 1987, 1989) 1890 - 1985 in Aufschlüsselung nach den Jahreszeiten und Breitenkreisen.*

die Errechnung der linearen Trends, zeigt auf der Nordhemisphre (1851-1988) nach Jones einen Wert von $0,50°C$ an, auf der Südhemisphäre (1858-1988) mit $0,54°C$ etwas mehr, letzteres in extremem Widerspruch zu den neuesten Klimamodellrechnungen (mit Einschluß des "tiefen" Ozeans). Die amerikanischen

Abschätzungen (Hansen et al.) kommen dagegen für die Nordhemisphäre auf $0,7°C$ und für die Südhemisphäre auf $0,4°C$ Temperaturanstieg, jeweils seit 1981; vergl. wiederum Abbildung 12. In Abbildung 13 sind, basierend auf den amerikanischen Abschätzungen, die jahreszeitlich und nach der geographischen Breite aufgeschlüsselten linearen Trends 1890 - 1985 zu sehen. Dabei tritt mit über $5°C$ das Maximum, wie erwartet, im arktischen Winter auf.

Die Erarbeitung derartiger globaler Klimadatensätze, die über mindestens einige Jahrzehnte hinweg, besser aber für mindestens 100 Jahre, die zeitlichen Änderungen der wichtigsten Klimaelemente beschreiben, und dies nicht nur im globalen bzw. hemisphärischen Mittel, sondern auch in regionaler sowie jahreszeitlicher Auflösung, stellt einen der wesentlichen Fortschritte der Klimaforschung in den letzten Jahren dar. Man darf jedoch nicht dem häufig anzutreffenden Fehler anheimfallen und steigende Temperaturtrends ohne weiteres dem Konzentrationsanstieg klimarelevanter Spurengase zuordnen. Ebenso falsch ist die Deutung vorübergehender Abkühlung (hier bodennahe Atmosphäre) als Gegenbeweis. Das Klima und seine Variationen sind eine Folge vielfältiger Steuerungsmechanismen, natürlicher wie anthropogener, und selbstverständlich erlaubt eine bestimmte Wirkungsgröße nicht den Rückschluß auf nur eine der in Wirklichkeit vielen Einflußgrößen. Dies aber bedeutet, daß man bei der Betrachtung der verschiedenen Klimagrößen nicht stehen bleiben darf, sondern versuchen muß, die verschiedenen Klima-Wirkungsgrößen mit jeweils mehreren Einflußgrößen simultan zu koppeln. Bei der großräumig gemittelten und über die Einzeljahre (z.B. 10-jährig wie in Abbildung 12) geglätteten bodennahen Lufttemperatur besteht dann die relativ günstige Situation, daß nur wenige Einflußfaktoren in Frage kommen (allerdings in verschiedenen Alternativen):

- der anthropogene Spurengasanstieg;

- der Vulkanismus;

- solare Hypothesen (z.B. solare Aktivität oder Sonnendurchmesservariationen);

- ozeanische Vorgänge, insbesondere ENSO-Variationen (d.h. El-Niño / Southern Oszillation, wobei es sich um Temperaturfluktuationen der tropischen Ozeane, insbesondere des Pazifik, handelt, die im Fall von Wärmeanomalien "El-Niño-Ereignisse" heißen und die mit bestimmten südhemisphärischen Luftdruckoszillationen gekoppelt sind);

- relativ langfristige stochastische Variationen durch interne Selbstorganisation des Systems Ozean-Atmosphäre.

Abbildung 14 zeigt zwei Beispiele dafür, wie mit Hilfe sog. multipler statistischer Regressionsmodelle, d.h. unter simultaner Berücksichtigung von Parametern, welche die ersten vier oben genannten Vorgänge erfassen, der nord- bzw. südhemisphärische Temperaturverlauf recht gut reproduziert werden kann ("Varianzerklärung" jeweils bei 80%).

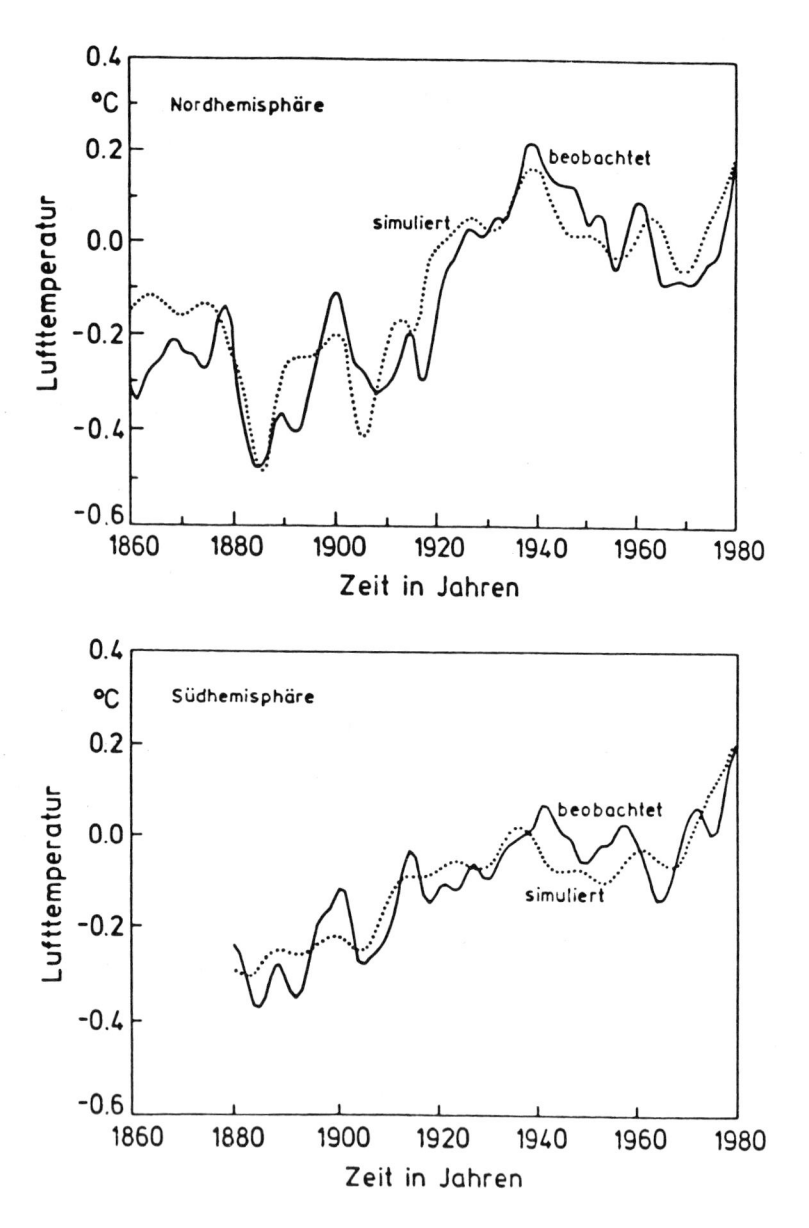

Abbildung 14: *Beobachtete relativ langfristige Fluktuationen der bodennahen Lufttemperatur der Nordhemisphäre (TNH-J, vergl. Abbildung 12b) und der Südhemisphäre (TSH-H, vergl. Abbildung 12b) und Simulationen mit Hilfe statistischer Regressionsmodelle auf der Grundlage dieser Beobachtungsdaten nach Schönwiese et al., 1990, wobei auch vulkanische und solare Einflüsse berücksichtigt sind.*

Die in Abbildung 14 wiedergegebenen Simulationen enthalten übrigens auch Zeitverschiebungen zwischen den Einflußgrößen und der Wirkungsgröße. Beim Spurengasantrieb dürfte diese Zeitverzögerung nach statistischen Schätzungen nordhemisphärisch bei ca. 20 Jahren, global bei ca. 25 Jahren liegen. TRICOT und BERGER (1987) geben aufgrund von Klimamodellrechnungen 6 - 23 Jahre an. Die genannten multiplen statistischen Modelle, die sich auf die Klimabeobachtungsdaten beziehen und von den deterministischen Klimamodellrechnungen zu unterscheiden sind, erlauben nun, die Wirkung einzelner Steuerungsgrößen in den Beobachtungsdaten zu separieren. So dürfte beispielsweise der nordhemisphärische Temperaturrückgang ca. 1940 - 1970 vulkanischen Ursprungs sein, übrigens auch die Tatsache, daß der Temperaturanstieg zwischen 1920 und 1940 deutlich stärker als der Langfristtrend ausgefallen ist (in diesem Fall durch zurückgehende Vulkanaktivität; CRESS und SCHÖNWIESE, 1990; SCHÖNWIESE et al., 1990).

Separiert man aus diesen Daten, ohne Berücksichtigung von Zeitverzögerungen, das anthropogene Spurengassignal, so erält man für den globalen Mittelwert ca. $0,5 - 1,0°C$ (jenach Annahmen über die natürlichen Einflußparameter; CO_2-Anteil ca. $0,3 - 0,6°C$; möglicherweise also mehr, als tatsächlich beobachtet; dies würde bedeuten, daß daneben natürliche Langzeittrends in Richtung einer Abkühlung wirken). Rechnet man dies statistisch auf eine CO_2-Verdoppelung hoch, um Vergleiche mit Klimamodellrechnungen zu ermöglichen, so erhält man eine Wertespanne von $2,7 - 4,4°C$ (SCHÖNWIESE et al., 1990), die offenbar mit einigen Klimamodellrechnungen recht gut übereinstimmt; vergl. wiederum Abbildung 5.

Analysen der stratosphärischen Temperatur zeigen, ebenfalls in Übereinstimmung mit der "Treibhaushypothese", tatsächlich den erwarteten Temperaturrückgang; vergl. Abbildung 15. Allerdings reichen die nordhemisphärisch repräsentativen Daten nur bis maximal 1958 zurück. Sie zeigen seit dieser Zeit einen linear errechneten Abwärtstrend von $-0,7°C$ was selbst in dieser kurzen Zeitspanne deutlich mehr ist als der entsprechende Aufwärtstrend der bodennahen Temperatur. Die Jahr-zu-Jahr-Variationen sind jedoch so ausgeprägt, daß die statistische Signifikanz des stratosphärischen Trends geringer als im Fall der bodennahen Atmosphäre ist. (Beim deutlich stärkeren Abkühlungstrend der südhemisphärischen Stratosphäre spielt der antarktische Ozonabbau und nicht die "Treibhaushypothese" die dominante Rolle.) Auch die Meeresspiegelhöhe verhält sich in etwa erwartungsgemäß: Anstieg um 10 bis 25 cm seit 1900, vergl. Abbildung 16 (oberer Schätzwert nach PELTIER und TUSHINGHAM, 1989), wobei interessanterweise in der Antarktis die Eisbedeckung eher zu- als abgenommen hat. Man sollte daher gerade beim Meeresspiegelanstieg auf Katastrophen - Vorhersagen verzichten. Insbesondere kann von "Polareisschmelze", die - wenn sie überhaupt in Gang kommt - einige Jahrtausende benötigen würde, keine Rede sein.

Neben Kombinationseffekten, wie wärmer-feuchteren Bedingungen (Begünstigung der Ausbreitung bestimmter Pflanzenschädlinge und Krankheitserreger,

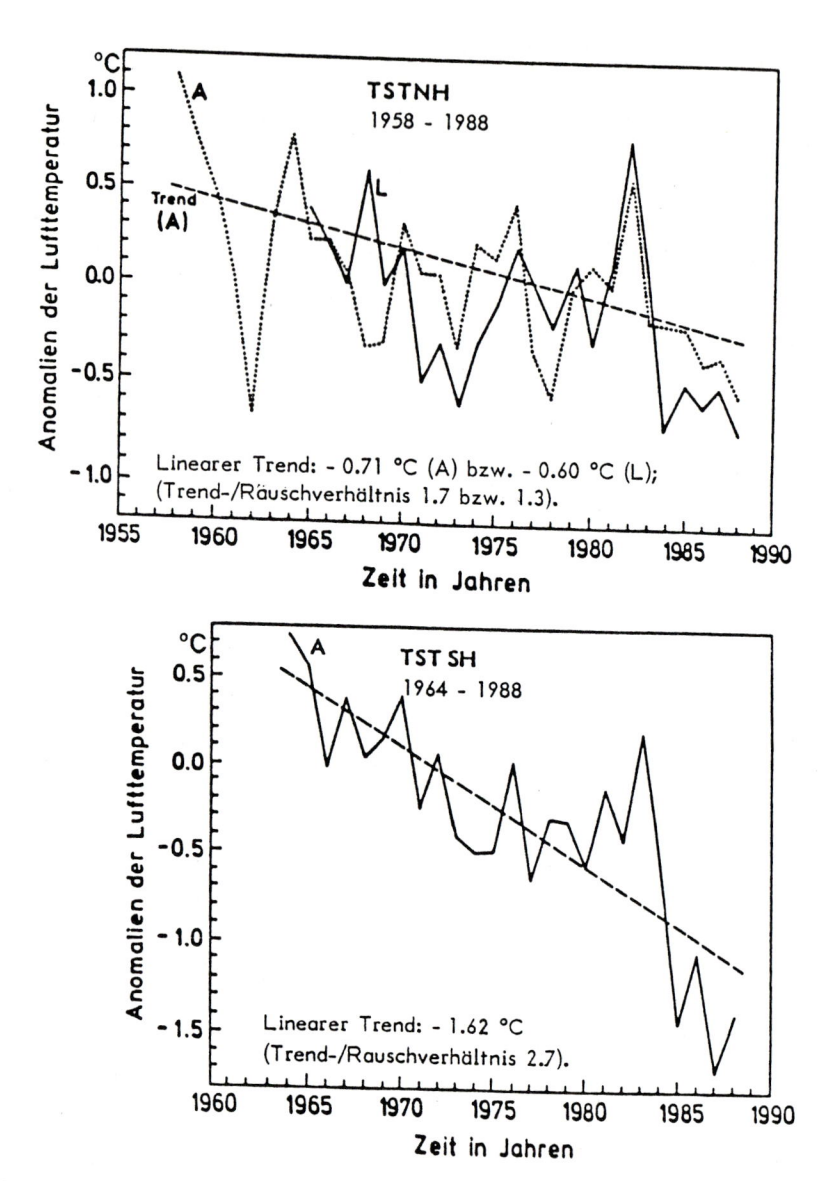

Abbildung 15: *Beobachtete Jahr-zu-Jahr-Variationen und lineare Trends der stratosphärischen Lufttemperatur, oben Nord-, unten Südhemisphäre; Datenquellen: A = Angell (1989), L = Labitzke (1989).*

Der Treibhauseffekt – Klimamodellrechnung und Beobachtungsindizien   53

im Zusammenhang mit Nitrateintrag in den wärmeren Ozean dort verstärktes Algenwachstum), möglicherweise häufigeren Wetter- und Witterungsextrema sowie der Geschwindigkeit des Temperaturanstiegs, stellen die Umverteilungen der Niederschlagstätigkeit und die damit veränderten Bodenwassergehalte vielleicht die größte "Treibhaus"-Gefahr dar. Verschiedene Analysen weltweiter

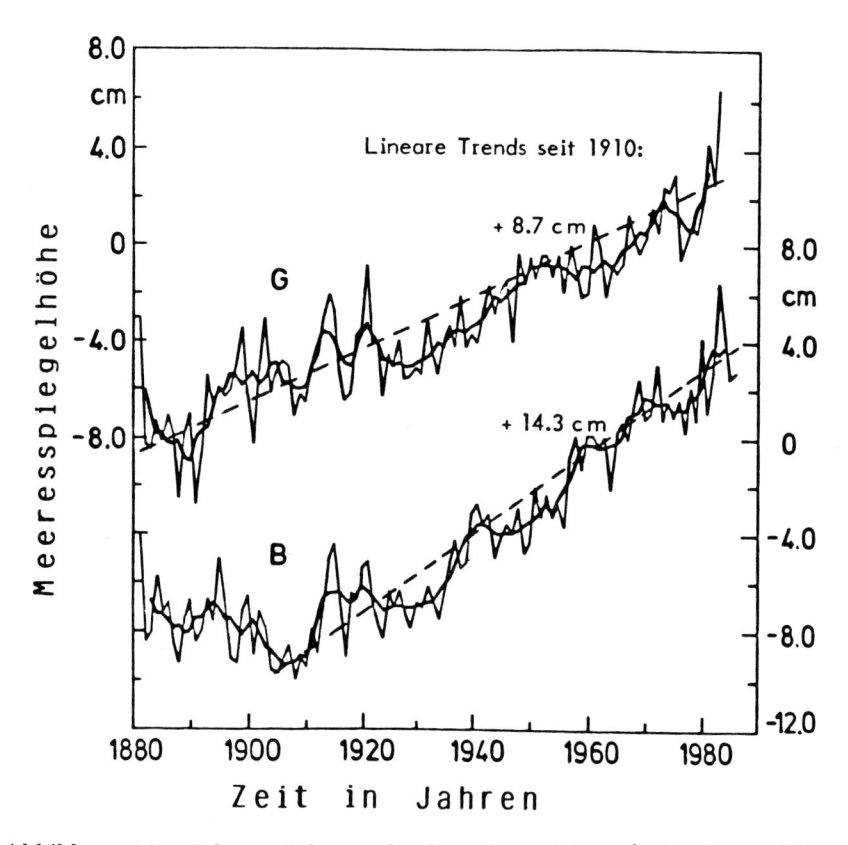

Abbildung 16: *Jahr-zu-Jahr- und relativ langfristige (zehnjährige Glättung) Variationen der global gemittelten Meeresspiegelhöhe seit 1881; Datenquellen: G = Gornitz (1985), ergänzt, B = Barnett (1989).*

bzw. europäischer Niederschlagtrends der letzten 100 - 140 Jahre deuten darauf hin, daß auf der Nordhemisphäre zwischen dem Äquator und ca. 45° Nord, besonders ausgeprägt bis ca. 30° Nord, seit ca.1950/60 ein Trend zu weniger Niederschlag eingesetzt hat, gegenüber steigendem Niederschlag polwärts davon; vergl. Abbildung 17. Die Klimamodellaussagen sind hier weniger deutlich; jedoch gibt es auch dort Hinweise auf weniger Niederschlag in den Subtropen und Tropen, und mehr Niederschlag außerhalb davon.

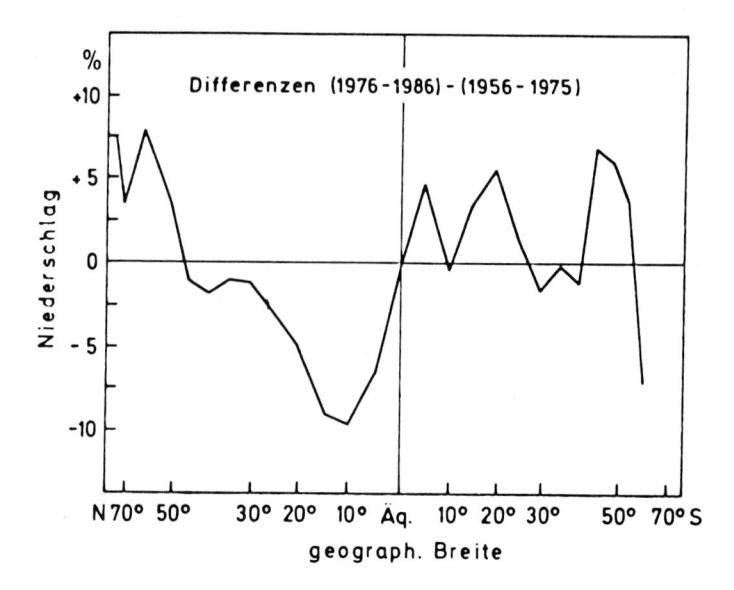

Abbildung 17: *Nach Breitenkreiszonen aufgeschlüsselte Niederschlagtrends seit 1956; nach Diaz et al. (1989).*

Bei Wind, Wellenhöhe und anderen Klimaelementen, einschließlich extremer Ereignisse, sind die bisherigen Befunde eher spekulativ, wobei große Probleme der Datenrepräsentanz und zum Teil deutliche Widersprüche zwischen Klimamodellierung und Beobachtung auftreten. Recht gut gesichert ist hingegen der Anstieg der Luftfeuchte in der unteren tropischen Atmosphäre (FLOHN und KAPALA, 1989). Dagegen hat es Orkanserien in der gemäßigten Klimazone immer wieder gegeben, im Mittelalter sogar so intensiv, daß damals erst die Friesischen Inseln vom Festland gelöst und z.B. Jadebusen und Zuydersee entstanden sind. Nicht jede Katastrophe ist also menschgemacht; aber das Risiko, das sich wissenschaftlich erkennen läßt, ist offenbar so groß, daß die Menschheit weltweit in Gefahr ist.

4 Schlußfolgerungen

Eine objektive und sachliche Bestandsaufnahme der Klimatologen – und nur diese sind in der Lage, die vielen Komplikationen, Wahrscheinlichkeiten und Fragezeichen der Klimamodelle und Beobachtungsdaten annähernd zu überblicken – wird immer wieder erforderlich sein. Es wäre sicherlich falsch, auf Grund der zunehmenden Bandbreite der Klimamodellvorhersagen und einiger Beobachtungsindizien, die der Treibhaushypothese zu widersprechen scheinen, nun die Klimagefahr verharmlosen zu wollen, wie es falsch war und ist, durch Vereinfachungen und Übertreibungen zur Panikmache beizutragen. Es steht nämlich fest, daß der anthropogene Spurengasanstieg aus physikalischen Gründen qualitativ zu Klimaänderungen führen muß. Die Bandbreite der Klimamodell-Erwartungen verringert unser Risiko nicht; im Sinn echter Vorsorge sollte man nicht auf die unteren Grenzen der Unsicherheitsbandbreiten hoffen, sondern auch die oberen im Auge behalten. Aus dieser Sicht sind weltweit politische und wirtschaftliche Weichenstellungen erforderlich, dies auch deswegen, weil eine ganze Reihe von Klimabeobachtungsindizien darauf hinweisen, daß die Lawine der anthropogenen Klimaänderungen wahrscheinlich bereits rollt.

Ebenso muß man allerdings auch eingestehen, daß der zwingende Nachweis weltweiter Klimaänderungen durch den Menschen anhand der Beobachtungsdaten heute noch nicht möglich ist, da die natürlichen Mechanismen (noch?) dominieren. Sind die Klimamodell-Vorhersagen und die Ergebnisse der Klimadiagnose aber auch nur marginal richtig, so sollte der gesuchte Nachweis nach vorsichtiger Schätzung irgendwann zwischen den Jahren 2000 und 2005 gelingen (SCHÖNWIESE et al., 1990). Ist aber weiterhin die Vermutung richtig, daß das Klima gegenüber den atmosphärischen Spurengaskonzentrationen um 20 - 25 Jahre nachhängt, dann haben wir das Klima des Jahres 2005 längst in der Atmosphäre angelegt. Somit ist es heute schon eher fünf Minuten nach als fünf Minuten vor zwölf, und der Klimatologe muß bedauern, daß frühere Warnungen, einschließlich der ersten UN Weltklimakonferenz (1979) von den Medien und den Politikern so wenig beachtet worden sind.

Immer wieder haben Klimatologen den folgenden Wunschkatalog genannt, der freilich über die hier gegebene pauschale Zusammenfassung mit Details und Regionalisierungen angefüllt werden muß, ein interdisziplinäres Unterfangen, das über den Gesichtskreis der Klimatologie weit hinaus geht:

- Verzicht bzw. Entsorgung der FCKW (Treibhausgase und zu gleich "Zerstörer" des stratosphärischen Ozons); und zwar so vollständig und so rasch wie möglich;

- Verzicht auf Waldrodungen, insbesondere auf die ausgedehnten Brandrodungen in den Tropen, statt dessen Vegetationsschutz (auch durch Luftreinhaltung) und Wiederaufforstungen;

- Energiesparmaßnahmen breitester Art durch effizientere Energieerzeugung und -nutzung;

- Reduzierung der Emissionen aus fossilen Energieträgern durch erhöhten Einsatz alternativer Energieträger;

- Vermeidung von Überdüngung und übertriebenem Einsatz von Chemikalien in der Landwirtschaft;

- Vermeidung bzw. Beschränkung umweltbelastender Produktion (auch zur Energieeinsparung);- Bevorzugung energiesparender und umweltschonender Verkehrsmittel;

- Begrenzung des Weltbevölkerungswachstums.

Die Schere zwischen den Extrapolationen der Energie-, Wirtschafts- und Bevölkerungsfachleute einerseits und den Klimatologen andererseits ist groß; die einen erwarten zum Teil drastische Steigerungen, die anderen fordern das Gegenteil. Die Schutzbehauptung mancher politischer Entscheidungsträger, es sei bei den Klimaprognosen viel oder sogar alles unsicher und die Klimatologen seien sich gar nicht einig, wird durch den Bericht der wissenschaftlichen Arbeitsgruppe des IPCC (International Panel on Climate Change (Publikation Okt. 1990), an dem rund 150 international führende Klimatologen mitgewirkt haben, eindrucksvoll widerlegt. Bleibt zu hoffen, daß dieser IPCC-Bericht und die darauf aufbauende zweite UN-Weltklimakonferenz (Nov. 1990) zu raschen und energischen internationalen Maßnahmen führen. Insbesondere die für 1992 geplante UN-Klima-Konvention sollten möglichst viele Staaten mit wirkungsvollen Maßnahmen füllen, die sich nicht nur auf die FCKW-Gase beschränken, denn das unkontrollierte Experiment mit unserer Atmosph¨re, das zu den hier diskutierten Klimaveränderungen führt, muß aufhören.

Literatur

[1] ANGELL, J. A., pers. comm. (1989).

[2] BACH, W. (1982): *Gefahr für unser Klima*. C. F. Müller, Karlsruhe.

[3] BARNETT, T. (1989): Pers. Mitteilungen und Beitrag in U.S. DOE (1990).

[4] BOLIN, B., DÖÖS, B. R., JÄGER, J., WARRICK, R. A., eds. (1986): *The Greenhouse Effect* (SCOPE Report No. 29). Wiley, Chichester.

[5] CRESS, A., SCHÖNWIESE, C. D. (1990): Vulkanische Einflüsse auf die bodennahe und stratosphärische Lufttemperatur der Erde. *Bericht Inst. Meterol. Geophys. Univ. Frankfurt a.M. Nr. 82.*

[6] Deutscher Bundestag (1988): Zwischenbericht der Enquete Kommission "Vorsorge zum Schutz der Erdatmosphre". Bonn.

[7] DIAZ, H. F., BRADLEY, R. S., EISCHEID, J. K. (1989): Precipitation fluctuations over global land areas since the late 1800's. *J.Geophys. Res.* **94**, 1195-1210.

[8] EMANUEL, W. R., et al. (1985): Climatic change and the broad-scale distribution of terrestrial ecosystem complexes. *Clim. Change* **7**, 29-43.

[9] FLOHN, H., KAPALA, A. (1989): Changes of tropical sea-air interaction processes over a 30-year period. *Nature* **338**, 244-246.

[10] GORNITZ, V. (1985): Pers. Mitt.

[11] HANSEN, J., LEBEDEFF, S. (1987): Global trends of measured air temperature. *J. Geophys. Res.* **92**, 13345 - 13372; (1988): update in Geophys. Res. Letters 15, 323-326; (1989): pers. comm.

[12] HANSEN, J. et al. (1988): Global climate changes as forecast by Goddard Institute for Space Studies three dimensional model. *J. Geophys. Res.* **93**, 9341-9364.

[13] HEKSTRA, G. P. (1989): Man's impact on atmosphere and climate: a global threat? Ministry of Housing, Leidschendam (NL).

[14] Intergovernmental Panel on Climate Change (IPCC, 1990): Scientific Assessment of Climate Change. WMO/UNEP Publ. scheduled Oct. 1990, Cambridge University Press.

[15] JONES, P. D., WIGLEY, T. M. L., FARMER, G. (1989): Marine and land temperature data sets: a comparison and a look at recent trends. In U.S. DOE (1990), im Druck.

[16] KEELING, C. D., Pers. Mitt. (1989).

[17] LABITZKE, K., pers. Mitt. (1989).

[18] NEFTEL, A., MOOR, E., OSCHGER, H., STAUFFER, B. (1985): Evidence from polar ice cores for the increase in atmospheric CO_2 in the past two centuries. *Nature* **315**, 45-47.

[19] PELTIER, W. R., TUSHINGHAM, A. M. (1989): Global sea level rise and the greenhouse effect: might they be connected? *Science* **244**, 806 - 810.

[20] RAMANATHAN, V. et al. (1985): Trace gases and their potential role in climate change. *J. Geophys. Res.* **90**, 5547-5566.

[21] RAMANATHAN, V. et al. (1987): Climate-chemical interactions and effects of changing atmospheric trace gases. *Rev. Geophys.* **25**, 1441-1482.

[22] ROECKNER, E. (1988): Habilitationsschrift, Univ. Hamburg.

[23] SCHLESINGER, M. E., MITCHELL, J. F. B. (1987): Climate model simulations of the equilibrium climatic response to increased carbon dioxide. *Rev. Geophys.* **25**, 760 - 798.

[24] SCHÖNWIESE, C. D., DIEKMANN, B. (1988): *Der Treibhauseffekt - Der Mensch ändert das Klima.* 2.Aufl., DVA, Stuttgart; (1989): berarbeitete Taschenbuchausg., Rowohlt, Reinbek.

[25] SCHÖNWIESE, C. D. et al. (1990): Statistische Analyse des Zusammenhangs säkularer Klimaschwankungen mit externen Einflußgrößen und Zirkulationsparameteren unter besonderer Berücksichtigung des Treibhausproblems. Bericht Inst. Meteorol. Geophysik Univ. Frankfurt a. M. Nr. 84.

[26] STOUFFER, R. J., MANABE, S., BRYAN, K. (1989): Interhemispheric asymmetry in climate response to a gradual increase of atmospheric CO_2. Nature **342**, 660 - 662.

[27] TRICOT, C., BERGER, A. (1987): Modelling the equilibrium and transient responses of global temperature to past and future trace gas concentrations. *Climat. Dyn.* **2**, 39-61.

[28] U.S. Department of Energy (DOE), SCHLESINGER, M., ed. (1990): Greenhouse-Gas-Induced Climatic Change: A Critical Appraisal of Simulations and Observations. Washington (Symposium in 1989, Report in press).

[29] WIGLEY, T. M. L. (1989): The greenhouse effect: scientific assessment of climatic change. Unpubl. lect. presented at the Prime Minister's Seminar on Global Climate Change, London, Apr. 1989.

[30] WILSON, C. A., MITCHELL, J. F. B. (1987): A doubled CO_2 climate sensitivity experiment with a global climate model including a simple ocean. *J. Geophys. Res.* **92**, 13315-13343. Geneva.

[31] World Meteorological Organization (WMO, 1986): Report of the International Conference of the Assessment of the Role of Carbon Dioxide and Other Greenhouse Gases in Climate Variations and Associated Impacts. WMO Publ. No. 661.

Die besondere Rolle des Wasserkreislaufs für das Klima

HARTMUT GRASSL, *Hamburg*

Wasser ist das wichtigste Molekül für das Klima auf der Erde. Dieser Überblick startet mit seiner Rolle für die Strahlungsbilanz und die Strahlungseigenschaften von Wasserwolken. Er fährt mit den Wirkungen des Ozeans und des Eises fort und bespricht den Meeresspiegelanstieg bevor über erste gekoppelte Ozean-Atmosphäremodelle berichtet wird, die zur Einschätzung der Klimaänderungen durch den Menschen eingesetzt werden.

1 Einleitung

Wasser ist die wichtigste Substanz für das Klima der Erde. Wasserdampf ist bei weitem der stärkste Absorber von Sonnen- und Wärmestrahlung in der Erdatmosphäre. Flüssiges Wasser bedeckt etwa zwei Drittel der Erdoberfläche, ist für die starke Abkühlungsrate an der Wolkenoberfläche und für die Erwärmung bei Kondensation verantwortlich. Eis überzieht etwa 12 Prozent der Erde, startet in den meisten Regionen die Niederschlagsbildung und bestimmt über die Niederschlagsmenge – mit der Temperatur – den Vegetationstyp.

Auch die dunkelste und die hellste natürliche Oberfläche bestehen aus fast reinem Wasser. So reflektiert Pulverschnee bis zu 85 Prozent der Sonnenstrahlung, tiefe Seen und der Ozean aber nur 5-10 Prozent. Auch der polwärtige Wärmetransport ist im Ozean wie in der Atmosphäre wesentlich auf Wasser gestützt, entweder durch direkten Transport oder in Form der latenten Wärme im Wasserdampf. Wasserdampf zirkuliert in Tagen oder Wochen in der Troposphäre, ozeanisches Tiefenwasser braucht dazu Jahrhunderte bis zu etwa einem Jahrtausend und Schnee kann in einem Inlandeis über 100'000 Jahre lagern.

Angesichts dieser Extrema scheint es spät, wenn die Wissenschaftler erst jetzt mit dem weltweiten Experiment zur Erforschung der Ozeanzirkulation starten (WOCE = World Ocean Circulation Experiment), dem Strom 3 des globalen Klimaforschungsprogrammes, und das globale Energie- und Wasserkreislaufexperiment (GEWEX) planen, das die Großprogramme WCP und IGBP verbinden soll. Der Grund für dieses Zögern ist das fehlende globale Beobachtungssystem z.B. in Form von geeigneten Satellitenradiometer, die unzureichende Rechnerkapazität für ozeanische Zirkulationsmodelle und das fehlende Verständnis vieler Aspekte der Wechselwirkung zwischen Strahlung und Wolken.

Klimatologen stecken zur Zeit in einem Dilemma. Sie sollen anthropogene Klimaänderungen vorhersehen, obwohl sie das natürliche Klimasystem und die Gründe für natürliche Veränderungen in wesentlichen Teilen noch nicht richtig verstehen. Das geringe Verständnis des Wasserkreislaufes stellt das Haupthindernis bei allen Diskussionen um die weltweite Erwärmung als Folge des zunehmenden Treibhauseffektes dar.

Die wissenschaftliche Diskussion der Klimaänderung bei erhöhtem Treibhauseffekt, ein physikalisches Faktum angesichts der Konzentrationszunahme von Kohlendioxid um 25%, des Methan um über 100%, des Distickstoffoxids um etwa 10% und der rein anthropogenen Fluorchlorkohlenwasserstoffe ist auf die Diskussion des Wasserkreislaufes "geschrumpft". Folgende Fragen sind zu beantworten:

- Wo und wann existieren welche Wolken (bei einer Erwärmung)?

- Ändern Ozeanströmungen ihre Stärke und Lage systematisch und damit nicht nur regionales Klima sondern auch die Aufnahme des Kohlendioxids?

- Ist der beobachtete und vorhergesehene Meeresspiegelanstieg eher Folge der Ausdehnung des erwärmten Meerwassers und von abgeschmolzenen Gebirgsgletschern als des Abschmelzens von Inlandeis?

- Ändert die Abholzung den Wasserkreislauf auch im Überregionalen?

In dieser Darstellung versuche ich die Sammlung des Bekannten und weise auf die Unsicherheiten hin. Abschnitt 2 stellt die Ungenauigkeit der Kenntnis der Absorptionseigenschaften des Wasserdampfes vor, Abschnitt 3 die Strahlungseigenschaften von Wolken als Funktion von Mächtigkeit, Flüssigwassergehalt, Tröpfchen- oder Kristallgröße (äquivalent zu Änderungen im Kondensationskernspektrum, der Temperatur und des Aufwindes), Abschnitt 4 enthält eine kurze Diskussion der Ozeanströmung, Abschnitt 5 gibt Daten über Schneebedeckung und Eisausdehnung, Abschnitt 6 enthält die Diskussion des Meeresspiegelanstiegs. In Abschnitt 7 endet diese Zusammenstellung mit Ergebnissen der ersten gekoppelten Ozean-Atmosphäre-Modelle.

2 Absorption durch Wasserdampf

Wegen des starken elektrischen Dipolmomentes des Wassermoleküls verursachen Änderungen im Rotations- und Schwingungsverhalten des Moleküls starke Absorptionslinien. Sie reichen vom Mikrowellenbereich (reine Rotationslinien) über das ferne Infrarot (noch immer Rotationslinien) zum thermischen Infrarot (Rotations- und Schwingungs-Rotationslinien) zum nahen Infrarot (Rotationsschwingungslinien) und sogar in das Sichtbare (Kombination von

Schwingungen) hinein. Da Wasser das weitaus häufigste dreiatomige Molekül in der Atmosphäre ist, von nur zwei Millionstel Volumenanteilen (2 ppmv) in der untersten tropischen Stratosphäre bis zu drei Prozent in der warmen untersten Troposphäre der Tropen, ist es der Hauptabsorber im Bereich der Wärme- und der Sonnenstrahlung. Da die Absorption im Wärmestrahlungsbereich dominiert, ist Wasser ein Treibhausgas mit 23 K, verantwortlich für fast drei Viertel des Treibhauseffektes der Atmosphäre, der insgesamt etwa 30 K ausmacht. Nur in einem relativ kleinen Wellenlängenintervall um 10 μm absorbiert er nur schwach. Abbildung 1 zeigt klar, daß Wasserdampf die Durchlässigkeit bei allen Wellenlängen reduziert und die Randbedingungen für andere setzt. Bei hohen Temperaturen und damit hohem Wasserdampfpartialdruck wird ein besonderer Absorptionstyp des Wasserdampfes besonders wichtig in den halbdurchlässigen Teilen, dem sogenannten großen Infrarotfenster um 10 μmm, die quasi-kontinuierliche Absorption, proportional zum Quadrat des Partialdruckes und mit -2% K stark temperaturabhängig. Die Gründe dafür sind noch immer nicht klar. Die Labordaten von ROBERTS (1976), die von den meisten Modellierern verwendet werden und die mit Messungen in der Atmosphäre (GRASSL, 1973; GRASSL, 1976) einigermaßen übereinstimmen, machen sie zum Hauptgrund für den berechneten starken Treibhauseffektgradienten zwischen kühlen und warmen Klimazonen (siehe auch Abbildung 2). Als Ergebnis ist die Nettostrahlungsflußdichte an der Erdoberfläche, also der Strahlungsenergieverlust der Oberfläche, nicht am höchsten in den warmen inneren Tropen sondern in trockenen und warmen Atmosphären mittlerer Breiten oder der Subtropen. Berücksichtigt man die Unsicherheiten in der quasi-kontinuierlichen Wasserdampfabsorption, dann ändert sich die Nettostrahlungsflußdichte am Rand der Atmosphäre wie bei einer Verdoppelung des Kohlendioxids. Deshalb ist zum besseren Verständnis der Effekte höheren Kohlendioxidgehaltes eher eine bessere Kenntnis der Wasserdampfabsorption notwendig als genauere Absorptionskoeffizienten des Kohlendioxids.

3 Strahlungseigenschaften der Wolken

Wasser oder Eis in Wolken streut und/oder absorbiert bei allen Wellenlängen. Deshalb schwankt die Albedo für Sonnenstrahlung stark mit der Mächtigkeit der Wolke, Zahl der Tröpfchen und/oder Kristalle pro Volumeneinheit (TWOMEY, 1977) mittlerer Tropfen oder Kristallgröße, Sonnenhöhe und Rußanteil, hängt aber auch vom Wasserdampfgehalt über der Wolke ab. Andererseits ist aber die Emission von Wärmestrahlung durch eine Wolke fast nur eine Funktion der Temperatur in den obersten Wolkenteilen und fast unabhängig von der Tröpfchengröße (GRASSL, 1982). Der Nettostrahlungseffekt einer Wolkenschicht spannt sich von einem überwiegenden Albedoeffekt für niedrig liegende optisch dicke Stratuswolken bis hin zu einem starken Beitrag

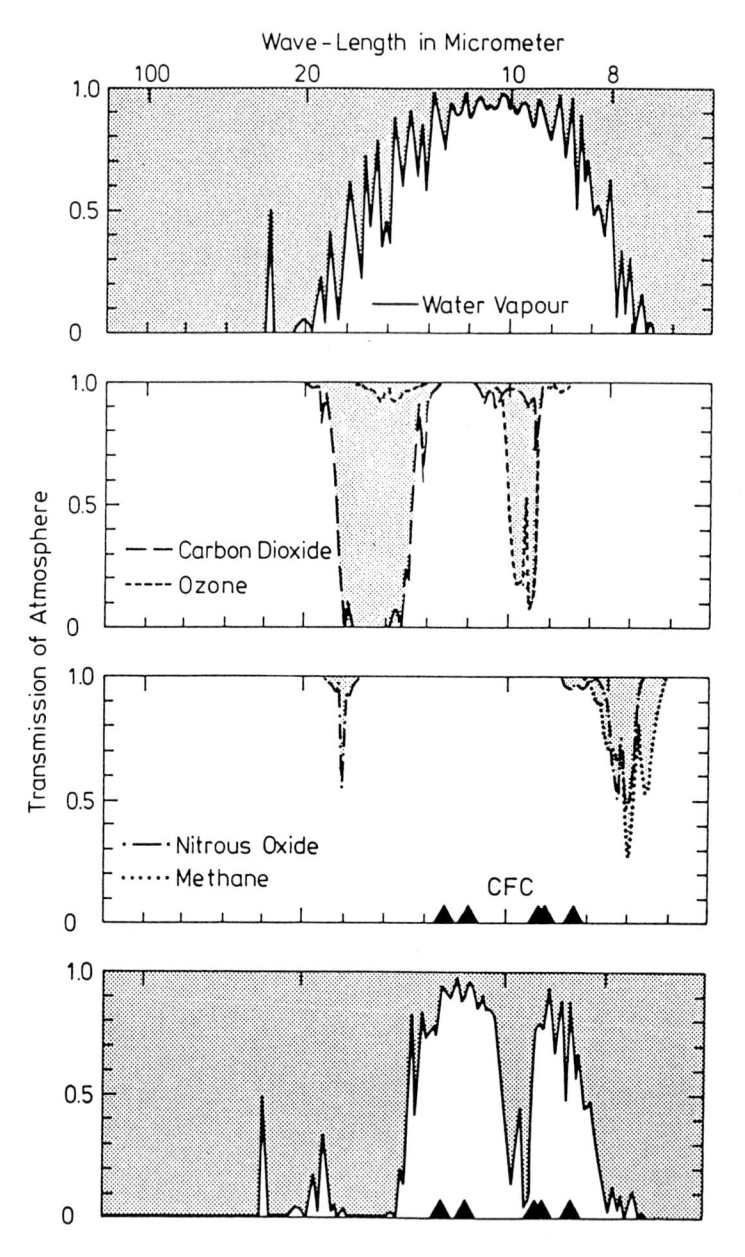

Abbildung 1: *Transmission der Atmosphäre im thermischen Infrarot als Folge der Absorption durch H_2O, $CO_2 + O_3$, $CH_4 + N_2O$. Der unterste Teil stellt die Transmission bei Wirkung aller Gase dar. Die Orte der FCKW-Absorption sind ebenfalls eingetragen.*

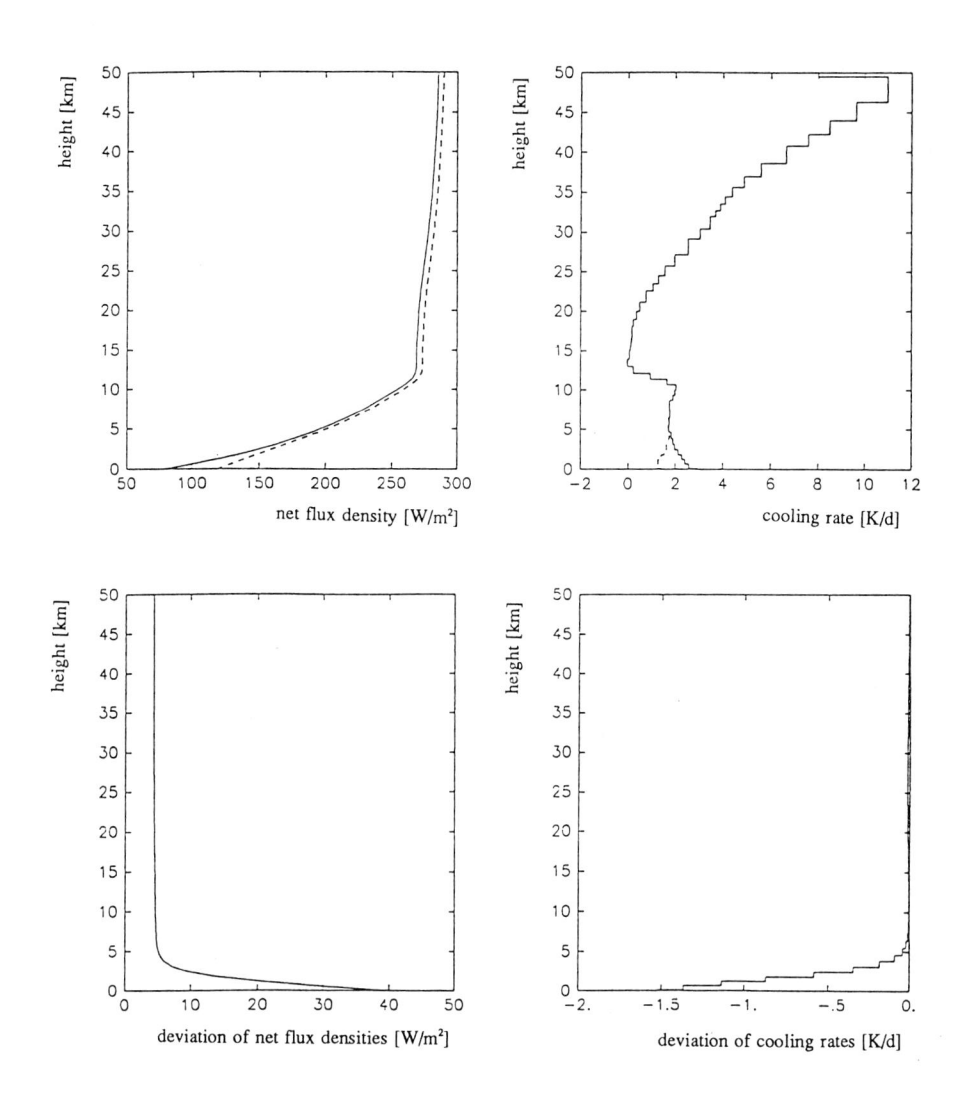

Abbildung 2: *Die Bedeutung der quasi-kontinuierlichen Absorption des Wasserdampfgehaltes im Infrarotfenster für Strahlungsflußdichten und Erwärmungsraten.*

zum Treibhauseffekt für optisch dünne (optische Dicke $\delta < 3$) sehr kalte Eiswolken in Tropopausenhöhe über einer warmen Oberfläche bei hoch stehender Sonne oder während der Nacht. Da Wolken stark schwankende Mächtigkeit, Flüssigwasserdichte und Tropfen- oder Kristallgröße haben, war ihr Beitrag zur Nettostrahlungsflußdichte bis vor kurzem unbekannt. Mit dem Strahlungsbilanzexperiment ERBE (Earth Radiation Budget Experiment) einem dezidierten Satellitenexperiment, wurde klar (RAMANATHAN et al., 1989), daß Wolken heute den Planeten kühlen indem sie die Strahlungsbilanz um 13-20 W m-2 vermindern. Dies ist dem Betrag nach etwa vier Mal so viel wie der Effekt einer CO_2-Verdopplung aber bei entgegengesetztem Vorzeichen. Diese mittlere globale Kühlung ist wesentlich auf Wolkenfelder mittlerer Breiten zurückzuführen und ist das Ergebnis von Region zu Region, Tag zu Tag und Jahreszeit zu Jahreszeit unterschiedlicher Wirkung. Es ist daher nicht überraschend, daß die allgemeinen Zirkulationsmodelle der Atmosphäre oft Bedeckungsgrad und Wolkenart sowie Niederschlag für gegenwärtiges Klima in vielen Details nicht richtig wiedergeben. Um die Situation zu verbessern, müssen mindestens optische Dicke und typische Größenverteilung der Tröpfchen und Kristalle, im globalen Maßstab von Satelliten aus gemessen, zur Verfügung stehen.

Die gegenwärtig kühlende Wirkung der Wolken bedeutet jedoch nicht, daß dies so bleiben sollte, wenn das Klima sich ändert. Der weite Bereich der Temperaturänderungen, der von Klimatologen an die Öffentlichkeit gegeben wird für eine Anpassung an doppelt so hohe Kohlendioxidkonzentration wie vor der Industrialisierung ($3 \pm 1.5°C$ für die Oberflächentemperatur), gibt im wesentlichen die Schwierigkeiten mit den Wolken wieder. Ein Vergleich von 17 allgemeinen Zirkulationsmodellen hat ergeben (siehe Abbildung 3), daß sie in wolkenfreien Gebieten recht gut übereinstimmen und eine Klimaempfindlichkeit von knapp 0.5 K pro Wm^{-2} Strahlungsbilanzänderung berechnen. Bei Einschluß der bewölkten Gebiete stimmen sie keineswegs überein, nur wenige zeigen eine leicht niedrigere Empfindlichkeit, die meisten eine stark ansteigende, d.h. Wolken verstärken den zusätzlichen Treibhauseffekt. Ohne Wolkenrückkopplung aber mit Wasserdampfrückkopplung sollte daher bei Verdopplung des äquivalenten Kohlendioxidgehaltes ein mittlerer Temperaturanstieg von 2.2 K auftreten.

Wie kann die Situation verbessert werden? Durch bessere Parameterisierung der Wolken in allgemeinen Zirkulationsmodellen der Atmosphäre! Ein gutes Beispiel auf dem Weg dazu ist der Versuch, eine Temperaturabhängigkeit des Flüssigwassergehaltes aus Messungen zu übernehmen. Während ROECKNER et al. (1987) für eine wärmere Erde eine negative Rückkopplung fanden (d.h. zunehmende optische Dicke der Wolken bei höherem Flüssigwassergehalt wegen höherer Temperatur hat mehr Wirkung im Bereich der Sonnenstrahlung als im Wärmestrahlungsbereich), hat eine erneute Untersuchung von SCHLESINGER (1988) und ROECKNER (1988) das Vorzeichen verändert – hauptsächlich wegen des starken Anstiegs der Emissionsfähigkeit der Eiswolken mit höherem Eisgehalt bei höheren Temperaturen.

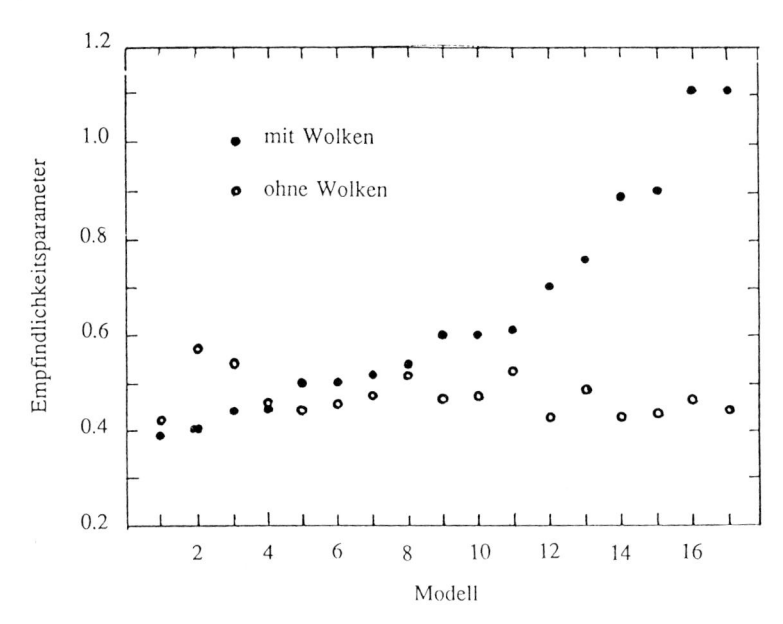

Abbildung 3: *Der Klimaempfindlichkeitsparameter l für 17 Klimamodelle. Offene Kreise gelten für die wolkenlosen Teile der Atmosphäre, volle Kreise schließen Bewölkung ein; nach* CESS *et al.* (1989), VON CUBASCH (1990), *modifiziert.*

Bei Kenntnis der Lücken im Verständnis der Eiswolken mag das noch nicht der letzte Vorzeichenwechsel gewesen sein. Ein anderer Bereich mit dringend nötigen Verbesserungen der Parameterisierungen ist derjenige hochreichender Kumuluskonvektion in den Tropen. Wie von FLOHN und KAPALA (1989) gezeigt, sinkt die Temperatur an der Wolkenobergrenze sehr stark ab, wenn die Ozeanoberflächentemperatur $27.5°C$ übersteigt, was die Emission in den Weltraum dämpft. Die Zunahme der Strahlungsbilanz am Rand der Atmosphäre erhöht unter diesen Bedingungen den Anteil der latenten Wärme an den Energieflüssen an der Oberfläche. Als Folge wird die mittlere Troposphäre stärker erwärmt als die Oberfläche ($1°C$ gegenüber $0.4°C$) wie von FLOHN et al. (1990) aus Meßdaten der vergangenen Jahrzehnte abgeleitet.

Ein anderer aber wahrscheinlich ebenso wichtiger Aspekt der Wirkung von Wolken auf das Klima, ist eine Veränderung der Zahl und Art der Kondensations- oder Eiskeime, d.h. die mögliche Folge veränderter Lufttrübung. Die Anzahl der Tröpfchen in einer eben entstandenen Wolke ist hauptsächlich eine Funktion der Aerosolgrößenverteilung bei sonst unverändertem Aufwind. Bei vorgegebenem Aufwind oder vorgegebener Abkühlungsrate der Luft hängt die Zahl N der Tröpfchen, also der aktivierten Aerosolteilchen, wesentlich von der Gesamtzahl n der Aerosolteilchen und ihrer Größe ab. Von der chemischen Zusammensetzung hängt N nur dann weniger ab, wenn die

Kondensationskeime, was meist gilt, wasserlöslich sind und lange vor 100% relativer Feuchte Lösungströpfchen waren. Abbildung 4 zeigt die Größe des möglichen Effektes, wozu die Differenz der Strahlungsflußdichten über Wolken, die typisch für maritime und kontinentale Verhältnisse sind, dargestellt ist.

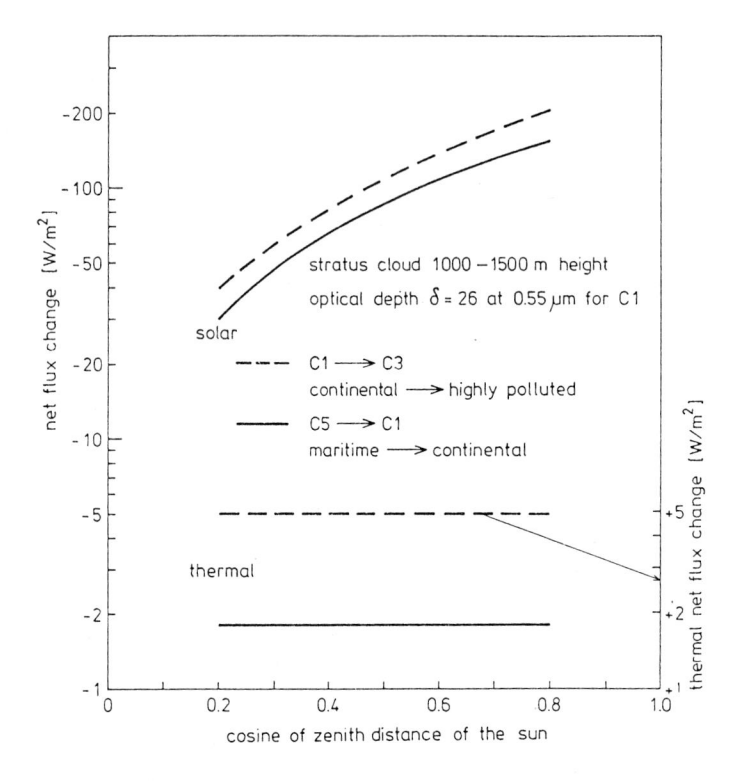

Abbildung 4: *Strahlungsflußdichteänderungen durch veränderte Wolkeneigenschaften. Die Transformation eines maritimen Cumulus in einen kontinentalen (Tröpfchengrößenverteilung C5 → C1) und eines kontinentalen in eine Wolke in sehr stark verschmutzter Luft (C1 → C3) verursacht eine kräftige Albedozunahme aber fast keine Emissionsänderung, übernommen aus* GRASSL *(1982).*

Nähme die Trübung der Luft durch Aktivität der Menschen zu, wie für Norddeutschland von WINKLER und KAMINSKI (1988) gezeigt, dann könnte das wohl zu einer kräftigen Kühlung durch veränderte Wolkeneigenschaften führen, zumindest im regionalen Bereich. Da, wie ebenfalls von KAMINSKI und WINKLER (1988) vorgestellt, die Quelle für die zusätzlichen Teilchen überwiegend die Spurengasemission bei der Verbrennung fossiler Energieträger ist, braucht die Diskussion zum zusätzlichen Treibhauseffekt eine Aerosolkomponente. Jüngst ist die Wirkung auf die Bewölkung von COAKLEY et al. (1987, 1988) in der Abluft von Schiffskaminen entdeckt worden. RADKE et al. (1989)

sowie ALBRECHT (1990) haben darüber hinaus bestätigt, daß die Albedozunahme von Stratus in verschmutzter Luft nicht nur auf erhöhte Kondensationskernzahlen zurückgeht, sondern zusätzlich durch erhöhten Flüssigwassergehalt verstärkt wird, wahrscheinlich weil der Koaleszenzprozeß bei im Mittel kleineren Tröpfchen später einsetzt.

Dieser Effekt war von TWOMEY (1977) und GRASSL (1975, 1978) sowie TWOMEY et al. (1984, 1987) nicht vorhergesehen worden, obwohl die Bedeutung der Änderung von Wolkeneigenschaften bei Trübungsänderung lange postuliert worden war. Außerdem ist die Teilchenbildung aus Gasen als Teil einer Kette von Argumenten, die den Kohlenstoffkreislauf mit der Wolkenalbedo verknüpft, von CHARLSON et al. (1987) unterstrichen worden.

4 Hauptsächliche Klimawirkung des Ozeans

Die große Wärmekapazität des Wassers und die besonderen Phänomene der ozeanischen Zirkulation (siehe Abbildung 5) wirken wesentlich auf das globale und regionale Klima. Um die obersten drei Meter des Ozeans um 1 K zu erwärmen, ist genausoviel Energie notwendig, wie zur gleichen Erwärmung der gesamten Atmosphäre darüber. Daher verzögert der Ozean den Jahreszeitengang, glättet die Schwankungen von Jahr zu Jahr in hohen Breiten, verstärkt sie in der El-Niño Region und kann eine Erwärmung oder Abkühlung um Jahrzehnte verschieben. Der meridionale Wärmetransport wird ebenfalls vom Ozean gestützt. Etwa die Hälfte davon in niederen und subtropischen Breiten wird von permanenten Ozeanströmen oder Wirbeln übernommen. Beispielsweise transportiert der Atlantik etwa 10^15 W durch den Querschnitt bei $25°N$, 100 mal so viel wie der gegenwärtige Energiedurchsatz der Menschheit von 10^13 W, was etwa 2 kW pro Person entspricht.

Der Ozean ist auch der Hauptregulator des Kohlendioxidgehaltes in der Atmosphäre. Er enthält drei wesentliche Kohlenstoffpumpen: Erstens die Lösungspumpe, zweitens die organische Kohlenstoffpumpe, angetrieben von der Photosynthese des Phytoplankton und drittens die Kalziumkarbonat-Gegenpumpe, angetrieben von der Bildung von Kalkschalen bei einigen ozeanischen Lebewesen. Abbildung 6, ein Schema von HEINZE (1990), demonstriert, daß die Bildung von Kalkschalen den Kohlendioxidfluß in die Atmosphäre *verstärkt*. Dieser unerwartete Effekt beruht auf der Überkompensation der Abnahme gelösten anorganischen Kohlenstoffs durch eine Abnahme der Alkalinität; letztere ändert die Gleichgewichtsbeziehung zwischen gelöstem Kohlendioxid, dem Bikarbonation HCO_3- und dem Karbonation CO_3- in der Weise, daß Kohlendioxid an die Atmosphäre abgegeben wird.

Alle Hypothesen zur Erklärung des niedrigen Kohlendioxidgehaltes während der Eiszeit nutzend, konnte HEINZE (1990) zeigen, daß keine die Abnahme auf 180-200 ppmv Kohlendioxid allein erklären kann, und daß der Hauptbeitrag

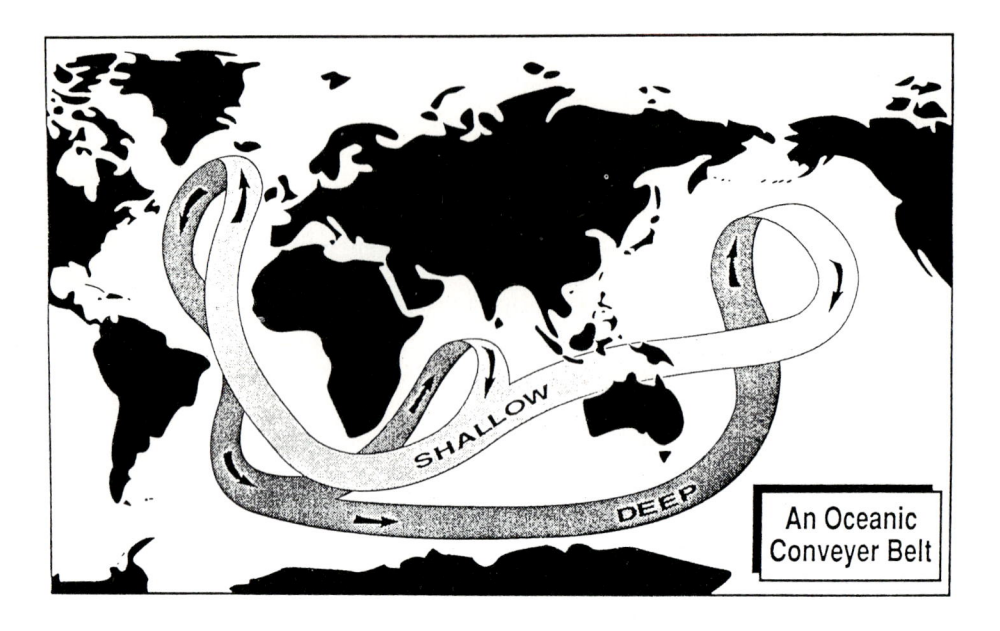

Abbildung 5: *Wasserkreislauf im Ozean. Tiefenwasserbildung im nördlichen Nordatlantik, Ferntransport dieses Tiefenwassers in den Südatlantik, Erneuerung durch Absinken in der Weddell-See, Transport nach Osten und Norden in den Indischen und Stillen Ozean, in Oberflächennähe auf anderem Weg zurück.*

von der verlangsamten Ozeanzirkulation stammt. Das ist in Einklang mit Sedimentanalysen. Die schwächere Zirkulation beeinflußt den Nettoeffekt aller drei Kohlenstoffpumpen.

Über die Regulierung des Kohlendioxidgehaltes der Atmosphäre bestimmt der Ozean auch die mittlere Oberflächentemperatur auf Zeitskalen von Jahrtausenden. Seine Fähigkeit mehr Kohlenstoff zu speichern bei ansteigendem Kohlendioxidgehalt in der Atmosphäre wird gegenwärtig hauptsächlich angeführt um das Verschwinden etwa einer Hälfte der Emissionen zu erklären. Der Ozean ist ebenfalls besonders wichtig bei der Frage nach dem zukünftigen Kohlendioxidgehalt der Atmosphäre als Folge des veränderten Verhaltens der Menschen beim Umgang mit fossilen Brennstoffen. Wird langsam genug emittiert, können bis zu 85% der anthropogenen Emissionen vom Ozean entfernt werden (MAIER-REIMER und HASSELMANN, 1987). Jede Reduzierung der Zuwachsrate der Emission erhöhte den entfernten Anteil.

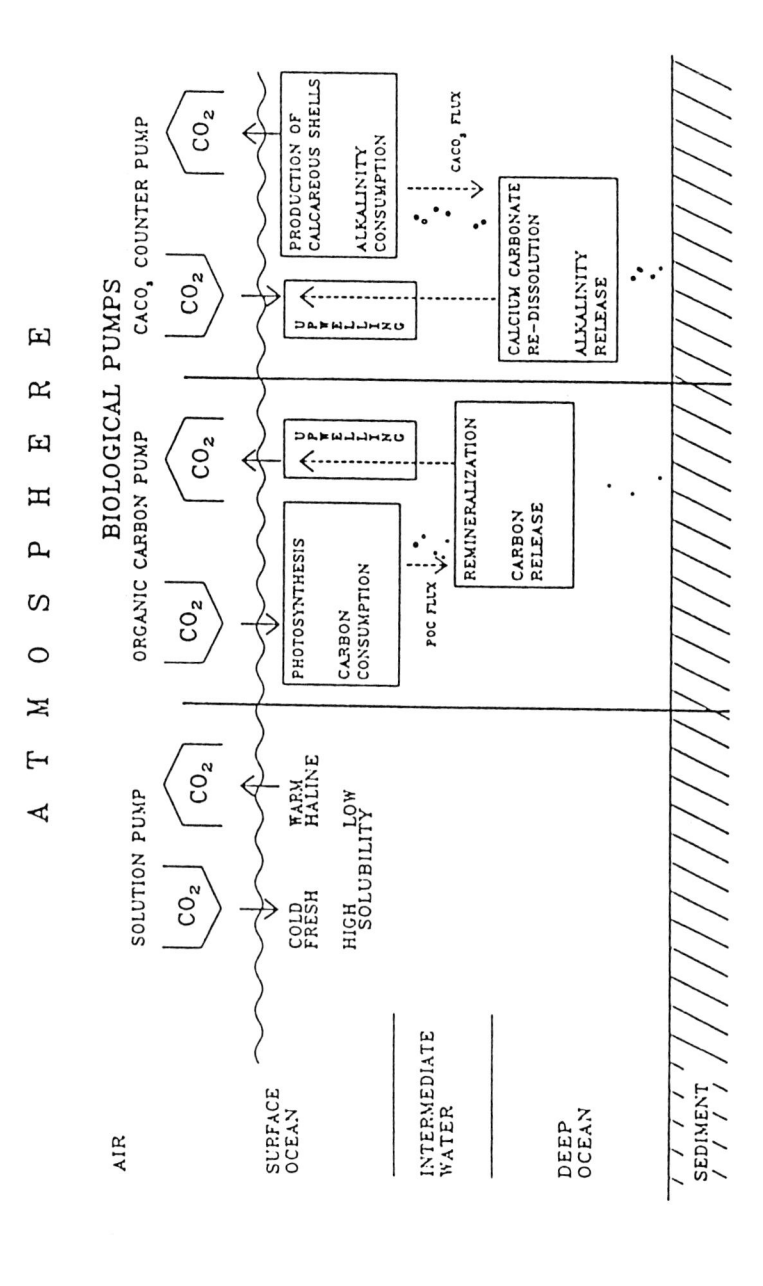

Abbildung 6: *Die Kohlenstoffpumpen des Ozeans: die Löslichkeitspumpe und zwei biologische Pumpen, nämlich die organische Kohlenstoffpumpe und die $CaCO_3$ Gegenpumpe, nach* HEINZE *(1990).*

Tabelle 1: *Eis auf der Erde*

Type	Fläche in Mill. km^2	Volumen in Mill. km^3	Bemerkungen
Inlandeis	16.2	30	Antarktis und Grönland
Gebirgsgletscher	0.5	0.24	kleine Inlandeise eingeschlossen
Permafrost	25	?	Antarktis unberücksichtigt
Meereis NH	8.4 - 15.5	0.02 - 0.05	Minimum bis Maximum
Meereis SH	2.5 - 20.0	0.005 - 0.03	Minimum bis Maximum
gesamte Kryosphäre inklusive Schnee	38-76 Juli - Jan.		im Mittel 12% der Erdoberfläche

5 Eis auf der Erde

Die gegenwärtige Verteilung der Kontinente und die gegenwärtige Zusammensetzung der Atmosphäre führen zur Ausbildung großer Inlandeisgebiete, zu Meereis über Millionen km^2, Permafrost auf vielen Millionen km^2 und Winterschnee auf etwa der Hälfte Eurasiens. Geringe Änderungen der Zusammensetzung der Atmosphäre und der Bestrahlung bestimmter Teile, aufgrund variabler Bahn um die Sonne und veränderter Neigung der Rotationsachse, haben riesige Schwankungen der Kryosphäre verursacht. Der Hauptverstärker ist dabei der Albedounterschied von 0.05 bis 0.2 und 0.8 beim Übergang von Ozean oder Vegetation und nacktem Boden auf der einen Seite zu frischem Schnee oder schneebedecktem Meereis auf der anderen. Kryosphärenparameter sind also zentrale Klimagrößen. Da der veränderte Massenhaushalt eines Gletschers oder Inlandeises die Folge von Veränderungen der Temperatur, des Niederschlags und des Jahresgangs dieser Größen ist, integrieren Kryosphärenteile je nach Reaktionsvermögen über verschiedene Zeitskalen, zum Beispiel von einigen Jahren für kleine Gebirgsgletscher zu Jahrtausenden für große Eisschilde wie die Antarktis. Tabelle 1 mit den vorhandenen Eismengen zeigt deutlich, daß neben der Antarktis nur noch Grönland wesentliche Mengen Süßwasser als Eis stapelt.

Gegenwärtig sind wir besonders an Änderungen der Kryosphäre interessiert, weil sie Hinweise auf den Einfluß einer Temperaturzunahme auf Schneebedeckung, Gletscher und Meereis geben könnte und weil wir die Klimamodelle testen wollen. Abbildung 7 verdeutlicht die Abnahme der Schneebedeckung

Die besondere Rolle des Wasserkreislaufs

während der vergangenen Jahrzehnte. In 18 Jahren nahm die mittlere Schneebedeckung um 4 Millionen km^2 ab, obwohl die Bedeckung im Winter kein so starkes Signal zeigt. Diese Abnahme ist begleitet von einer Erwärmung um wenige Zehntel $°C$ während der vergangenen 15 Jahre.

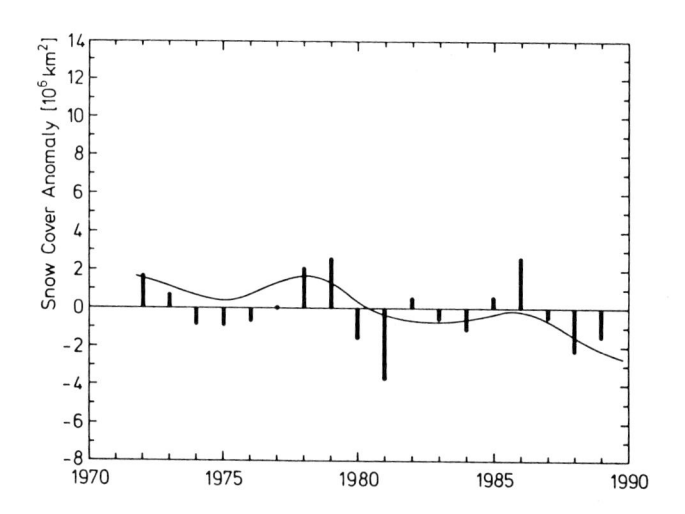

Abbildung 7: *Anomalie der Schneebedeckung der nördlichen Erdhälfte (—, 12-monatiges gleitendes Mitte) und der Schneebedeckung im Winter (Dez. + Jan. - Feb.) für die Zeit von 1972-1989. Zusammengestellt von NOAA (1990) aus Satellitendaten.*

Für Meereis deuten weder Daten der nördlichen noch der südlichen Hemisphäre einen signifikanten Trend in der Fläche an. Beobachtungen der Meereisdicke von Unterseebooten aus geben noch keine ausreichende Datenbasis für eine Trendanalyse.

Die Fähigkeit zur Beschreibung des Jahresganges der Schneebedeckung in Klimamodellen verdeutlicht Abbildung 8, wobei zwei Datensätze und zwei Modellversionen verglichen werden. Die Ergebnisse des Vergleichs zwischen Satellitendaten und der neueren Modellversion sind zufriedenstellend. Auch die Standardabweichungen in Daten und Modellergebnissen sind im Winter ähnlich groß.

Die Beobachtung der Gebirgsgletscher hat einen weltweiten signifikanten Rückgang während der vergangenen 100 Jahre ergeben. Da kleine Gletscher relativ rasch auf Niederschlags- und/oder Temperaturänderungen reagieren, ist es keine Überraschung, daß der Rückgang einiger Gletscher sich jüngst verlangsamt hat, da die nördliche Erdhälfte sich von den 50ern zu den 70ern nicht erwärmt hat. Die recht kleinen Alpengletscher haben jedoch ihren Rückgang in den späten 80ern stark beschleunigt (PATZELT, 1989), nachdem einige von ihnen in den 70ern und frühen 80ern sogar zugenommen hatten.

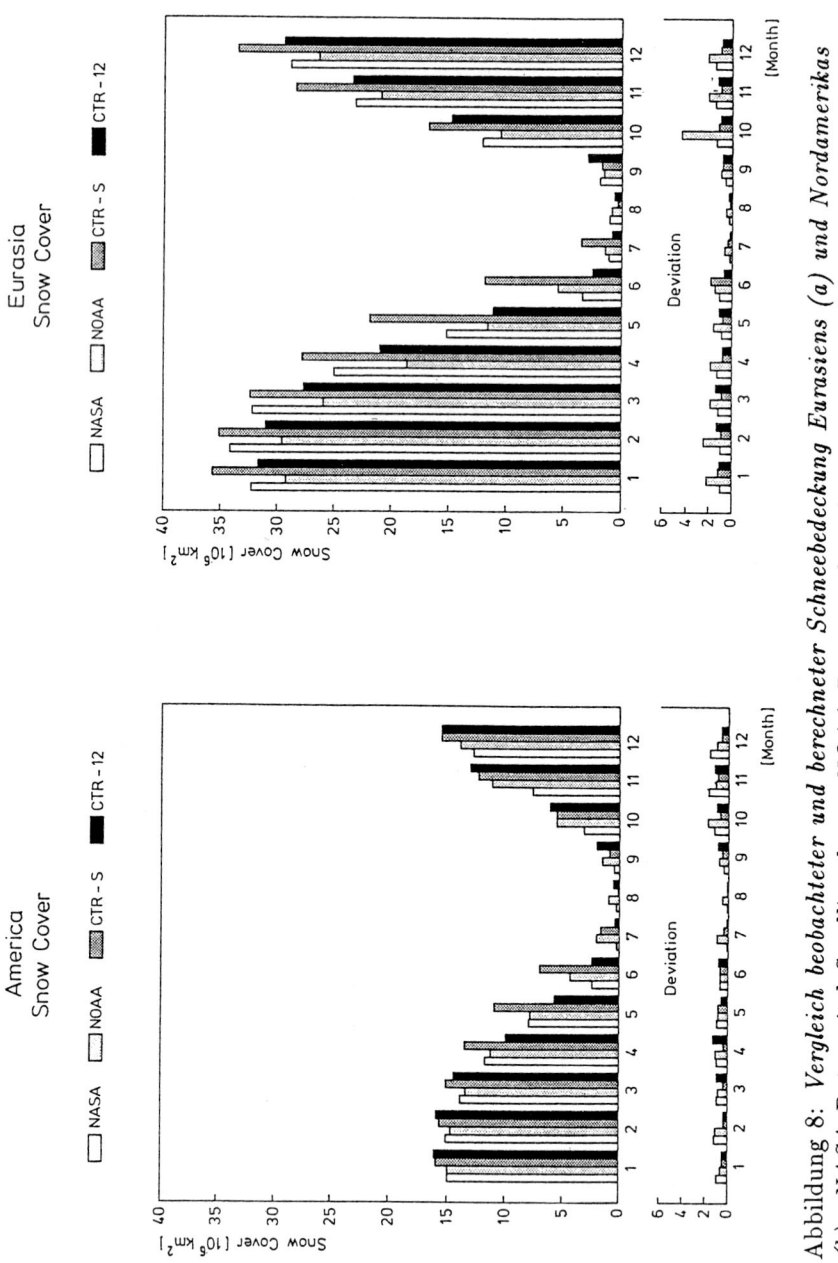

Abbildung 8: *Vergleich beobachteter und berechneter Schneebedeckung Eurasiens (a) und Nordamerikas (b). NASA-Daten sind Satellitendaten, NOAA-Daten sind Beobachtungsdaten. Die Klimamodelldaten stammen von* ROECKNER *und* BEHR *(1990)*

Ob die Bodentemperaturen in Permafrostregionen zugenommen haben, ist nicht klar, obwohl Änderungen für Kanada und die Sowjetunion äußerst wichtig wären. Für eine kurze Diskussion der Massenbilanz von Eisschilden siehe Abschnitt 6.

6 Anstieg des Meeresspiegels

Das Endergebnis der Umverteilung des Wassers in verschiedene Reservoire ist der globale Meeresspiegel, ein äußerst bedeutender Parameter für die Menschheit, die an den Küsten konzentriert wohnt. Während allgemeine Zirkulationsmodelle des Ozeans und der Atmosphäre auf soliden physikalischen Grundlagen ruhen und mit beobachtetem gegenwärtigen Klima getestet sind, gibt es noch keine Atmosphäre-Ozean-Kryosphäre-Modelle, die wir eigentlich für eine Vorausberechnung des Meeresspiegels bräuchten. Deshalb muß das so sehr gewünschte Wissen um weiter steigenden oder beschleunigten Anstieg sich auf Plausibilitätsargumente stützen und kann nur teilweise auf bekannte Details zurückgreifen.

Der mittlere globale Meeresspiegel ist bestimmt vom Ozeanvolumen, der Ozeantemperatur, dem Eisvolumen auf Kontinenten (Inlandeis, Gebirgsgletscher, Schnee, gefrorene Böden) und der Plattentektonik. Die verschiedenen genannten Parameter sind sehr unterschiedlich bedeutsam, je nachdem welche Zeitskala betrachtet wird. Der regionale Meeresspiegel wird darüber hinaus vom Luftdruck, dem Wind, den Ozeanströmungen, lokalen Temperatur- und Salzgehaltsänderungen bestimmt. Daher ist eine Trendanalyse mit regionalen Pegelmessungen äußerst schwierig.

Sogar die Schätzung des Anstiegs durch erwärmtes Meerwasser aufgrund eines zusätzlichen Treibhauseffektes müßte durch eine Kopplung an ein Ozeanmodell berechnet werden, da die Mächtigkeit der durchmischten Ozeandeckschicht den Ozeanteil bestimmt, der an einer Erwärmung zu einem bestimmten Zeitpunkt teilnehmen kann. Der Ausdehnungskoeffizient ist nicht nur eine Funktion der Temperatur sondern auch des Salzgehaltes. Bei typischen Salzgehalten von etwa 35% ist der Ausdehnungskoeffizient etwa $10^{-4}K^{-1}$. Die unterschiedliche Deckschichttiefe und Erwärmung an der Oberfläche führt daher zu einem recht regionalisierten Meeresspiegelanstieg. Läßt man auf ein Ozeanmodell eine Erwärmung von im Mittel $3°C$ wirken, so folgt für die nächsten 100 Jahre eine Meeresspiegeländerung von einigen Zentimetern Abfall bis zu etwa 30 cm Anstieg, letzteres z.B. vor Nordwesteuropa.

6.1 Beobachteter Meeresspiegelanstieg

Es gibt fast keinen Zweifel mehr, daß der Meeresspiegel während der vergangenen 100 Jahre angestiegen ist. Die meisten Untersuchungen finden eine

Anstiegsrate von 1 bis 1.5 mm/a (siehe Übersicht von BARNETT (1988) und
GORNITZ (1990)). Einige zeigen jedoch keine Beschleunigung innerhalb dieses
Abschnitts. Die Unterschiede folgen aus variablen Annahmen über die tektonischen Bewegungen, Korrekturverfahren für einzelne Stationen und geographische Verteilung der verwendeten Stationen, wie es Abbildung 9, von GORNITZ
übernommen, zeigt. Der Meeresspiegelanstieg wird nur zwei Hauptgründen zugeordnet: Ausdehnung wegen der Erwärmung des Wassers und Abschmelzen
der Gebirgsgletscher. Ob Grundwasserentnahme und Dammbau netto einen
Effekt hatten, ist unklar. Auch der Beitrag der Inlandeisgebiete ist umstritten, oft wird sogar speziell für die Antarktis von einer Akkumulation von Eis
gesprochen. Für Teile Südgrönlands hat ZWALLY (1989) aus einer 8-jährigen
Zeitreihe von Beobachtungen mit Satelliten eine Nettoakkumulation von 23
cm pro Jahr gefunden, die - bei Extrapolation auf ganz Grönland - zu einem
Meeresspiegelrückgang von 0.3 mm pro Jahr führte.

6.2 Zukünftiger Meeresspiegelanstieg: eine Abschätzung

Bei bekannter Temperatur- und Meeresspiegeländerung aus den Daten der
vergangenen 100 Jahre kann leicht extrapoliert werden, aber die Schätzwerte
sind unzuverlässig. In Tabelle 2 sind darüber hinausgehende Abschätzungen
des Intergovernmental Panel on Climate Change (IPCC), einer Arbeitsgruppe
der WMO und von UNEP, zusammengestellt. Sie enthalten für verschiedene
Szenarien der Reaktion auf den zusätzlichen Treibhauseffekt und verschiedene
Empfindlichkeit des Klimasystems weitgespannte Meeresspiegelanstiege. Die
wahrscheinlichste Schätzung schwankt zwischen 30 und 65 cm am Ende des
nächsten Jahrhunderts in Abhängigkeit von der Reaktion der Menschheit.

7 Was sagen uns die ersten gekoppelten Ozean-Atmosphäre-Modelle?

Das Verständnis des zeitlichen Klimaverlaufs als Ergebnis interner Wechselwirkungen oder als Antwort auf Anstöße von außen ist Voraussetzung für
die Vorhersage regionalen Klimas und regionaler Klimaänderungen. Bis vor
kurzem, obwohl seit etwa 10 Jahren versucht, war die Kopplung dreidimensionaler Modelle des Ozeans und der Atmosphäre nicht verläßlich genug, um die
drei an sie gestellten Hauptfragen auch wirklich zu beantworten:

- Wie stark verzögert die hohe Wärmekapazität eine Erwärmung an der Erdoberfläche?

- Verstärkt oder dämpft das gekoppelte System auf lange Sicht die bisher allein mit Zirkulationsmodellen der Atmosphäre berechneten Effekte?

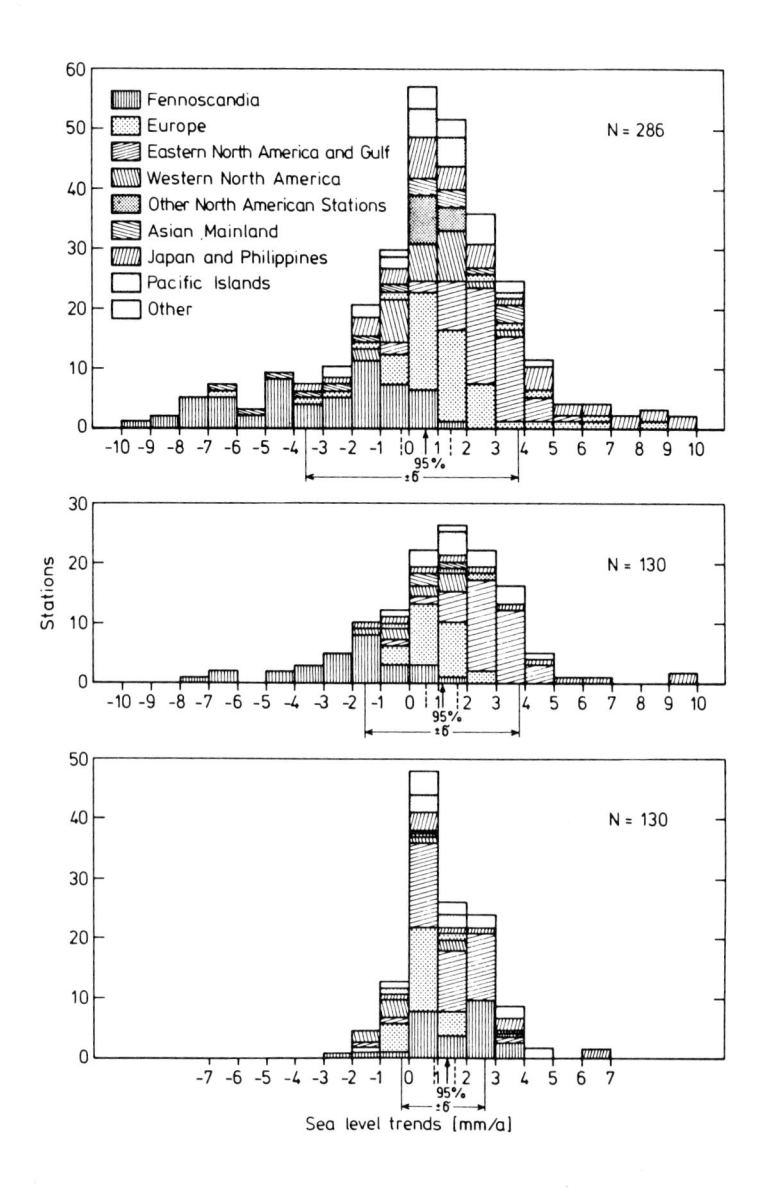

Abbildung 9: *Anzahl der Gezeitenpegel mit bestimmtem Trend des Meeresspiegels im vergangenen Jahrhundert bei Nutzung aller Stationen (oben), für eine Auswahl (Mitte) und diese Auswahl mit Korrektur tektonischer Bewegung (unten).*

Tabelle 2: *Anstieg des Meeresspiegels Δh in cm bei verschiedener Klimaempfindlichkeit (1.5, 2.5 oder 4.5°C Erwärmung bei 2 * CO_2 (äquivalent) und bei verschiedenem Verhalten der Menschheit (Szenarien des Intergovernmental Panel on Climate Change).*

Szenario	Jahr 2030			Jahr 2050			Jahr 2100		
A	10	20	32	16	32	51	32	68	113
B	9	17	26	14	25	40	22	46	77
C	8	16	24	12	24	37	18	39	66
D	8	15	24	11	22	35	15	33	57

Beste Schätzung bei Beachtung folgender Empfindlichkeit

$\Delta h/\Delta t$ = $1.2 \pm 0.6 mma^{-1}K^{-1}$ für Gebirgsgletscher
$\Delta h/\Delta t$ = $0.3 \pm 0.2 mma^{-1}K^{-1}$ für Grönland
$\Delta h/\Delta t$ = $-0.3 \pm 0.3 mma^{-1}K^{-1}$ für die Antarktis

Die Szenarien unterscheiden sich hauptsächlich in der Nutzung fossiler Energieträger: A) Business as usual, Verdopplung des äquivalenten CO_2-Gehaltes 2025; B) Verdopplung 2060 mit weiterem Anstieg; C) Verdopplung 2090 weiterer leichter Anstieg; D) keine Verdopplung annähernd konstante Treibhausgaskonzentrationen ab 2060.

- Wie sehen die regionalen Anomalien bei veränderter Strahlungsbilanz aus?

Erste Antworten auf die ersten zwei Fragen haben wir bereits. Die Verzögerung der Erwärmung ist beachtlich: Bei 1% Zuwachs des äquivalenten CO_2-Gehaltes pro Jahr steigt nach STOUFFER et al. (1989) die jeweils realisierte Erwärmung nur auf 58% derjenigen, die mit einem allgemeinen Zirkulationsmodell der Atmosphäre bei voller Anpassung berechnet wurde. Die Verzögerung beträgt 30 Jahre, wenn man nach der Zeit sucht, bis zu der die zum heutigen Zeitpunkt angelegte Erwärmung bei weiter steigendem Anstoß erreicht ist. Die bisherigen gekoppelten Modelle sind immer noch solche mit sehr grober horizontaler Auflösung ($\cong$500 km), so daß der Wärmetransport durch ozeanische Wirbel parameterisiert werden muß. Dabei müssen auch die Energieflüsse an der Oberfläche korrigiert werden (SAUSEN et al., 1988) um ein Abdriften bei Rechnungen für das gegewärtige Klima zu verhindern, was alle vorherigen gekoppelten Modelle stark an Glaubwürdigkeit einbüßen ließ.

Die Kopplung ist so rechenzeitintensiv, daß Rechnungen über Jahrhunderte, welche zur fast vollen Anpassung notwendig wären, bisher nicht möglich sind. Es gibt jedoch aus den bisherigen Kopplungen keine Hinweise darauf, daß die Kopplung die Erwärmung bei Anpassung (abgeleitet aus früheren Rechnungen mit Zirkulationsmodellen der Atmosphäre) stark dämpfte, einschließlich solcher mit spontan verdoppeltem CO_2-Gehalt beim Start (WASHINGTON und MEEHL, 1989; MANABE et al., 1989).

Die besondere Rolle des Wasserkreislaufs   77

   Die Hauptunterschiede zwischen gekoppelten und ungekoppelten Modellen
sind:

- stärkere Erwärmung des Inneren der Kontinente in gekoppelten Modellen

- geringe Erwärmung in Gebieten mit tief mischendem Ozean z.B. um die
  Antarktis und im hohen Nordatlantik.

Die Bodenfeuchtetendenz im Sommer änderte sich nur wenig gegenüber ungekoppelten Modellen, d.h. Gebiete mit Abnahme tendieren weiterhin dazu. Auch die besonders starke Erwärmung in hohen nördlichen Breiten bleibt erhalten. Eine detailliertere Diskussion regionaler Unterschiede ist nicht sinnvoll wegen der unzureichenden Parameterisierung der Wolken und des zum Teil fehlenden Gütetests der Zirkulation und des Wärmetransports des Ozeans.

Global Water Cycle

Observation and Model Results

Land Surface : 145.2×10^6 km^2
Sea Surface : 365.0×10^6 km^2
Unit   : 10^3 km^3/Year

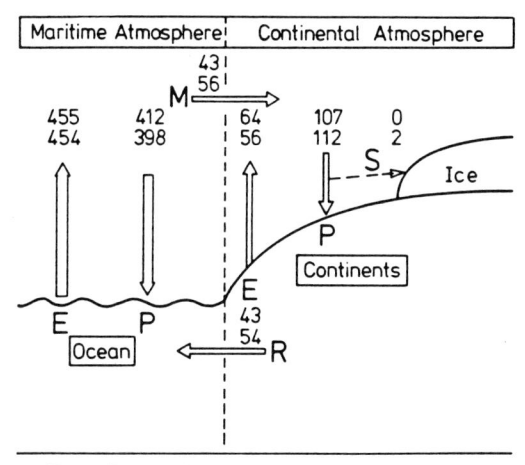

| Maritime Atmosphere | Continental Atmosphere |

```
                      43
                      56
                  M ────▶
   455    412       64    107    0
   454    398       56    112    2
                                       S
                                      ──▶  Ice
     ⇧      ⇩       ⇧     ⇩
                                 P
                              Continents
                     E
     E      P        43
                     54
   Ocean         ◀──── R
```

E	Evaporation
P	Precipitation
S	Accumulation of Snow
M	Water Vapour Transport to Continents
R	Runoff

Abbildung 10: *Globaler Wasserkreislauf, aus Beobachtungen und modelliert. Die obere Zahl stellt die Schätzungen aus Beobachtungen dar (*BUDYKO, *1970).*

8 Schlußbemerkungen

Die bisherigen Abschnitte haben häufig auf Lücken im Verständnis des globalen Wasserkreislaufs hingewiesen. Trotzdem werden die Hauptflüsse doch recht zuverlässig in Modellen der allgemeinen Zirkulation der Atmosphäre berechnet. Abbildung 10 zeigt die grobe Übereinstimmung zwischen den aus Beobachtungen abgeschätzten Flüssen und solchen in einem Modell, hier der Hamburger Version des Modells vom Europäischen Zentrum für Mittelfristvorhersage in Reading, England (ROECKNER, 1990). Die Lücken sollen im zur Zeit geplanten und etwa 1995 startenden globalen Energie- und Wasserkreislauf-Experiment (GEWEX) wenigstens zum Teil geschlossen werden.

Ich danke Helga Behr, Ulrich Cubasch, Christoph Heinze und Erich Roeckner vom Meteorologischen Institut der Universität Hamburg bzw. dem Max-Planck-Institut für Meteorologie in Hamburg für die Erlaubnis, ihre Ergebnisse vor der Veröffentlichung zu verwenden. Ich danke auch Meinolph Lüdicke für die Zeichnungen und Barbara Zinecker für die rasche und präzise Erledigung der Schreibarbeiten.

Literatur

[1] ALBRECHT, B.A. (1989): Aerosols, cloud and fractional cloudiness. *Science* (submitted for publication).

[2] BARNETT, R.P. (1988): Global sea level change. in: *Climate variations over the past century and the greenhouse effect*. Report based on the First Climate Trends Workshop, 7-9 Sept. 1988, Washington D.C.; National Climate Program Office / NOAA, Rockville, Maryland.

[3] BROECKER, W.S., D.M. PETEET, and D.O. RIND (1985): Does the ocean-atmosphere system have more than one stable mode of operation? *Nature*, 315, 21-26.

[4] BUDYKO, I. (1970): The water balance of the oceans. in: *Symposium on World Water Balance*, Vol. I, Reading 1970. Int. Ass. Scint. Hydrol. Publ. Nr. 92, 24-33. Gent, Brügge.

[5] CESS, R.D., G.L. POTTER, J.P. BLANCHET, G.J. BOER, S.J. GHAN, J.T. KIEHL, H. LE TREUT, Z.-X. LI, X.-Z. LIANG, F.J.B. MITCHELL, J.-J. MORCRETTE, D.A. RANDALL, M.R. RICHES, E. ROECKNER, U. SCHLESE, A. SLINGO, K.E. TAYLOR, W.M. WASHINGTON, R.T. WETHERALD, and I. YAGAI (1989): Interpretation of cloud-climate feedback as produced by 14 atmospheric general circulation models. *Science*, 245, 513-516.

[6] CHARLSON, R.J., J.E. LOVELOCK, M.O. ANDREAE, and S.G. WARREN (1987): Oceanic phytoplankton, atmospheric sulfur, cloud albedo and climate. *Nature*, 326, 655-661.

[7] COAKLEY, J.A. JR., R.L. BERNSTEIN, and P.A. DURKEE (1987): Effect of ship-stack effluents on cloud reflectivity. *Science*, 237, 1020-1022.

[8] COAKLEY, J.A. JR., R.L. BERNSTEIN, and P.A. DURKEE (1988): Effect of ship-stack effluents on the radiative properties of marine strato-cumulus: Implications for man's impact on climate. in: *Aerosols and Climate*, P.V. HOBBS and M.P. MCCORMICK, Eds., A. Deepak Publishing, Hampton, Va., 253-260.

[9] FLOHN, H. and A. KAPALA, (1989): Changes of tropical sea-air interaction processes over a 30-year period. *Nature*, 338, 244-246.

[10] FLOHN, H., A. KAPALA, H.R. KNOCHE, H. MÄCKEL, (1990): Recent changes of the tropical water and energy budget and of midlatitude circulations. *Climate Dynamics*, submitted.

[11] GRASSL, H. (1973): Separation of atmospheric absorbers in the 8-13 micrometer region. *Beitr. Phys. Atmos.*, 46, 75-88.

[12] GRASSL, H. (1975): Albedo reduction and radiative heating of clouds by absorbing aerosol particles. *Contr. Atmos. Phys.*, 48, 199-210.

[13] GRASSL, H. (1976): A new type of absorption in the atmospheric infrared window due to water vapor polymers. BEITR. PHYS. ATMOS.,49, 225-236.

[14] GRASSL, H. (1978): Strahlung in getrübten Atmosphären und in Wolken. Hamburger Geophysik. Einzelschriften, Reihe B, Heft 37.

[15] GRASSL, H. (1982): The influence of aerosol particles on radiative parameters of clouds. *Időjaras*, 86, 60-74.

[16] GORNITZ, V. (1990): Mean sea level changes in the past. in: *Climate and Sea Level Change: Observations, Projections and Implications*, (Eds. WARRICK and WIGLEY); Cambridge University Press, Cambridge (in press).

[17] HEINZE, C. (1990): *Zur Erniedrigung des atmosphärischen Kohlendioxidgehalts durch den Weltozean während der letzten Eiszeit.* Dissertation, Universität Hamburg, 170 Seiten.

[18] KAMINSKI, U., P. WINKLER (1988): Increasing submicron particle mass concentration at Hamburg. II. Source discussion. *Atm. Environ.*, 22, 2879-2883.

[19] MANABE, S., L. BRYAN, M.J. SPELMAN (1990): Transient response of a global ocean-atmosphere model to a doubling of atmospheric carbon dioxide. *J. Phys. Oceanography*; submitted.

[20] NOAA (1990): Data on NH snow cover given to WGI of IPCC. Patzelt, U. (1989): Die 1980-er Vorstoßperiode der Alpengletscher. *Jahrbuch des Österreichischen Alpenvereins*, 44, 14-15.

[21] RADKE, L.F., J.A. COAKLEY, JR., and M.D. KING (1989): Direct and remote sensing observations of the effects of ships on clouds. *Science*, 246, 1146-1149.

[22] RAMANATHAN, V., R.D. CESS, E.F. HARRISON, P. MINNIS, B.R. BARKSTROM, E. AHMED, and D. HARTMANN (1989): Cloud-radiative forcing and climate: results from the Earth radiation budget experiment. *Science*, 243, 57-63.

[23] ROBERTS, E., J.E.A. SELBY, L.N. BIBERMAN (1976): Infrared continuum absorption by atmospheric water vapor in the 8-12 micrometer window. *Appl. Optics*, Vol. 15, 2085-2090.

[24] ROECKNER, E. (1988): Reply to Schlesinger. *Nature*, 335, 304.

[25] ROECKNER, E. (1990): private communication.

[26] ROECKNER, E., U. SCHLESE, J. BIERKAMP, P. LOEWE (1987): Cloud optical depth feedbacks and climate modelling. *Nature*, 329, 138-140.

[27] SAUSEN, R., K. BARTHELS, K. HASSELMANN (1988): Coupled ocean-atmosphere models with flux correction. *Climate Dynamics*, 2, 145-163.

[28] SCHLESINGER, M.E. (1988): Negative or positive cloud optical depth feedback? *Nature*, 335, 303-304.

[29] STOUFFER, R.J., S. MANABE, K. BRYAN (1989): Interhemispheric asymmetry in climate response to a gradual increase of atmospheric CO2. *Nature*, 342, 660-662.

[30] TWOMEY, S.A. (1977): The influence of pollution on the shortwave albedo of clouds. *J. Atmos. Sci.*, 34, 1149-1152.

[31] TWOMEY, S.A., M. PIEPGRASS, and T.L. WOLFE (1984): An assessment of the impact of pollution on global cloud albedo. *Tellus*, 36B, 356-366.

[32] TWOMEY, S.A., R. GALL, and M. LEUTHOLD (1987): Pollution and cloud reflectance. *Boundary Layer Meteor.*, 41, 335-348.

[33] WASHINGTON, W.M., G.A. MEEHL (1989): Climate sensitivity due to increased CO_2: experiments with a coupled atmosphere and ocean general circulation model. *Climate Dynamics*, 4, 1-38.

[34]   WINKLER, P., U. KAMINSKI (1988): Increasing submicron particle mass concentration at Hamburg, *I. Observations. Atm. Environ.*, 22, 2871-2878.

[35]   ZWALLY, H.J. (1989): Growth of Greenland ice sheet: Interpretation; *Science*, 246, 1589-1591.

Polare Eiskappen – Das kalte Archiv des Klimas

ALBRECHT NEFTEL, *Bern*

Die polaren Eiskappen stellen ein wertvolles Archiv der Klimageschichte dar. In den "ewigen" Eismassen sind die Niederschläge bis über 200.000 Jahre zurück gespeichert. Die Analyse der verschiedenen Spurenstoffe und der in den Blasen eingeschlossenen Luft ermöglicht die Rekonstruktion der Spurenkomponenten, wie beispielsweise der Treibhausgase CO_2 und CH_4.
Damit besteht eine gehaltvolle Informationsquelle, um die Wechselwirkung zwischen atmosphärisch - chemischen Prozessen und klimatischen Veränderungen zu studieren. Die Rekonstruktion von Klimaveränderungen mittels gemessener Parameter von Eisbohrkernen stellt eine der besten Möglichkeiten dar, die prognostischen Modelle für zukünftige Klimaänderungen zu validieren.

1 Einleitung

Polare Eiskappen sind immense Anhäufungen von gefrorenem Wasser in hohen Breiten. Wasser, welches einst als Schnee deponiert wurde und nun fein säuberlich archiviert ist. Die Massenbilanzen, d.h. die Differenz der insgesamt aufgenommenen und abgegebenen Eismenge der beiden großen Eisschilde Grönland und Antarktis sind in etwa ausgeglichen. Die Temperaturen an der Oberfläche im Innern der Polkappen liegen im Mittel weit unter dem Gefrierpunkt, der Schnee schmilzt nicht und wird konserviert. Diese Akkumulationszone, ist umgeben von der Ablationszone, wo der Massenverlust durch Abschmelzen und Kalben von Eisbergen geschieht.

Eis verhält sich wie eine hochviskose Flüssigkeit und fließt von innen nach außen, so daß die einzelnen Jahresschichten immer dünner werden. Abbildung 1 zeigt einen Schnitt durch ein idealisiertes Eisschild mit einzelnen Fließlinien. Wird in der Mitte, auf dem höchsten Punkt, ein Eiskern entnommen, so enthält dieser theoretisch eine ungestörte Stratigraphie aller an diesem Ort früher gefallenen Niederschläge. Bei einer gegenüber der Mittellinie versetzten Bohrung, stammt das Eis im Kern mit wachsender Tiefe zunehmend von weiter entfernteren Orten der Bohrstelle, am weitesten aber von der Mittellinie.

Die Erschließung dieser kalten Archive erfordert aufwendige Feldarbeiten, in deren Zentrum die Bohrung steht. Die Wahl des Ortes der Bohrung ist abhängig von der wissenschaftlichen Zielsetzung und von der logistischen Machbarkeit. Entscheidend ist dabei die Frage, ob lange Zeiträume mit entsprechend

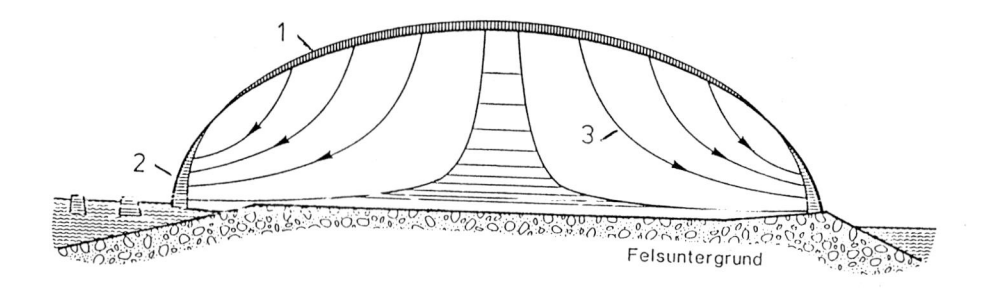

1 Akkumulationszone
2 Ablationszone
3 Fliesslinien

Abbildung 1: *Querschnitt durch einen schematischen Eisschild*

Abbildung 2: *Die Bohrstellen in Grönland*

limitierter Zeitauflösung oder kurze Zeiträume mit guter Zeitauflösung angestrebt werden. Die zeitliche Auflösung eines Bohrkernes ist primär gegeben durch die jährliche Niederschlagsmenge. Diese steht dabei in einem Zusammenhang mit der mittleren Jahrestemperatur. Je kälter ein Ort ist, umso kleiner sind die potentiell möglichen Niederschläge. Windverfrachtungen des gefallenen Schnees an der Oberfläche, sowie Diffusionsprozesse in Firn und Eis sind weitere limitierende Faktoren der Zeitauflösung. Die Archivierungseigenschaften sind umso besser, je kälter die Temperaturen sind, denn die gespeicherte Information wird durch Schmelzwasser zerstört oder zumindest gestört. Zuverlässige Informationen aus den polaren Archiven bedingen mittlere Jahrestemperaturen die deutlich unter dem Gefrierpunkt liegen. Als Faustregel gilt für Grönland $-20°C$ und für die Antarktis $-15°C$ (STAUFFER et al., 1985).

Die Abbildungen 2 und 3 zeigen die Antarktis und Grönland mit den wichtigsten Bohrstellen, auf die in diesem Artikel in irgendeiner Weise Bezug genommen wird. Diese Bohrstellen sind in Tabelle 1 charakterisiert. Daraus kann entnommen werden, daß die grönländischen Kerne "Camp Century" und "Dye 3" sowie die antarktischen Kerne "Byrd", "Vostok" und "Dome C" langfristige Klimainformationen liefern. Die Bohrungen in "Crete", "Summit" (Grönland) und "Siple" (Antarktis) liefern vor allem Informationen über anthropogen induzierte Veränderungen.

Abbildung 3: *Die Bohrstellen der Antarktis*

Tabelle 1: *Charakteristiken der Bohrstellen*

Ort Koordinaten	Akkumulation (Meter)	mittlere Jahrestemp. ($°C$)	ungefähres Alter (Jahre)	Gaseinschlußzeit (Jahre)	Differenz Gas/Eis Alter (Jahre)
Vostok $78°28'S$, $106°48'E$	0.022	-57	160.000	590	2800
Dome C $74°39'S$, $124°10'E$	0.036	-53	40.000	370	1700
Byrd $79°59'S$, $120°01'W$	0.16	-28	50.000	54	240
Siple $75°55'S$, $83°55'W$	0.5	-24	300	22	95
Camp Century $77°11'N$, $61°09'W$	0.34	-24	80.000	31	130
Dye 3 $65°11'N$, $43°50'W$	0.5	-19.6	80.000	22	90
Crete $71°07'N$, $37°19'W$	0.27	-30	1.000	46	200
Summit $72°29'N$, $38°00'W$	0.22	-32	300	*	*

* noch nicht bestimmt

2 Funktionsweise des polaren Archives

Drei Arten von Informationsspeicherung im Eis müssen unterschieden werden:

- Physiko-chemische Eigenschaften, insbesondere die Isotopenverhältnisse,
- eingeschlossene Luft (Blasen) im Eis,
- inkorporierte Spurenstoffe in der Eismatrix.

Abbildung 4 zeigt schematisch die Transformation von Schnee zu Eis. In einer ersten Phase werden die gefallenen Schneekristalle wegen des höheren

Dampfdruckes über gekrümmten Flächen (KELVIN-Effekt) rasch umkristallisiert und in kugelähnliche Formen überführt. Dabei nimmt die spezifische Oberfläche rasch ab. Sie lagern sich dann zu der dichtest möglichen Packung und wachsen in einem Sinterungsprozeß zusammen. Bei diesem Sinterungsprozeß wird beim Dichteintervall von $790 Kgm^{-3}$ - $840 kgm^{-3}$ Porenluft in Form von Blasen eingeschlossen (SCHWANDER und STAUFFER, 1985) welche alte atmosphärische Luftproben enthalten.

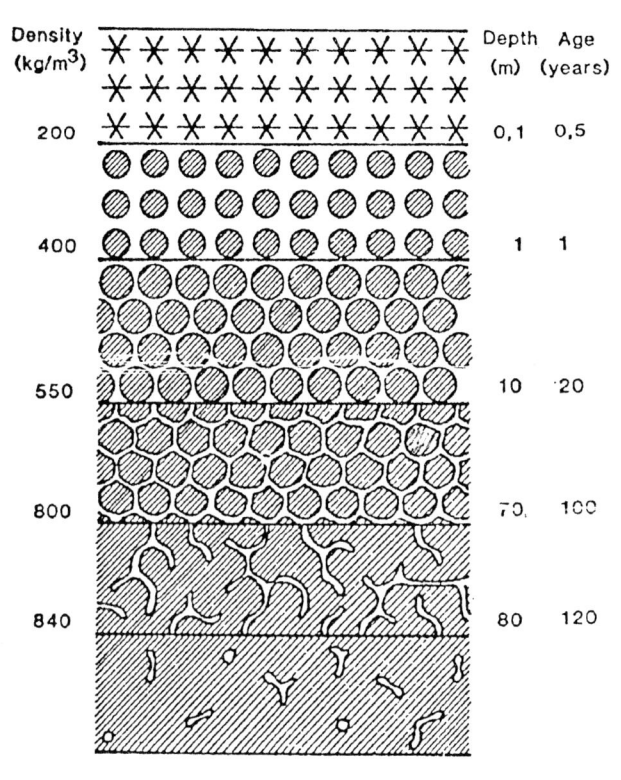

Abbildung 4: *Transformation von Schnee zu Eis. Die angegebenen Zeit- und Tiefenskalen sind arbiträr.*

Die in Eisbohrkernen gemessenen Parameter sind meistens nicht direkte klimarelevante Größen. Es braucht dazu eine Übersetzung in atmosphärische Größen. Diese Übersetzung ist oftmals das Nadelöhr der Interpretation.

3 Isotopenverhältnisse der Wassermoleküle in Firn und Eis

Die direktesten Klimainformationen sind die im Eis aufgezeichneten Isotopenverhältnisse des Wassers. Die beiden Verhältnisse, definiert als [1]

$$\delta^{18}O = \frac{R(Probe) - R(Standard)}{R(Standard)} \cdot 1000 \text{(in Promille)},$$

$$\delta D = \frac{R(Probe) - R(Standard)}{R(Standard)} \cdot 1000 \text{(in Promille,}$$

sind im Prinzip Wolkenthermometer, und ihre Jahresmittelwerte in den Niederschlägen sind sehr gut korreliert mit den mittleren Jahrestemperaturen. Für Grönland gilt heute die empirische Relation

$$\frac{\Delta \delta^{18}O}{\Delta T} = 0.6 \times 10^{-3} \text{ in Promille pro } °C.$$

Die Isotopenfraktionierung beruht auf dem massenabhängigen Verdampfungs- und Kondensationsgleichgewicht. Je kälter die Temperatur in einer Wolke ist, umso stärker fällt die Abreicherung an schweren Isotopen aus. Die raumzeitliche Variabilität in der Niederschlagsbildung und die verschiedenen räumlichen Pfade der Niederschlagszonen führen zu Fluktuationen im Isotopengehalt des Niederschlages. Damit unterliegt die Isotopenzeitreihe einem Rauschen, so daß erst systematische Temperaturänderungen von $1°C$ und mehr sich deutlich abzeichnen.

Die Isotopenverhältnisse von polaren Eiskernen mit jährlichen Akkumulationsraten von über $20 cm$ Wasseräquivalent zeigen einen deutlichen jahreszeitlichen Gang und erlauben damit bei genügender Akkumulation das Abzählen von Jahresschichten und somit eine lückenlose Datierung. An den Kernen der Tiefbohrungen von "Camp Century" und "Dye 3" konnten so beispielsweise die Jahre bis zum Übergang in die letzte Eiszeit, d.h. rund 10.000 Jahre zurück gezählt werden (JOHNSEN et al, 1972; DANSGAARD et al., 1984).

Die Diffusion der Wassermoleküle im Firn und Eis begrenzen aber diese Zählmethode. Im Firn führen Temperatur- und Dampfdruckunterschiede zu einem ständigen Umkristallisierungsprozeß, so daß praktisch jedes Wassermolekül im Firn seinen Platz wechselt. Durch diese Diffusion werden die ursprünglichen Isotopenverhältnisse der Niederschläge verschmiert. Die mittlere Verschiebung der Moleküle im Firn beträgt zwischen $6 - 10 cm$ in einem Zeitraum von 10 bis 20 Jahre. Alle Informationsträger, die sich physikalisch ähnlich verhalten wie die Wassermoleküle, werden ebenfalls verschmiert. Allfällig vorhandene jahreszeitliche Schwankungen solcher Parameter werden bei Akkumulationsraten unter $20 cm$ Wasseräquivalent pro Jahr schon im Firn ausgeglichen

---

[1] Der Standard ist durch mittleres Ozeanwasser gegeben. Mit R wird das Konzentrationsverhältnis von ^{18}O zu ^{16}O resp. D/H bezeichnet, wobei D für Deuterium und H für Wasserstoff steht.

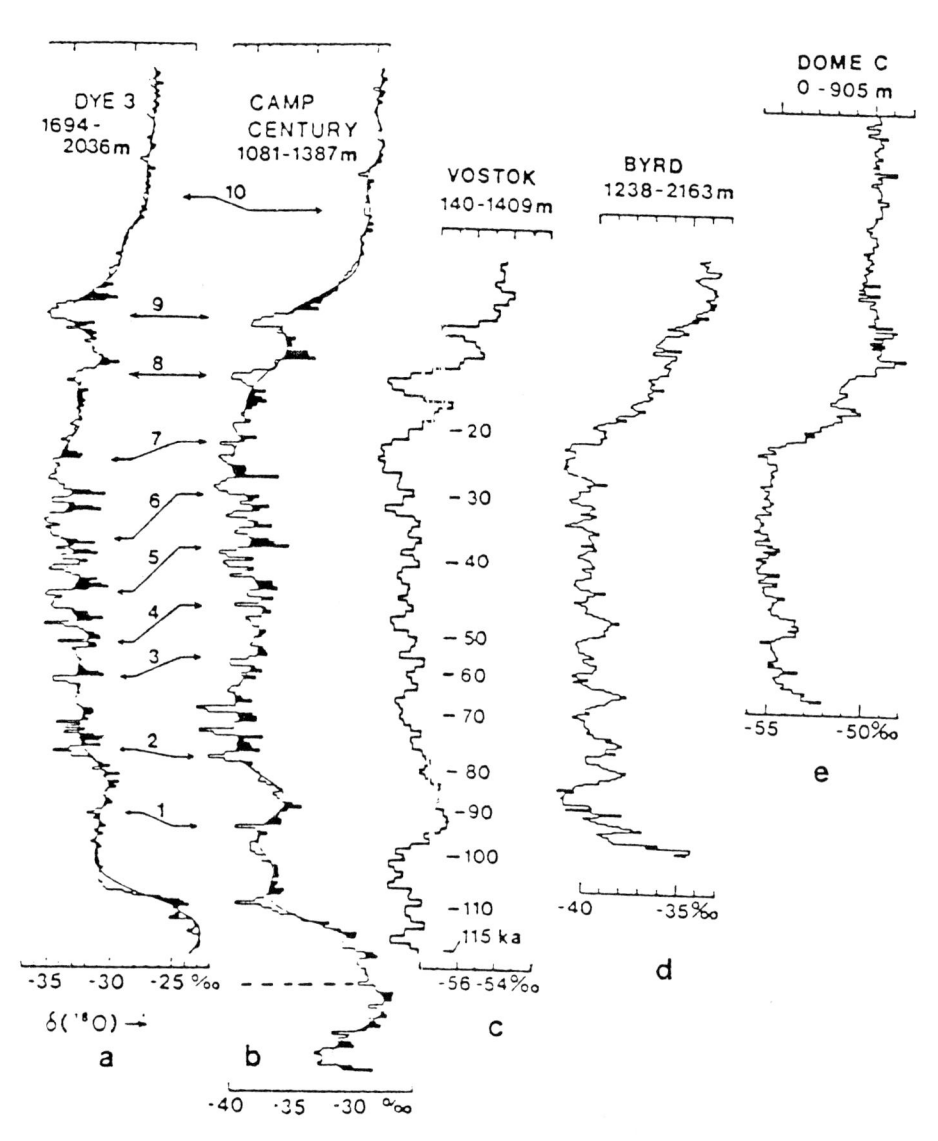

Abbildung 5: *Änderung des $\delta^{18}O$ - Isotopenverhältnisses Eiszeit-Nacheiszeit in verschiedenen Bohrkernen (aus* DANSGAARD *et al., 1984).*

und sind somit nicht mehr direkt lesbar. Im Eis ist die Diffusion jedoch viel langsamer. Die Diffusionskonstante der Wassermoleküle im Eis liegt in der Größenordnung von $1 \cdot 10^{-15} m^2 s^{-1}$. Diese Diffusion in der Eismatrix selber führt beispielsweise dazu, daß die saisonalen Schwankungen des $\delta^{18}O$ der letzten Eiszeit des "Dye 3" Kernes ausgeglichen wurden.

Eine sorgfältige Datierung der Eisbohrkerne ist unabdingbar, damit die zeitliche Abfolge der klimatischen Informationen richtig eingeordnet werden kann. Solange mit saisonal schwankenden Parametern die Jahre abgezählt werden können, ist die Datierung trivial. Wegen dem Ausdünnen der Jahresschichten mit zunehmender Tiefe und wegen der Diffusion, nehmen mit zunehmendem Alter des Eises die saisonalen Schwankungen ab, und es müssen andere Hilfsmittel zur Datierung herangezogen werden. So können neben Modellrechnungen, mit denen das Fließen des Eises und damit die Altersverteilung bestimmt werden, charakteristische Horizonte im Eis mit z.B. erhöhten Säuregehalten nach Vulkanausbrüchen als absolute Zeitmarken dienen. Beispielsweise führte der Ausbruch des isländischen Vulkanes "Laki" im Jahre 1783 zu einer starken Schwefelsäuredeposition über ganz Grönland. Es gibt eine Reihe weiterer solcher Horizonte, die altersmäßig soweit zurückliegen, daß eine historische Belegung zwangsläufig fehlt. Eine weitere "Synchronisationsmarke" ist der Abfall der Wasserisotopenverhältnisse am Ende der letzten Eiszeit, welcher in allen Kernen, die in diese Zeit zurückreichen, gefunden wurde.

In der Nähe des Felsbettes sind die Voraussetzungen eines idealen Eisschildes mit ungestörtem Fließen nicht mehr gegeben. Die Erstellung der Chronolgie wird mit Annäherung an das Felsbett immer unsicherer, und die Datierung immer spekulativer.

4 Eingeschlossene Luft (Blasen) – das perfekte Luftprobesammelsystem der letzten 160.000 Jahre

Das Porensystem im Firn ist offen und tauscht Luft mit der Atmosphäre aus. Die effektive Diffusionskonstante ist allerdings wesentlich geringer als in der freien Atmosphäre. Beim Sinterungsprozeß wird somit Luft in Blasen eingeschlossen, welche jünger ist als das die Blase umgebende Eis. Anläßlich der Eurocore Operation 1989 in Zentralgrönland haben SCHWANDER und BARNOLA aus verschiedenen Tiefen Luftproben aus dem Firn genommen und darin die CO_2- und CH_4 - Konzentrationen bestimmt. Durch den Vergleich mit den bekannten Verläufen der atmosphärischen Konzentrationen dieser Gase konnte die im Firn vorhandene Altersverteilung der Gase bestimmt werden.

Die Probenahme der atmosphärischen Luft durch die polaren Eisschilde erstreckt sich über einen Zeitraum, dessen Dauer von der Akkumulationsrate und der Temperatur abhängt. In Tabelle 1 sind die von SCHWANDER und STAUFFER (1985) berechneten Einschlußzeiten und die mittleren Altersdifferenzen zwischen Gas und Eis für verschiedene Bohrkerne mitaufgeführt.

Die Luft in den Blasen stellt damit einen Mittelwert über die Einschlußzeit dar. Eis an Orten, wo im Sommer kein Anschmelzen der Schneeoberfläche stattfindet, stellt für die bis heute gemessenen Spurengase CO_2, CH_4 und N_2O einen perfekten Probebehälter dar. Die Blasen sind dicht abgeschlossen, es tritt kein Licht hinzu, und die Gase diffundieren kaum in die Eismatrix hinein.

Dies gilt auch für Proben aus großen Tiefen, wo der enorme hydrostatische Druck die Blasen zum Verschwinden brachte und in *Klathrate* umwandelte. Wird solches Eis an die Oberfläche geholt, entstehen die Blasen allmählich wieder und zeigen einen unveränderten Gasgehalt an, wenn auch die CO_2-reichen Klathrate etwas stabiler sind, NEFTEL et al. (1983). Wir können demnach davon ausgehen, daß in den Blasen der kalten Eiskerne die Geschichte der wichtigsten atmosphärischen Spurengase geschrieben steht, d.h. die gemessenen Konzentrationen stehen in einem direkten Zusammenhang mit der atmosphärischen Konzentration. Liegen kontinuierliche oder quasi-kontinuierliche Meßreihen von Spurengasen in den Blasen vor, so kann mit einer Rücktransformation der mutmaßliche Verlauf der atmosphärischen Konzentration berechnet werden (NEFTEL et al, 1988). Falls nur langsame Veränderungen interessieren, braucht diese Transformation nicht durchgeführt werden. Die gemessenen Konzentrationen zeigen dann atmosphärische Konzentrationen an, welche einem Tiefpaßfilter unerzogen wurden. Die Abbildungen 6 und 7 zeigen den atmosphärischen CO_2- resp. CH_4-Gehalt der letzten 200 Jahre, wie sie am "Siple" Kern bestimmt wurden (NEFTEL et al., 1985; STAUFFER et al., 1985).

Die CO_2-Messungen an Eisbohrkernen, welche an den drei Laboratorien durchgeführen werden, weisen in den Absolutwerten noch Abweichungen in der Grössenordnung von ±3% auf, denen mit Interkalibrationen zu Leibe gerückt werden soll. Die relativen Verläufe aber sind gesichert und demonstrieren deutlich den starken, anthropogen erzeugten Anstieg dieser Spurengase. Hervorgehoben sei auch, daß CO_2 zuerst ansteigt, gefolgt von CH_4 und N_2O (STAUFFER und NEFTEL, 1988). Der erste Anstieg des CO_2 um 1850 kann dabei nicht auf die Verbrennung fossiler Brennstoffe zurückgeführt werden. Höchstwahrscheinlich sind umfangreiche Waldrodungen mit Verbrennung von Biomasse (sogenannter Pioniereffekt) dafür verantwortlich (SIEGENTHALER und OESCHGER, 1987). Der CH_4-Anstieg verläuft parallel zur Zunahme der Weltbevölkerung und wird mit der Zunahme der Emissionen aus der landwirtschaftlichen Produktion erklärt, KHALIL und RASMUSSEN (1985). Diese Autoren haben im Jahr 1988 zudem um 5% tiefere CH_4-Werte während der "kleinen Eiszeit" festgestellt als heute. Dies kann erklärt werden mit einer kleineren Quellstärke von Methan in den nördlichen Breiten (Tundra und Permafrostgebiete), da sich die kälteren Temperaturen während der sogenannten "kleinen Eiszeit" vor allem dort auswirkten.

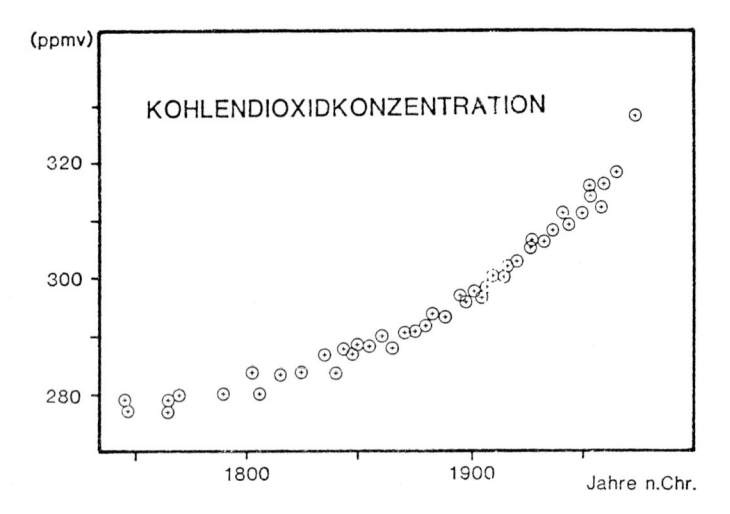

Abbildung 6: CO_2-Anstieg der letzen 200 Jahre, gemessen an Proben des "Siple" Bohrkernes.

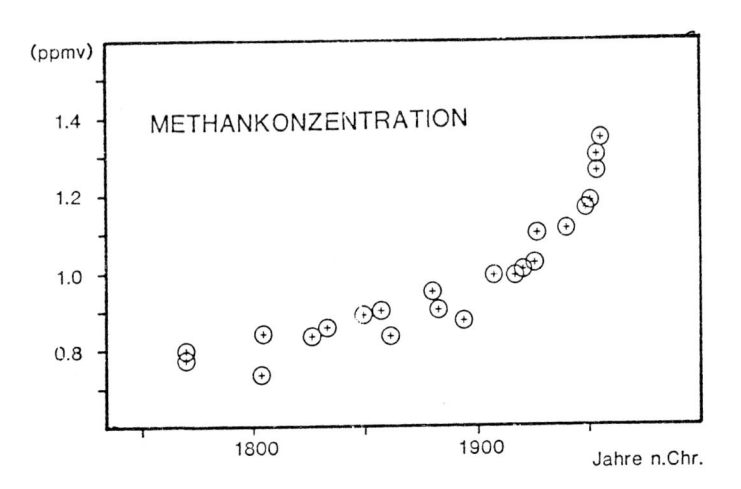

Abbildung 7: CH_4 - Anstieg der letzten 200 Jahre gemessen an Proben des "Siple" Kernes

Die spektakulärste Information aus den Blasen von Eisbohrkernen ist der Befund, daß der atmosphärische CO_2-Gehalt während des glazialen Maximums (30'000 - 20'000 Jahre vor heute) nur zwischen 180 und 200 ppm(V) (BERNER et al., 1980; DELMAS et al., 1980; NEFTEL et al., 1982) und der CH_4-Gehalt zwischen 300 und 400 ppb(V) betrug (STAUFFER et al., 1987; CHAPPELLAZ et al., 1990). Abbildung 8 zeigt die am Vostok Kern gemessenen Schwankungen des Deuterium-Isotopenverhältnisses zusammen mit den CO_2- und CH_4- Konzentrationen. Sie zeigen, daß der von diesem Kern überdeckte Zeitraum bis in die vorletzte Eiszeit zurückreicht und damit der bis jetzt längste, mit einem Eisbohrkern erschlossene Zeitraum darstellt. Dies ist vor allem möglich, weil die Jahresakkumulation bei dieser Station nur etwas über 2 cm Wasseräquivalent beträgt. Die Datierung erfolgte auf Grund von rheologischen Modellrechnungen. Diese sind relativ zuverlässig, da das Kernende noch weit entfernt vom Felsbett ist.

Eine Frequenzanalyse der Daten erbringt eine gute Korrelation mit den drei Zyklen: 100 kJahre, 40 kJahre und 19 resp. 23 kJahre, welche die Grundlage der MILANKOWITCH-Theorie bilden (GENTHON et al., 1987). Diese Zyklen sind verbunden mit der Lage der Erdbahn relativ zur Sonne und führen zu periodischen Veränderungen der Sonneneinstrahlung, in erster Linie der hemisphärischen Verteilung der Sonneneinstrahlung. Diese Änderung der Sonneneinstrahlung reicht jedoch nicht aus, um die großen klimatischen Schwankungen zu erklären. Es muß eine Reihe von starken positiven Rückkopplungsmechanismen geben, die im einzelnen noch nicht genau bekannt sind. Dabei müssen die Vorgänge in den Ozeanen eine wesentliche Rolle spielen, da in ihnen die großen Energieflüsse auf der Erde ablaufen.

Die französischen Forscher, welche diese Messungen durchführten, übertrugen die Deuteriumwerte direkt auf eine Temperaturskala und berechneten die notwendigen positiven Rückkopplungsfaktoren, um die Temperaturvariationen durch die geänderten Konzentrationen der Treibhausgase CO_2 und CH_4 zu erklären. Solche positiven Rückkopplungen sind nötig, da der Konzentrationsanstieg im Strahlungshaushalt alleine höchstens einen Temperaturanstieg von $0,6°C$ des totalen Sprunges von $10°C$ erklären kann. Diese Interpretation geht sehr weit und läßt die Frage nach den auslösenden Faktoren der großen Klimaveränderungen und nach der Art der Rückkopplungsmechanismen offen.

Die Messungen an den letzten 300 Metern des Kernes der Tiefbohrung von "Dye 3", Südgrönland, förderten eine weitere Überraschung zu Tage: Alle gemessenen Parameter zeigten auf sehr kurze Distanzen (einige cm) charakteristische Änderungen, die einen sehr raschen Wechsel von einem kalten Klimazustand in einen warmen Zustand anzeigten. Diese Wechsel zeigten sich sowohl während des Übergangs der glazialen Periode in das Holocene, wo ein Rückfall zu glazialen Bedingungen zu verzeichnen ist, als auch während der glazialen Periode.

Das jüngere Dryas, der Rückfall in glaziale Zustände, ca. 12'000 - 10'700 Jahre vor heute, ist auch durch diverse andere Proxidaten aus dem mitteleuropäischen Raum belegt (OESCHGER, 1985). Das eindrücklichste Beispiel wurde mitten in der Eiszeit gefunden (Abbildung 9), dort ändern sich auf einer Distanz von nur 5cm sowohl der CO_2-Gehalt als auch das Isotopenverhältnis sprunghaft.

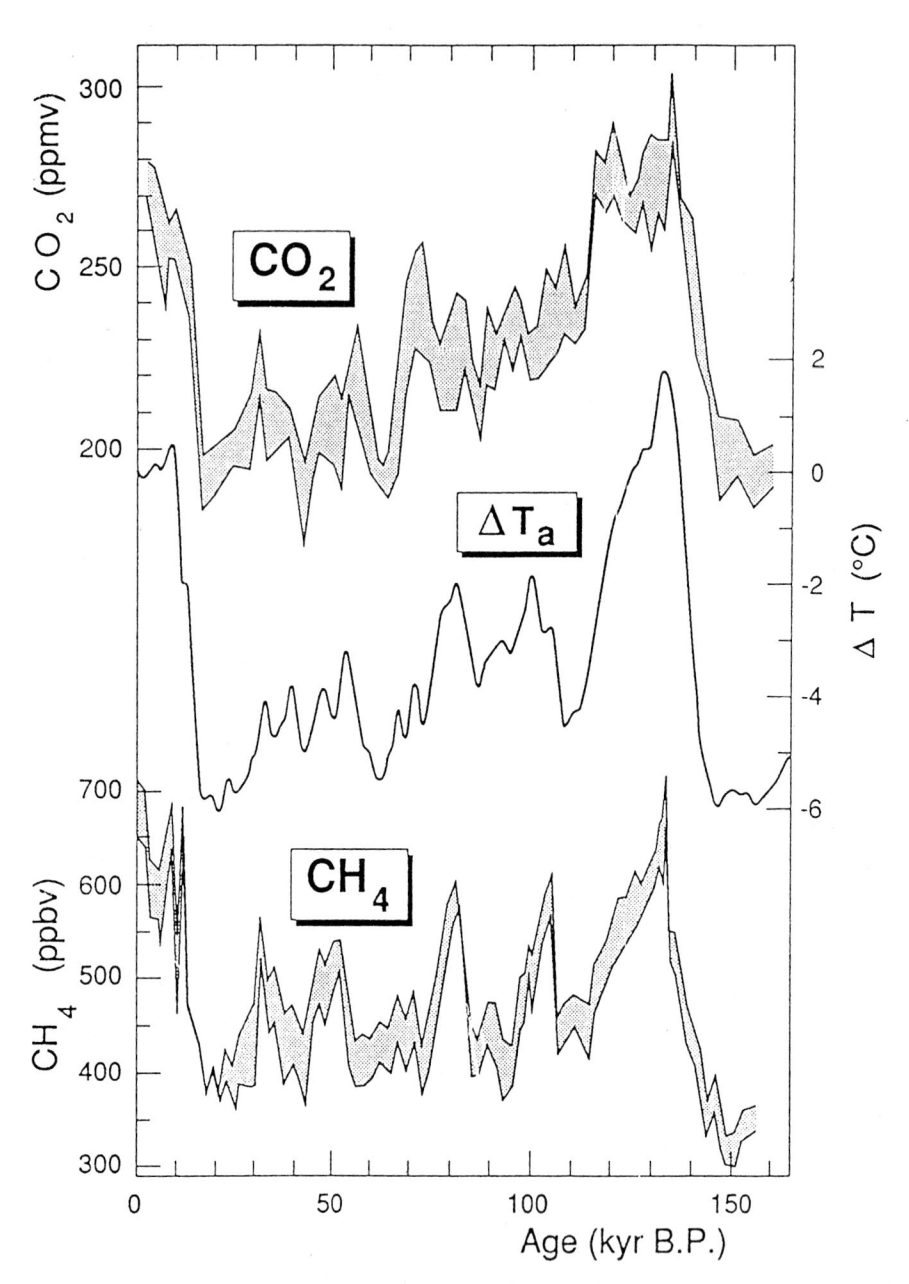

Abbildung 8: Temperaturverlauf, CO_2- und CH_4-Gehalt der letzten 160'000 Jahre, rekonstruiert ausgehend von Messungen am Vostok Bohrkern (nach CHAPPELLAZ et al, 1990).

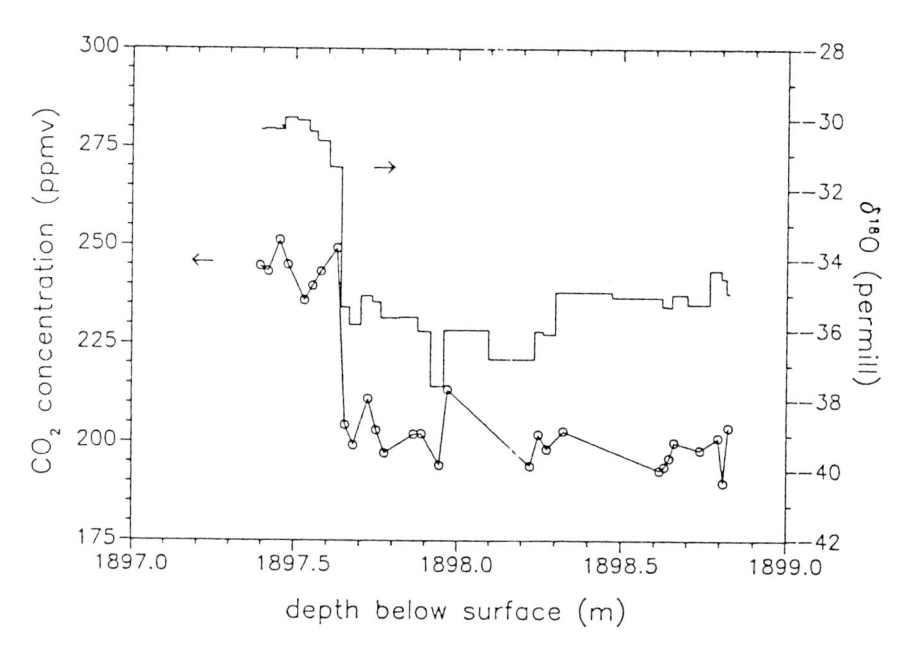

Abbildung 9: *Abrupte CO_2- und $\delta^{18}O$-Schwankung in 1897 Meter Tiefe des "Dye 3" Kernes.*

Unter der Annahme einer ungestörten Stratigraphie, welche allen bis jetzt veröffentlichten Datierungen des "Dye 3" Kernes zu Grunde gelegt wird, bedeuten diese Messungen eine radikale klimatische Änderung innerhalb eines Jahrzehnts. Die Änderung des Isotopenverhältnisses ist so scharf, daß sie im Widerspruch zur Selbstdiffusion der Wassermoleküle im Eis steht. Das ursprünglich im Niederschlag vorhandene Verhältnis müsste sich unstetig ändern. Dasselbe gilt für den CO_2-Gehalt (STAFFELBACH et al., 1988).

Ein solcher Sprung müsste wegen der homogenen Verteilung von CO_2 in der Atmosphäre auch in den Kernen der Antarktis nachgewiesen werden können. Dies gelang jedoch bis heute nicht (NEFTEL et al., 1988). Unglücklicherweise hat die CO_2-Meßreihe des "Byrd"-Kernes genau im Übergang vom Glazial ins Interglazial zwei Lücken, wo kein Eis mehr für Messungen zur Verfügung stand. Die Messungen der "Byrd"-Proben deuten jedoch auf eine kontinuierliche Zunahme des CO_2-Gehaltes während 5000 Jahren hin; dies bedeutet eine langsame Anpassung des atmosphärischen Gehaltes an die Bedingungen der Warmzeit.

Damit ist die reale Existenz vergleichsweise schneller klimatischer Änderungen nicht in Frage gestellt – dafür gibt es genügend Evidenzen von verschiedenen Proxidaten. Der atmosphärische CO_2-Gehalt folgte diesen jedoch nicht so schnell und kann somit kaum auslösender Faktor für die beobachteten Veränderungen sein. Die widersprüchlichen Resultate des "Dye 3" Kernes deuten eher auf eine gestörte Stratigraphie hin. Die Messungen stammen aus einem Tiefenintervall, das sich nur etwa 100 Meter über dem Felsbett befindet. Dieses ist eine Hügellandschaft mit Erhebungen in derselben Größenordnung (OVERGAARD und GUNDESTRUP, 1985). Es kann deshalb nicht ausgeschlossen werden, daß Diskontinuitäten (Faltungen, Überwerfungen, etc.) die Stratigraphie des Kernes in den unteren 300 Meter stören.

5 Informationen aus Spurenstoffen in der Eismatrix

Bis heute sind schon Konzentrationen vieler Spurenstoffe im Eis bestimmt worden. Alle treten nur in sehr geringen Mengen auf und stammen ursprünglich aus der Atmosphäre. Variationen der Konzentrationen im Eis spiegeln entsprechende Änderungen in der atmosphärischen Konzentration wider, wobei der Zusammenhang zwischen der Konzentration im Eis und in der Luft nicht linear zu sein braucht. Die atmosphärische Konzentration dieser Stoffe ist durch die Quellstärken, den Transport in die polaren Gebiete, sowie durch klimatische Bedingungen gegeben.

5.1 An Aerosol gebundene Komponenten

Das Verhältnis c_{Eis}/c_{Atm} wird Transferkoeffizient genannt. Es hängt primär von den mikrometeorologischen Bedingungen in der Wolke bei der Schneebildung ab. Auf räumlich und zeitlich kleinen Maßstäben ist die Variabilität des Transferkoeffizienten groß und beträgt mehr als eine Grössenordnung (POURCHET et al., 1983). Im folgenden werden nur Aussagen über Mittelwerte von einigen Jahren gemacht. Dabei haben sich die stochastischen Fluktuationen des Transferkoeffizienten zum größten Teil ausgeglichen.

Aerosole dienen in der Wolke als Kondensationskeime, werden also schon bei der Schneebildung inkorperiert (sog. in-cloud scavenging). Auf ihrem Weg durch die Atmosphäre lagern die Schneeflocken weitere Aerosole an (sog. below-cloud scavenging). Die so aus der Atmosphäre entfernten Aerosole gelangen als *nasse* Deposition zur Erdoberfläche. Im Gegensatz dazu werden bei der *trockenen* Deposition Aerosole direkt aus der Atmosphäre auf die Schneeoberfläche abgelagert. Die einmal im Schnee vorhandene Aerosolkonzentration ändert sich im Firn und Eis nicht mehr. Hochauflösende Messungen zeigen im Gegensatz etwa zu den Isotopenverhältnissen des Wassers auch in großen Tiefen starke Konzentrationsgradienten.

Der Beitrag der trockenen Deposition zur gesamten Deposition hängt stark von der jährlichen Akkumulationsrate ab. Für Gebiete mit Raten unter 10 cm

Wasseräquivalent/Jahr dürfte sie 50% und mehr ausmachen. Bei Akkumulationsraten über 40 cm Wasseräquivalent/Jahr kann sie praktisch vernachlässigt werden. Abschätzungen des Anteils der Trockendeposition wurden vor allem mit Hilfe der Messung von aerosolgebundenen radioaktiven Isotopen im Schnee und in der Luft gemacht (POURCHET et al., 1983).

Es liegen heute sehr viele Messreihen von Spurenstoffen vor, die als Aerosole in den Schnee gelangten. Prinzipiell ist es mit Hilfe nur einer Spurenkomponente nicht möglich, zu entscheiden, ob Konzentrationsänderungen im Eis durch geänderte Transportverhältnisse oder durch Änderungen der Quellstärken bedingt sind. Durch den Vergleich von verschiedenen Komponenten lassen sich trotzdem klimatisch relevante Aussagen gewinnen. Es seien hier nur einige Resultate herausgegriffen, die das Informationspotential der Eisschilde für atmosphärisch-chemische Prozesse illustrieren.

In den grönländischen Kernen ist ein klarer Anstieg der Sulfat- und Nitratkonzentrationen in diesem Jahrhundert ersichtlich (HERRON, 1982; NEFTEL et al.; 1985, MAYEWSKI et al., 1986). Abbildung 10 zeigt die mittleren Jahreskonzentrationen von Sulfat und Nitrat der letzten 90 Jahre in einem Eiskern von "Dye 3". Die ausgezogene Linie repräsentiert den generellen Trend, welcher auf die anthropogen erhöhten Stoff-Flüsse der Schwefel- und Stickstoffkomponenten zurückzuführen ist. Die kurzzeitigen Schwankungen sind auf Fluktuationen des Depositionsverhaltens und des Transports zurückzuführen. Die Ursache der höheren Konzentrationen zwischen 1910 und 1930 ist höchstwahrscheinlich in einem verstärkten meridionalen Luftmassenaustausch zu suchen.

Antarktische Kerne zeigen keinen entsprechenden anthropogen bedingten Anstieg der Sulfat- und Nitratkonzentrationen, da sich die Quellen zum größten Teil in der nördlichen Hemisphäre befinden. Die atmosphärische Lebensdauer von Sulfat und Nitrat ist zu kurz, als daß die anthropogen bedingten Sulfat- und Nitrat-Aerosole bis in die Antarktis transportiert werden. Zudem ist die Antarktis durch einen ringförmigen Luftstrom von der Außenströmung stark abgekoppelt.

Vulkanausbrüche führen in der Regel zu einer Anhäufung von Schwefelsäuretröpfchen in der Stratosphäre, welche sich dann als erhöhte Schwefelsäuredeposition über den polaren Eisschilden auswirken. Damit bergen die polaren Archive eine Aufzeichnung der Vulkantätigkeit in sich, die ihrerseits Einfluß auf das Klimageschehen hat. So vermutet beispielsweise HAMMER aufgrund des Säuregehaltes des "Crete" Kernes, daß die "kleine Eiszeit" durch erhöhte vulkanische Aktivität bedingt sein könnte (HAMMER et al, 1980). Es ist jedoch auch möglich, daß während der Periode der "kleinen Eiszeit" ein stärkerer meridionaler Luftmassenaustausch stattgefunden hat und damit mehr Schwefelsäure und Salpetersäure in nördliche Breiten transportiert wurden als davor und danach.

Die Konzentrationen von aerosol-gebundenen Komponenten sind in der glazialen Periode generell erhöht (FINKEL et al., 1985; LEGRAND et al., 1988). Dies ist einerseits auf die geringere Niederschlagsmenge zurückzuführen, andererseits

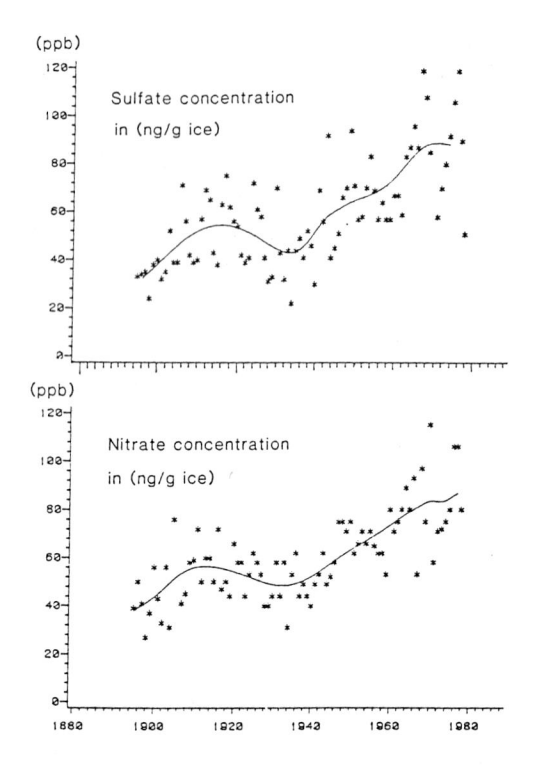

Abbildung 10: *Mittlerer Sulfat- und Nitratgehalt der letzten 90 Jahre im Firn von "Dye 3".*

auf erhöhte Windgeschwindigkeiten wegen den größeren Temperaturgradienten zwischen dem Äquator und den Polen. Zudem sind durch den tieferen Meeresspiegel etliche Gebiete trocken gelegt und wirken als Staublieferanten. In grönländischen Kernen ist der Aerosolbelastungsunterschied Glazial - Holocene stärker ausgeprägt als in der Antarktis, was auf die ungleiche Verteilung der Landmassen der beiden Hemisphären zurückzuführen ist. Interessante aerosolgebundene Komponenten sind die langlebigen radioaktiven Isotope ^{10}Be und ^{36}Cl. Die Bestimmung dieser Isotope erlaubt einerseits theoretisch die Datierung von ganz altem Eis (STAUFFER, 1989) und andererseits die Aufzeichnung der Intensität der kosmischen Strahlung, welche von der Sonnenaktivität abhängt (OESCHGER et al., 1987). Es ist eine offene Frage, inwieweit Veränderungen in der Sonnenaktivität das Klima beeinflussen. Die polaren Archive bergen aber in sich die Möglichkeit dieser Frage mit langen Zeitreihen systematisch nachzugehen.

5.2 Gasförmige Komponenten

Für gasförmige Substanzen in der Atmosphäre, wie H_2O_2, $HCHO$ oder NH_3 ist das Aufzeichnungsverhalten der polaren Eisschilde komplexer. Es werden nur solche Substanzen registriert, welche die Eismatrix in irgendeiner Weise aufnehmen kann. Einen Hinweis auf die Registrierfähigkeit gibt der Verteilungskoeffizient dieser Substanzen an der Phasengrenze fest-flüssig. Experimentell kann dieser bestimmt werden, indem eine flüssige dotierte Zone durch einen Eiseinkristall gezogen wird. Für H_2O_2, $HCHO$ und NH_3 ergeben sich meßbare Verteilungskoeffizienten zwischen der festen und der flüssigen Phase (Partitionskoeffizient), während Methylhydroperoxid (CH_3OOH) als Vertreter der organischen Peroxide und CO_2 keine messbaren Einbauraten haben. Organische Peroxide und CO_2 wurden auch noch nicht in der Eismatrix nachgewiesen. Einzig in ganz frisch gefallenem Schnee wurden Spuren von organischen Peroxiden gefunden (JACOB, 1987).

Unmittelbar nach dem Fallen des Schnees verändern sich die Konzentrationen der gasförmigen Komponenten. Die Rekristallisation der Schneeflocken führt zu einer Neuverteilung dieser Stoffe im Schnee, bei der sich auch ein neues Gleichgewicht einstellen kann. Zur Illustration seien die zwei Substanzen H_2O_2 und $HCHO$ herausgegriffen, zwei Substanzen die in den letzten Jahren systematisch am Physikalischen Institut der Universität Bern, Abteilung für Klima- und Umweltphysik untersucht wurden. *Warum gerade H_2O_2 und $HCHO$?*

a) H_2O_2

Atmosphärisches H_2O_2 wird photochemisch produziert, die Atmosphäre ist eine Volumenquelle. Der hauptsächliche Produktionsweg geht aus von der Ozonphotolyse mit nachfolgender OH-Produktion durch die Reaktion von angeregten Sauerstoffradikalen $O(^1D)$ mit Wasserdampf. Nebst UV-Licht, Ozon und Wasserdampf greifen jedoch auch die Oxidationszyklen der Kohlenwasserstoffe und Stickoxide in den H_2O_2-Chemismus ein. Abbildung 11 zeigt die wesentlichen Interaktionen von OH, HO_2, H_2O_2 und Ozon. H_2O_2 ist ein Reservoir für OH-Radikale, welche die zentrale Rolle bei den oxidativen Abbaureaktionen in den homogenen Gasphasenreaktionen spielen. Damit stellt H_2O_2 eine "stabile Insel" der sehr reaktiven Radikale OH und HO_2 dar und kann deshalb gut als messbare Verifikationssubstanz für atmosphärische Modellrechnungen gebraucht werden. Eine andere wichtige Rolle spielt H_2O_2 als effizientestes Oxidationsmittel zur Umwandlung von SO_2 zu Schwefelsäure (H_2SO_4) in Wolkentröpfchen. Da H_2O_2 als metastabile Verbindung im Eis über Jahre hinweg konserviert wird, ergibt sich die Möglichkeit eventuelle Veränderungen des atmosphärischen Oxidationspotentials in der Vergangenheit zu untersuchen.

Beim Übergang aus der Atmosphäre in den Schnee treten zwei unterschiedliche Transferverhalten auf: jenes in der Wolke und dasjenige, nachdem der Schnee am Boden liegt. Im Falle von H_2O_2 gibt es starke Anhaltspunkte, daß bei der Bildung des Schnees ein Ko-Kondensationsprozeß abläuft, d.h. daß sich

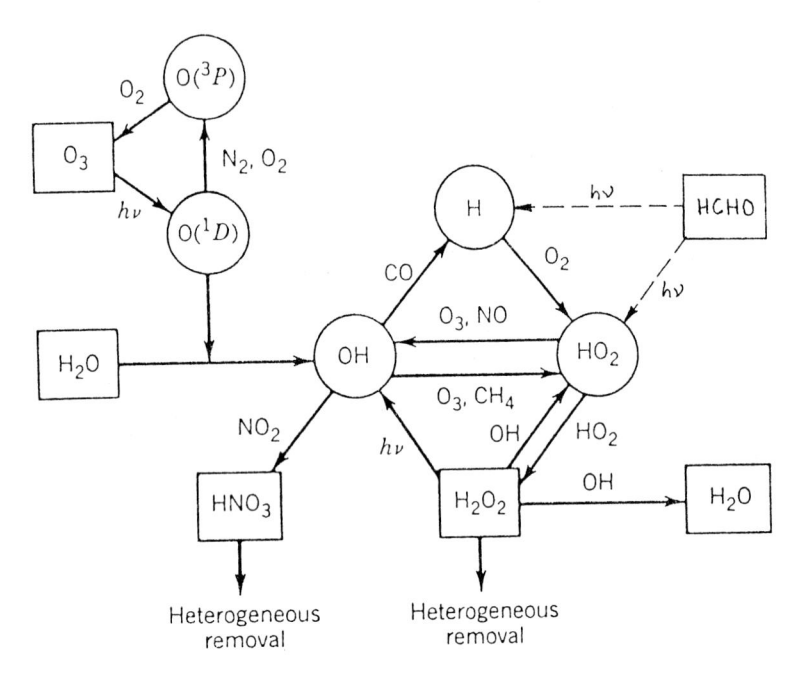

Abbildung 11: *Wichtigste Reaktionen bei der Bildung von H_2O_2 in der Troposphäre (nach* LOGAN, *1981).*

in der Schneeflocke dasselbe Verhältnis zwischen Wasser- und H_2O_2- Molekülen einstellt wie in der umgebenden Atmosphäre (JACOB, 1987). Diese Hypothese konnte durch direkte Messungen im Feld ("Dye 3") der Gasphasenkonzentration und der Konzentration im frischen Schnee gestützt werden (SIGG und NEFTEL, 1988).

Liegt der Schnee einmal am Boden, verliert er bei der Umkristallisation langsam seine ursprüngliche Konzentration an H_2O_2, und es stellt sich ein neues Gleichgewicht mit der Konzentration der umgebenden Luft ein. Dies führt zu einer Glättung. Man kann davon ausgehen, daß die im Eis vorhandene Konzentration eine Mischung darstellt zwischen der ursprünglichen im Niederschlag vorhandenen Konzentration und einer Komponente, die proportional zu einem Mittelwert über eine längere Periode ist. Die Integrationszeit hängt dabei vor allem von der Akkumulationsrate ab. Im Laufe der Zeit kommt es durch die Evaporations- und Rekondensationsprozesse im Firn noch zu einer zusätzlichen Glättung. Abbildung 12 zeigt das H_2O_2-Profil der ersten 72 Meter des im Sommer 1989 gebohrten Kernes auf dem höchsten Punkt von Grönland (Eurocoreprojekt).

Deutlich sichtbar ist das graduelle Ausgleichen der jahreszeitlichen Schwankungen (SIGG 1990). Es darf angenommen werden, daß dem Langzeittrend der

Peroxidkonzentration im Eis ein entsprechender Trend in der atmosphärischen Konzentration entspricht. Deutlich sichtbar in den grönländischen Kernen ist ein Anstieg seit 1970, was auf die erhöhten Emissionen von Kohlenwasserstoffen, bei gleichzeitiger Stagnierung oder sogar Rückbildung der Schwefeldioxidemissionen zurückgeführt werden kann. Längere Zeitreihenanalysen der Peroxidkonzentrationen sind zur Zeit in Arbeit; die Messungen wurden direkt im Felde an den frisch gebohrten Kernen durchgeführt. Die Peroxidkonzentration im Eis ist nämlich nicht vollkommen stabil. Alkalischer Staub führt im Laufe der Jahrhunderte zu einem Zerfall, dessen genauer Mechanismus jedoch im Detail noch nicht geklärt ist.

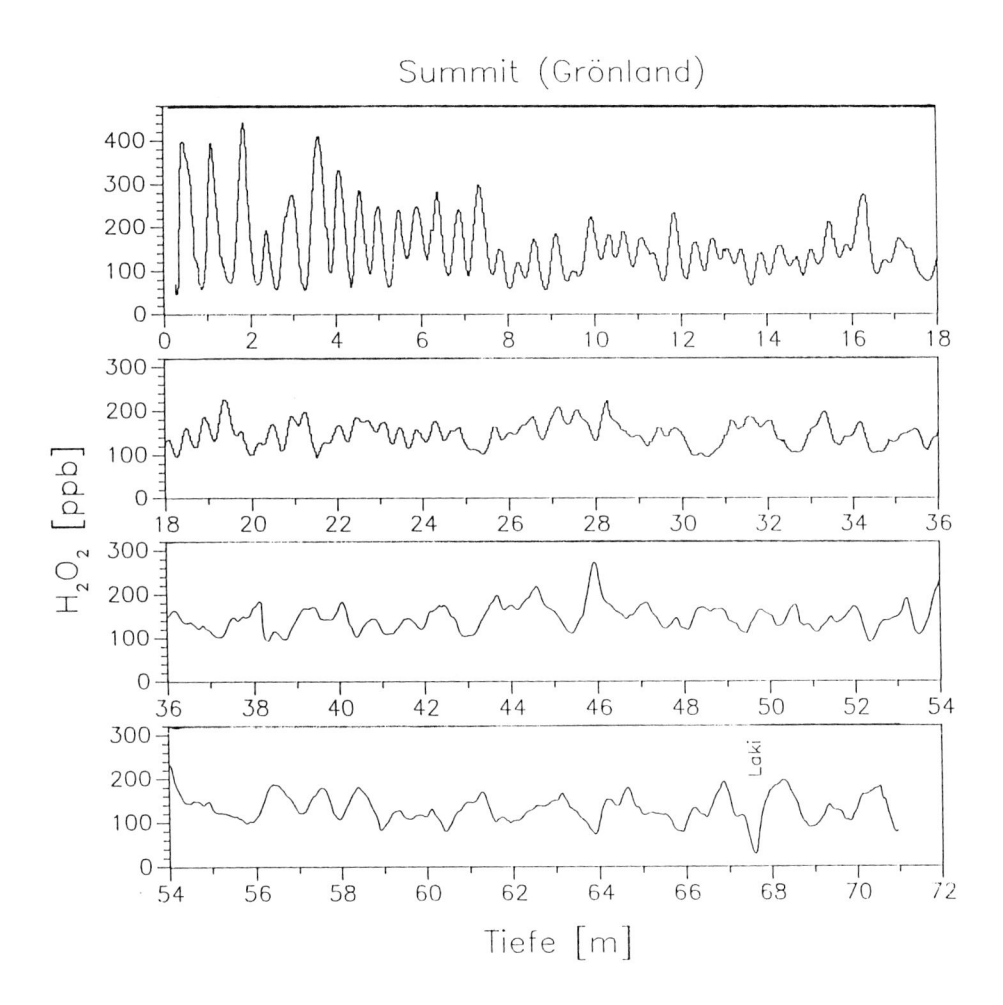

Abbildung 12: *H_2O_2-Profil der ersten 72 Meter des "Summit"-Kernes, Zentralgrönland (nach* SIGG, *1990).*

b) *HCHO*

Wenn aus den *HCHO*-Konzentrationen der Eisproben auf die atmosphärische Konzentration geschlossen werden kann, so eröffnet sich die Möglichkeit, zusammen mit der Methankonzentration die Oxidationsfähigkeit der Atmosphäre abzuschätzen (STAFFELBACH et al., 1990). Dazu muß aber das Transferverhalten des Formaldehydes genau bekannt sein. Ausgedehnte Studien an Schneegräben (Pits) in Grönland zeigen, daß die ursprünglich im Schnee vorhandene *HCHO*-Konzentration innerhalb weniger Tage verloren geht. Vermutlich ist die photolytische Spaltung für den Abbau verantwortlich. Wegen der starken Schwächung des Lichtes mit der Tiefe (Abschwächung auf $1/e$ nach 10cm für blaues Licht, welches am tiefsten in das Eis eindringt) bleibt die Formaldehydkonzentration weiter unten erhalten. In den ersten 50cm zirkuliert die Luft relativ rasch, so daß es über den photolytischen Zerfall in der Gasphase nicht zu einem starken Abfall kommen kann. Ab etwa 30cm Tiefe stellt

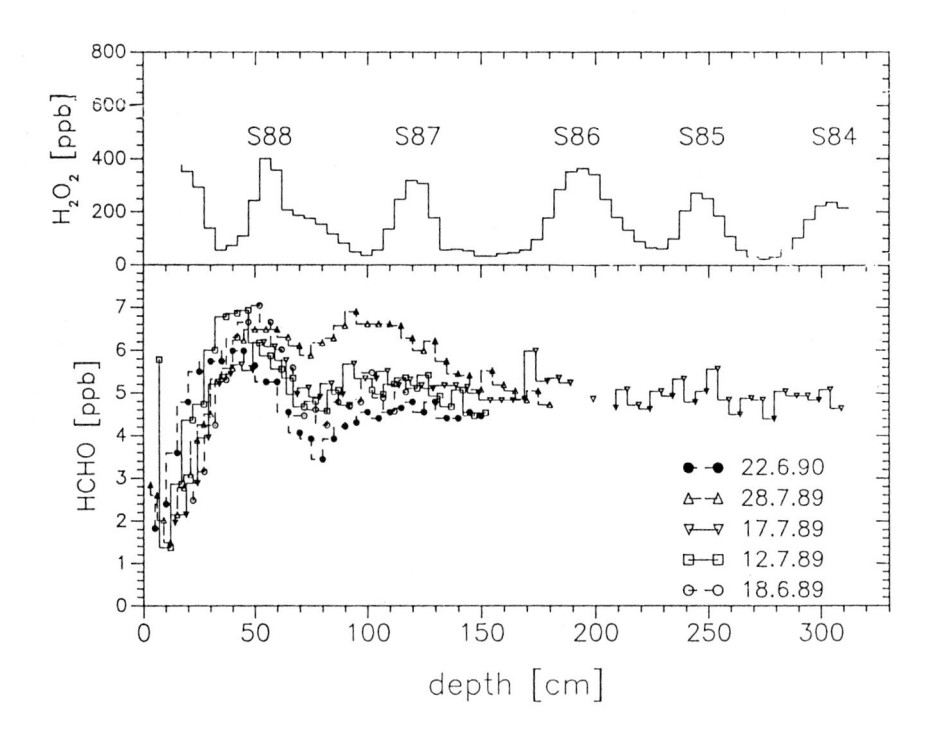

Abbildung 13: *HCHO* - Konzentration in der Schneeoberfläche von Summit (nach Staffelbach et al., 1990).

Polare Eiskappen – Das kalte Archiv des Klimas 103

sich ein neues Gleichgewicht zwischen der im Porenvolumen zirkulierenden Luft und dem Firn ein (Abbildung 13).

Weil das Einstellen der Gleichgewichtskonzentration im Firn einen langsamen Prozeß darstellt, repräsentiert die *HCHO*-Eiskonzentration einen zeitlichen Mittelwert über mehrere Jahre. Bis heute liegen erst einige Messungen der *HCHO*-Konzentration an Eisproben vor. Wichtigstes Resultat ist die um rund eine Grössenordnung kleinere Konzentration in der letzten Eiszeit, was zusammen mit den Methanwerten auf eine deutlich tiefere *OH*-Radikalkonzentration hindeutet (Abbildung 14, STAFFELBACH et al., 1990).

Zur Zeit können aus den dargestellten Daten nur qualitative Schlüsse gezogen werden. Mit Hilfe von atmosphärisch-chemischen Modellen kann in Zu-

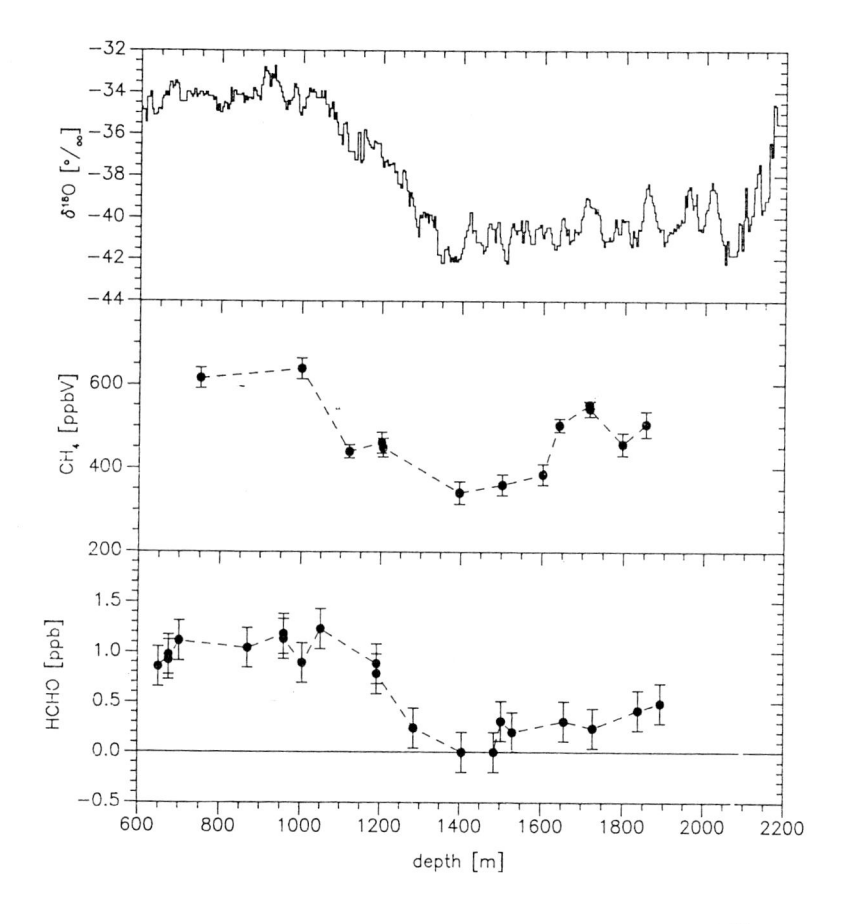

Abbildung 14: *Verlauf von HCHO- und CH4-Gehaltes und des $\delta^{18}O$-Verhältnisses im "Byrd" Kern (nach STAFFELBACH et al., 1990).*

kunft jedoch versucht werden, die aus den Eiskernen abgeleiteten Veränderungen bestimmter atmosphärischer Spurensubstanzen zu simulieren und damit die dazu notwendigen Veränderungen des atmosphärenchemischen Geschehens zu beschreiben. Es muß aber deutlich darauf hingewiesen werden, daß noch viele Fragen bei der genauen Charakterisierung der Transferfunktionen und bei der Stabilität metastabiler Komponenten wie H_2O_2 und $HCHO$ offen sind. Andere in der Atmosphärenchemie wichtige Spurenstoffe wie Ozon, NO, resp. NO_2 und die diversen Radikale können aus dem polaren Archiv nicht direkt rekonstruiert werden.

Danksagung

Das Lesen von Klimainformationen aus polaren Eisbohrkernen ist eine Teamarbeit. Viele MitarbeiterInnen der Universitäten in Bern, Kopenhagen und Grenoble haben zu den hier beschriebenen Resultaten beigetragen. Insbesondere seien meine beiden Mitarbeiter Dr. Andreas SIGG und Dr. Thomas STAFELBACH erwähnt, die mit ihren Dissertationen wesentliche Beiträge zur Erforschung der Informationen aus Eisbohrkernen beigetragen haben. Mein Dank gilt auch dem Leiter der Abteilung für Klima und Umweltphysik der Universität Bern, Prof. H. OESCHGER, der durch seine grosse Übersicht über das komplexe System unserer Erde einen grossen Beitrag zur Umweltforschung geleistet hat. Last, but not least möchte ich Prof. B. STAUFFER danken, dem Leiter der "Eisgruppe" der Abteilung für Klima- und Umweltphysik, welcher mit seinem Beharrungsvermögen die Randbedingungen schafft, damit unsere Abteilung an den polaren Expeditionen teilnehmen kann. Frau Evi SCHÜPBACH danke ich für die gründliche und kritische Durchsicht des Manuskripts.

Literatur

[1] BERNER, W., H. OESCHGER and B. STAUFFER (1980) Information on the CO_2 cycle from ice core studies. *Radiocarbon*, **22**, 2, 227-235

[2] CHAPPELLAZ J., J. M. BARNOLA, D. RAYNAUD, Y. KOROTKEVICH and LORIUS, C. (1990) Ice-core record of atmospheric methane over the past 160.000 years. *Nature*, **345**, 127-131

[3] CLAUSEN, H.B and C. U. HAMMER (1988) The Laki and Tambora eruptions as revealed in Greenland ice cores from 11 locations. *Annals of Glaciology*, **10**, 16-22

[4] DANSGAARD, W., S. J. JOHNSEN, H. B. CLAUSEN, D. DAHL-JENSEN, N. GUNDERSTRUP, C. HAMMER and H. OESCHGER (1984) North Atlantic climatic oscillations revealed by deep Grenland ice cores. in *Climate Processes and Climate Sensitivity Geophysical Monograph*, **29**, 288-298 AGU, Washington DC

[5] DELMAS R., J. M. ASCENCIO and M. LEGRAND (1980) Polar ice core evidence that atmospheric CO2, 20.000 yr BP was 50% of the present. *Nature,* **284,** 155-157

[6] FINKEL R. C. and C. C. LANGWAY JR. (1985) Global and local influences on the chemical composition of snowfall at Dye 3, Grenland: the record between 10ka B.P. and 40 ka B.P. *Earth and Planetary Science Letters,* **73,** 196-206

[7] GENTHON C., J. M. BARNOLA, D. RAYNAUD, C. LORIUS, J. JOUZEL, N. I. BARKOV, Y. S. KOROTKEVICH and V. M. KOTLYAKOV (1987) Vostok ice core: the climate response to CO2 and orbital forcing changes over the last climatic cycle (160.000 years) NATURE, **329,** 414-418

[8] HAMMER C. U., H. B. CLAUSEN and W. DANSGAARD (1980) Greenland ice sheet evidence of post-glacial volcanism and ist climatic impact. *Nature,* **288,** 230-235

[9] HERRON M. (1982) Impurity sources of F^-, Cl^-, NO_3^- and SO_4^{2-} in Greenland and Antarctic precipitation. *Journal Geophys. Res.,* **88,** 10903-10914

[10] JOHNSEN S. J., W. DANSGAARD, H. B. CLAUSEN and C. C. LANGWAY JR. (1972) Oxygen isotope profiles through the Antarctic and Greenland ice sheets. *Nature,* **235,** 429-434

[11] KHALIL, M. A. K. and R. RASMUSSEN (1985) Causes of increasing methane: depletation of hydroxil radicals and the rise of emissions. *Atmospheric Environment,* **19,** 397-407

[12] KHALIL, M. A. K. and R. RASMUSSEN (1989) Climate-induced feedback for the global cycles of methane and nitrous oxide. *Tellus,* **41B,** 554-559

[13] LEGRAND, M. R., C.LORIUS, N. I. BARKOV and V. N. PETROV (1988) Vostok (Antarctica) ice core: atmospheric chemistry changes over the last climatic cycle (160.000 years) *Atmospheric Environment,* **22,** 317-331

[14] MAYEWSKY, P. A., W. B. LYONS, M. TWICKLER, W. DANSGAARD, B. KOCI, C. I. DAVIDSON and R. E. HONRATH (1986) Sulfate and nitrate concentrations from South Greenland ice core. *Science,* **232,** 975-977

[15] NEFTEL, A., H. OESCHGER, J. SCHWANDER, B. STAUFFER and R. ZUMBRUNN (1982) Ice core sample measurements give atmospheric CO_2-content during the past 40.000 yr. *Nature,* **295,** 220-223

[16] NEFTEL, A., H. OESCHGER, J. SCHWANDER and B. STAUFFER (1983) CO_2-concentration in bubbles of natural cold ice. *Journal of Physical Chemistry*, **87**, 4116-4120

[17] NEFTEL, A., J. BEER, H. OESCHGER, F. ZÜRCHER and R. C. FINKEL (1985) Sulphate and nitrate concentrations in snow from South Greenland 1895-1978. *Nature*, **314**, 611-613

[18] NEFTEL, A., E. MOOR, H. OESCHGER and B. STAUFFER (1985) Evidence from polar ice cores for the increase of atmospheric CO_2 in the past two centuries. *Nature*, **315**, 45-47

[19] NEFTEL, A., H. OESCHGER, T. STAFFELBACH and B. STAUFFER (1988) CO_2 record in the Byrd ice core 50.000 - 5.000 years BP *Nature*, **331**, 609-611

[20] OESCHGER, H. (1985) The contribution of ice core studies to the understanding of environmental processes. In Langway C. C. Jr, H. Oeschger, W. Dansgaard (eds) *Greenland ice core: geophysics, geochemistry and the environment*. Washington DC, American Geophysical Union: 9-18 (Geophysical Monograph 33)

[21] OESCHGER, H. and J. BEER (1987) ^{10}Be and ^{14}C in the earth system. *Phil. Trans. R. Soc. London*, **A 323**, 45-56

[22] OVERGAARD, S. and N. GUNDESTRUP (1985) Bedrock topography of the Greenland ice sheet in the Dye 3 area. In Langway C. C. Jr, H. Oeschger, W. Dansgaard (eds) *Greenland ice core: geophysics, geochemistry and the environment*. Washington DC, American Geophysical Union: 49-56 (Geophysical Monograph 33)

[23] POURCHET, M., F. PINGOLET and C. LORIUS (1983) Some meteorological applications of radioactive fallout measurements in Antarctic snows. *Journal Geophys. Res.*, **88**, 6013-6020

[24] SCHWANDER, J. and B. STAUFFER (1984) Age difference between polar ice and the air trapped in its bubbles. *Nature*, **311**, 45-47

[25] SIEGENTHALER, U. and H. OESCHGER (1987) Biospheric CO_2 emissions during the past 200 years reconstructed by deconvolution of ice core data. *Tellus*, **39B**, 140-154

[26] SIGG, A. and A. NEFTEL (1988) Seasonal variations of hydrogen peroxide in polar ice cores. *Annals Glaciol.*, **10**, 157-162

[27] SIGG, A. (1990) *Wasserstoffrperoxid-Messungen an Eisbohrkernen aus Grönland und der Antarktis ind ihre atmosphärenchemische Bedeutung*. Dissertation, Universität Bern Februar 1990 139 Seiten.

[28] STAUFFER, B., A. NEFTEL, H. OESCHGER and J. SCHWANDER (1985) CO_2 concentration in air extracted from greenland ice samples. In Langway C. C. Jr, H. Oeschger, W. Dansgaard (eds) *Greenland ice core: geophysics, geochemistry and the environment.* Washington DC, American Geophysical Union: 85-89 (Geophysical Monograph 33)

[29] STAUFFER, B., G. FISCHER, A. NEFTEL and H. OESCHGER (1985) Increase of atmospheric methane recorded in Antarctic ice core *Science*, **229**, 1386-1388

[30] STAUFFER, B., E. LOCHBRUNNER, H. OESCHGER and J. SCHWANDER (1988) Methane concentration in the glacial atmosphere was only half that of the preindustrial Holocene. *Nature*, **332**, 812-814

[31] STAUFFER, B. and A. NEFTEL (1988) What have we laerned from ice cores about atmospheric changes in the concentrations of nitrous oxide, hydrogen peroxide, and other trace species? In Rowland F.S. and I.S.A. Isaksen (eds) 63-77 *John Wiley & Sons Ltd, Dahlem Konferenzen 1988*

[32] STAUFFER, B. (1989) Dating of ice by radioactive isotopes. In H. Oeschger and C.C. Langway Jr. (eds) The environmental record in glaciers and ice sheets. *John Wiley & Sons Ltd, Dahlem Konferenzen 1989*

[33] STAFFELBACH, T., B. STAUFFER and H. OESCHGER (1988) A detailed analysis of the rapid changes in ice-core paramters during the last ice age. *Annals of Glaciology*, **10**, 167-170

[34] STAFFELBACH, T., A. NEFTEL, B. STAUFFER and D. JACOB (in press) Formaldehyde in polar ice cores: A possibility to characterize the atmospheric sink of methane in the past? (*Letter to Nature*).

Zur Stabilität der Westantarktis

KLAUS HERTERICH, *Hamburg*

Von den heute existierenden polaren Inlandeisen Grönlands und der Antarktis würde das marine Inlandeis der Westantarktis noch am empfindlichsten auf Klimaänderungen, etwa als Folge des Treibhauseffektes, reagieren. Ein vollständiger Abbau der Westantarktis, der mit einem Anstieg des Meeresspiegels von etwa 5 m verbunden wäre, sollte sich aus Gründen der Eisdynamik über mindestens einige 100 Jahre, wahrscheinlicher jedoch, über mehr als 1000 Jahre erstrecken. Genauere Prognosen zur zeitlichen Entwicklung der Westantarktis erfordern eine bessere Modellierung der physikalischen Prozesse im Bereich des Inlandeisbodens, sowie die Kopplung des Inlandeismodells mit den übrigen Modellkomponenten des Klimasystems, der Atmosphäre und dem Ozean.

1 Die Westantarktis: stabil oder instabil?

Im Zusammenhang mit dem beobachteten, exponentiellen Anstieg des Kohlendioxidgehalts (CO_2) in der Atmosphäre und der damit verbundenen Erhöhung der Temperatur der Erdoberfläche, wird in den Medien auch über die Folgen eines Abschmelzens des polaren Eises spekuliert. Bei einem vollständigen Verschwinden des Eises würde der Meeresspiegel um 70 m ansteigen. In der wissenschaftlichen Literatur wird insbesondere das dynamische Verhalten der Westantarktis untersucht. Dieses Inlandeis ist einerseits noch groß genug, um bei seinem Abschmelzen den globalen Meeresspiegel beträchtlich zu erhöhen (5 m), andererseits würde es im Vergleich zu den beiden anderen großen Inlandeisen der Ostantarktis und Grönlands, wahrscheinlich noch am empfindlichsten auf Klimaänderungen reagieren. Die vermutete besondere Empfindlichkeit der Westantarktis gegenüber Klimaänderungen hängt damit zusammen, daß der Felsboden, auf dem dieses sogenannte marine Inlandeis aufliegt, anders als bei den übrigen Inlandeisen, in weiten Bereichen um mehr als 1000 m unter dem Meeresspiegel liegt und so der Ozean über Auftriebskräfte und Wärmeflüsse direkt auf das Westantarktische Inlandeis einwirken kann.

Eine Reihe von Einflußgrößen, die zu einer Destabilisierung der Westantarktis führen könnten, kann man qualitativ an Hand eines Vertikalprofils längs der Strömungsrichtung des Eises charakterisieren (Abbildung 1). Da der Felsuntergrund unter dem Meeresspiegel liegt und die Inlandeisdicke in Fließrichtung des Eises zum Ozean hin abnimmt, gibt es eine Stelle, an der gerade die Schwimmbedingung erfüllt ist. Stromabwärts dieses Punktes, ist das Eis (Schelfeis) im Schwimmgleichgewicht. Noch weiter stromabwärts bricht das

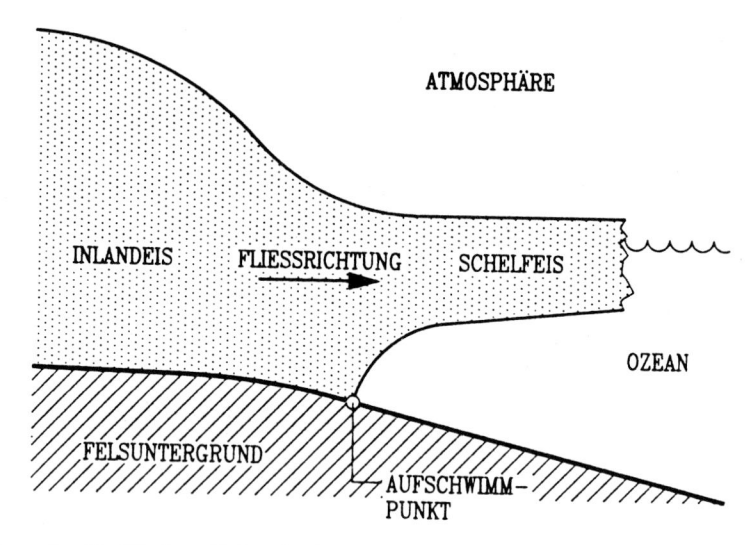

Abbildung 1: *Vertikalprofil durch ein marines Inlandeis längs der Fließrichtung des Eises (Pfeil) in der Umgebung des Aufschwimmpunktes.*

Schelfeis schließlich bei einer Eisdicke von etwa 100 bis 200 m in der Form von Tafeleisbergen ab. Ein Abschmelzen des schwimmenden Schelfeises würde noch keinen Anstieg des Meeresspiegels bedeuten, da es im Schwimmgleichgewicht genausoviel Wassermassen verdrängt als es selbst an Masse enthält. Auch das landgestützte (marine) Inlandeis verdrängt bereits eine gewisse Wassermenge, sodaß sein Abschmelzen einen kleineren Beitrag zum Anstieg des Meeresspiegels (5 m) liefert als eigentlich dem Gesamtvolumen des Westantarktischen Inlandeises, umgerechnet in eine Meeresspiegeländerung, entsprechen würde.

Drei Mechanismen sind diskutiert worden, die zu einer Destabilisierung der Westantarktis führen könnten:

1.) Bei einer Erhöhung des Meeresspiegels, etwa durch thermische Ausdehnung des Ozeans als Folge ansteigender Temperaturen, würde sich die Lage des Aufschwimmpunktes stromaufwärts verschieben und so eine Reduktion der von landestütztem Inlandeis bedeckten Fläche bewirken.

2.) Ein wärmeres Klima, verbunden mit verstärktem Schmelzen (von der Atmosphäre oder vom Ozean her) im Bereich des Aufschwimmpunktes und folgender Verringerung der dortigen Eisdicke, hätte den gleichen Effekt.

3.) Noch drastischere Veränderung könnten sich ergeben, falls sich die Atmosphärentemperatur über dem Schelfeis auf 0°C erhöht. Da auch die Unterseite des Schelfeises auf dem (druckkorrigierten) Schmelzpunkt des Eises liegt, könnte sich die Temperatur im Schelfeis überall bis zum Schmelzpunkt erhöhen und damit das Schelfeis aufgelöst werden [1]. Nach [1] würde dies auch zu einer Auflösung des Inlandeises führen, da der Eisabfluß dann nicht mehr durch einen "Rückstau" vom Schelfeis her behindert ist.

Die oben genannten drei Prozesse, die eine Destabilisierung der Westantarktis zur Folge haben könnten, sind jedoch nicht die einzigen Mechanismen, welche Einfluß auf die zeitliche Entwicklung der Form des Westantarktischen Inlandeises haben. Zu jedem der genannten Faktoren gibt es konkurierende Prozesse, die wieder in Richtung einer Stabilisierung wirken oder den Abbau zumindest verzögern.

zu 1.) Die thermische Ausdehnung des Ozeans auf Grund des Treibhauseffekts muß nicht überall auf der Erdoberfläche zu einer Erhöhung des Meeresspiegels führen. Auch die mit einer Klimaänderung einhergehende Umstellung der ozeanischen Zirkulation beeinflußt die Höhe des Meeresspiegels. So liegt der Meeresspiegel innerhalb des Zirkumpolarstroms rund um die Antarktis heute etwa 2 m niedriger, als außerhalb dieses Ringstroms. Wäre die thermische Ausdehnung des Ozeans mit einer Intensivierung des Antarktischen Zirkumpolarstroms verbunden [2], würde sich dieser Höhenunterschied noch vergrößern. Im Effekt bedeutet dies eine Erniedrigung des Meeresspiegels an der Aufschwimmlinie und damit eine Stabilisierung der Westantarktis.

zu 2.) Ein verstärktes Abschmelzen der Antarktis an der Inlandeisoberfläche, bei einer Erhöhung der Temperatur der Atmosphäre, ist eher unwahrscheinlich. Heutige Messungen zeigen, daß die Jahresschneebilanz überall positiv ist und, daß sie mit der Oberflächentemperatur monoton zunimmt [3]. Bei einer Temperaturerhöhung in der Antarktis würde demnach das Eis sogar dicker werden.

zu 3.) Auch ein sich auflösendes Schelfeis ist noch nicht unmittelbar ein Grund, daß das stromaufwärts anschließende Inlandeis ebenfalls sofort abgebaut wird. Man kann zeigen, daß die Deformation im Inlandeis von lokalen Inlandeisgrößen abhängt. Das Inlandeis wird deshalb nur dann auf das Verschwinden des Schelfeises reagieren, wenn damit auch Änderungen der Form des Inlandeises (zunächst am Rand des Inlandeises) verbunden sind. Solche Formänderungen finden auf Zeitskalen statt, die typisch für Inlandeise sind (1000 Jahre und länger).

Die obigen Betrachtungen zeigen jedenfalls, daß zur Beantwortung der Frage, ob das Inlandeis der Westantarktis auf Grund der Erhöhung des CO_2-Gehalts der Atmosphäre abschmelzen wird oder nicht, sehr viele klimatische Prozesse zu berücksichtigen sind. Realistische, prognostische Modellierungen des globalen Klimasystems, in das die Westantarktis eingebettet ist, sind im Augenblick noch nicht möglich. Es können beim heutigen Stand der Klimamodellierung allenfalls Teilaspekte zum Problem der Stabilität der Westantarktis untersucht werden.

Im folgenden Abschnitt 2 werden einige grundsätzliche Betrachtungen zur Dynamik des Inlandeises angestellt. Der Abschnitt 3 beschreibt numerische Experimente mit dem 3-d Inlandeismodell des Max-Planck-Instituts (MPI) für Meteorologie. Im letzten Abschnitt 4 wird schließlich die Bedeutung der Modellergebnisse für das Problem der Stabilität der Westantarktis diskutiert.

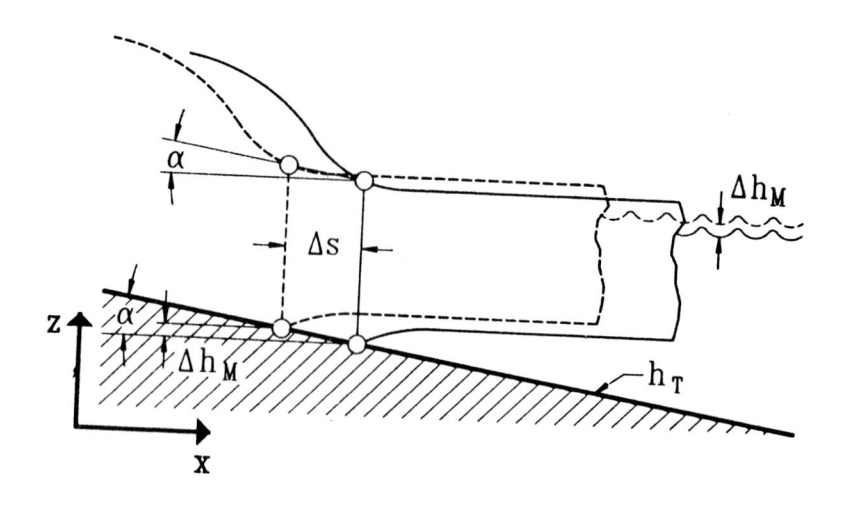

Abbildung 2: *Verschiebung Δs des Aufschwimmpunktes als Reaktion des Systems Inlandeis-Schelfeis auf eine Meeresspiegeländerung Δh_M.*

2 Dynamik eines marinen Inlandeises

Die Positionen der Aufschwimmpunkte (der Aufschwimmlinie) charakterisieren die relative Aufteilung von landgestütztem Inlandeis und schwimmendem Schelfeis. In diesem Abschnitt soll unter anderem skizziert werden, wie die zeitliche Änderung der Lage der Aufschwimmlinie in einfachen Modellen beschrieben werden kann. Zur Vereinfachung der Physik gehen wir wieder von einem Vertikalprofil (x-z Ebene) des Systems Inlandeis-Schelfeis längs einer Strömungslinie (x-Richtung) aus.

Relativ große Verschiebungen des Aufschwimmpunktes bei einer Meeresspiegeländerung könnten sich ergeben, falls der Felsuntergrund flach ist (Abbildung 2). Mit vorgegebener Neigung des Felsuntergrunds $\partial h_T/\partial x = \tan\alpha < 0$ und unter der Nebenbedingung, daß sich die Eisdicke am Aufschwimmpunkt nicht ändert, würde sich bei einer Meeresspiegelerhöhung Δh_M der Aufschwimmpunkt um

$$\Delta s = \frac{\Delta h_M}{\partial h_T/\partial x} \qquad (1)$$

verschieben. Für $\Delta h_M > 0$ und $\partial h_T/\partial x \to 0$ geht $\Delta s \to -\infty$, was in diesem einfachen Modell eine Auflösung des Inlandeises bedeutet. Diese rein geometrische Betrachtung ist allenfalls für den Vergleich von stationären Zuständen anwendbar. Wie der Übergang vom einen stationären Zustand in den anderen erfolgt, bleibt dabei völlig offen. Das Auftreten einer Singularität bedeutet höchstwahrscheinlich, daß man noch nicht alle physikalischen Einflußgrößen berücksichtigt hat.

Für die physikalisch, mathematische Modellierung der zeitlichen Änderung des Eiszustands geht man im allgemeinen von den Erhaltungsgleichungen für Masse, Energie und Impuls aus. Einige Besonderheiten der Eisdynamik lassen sich bereits aus der Impulserhaltung erkennen. Da im Eis die Beschleunigungskräfte vernachlässigbar klein sind, reduziert sich die Impulsbilanz auf die differentielle Kräftebilanz:

$$\nabla \cdot \sigma + \rho g = 0 \; . \tag{2}$$

In Gleichung (2) ist σ der Spannungstensor, ρ die Eisdichte und g die Erdbeschleunigung. Nach (2) bauen sich im Inlandeis durch sein Eigengewicht Spannungen auf (Normal- und Scherspannungen). Aus dem System (2) alleine (3 Gleichungen für die 6 unbekannten Komponenten des symmetrischen Spannungstensors) lassen sich diese Spannungen nicht eindeutig bestimmen. Zusammen mit dem sogenannten Fließgesetz, welches die Scherspannungen und die anisotropen Anteile der Normalspannungen mit den Komponenten des ebenfalls symmetrischen Deformationstensors verknüpft, erhält man ein geschlossenes System von 9 Gleichungen für 9 Unbekannte (Spannungstensor und Eisgeschwindigkeit).

An Stelle einer Formulierung der Modellgleichungen für das Gesamtsystem Inlandeis-Schelfeis, ist es sinnvoll, Näherungen in Teilbereichen vorzunehmen, deren Lösungen dann jedoch wieder zusammengefügt werden müssen. Die Näherung im landgestützten Inlandeis ist (weit weg von Rändern), daß die Scherspannungen, die in horizontaler Richtung zeigen und an Flächen angreifen, deren Normale in die vertikale z-Richtung zeigt (σ_{xz} und σ_{yz}), groß sind gegen die Scherspannung σ_{xy}. Ferner werden die Normalspannungen als isotrop angenommen ($\sigma_{xx} = \sigma_{yy} = \sigma_{zz}$). Im Schelfeis dagegen, werden gerade die im Inlandeis wichtigen Scherspannungen σ_{xz} und σ_{yz} vernachlässigt, da diese Scherspannungen wegen fehlender Reibungskräfte an der Schelfeisoberfläche zur Atmosphäre und an der Schelfeisunterfläche zum Ozean nicht aufrechterhalten werden können. Im Schelfeis verbleiben die Scherspannung σ_{xy}, sowie die anisotropen Anteile der Normalspannungen (σ'_{xx}, σ'_{yy} und σ'_{zz}) als Antriebe für die Eisdeformation. Im Inlandeis und Schelfeis sind überdies die Normalspannungen groß gegen die restlichen Spannungskomponenten. Die obigen Näherungen erlauben es für das landgestützte Inlandeis, weit weg von Rändern, einen analytischen Ausdruck für die Eisgeschwindigkeit als Funktion der lokalen Form und Temperaturverteilung abzuleiten.

Aus Stetigkeitsgründen muß es zwischen dem Inlandeis und dem Schelfeis eine Übergangszone geben, in der (abgesehen vom Normaldruck) alle Komponenten des Spannungstensors von gleicher Größenordnung sein können. Man kann zeigen, daß die Breite dieses Übergangsgebietes klein ist gegen die horizontalen Erstreckungen typischer Inlandeise und Schelfeise [4]. Bei vergleichbaren Strömungsgeschwindigkeiten in allen drei Teilbereichen, könnte sich deshalb das Übergangsgebiet schneller ins stationäre Gleichgewicht setzen, als das Inlandeis und das Schelfeis. Die dadurch mögliche quasistationäre Behandlung des Übergangsgebiets im Modell vereinfacht die Kopplung zwischen Inlandeis und Schelfeis erheblich.

Wenn man sich weiterhin nur für zeitliche Änderungen des gekoppelten Systems Inlandeis-Übergangsgebiet-Schelfeis interessiert, die größer als 1000 Jahre sind, kann sogar das Schelfeis als quasistationär behandelt werden. Wie aus Modellexperimente von [5] folgt, benötigt ein typisches Schelfeis etwa 1000 Jahre, um bei konstanten Randbedingungen (Eisdicken und Eisgeschwindigkeiten längs der Aufschwimmlinie) ins Gleichgewicht zu kommen.

Bereits mit einer relativ groben horizontalen Gitterauflösung von 100 km im numerischen Modell lassen sich die größeren Schelfeise erfassen. Der Einfluß der Übergangszone auf die Kopplung zwischen Inlandeis und Schelfeis, deren Ausdehnung in Fließrichtung des Eises auch noch klein gegen diese Gitterauflösung von 100 km ist, muß dann als kleinerskaliges Phänomen parameterisiert werden.

Zur Beschreibung der physikalischen Bedingungen in der Nähe der Aufschwimmlinie kann man sich näherungsweise wieder auf ein Vertikalprofil senkrecht zur Aufschwimmlinie beschränken (Abbildung 3). Die physikalische Begründung für die Anwendbarkeit dieser Näherung liegt darin, daß sich, wegen der in Fließrichtung gesehenen sprunghaften Änderung der Bodenreibung, von einem endlichen Wert auf den Wert Null am Aufschwimmpunkt, die Scherspannung, die in der x-z Ebene liegt (σ_{xz}), sowie die anisotropen Anteile des Normaldrucks (σ'_{xx} und σ'_{zz}) groß sind gegen die dazu senkrechten Komponenten des Spannungstensors (σ_{yz}, σ_{yx} und σ'_{yy}).

Am Rand des Übergangsgebiets zum Schelfeis müssen die Randbedingungen für das Schelfeis definiert werden. Für ein quasistationäres Schelfeismodell sind dies die Lage des Aufschwimmpunktes x_g und die dortige Eisdicke h_g. Diese beiden Größen können aus 2 Gleichungen, der Schwimmbedingung

$$\rho h_g = \rho_w (h_M - h_T(x_g)) \qquad (3)$$

und der integralen Kräftebilanz entlang des in Abbildung 3 eingezeichneten Weges 1-2-3-4-5-1, abgeleitet werden. In (3) ist ρ_w die Dichte des Meerwassers, h_M die Höhe des Meeresspiegels und h_T die Höhe des Felsuntergrunds.

Mit Hilfe des Gaußschen Satzes erhält man aus (2) die integrale Kräftebilanz zu:

$$\oint_{1-2-3-4-5-1} \boldsymbol{\sigma} \cdot d\boldsymbol{n} , \qquad (4)$$

wobei n der nach außen gerichtete Normalvektor längs des Integrationsweges ist. In erster Näherung ergibt sich aus (4) eine Bilanz zwischen dem Druckunterschied, gemessen zwischen den Gitterpunkten x_i (im Inlandeis) und x_s (im Schelfeis), der die Strömung antreibt, und der Bodenreibung längs des Weges vom Inlandeispunkt x_i bis zum Aufschwimmpunkt x_g:

$$\frac{1}{2}\rho g (h_i^2 - h_s^2) = \overline{\sigma_{xz}}(x_g - x_i) , \qquad (5)$$

Zur Stabilität der Westantarktis

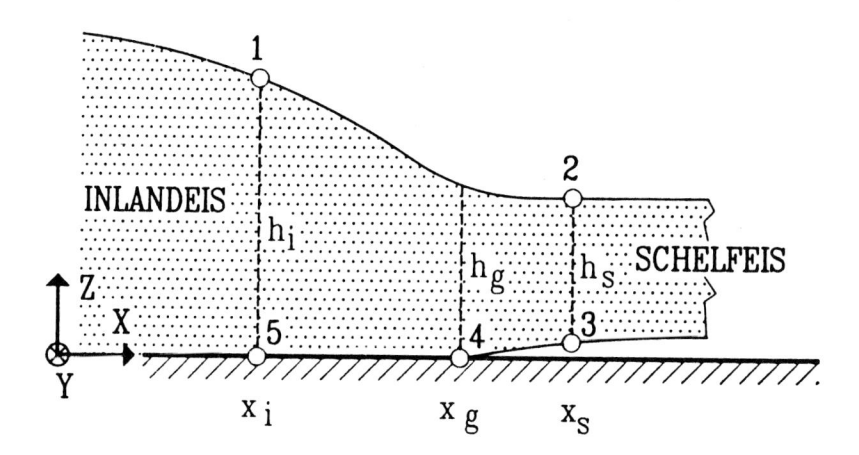

Abbildung 3: *Zur Formulierung der integralen Kräftebilanz längs des geschlossenen Weges 1-2-3-4-5-1 (siehe Text).*

mit h_i der Inlandeisdicke an der Stelle x_i, h_s der Schelfeisdicke an der Stelle x_s und $\overline{\sigma_{xz}}$ der mittleren Scherspannung am Boden. Bei der Auswertung des Integrals (4) wurde angenommen, daß die Breite des Übergangsgebietes klein ist gegen den Gitterabstand im Modell ($x_s - x_i$). Dies bedeutet, daß an der Stelle $x = x_i$ die Inlandeisnäherung und an der Stelle $x = x_s$ die Schelfeisnäherung gilt.

Unter Verwendung der Identität $h_i^2 - h_s^2 = (h_i + h_s)(h_i - h_s)$, der Definition einer mittleren Eisdicke $\overline{h} = (h_i + h_s)/2$ und der Näherung $h_s = h_g$ läßt sich Gleichung (5) umformen in:

$$\frac{h_i - h_g}{x_g - x_i} = \frac{\overline{\sigma_{xz}}}{\rho g \overline{h}} = \mu , \qquad (6)$$

wobei die durch (6) definierte dimensionslose Größe μ die Bedeutung eines Bodenreibungskoeffizienten hat (mittlere Scherspannung am Boden dividiert durch die mittlere Drucklast des Eises). Über (6) ist dieser Bodenreibungskoeffizient mit der Neigung der Eisoberfläche am Inlandeisrand verbunden. Mit Gleichung (6) und der Schwimmbedingung (3) können nun die beiden Unbekannten x_g und h_g berechnet werden, da die übrigen Größen in diesen beiden Gleichungen entweder im Gitterpunktsmodell bestimmt werden (h_i, h_T) oder vorgegeben sind (μ, h_M).

Der Reibungskoeffizient μ ist ein noch festzulegender Parameter. Er würde aus einem Modell für die Physik des bodennahen Bereichs unter dem Inlandeis resultieren. Da die Temperatur am Eisboden zwischen Inlandeis und Schelfeis vermutlich auf dem druckkorrigierten Schmelzpunkt oder knapp darunter liegt, könnten kleine Temperaturänderungen hier große Änderungen für den Bodenreibungskoeffizienten bedeuten. Die Modellierung dieses kritischen Bereichs wird noch dadurch erschwert, daß beim Erreichen des Schmelzpunktes zwei Phasen (Eis und Wasser) gleichzeitig auftreten.

Erste Ansätze zur Beschreibung des 2-Phasensystems Eis-Wasser in temperierten Gletschern sind von [6] entwickelt worden. Eine inverse, an einigen Meßdaten festgemachte Modellierung des Sediment-Wasser-Gemischs unter dem Eis wurde von [7] durchgeführt. Die quantitative, prognostische Modellierung dieses Bereichs, gekoppelt an das System Inlandeis-Schelfeis, ist bislang aber noch nicht gelungen. Bevor die Frage nach der Stabilität der Westantarktis beantwortet werden kann, muß sicher dieser Bereich besser modelliert werden. Wie Sensitivitätsexperimente mit dem Inlandeismodell des MPI zeigen (siehe der folgende Abschnitt 3), hängt die Reaktion des Systems Inlandeis-Schelfeis empfindlich vom Wert des Reibungskoeffizienten μ ab.

3 Numerische 3-d Modellexperimente

Um quantitative Aussagen zum Stabilitätsverhalten der Antarktis zu erhalten, muß man zu einer dreidimensionalen Modellierung übergehen, damit zumindest die 3-d Geometrie der Antarktis erfaßt werden kann.

Am MPI für Meteorologie wurde ein 3-d Inlandeismodell entwickelt, womit sich, bei vorgegeben Randbedingungen, die zeitlichen Änderungen in der Geschwindigkeits- und Temperaturverteilung im Eis und damit auch Formänderungen des Inlandeises berechnen lassen [8]. Das Modell benötigt etwa 150 000 Modelljahre bis sich, bei festgehalter Form und Oberflächentemperatur, eine stationäre Temperaturverteilung im Inneren einstellt. Die vom Modell prognostizierte Temperatur am Eisboden (Abbildung 4) war konsistent mit der Lage beobachteter Seen unter dem Eis [9].

Für Untersuchungen zur Stabilität der Westantarktis ist dieses Modell um ein quasistationäres Schelfeismodell erweitert worden, mit einer wie im Abschnitt 2 beschriebenen, parameterisierten Übergangszone zwischen Inlandeis und Schelfeis [10]. Für den quasistationären Fall läßt sich eine brauchbare Näherung an die Gleichgewichtsform eines Schelfeises konstruieren, in der die Schelfeisdicke als ein mit den inversen Abständen zur Aufschwimmlinie gewichtetes Mittel der Eisdicken längs der Aufschimmlinie ausgedrückt wird. Die Kopplung von Inlandeis und Schelfeis reduziert sich in diesem Fall auf die Bestimmung der Lage der Aufschwimmpunkte zwischen benachbarten Inlandeis- und Schelfeisgitterpunkten und der Angabe der Eisdicken an den Aufschwimmpunkten. In die Berechnung geht der Wert des Parameters μ ein, der die Bedeutung eines Bodenreibungskoeffizienten hat.

Ensprechend der im Modell verwirklichten Zeitskalentrennung zerfällt die numerische Rechnung in einen prognostischen und in einen diagnostischen Teil.

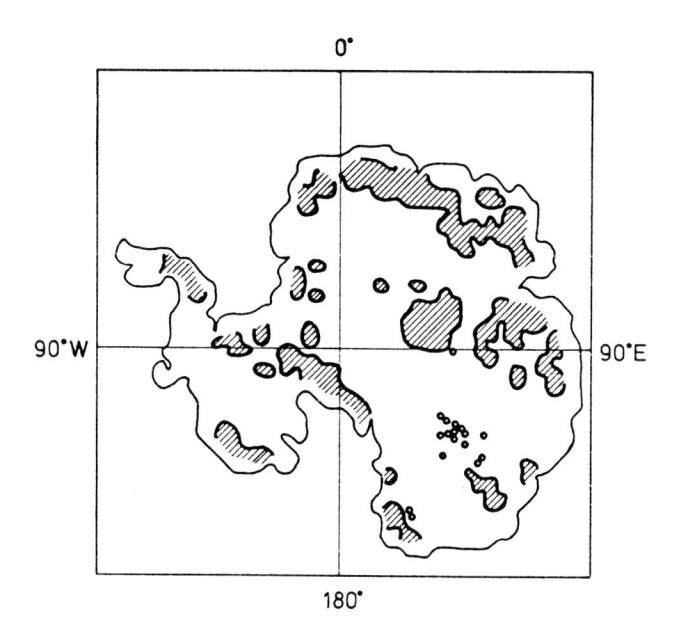

Abbildung 4: *Modellierte Bodentemperatur des Antarktischen Inlandeises. In den unschraffierten Gebieten liegt die Bodentemperatur auf dem druckkorrigierten Schmelzpunkt des Eises, sonst darunter. Die Kreise bezeichnen die Lage beobachteter Seen unter dem Eis* [9].

Im Inlandeis, der prognostischen Komponente, wird die Geschwindigkeitsverteilung als Funktion lokaler Formgrößen und der vertikalen Temperaturverteilung berechnet. Aus der Divergenz der vertikal integrierten Horizontalgeschwindigkeit und der Jahresschneebilanz an der Eisoberfläche ergibt sich dann die zeitliche Änderung der Form des Inlandeises. Zu jedem numerischen Zeitschritt im Inlandeismodell wird der zugehörige, diagnostische Zustand des Übergangsgebiets und des Schelfeises berechnet. Über die Schwimmbedingung (3) und Gleichung (6) ergeben sich die Positionen der Aufschwimmpunkte und die dortigen Eisdicken, womit dann auch die Eisdickenverteilung des quasistationären Schelfeismodells festliegt.

In einem ersten numerischen Experiment (Referenzexperiment) sollte untersucht werden, in welchem Bereich der Wert des Parameters μ liegen muß, damit das gekoppelte Modell die heutige Verteilung von Inlandeis und Schelfeis reproduziert. Es zeigte sich, daß man mit einem einheitlichen Wert von $\mu = 0,05$ für die ganze Antarktis in etwa die heutigen Beobachtungen trifft (Abbildung 5a). Ausgehend von der beobachteten Eisdickenverteilung und Schneefallrate, bleibt die Lage der Aufschwimmlinie auch nach einer Integration des gekoppelten Sy-

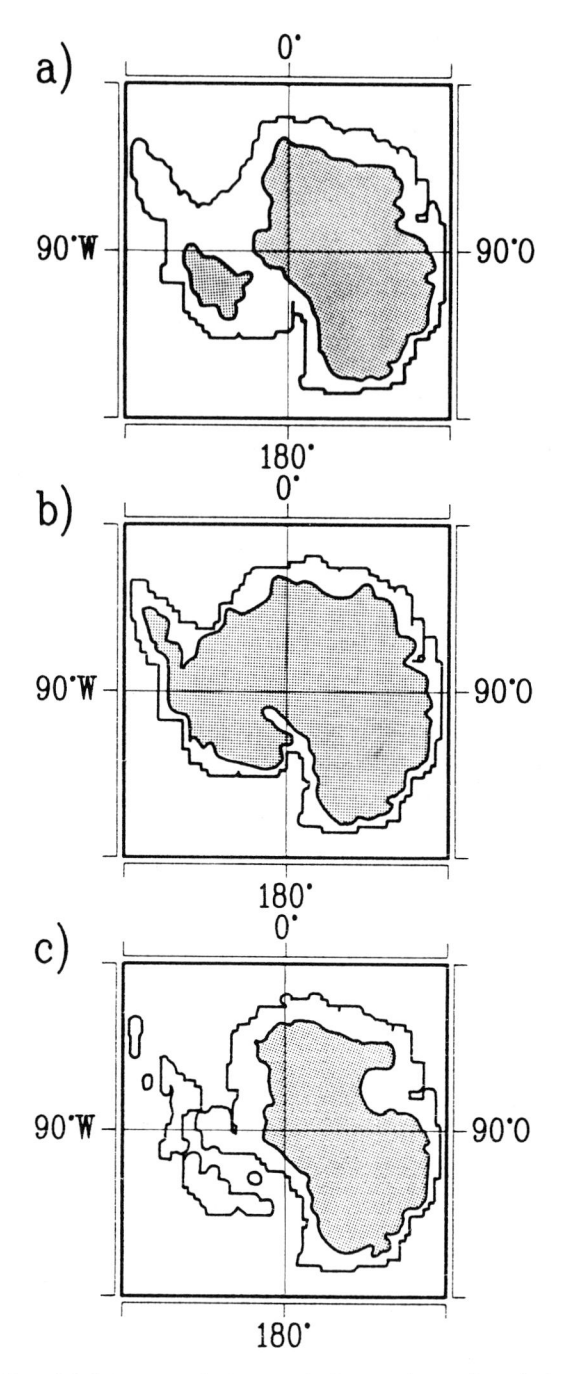

Abbildung 5: *Sensitivitätsexperimente mit dem gekoppelten Inlandeis-Schelfeis Modell* [8] *bezüglich des Parameters* μ: *a)* $\mu = 0,05$; *b)* $\mu = 0,01$; *c)* $\mu = 0,25$.

stems über 10 000 Modelljahre fast unverändert. Die Reaktion des Modells hängt dennoch empfindlich vom Wert des Parameters μ ab. Mit $\mu = 0,01$ dehnt sich das Inlandeis innerhalb von einigen 1000 Jahren bis zum Rand des Kontinentalschelfs aus (Abbildung 5b), während es sich mit $\mu = 0,25$ bis auf Gebiete, deren Eisboden sich oberhalb des Meeresspiegels befindet, in weniger als 1000 Jahren abbaut (Abbildung 5c).

Im Vergleich zu diesen großen Veränderungen in der Flächenaufteilung von Inlandeis und Schelfeis, reagiert das Modell (mit dem Wert $\mu = 0,05$ des Referenzexperiments) relativ schwach auf Änderungen in der Höhe des Meeresspiegels. Bei einer Erniedrigung des Meeresspiegels im Modell um 130 m, was dem Zustand während der letzten maximalen Vereisung vor 18 000 Jahren enspricht, ändert sich die Position der Aufschwimmlinie im Modell nur wenig.

4 Diskussion

Aus den numerischen Modellexperimenten des Abschnitts 3 kann man noch nicht sicher schließen, daß auch die heutige Westantarktis kaum auf eine Meeresspiegelerniedrigung von 130 m reagieren würde. Die relative Stabilität des Modells bezüglich einer Änderung des Meeresspiegels hängt direkt mit dem im Referenzexperiment angepaßten Wert für den Parameter μ zusammen. Durch Auflösung der Gleichung (5) nach der Position des Aufschwimmpunktes x_g, folgt nach Differentiation eine Gleichung für die Verschiebung Δs des Aufschwimmpunktes, als Antwort auf eine Änderung Δh_M des Meeresspiegels zu:

$$\Delta s = -\frac{\Delta h_M}{\mu}. \qquad (7)$$

Mit $\mu = 0,05$ und $\Delta h_M = 130$ m ergibt sich $\Delta s = -2,6$ km, eine Verschiebung, die tatsächlich klein gegen die horizontale Gitterauflösung von 100 km im Modell ist.

Weiterhin zeigte das Modell zwar eine relativ empfindliche Reaktion auf Änderungen des Parameterwertes für μ im Bereich $0,01 \leq \mu \leq 0,25$. Ob so ein Schwankungsbereich für den Bodenreibungskoeffizienten auch wirklich in der Natur auftreten kann, bleibt jedoch offen. Allerdings geben diese Modellresultate wenigstens einen Hinweis darauf, wo offensichtlich noch Modellierungsdefizite bestehen, wie z.B. bei der Beschreibung der physikalischen Prozesse im Bodenbereich zwischen dem Inlandeis und dem Schelfeis.

Huybrechts [11] entwickelte ein wesentlich aufwendigeres Modell des gekoppelten Systems Inlandeis-Übergangsgebiet-Schelfeis, als das hier verwendete Modell des MPI, das für wenig rechenintensive Modellierungen im Bereich des Paläoklimas konzipiert worden war. Die horizontale Gitterauflösung des Modells von Huybrechts beträgt 25 km. Ferner sind die Teilmodelle für das Schelfeis und das Übergangsgebiet ebenfalls prognostisch formuliert. Es wird also kein Gebrauch von der quasistationären Näherung gemacht. Zusätzlich sind noch Veränderungen in der Höhe der Bodentopographie berücksichtigt, wie sie durch die zeitlich variable Last des Inlandeises und des Meerwassers auftreten. Mit diesem Modell wurde der letzte Eiszeitzyklus der Antarktis (die letzten 160 000 Jahre) simuliert. Im Modell dehnt sich die Westantarktis im Zeitbereich von etwa 120 000 Jahren bis 20 000 Jahren vor heute, bei vorgeschriebener Abnahme des Meeresspiegels um 130 m (wegen des Aufbaus der Inlandeise der Nord-Hemisphäre), fast bis zum Rand des Kontinentalschelfs aus. Bei der anschließenden Erhöhung des Meeresspiegels (als Folge des Abbaus der Inlandeise) zieht sich das Modellinlandeis der Westantarktis wieder zurück und es bildet sich die heute beobachtete Verteilung von Inlandeis und Schelfeis aus. Dieses Modell reagiert also empfindlicher auf Änderungen des Meeresspiegels, als das MPI-Modell. Dennoch, auch in diesem Modell ist im Rahmen der eben beschriebenen Untersuchung kein instabiles Verhalten des Westantarktischen Inlandeises zu erkennen.

In beiden Modellen laufen die Reaktionen des Inlandeises bei Änderungen in den Randbedingungen mit einer Zeitskala von einigen 1000 Jahren und länger ab. Diese Aussage ist höchstwahrscheinlich unabhängig von den Resultaten mit noch weiter verfeinerten Modellen.

Eine wünschenswerte Erweiterung der Modelle wäre insbesondere eine feinere Gitterauflösung der Übergangszone, die auch im numerischen Modell von [4] nur durch einen Gitterpunkt (am Aufschwimmpunkt) berücksichtigt wird. Eine gesonderte Modellierung müßten auch die ausgeprägten Eisströme erfahren, über die das Schelfeis vom Inlandeis her versorgt wird. Im MPI-Modell war es jedoch möglich, trotz der relativ groben Auflösung, die größeren Eisströme zu identifizieren. Das Modell erkennt sie über die Nebenbedingung, daß ein Ausfluß aus dem Inlandeis in das Schelfeis, der über den Bodenreibungskoeffizienten μ gesteuert wird, nur dort erfolgt, wo sich die beiden benachbarten Gitterpunkte, bei $x = x_i$ im Inlandeis und $x = x_s$ im Schelfeis (Abbildung 3), unterhalb des Meeresspiegels befinden.

Die Resultate des Abschnitts 3 legen es nahe, daß für Untersuchungen zur Stabilität der Westantarktis, der Ausdehnung der Modellierung auf den Bodenbereich unter dem Inlandeis, speziell am Inlandeisrand, eine besondere Bedeutung zukommen könnte. Für quantitative Prognosen ist dann auch eine Einbettung des Antarktischen Inlandeises in das Gesamtklimasystem notwendig. Die zeitliche Entwicklung der Westantarktis würde sich schließlich aus der zeitlichen Integration des gekoppelten Klimasystems Eis-Ozean-Atmosphäre, bei vorgegebener (oder ebenfalls modellierter) Änderung der Konzentration der Treibhausgase ergeben. Bis dahin ist es jedoch noch ein weiter Weg.

Literatur

[1] J.H. MERCER, 1978. *Antarctic ice sheet and CO_2 greenhouse effect: a threat of disaster.* Nature 271, 321-325.

[2] U. MIKOLAJEWICZ, B.D. SANTER AND E. MAIER-REIMER, 1990. *Ocean response to greenhouse warming.* Nature 345, 589-593.

[3] W.F. BUDD, D. JENSSEN AND V. RADOCK, 1971. *Derived physical characterictics of the Antarctic ice sheet, Mark 1.* Meteorology Department, University of Melbourne.

[4] K. HERTERICH, 1987. *On the flow within the transition zone between ice sheet and ice shelf.* In: C.J. van der Veen and J. Oerlemans (eds.), Dynamics of the West-Antarctic ice sheet, D. Reidel Publ. Comp., Dordrecht, 185-202.

[5] D. MACAYEAL, 1987. *Ice shelf backpressure: form drag versus dynamic drag.* In: C.J. van der Veen and J. Oerlemans (eds.), Dynamics of the West-Antarctic ice sheet, 141-160, D. Reidel Publ. Comp., Dordrecht.

[6] K. HUTTER, H. BLATTER AND M. FUNK, 1988. *A model computation of moisture content in polythermal glaciers.* Journal of Geophysical Research 93, B10, 12205-12214.

[7] C.S. LINGLE AND T.J. BROWN, 1987. *A subglacial aquiver bed model and water dependent basal sliding relationship for a Westantarctic ice stream.* In: C.J. van der Veen and J. Oerlemans (eds.), Dynamics of the West-Antarctic ice sheet, 249-285, D. Reidel Publ. Comp., Dordrecht.

[8] K. HERTERICH, 1988. *A three-dimensional model of the Antarctic Ice Sheet.* Annals of Glaciology 11, 32-35.

[9] G.K.A. OSWALD AND G. DE Q. ROBIN, 1973. *Lakes beneath the Antarctic ice sheet.* Nature 245, 251-254.

[10] W. BÖHMER AND K. HERTERICH, 1990. *A simplified ice sheet model including ice shelves.* Annals of Glaciology 14, 17-19.

[11] P. HUYBRECHTS, 1990. *The Antarctic ice sheet during the last glacial-interglacial cycle: a three dimensional experiment.* Annals of Glaciology 14, 115-119.

Aspekte einer zukünftigen Energieversorgung angesichts des Treibhauseffektes

BERND DIEKMANN, *Bonn*

Es werden die nach dem heutigen Wissensstand verfügbaren Weltenergieressourcen sowie der Energieverbrauch nach geographischer Aufteilung abgeschätzt und Maßnahmen diskutiert, wie angesichts des Treibhauseffektes sich mögliche Energiesparmaßnahmen in den Industrienationen und Entwicklungsländern auf die kommenden Jahrzehnte auswirken.

Die im Rahmen dieses Zyklus präsentierten Fakten zum Treibhauseffekt lassen den Schluß zu, daß der anthropogene, jährliche Eintrag von derzeit 7 − 9 Gigatonnen Kohlenstoff in Form von CO_2 in der Atmosphäre zu einem seit nunmehr 100 Jahren beobachteten kontinuierlichen Anstieg des CO_2-Gehalts (derzeit etwa 2% pro Jahr) geführt hat. Eine Verdoppelung des CO_2-Gehalts würde nach übereinstimmenden Schätzungen vieler Experten eine Anhebung der globalen Mitteltemperatur der Erde um $4°C$ bewirken: weitreichende globale Folgen wären unvermeidlich.

Der Löwenanteil des anthropogenen C-Eintrags stammt aus der Nutzung fossiler Brennstoffe, die etwa zu 90% den globalen Energiebedarf von derzeit ca. $2000l$ Heizöl pro Kopf und Erdenbürger (Energieäquivalent) deckt.

"Eindämmung des Treibhauseffektes" ist daher untrennbar mit "Minderung des Gebrauchs fossiler Energien" verbunden. Der Effekt hat daher eine ganz andere Dimension als der unter dem Begriff "Ozonloch" subsummierte. Letzterer hat mit dem Treibhauseffekt in *erster* (sehr wohl aber in genauerer) Näherung nichts zu tun, er ist durch einen relativ gut bekannten, lokalisierbaren und prinzipiell abschaltbaren Verursacher, die FCKWs, ausgelöst. Eine Art CO_2-Katalysator aber zur Verhinderung des Treibhauseffektes erscheint dagegen zur Zeit als technisch nicht praktikabel. Die Eintragsminderung fossiler Brennstoffe bleibt oberstes Gebot.

Es sollen hier Ideen - nicht präzise Abschätzungen oder quantitative Berechnungen - vorgetragen werden, wie einem solchen Gebot

1. durch das Einsparen von Energie
2. durch Substitution fossiler Energieträger

in Industrie- und Entwicklungsländern dieser Welt Folge geleistet werden könnte und wo die politischen und sozioökonomischen Grenzen der Befolgung liegen dürften.

Dazu einige physikalische Anmerkungen zum Stichwort "Energie". Jede Aktivität ist mit Verbrauch (d.h. Umwandlung) von Energie verbunden. Über Albert Einsteins berühmte Relation $E = mc^2$ ist letztlich die Energie die Urform des Seins im Universum. Schon das Energieäquivalent von $3kg$ Materie könnte den jährlichen Weltbedarf decken. Ebensolches gilt für nur etwa 1/2 Stunde auf die Erdoberfläche eingestrahlte Solarenergie oder den $1/1'000'000'000$ Teil der in der Erdrotation gespeicherten Energie. Menschlicher Nutzung zugänglich ist aber nur ein winziger Bruchteil solcher o.a. Ressourcen. Von der bereits im System Erde (von der Sonne oder bei Entstehung der Elemente) gespeicherten Energie sind

- chemische Energie $[eV]$ und

- nukleare Energie $[MeV]$

zugänglich. Diese können in Umwandlungsprozessen in andere Energieformen umgewandelt werden:

- Wärme ($\sim$ Temperatur) $[cal]$

- mechanische Energie

    der Bewegung $(m/2v^2)[Joule]$
    der Lage im Schwerefeld der Erde $(mgh)[Joule]$

- elektrische Energie (Spannung × Strom × Zeit) $[Wsec]$

- Energie der elektromagnetischen Strahlung ($\sim$ Frequenz) $[Wsec]$.

Letztgenannte Energieformen können auch ohne Speicherzugriff direkt aus dem kontinuierlichen Energiezufluß auf die Erde extrahiert werden.

Tabelle 1a zeigt eine Zusammenstellung sich ergebender Ressourcen, Tabelle 1b enthält eine Umrechnung der verschiedenen gebräuchlichen Energieeinheiten.

Die für die Nutzbarmachung von Energie unumgängliche Umwandlung unterliegt zwei wesentlichen physikalischen Gesetzen. Der Begriff Energie definiert nicht die Ordnungsform: Ein geworfener Stein unterscheidet sich von einem ruhenden Stein durch eine gleichgerichtete Bewegung aller Moleküle (= "ordentliche" Energie oder Exergie). Heißes Wasser unterscheidet sich von kaltem durch ungeordnete Mehrbewegung der Moleküle. Die hier gespeicherte Energie ist aber nur zum Teil "ordentlich". Dies drückt sich aus in der Gleichung

$$\text{Energie} = \text{Exergie} + \text{Anergie}.$$

Die Hauptsätze I & II der Thermodynamik besagen in diesem Zusammenhang:

I. Für einen Prozeß (1)→(2) gilt: $E(1) = Ex(1) + An(1) = E(2) = Ex(2) + An(2)$
II. $\qquad\qquad\qquad\qquad Ex(2) \leq Ex(1)$ und $An(2) \geq An(1)$

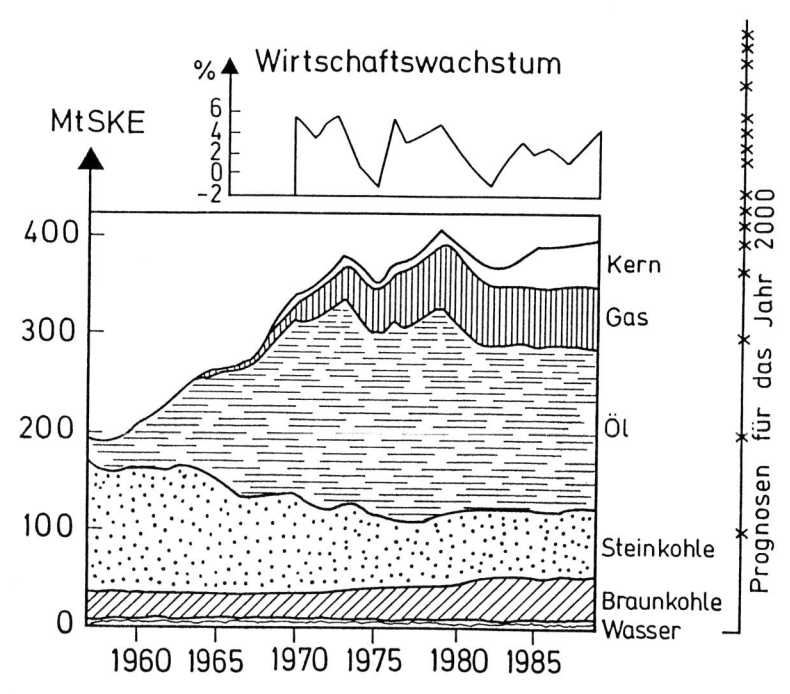

Abbildung 2: *Primärenergieverbrauch und Wirtschaftswachstum in der BRD* [4].

Sehr aufschlußreich für den Zusammenhang der Wirtschaftsentwicklung und des Energieverbrauchs ist die Tabelle 3, die für die Länder der EG die Verhältnisse von

- Bruttoinlandsprodukt (1987)/ Bruttosozialprodukt (1973)
- Primärenergieverbrauch (1987)/ Bruttosozialprodukt (1973)
- Stromverbrauch (1987)/ Bruttosozialprodukt (1973)

aufzeigt. Während technologisch hochentwickelte Länder ihr Sozialprodukt um 30% steigern konnten, ohne mehr Energie zu verbrauchen (bzw. besser gesagt den für die Erwirtschaftung eines höheren Wachstums erhöhten Energiebedarf durch Energieeinsparung kompensieren konnten), gilt dies nicht für die in der zweiten Hälfte der Tabelle aufgelisteten Länder mit einem gewissen technologischen Nachholbedarf. Auch gilt die Aussage nicht für die Energieform "Strom". Hier liegt die Steigerungsrate z.T. deutlich über der des BIP's.

Der zweite Hauptsatz besagt, keine Maschine kann Energie vollständig in Exergie (also z.B. Wasserdampfwärme in Generatorrotationsenergie) umwandeln, sondern nur mit einer gewissen Umwandlungseffizienz, dem Wirkungsgrad η. Dieser Wirkungsgrad liegt für die genannte Umwandlung von Wärme in Strom unter Kraftwerksbedingungen ideal bei etwa 60%, real aber nur bei etwa 35%.

Die im folgenden etwas näher zu betrachtende Weltenergiesituation präsentiert sich hierbei für die Industrie- und Entwicklungsländer durchaus unterschiedlich. Der oben erwähnte Durchschnittsverbrauch von $2000l$ Heizöl (äquivalent) pro Kopf und Jahr verteilt sich auf

- Entwicklungsländer: $800l$ für 3.65 Milliarden Menschen,

- Industrieländer: $5100l$ für 1.2 Milliarden Menschen.

Den Weltverbrauch an Primärenergie als Funktion der Zeit zeigt Abbildung 1. Tabelle 2 schlüsselt den Verbrauch dieser Energie nach den Hauptwirtschaftszonen auf (Zahlen für 1986 aus [3]).

Mit knapp $400Mt\,SKE$ trägt die BRD etwa 4% zum weltweiten Energieverbrauch bei, siehe Abbildung 2, der Kernenergieanteil ist deutlich höher, erneuerbare Quellen spielen derzeit fast keine Rolle.

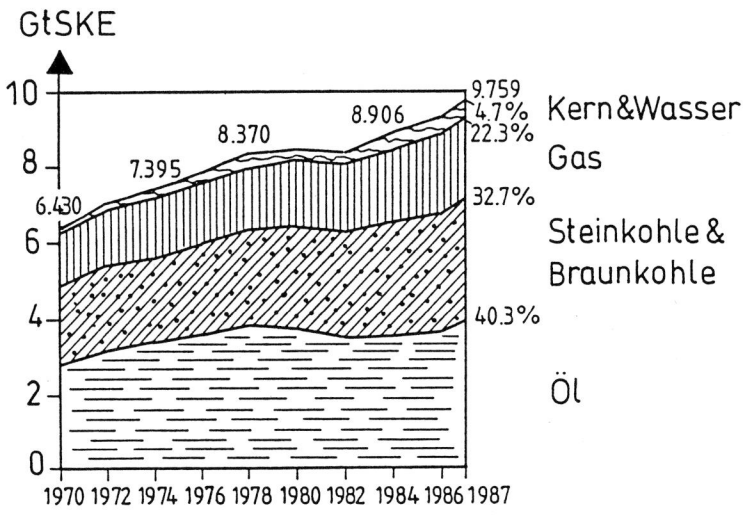

Abbildung 1: *Weltverbrauch an kommerziellen Primärenergieträgern 1970-1987* [3].

Tabelle 1b: *Maßeinheiten und Umrechnungen* [2]

Energie: 1 Joule = 1Watt-Sekunde $[Ws]$ = 1 Newton-Meter $[Nm] = 1\left[\frac{kg\,m^2}{s^2}\right]$

		[J]	[cal]	[eV]	[kWh]	[TWa]	[kgSKE]
1 Joule	[J]	1	0.239	$0.624 \cdot 10^{19}$	$2.78 \cdot 10^{-7}$		
1 Kalorie	[cal]	4.1855	1	$2.63 \cdot 10^{19}$	$1.163 \cdot 10^{-6}$		
1 Elektron-Volt	[eV]	$1.6 \cdot 10^{-19}$	$3.83 \cdot 10^{-20}$	1	$4.45 \cdot 10^{-26}$		
1 Kilowattstunde	[kWh]	$3.6 \cdot 10^6$	$0.86 \cdot 10^6$	$2.25 \cdot 10^{25}$	1		
1 Terawattjahr	[TWa]	$3.16 \cdot 10^{19}$			$8.77 \cdot 10^{12}$	1	$1.08 \cdot 10^{12}$
1 kg STEINKOH- LE EINHEIT	[SKE]	$2.93 \cdot 10^7$	$7 \cdot 10^6$		8.14		1

Leistung: $\frac{\text{Energie}}{\text{Zeit}}$: $\frac{1[J]}{1[s]} = 1 \text{Watt}[W] = 1\left[\frac{Nm}{s}\right]$

Druck:

	[bar]	$[Pa]\hat{=}$ $[N/m^2]$	techn.Atmosph. [at]	phys. Atmosph. [atm]	[Torr]
1 Bar[bar]	1	10^5	1.019716	0.986923	750.062

Tabelle 1a: *Energieressourcen und Abschätzungen für deren Inhalt.*

Energieart			Faustformel für Energieinhalt (in kWh)
Fossile	Steinkohle		$8.14/kg$
	Braunkohle		$2-6/kg$
	Öl		$12/kg$
	Gas		$9/m^3$
	Biomasse		$4/kg$
	(Holz, Wasserstoff)		$33/kg$
	Solarzellen	in BRD/$(m^2 \times a)$	≈ 1000
	Kollektoren (flach)	$\eta_{el} \approx 0.1$	
	fokussierend	in Sahara/$(m^2 \times a)$	$\approx (2500)_{TH}$
	Teiche	(d.h. pro $1GW_{el} : 10km^2$)	
	Aufwind		
Wärme	Wasser, Boden, Luft		
	nat. Quellen u.	pro $100°C$ Tempera-	$0.12/kg$
	Kavernen	turdifferenz	
	Erdwärme		
	tropische Meere		
Wind		$5m/sec$ Windgeschw.	$707/m^2 \cdot a$
		$10m/sec$ Windgeschw.	$5660/m^2 \cdot a$
& Wasser	Laufwasser (Gefälle)		
	Laufwasser (Osmose)		
	Gezeiten	pro $100m$ Höhenunter-	
	Meereswellen	schied und Tonne	0.27
	Meeresströmungen		
	Grönland-		
	schmelzwasser		
Methan aus tiefer Erdkruste			$9/kg$
Müll			$2/kg$
Kern	Fusion	$H_2 \longrightarrow He\left(28\frac{MeV}{R}\right)$	$200 \cdot 10^6/kg$
	Spaltung	Reines $U^{235}(200'')$	$22 \cdot 10^6/kg$

Tabelle 2: *Die geographische Aufteilung des Weltenergieverbrauchs* [3]

Hauptwirtschafts-zonen	Verbrauch [Gt SKE]	pro Kopf [kg SKE]
Afrika	0.243	424
Naher Osten	0.142	1669
Asien (ohne China)	1.110	648
China	0.743	706(1981 : 562)
Nordamerika	2.527	9509
Mittel- & Südamerika	0.458	1107
Westeuropa	1.525	4300
UdSSR & Ostblock	2.523	5689
Welt	9.322	1896

Tabelle 3: *Verhältnisse des Bruttoinlandsproduktes (BIP) 1987/1973, des Primärenergieverbrauchs (PEV) von 1987/1973 sowie des Stromverbrauchs (SV) 1987/1973, gemäß* [5]

Land	BIP (1987)/ BIP (1973)	PEV(1987)/ PEV(1973)	SV(1987)/ SV(1973)
BRD	1,29	1,02	1,37
Belgien	1,25	0,97	1,54
Frankreich	1,38	1,14	1,94
Dänemark	1,29	1,01	1,68
Großbritannien	1,26	0,94	1,11
Italien	1,40	1,10	1,55
Niederlande	1,28	1,04	1,40
Griechenland	1,36	1,52	2,07
Irland	1,63	1,34	1,76
Portugal	1,44	1,70	2,36
Spanien	1,34	1,38	1,77

Heranführung der 3. Welt an unsere Lebensverhältnisse bewirkt folglich einen Primärenergiemehrbedarf, der global entweder durch

1. weitere Ausschöpfung fossiler Reserven
2. Verbesserung der Energienutzungsökonomie (Energiesparen)
3. Verlagerung auf nichtfossile Träger

bereitgestellt werden muß, und dies bei Präsenz eines in seinen Konsequenzen ständig bedrohlicher werdenden Treibhauseffektes.

Zu(1): Insofern wäre es durchaus von Vorteil, wenn endliche Ressourcen fossiler Quellen die Menschheit zur Variante (2) und (3) zwingen würden. Tabelle 4 zeigt die fossilen Vorräte der Erde in *Gt SKE* !

Tabelle 4: *Energievorräte der Erde*

	Gesichert	derzeit. Verbrauch	Geschätzter Vorrat
Kohle	772	3,3	11000
Öl	161	4.0	1900
Gas	108	2,2	700

Ein solcher Denkanstoß zum maßvolleren Umgang mit der Ressource "fossile Energie" ist also durch Verknappung innerhalb der nächsten 40−50 Jahre kaum zu erwarten, in diesem Zeitraum müssen aber die Weichen zur Eindämmung des Treibhauseffektes gestellt werden.

Zu (2): Die Abschätzung des Sparpotentials sei am Beispiel der Bundesrepublik durchgeführt. In den Abbildungen 3 und 4 ist für vier ausgewählte Beispiele dargestellt, wie sich bereits durchgeführte "technische" Sparmaßnahmen bei Elektrogeräten (Abb.3a), in der Bauwirtschaft (Abb.3b), bei der Aluminiumherstellung (Abb.4a) und bei der Zementproduktion (Abb.4b) ausgewirkt haben. Gerade Abbildung 4 deutet an, daß in gewissen industriellen Bereichen das Sparpotential bereits in großem Maße ausgeschöpft ist. Das "sich Kompensieren" von Wirtschaftswachstum und Energieeinsparung dürfte in diesen Bereichen häufig entfallen. Tabelle 5 versucht dies zusammenzufassen: Für vier Hauptverbrauchergruppen und deren wesentliche Substrukturen sind dargestellt

- der heutige Verbrauch an *End*energie in Prozent des totalen Endenergiekonsums der BRD in Höhe von derzeit etwa 260 *Mt SKE* (Endenergie ist der beim Verbraucher ankommende Teil der Primärenergie, die Minderung von 400 auf 260*Mt SKE* geht zu einem wesentlichen Teil auf das Konto von (thermodynamisch unverhinderbaren, s.o.) Verlusten bei der Stromerzeugung).

- das technische Einsparpotential bis zum Jahre 2005/2050 unter Berücksichtigung bereits durchgeführter Maßnahmen

- das technische Einsparpotential aber mit Einbeziehung eines jährlichen Wirtschaftswachstums von 2%.

- die daraus resultierende CO_2-Eintragsminderung in Prozent des heutigen Eintrags in Höhe von derzeit 203 Megatonnen C in Form von CO_2.

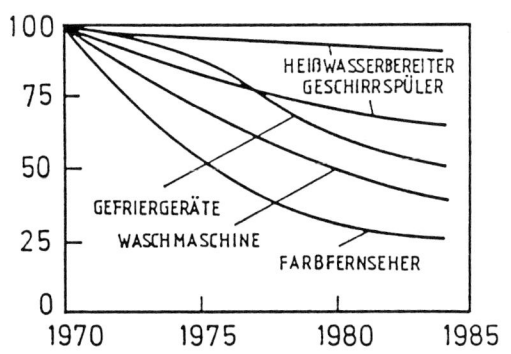

Aspekte einer zukünftigen Energieversorgung 131

Abbildung 3a: *Spezifischer Stromverbrauch von Haushaltsgeräten von 1970-1984* [7].

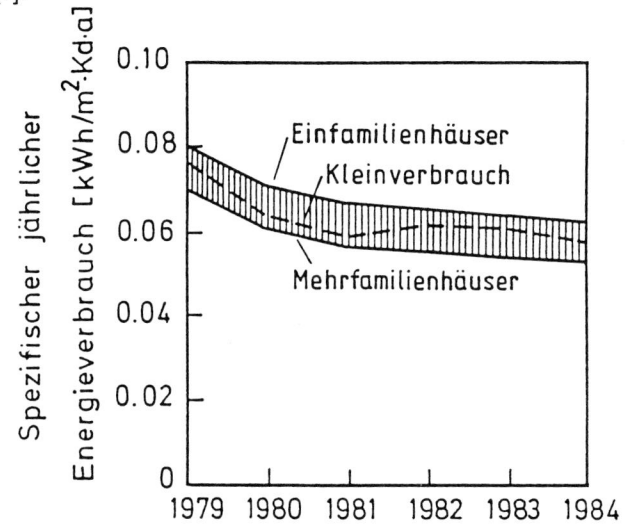

Abbildung 3b: *Spezifischer Heizenergieverbrauch der deutschen Haushalte (Wohnungen) in den Jahren 1979-1984 in* $kWh/m^2/\cdot Kd \cdot a$ [7].

$Kd \stackrel{\wedge}{=} Jahresgradtage$
[*typisch für die BRD* ≈ 4000 ($\approx 365 \cdot 11^0$)]

Gesamthaft gesehen ergibt sich folgendes Ergebnis: Knapp 20% könnten realiter schon innerhalb von 15 Jahren eingespart werden, weitere 11% bis zum Jahre 2050. Entsprechend ließe sich der CO_2-Eintrag mindern. Der Bedarf an Strom wird demgegenüber aber eher wachsen: Elektrische Energie ist eben (fast) reine Exergie und daher überall einsetzbar.

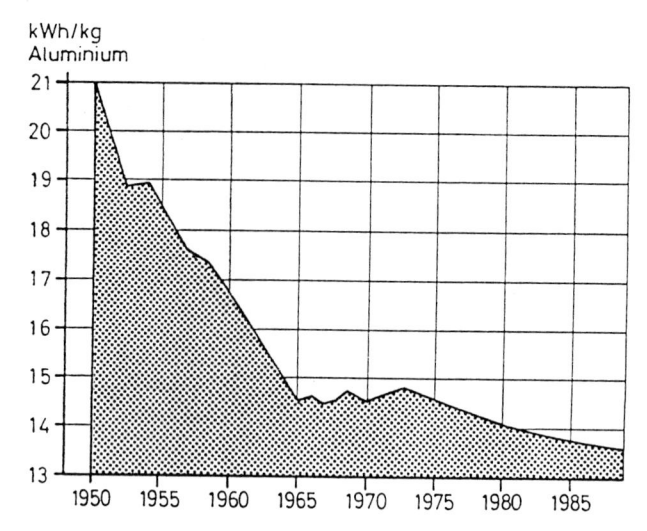

Abbildung 4a: *Sinkender Energiebedarf bei der Aluminiumherstellung* [7].

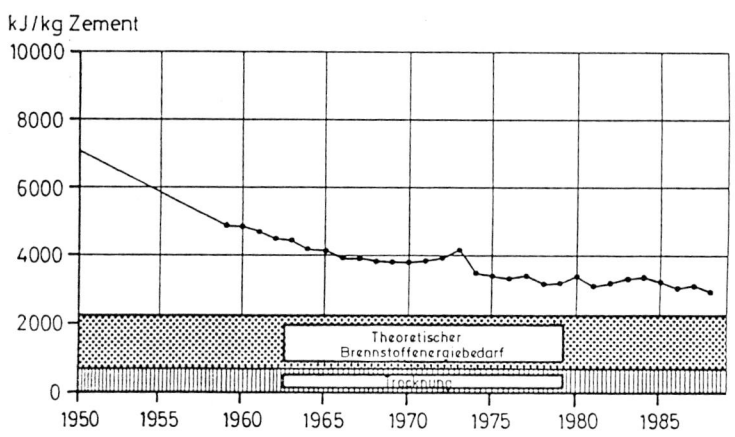

Abbildung 4b: *Massenbezogener Brennstoffenergieverbrauch in der Zementindustrie (in KJ/kg Zement)* [7].

Die Zahlen geben, wie erwähnt, das technische Potential an, nicht jedoch das schwer quantifizierbare Potential durch freiwillige Selbstbeschränkung. So bleibt z.B. der Warmwasserbedarf privater Haushalte in dieser Auflistung unverändert, wiewohl verändertes Konsumentenverhalten ihn deutlich mindern könnte. Die an dieser Stelle häufig erhobene Forderung nach staatlich initiierten Denkhilfen (z. B. eine Energiesteuer bzw. Klimasteuer) stellt sicherlich einen Schritt in die richtige Richtung dar, wenn sie mit dem nötigen Augenmaß in die Praxis umgesetzt wird.

Tabelle 5: *Energieeinsparpotentiale BRD nach Verbrauchergruppen* [8] *(1987: Primär 390 Mt SKE, End: 260 Mt SKE, CO_2 : 203 MtC).*

Alle Zahlen in %
f. Energie: von 260
f. CO_2: von 202

	HEUTE		2005				2050		
Anteil	Wer	Wieviel	% ideal	% real	Mind. (CO_2)		% ideal	% real	Mind. (CO_2)
					−7		11.3	11.3	−11.3
Private	Raumwärme	22.6	15.2	15.2					
Haushalte 29	Warmwasser	2.9	2.9	2.9	−0.5		2.9	2.9	−1.5
	Prozeßw.	1.45	1.16	1.16	−0.3		1.05	1.05	−0.4
	Licht & Kraft	2.03	1.42	1.42	−0.4		1.21	1.21	−0,5
	(total Strom)	(4.93)	(3.45)	(3.45)					
Handel	Raumwärme	9.08	6.35	6.35	−2.7		4.54	4.54	−4.5
Gewerbe	Warmwasser	1.71	1.71	1.71	−−−		−−−	−−−	−1.0
Militär 17	Prozeßw.	2.1	1.68	1.68	−0.3		1.26	1.26	−0.6
Landw.	Licht & Kraft	4.2	2.94	4.2	−−−		2.1	4.2	−−−
(Kleinverbr.)	(total Strom)	(3.85)	(2.7)	(3.85)					
	Raumwärme	3.16	2.21	2.21	−1		1.58	1.58	−1.58
(Großverbr.)	Prozeßw.	20.3	14	20.3	0		10.1	20.3	−−−
Industrie 29	Licht & Kraft	5.53	5.0	6.6!	0[1]		4.5	7.2	0[1]
	(total Strom)	(6.1)	(5.5)	(7.93)					
	Treibstoff	24.5	17.15	17.15	−7		12.25	12.25	−12.25
Verkehr 25	El. Energie	0.5	0.5	0.65	0[1]		0.5	1.2	0[1]
Total 100		100	72	81.5	−19		53	69	−33
		(15.4)		(15.9)					

[1] unter der Annahme, der Mehrbedarf werde nicht fossil befriedigt

Zu (3): Ersetzung fossiler Energieträger durch alternative Quellen: Hierbei gibt es zwei Bewertungskriterien solcher Alternativen: Das mit ihrer Einführung bzw. dem Ausbau verbundene *Risiko* wird definiert als das Produkt aus Schadenshöhe und Schadenshäufigkeit. Bei der Diskussion von Risiken, insbesondere der Kernenergie, wird häufig nur der erste Faktor berücksichtigt. Es ist aber, auch nach Tschernobyl, auszuschließen, daß friedliche Kernenergienutzung ein höheres Risiko darstellt als eine unverminderte Nutzung fossiler Energien: Der in dieser Zusammenstellung intensiv diskutierte Treibhauseffekt ist sicherlich mit einer hohen Eintrittswahrscheinlichkeit und einem unabsehbar hohen Schadensausmaß verknüpft.

Der zweite Bewertungsfaktor ist der sog. *Erntefaktor*, d.h. das Verhältnis der von der energieerzeugenden Anlage im Verlaufe ihrer Lebensdauer produzierten Energie zu der für Bau, Betrieb und Verschrottung aufzuwendenden Energie. Dieser Faktor sollte insbesondere auch bei der Bewertung heute oft geforderter sog. regenerativer Quellen im Auge behalten werden. Ist der Erntefaktor kleiner als 1, so ist der Betrieb der Anlage Unsinn. Hierbei wird häufig übersehen, daß auch Kosten Energieaufwendungen darstellen, die berücksichtigt werden müssen: Als grobe Richtschnur für die entsprechende Umrechnung mag das Verhältnis von Primärenergieverbrauch/Bruttosozialprodukt dienen: $2kWh/DM$. Detailliertere Studien in den USA, der BRD und der Schweiz [9] schlüsseln nach einzelnen Industriesparten auf, bestätigen aber im wesentlichen diesen Wert als globale Orientierungshilfe.

Tabelle 6 zeigt eine solche energetische Bilanzrechnung am Beispiel von Windkraftanlagen unterschiedlicher Leistung: Der Erntefaktor ist für kleine Anlagen wegen zu hoher "Sockelkosten" für Stromerzeugung und Netzeinspeisung klein, er wächst deutlich für mittlere Anlagengrößen, um für Großanlagen wie etwa GROWIAN wegen der hohen Gesamtkosten wieder deutlich zu sinken.

Tabelle 6: *Erntefaktoren ε für Windkraftanlagen, nach* [2]

Anlagengröße $[kW]$	in 15 Jahren erzeugte elektr. Energie[1] $[MWh]$	Energieaufwand für Anlagenbau[2] $[MWh]$	ε
1 – 3	60 – 180	40 – 63	2 – 3
4 – 8	240 – 480	60 – 150	2.4 – 6
10 – 15	600 – 900	100 – 200	3.7 – 7.5
20 – 45	1200 – 2700	175 – 300	6.7 – 11
1000 – 3000	80'000 – 240'000	50'000 – 115'000	1.3 – 3.2

[1] küstennaher Standort $\langle v_{Wind}\rangle \geq 7m/sec$
[2] Baukosten $\times 2kWh/DM$

Tabelle 7 faßt die Erntefaktoren aller denkbaren Energieerzeugungsarten (soweit heute praktikabel) zusammen und lotet das Potential der jeweiligen Quelle für die Zukunft aus.

Die im Kontext mit den beiden Bewertungskriterien genannten Quellen, Kernspaltung und regenerative Quellen (+ Wasserstofftechnologie), sind in dem durch den Treibhauseffekt abgesteckten Zeitrahmen von ca. 50 Jahren wohl die einzigen Kandidaten, die fossile Energien in nennenswertem Maße zu ersetzen imstande wären: Nach dem heutigen Kenntnisstand erscheint eine Miteinbeziehung der Kernfusion als großtechnisch nutzbare Energiequelle in dieser Zeitspanne unrealistisch.

Mit welchem Anteil die beiden vorher genannten den nach maximaler Einsparung verbleibenden Endenergiebedarf abdecken können, muß für jedes Land an Hand der vorhandenen wirtschaftlich-technischen Struktur, soziologischen Voraussetzungen und klimatischen Rahmenbedingungen abgeschätzt werden. Für die BRD ergeben sich in 40 – 50 Jahren günstigstenfalls folgende Verhältnisse:

- Reduktion des Endenergiebedarfs von z.Z. über 260 $Mt\ SKE$ auf 180 $Mt\ SKE$ durch *Einsparung*.

- Maximal $\sim 50 Mt SKE$ aus regenerativen Quellen: Sonne, Wind, Wasser, Wärme über Wärmepumpen. Obwohl gerade bei diesen Ressourcen die politischen Begleitmaßnahmen Gegenstand heftiger Diskussionen sind, differieren die Vorhersagen über den quantitativen Anteil nicht sonderlich: In einem energiepolitischen Hearing des Deutschen Bundestages im Oktober 1986 lagen die Schätzungen aller vier Fraktionen für den Anteil "regenerativer" Energie zur Stromerzeugung zwischen 5 und 10% im Jahre 2000.

- Selbst bei forciertem Ausbau der Kernenergie wäre es unmöglich, die verbleibende Differenz von 130 $Mt\ SKE$ aus dieser Quelle abzudecken: Bei zusätzlicher Inbetriebnahme von 10 zur Zeit in Bau bzw. Planung befindlichen und 20 neu zu planenden Kernkraftwerken vom Typ Biblis B ließen sich maximal 50 $Mt\ SKE$ elektrische Energie und ein weiterer, schwer quantifizierbarer Anteil durch *zusätzliche* Kraft-Wärme-Kopplung gewinnen. Es liegt auf der Hand, daß sowohl technisch-organisatorische Bereitstellungsprobleme als auch politische Durchsetzbarkeiten den in $\sim$ 40 Jahren relevanten Istwert kleiner ausfallen lassen.

Aber selbst in diesem - aus der Minimalisierungsforderung fossiler Brennstoffe - günstigsten Szenario verbleibt ein Anteil fossiler Brennstoffe von etwa 30% des heutigen Wertes. Abbildung 5 stellt dies graphisch dar [2].

Wie erwähnt, stellt die Forderung nach "Minderung der Nutzung fossiler Energien" unterschiedliche Anforderungen an Industrie- und Entwicklungsländer. Gemeinsam bleibt jedoch die Feststellung, daß die notwendigen,

Tabelle 7: *Wirkungsgrad η, Enrtefaktoren ε und Potential der denkbaren Energieerzeugungsarten gemäß* [4].

Energiequelle	Art der Umwandlung	η	Endenergie
1. Kohle	Kraftwerk	0.4	Strom
	Heizkraftwerk	0.7	Strom + Wärme
	Heizwerk	0.9	Wärme
	Privatheizung	0.6	Wärme
2. Öl	Kraftwerk	0.4	Strom
	Heizung	0.8	Wärme
	Motorantrieb	0.2	Treibstoff
3. Gas	Kraftwerk	0.4	Strom
	Heizung	0.8	Wärme
4. Sonne	Biomasse→Bioalkohol	0.5 – 1	Treibstoff
	Biomasse→Biogas	0.5 – 1	Strom + Wärme
	Solarzellen	0.12	Strom
	Energiedach	0.6	Wärme
	Solarkraftwerk	0.3	Strom + Wasserstoff
5. Erdwärme	Wärmepumpe	2	Wärme
6. Wind	Kilowattbereich	0.3	Strom
	Megawattbereich	0.3	Strom
7. Wasserkraft		0.9	
8. Kernspaltung	Leichtwasserreaktor	0.4	Strom
	Brutreaktor	0.4	Strom
	Hochtemperaturreaktor	0.4	Strom + Wärme
9. Müll	Kraftwerk	0.4	Strom
Wirkungsgrad η	= Endenergie/Primärenergie		
Erntefaktor ε	= gesamte erzeugte Energie/gesamte aufgewendete Energie		

ε_{heute}	$\varepsilon_{Zukunft}$	Potential heute	Potential Zukunft	Bemerkungen
3.5	≤ 3.5			
6	≤ 6			
8	≤ 8	53		
8	≤ 8			
3.5	≤ 3.5		≥ 78	
8	≤ 8	126	s. Text	
-	-			
3.5	3.5			
8	≤ 8	57		
1 – 2	1 – 2		(1.7)	
2 – 10	2 – 10		13 – 17	
1	≤ 6	< 1	1.2 – 2.4	
0.5 – 2	2 – 5		13 – 24	
1	$\leq 3 - 4$			Einsatz in Wüstengebieten
0.7 – 1.7	0.7 – 1.7	< 1	7	
3 – 11	3 – 11	< 1	2.5	
≤ 1	≤ 1	< 1	2.5	
13 – 18	13 – 18	2	2	
9	6 – 9	16	40	
2.5	6 – 9			heut. Wert: Kalkar
2 – 3	6 – 9			heut. Wert: Uentrop
≥ 3	≥ 3	4	≤ 4	

Potentiale heute = Zahlenangabe für die BRD. 1987 in Mill. Tonnen SKE
Gesamter Endenergieverbrauch: 258 $Mt\,SKE$

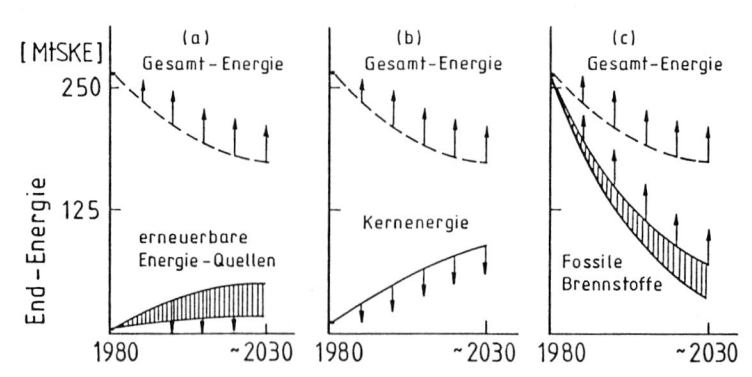

Abbildung 5: *Rahmen für die Deckung des künftigen Bedarfs an Endenergie in der BRD aus (a) erneuerbaren Energiequellen, (b) Kernenergie, (c) fossilen Brennstoffen im Vergleich mit dem minimalen Gesamtbedarf* [2].

aber durchaus schmerzhaften Maßnahmen ohne die Einsicht der Bevölkerung nicht durchführbar sind bzw. durch opportunistische Rücksichtnahme der Entscheidungsträger verwässert werden können.

Dreh- und Angelpunkt einer Energiepolitik für die 3. Welt ist die Bevölkerungsentwicklung. Allein die Aufrechterhaltung des heutigen, sicherlich unbefriedigenden Standards der Nahrungsversorgung bedeutet bei steigender Bevölkerungszahl einen Mehrbedarf an Energie in der Größenordnung von $10-20\%$. Dies läst sich auch ohne detaillierte Rechnung nachvollziehen, wenn man bedenkt, daß zur Erzeugung von $1 kg$ Brot $0,5$ bis $0,8 kgSKE$ aufgewendet werden müssen: Landwirtschaft, Mühle, Transport, Bäckerei. Für andere, insbesondere höher veredelte Produkte ist der energetische Aufwand vergleichbar bzw. höher. Der Schwerpunkt wird weniger auf Einsparung als auf Ersetzung liegen. Dem Ausbau regenerativer Quellen kommt aufgrund ihrer technisch problemlosen Handhabbarkeit, dezentraler Einsatzmöglichkeit und i.a. klimatisch günstigerer Ausgangssituation ein vermehrtes Gewicht zu.

Der nicht weich, dezentral erzeugbare Rest des Eigenbedarfs sollte *in großtechnischen Energiefarmen auf Solar-Kernenergie-Verbundbasis* erzeugt werden. Wegen des i.a. in Industrieländern unrealisierbar großen Flächenbedarfs der Solarkraftwerkskomponenten und Sicherheitssensibilitäten bezüglich der Nuklearkomponenten einerseits und der praktisch bedeutungslosen landwirtschaftlichen Nutzbarkeit bei gleichzeitig extrem günstiger solarenergiewirtschaftlicher Nutzungsmöglichkeit andererseits kämen hierfür z.B. die Wüstengebiete Nordafrikas in Frage. Diese Farmen erzeugen auf elektro- oder thermolytischem (evtl. photolytischem) Wege Wasserstoff, der seinerseits per Pipeline oder Schiff in die Industriezonen transferiert wird. Neben energie- und ökologiespezifischen Vorteilen beinhaltet ein solches Konzept auch generell entwicklungspolitische Aspekte: Die heute z.T. bitter armen Länder wären in der Lage, ihre "Rohstoffe" Fläche + Sonne in gleichgewichtigem Handel gegen "Know-

Aspekte einer zukünftigen Energieversorgung 139

how" der Industrieländer einzutauschen: Wasserstoff als Exportrohstoff für den bereits mittelfristig geschaffenen entsprechenden Markt der Industrieländer.

Von entscheidender Bedeutung für die 3. Welt sind aber auch flankierende Maßnahmen wie

- Eindämmung der Verstädterung. Letztere bewirkt im Regelfall trotz sinkenden Lebensstandards bis hin zur Verelendung steigenden Energieverbrauch, bedingt z.B. durch längere Transportwege.

- Eindämmung der Brandrodung tropischer Regenwälder (derzeit jährlich 1 − 2% der Gesamtfläche), die in relativ kurzer Zeitspanne zur Versteppung führt und den einzudämmenden Treibhauseffekt verstärkt.

- Eindämmung der Bodenerosion durch Monokulturen, Abholzung von Windschutz- und Bergwäldern

Da die hierzu nötigen Maßnahmen häufig die Kraft der jeweiligen Staaten übersteigen, sind entsprechende entwicklungspolitische Konzepte der reichen Industriestaaten unabdingbar. Dies gilt in besonderem Maße für die

- Eindämmung des Bevölkerungswachstums durch Geburtenkontrolle.

Hier sind nicht nur politische, sondern auch geistliche Führer gefordert, sich von - angesichts der evidenten Problematik einer ökologisch vertretbaren Weltenergieversorgung - obsoleten Wertvorstellungen zu lösen und konstruktive Beiträge zu liefern: Die Aufforderung des "Sich-untertan-machens" der Erde muß grundsätzlich neu überdacht werden, die Aufforderung des "Wachset und mehret Euch" als erledigt betrachtet werden: Abbildung 6.

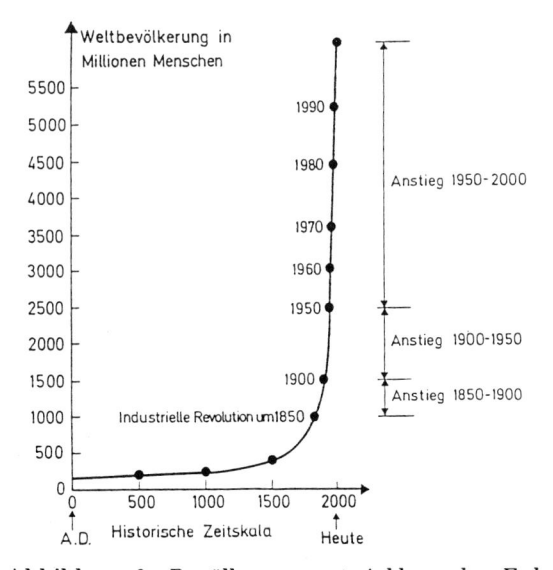

Abbildung 6: *Bevölkerungsentwicklung der Erde.*

Die freiwerdenden Valenzen bei den Rüstungsetats aus der 1. und 2. Welt sind für den Ausbau einer sozialen Absicherung der 3. Welt - ihr Fehlen ist eine der Hauptursachen für das Bevölkerungswachstum - gut angelegt.
Wenn die Menschheit der Bedrohung durch den Treibhauseffekt gegensteuern will, müssen jetzt die Weichen gestellt werden: Kurzfristige Konzepte müssen durchgeführt werden, mittelfristige in Bau bzw. konkrete Durchführungsplanung genommen werden, langfristige durchkalkuliert und auf Pilotprojektbasis in Angriff genommen werden. Eine Politik des "Wait and see" ist ein verhängnisvoller Fehler.

Literatur

[1] B. DIEKMANN, *"Treibhauseffekt und Ozonloch"* in *"Umweltkrise - eine Herausforderung an die Forschung"*, Wissenschaftl. Buchgesellschaft Darmstadt (in Vorbereitung)

[2] K. HEINLOTH, B. DIEKMANN, *"Energie - Physikalische Grundlagen von Erzeugung, Umwandlung und Nutzung"*, Teubner (1983)

[3] UN-Jahrbuch Energy statistics (1986)

[4] C.B. SCHÖNWIESE UND B. DIEKMANN, *"Der Treibhauseffekt"*, DVA (1986) und Rororo (1989)

[5] Zusammenstellung der Informationszentrale der Elektrizitätswirtschaft IZE, Inf.blatt 1.31/2.89

[6] wie [5], aber Inf.blatt 1.4/1.85

[7] *"Vorsorge zum Schutz des Klimas"*, eine Dokumentation des Bundesverbandes der deutschen Industrie (BDI), Nov. 1989

[8] K. Heinloth, *"Energieversorgung kontra Klima"*, Physikal. Institut der Universität Bonn, März 1990

[9] D. SPRENG, *"Wieviel Energie braucht die Energie? Energiebilanzen von Energiesystemen"*, Verlag der Fachvereine Zürich (1988)

Die Bedeutung des Ozeans für das irdische Klima

ERNST AUGSTEIN, *Bremerhaven*

Messungen und Modellrechnungen belegen übereinstimmend die qualitativ signifikante Beteiligung des Ozeans an der Entwicklung des Erdklimas. Neuere Untersuchungen stärken die Ansicht, daß insbesondere die thermohalin getriebene Tiefenzirkulation durch relativ schwache Störungen der oberen Randbedingungen im Nordatlantik gravierend verändert werden kann.

Demgemäß verdienen Wechselwirkungen zwischen Ozean und Atmosphäre vor allem über den hydrologischen Zyklus, das Meer- und Schelfeis aber auch durch den Gasaustausch bei der Erforschung des Klimas hohe Beachtung. Erfreulicherweise sind laufende und geplante Vorhaben der internationalen Global-Change-Programme deutlich von dieser Einschätzung geprägt.

1 Einleitung

Die mittel- und langfristigen Änderungen der Umweltbedingungen im Bereich der Erdoberfläche stehen im Zentrum der Arbeiten des "Weltklimaforschungsprogramms (WCRP)" und des "Internationalen Geosphären-Biosphären Programms" (IGBP), die neuerdings beide unter dem Dach "Globale Veränderungen" (Global Change) zusammenwirken (BMFT, 1990). Diese Projekte beruhen auf der in der internationalen Klimaforschung der letzten 20 Jahre gewonnenen Erkenntnis, daß sich langperiodische Schwankungen der atmosphärischen Zustandsgrößen und der Lebensbedingungen auf der Erde stets in einem komplexen physikalisch-chemischen Wechselspiel zwischen der Atmosphäre, den Ozeanen sowie der terrestrischen und marinen Biosphäre vollziehen. Die in diesem gekoppelten System mitwirkenden Mechanismen konnten mittlerweile zwar im wesentlichen analysiert werden, über ihre jeweiligen quantitativen Einflüsse auf das Klima herrschen aber noch große Unsicherheiten. Das gilt auch für die recht augenscheinlichen Abhängigkeiten zwischen Ozean und Atmosphäre, die sich z. B. in den gleichlaufenden Zeitreihen der Wasseroberflächen - und Lufttemperaturen auf der Abbildung 1 widerspiegeln, und zwar aus folgenden Gründen:

- Unsere Vorstellungen über die physikalischen, chemischen und biologischen Prozesse im Weltmeer gründen sich auf räumlich und zeitlich recht grob auflösenden Meßwerten und stark vereinfachten Modellrechnungen. Im Vergleich dazu bilden sowohl die Beobachtungen als auch die numerischen Simulationen des thermodynamischen Zustandes und der Zirkulation der Atmosphäre die Wirklichkeit detaillierter und zuverlässiger ab.

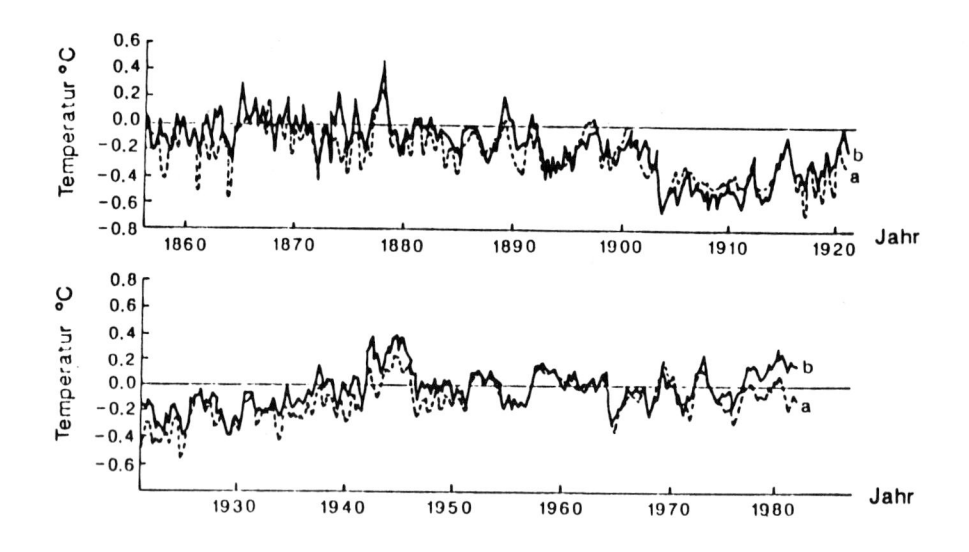

Abbildung 1: *Zeitliche Variationen der globalen Meeresoberflächentemperatur a) und der globalen oberflächennahen maritimen Lufttemperatur b) nach Folland et al (1984).*

- Modellrechnungen des gekoppelten Systems Ozean–Atmosphäre existieren — bis auf wenige Ausnahmen neueren Datums — nur für unterschiedliche Gleichgewichtszustände und nicht für die reale instationäre Entwicklung. Das liegt im wesentlichen an der unzureichenden Formulierung des Impuls-, Wärme- und Stoffaustausches zwischen Wasser und Luft, die schon nach relativ kurzer Integrationszeit unverträgliche Abweichungen des Modellzustandes von der Realität nach sich zieht. Eliminiert man diese Unstimmigkeiten durch Zwangsbedingungen, so lassen sich, wie auf der Abbildung 2 zu sehen, langperiodische Änderungen des Klimas nicht mehr im Modell nachbilden.

- Die heute verfügbaren ozeanischen Meßdaten genügen weder einer zuverlässigen quantitativen Darstellung der ozeanischen Zirkulation und der an sie gebundenen dreidimensionalen Wärme- und Stofftransporte noch einer hinreichenden Überprüfung und Verfeinerung der Modelle.

- Die ozeaninternen physikalischen, noch mehr aber die chemisch-biologischen Prozesse konnten in der Vergangenheit nur mangelhaft erforscht und demgemäß unzureichend in Modellen dargestellt werden.

Folglich sind die weiteren Betrachtungen zur Rolle des Ozeans im Klimasystem im Lichte unseres noch unzulänglichen Grundlagenwissens über eine

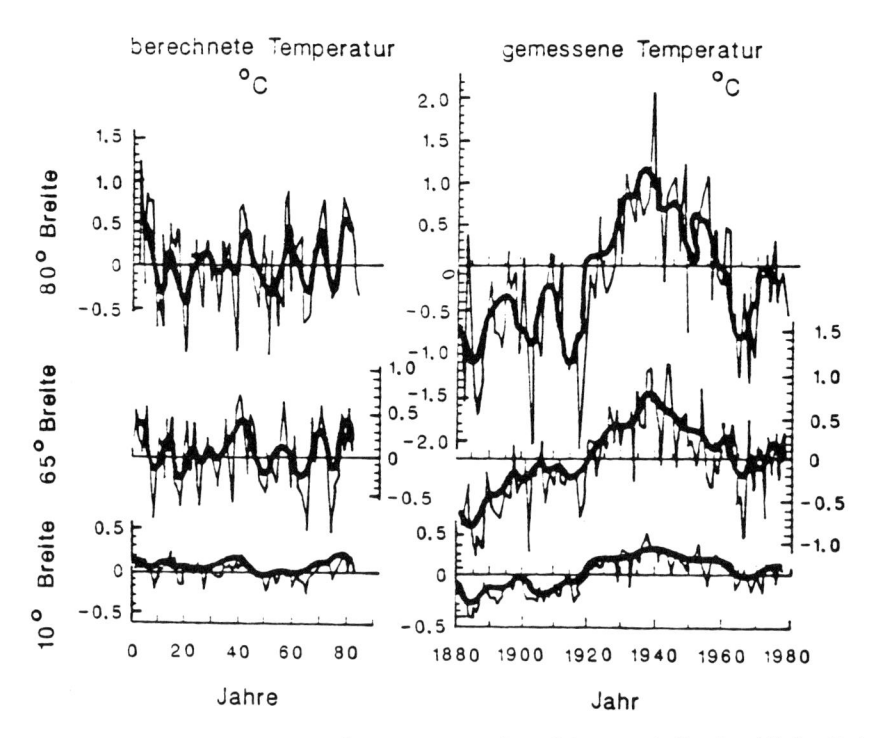

Abbildung 2: *Kurzperiodische (dünne Linien) und langperiodische (dicke Luinien) zonal gemittelte Lufttemperaturschwankungen in verschiedenen Breiten der Nordhemisphäre aus Messungen (rechts) und gekoppelter Ozean- Atmosphärenmmodellrechnung (links). Bei letzteren werden langzeitliche Änderungen durch Vorschriften für den Wärmeaustausch zwischen Wasser und Luft unterdrückt. Nachdruck aus WMO (1990).*

Reihe von Vorgängen im Meer zu werten. Sie beruhen zwangsläufig selbst dann auf überwiegend heuristischen Überlegungen, wenn die aufgezeigten Zusammenhänge gelegentlich schon eine gültige Gesetzmäßigkeit zu belegen scheinen.

2 Wechselwirkungen zwischen Wasser und Luft und die daraus resultierende ozeanische Zirkulation

Der thermodynamische Zustand sowie das Bewegungsfeld der Ozeane und der Atmosphäre werden neben der solaren Einstrahlung nachhaltig durch den

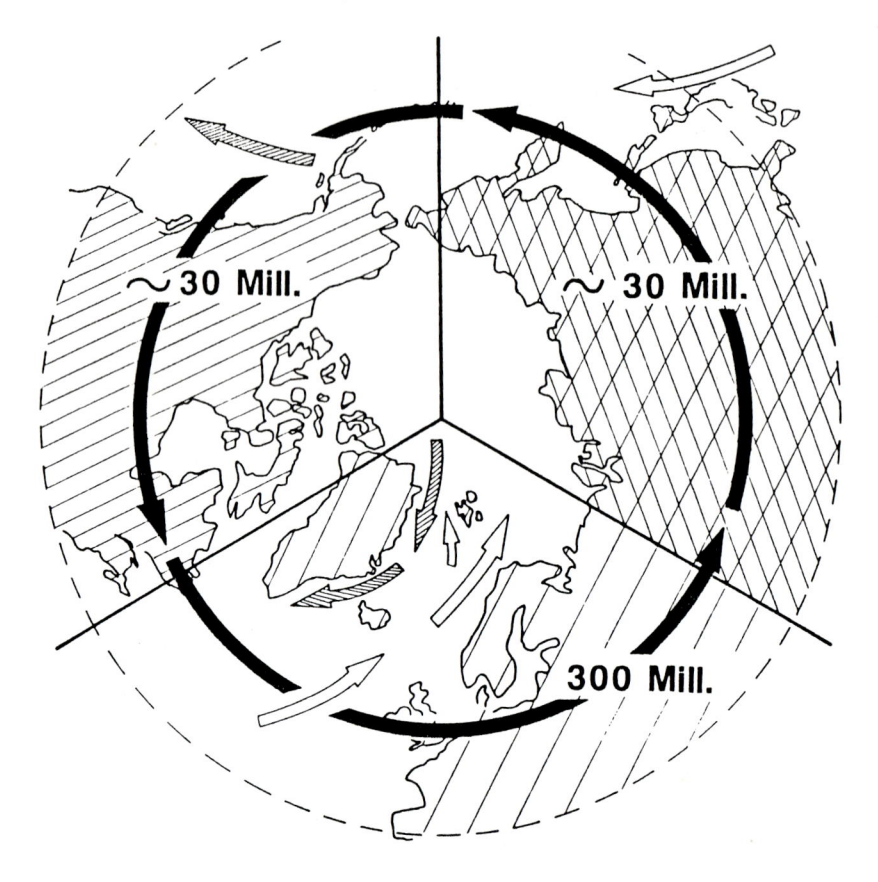

Klima und Lebensbedingungen

Abbildung 3: *Die Lebensbedingungen in drei Sektoren der Nordhalbkugel nördlich von $40°$ N. Schema der mittleren atmosphärischen Zirkulation (volle ringförmige Pfeile), der warmen (offene Pfeile) und kalten (schraffierte Pfeile) Meeresströmungen. Zahlen geben die Einwohner in den Sektoren an (nach W. Krauß, pers. Mitt.).*

Austausch von Impuls, Energie und Stoffen zwischen dem Wasser und der Luft geprägt. Offensichtliche Auswirkungen dieser engen Kopplung zwischen den beiden über die gesamte Erde verteilten Fluiden schlagen sich in spezifischen Charakteristika regionaler Klimaverhältnisse nieder. Die vergleichsweise günstigen Lebensbedingungen Nordeuropas beruhen gemäß der Abbildung 3 überwiegend auf der Erwärmung und der Wasserdampfanreicherung der ostwärts strömenden Luft beim Überqueren des weit nach Norden setzenden warmen Atlantikwassers.

In den anderen beiden Sektoren bestehen keine vergleichbaren klimawirksamen Gegebenheiten. Ebenso markant wirkt sich in den niederen Breiten der Erde die Passatgrundströmung an den Westküsten der Kontinente aus. Sie verursacht als Folge intensiver Ozean-Atmosphären-Wechselwirkungen sowohl extrem aride Küstenstreifen als auch das Aufsteigen kalten, nährstoffreichen Wassers vor den afrikanischen und amerikanischen Kontinenten. Letzteres begründet vor den Küsten eine üppige marin-biologische Produktion mit einem großen Fischreichtum. Mittelfristige Störungen der Passatzirkulation über dem Pazifik wiederum setzen sich über dynamische Kopplungen auf den Ozean fort und verursachen die sogenannten El-Niño-Erscheinungen längs des Äquators und vor der südamerikanischen Küste.

Allgemein gilt, daß die großräumige mittlere Zirkulation der Ozeane durch die Impuls-Übertragung zwischen Luft und Wasser und durch den Energie- und Massenaustausch an der Meeresoberfläche über das daraus resultierende Dichtefeld direkt bzw. indirekt durch die Atmosphäre angetrieben wird (OLBERS, 1988). Weitere Einflüsse auf die Dichteverteilung des Meerwassers üben der Süßwasserzyklus durch atmosphärischen Abtransport von Wasserdampf zu den Kontinenten und die regionalisierten Rücktransporte über die Flüsse aus. Schließlich kann auch die Akkumulation von Niederschlag auf den Landeisschilden und deren Ablation Modifikationen der horizontalen Druckgradienten und folglich der Bewegungen im Meer hervorrufen.

2.1 Die Ozeanzirkulation in mittleren und hohen Breiten

Windschub- und Druckgradientkräfte treiben gegenwärtig gemeinsam großräumige Zirkulationssysteme im Weltmeer an, aus dem — wie in der Abbildung 4 dargestellt — fünf große Wirbel und der Antarktische Zirkumpolarstrom hervorstechen.

Ferner verbinden kleinere Stromsysteme der arktischen und antarktischen Randmeere diese mit den zentralen Ozeanregionen. Die großen beckenfüllenden Wirbel der Subtropen lassen sich unter besonderer Behandlung der westlichen Berandung für das obere Stockwerk der Wassersäule mit guter Näherung durch die sogenannte Sverdruplösung der Bewegungsgleichungen,

$$\int_{-D}^{0} \varrho\, v\, dz = \beta \operatorname{rot}_z \tau_h \qquad (1)$$

beschreiben, die nur auf dem windbedingten Antrieb beruht. In der Gleichung (1) bezeichnen

- $\int_{-D}^{0} \varrho\, v\, dz$ den über die Tiefe D integrierten meridionalen Massenfluß
- β den meridionalen Gradienten des Coriolisparameters f und

◄── Tiefenzirkulation   ◁── Oberflächenzirkulation

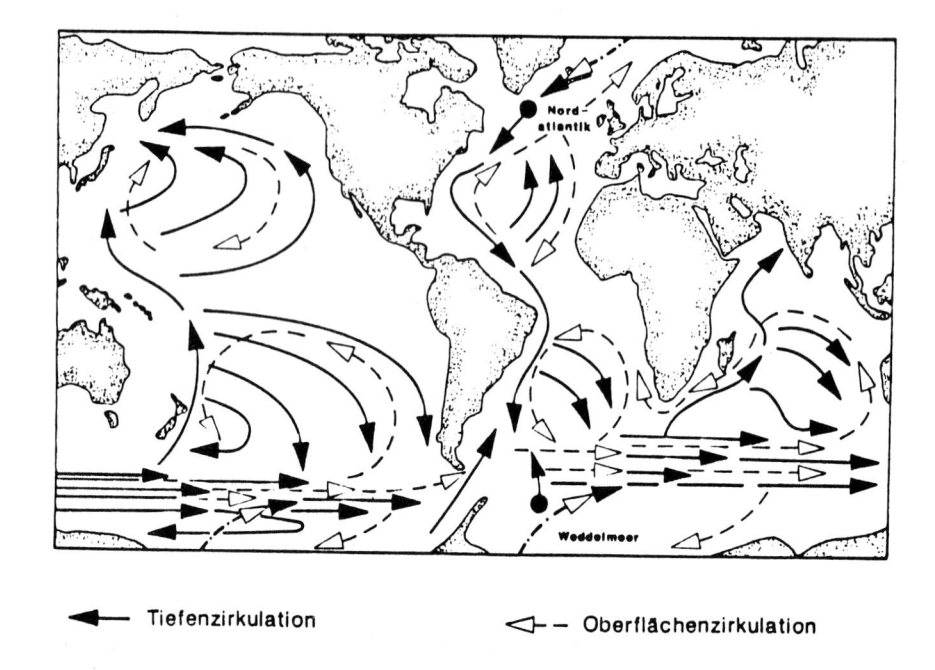

Abbildung 4: *Die großräumige, oberflächennahe, überwiegend warme (gestrichelte Pfeile) und tiefe, überwiegend kalte (ausgezogene Pfeile) Zirkulation des Weltmeeres. Letztere nach G. Veronis (1981). Strichpunktiert: Kaltwassertransporte aus den polaren Breiten. Schwarze Punkte symbolisieren die Regionen der Tiefen- und Bodenwasserbildung.*

– $\mathrm{rot}_z \tau_h$ die vertikale Komponente der Rotation der Windschubspannung an der Meeresoberfläche.

Die der Oberflächenzirkulation in den Wirbeln überwiegend gegenläufige Tiefenzirkulation wird thermohalin, also durch die vertikalen Wärme- und Salzflüsse angeregt. Letztere wird nach STOMMEL (1958) — gemäß der Datstellung von VERONIS (1981) in der Abbildung 4 — im wesentlichen durch die Tiefenwasserproduktion im Nordatlantik mit erheblichen Beiträgen aus der Grönlandsee und durch die Bodenwasserbildung in den antarktischen Becken mit Schwergewicht im Weddellmeer aufrechterhalten. Beide Wassermassen überqueren in unterschiedlichen Stockwerken den Äquator (Abb. 5), bevor sie nach Vermischung mit benachbarten Schichten rezirkulieren. Die Intensität dieser Tiefenzirkulation hängt vorrangig von den Entstehungsraten des Tiefen- und Bodenwassers und damit von den Austauschvorgängen zwischen Wasser

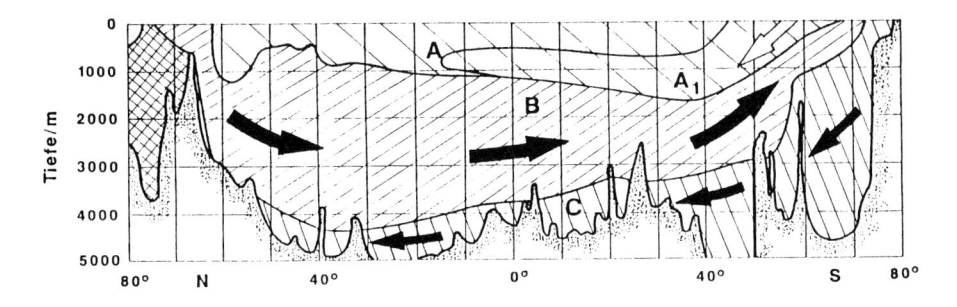

A warme Oberschicht
B kaltes Tiefenwasser
C kaltes Bodenwasser

Abbildung 5: *Vereinfachter meridionaler Tiefenschnitt durch den Atlantik nach Dietrich et al (1975).*

und Luft in den hohen Breiten der Erde ab. Der Antarktische Zirkumpolarstrom, der die drei Ozeane miteinander verbindet, kann mit guter Näherung als ein rein windgetriebenes System dargestellt werden. Allerdings bestätigen neuere numerische Rechnungen von OLBERS und WENZEL (1989), daß die Impulsabgabe des Wassers über topographische Strukturen an den Meeresboden unbedingt einzubeziehen ist, um den Modellmassentransport mit den Messungen in Einklang zu bringen.

Experimente von KRUSE et al. (1990) mit einem horizontal hochauflösenden quasigeotropischen Modell (Maschenweite etwa 20 km), das also Dichtevariationen durch Salz- und Wärmetransporte nicht behandelt, verdeutlichen auf der Abbildung 6, daß die mittlere Strömung von vielen kleinräumigen Wirbelstörungen überlagert ist. Letztere tragen in erster Linie den meridionalen Wärme- und Salzaustausch zwischen den polaren und mittleren Breiten des südlichen Ozeans.

In den mit Meereis bedeckten polaren Ozeanregionen steuern sowohl der Wind als auch das von Gefrier- und Schmelzvorgängen beherrschte Dichtefeld die ozeanischen Strömungen. Diese Behauptung wird unter anderem durch Rechnungen von OLBERS und WÜBBER (pers. Mitt.) mit einem auf den sogenannten primitiven, d. h. auf den vollständigen Gleichungen beruhenden Modell gestützt, wenn man die von ihnen abgeleitete Zirkulation des Weddellwirbels mit und ohne die jährliche Meereisentwicklung auf der Abbildung 7 vergleicht. Durch das Entstehen und Schmelzen des Eises, das sich teilweise an unterschiedlichen Orten vollzieht, wird der Volumentransport des Wirbels im Modell von etwa 10 auf 40 Millionen Kubikmeter pro Sekunde verstärkt.

H6 streamfunction lay.1 [m**2/s]

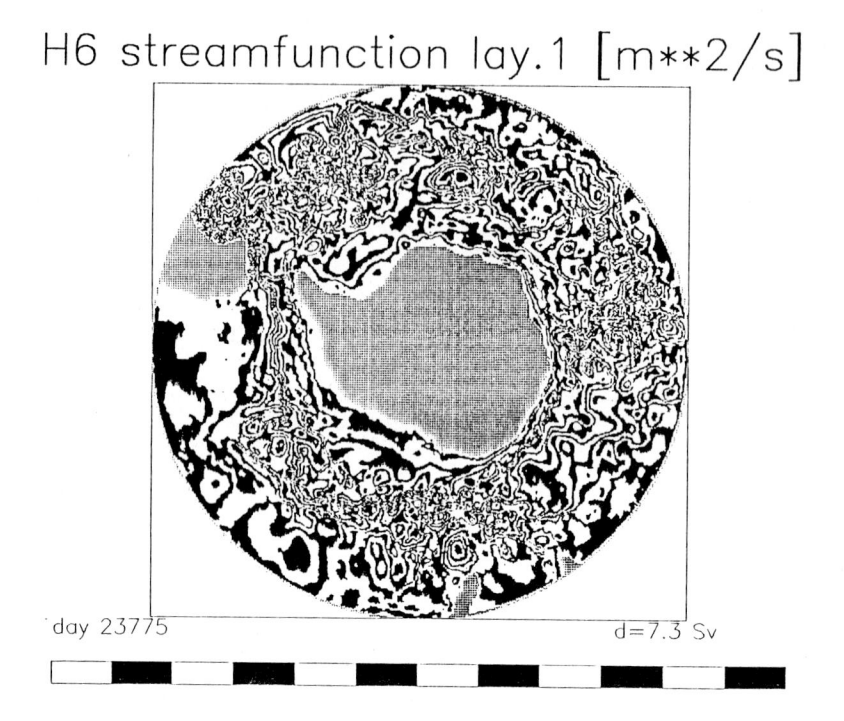

day 23775   d=7.3 Sv

Abbildung 6: *Momentanaufnahme der Verteilung der Stromfunktion in der oberen Schicht des südlichen Ozeans nach Modellrechnungen von Kruse et al (1990). Beim Übergang zwischen schwarz und weiß ändert sich der Volumentransport um $7.3 \cdot 10^6$ Kubikmeter pro Sekunde. Die Verwirbelung in dem die Antarktis umschließenden Wasserring tritt deutlich hervor.*

Die zwar noch unsicheren Beobachtungen sprechen mehr für den letzten Wert und damit für eine beträchtliche Abhängigkeit der Ozeanzirkulation der hohen südlichen Breiten von den Meereiszyklen. Vergleichbare Zusammenhänge — wenn auch durch topographische Gegebenheiten modifiziert — sind ebenfalls für die arktischen Ozeanregionen anzunehmen, sie konnten bisher aber weder aus Beobachtungen noch durch Modelluntersuchungen in ähnlicher Deutlichkeit nachgewiesen werden.

2.2 Äquatoriale Ozean-Atmosphärenkopplungen

Die Ozeanströmungen in der näheren Umgebung des Äquators lassen sich mit der einfachen Sverdrup-Lösung der Bewegungsgleichungen nicht befriedigend beschreiben. Dort spielen neben der mittleren Strömung auch Vorgänge

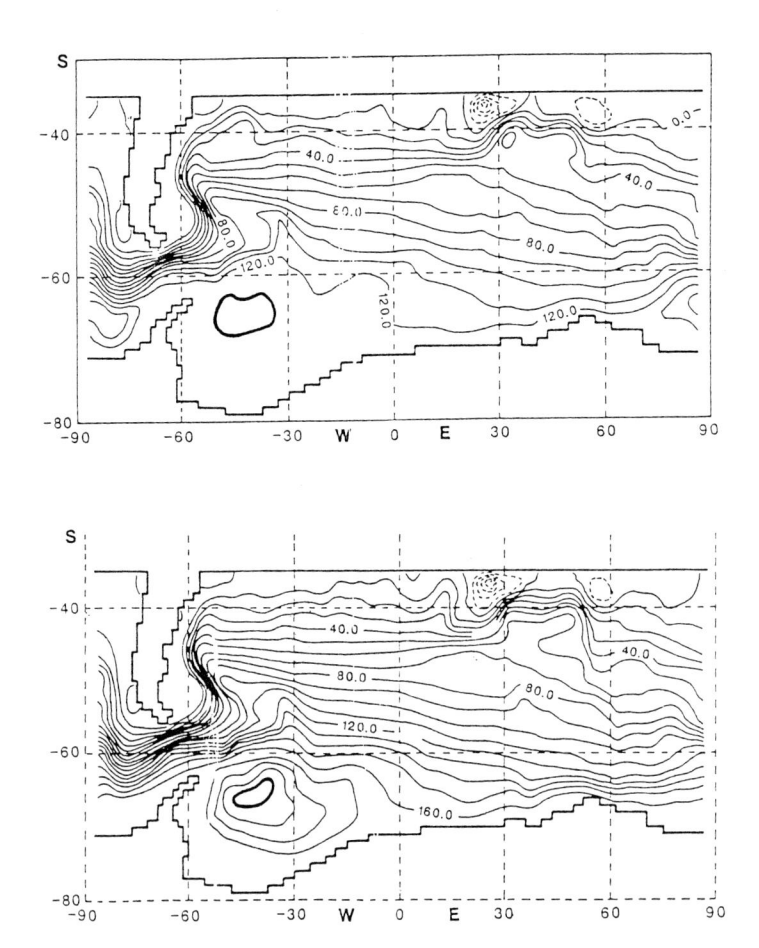

Abbildung 7: *Die vertikal integrierte Zirkulation des südlichen Ozeans im atlantischen Sektor nach Olbers und Wübbers (pers. Mitt.) ohne (oben) und mit Meereis (unten). Die Linien gleichen Volumentransports folgen in Stufen von $10 \cdot 10^6$ Kubikmeter pro Sekunde. Die Zahlen geben die Summe der jeweils nordwärts liegenden Transporte an.*

eine wesentliche Rolle, die z. B. in Form spezieller Wellen (Kelvin- oder Rossbywellen) auftreten. Die Lösung der Bewegungsgleichungen für Kelvinwellen läßt sich angeben als

$$\eta = \exp(-1/2\,\beta\,y2c^{-1})\,F(x-ct) \qquad (2)$$

für die Auslenkung an der Meeresoberfläche,

$$u = g'c-1\exp(-1/2\,\beta\,y^2\,c^{-1})\,F(x-ct) \qquad (3)$$

für die zonale Geschwindigkeitskomponente und,

$$u = 0 \qquad (4)$$

für die meridionale Geschwindigkeitskomponente.

Die Funktion F dient zur Festlegung des Profils der mit der Phasengeschwindigkeit c ostwärts wandernden Welle. Der Parameter g' bezeichnet die Vertikalkomponente der Erdbeschleunigung, die um den vertikalen Dichtesprung im oberen Ozean reduziert ist. Mit x und y werden die Längen- bzw. Breitenkoordinaten bezeichnet. Die Entwicklung von Störungen, die am Äquator geführten Kelvinwellen ähneln, wird in unregelmäßigen Zeitabständen im Pazifischen Ozean beobachtet. Sie läßt sich (Abb. 8) als Folge einer Abschwächung der atmosphärischen bodennahen Passatströmung, vor allem im Westpazifik realistisch durch numerische Modelle simulieren (LATIF 1986).

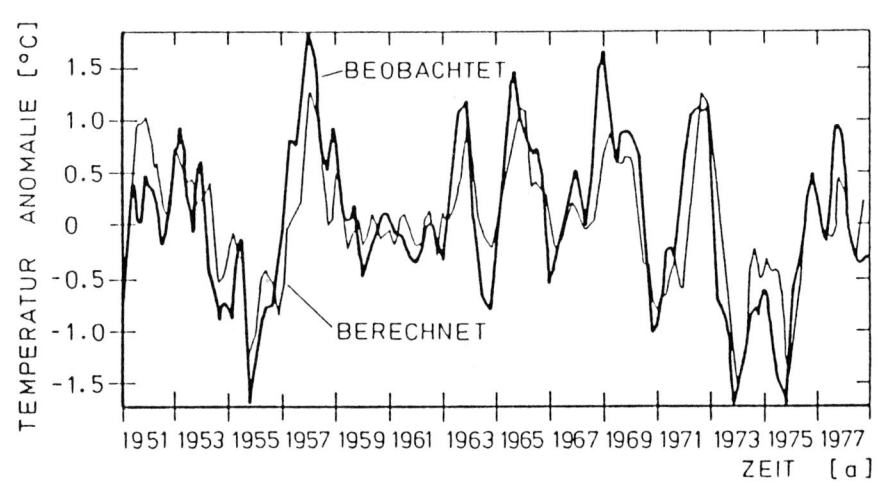

Abbildung 8: *Beobachtete (dicke Linie) und mit einem Modell berechnete (dünne Linie) Variationen der ozeanischen Deckschichttemperatur im äquatorialen Pazifik nach M. Latif (1986): Die El-Niño-Erwährmungen übersteigen den Mittelwert um mehr als 1^0 Celsius.*

Die auf der Abbildung 9 schematisierte Modifikation der Deckschichttiefe und die der — nicht dargestellten — mittleren Strömung entgegengesetzte Wellenbewegung schaffen die Voraussetzungen zur Erwärmung der oberen Schicht des Ozeans, auf deren Details hier nicht eingegangen wird. Diese breitet sich dann, wie auf der Abbildung 10 wiedergegeben, mit der Zeit von Ost nach West aus und bildet das physikalische Signal des sog. El-Niño Phänomens. Im erwärmten Oberflächenwasser vor der südamerikanischen Küste wird die biologische Aktivität und insbesondere das Fischvorkommen stark reduziert. Das geschieht, weil die obere warme, vertiefte Wasserschicht die Dichteschichtung stabilisiert und die vertikale Vermischung abschwächt, so daß die Nähr-

Kelvin Welle

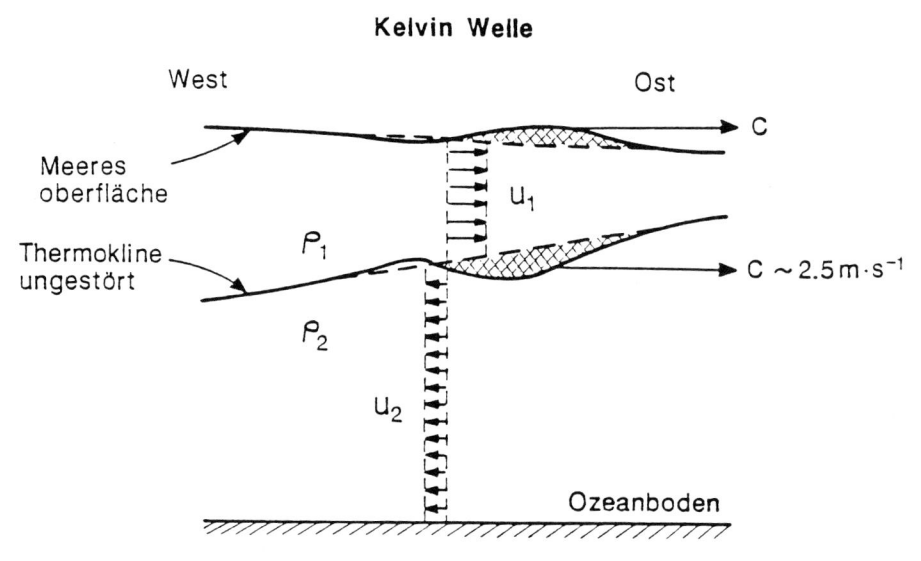

Abbildung 9: *Schematische Darstellung einer äquatorialen Kelvin-Welle und ihre Auswirkung auf die Strömung, sowie die Deckschichttiefe nach L. Mysak (1986). Strömungspfeile markieren die Teilchenverlagerung durch die Welle. ρ_1 und ρ_2 bezeihnen die Dichte oberhalb bzw. unterhalb der Thermokline. c = Phasengeschwindigkeit der Kelvinwelle.*

stoffzufuhr aus tieferen Schichten in die euphotische Zone unterbunden wird. Die Zeitserien der Wasseroberflächentemperatur des zentralen Pazifik und der mittleren troposphärischen Lufttemperatur der Nordhemisphäre auf der Abbildung 11 belegen zum einen die Ozeanerwärmung im Zusammenhang mit El-Niño-Ereignissen (durch Pfeile gekennzeichnet) und zum anderen die daraus resultierende Reaktion der Atmosphäre mit einer Phasenverzögerung von 1/4 der Wellenperiode.

Während die Ozean-Atmosphärenwechselwirkungen in den niederen Breiten nur das obere Stockwerk des Meeres betreffen und daher relativ kurzperiodisch (maximal in einigen Jahren) ablaufen, erfassen die Signale der wesentlichen Austauschvorgänge in den hohen Breiten auch die tieferen Wasserschichten, die sie mit Zeitskalen von Jahrzehnten bis zu Jahrhunderten durchwandern.

2.3 Ozeanische Wärmetransporte

An der Entwicklung des Erdklimas und seiner regionalen Besonderheiten sind die unterschiedlichen Komponenten der Ozeanzirkulation vor allem dadurch beteiligt, daß mit den dreidimensionalen Meeresströmungen Impuls-, Wärme- und Stofftransporte verknüpft sind. Diese können die thermohaline

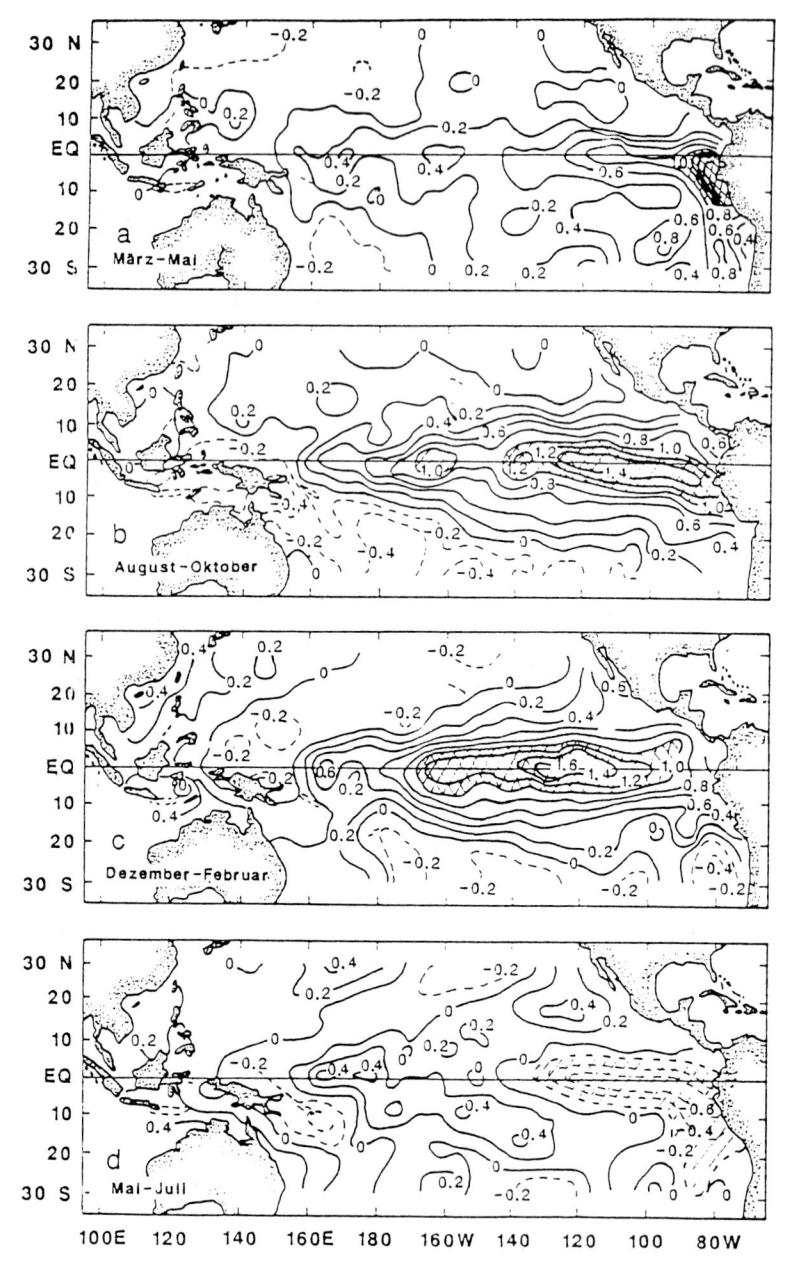

Abbildung 10: *Anomalien der Wasseroberflächentemperatur des Pazifik, gemittelt für sechs El-Niño-Ereignisse. Oben: Beginn der Erwärmung (März bis Mai). Mitte: Ausbreitung der Erwährmung nach Westen (August-Oktober und Dezember bis Juli). Nach Rasmusson und Carpenter (1982). Gerastert: Erwärmung, gestrichelt: Abkühlung.*

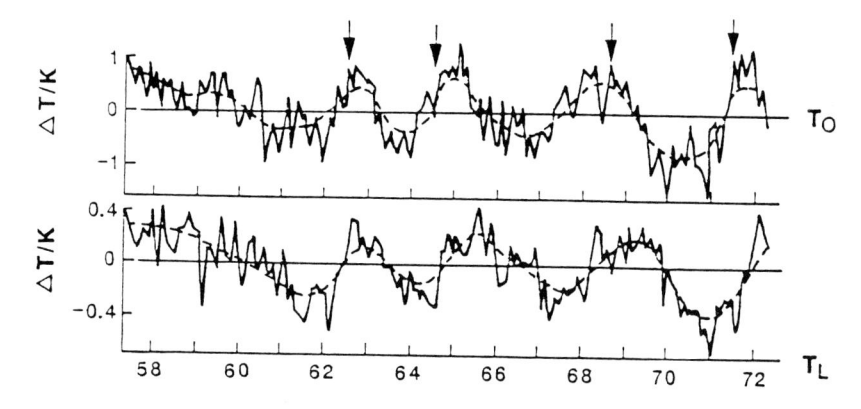

Abbildung 11: *Variationen der mittleren Wasseroberflächentemperatur des zentralen Pazifik (oben) und der Atmosphärentemperartur der Nordhemisphähre von 1958 bis 1972 nach A.H. Oort und M.A.C. Mahler (1985). Die Pfeile bezeichnen El-Niño-Ereignisse.*

Struktur der Ozeane und die Verteilung der Beimengungen des Meerwassers so nachhaltig verändern, daß sich einerseits Folgen für die lokalen Lebensbedingungen in der Wassersäule und am Meeresboden ergeben und andererseits über die Austauschprozesse an der Wasseroberfläche Rückwirkungen auf die Spurenstoffe und den thermodynamischen Zustand der Atmosphäre eintreten. Darum müssen die Ozeanzirkulation und die von ihr getragenen Transporte in Klimamodellen recht genau simuliert werden. Diese Forderung wird u. a. durch einen Vergleich der aus Messungen analysierten atmosphärischen und ozeanischen meridionalen Wärmetransporte auf der Abbildung 12 belegt, die im hemisphärischen Mittel etwa zu gleichen Teilen den Energieausgleich zwischen Äquator und Pol übernehmen. Eine besondere Stellung kommt hierbei dem Atlantik zu, dem der Antarktische Zirkumpolarstrom und der Agulhasstrom Wärme aus dem Pazifischen bzw. Indischen Ozean zuführen. Als Resultat erhält man gemäß der Abbildung 13 einen beträchtlichen transäquatorialen Wärmefluß von der Süd- in die Nordhemisphäre. Demnach ist der Atlantische Ozean gegenüber den anderen Meeresbecken in dreifacher Weise ausgezeichnet, und zwar durch

- die Tiefen- und Bodenwasserbildung in den hohen und polaren Breiten der Nord, bzw. der Südhalbkugel

- die tiefe Verbindung zum zentralen arktischen Becken in der Framstraße und

- den interhemisphärischen Wärmetransport.

Man darf aufgrund dieser Besonderheiten vermuten, daß sich Störungen der ozeanischen Verhältnisse im Atlantik wirkungsvoller als solche andernorts auf das ganze Weltmeer fortsetzen.

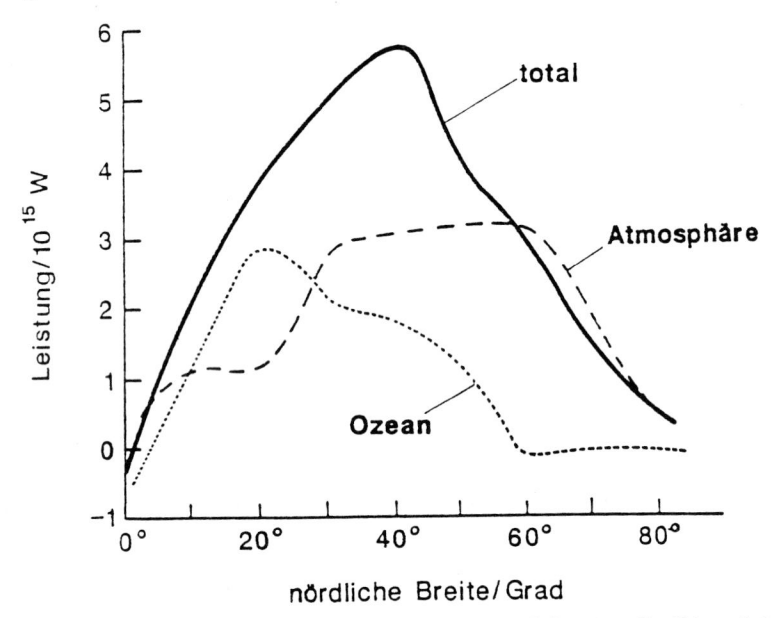

Abbildung 12: *Meridionale Wärmetransporte auf der Nordhalbkugel durch die Atmosphäre (gestrichelt), durch den Ozean (punktiert) und insgesamt (ausgezogen) nach H. A. Oort und T.H. Von der Haar (1976).*

3 Langperiodische Vorgänge im Meer und ihre Modellierung

Langperiodische Schwankungen des Erdklimas und der Meeresströmungen lassen sich für die Vergangenheit u. a. aus Eisbohrkernen und Meeressedimenten ableiten und für die Zukunft mit Hilfe von Modellrechnungen vorhersagen. Letztere sind aber auch zur Aufklärung und zum Verständnis der Klimageschichte notwendig, da die Ablagerungen meistens nur Auskünfte über integrale Effekte veränderter Umweltbedingungen, nicht aber über die sie verursachenden Prozeßabläufe gespeichert haben. Wegen der komplexen Kopplungen im Klimasystem ist es bisweilen schwierig oder gar unmöglich herauszufinden, ob die Paläoklimasignale die Ursache oder die Folge von Klimaänderungen anzeigen.

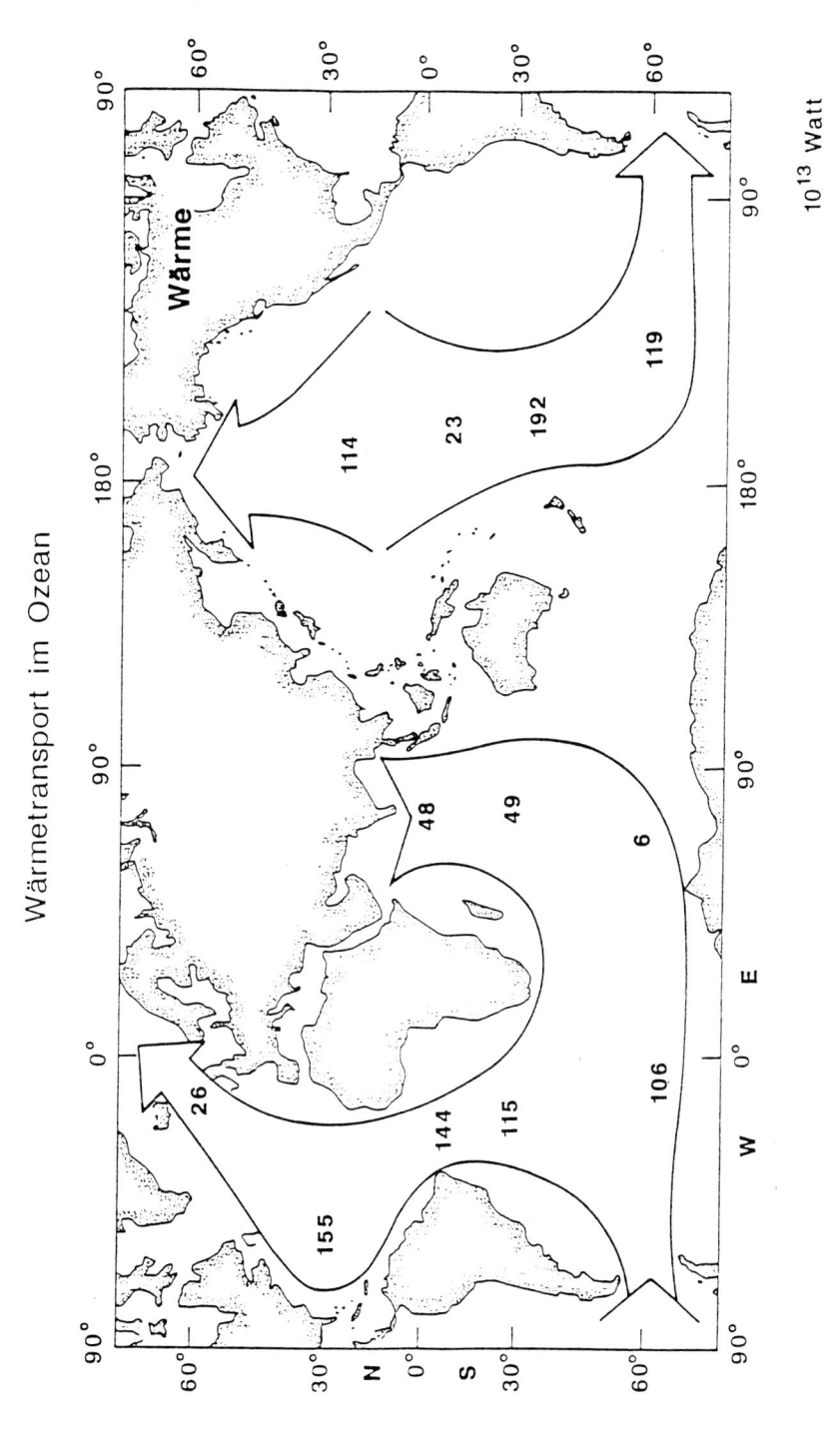

Abbildung 13: *Ozeanische Wärmetransporte in 10^{13} Watt nach H.Stommel (1980).*

3.1 Paläoklimavariationen

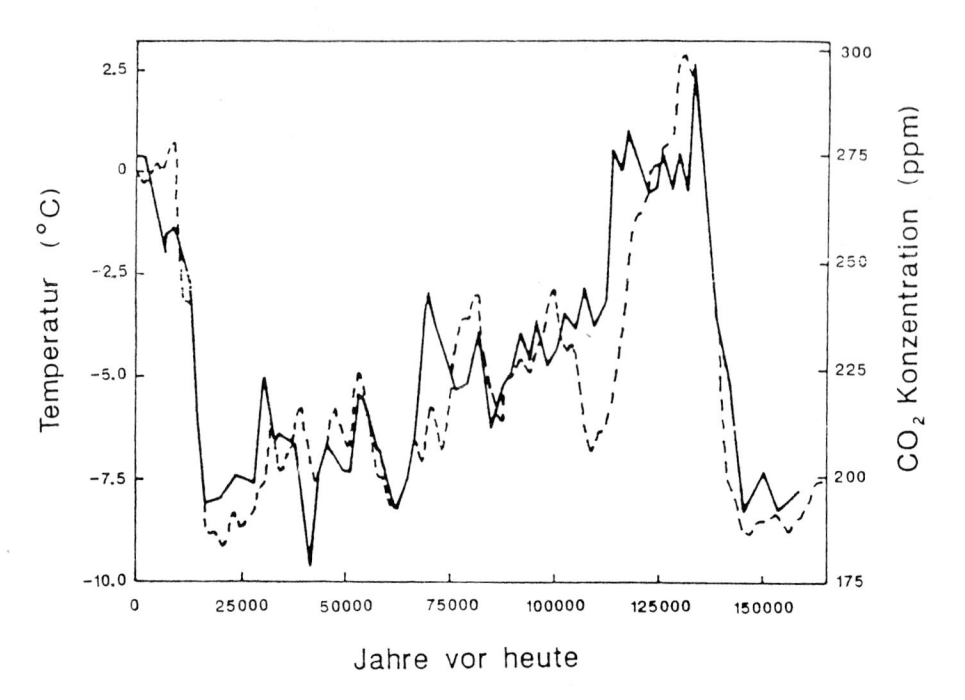

Abbildung 14: *Analysen der Schwankungen der Temperatur aus $^{16/18}O-$ Verhältnis (gestrichelt) und des CO_2 (ausgezogen) im Wostok-Eiskern der Antarktis während der vergangenen 160.000 Jahre nach J.M. Barnola et. al (1987).*

Analysen geologischer und glaziologischer Materialien zeigen signifikante Korrelationen zwischen den Variationen der bodennahen Lufttemperatur und den Schwankungen der Erdbahnparameter (Milankovich-Zyklen) sowie der atmosphärischen Kohlendioxid (CO_2)-Konzentration. Während die mit den Änderungen der Erdbahn verbundenen Schwankungen der von der Erde empfangenen solaren Energie eindeutig Klimavariationen anregen, bleibt zur Zeit offen, ob die gefundenen CO_2-Werte als Ursache oder als Wirkung der mit ihnen einhergehenden Temperaturänderungen zu gelten haben. Nimmt man ersteres an und berechnet die gemeinsame Strahlungswirkung der CO_2-Konzentration und der Milankovich-Zyklen auf die Atmosphäre ohne weitere Kopplungen zu beachten, so findet man für die Phase des Temperaturverlaufs im Wostok-Eiskern (Abb. 14) eine recht gute Übereinstimmung mit den Anregungsmechanismen. Dagegen erreicht die Amplitude der berechneten Temperaturwerte nur etwa 30 % der gemessenen Variationen. Eine genauere Betrachtung der Temperatur- und CO_2-Analysen grönländischer und antarktischer Eiskerne

Die Bedeutung des Ozeans für das irdische Klima 157

(Abb. 15) verdeutlicht, daß neben den ausgeprägten langperiodischen Wechseln von Eis- zu Zwischeneiszeiten auch markante Schwankungen mit kürzeren Perioden, wie z. B. die Alleröd-Jüngere-Dryas-Folge ausgangs der letzten großen Eiszeit (Abb. 16) zu beobachten sind. Auch für diese haben OESCH-

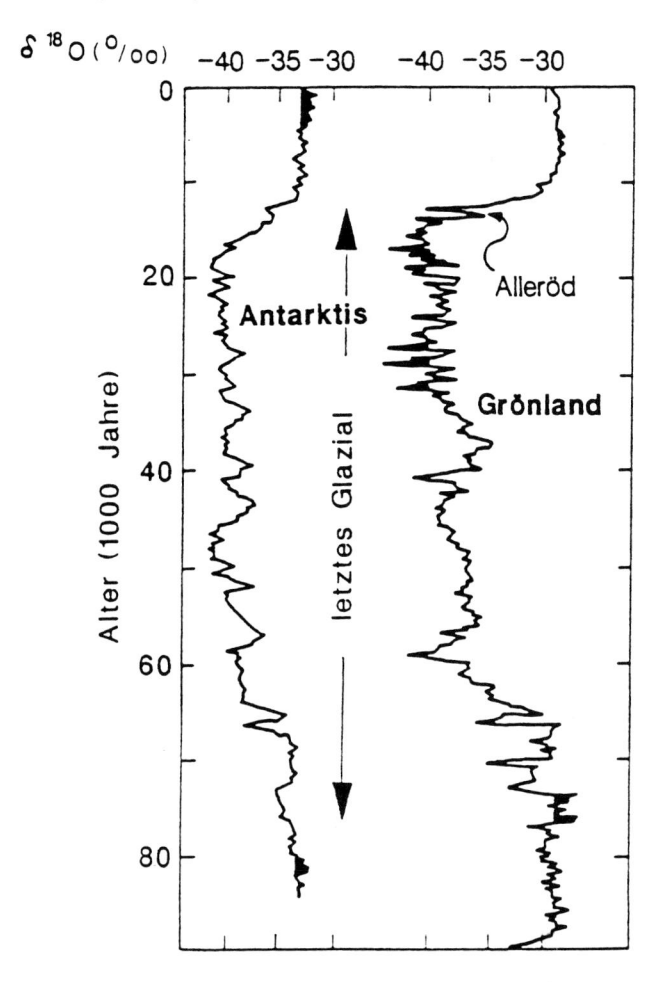

Abbildung 15: *Variationen des Isotopenverhältnisses $^{16}O/^{18}O$ im Eiskern aus Grönland und aus der Antarktis nach H Oeschger und B Stauffer (1986).*

GER et. al . (1983) eine enge Korrelation zwischen der Temperatur und dem CO_2 gefunden. Neuere Rechnungen mit gekoppelten Ozean-Atmosphärenmodellen oder auch mit durch Atmosphärendaten angetriebenen Ozeanmodellen stützen die Ansicht, daß zum einen äußere Anregungen des Systems durch interne Kopplungsmechanismen beträchtlich verstärkt werden können (BRYAN und SPELMAN (1985)) und andererseits drastische Modifikationen der globalen

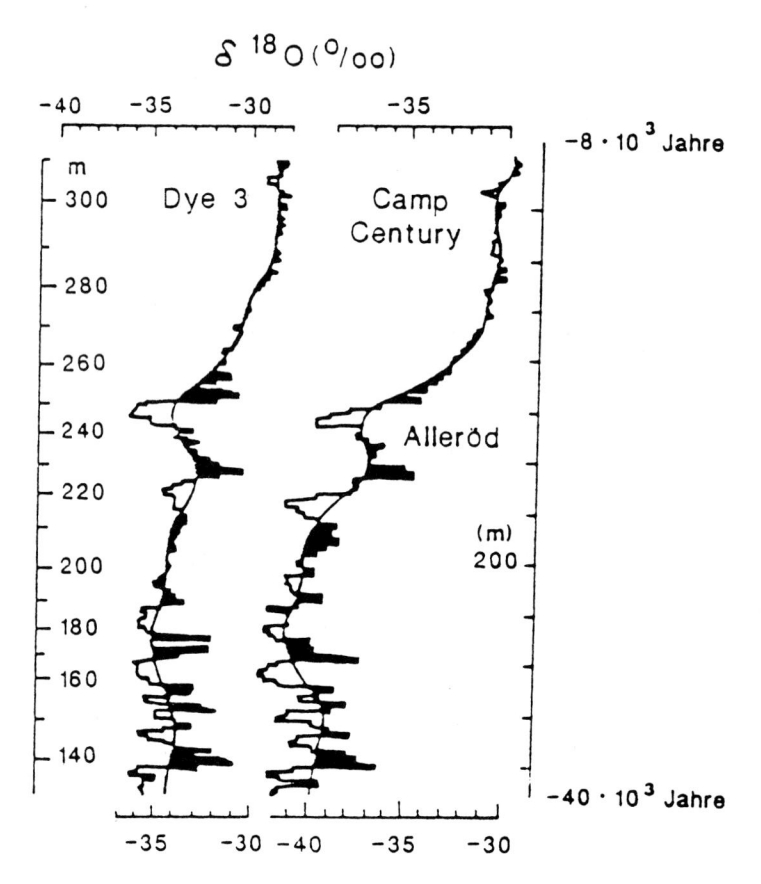

Abbildung 16: *Eine höhere Auflösung der arktischen Einskernanalysen für die Alleröd-Jüngere-Dryas-Periode nach H.Oeschger und B. Stauffer (1986).*

Ozeanzirkulation schon im Laufe von Dekaden möglich sind (MAIER-REIMER und MIKOLAJEWICZ (1989)).

Diese numerischen Experimente weisen auf eine herausgehobene Rolle der ozeanischen Komponente bei derartigen Klimavorgängen hin. Das bisher am besten durch Modellexperimente untersuchte Ereignis ist die oben erwähnte kurzfristige Abkühlung während des Jüngeren-Dryas. Hier finden z. B. MAIER-REIMER und MIKOLAJEWICZ (1989) — ausgehend von einer stabilen Ozeanzirkulation während des Alleröd, die unserer heutigen ähnlich ist — eine kurzfristige, in wenigen hundert Jahren ablaufende Umkehr der Tiefenzirkulation des Atlantik, wenn sie den Schmelzwasserzufluß des St.-Lorenz-Stroms gegenüber heute auf 22.000 Kubikmeter pro Sekunde verdoppeln. Der Vergleich der Meridionalzirkulation des Atlantik (Abb. 17) zwischen dem Ausgangszustand und 200 Jahre nach dem Anwachsen des Süßwasserzuflusses durch den St.-Lorenz-Strom zeigt eine deutliche Abschwächung und in den tieferen Schichten sogar eine Umkehr der Strömung. Durch das modifizierte Bewegungsfeld ändert der meridionale Wärmetransport (Abb. 18) im Südatlantik das Vorzeichen und verringert sich im Nordatlantik auf etwa 20 – 30 %. Experimente mit unterschiedlichen Süßwasserzuflüssen durch den St.-Lorenz-Strom und durch den Mississippi auf der Abbildung 19 zeigen ferner, daß die meridionalen Wärmetransporte des nordhemisphärischen Atlantik bei einer oberflächennahen Süßwasserzunahme in höheren nördlichen Breiten schon nach 20 bis 30 Jahren von dem mit heute vergleichbaren Anfangswert auf einen um 70 % niedrigeren absinken.

Besonders bemerkenswert ist dabei, daß diese Sprünge zwischen zwei unterschiedlichen Gleichgewichten in unerwartet kurzer Zeit nach der Störung eines scheinbar stabilen Ausgangszustandes eintreten. Das Ozeanmodell wurde bei diesen Untersuchungen mit klimatologischen Oberflächendaten angetrieben, so daß mögliche Rückkopplungen auf die Atmosphäre nicht wirksam werden konnten. Wir nehmen jedoch nicht an, daß letztere qualitative Änderungen der obigen Befunde nach sich ziehen würden.

3.2 Die Ozeanzirkulation in Klimamodellen

Die Möglichkeit des Ozeans bei leicht veränderten Randbedingungen unterschiedliche Zirkulationsmuster anzunehmen wird auch von neueren Experimenten mit globalen dreidimensionalen, also recht wirklichkeitsnahen Modellen bestätigt. In einer ausführlichen Untersuchung zeigt MAROTZKE (1990), daß sich die Strömungen des Weltozeans — gesteuert durch einen oberflächennahen Süßwassereintrag in hohen Breiten — auf drei verschiedene Gleichgewichte mit jeweils unterschiedlichen Wärmetransporten einstellen können. Seine Ergebnisse untermauern ebenso wie die von MAIER-REIMER und MIKOLAJEWICZ (1989) die Hypothese, daß Änderungen des Salzgehalts in der oberflächennahen Wasserschicht vor allem des Nordatlantik weitreichende Auswirkungen auf die globale Zirkulation des Weltmeeres zur Folge haben. Dieses geschieht über

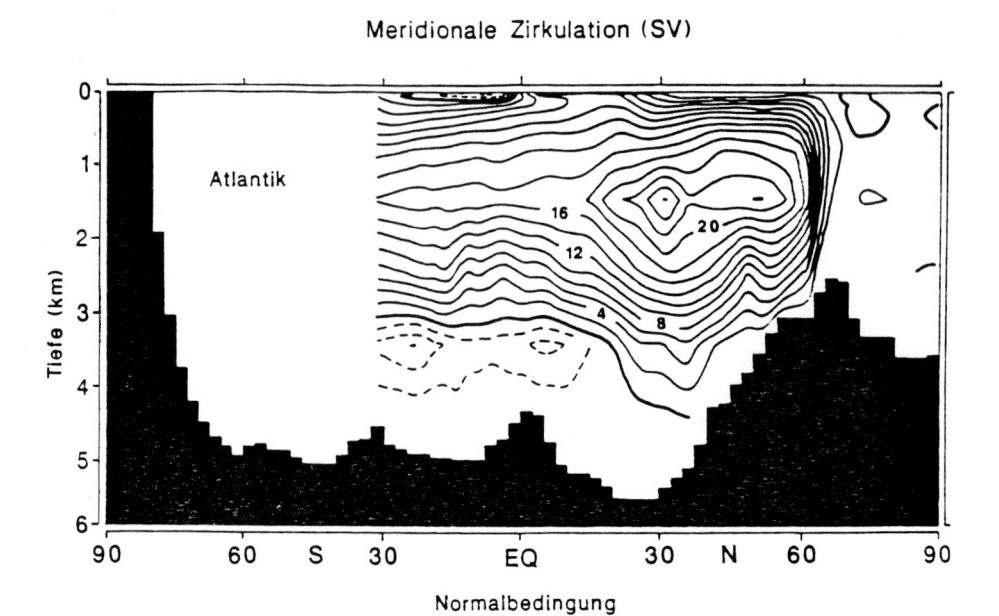

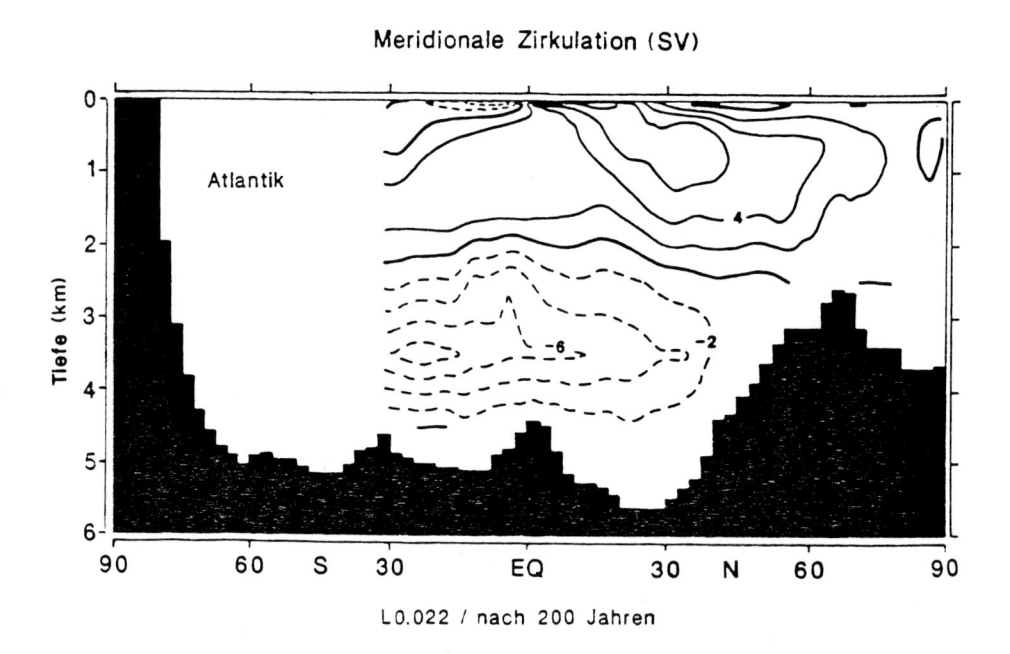

Abbildung 17: *Gemittelte Meridionalzirkulation des Atlantik für die Alleröd- und heutigen Verhältnisse (oben) und 200 Jahre nach Verdoppelung der Süßwasserzufuhr durch den St.-Lorenz-Strom (unten) nach Modellrechnungen von E. Maier-Reimer und K. Mikolajewicz (1989).*

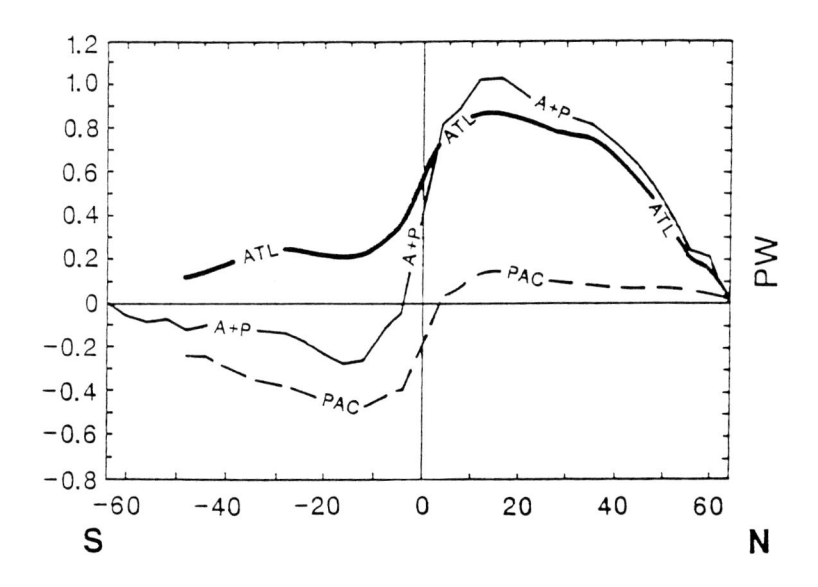

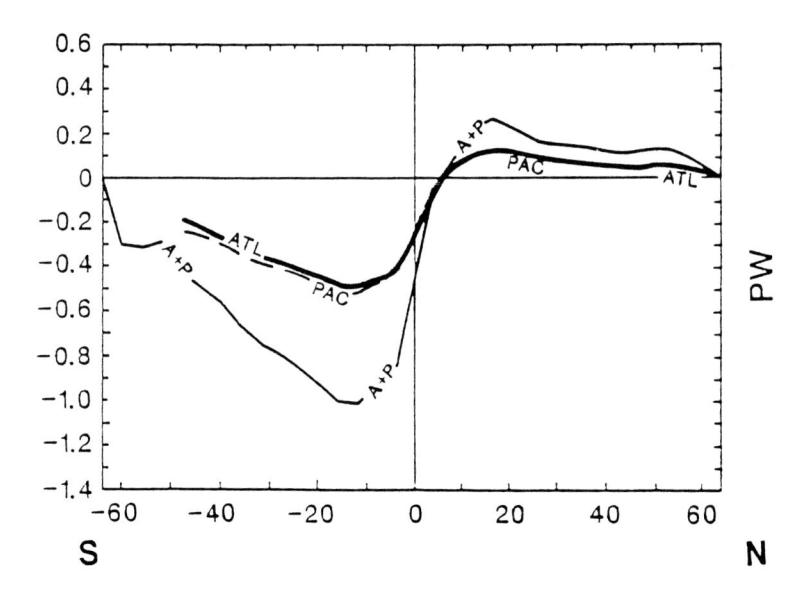

Abbildung 18: *Meridionaler Wärmetransport im Atlantik (ATL), Pazifik (PAC) und in beiden zusammen (A+P) für heutige "Normalbedingungen" (oben) und nach Verdoppelung der Süßwasserzufuhr durch den St.-Lorenz-Strom (unten) nach Modellrechnungen von E. Maier-Reimer und K. Mikolajewicz (1989).*

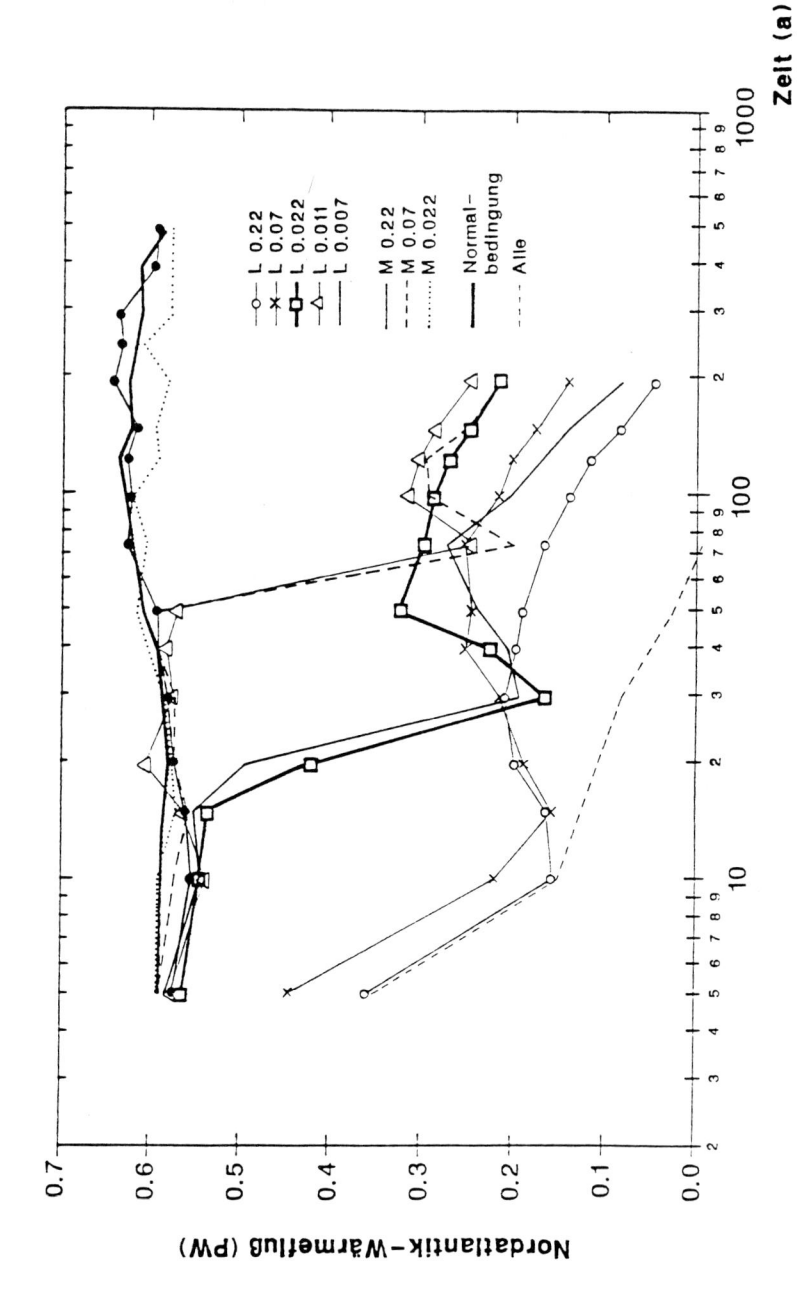

Abbildung 19: *Zeitlicher Verlauf der meridionalen Wärmetransporte im Nordatlantik bei unterschiedlicher Süßwasserzufuhr durch den St.-Lorenz-Strom (L) oder den Missippi (M) nach Modellrechnungen von E. Maier-Reimer und K. Mikolajewicz (1989). Die Zeitskala hat einen logarithmischen Maßstab. Die Wärmetransporte werden in 10^{15} Watt (PW) und der Süßwasserzufluß in 10^6 Kubikmeter pro Sekunde angegeben.*

die dort konzentrierte ständige Bildung von Tiefenwasser durch tiefe konvektive Vermischung. Letztere wird bei erhöhtem Oberflächensalzgehalt angefacht und bei Süßwasserzufuhr unterdrückt. Sie hängt also empfindlich von dem hydrologischen Zyklus ab, zu dem die Verdunstung und der Niederschlag auf See, der Landabfluß von Süßwasser, das Entstehen und Schmelzen von Meereis, die Akkumulation von Niederschlägen auf den Landeisschilden und das Abtauen letzterer gehören.

Die Wassermasse des untersten Stockwerkes der Ozeane, das Bodenwasser, wird nach neueren Erkenntnissen überwiegend durch thermische Wechselwirkungen zwischen dem Wasser des Weddellmeeres und dem Filchner-Ronne Schelfeis im atlantischen Sektor der Antarktis gebildet. Nach Rechnungen von HELLMER und OLBERS (1989) mit einem zweidimensionalen Modell entsteht durch Schmelz- und Anfrierprozesse am Unterrand des Schelfeises (Abb. 20) eine ausgeprägte Zirkulation, die kaltes salzarmes Eisschelfwasser produziert und in das Weddellmeer transportiert. Dieses vermischt sich dort beim Absinken mit dem salzreichen warmen Tiefenwasser zum Antarktischen Bodenwasser, das sich über dem Meeresboden bis in die Nordhemisphäre ausbreitet (Abb. 5). Der direkte Einfluß dieser Wassermasse auf das Klima, z. B. durch seinen Anteil an den meridionalen Wärmetransporten, ist vermutlich gering. Das antarktische Meereis scheint nach neuen Befunden im Gegensatz zu früheren Annahmen keinen bemerkenswerten Beitrag zur tiefen Vermischung und zur Wassermassenmodifikation zu leisten. Endgültige Aussagen zu diesem Prozeß stehen allerdings noch aus.

Besonders unsicher sind die bisherigen Modellrechnungen hinsichtlich des Kohlenstoffzyklus im Ozean. Der Austausch von CO_2 zwischen Wasser und Luft wird vorrangig von der Wassertemperatur geprägt mit dem Ergebnis, daß der Ozean in den kühleren mittleren und höheren Breiten mehr CO_2 aufnimmt, als er in den warmen niederen Breiten an die Atmosphäre abgibt. Nach den vorliegenden Meßungen werden etwa 50 % des anthropogen in die Atmosphäre gelangenden CO_2 vom Ozean mittelfristig akkumuliert. Eine langfristige Bindung des Kohlenstoffs im Ozean ist allerdings nur über Ablagerungen absinkender Biomasse im Sediment möglich. Dieser Prozeß, den man neuerdings als "biologische Pumpe" bezeichnet, ist aber weder durch Beobachtungen noch durch Modellrechnungen hinreichend erforscht. Demzufolge liefern die numerischen Experimente von MAIER-REIMER und HASSELMANN (1987) und BACASTOW und MAIER-REIMER (1990) auch nur vorläufige Hinweise. Ihre Rechnungen mit einem dreidimensionalen Ozeanmodell ergeben einerseits, daß unter Berücksichtigung der biologischen Pumpe zwar eine bessere Übereinstimmung zwischen der beobachteten und der simulierten Kohlenstoffverteilung im Ozean erreicht wird als ohne diesen Effekt. Anderseits reagieren die biologischen Modelltransporte aber nicht auf Änderungen der atmosphärischen CO_2-Konzentration, vermutlich weil die komplexen biologisch-chemischen Reaktionen noch zu stark vereinfacht dargestellt worden sind. Ferner tragen auch erhebliche Unsicherheiten über die Bindung und Freisetzung des Kohlenstoffs

Stromfunktion , (m/s^2)

Potentielle Temperatur , °C

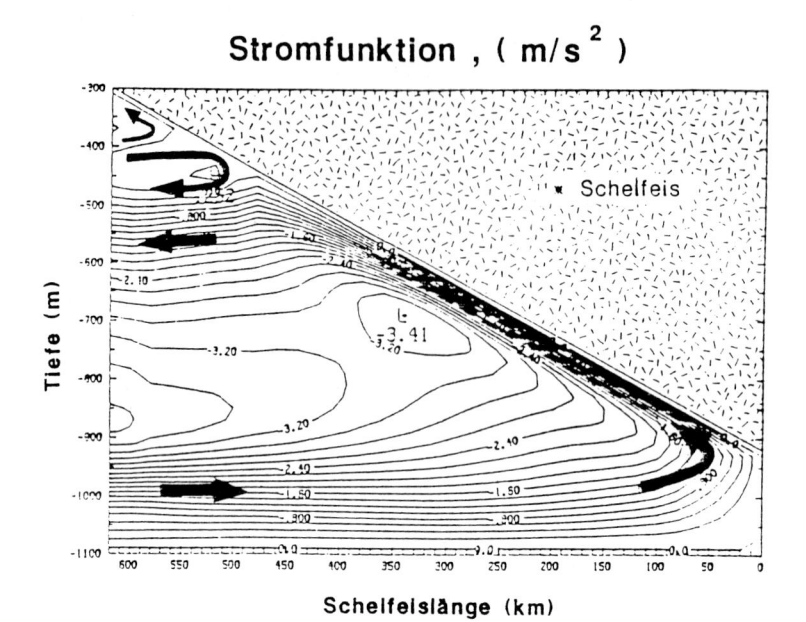

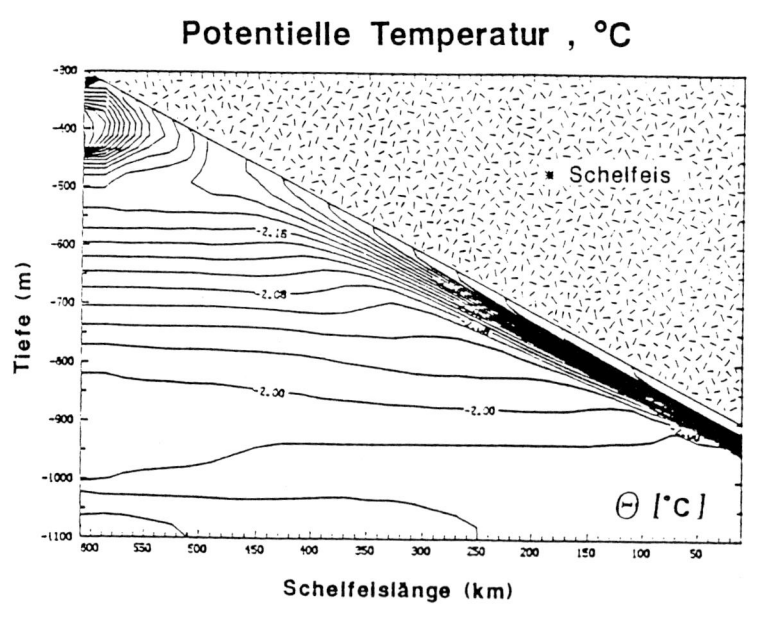

Abbildung 20: *Vertikalschnitt der Stromfunktion (oben) und der potentiellen Temperatur (unten) unter dem Schelfeis auf einer 600 km langen Strecke senkrecht zur Schelfeiskante nach Modellrechnungen von H. Hellmer und D. Olbers (1989) bei vorgeschriebener Salzgehalts- und Temperaturverteilung am linken Rand (Schelfeiskante).*

in der Wassersäule und über die endgültige Sedimentation neben der überschlägigen Parametrisierung der Diffusion zur Vergrößerung der Fehler bei den Modellschätzwerten des ozeanischen Kohlenstoffkreislaufs bei.

4 Schlußfolgerungen und Ausblick

Die Analyse paläoklimatischer Signale in Eisbohrkernen und Sedimenten sowie numerische Emperimente mit unterschiedlichen Klimamodellen liefern überzeugende Hinweise auf die zentrale Bedeutung des Weltmeeres im irdischen Klimasystem. Zur Zeit laufende Szenarienrechnungen am Max-Planck-Institut für Meteorologie in Hamburg bestätigen die Annahme, daß die thermische Trägheit des Ozeans zum einen die in der Atmosphäre angeregten Zustandsänderungen dämpft und zum anderen ihre endgültigen Auswirkungen verzögert. Demnach ist nicht auszuschließen, daß eine heute bereits eingeleitete Treibhauserwärmung erst in 30 – 70 Jahren, entsprechend der hypothetischen Kurve auf der Abbildung 21, fühlbar durchschlägt.

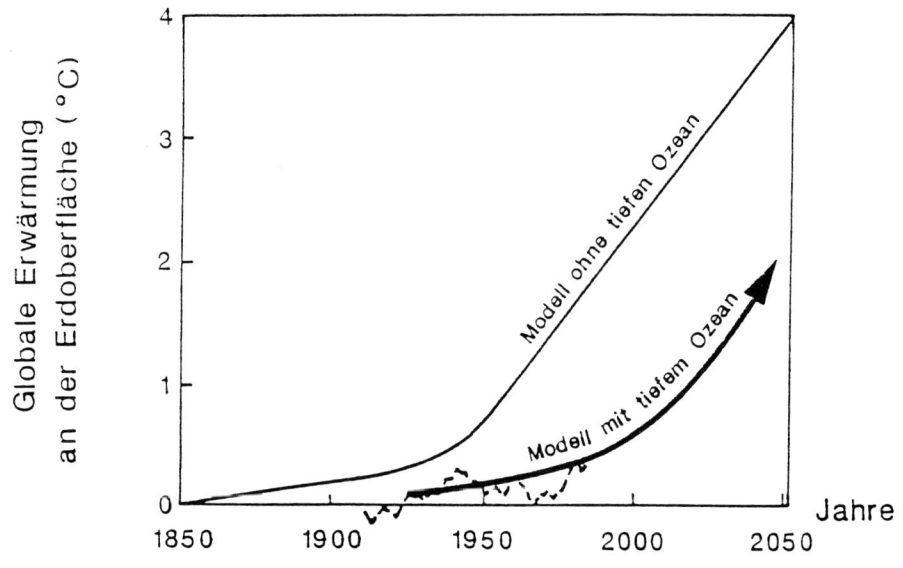

Abbildung 21: *Die bisher gemessene (gestrichelt) und für die Zukunft berechnete (ausgezogen) Erwärmung der Atmosphäre infolge der zunehmenden Treibhausgase. Die dünne Kurve charakterisiert die Verhältnisse ohne und die dicke mit Berücksichtigung der ozeanischen Tiefenzirkulation (Nach P. Morel, pers. Mitt.).*

Besondere Aufmerksamkeit verdient die Erkenntnis, daß die globale Ozeanzirkulation schon bei relativ schwachen regional begrenzten Störungen an der Meeresoberfläche unterschiedliche Gleichgewichtszustände annehmen kann. Derartige Zustandsänderungen lassen sich bereits durch geringe Veränderungen des Süßwasserhaushalts im nördlichen Atlantik, dem Hauptentstehungsgebiet des Tiefenwassers, erreichen. Diese können z.B. dadurch verursacht werden, daß Variationen der Lufttemperatur infolge des Treibhauseffektes Schwankungen der lokalen Differenz von Niederschlag und Verdunstung, der Entstehung und des Schmelzens von Meereis oder der Wasserzuflüsse vom Festland einschließlich der Ablation des Landeises hervorrufen.

Die Kryosphäre beeinflußt aber nicht nur die Bildung des Tiefenwassers im nördlichen Atlantik, sondern steuert über das Schelfeis im südpolaren Weddellmeer auch die Bodenwasserproduktion. Ferner ist das Meereis am Antrieb der großräumigen Zirkulation des südlichen Ozeans signifikant beteiligt.

Die Aufnahme von etwa 50 % der augenblicklichen anthropogenen CO_2-Belastung der Atmosphäre durch den Ozean steht zwar außer Zweifel. Über die Transporte des Kohlenstoffs im Meer und vor allem über seine Bindung im Sediment herrschen aber noch große Unsicherheiten.

Nach heutigem Verständnis sind zuverlässige Vorhersagen über Klimaänderungen nur mit Hilfe der gekoppelten Atmosphären-Ozean-Biosphärenmodelle zu erreichen, die eine detaillierte Darstellung der Hydrosphäre enthalten. Vor einer zufriedenstellenden Behandlung des Ozeans in prognostischen Klimamodellen sind aber noch eine Reihe von Forschungsaufgaben zu lösen. Mit den besonders wichtigen befassen sich die folgenden international betriebenen Projekte des Weltklimaforschungsprogramms und des Internationalen Geosphären-Biosphärenprogramms:

- Das 1990 angelaufene World Ocean Circulation Experiment (WOCE) soll zum einen physikalische Prozeßabläufe im Ozean klären und einen geeigneten globalen Datensatz zum Antrieb und zur Überprüfung von Modellen zusammentragen. Zum anderen sollen eine Reihe von Details in den Ozeanmodellen, vor allem aber die thermische Kopplung mit der Atmosphäre verbessert und die Auflösung des Raumgitters durch den Einsatz neuer Hochleistungsrechner verfeinert werden.

- Die Wassermassenproduktion in den hohen und polaren Breiten wird durch teils laufende und teils geplante Programme der internationalen Polarforschung quantitativ erfaßt und durch Regionalmodelle mathematisch dargestellt.

- Dem Kohlenstoffzyklus im Weltmeer wendet sich unter hervorgehobener Beachtung der biologischen Prozesse die Joint Global Ocean Flux Study (JGOFS) zu, die ihre Arbeit 1989 mit Pilotprojekten im Atlantik aufgenommen hat.

- Eine umfangreiche Untersuchung der ozeanischen Prozesse in den niederen Breiten, insbesondere der El Niño-Ereignisse, aufgrund von Ozean-Atmosphärenwechselwirkungen wurde bereits vor einigen Jahren mit dem Projekt Tropical Ocean Global Atmosphere (TOGA) begonnen.

Alle genannten Programme sind so eingerichtet, daß neben Messungen von Schiffen, Treibkörpern und Bodenverankerungen in großem Umfang auch Satellitendaten genutzt werden sollen. Extrapoliert man die Fortschritte der letzten zwei Jahrzehnte in der Klimaforschung unter Veranschlagung der oben genannten internationalen Programme der nächsten Jahre, so darf man gegen Ende dieses Jahrhunderts deutlich verbesserte Kenntnisse über die globale ozeanische Zirkulation und ihre Auswirkungen auf das Klimasystem erwarten. Auf der damit gefestigten Grundlage lassen sich dann auch verläßlichere Klimaszenarien für die nähere Zukunft rechnen.

Literatur

[1] BACASTOW, R. AND E. MAIER-REIMER (1990): Ocean circulation model of the carbon cycle, Clim. Dyn 4, 95-126

[2] BARNOLA, J. M., D. RAYNAND, Y. ". KOROTKEVICH AND C. LORIUS (1987): Vostok ice core provides a 160.000 year record of atmospheric CO_2. Nature 329, 408-414

[3] BMFT (1990): Global Change, unsere Erde im Wandel. Bundesministerium für Forschung und Technologie, Bonn

[4] BRYAN, K. AND J. M. SPELMANN (1985): The ocean's response to a CO_2-induced warming. J. Geophys. Res. 90, 11679-11688

[5] DIETRICH, G., K. KALLE, W. KRAUSS UND G. SIEDLER (1985): Allgemeine Meereskunde: Eine Einführung in die Ozeanographie, Geb. Borntaeger, Berlin

[6] FOLLAND, C. K., D. E. PARKER AND F. E. KATES (1984): Worldwide marine temperature fluctuations 1856-1981, Nature 310, 670-673

[7] HELLMER, H. AND D. OLBERS (1989): A two-dimensional model for the thermohaline circulation under an ice shelf. Ant. Science 1(4), 325-336

[8] KRUSE, F., A. HENSE, D. OLBERS, J. SCHRÖTER (1990): A quasigeostrophic eddy resolving model of the Antarctic Circumpolar Current: A description of the model and the first experiment. AWI, Ber. aus dem Fachb. Physik, 61pp.

[9] LATIF, M. (1986): El Niño – eine Klimaschwankung wird erforscht. Geogr. Rundschau 38 Nr. 2, 90-95

[10] MAIER-REIMER, E. AND K. HASSELMANN (1987): Transport and storage of CO_2 in the ocean – an organic ocean-circulation carbon cycle model. Clim. Dyn.2, 63-90

[11] MAIER-REIMER, E. AND K. MIKOLAJEWICZ (1989): Experiments with an OGCM on the cause of the Younger Dryas. In: Oceanography, 1988, UNAM Press, Mexico, 87-100 (Ed A. Ayala-Castanares, W. Woorster and A. Yanez-Arancibia)

[12] MAROTZKE, J. (1990): Instabilities and multiple equilibria of the thermohaline circulation. Ber. Inst. Meeresk. Univ. Kiel, Nr. 194, 126pp.

[13] MYSAK, L. (1986): El Niño, Interannual variability and fisheries in the Northeast Pacific. Can. J. Fish. Aquat. Sci 43, 464-497

[14] OESCHGER, H., J. BEER, U. SIEGENTHALER, B. STAUFFER, W. DANSGAARD AND C. C. LANGWAY (1983): Late-glacial climate history from ice cores. In: Climate Processes and Climate Sensivity (Ed. J. E. Hansen and T. Takahashi): Am. Geophys. Un, Monogr. 29, 299-306

[15] OESCHGER, H. AND B. STAUFFER (1986): Review of the history of atmospheric CO_2 recorded in ice cores. In: The changing carbon cycle. (Ed. J. R. Trabalka and D. E. Reichle). Springer, New York, 90-108

[16] OLBERS, D. (1988): Die Rolle des Ozeans für das Klima. Phys. in unserer Zeit 19, Nr. 6, 161-171

[17] OLBERS, D. AND M. WENZEL (1989): Determining diffusivities from hydrographic data by invers methods with application to the Circumpolar Current: In: Modelling the ocean general circulation and geochemical tracer transport. NATO ADI Ser. C, Kluwer Acad. Publ. 284, 95-122 (Ed. J. Willebrand and D. L. T. Anderson)

[18] OORT, A. H. AND T. H. VON DER HAAR (1976): On the observed annual cacle in the ocean-atmosphere heat balance over the Northern hemisphere. J. Phys. Ocean. 6, 781-800

[19] OORT, A. H. AND M. A. C. MAHLER (1985): Observed long term variability in the global surface temperatures of the atmosphere and oceans. In: Coupled Ocean-Atmosphere Models, (Ed. J. C. J. Nihoul), Elsevier, 183-198

[20] RASMUSSON, E. M. AND T. H. CARPENTER (1982): Variations in tropical sea surface temperature and surface wind fields associated with the Southern Oscillation/El Niño, Mon. Weath. Ref. 110, 354-384

[21]   STOMMEL, H. (1980): Asymmetry of interoceanic fresh-water and heat fluxes. Proc. Nat. Acad. Sci. USA Nr. 77, 2377-2381

[22]   STOMMEL, H. (1958): The abyssal circulation, Deep Sea Res. 5, 80-82

[23]   VERONIS, G. (1981): Dynamics of large-scale ocean circulation. In: Evolution of physical oceanography, MIT Press, 140-183 (Ed. B. A. Warren and C. Wunsch)

[24]   WORLD METEOROLOGICAL ORGANIZATION (1990): Global Climate Change, pp. 35 (prepared by Pierre Morel)

Die sozio-ökologischen Auswirkungen des El Niño Ereignisses

HERIBERT FLEER, *Bochum*

Im El Niño Jahr 1982 traten weltweit Klimaanomalien auf, die die Nahrungsmittelproduktion empfindlich in Mitleidenschaft gezogen haben. Schwere, langanhaltende Dürren mit ausgedehnten Waldbränden und schlechten Ernten herrschten nicht nur im Sahel, in Äthiopien und in Somalia, sondern auch in Nordostbrasilien und im asiatischen Teil der Sowjetunion vor. Zur gleichen Zeit verzeichnete auch das nördliche Indien ein verbreitetes Ausbleiben der lebensnotwendigen Monsunregen. Die großen Niederschlagsdefizite wurden durch ungewöhnlich starke Niederschläge in Äquatornähe, insbesondere im südlichen Indien, auf den Philippinen, im westlichen Pazifik und in den Hochländern Südafrikas kompensiert. Die schlechten Ernteerträge infolge von Dürren in ausgedehnten Teilen der dichtbevölkerten Entwicklungsländer stellen zusammen mit der Minderung der Proteinversorgung aus den geringen Fischfangraten eine nicht zu unterschätzende Gefahr für die Welternährungswirtschaft dar.

1 Einleitung

Die globale Getreideproduktion wuchs in den letzten 20 Jahren bisher jedes Jahr um jeweils 2 bis 4 Prozent im Vergleich zum Vorjahr an. Diese Produktionszunahme ist für die Ernährung der wachsenden Weltbevölkerung lebensnotwendig. Nicht weniger als 70 Prozent der gesamten auf der Erde verbrauchten Nahrung beruht auch heute noch auf Getreide in seinen vielen Spielarten. Der Anstieg der Produktionsraten ist nur zum Teil das Ergebnis zusätzlich genutzter Anbauflächen, er rührt hauptsächlich von den modernen (sprich intensiveren) Anbaumethoden.

Ausnahmen in den Steigerungsraten bildeten vor allem die "Schlechtwetterjahre" 1972/73, 1976/77 und 1982/83. Die Weltgetreideproduktion war in diesen Jahren durch das Zusammentreffen verschiedener Zirkulationsanomalien mit negativen Auswirkungen um 6 bis 10 Prozent zurückgegangen. Die in dieser Zeit beobachteten Witterungsanomalien haben gezeigt, daß die menschliche Zivilisation auch heute noch durch länger andauernde Großwetteranomalien in ihrer Nahrungsmittelproduktion verwundbar ist. Die Schlechtwetterperioden verursachten in einigen der großen Kornkammern der Welt eine Verknappung des Angebots und dadurch eine Inflation der Lebensmittelpreise. Hungersnöte in den ärmeren Gebieten der Welt, die es so weit kommen ließen, daß ihre Existenz von Nahrungsmitteleinfuhren abhängt, war die Folge.

Bis in die dreißiger Jahre, waren Nordamerika, Lateinamerika, Osteuropa und die UdSSR, Afrika, Asien, Australien und Neuseeland Netto-Getreide-Exporteure. In den frühen siebziger Jahren wurden alle großen Regionen außer Nordamerika und Australien zu Netto-Importeuren, und zwar auch die Regionen, in denen die großen russischen und indischen Weizenanbaugebiete und die südostasiatischen Reisanbaugebiete liegen. Seit den siebziger Jahren sind die Vereinigten Staaten die einzige wirklich bedeutende Getreideexportregion, wenn auch Australien noch einen gewissen Anteil am Export hat.

Das meiste Getreide wird innerhalb der Regionen verbraucht, in denen es produziert wird, weniger als 10 Prozent gelangen in den Welthandel. Mehr als 90 Prozent dieses interregionalen Handels kommen aus den Überschüssen der nordamerikanischen Ernten.

Obwohl ein großer Teil dieses Exportgetreides gegen Devisen an die osteuropäischen Länder, die UdSSR und Japan verkauft wurde und wird – das heißt an Länder, die gewillt und imstande sind, Lebensmittel einzuführen, um einen höheren Ernährungsstandard zu erreichen –, geht ein bedeutender Anteil der amerikanischen Getreideausfuhren in Länder, in denen Hunderte Millionen Menschen mit dem Existenzminimum auskommen müssen. Ein Absinken der Nahrungsmittelproduktion in Nordamerika oder jede einschneidende Kürzung der Einfuhren aus den getreidereichen Gebieten bedeutet eine zunehmende Unterernährung oder sogar Hungersnot für viele Menschen auf der ganzen Welt.

Was mit schlechter Witterung beginnt, kann unabsehbare Auswirkungen auf das politische und wirtschaftliche Handeln in der heutigen Welt haben, in der (wie in Falle des Wetters) jeder Teil des komplexen Systems mit jedem anderen Teil verbunden ist.

In den Jahren 1972/73, 1976/77 und 1982/83 hatte die sehr unbeständige Witterung eine so weit verbreitete Zunahme des Hungers zur Folge, daß die Welt aufmerksam wurde – zumindest für einige Monate.

Warnungen der Klimatologen, daß solche Ertragsrückgänge mit großer Wahrscheinlichkeit auch in Zukunft zu erwarten sind, wurden und werden von den Politikern und den Vertretern der Industrie angezweifelt und bagatellisiert. Die Pflanzen wollen sich aber einfach nicht, wie die jüngste Vergangenheit zeigt, nach den wiederholten Erklärungen einiger Politiker richten, denen zufolge durch die Verwendung besserer Sorten, durch verbesserte Anbau- und Düngemethoden und die erhöhten Vorteile der Mechanisierung die Abhängigkeit der Ernteerträge vom Wetter so gut wie völlig ausgeschaltet wären.

Was hat El Niño mit der Welternährung zu tun?

Die weltweit gleichzeitig aufgetretenen Witterungsanomalien der nahen Vergangenheit waren zeitlich auffällig eng mit den sog. "Super El Niño Ereignissen" in der äquatorial-pazifischen Trockenzone gekoppelt. Das physikalische

Die sozio-ökologischen Auswirkungen des El Niño Ereignisses

Wind

Oberflächensrömung

Mittlere Strömung in der Ekmanschicht

Windkraft

Mittlere Strömung in der Ekmanschicht

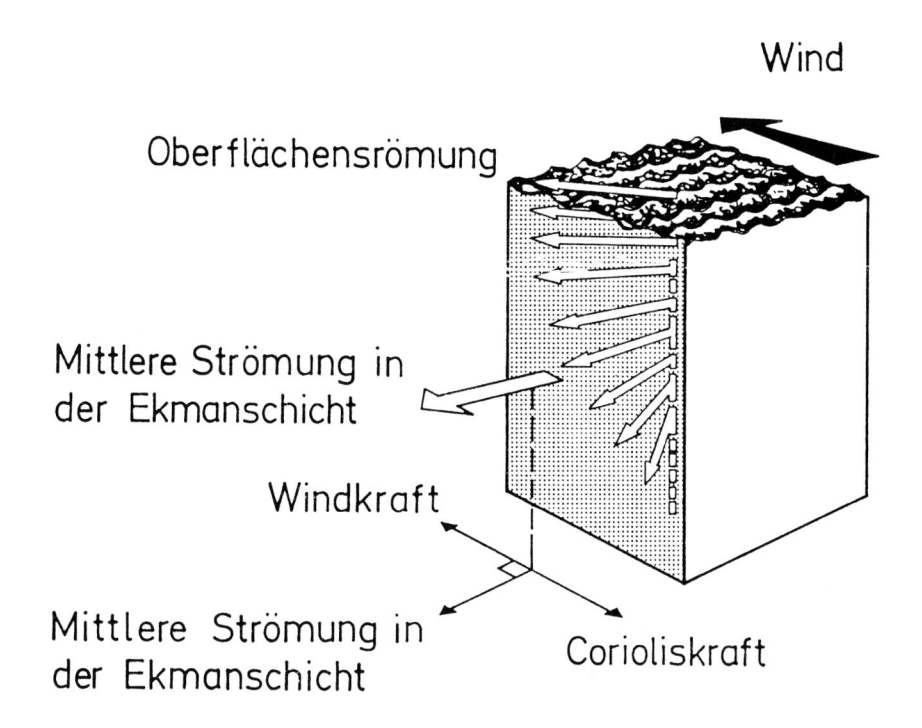

Corioliskraft

Abbildung 1: *Strömung im Ozean durch Windschub*

Verständnis, die Kenntnis der Wechselwirkungsmechanismen dieses ozeanischatmosphärischen Phänomens und dessen Vorhersage ist daher von eminentem wirtschaftlichen Interesse.

2 Klimatische Besonderheiten der äqutorialen Trockenzone

Im Gegensatz zu dem gewöhnlich 26 bis 27 Grad Celsius warmen tropischen Oberflächenwasser werden vor der Westküste Südamerikas (und auch Afrikas) normalerweise nur Wassertemperaturen von 14 bis 20 Grad Celsius beobachtet. Dies hat zwei Ursachen:

- Zum einen existieren mächtige antizyklonale Wirbel in den Ozeanen mit Zentren in den mittleren Breiten, die im Osten kaltes Wasser zum Äquator führen und im Westen warmes Wasser polwärts transportieren. Zum

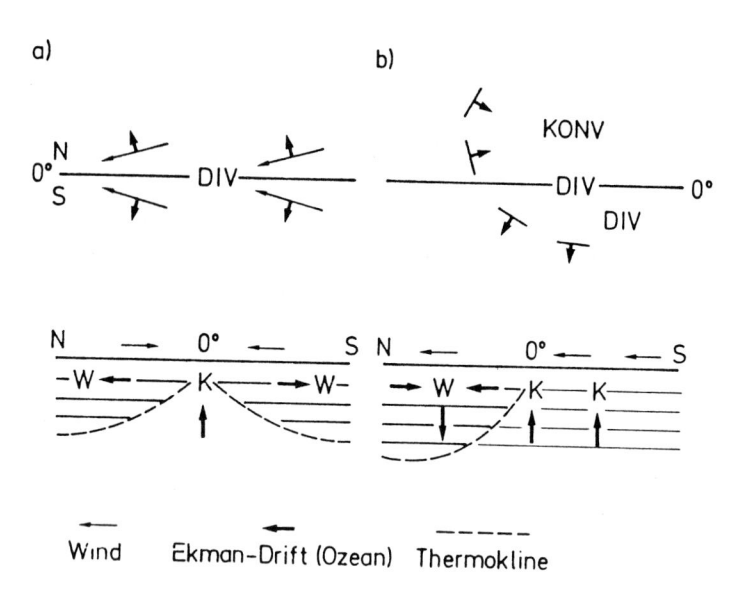

Abbildung 2: *Äquatoriales Strömungsmuster und Aufquellen a) im zentralen Pazifik und b) im östlichen Pazifik*

anderen werden die kalten Meeresströme durch Aufquellen kalten Tiefenwassers verstärkt. Der Aufstrom entsteht durch Strömungskonvergenz an der Meeresoberfläche, die durch die "Ekman-Spirale" im Ozean hervorgerufen wird (Abbildung 1). Die Integration der Ekman-Spirale über die Tiefe ergibt einen wassertransportierenden Triftstrom, der auf der Südhalbkugel etwa 90 Grad nach links von der oberflächennahen Windrichtung abweicht. Auf der Südhalbkugel erfolgt somit vor der Westküste Südamerikas (und Afrikas) ein ablandiger Wassertransport, der die Nachfuhr kalten Tiefenwassers bewirkt (Abbildung 2b).

- Im zentralen Pazifik (und Atlantik), mit nahezu äquatorparallelen Winden, erhalten die Wassermassen der Deckschicht auf der Nordhalbkugel eine nord-, auf der Südhalbkugel eine südwärts gerichtete Komponente (Abbildung 2a). Die dadurch entstehende Divergenz im oberflächennahen Wasser führt zum Aufquellen kalten Tiefenwassers. Die Größenordnung des Aufquellens beträgt ca 0.5 Meter pro Tag, die Abkühlung der Wasseroberfläche ca 0.5 Kelvin pro Tag.

Im Zusammenhang mit dem Jahresgang der Passate und der jahreszeitlichen Verlagerung der Innertropischen Konvergenzzone (ITCZ) weisen sowohl die Meeresströmungen als auch das Aufquellen schwache jahreszeitliche Variationen auf. Im Winter der Nordhalbkugel ist der Südostpassat, der kalte Humboldtstrom und das Aufquellen schwächer ausgeprägt als im Sommer. Während im Juli die Meeresoberflächentemperatur vor der südamerikanischen Westküste im Mittel auf Werte unter 18 Grad Celsius absinkt, werden im Januar Temperaturen über 20 Grad Celsius erreicht.

Das kalte Oberflächenwasser kehrt den Strom fühlbarer Wärme um, d.h. er ist im äquatorialen Pazifik von der Atmosphäre zum Ozean hin gerichtet. Die Luft wird von der Unterlage her abgekühlt und stabilisiert; anstatt zu Regen kommt es über See nur zu flachen Dunst- und Nebelfeldern.

Der Strom latenter Wärme ist über dem Kaltwasser drastisch reduziert, d.h. hier herrscht eine um den Faktor 2 bis 5 verringerte Verdunstung im Vergleich zum westlichen Pazifik vor. Das kalte Wasser verhindert Konvektion, sodaß das Aufquellgebiet auf Satellitenbildern durch eine scharfe Grenze der Bewölkung am Äquator leicht zu erkennen ist.

Das kalte Auftriebswasser ist mitverantwortlich für die Küstenwüsten von Kalifornien, Ecuador und Peru, von Südwestafrika bis Angola, im Sommer auch die Somaliküste und Südarabien bei SW-Winden und für die äquatoriale Trockenzone von der südamerikanischen Westküste bis über die Datumsgrenze hinaus.

3 Anchovis und Guano

Die Folgeerscheinungen des Extremklimas der äquatorial-pazifischen Trockenzone sind weltweit einzigartig. Dazu gehören aus wirtschaftlicher Sicht vor allem der Fischreichtum und die Guanolagerstätten an der Küste Ecuadors und Perus.

Das vor der südamerikanischen Westküste vorherrschende, relativ kalte, sauerstoffreiche Wasser mit Temperaturen unter 20 Grad Celsius ist reich an Nährstoffen, vor allem an Phosphaten und Nitraten. Von ihnen und dem Sonnenlicht leben in der oberflächennahen Wasserschicht das Phyto- und das Zooplankton, die Nahrung der Anchovis (eine ca 14 cm lange Sardellenart). Letztes Glied der Nahrungskette sind Millionen Seevögel, hauptsächlich Kormorane, Pelikane und Tölpelarten. Auf dem Planktonreichtum beruht der ungewöhnliche Fischreichtum, der der peruanischen Anchovis-Fischerei mit über 12 Millionen Tonnen pro Jahr das größte Fangaufkommen der Welt ermöglichte. Die weltweit steigende Nachfrage nach proteinhaltigem Futter für die Tierzucht machte Fischmehl zu einem Exportschlager. Peru deckt allein den halben Weltbedarf an Fischmehl.

Was der Perustrom dem Meer vor der Westküste Südamerikas an Lebensfülle schenkt, behält er dem Festland vor. Obwohl sie in unmittelbarer Nachbarschaft des größten Ozeans und des größten tropischen Regenwaldes liegen, gehören die Atacama Wüste in Chile und die Küstenwüste Perus zu den lebensfeindlichsten Gegenden der Erde. Selbst die Inseln unter dem Äquator, wie z.B. der Galapagos-Archipel, die Weihnachtsinseln und Nauru, von kühlen Meeresströmungen umspült, sind wüstenhaft.

Guano, ein für den Außenhandel und die Entwicklung Perus und einiger äquatorial-pazifischer Inseln sehr wichtiges Weltwirtschaftsprodukt, verdankt sein fast ausschließliches Vorkommen am Westfuß der zentralen Anden und auf einigen Inseln in der äquatorialen Trockenzone den dort herrschenden klimatischen Sonderbedingungen. Maßgebend für die Bildung der Guanolager ist einerseits die sehr große Zahl an Seevögeln, die ihre Exkremente auf den Inseln und Landvorsprüngen über einen Zeitraum von Jahrhunderten als meterdicke Schichten anhäuften, andererseits die Regenarmut der Küste und der äquatorialen Trockenzone. Bei häufigeren und stärkeren Regen würde die Guanoüberkleisterung der Hänge weggespült. Die zunächst zähflüssigen Extremente können nur im Trockenklima zu Guano (einem wertvollen stickstoff- und phosphathaltigen Dünger) verfestigt werden. Der Guano ist damit das charakteristische Kennzeichen einer Küste, an der das lebensreichste Meer an ein sehr regen- und lebensarmes Festland grenzt.

4 Die Walker Zirkulation

Die Passate beider Halbkugeln besitzen in äqutornahen Regionen fast ausschließlich eine zonale Komponente, d.h. sie wehen äquatorparallel und zwar nach Westen. Als dynamische Reaktion des Ozeans auf dieses Windfeld stellt sich im äquatorialen Pazifik ein zonaler Temperaturgradient ein, welcher sich in kaltem Wasser vor der amerikanischen Küste und in warmen Wasser im asiatischen Raum äußert (Abbildung 3 unten). Der erste, der sich zum Klima über dem Pazifik Gedanken machte, war SIR GILBERT WALKER [1]. 1923 beschrieb er eine großräumige Luftzirkulation zwischen dem stationären Tiefdruckgebiet über Südostasien und dem Hochdruckgebiet über dem Südost-Pazifik: die Luft steigt über dem warmen West-Pazifik, über Australien und Südostasien auf und strömt in fünf bis zehn Kilometern Höhe in Richtung Osten. Über dem kalten Wasser vor der südamerikanischen Küste sinkt die Luft wieder ab und strömt dann als Teil der Passatzirkulation nach Westen, wobei sie sich erwärmt und mit Feuchtigkeit anreichert (Abbildung 3 oben). Diese thermisch direkte Zirkulation wird heute zu Ehren ihres Entdeckers Walker-Zirkulation genannt. Antrieb dieser Walker Zirkulation ist der Ost-West-Gegensatz der Wassertemperaturen im Pazifischen Ozean.

5 Die Südliche Oszillation

Luftdruckänderungen innerhalb der Walker-Zirkulation sind voneinander abhängig: die beiden Drucksysteme, das asiatisch-australische Tiefdruck- und

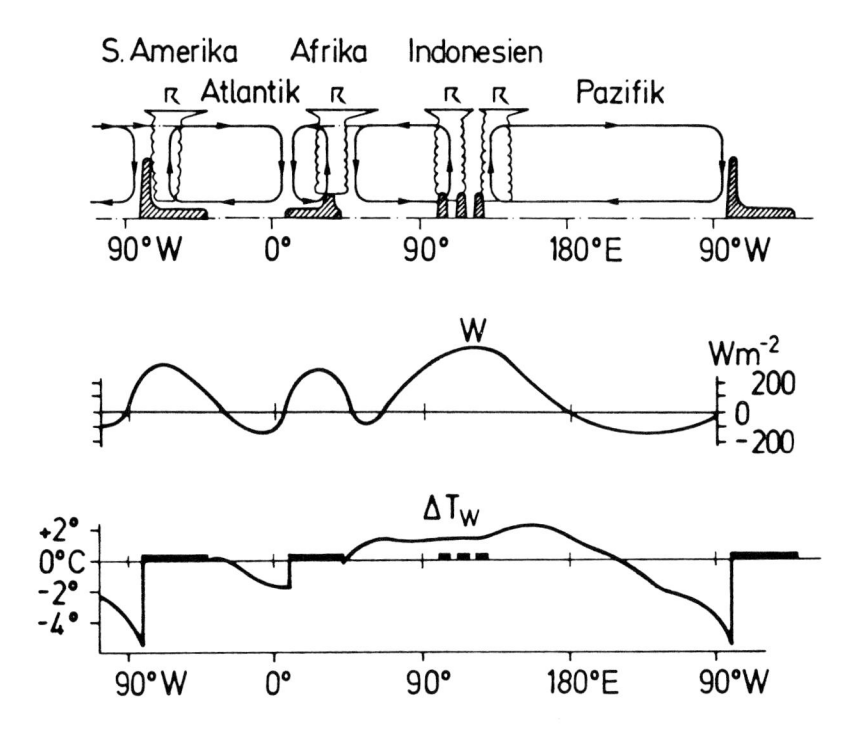

Abbildung 3: *Zonale Walkerzikulation entlang des Äquators (oben), Wärmehaushalt einer Luftsäule (mitte), Abweichung der Wassertemperatur vom Breitenkreismittel (unten) (nach* FLOHN, *1971).*

das südostpazifische Hochdrucksystem verhalten sich immer genau entgegengesetzt. Wenn der Druck über Südostasien z.B. relativ hoch ist, tendiert er im Südostpazifik dazu, niedrig zu sein und umgekehrt. Steigt der Druck im Indonesischen Tief, so fällt er im Pazifischen Hoch, und umgekehrt. Diese Druckwippe, deren Enden über dem Indischen und dem Pazifischen Ozean liegen, wird als Südliche Oszillation bezeichnet. Ein Maß für die Luftdruckdifferenz ist der Südliche Oszillations Index: je größer er ist, desto stärker ist der Luftdruckunterschied zwischen dem Hoch im Osten und dem Tief im Westen des Pazifiks, desto stärker wehen die Passate.

Die Südost-Passate wiederum haben einen entscheidenden Einfluß auf die Wasserbewegung des Ozeans. Normalerweise treiben die Südostpassate das Oberflächenwasser vom südamerikanischen Kontinent weg in Richtung Westen. Im westlichen Pazifik wird warmes Wasser angehäuft und der Meeresspiegel wird um etwa 40 cm angehoben. Zugleich sinkt durch die Warmwasserzufuhr die Thermokline, die Grenze zwischen dem warmen Oberflächenwasser und den darunter liegenden kälteren Wassermassen, auf eine Tiefe von etwa 200 Metern ab. Vor Südamerika, wo der Passat das Oberflächenwasser von der Küste fortschiebt, liegt die Thermokline dicht unter der Oberfläche und nährstoffreiches Wasser dringt aus der Tiefe empor, das die Voraussetzung für eine üppige Vorratskammer für die Fische schafft.

6 Das El Niño-Phänomen

Das Wort El Niño kommt aus der spanischen Sprache und bedeutet soviel wie der Knabe, das Kind. Bereits im vergangenen Jahrhundert wurde von den peruanischen Küstenfischern mit dem Begriff El Niño die alljährlich, etwa zur Weihnachtszeit, vor der ecuadorianisch-peruanischen Küste einsetzende, gewöhnlich im Mai oder April endende, leichte Erwärmung des normalerweise relativ kalten Meerwassers bezeichnet.

El Niño ist den Ozeanographen und Meteorologen seit Jahrzehnten bekannt. Da dies jedoch in einem der am dünnsten besiedeltsten Gebiete der Erde auftritt, stieß das Phänomen nur bei wenigen Forschern auf Interesse. In früheren Studien wurden El Niño-Ereignisse als ozeanische Ereignisse von nur lokaler Bedeutung angesehen, welche lediglich die südamerikanische Küstenregion umfaßten. Dies wäre auch weiter so geblieben, wenn bei seinem Auftreten 1982/83 nicht gleichzeitig auf der ganzen Erde die verheerenden Witterungsanomalien mit ihren katastrophalen Auswirkungen beobachtet worden wären.

Seit den Ereignissen von 1972/73, 1976/77 und besonders 1982/83 erlangte das El Niño Phänomen in der Klimaforschung eine herausragende Rolle. Es gehört in jüngster Zeit zu den aktuellsten Gegenständen der Klimaforschung überhaupt, da es weltweit auf die Witterung Auswirkungen zu haben scheint und den Schlüssel zu genaueren langfristigen Wetterprognosen liefern könnte.

Heute weiß man, daß in Abständen von mehreren Jahren, mitunter eines Jahrzehnts, die alljährliche Erwärmung im Frühjahr mit Werten über 7 Kelvin (normal 1 bis 2 Kelvin) deutlich kräftiger ausfallen kann, die Andauer nicht 2 bis 3 Monate beträgt, sondern bis zu einem Jahr und länger und die räumliche Ausdehnung nicht auf die küstennahen Gewässer beschränkt ist, sondern sich nach Westen bis über die Datumsgrenze hinaus erstreckt. Diese ausgedehnte anomale Erwärmung wird heute von den Wissenschaftlern als (Super) El Niño-Ereignis bezeichnet.

Super El Niño-Ereignisse kehren, wie Wassertemperaturzeitreihen aus dem äquatorialen Pazifik zeigen, in unregelmäßigen Abständen von etwa zwei bis sieben Jahren wieder. In den letzten 100 Jahren sind 11 relativ starke und 10 relativ schwache Super El Niños aufgetreten. Das bisher stärkste in diesem Jahrhundert fand 1982/83 statt, das zweitstärkste 1972/73.

Entsprechende Anomalien auf dem Atlantik sind nicht so verbreitet, ihre wirtschaftlichen Auswirkungen in dem überdicht bevölkerten Nordosten von Brasilien sind aber noch einschneidender. Die inzwischen nachgewiesene, etwa simultane, negative zeitliche Korrelation zwischen beiden Anomaliegebieten ist aber für die Welternährung von außerordentlicher Bedeutung.

7 Der Ablauf eines Komposit El Niño Ereignisses

Ökologen und Klimatologen können inzwischen exakt beschreiben, wie ein Super El Niño abläuft. Der zeitliche Ablauf von El Niño-Ereignissen zeigt eine erstaunliche Übereinstimmung von Ereignis zu Ereignis. Aus monatlich gemittelten Werten des Luftdruckes, der Windgeschwindigkeit, der Windrichtung und der Temperatur der Meeresoberfläche läßt sich ein mittleres (Komposit) El Niño-Ereignis ableiten:

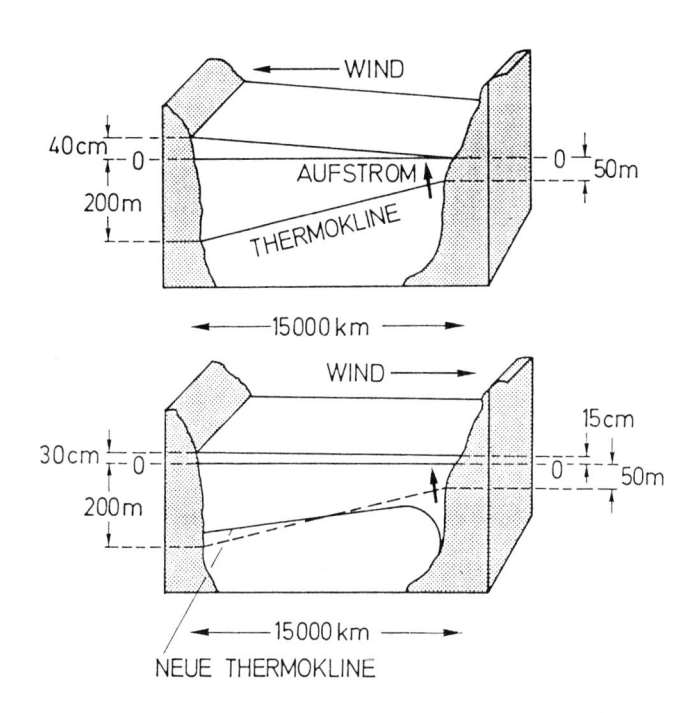

Abbildung 4: *Windrichtung, Meeresoberflächen- und Thermoklinenneigung im äquatorialen Pazifik für Kaltwasser- (oben) und Warmwasserjahre (unten).*

Im Jahr vor dem eigentlichen El Niño findet man i.a. verstärkte Passate und negative Temperaturanomalien, d.h. besonders niedrige Wassertemperaturen (Abbildung 4 oben). Warmwasserereignisse gehen mit einer kleinen Druckdifferenz zwischen dem südostpazifischen Hoch und dem asiatisch-australischen Tief einher. Die Passate ebben ab, die Walker Zirkulation schwächt sich darauf hin ebenfalls ab, bricht zusammen oder dreht sogar ihren Drehsinn um. Das im westlichen Pazifik angestaute warme Wasser flutet nach Osten zurück (Abbildung 4 unten). Das warme Wasser der äquatorialen Gegenströmung dringt aus dem Golf von Panama mehr als 1.000 km südwärts, bis auf die Höhe von Lima, vor. Das warme Wasser strömt dabei nicht nur an, sondern hauptsächlich unter der Meeresoberfläche als Kelvin-Welle entlang des Äquators zurück und erreicht nach 2 bis 3 Monaten die ecuadorianische und peruanische Küste. Sie drücken im östlichen Pazifik die Thermokline nach unten und vor der Küste Südamerikas lagert nun warmes nährstoffarmes Oberflächenwasser.

Ein rapider Anstieg der Wassertemperaturen ist bereits in der zweiten Jahreshälfte zu verzeichnen. Dieser Anstieg setzt sich bis zum Frühjahr des El Niño Jahres fort. Zu diesem Zeitpunkt ist bereits der gesamte tropische Pazifik anomal warm. Diese Erwärmung bleibt etwa bis zum Jahresende bestehen. Das darauf folgende Jahr ist durch einen schnellen Rückgang der Wassertemperatur charakterisiert. Das Temperaturminimum wird dabei etwa im Juni erreicht. Unter Einbeziehung der Anlauf- und Abklingphase dauert ein mittleres El Niño-Ereignis etwa zwei Jahre.

Den Zusammenhang zwischen Walker-Zirkulation in der Atmosphäre und dem El Niño im Ozean erkannte als erster JACOB BJERKENS [2], der hatte die Veränderungen des Luftdruckunterschiedes über den Pazifik mit der Veränderung der Wassertemperatur vor der südamerikanischen Küste verglichen und dabei festgestellt, daß sie in Wechselbeziehung stehen.

Fällt der Südliche Oszillations-Index auf ein Minimum, so erreicht die Wassertemperatur ein Maximum: Es herrschen Niño-Bedingungen. El Niño und Südliche Oszillation werden inzwischen meist in einem Atemzug genannt: ENSO.

Durch die schwachen Südostpassate verschieben sich auch die großen Konvergenzgebiete und damit die großen Niederschlagsgebiete der Tropen. Während der El Niño-Ereignisse liegt die innertropische Konvergenzzone besonders weit südlich, das asiatisch-australische Tief und mit ihm das zugehörige Niederschlagsgebiet verlagern sich nach Osten. Das asiatisch-australische Tiefdrucksystem stellt, infolge der starken Wolkenbildung und des damit verbundenen Freiwerdens latenter Wärme beim Kondensationsprozeß, eine wichtige Antriebsfunktion für die Hadley Zelle und damit für die Allgemeine Zirkulation der Atmosphäre dar. Eine Verlagerung oder Änderung der Intensität hat daher auch Auswirkungen auf die Zirkulation der mittleren Breiten.

8 Schäden durch El Niño-Ereignisse

- 1983 waren durch das Auftreten der warmen Meeresströmung "El Niño", wobei die kalten Wasser des Humboldstromes nicht mehr bis auf die Höhe von Nordperu vordrangen, die Fische der peruanischen Küste ferngeblieben.

- Nach mehr als zwanzig Jahren eines ständigen Aufschwungs des Fischfangs in aller Welt wurde der Sardellenfang in Peru so schwer geschädigt, daß die Gesamterträge des Weltfischfangs deutlich sanken. Die jährliche Anchovis-Fangmenge verringerte sich von mehr als 12 Mill. Tonnen im Rekordjahr 1970 auf weniger als 100.000 im Jahre 1983. Ein völliger Zusammenbruch des wichtigsten Wirtschaftszweiges dieses Landes war die Folge.

- Dies war um so alarmierender, als in diesem Jahren auch die Erträge der überfischten Heringsbestände im Nordatlantik um mehr als 90 Prozent zurückgingen.

- Die Sardellen verschwanden aber (vielleicht) nicht nur auf Grund natürlicher Geschehnisse. Wahrscheinlich war der Einfluß des Menschen ein mitbestimmender Faktor. Wie in der Sahel-Zone, wo ein zu intensives Abweiden in einem empfindlichen Ökosystem die Wirkung einer Trockenperiode verschärfte, könnte ein zu starkes Ausfischen der Gewässer ebenfalls zum Verschwinden der Fischpopulation beigetragen haben.

- Da in Super Niño Jahren vorübergehend das vor der Küste emporkommende kalte, nährstoffreiche Auftriebswasser komplett durch warmes, nährstoffarmes Wasser ersetzt wird, wird dem Plankton und damit den Anchovis die Existenzgrundlage entzogen. Die letzten Glieder in der Nahrungskette, die Seevögel, die Robben und die Menschen müssen hungern. Ein katastrophales Vogelsterben ist die Folge. Drastische Rückgänge in der südamerikanischen Vogeldüngerproduktion und damit schwere Einbußen für die dortigen Volkswirtschaften sind die Folgen.

- Bis in die siebziger Jahre des vorigen Jahrhunderts wurden jährlich etwa 500.000 Tonnen des Naturdüngers Guano nach Europa exportiert. Die fossilen Ablagerungen sind inzwischen erschöpft und es kann nur noch die "laufende Produktion" der Vögel abgebaut werden.

- Im Jahre 1983 sank wegen der Überfischung und der Sonderbedingungen des El Niño Ereignisses die Population der Guanovögel an der südamerikanischen Westküste von ehemals 25 Millionen auf unter 5 Millionen Vögel ab. Als Folge konnten nur noch 10.000 Tonnen Guano abgebaut werden, zwei Jahre früher waren es noch 24.000 Tonnen.

- Auf den Weihnachtsinseln verließen innerhalb weniger Tage 17 Millionen Seevögel ihre Eier und Jungen. Die Folge war der größte Populationszusammenbruch einer Vogelart (14 Millionen Rußseeschwalben), die bisher bekannt geworden ist. Von 19 Vogelarten auf der Insel sind 18 völlig verschwunden.

- Begleitet wurde das El Niño - Phänomen 1982/83 von zahlreichen signifikanten Wetterveränderungen und Naturkatastophen auf dem gesamten Globus, durch das es eine traurige Berühmtheit erlangte. Die Nahrungsmittelproduktion der gesamten Tropenzone wurde durch das Ereignis empfindlich in Mitleidenschaft gezogen, so fiel z.B. in Indien in 15 von 22 Bundesstaaten, d. h. auf über 75% der Fläche des Subkontinents durch einen unzuverlässigen, schwachen Monsun zu wenig des lebensnotwendigen Niederschlages. 174.000 Qudratkilometer Ackerland sind vertrockneten; 260 Millionen Einwohner litten unter der Dürre; für 1,5 Milliarden DM mußte Weizen importiert werden.

- Auf dem afrikanischen Kontinent waren vor allem Südafrika, Botswana, Mocambique, Namibia, Swasiland, Simbabwe, Sambia und die Sahelgebiete von einer Dürre betroffen. In Südafrika herrschte die schlimmste Dürre seit 2 Jahrhunderten; die Getreideernte betrug nur ein Drittel der Ernte des Jahres 1981.

- In Kalifornien hatte sich dagegen die jährliche Niederschlagsumme im Vergleich zum Durchschnitt verdreifacht. Die Westküste litt unter starker Zerstörung durch Tornados.

- In Utah trat im September 1982 ein Jahrhundertsturm mit starken Regenfällen und im Mai 1983 ungewöhnliche Überschwemmungen und Schlammlawinen auf.

- In New York wüteten in den ersten Maiwochen 1983 vierzehn Tornados; in Texas sogar über 500 in wenigen Monaten.

- In Mississippi waren 2.400 Quadratkilometer Land überschwemmt. Getreide im Wert von ca 780 Mill. DM verdarb.

- Am schlimmsten aber war Südamerika betroffen.

- Im südlichen Brasilien gingen durch Überschwemmungen ein fünftel der Soja- und Reisernte verloren; mehr als 50 Todesopfer waren zu beklagen. Im Nordosten Brasilens herrschte extreme Dürre.

- In Ecuador und im nördlichen Peru hatten sintflutartige Niederschläge, Stein- und Schlammlawinen ausgelöst, die Straßen, Eisenbahnlinien und Ortschaften von der Landkarte löschten. In Guayaquil fiel z.B. im Januar 614 mm Niederschlag (normal 214 mm); 32.000 ha Ackerland standen unter Wasser.

- In Lima fielen in den ersten fünf Monaten des Jahres 1983 insgesamt 3.000 mm Niederschlag (zum Vergleich: in den 7 Jahren zuvor insgesamt 297 mm); in der Provinz Piura wurden 80 Prozent der Getreideernte vernichtet; der Pan American Highway teilweise zerstört; geschätzter Gesamtsachschaden mindestens 2.7 Milliarden DM.

- Im südliches Peru herrschte extreme Dürre, 80 Prozent der Ernte gingen verloren;

- In Bolivien traten in Oriente, in den Regionen Santa Cruz und Beni ständige Überschwemmungen auf; über 100 Todesopfern. Gesamtsachschaden über 250 Millionen DM.

- In Argentinien waren sechs Provinzen von extremen Hochwassern betroffen; 200.000 Quadratkilometer (5mal die Fläche der Schweiz) waren überschwemmt.

- Auch die Niederschläge auf den einsamen Inseln des äquatorialen Pazifik schwanken in Abhängigkeit von Kaltwasser- (El Niña) und Warmwasserjahren (El Niño) enorm. Auf S. Cristobal/Galapagos z.B. zwischen 15 und 1200 mm und auf der reichen Phosphatinsel Nauru 11000 km weiter westlich im gleichen Rhythmus zwischen 300 und über 5300 mm.

- Im Ostteil Australiens herrschte 1982/83 die schlimmste Dürre seit Menschengedenken; Regen blieb im Juni 1982 in Neusüdwales, Zentral- und Südwest- Queensland und im nördlichen Victoria aus; im August 1982 erreichte die Dürre Südaustralien, Tasmanien und das nördliche Queensland mit verheerenden Sandstürmen, die einen Großteil des ausgetrockneten Mutterbodens wegtrugen; das Wasser in Melbourne mußte rationiert werden, 60 Prozent der landwirtschaftlich genutzten Fläche Australiens, 64 Prozent von insgesamt 137 Mill. Schafen und 60 Prozent von insgesamt 24 Millionen Rindern waren von der Dürre betroffen; Gesamtschaden ca. 1 Milliarde DM;

- Auf den Philippinen herrschte, außer in den nördlichen Landesteilen extreme Dürre; 55.700 Qudratkilometer Anbaufläche für Reis und Getreide wurden unbrauchbar.

- In den südlichen Provinzen Guangdong und Fujian in China kam es zu gewaltigen Überschwemmungen. In 16 Provinzen richteten Hagelstürme schwere Schäden an.

Die Liste der Katastrophen ließe sich beliebig fortsetzen. Bemerkenswert ist, daß auch während des zweitstärksten El Niño Ereignisses in diesem Jahrhundert im Jahre 1972/73 eine ähnliche Verteilung der Witterungsanomalien beobachtet wurde.

Eine statistische Analyse der Niederschlagszeitreihen aus der ganzen Welt zeigt [3], das sich während aller bisherigen El Niño Ereignisse ein ganz bestimmtes globales Niederschlagsmuster mit Überschuß- und Defizit-Gebieten eingestellt hat. Es entspricht weitgehend dem Muster von 1982/83.

Vom Standpunkt des Klimatologen aus ist es ein unverantwortlicher Leichtsinn, mit einem Anhalten der ungewöhnlich günstigen Ertragsbedingungen der letzten Jahrzehnte zu rechnen. Das gilt um so mehr, als die neuen Züchtungen und "Wundersorten", denen wir einen wesentlichen Teil des Produktionsanstiegs der letzten Jahre verdanken, höhere Ansprüche an das Klima, besonders an den Wasserhaushalt, stellen und deshalb besonders empfindlich auf die naturgegebene Variabilität reagieren.

9 Sind El Niño Ereignisse vorhersagbar?

Es ist unwahrscheinlich, daß Menschen jemals etwas gegen das El Niño-Phänomen unternehmen können. Dieser Prozeß erfaßt letztlich den gesamten Erdball. Berechtigte Hoffnungen bestehen lediglich, daß es gelingen wird, diese Umstürze exakter vorhersagen zu können, so daß wir uns gegen die Auswirkungen schützen können [4].

Ein erfolgversprechender Vorbote für einen sich anbahnenden El Niño schienen, nach der Analyse eines mittleren El Niños, die Passatwinde zu sein. Nach dem Passat-Modell, das WYRTKI [5] in den siebziger Jahren entwickelte, kündigt sich die warme Meeresströmung durch verstärkte Passate an. Diese stauen vermehrt das warme Oberflächenwasser im Westen des Pazifischen Ozeans auf. Sobald der Index sinkt und damit die Winde abflauen, schwappt das Wasser zurück bis an die südamerikanische Küste.

Diese Theorie erwies sich als wenig zuverlässig für die Prognose: Der stärkste El Niño des Jahrhunderts, der im Winter 1982/83 zu weltweiten Wetteranomalien führte, hatte sich nicht durch auffrischende Passate angekündigt.

Die Analyse der Zeitreihen der pazifischen Wassertemperatur und des Luftdruckes zeigt, daß, wenn das Thermometer in den südamerikanischen Küstengewässern auf Höchstwerte klettert, der Südliche Oszillations Index auf Tiefstwerte sinkt. Durchschnittlich ein bis zwei Jahre später sinkt die Wassertemperatur auf ein Minimum, einige Kelvin unter dem Normalwert. Der Südliche Oszillations Index erreicht sein Maximum, La Niña Bedingungen.

La Niña, das kleine Mädchen, ist die kalte Schwester des Niño. Gekoppelt mit kräftigen Passaten sorgt sie zwischen den El Niño Jahren für besonders kühles und nährstoffreiches Wasser vor der peruanischen Küste.

Diese Korrelation liefert nur den Beweis, daß die Veränderungen im Wasser und in der Luft unmittelbar zusammenhängen. Über die eigentliche Ursache sagt die ENSO-Statistik nichts aus. Es ist ein Zyklus ohne Anfang und ohne Ende. Gleichgültig, ob man mit einem besonders niedrigen oder hohen Luftdruckunterschied beginnt oder mit einer ungewöhnlich hohen oder niedrigen Wassertemperatur: beide Faktoren verstärken sich gegenseitig.

Sechs bis acht Monate vor Einsetzen der warmen Meeresströmung ist im mittleren El Niño Ereignis ein spezielles Luftdruckmuster über dem Südpazifik zu erkennen: das Tiefdruckgebiet, das normalerweise nördlich von Australien liegt und den fünften Kontinent mit Wasser versorgt, wandert in Richtung

Zentralpazifik. Statt einer Walker Zirkulation, in der die Luft nördlich von Australien aufsteigt und über Südamerika absinkt, bilden sich westlich und östlich des zentralpazifischen Tiefdrucksystems Konvektionszellen, die durch die absinkende Luft zu Trockenheit in Australien und Nordafrika führen.

Durch die abflauenden Südostpassate fließt das Oberflächenwasser nach Osten, sechs Monate später erreicht die El Niño-Strömung die südamerikanische Küste.

Der Jahrhundert-Niño 1982/83 hat sich ordnungsgemäß durch ein ausgeprägtes Hoch, das sich von Südwesten her Australien näherte, und ein Tief über dem Zentralpazifik angekündigt.

Im letzten Winter deutete alles auf einen beginnenden El Niño hin: wie 1982/83 wanderte ein Hochdruckgebiet auf Australien zu, der Index sank. Doch die Prognose erwies sich als falsch. Im Frühjahr hatte sich die Luftdruckdifferenz wieder normalisiert, das Tiefdruckgebiet war nicht weiter nach Osten gewandert, nichts deutete mehr auf einen bevorstehenden El Niño hin.

Die Dauer eines El Niño Ereignisse beträgt etwa zwei Jahre, wobei die anomale Erwärmung im tropischen Pazifik etwa ein Jahr anhält. Damit Vorhersagen überhaupt von Wert sind, sollten sie wenigstens einige Monate umfassen. Die Vorhersagbarkeit der Atmosphäre beträgt aber nur 5 bis 10 Tage. Solange benötigen mäßige Fehler in den Anfangsbedingungen, um sich derart zu vergrößern, daß eine Vorhersage wertlos wird. Es besteht somit ein krasser Gegensatz zwischen der für El Niño Ereignisse benötigten und der normalerweise möglichen Vorhersagedauer.

Hoffnungen für eine El Niño - Vorhersage werden an gekoppelte numerische Modelle [6], bestehend aus Ozean und Atmsphäre, geknüpft.

Zur Zeit wird auf der ganzen Welt fieberhaft an der Erstellung solcher gekoppelter Modelle gearbeitet. Eingebettet ist diese Arbeit in das TOGA (Tropical Ocean Global Atmosphere) Experiment, welches 1985 begann. Im Rahmen dieses zehn Jahre dauernden Projektes werden ozeanische und atmosphärische Messungen durchgeführt, um Verifikationsdaten für die gekoppelten Modelle zu liefern.

Literatur

[1] T. G. WALKER: *Correlation in seasonal variations of weather,* VIII: A preliminary study of world weather (World weather I). Memoirs India Meteor. Dept., 24, 75- 131 (1923)

[2] J. BJERKNES: *A possible response of the atmospheric Hadley-circulation to equatorial anomalies of ocean temperature.* Tellus,4,820-828 (1966)

[3] H. FLEER: *Large-Scale Tropical Rainfall Anomalies.* Bonner Meteorologische Abhandlungen, 26 (1981)

[4]   M. WEINER: *El Niño. Eine Meeresströmung wird zum Stolperstein für deutsche Klimaforscher.* Bild der Wissenschaft 10/1990, 18 - 28 (1990)

[5]   K. WYRTKY: *El Niño-the dynamic response of the equatorial Pacific Ocean to atmospheric forcing.* Journ. Phys. Oceanogr., 7, 779-787 (1975)

[6]   M. LATIF: *El Niño - eine Klimaschwankung wird erforscht.* Geographische Rundschau, 2, 90 - 95 (1986)

[7]   H. FLOHN: *Tropical circulation pattern.* Bonner Meteorologische Abhandlungen, 15 (1971)

Großskalige Wasserbewegung in Seen: Grundlage der physikalischen Limnologie

Kolumban Hutter, *Darmstadt*

Unter großskaliger Wasserbewegung in Seen oder Ozeanbecken versteht man Wasserbewegungen, deren Längsskalen sich über große Teile oder den gesamten Bereich der Wassermassen erstrecken und deren Verhalten insbesondere von der Beckengröße mitbestimmt wird. Es werden experimentelle Methoden diskutiert, mit welchen man den meteorologischen Input und die Massenverteilung, die Wasserbewegung sowie Temperaturverteilung innerhalb eines Sees als Funktionen der Zeit bestimmt, und es wird aufgezeigt, wie solche Daten ausgewertet werden.

Darauf werden die Grundgleichungen der Seendynamik kurz erläutert, vereinfacht und auf spezielle Probleme der barotropen und baroklinen Bewegungen angewendet. So werden die externen und internen Seiches von Seebecken und z. T. Beckensystemen diskutiert, und es wird aufgezeigt, wie sich Resultate aus Zeitreihenanalysen mit rechnerischen Resultaten aus theoretischen Modellen vergleichen. Dann wird auf topographische (nur auf der rotierenden Erde zu beobachtenden) Rossbywellen eingegangen, ihre Struktur in geschlossenen Becken diskutiert und mit Beobachtungen verglichen. Schließlich wird die direkt vom Wind angefachte Strömung im geschichteten See betrachtet und die beobachtete interne Dynamik mit den Resultaten eines nichtlinearen Vorhersagemodells verglichen.

1 Einführung

Die Wasserbewegung in Seen findet keineswegs nur an deren Oberflächen statt, wie man durch direkte Beobachtungen vermuten würde; vielmehr erfassen die strömungsdynamischen Prozesse die gesamten Wassermassen. Die Art der Reaktion hängt von den äußeren Bedingungen, also dem Wetter, aber auch von der Geometrie der Seebecken ab. Diese Bewegungen definieren zu einem Großteil das Wechselspiel zwischen physikalischen, biologischen und chemischen Vorgängen und haben so einen direkten Einfluß auf das ökologische System See als Ganzes.

Die Hydrodynamik von Seen, auch physikalische Limnologie genannt, beschäftigt sich mit Methoden, die jenen der Ozeanographie und Meterorologie sehr ähnlich sind. Sie konzentriert ihre Betrachtungen aber auf abgeschlossene

Becken und deren Reaktion auf Kräfte und äußere Wärmequellen. Obwohl bereits wesentlich Fortschritte erzielt wurden, bestehen zur Messung, Interpretation und mathematischen Modellierung der Seenbewegungen aber immer noch Schwierigkeiten, hauptsächlich wegen des unvollständigen Verständnisses der antreibenden Kräfte, der turbulenten Bewegung des Wassers und der komplexen Interaktion und dem komplexen Austausch der mechanischen und thermischen Energien.

Die Vorhersage von Strömungs- und Temperaturverteilungen wird oft durch Schwierigkeiten erschwert, die inhärent mit der numerischen Modellierung verknüpft sind; die scheinbar statistische Natur der äußeren Kräfte ist jedoch ebenso dafür verantwortlich. Ein besseres Verständnis ist dringend, weil die biochemischen Prozesse, welche die Wasserqualität beeinflussen und damit auch die ökologische und die ökonomische Rolle des Wassers steuern, gekoppelt sind mit den hydrodynamischen Prozessen.

Physikalische Limnologie geht als eigenständiger Zweig der Naturwissenschaften auf den Schweizer Physiker FRANÇOIS FOREL zurück, der in der zweiten Hälfte des 19. Jahrhunderts die Oberflächenbewegung des Genfersees studierte (1875, 1895). Seine Beobachtungen sind von CHRYSTAL (1904, 1905) und DEFANT (1918) durch erste theoretische Modelle ergänzt worden. Die Seenhydrodynamik erfuhr in den fünfziger Jahren dieses Jahrhunderts durch MORTIMER (1952 a, b) erneut eine weitere Belebung, der durch sorgfältige Datenanalyse und entsprechende Interpretation mittels strömungsmechanischer Modelle wesentlich zum Verständnis der Seenphysik beigetragen hat. Die sechziger und siebziger Jahre brachten schließlich eine äußerst rasche Entwicklung, speziell durch die Kampagnen, welche in den Great Lakes durch Forscher aus USA und Kanada durchgeführt wurden (MORTIMER 1963, 1974; SIMONS 1980).

Die Literatur, die sich dieser Entwicklung anschloß, ist äußerst voluminös; sie kann kaum gerecht erwähnt werden. Wir werden hier nur jene Arbeiten zitieren, welche uns als bedeutend erscheinen und die Entwicklung wesentlich beeinflußt haben. Quellen mit vergleichsweise leichtem Zugang sind MORTIMER (1974), SIMONS (1980), HUTTER (1983, 1984 a, b, c, 1986). Andere Informationsquellen sind ozeanographische Bücher (CSANADY, 1982, DEFANT, 1961, FISHER et al. 1979, LEBLOND und MYSAK, 1980, NEUMANN und PIERSON, 1964, PEDLOSKY, 1982, PHILLIPS, 1969, u. a.). Diese enthalten genügend zusätzliche Literatur, an der sich der interessierte und fachlich vorgebildete Leser orientieren kann.

Heute wird die Bedeutung des dynamischen Wechselspiels zwischen Seenbiologie, -chemie und -physik allgemein anerkannt. So gehört denn die Seenphysik an moderneren Universitäten mit umweltwissenschaftlichem Ausbildungsgang zur Standardausbildung eines Limnologen.

In diesem Artikel wollen wir uns allein mit physikalischen Prozessen *großskaliger Natur* beschäftigen. Unter großskaliger Zirkulation werden hierbei Wasserbewegungen verstanden, deren Längenskalen sich über große Teile oder den gesamten Bereich der Wassermassen erstrecken. Die Topographie und die

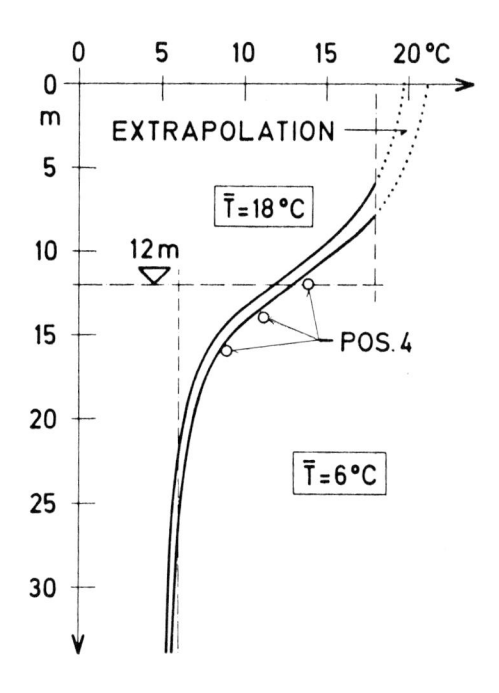

Abbildung 1: *Die aus den Temperaturmessungen der Thermistorenketten über das ganze Meßintervall für den Zürichsee errechnete mittlere vertikale Temperaturverteilung in den Meßstationen 2 bis 11. Die ausgezogenen Kurven stellen die Umhüllenden der unteren und oberen Grenzen aus den Messungen aller Stationen dar. Ausgenommen sind die Punkte der Meßposition 4, welche als einzige etwas außerhalb der dargestellten Bandbreite liegen. Die punktierten Ergänzungen der Enveloppen sind Extrapolationen. Eingetragen sind ebenfalls die Lage der Thermokline eines Zwei-Schichten-Modells (12 m) sowie mittlere Temperaturen im Epilimnion ($18^0 C$) und im Hypolimnion ($6^0 C$).*

Berandungen, innerhalb welcher sich die Prozesse abspielen, werden also auf die Prozesse selbst rückwirken. Freie, von Rändern unbeeinflußte Strömungsprozesse (z. B. Wellen, bevor sie an Rändern reflektiert werden), sind nur als Transiente von Bedeutung, wenn diese die globale Reaktion des gesamten Systems aufbauen. Die Seendynamik wird daher ebensosehr die Eigenschaften der Gebietsgeometrie, wie der antreibenden Kräfte widerspiegeln. Daraus folgt, daß horizontale Prozesse vergleichbare Bedeutung haben wie die vertikalen Mechanismen, die bei der Analyse der lokalen Feinstruktur allein maßgebend sind. Ähnliches gilt auch für die typischen Zeitskalen, welche durch charakteristische horizontale Geschwindigkeiten und typische Horizontalerstreckungen bestimmt werden.

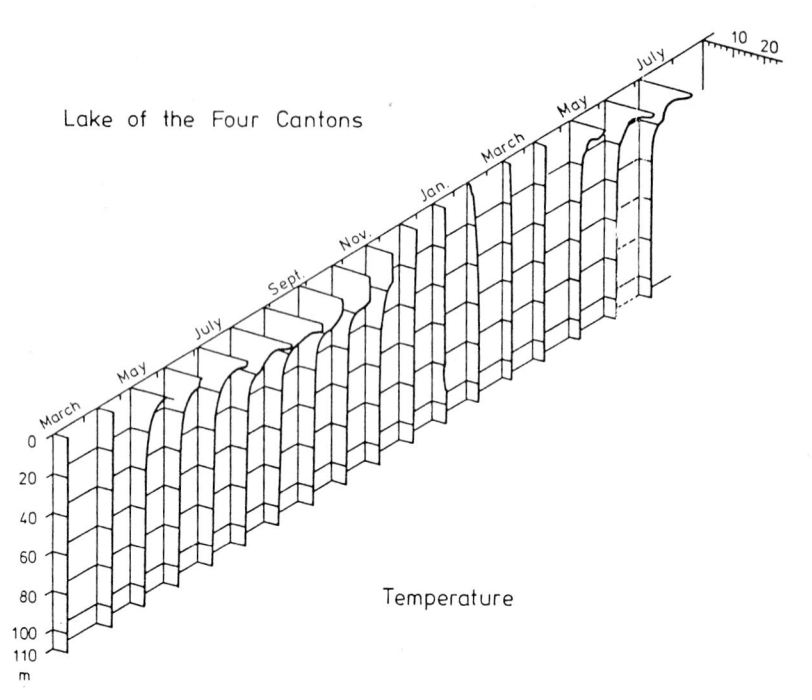

Abbildung 2: *Typische saisonale Variation der Temperatur, dargestellt als Funktion der Tiefe und der Zeit; Vierwaldstättersee 1962/1963.*

2 Grundlagen

Die Wasserbewegung in Seen wird hauptsächlich vom *Wind* angefacht, der durch die oberflächlichen Reibungskräfte für die Impulsübertragung aus der Atmosphäre sorgt. Mit Ausnahme von Weihern und kleinen Seen mit großem Zufluß kann die, auf diesen Zufluß zurückgehende Bewegung ohne wesentlichen Fehler vernachlässigt werden.

Je nach Maßgabe der thermischen Bedingungen sind im wesentlichen zwei unterschiedliche Strömungsregimes zu unterscheiden. Das sogenannte *barotrope* Verhalten entspricht dem Strömungszustand einer homogenen, ungeschichteten Flüssigkeit. Es kann allerdings auch in geschichteten Seen auftreten, entspricht dort aber der *äußeren* Bewegung, bei welcher sich die ganze Wassersäule hin und her bewegt mit im wesentlichen gleichgerichteten Geschwindigkeiten. Das *barokline* Verhalten tritt nur bei einer inhomogenen, *geschichteten* Flüssigkeit auf und äußert sich durch ausgeprägte *interne* Bewegungen, welche an der Oberfläche kaum sichtbar sind. Barokline Oszillationen pflanzen sich langsamer fort als dies barotrope Wellen tun; solche Prozesse haben eine Schichtstruktur, weil die Strömungen in der oberen und in der unteren Schicht gegenläufig sind.

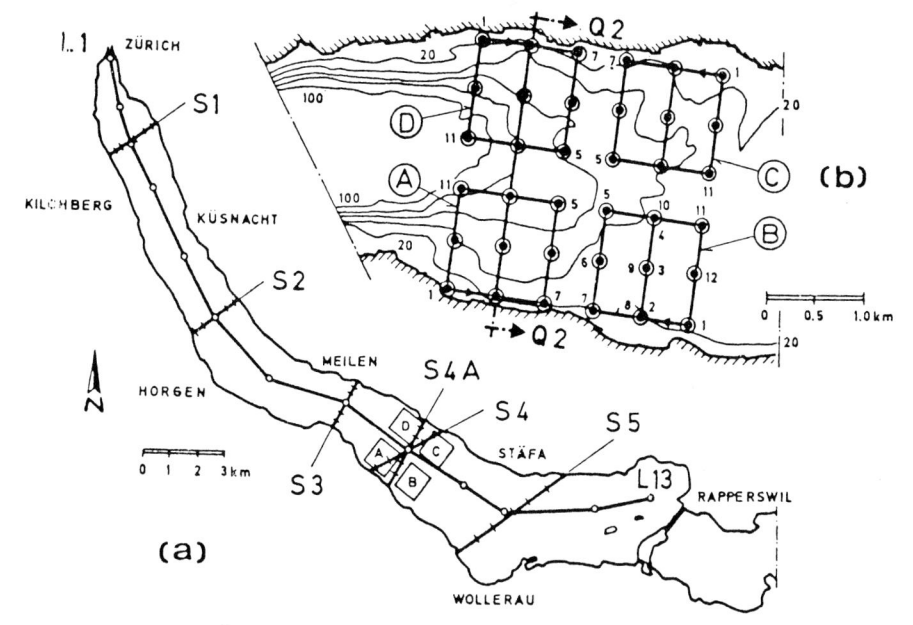

Abbildung 3: *a) Übersicht über den (unteren) Zürichsee mit Weiserkarte der hydrographischen Schnitte. Meßpositionen der Längsprofile sind mit L1 bis L13 bezeichnet. Querprofile tragen die Bezeichnung S1 bis S5. b) Untersuchungsgebiet der während des synoptischen Programmes innerhalb von vier Quadraten angelaufenen Meßstationen. Das Meßprogramm stammt aus dem Jahr 1978.*

Die Schichtung in einem See wird durch den zweiten atmosphärischen Input, die *Strahlung* aufgebaut. Sie sorgt dafür, daß die Wassertemperatur in einem See jahreszeitlich schwankt. Im Winter ist ein See in mittleren geographischen Breiten in der Regel homotherm, mit einer Temperatur von $4-5°C$.

Im Frühjahr setzt die Sonneneinstrahlung vermehrt ein. Der See erwärmt sich von oben nach unten und baut bis zum Spätsommer eine ausgeprägte Schichtung auf. Zu dieser Zeit ist die Schichtung am stärksten und die Temperaturverteilung mit der Tiefe etwa so, wie in Abbildung 1 dargestellt. Man unterscheidet dann zwischen einer warmen, oberen Schicht, auch *Epilimnion* genannt, und einer kälteren Unterschicht, auch *Hypolimnion* genannt. Die Zone mit dem größten Temperaturgradienten heißt auch Metalimion; es ist jedoch üblicher, die kontinuierliche Schichtung durch ein Zweischichtmodell zu idealisieren, mit einer leichten oberen Schicht und einer schwereren unteren Schicht, die voneinander durch die sogenannte *Thermokline* getrennt sind. Ihre Position wird in der Regel mit der Lage des stärksten vertikalen Temperaturgradienten identifiziert. Später, im Herbst, erzeugen starke Stürme große Turbulenzen, zuerst nur in der oberen Schicht; später jedoch, wenn die verstärkten turbu-

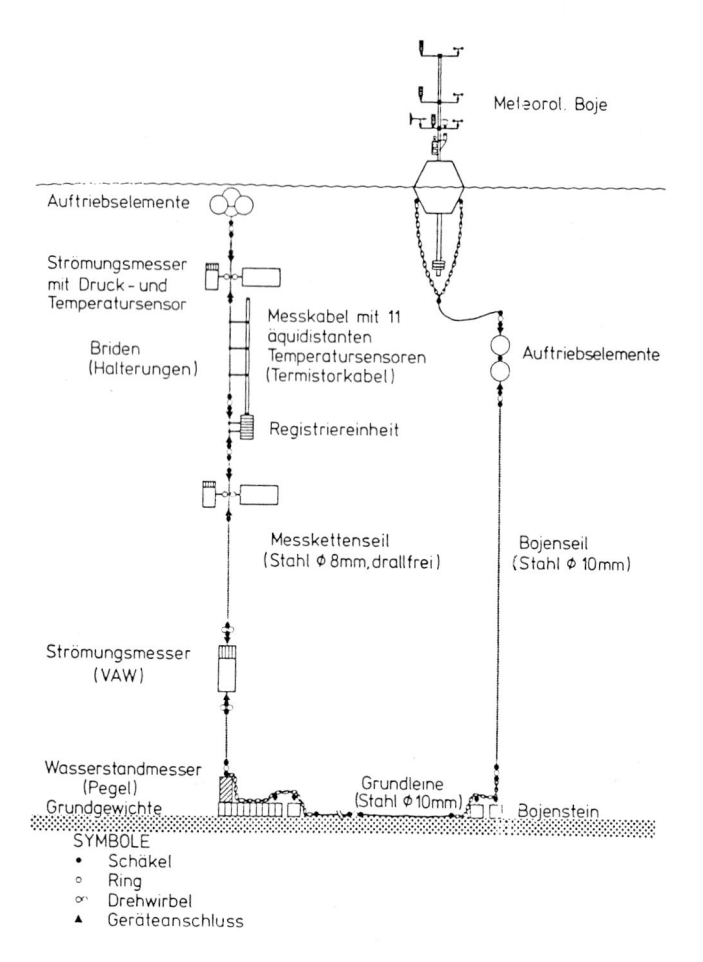

Abbildung 4: *Beispiel einer sogenannten U-Verankerung, bestehend aus Strömungs-messern, Thermistorenkabel und Meteoboje.*

lenten, vertikalen Prozesse zur Erosion der Thermoklinen geführt haben, setzt auch eine vermehrte Turbulenz im Hypolimnion ein und schafft erneut homotherme Bedingungen (vergleiche Abbildung 2 für Temperaturprofile im Verlauf der Jahreszeiten).

Epi- und Hypolimnion sind die biologisch aktiven Zonen eines Sees. Hier findet je nach Maßgabe des vorhandenen Phyto- und Zoo-Planktons und anderer Lebewesen durch Photosynthese die große Sauerstoffproduktion statt. Bei entsprechender Verfügbarkeit von Nährstoffen (Phosphate) wachsen und gedeihen die verschiedenen Lebewesen; nach ihrem Ableben zehren sie jedoch Sauerstoff, oft so sehr, daß ungenügend Sauerstoff ins Hypolimnion diffundieren kann und letzteres also sauerstofffrei wird. In solchen *eutrophen* Seen findet

Physikalische Limnologie 193

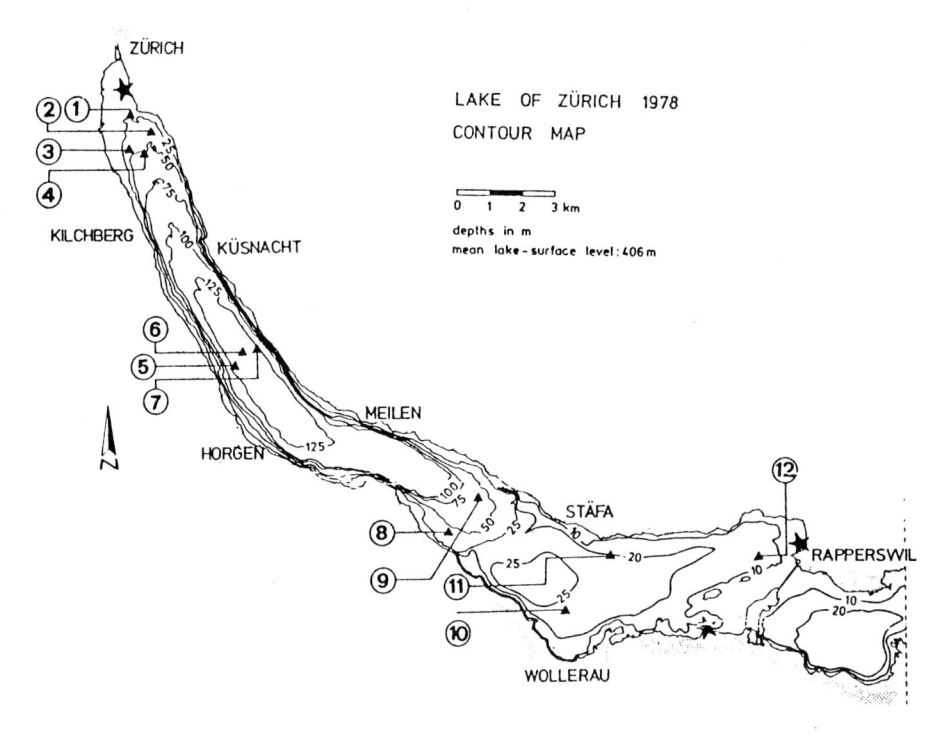

Abbildung 5: *Weiserkarte der mit 1 - 12 bezeichneten Verankerungsstationen für das Zürichsee-Experiment 1978. An den Stellen 4, 6 und 11 sind gleichzeitig auch meteorologische Größen gemessen worden. Die mit Sternen bezeichneten Positionen geben die Standorte der Limnigraphenstationen der im Jahre 1982 erfolgten Zusatzkampagne an (1 = "Badeanstalt Utoquai, Zürich", 2 = "Steinfabrik Pfäffikon", 3 = "Badeanstalt Rapperswil").*

der Abbau von Organismen unter fäulniserregenden Bedingungen statt (es bildet sich z. B. Methangas). Hauptsächlicher anthropogener Hintergrund der Seeneutrophierung ist der Phosphateintrag aus (gereinigtem) Abwasser, oft ist es jedoch auch die natürliche Phosphatzufuhr aus Landwirtschaftszonen mit hoher Bedüngung.

3 Feldmessungen physikalischer Parameter

Zur strömungsmechanischen Erfassung eines Sees geht man in der Regel nach dem Schema von *Tabelle 1* vor. Die Inputgrößen Wind, Temperatur, Luft-

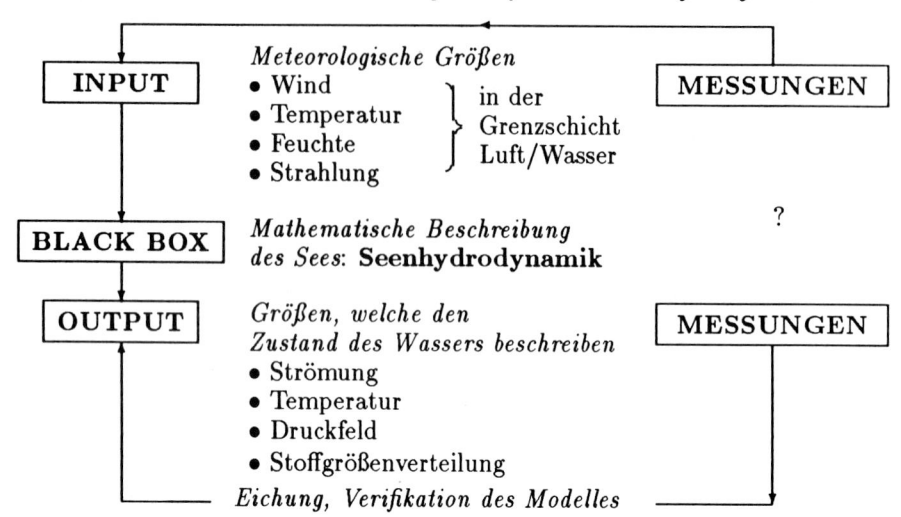

Tabelle 1: *Schema des Forschungsablaufs in der Seenhydrodynamik*

```
                  Meteorologische Größen
   INPUT       •  Wind       ⎫                         MESSUNGEN
              •  Temperatur  ⎬  in der
              •  Feuchte     ⎭  Grenzschicht
              •  Strahlung        Luft/Wasser

                  Mathematische Beschreibung              ?
 BLACK BOX        des Sees: Seenhydrodynamik

                  Größen, welche den
   OUTPUT         Zustand des Wassers beschreiben       MESSUNGEN
              •  Strömung
              •  Temperatur
              •  Druckfeld
              •  Stoffgrößenverteilung
                  Eichung, Verifikation des Modelles
```

feuchtigkeit und Strahlung in der atmosphärischen Grenzschicht und die Outputgrößen Strömung, Wassertemperatur und möglicherweise ein partikulärer Tracer innerhalb des Sees werden gemessen. Das Problem besteht darin, eine mathematische Beschreibung des Sees (black box) zu finden, welche es gestattet, für einen vorgeschriebenen gemessenen Input einen Output zu berechnen, der die Messungen so genau wie möglich zu rekonstruieren erlaubt.

Limnologische Messungen erfolgen in der Regel nach dem folgenden Verfahren:

- Bestimmung der mittleren räumlichen und zeitlichen Dichteverteilung über die Parameter *Temperatur* und *elektrische* Leitfähigkeit nach den klassischen Methoden vom Schiff aus, indem man Punkt für Punkt vertikale Profile dieser Größen aufnimmt. Die Messungen erfolgen in der Regel dem Talweg entlang und in vorgewählten Querschnitten, siehe Abbildung 3. Gleichzeitig können auch Wasserproben für biologische und chemische Studien gesammelt werden. Temperatur und elektrische Leitfähigkeit bestimmen die Massenverteilung innerhalb des Sees. Der Gehalt an Mineralien ist bei Seewasser in der Regel jedoch ziemlich konstant und beeinflußt die Dichte nur unerheblich. Von Flüssen eingetragene Schwebstoffe sind oft von größerer Bedeutung. Bei ausgedehnteren Feldkampagnen sollten solche Messungen etwa 1 - 2 mal pro Woche durchgeführt werden.

- Es werden an festen Positionen elektronische Instrumente verankert. Diese registrieren den zeitlichen Verlauf der lokalen Wasserbewegungen

Physikalische Limnologie 195

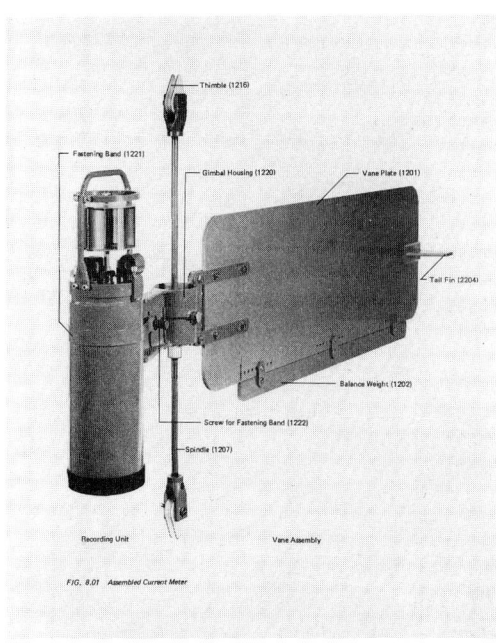

Abbildung 6: *a) Meteorologische Station in situ, mit Instrumenten für Wind- und Temperaturmessungen auf drei Ebenen b) Aanderaa - Strömungsmesser*

und der Wassertemperatur (siehe linke Hälfte der Abbildung 4 für eine typische Anordnung). Solche Messketten enthalten Einheiten, welche die horizontale Strömung und die Temperatur an einzelnen festen Punkten registrieren. Oft enthalten sie aber auch ein, in der Regel im Metalimnion positioniertes Thermistorenkabel, das in engem Abstand, (im allgemeinen 11 Sensoren im Abstand von 2 m) die Temperatur registriert. Das Schema, d. h. die Verteilung solcher Verankerungsstationen für ein Feldexperiment von 1978 im Zürichsee ist in Abbildung 5 festgehalten.

- Meteorologische Bojen (siehe rechte Hälfte der Abbildung 4 werden an festen Punkten der Seeoberfläche positioniert; sie sind mit elektronischen Instrumenten zur Messung des Windgeschwindigkeitsbetrages (in unserem Fall 3, 5, 7 m oberhalt der Wasseroberfläche), der Windrichtung (3 m oberhalb der Wasseroberfläche), der Lufttemperatur (3, 5, 7 m oberhalb der Wasseroberfläche) und der Sonneneinstrahlung, sowie der Luftfeuchtigkeit (3 m oberhalb der Wasseroberfläche) bestückt.

Eine meteorologische Meßeinheit in situ ist in Abbildung 6a festgehalten, ein kommerziell verfügbares Strömungsmeßgerät wird in Abbildung 6b gezeigt.

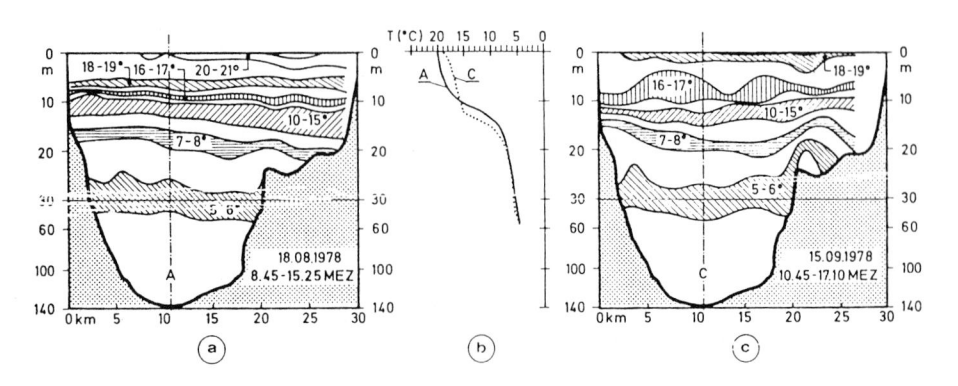

Abbildung 7: *Isothermenbilder für den Längsschnitt L1 - L13 für eine 9-Stunden-Episode am 18. August 1978 (a), während einer relativ windschwachen Zeit und am 15. September (c), drei Tage nach Aussetzen eines starken Weststurmes. Man beachte die größere Welligkeit der Isothermen in Bild (c). (b): Vertikale Temperaturprofile für die in den Bildern (a) und (c) bezeichneten Schnitte. Das Profil A zeigt einen typischen quasi-stationären Fall, das Profil C gibt einen transienten Übergang während der Aufwärmephase eines nach einem Sturm gut durchmischten Epilimnions.*

4 Datenauswertung

4.1 Hydrographische Schnitte

Mit Hilfe der Vertikalprofile der Temperatur, der elektrischen Leitfähigkeit, des Sauerstoffs etc., die an individuellen Positionen entlang des Talweges und entlang von Querschnitten gemessen sind, können Isoliniendarstellungen konstruiert werden, welche einen guten Überblick über das zeitlich gemittelte periodische Verhalten eines Sees während einer gewissen Meßperiode gestatten:

- Aus Temperaturprofilen, die entlang der Seeachse (Talweg) gemessen werden, ergeben sich die, für die Meßperiode maßgebenden Isothermenplots. Abbildung 7 gibt zwei Beispiele solcher Isothermen für das Talwegprofil des Zürichsees, aufgenommen am 18. August und 15 September 1978. Ebenfalls mit eingezeichnet sind die vertikalen Temperaturprofile an den Positionen der größten Tiefe. Profil A ist charakteristisch für relativ ruhige meteorologische Bedingungen während mehrerer Tage vorher, Profil C ist typisch für die Bedingungen nach einem Sturm; in der Tat am 12. September 1978 herrschte ein starker Föhnsturm.

- Es können auch Isolinien der elektrischen Leitfähigkeit gezeichnet werden. Das ist dann nützlich, wenn versucht wird, die Fahne einer Abwassereinleitung zu orten; oft unterscheidet sich die mineralogische Zusammen-

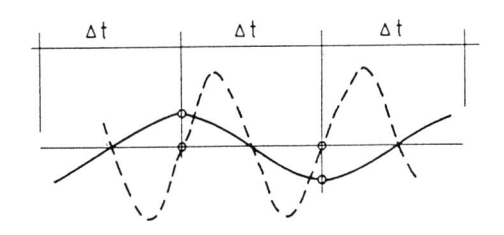

Abbildung 8: *Bei einer digitalisierten Datenregistrierung mit einem Meßschrittintervall von Δt können Oszillationen der Periode $2\Delta t$ (ausgezogene Kurve) gerade noch beobachtet werden, aber nicht solche mit kleineren Perioden (punktierte Linie).*

setzung von Abwasser nämlich von jener des übrigen Seewassers (TAUS, 1983).

- Isolinen des Sauerstoffgehaltes sind vor allem biochemisch informativ, da sie über den Zustand der Eutrophierung eines Sees orientieren.

Sämtliche hydrographischen Daten, die während einer gewissen Zeitperiode aufgenommen werden, können über Subepisoden gemittelt werden. Solche Mittelungen geben Auskunft, inwieweit sich ein mittlerer Zustand während der gesamten Meßperiode ändert, Information, die vor allem für die Beschreibung mathematischer Modelle wichtig ist.

4.2 Daten fest verankerter Instrumente

Der Trend der heutigen Meßmethoden geht in Richtung *digitalisierter* Registrierung, die eine vollelektronische Datenaufbereitung gestattet. Gelegentlich sind aber auch noch Geräte mit Analog-Output (Papierstreifen) vorhanden. Solche Daten werden heute meist ebenfalls digitalisiert und dann elektronisch verarbeitet.

Bei digitalisierter Registrierung ist die Wahl des *Zeitschrittes* (von Messung zu Messung) besonders wichtig, siehe Abbildung 8. Bei einem Zeitintervall Δt ist die kürzeste experimentell erfaßbare Periode (oder die größte Frequenz) durch

$$T_N = 2\Delta t, \quad \omega_N = \frac{\pi}{\Delta t}$$

gegeben. Das ist die NYQUIST-Periode (Frequenz); sie setzt eine *Grenze* für all jene Prozesse, die kürzere Perioden haben und bei der Wahl des Zeitschrittes Δt nicht mehr beobachtet werden können. Die Wahl des Meßwertabstandes ist bei einer Messung äußerst wichtig; denn man kann durch falsche Wahl gerade jene Prozesse eliminieren, welche man zu messen beabsichtigt. Messungen können in solchen Fällen aber auch zu Fehlinterpretationen führen. Barotrope Prozesse verlangen in der Regel Δt kleiner als 2 Minuten, barokline Prozesse können jedoch genügend genau registriert werden mit $\Delta t \leq 1$ Stunde. Natürlich hängen diese Zahlenwerte auch in einem gewissen Maße von der Größe des Sees ab. Bei unseren eigenen Forschungsarbeiter haben wir für barotrope Prozesse 2 Minuten und für barokline Prozesse 20, respektive 10 Minuten gewählt.

Man nehme nun an, es liege eine Zeitreihe für einen physikalischen Parameter vor. Eine solche Zeitreihe kann nach den folgenden Gesichtspunkten analysiert werden:

- Man erstellt graphische Darstellungen von gegebenenfalls teilweise gemittelten Zeitreihen. Durch Vergleich solcher, an verschiedenen Punkten aufgenommener Zeitreihen sind die genannten Prozesse direkt erkennbar.

- Man setzt eine Meßreihe periodisch fort und unterzieht diese fortgesetzte Zeitreihe einer *Fourier-Analyse*. Man erhält so die *Energiespektren* und kann herausfinden, Prozesse welcher Perioden besonders stark angeregt sind. Spektralanalysen haben auch eine *statistische* Bedeutung. Für Meßreihenpaare gestattet die Bestimmung der *Kreuzkorrelationen* die *Kohärenz* und *Phasendifferenz* solcher Daten zu berechnen. Diese geben Auskunft darüber, inwieweit die Daten der Meßpaare miteinander korreliert sind, (BOX und JENKINS, 1970).

Zwei Beispiele mögen dies erläutern: Thermistorenkabel werden im Übergangsbereich vom Epilimnion ins Hypolimnion eingesetzt. In unserem Fall messen 11 Temperatursensoren auf 20 m verteilt die Temperatur. Es entstehen so pro Thermistorenkabel 11 Temperaturzeitreihen, aus welchen sich durch Interpolation Zeitreihen der Isothermentiefen bestimmen lassen. Abbildung 9 zeigt ein Beispiel einer derart interpolierten Zeitreihe der Isothermentiefe für Station 4 im Zürichsee, siehe Abbildung 5. Einige der Zeitreihen sind unterbrochen, weil sie den Tiefenbereich, in welchem die Temperaturen gemessen worden sind, verlassen.

Zeitreihen der Isothermentiefen geben mit guter Annäherung die vertikale Versetzung der Wasserpartikel. In der Tat, man stelle sich als Reiter eines Wasserpartikels vor; seine Temperatur verändert sich in erster Näherung nur unbedeutend. Als Reiter des Partikels vollzieht man somit eine Bewegung, die im wesentlichen der dem Partikel zugeordneten Temperatur entspricht. Der Abbildung 9 entnimmt man maximale vertikale Partikelversetzungen von der Größenordnung von 5 - 10 m mit Perioden von etwa 40 Stunden (für den Fall des Zürichsees). Das zeigt auf, daß barokline Prozesse gigantische vertikale Wasserversetzungen erzeugen, jedoch mit vertikalen Geschwindigkeiten, welche äußerst klein sind (in der Größe von $10^{-4} ms^{-1}$ und kleiner). Solche Geschwindigkeiten sind etwa 100 bis 1000 mal kleiner als die horizontalen Geschwindigkeiten, zu klein, um mit den heutigen mechanischen Strömungsmeßgeräten überhaupt registriert werden zu können.

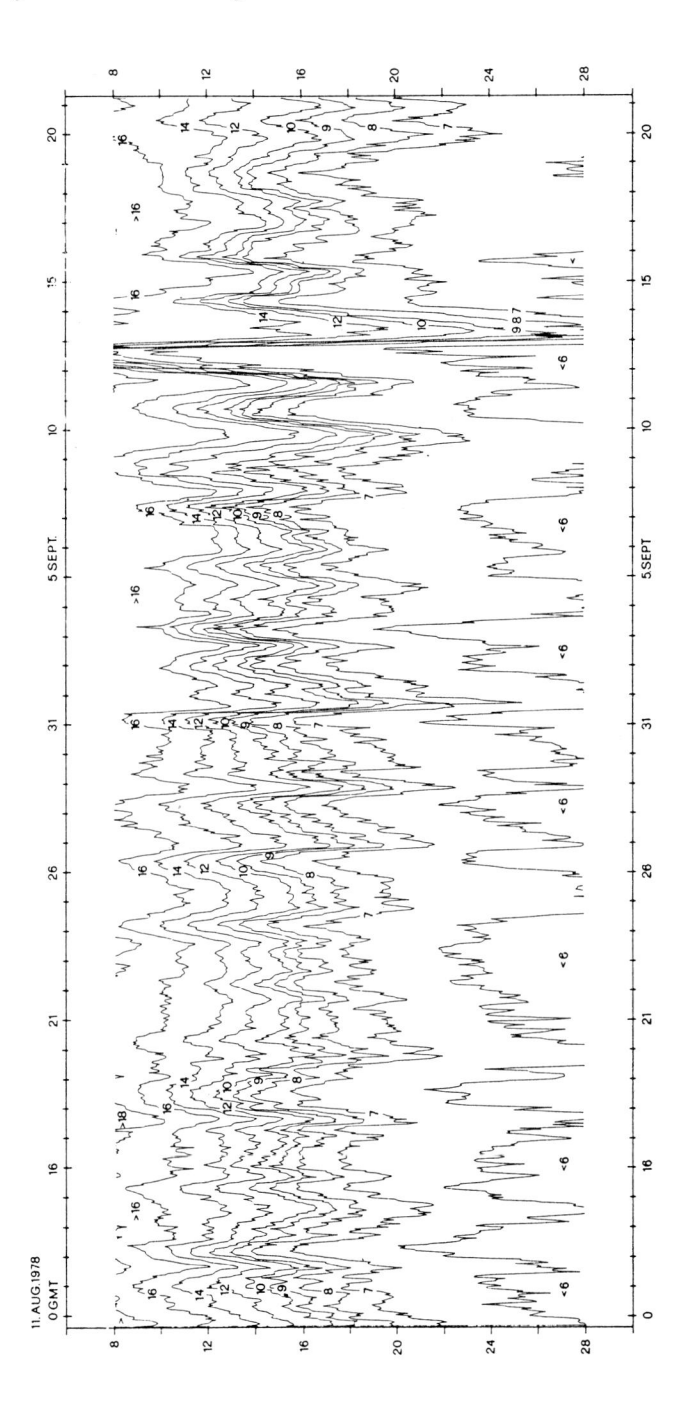

Abbildung 9: Über eine Stunde geglättete Zeitreihen der Isothermentiefen für Temperaturen im Bereich von $6°C$ bis $16°C$ (Zürichsee-Experiment von 1978)

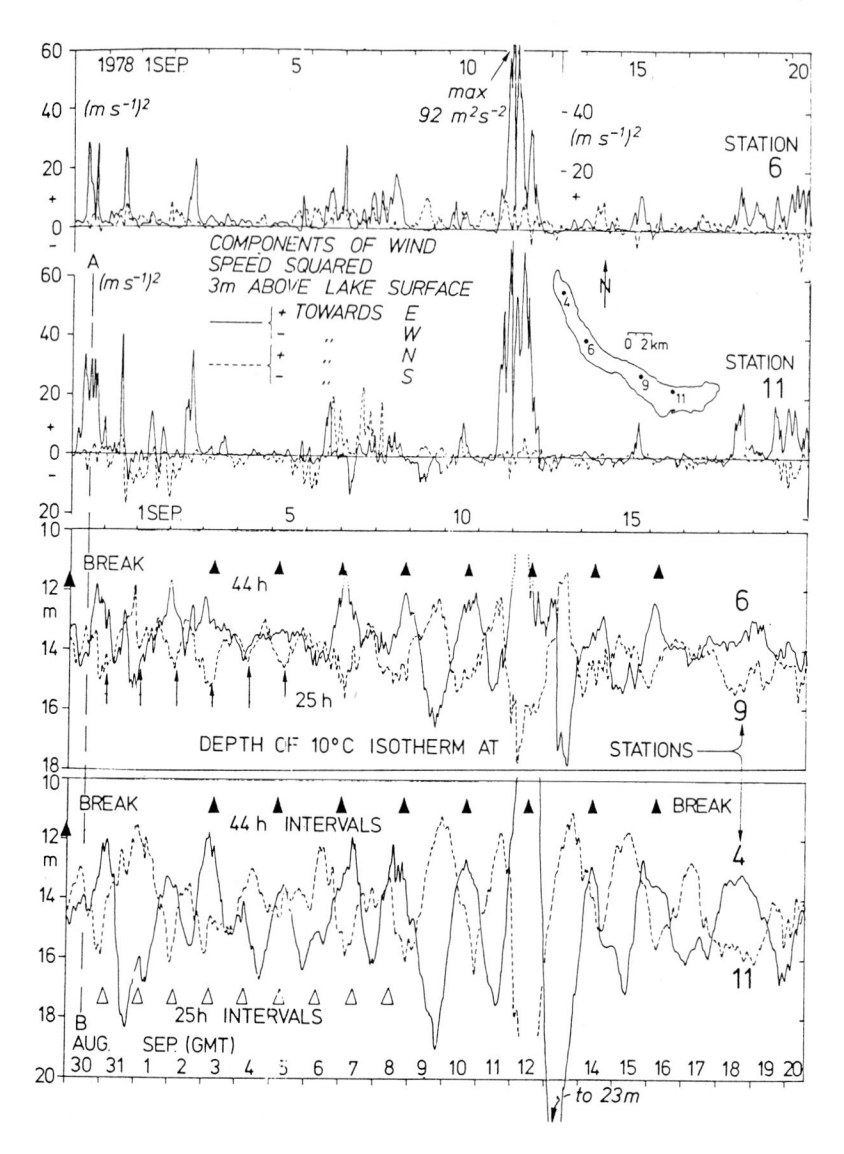

Abbildung 10: *Graphische Darstellungen der Zeitreihen der u-(EW) und v-(NS) Komponenten der Windenergien 2,9 m oberhalb der Wasseroberfläche in den Stationen 6 und 11 (oben, die Komponenten sind $\sqrt{u^2+v^2}u$ und $\sqrt{u^2+v^2}v$, wo u und v die EW- bzw. NS-Komponenten der Windgeschwindigkeit bezeichnen). In der Mitte und unten werden diese Winde mit Zeitreihen der Tiefen der 10^0 C-Isothermen in den Stationen 6 und 9 sowie 4 und 11 verglichen, 30. August bis 20. September 1978. Volle und offene Dreiecke sowie Pfeile deuten auf periodische Anteile der oszillatorischen Prozesse hin (aus* MORTIMER *und* HORN *, 1982).*

Physikalische Limnologie

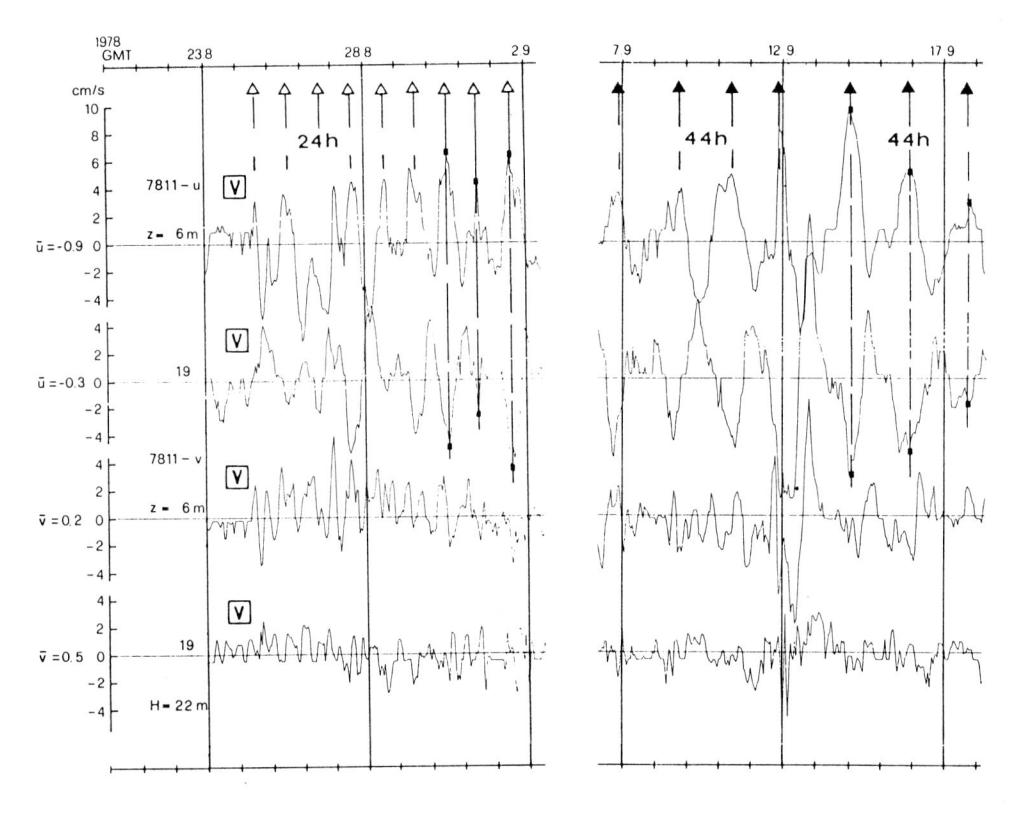

Abbildung 11: *Auszug aus den Zeitreihen der u- und v-Komponenten der Strömungsgeschwindigkeiten der Station 11 in 6 m und 19 m Tiefe. Volle Dreiecke deuten auf eine etwa 44-Stunden-Periode von Oszillationen der u-Komponente hin, die in 6 m und 19 m Tiefe gegenphasig verlaufen. Offene Dreiecke bezeichnen eine 24-Stunden-Periode der Fluktuationen der u-Komponente der Strömungsgeschwindigkeit. Auch hier verlaufen die Bewegungen in 6 m und 19 m gegenphasig.*

- Physikalisch leichter interpretierbar sind Zeichnungen, in welchen Zeitreihen *verschiedener* Stationen miteinander kombiniert werden. Abbildung 10 gibt ein Beispiel dafür. Sie zeigt in der oberen Hälfte den Wind (Geschwindigkeitsquadrat) in den Stationen 6 und 11, in der Mitte, sowie unten die Zeitreihen der Isothermentiefen in den Stationen 6 und 9 bzw. 4 und 11 für die $10°$ C Isothermen. Man erkennt Bewegungskomponenten mit Perioden von 44 und 25 Stunden. Die Amplituden der Isothermentiefen an den See-Enden sind größer als jene gegen die Mitte hin. Die Wasserversetzungen in den Stationen 6 und 9 sowie 4 und 11 verlaufen im wesentlichen in Gegenphase. Der Sturm vom 11./12. September hat auf die Bewegung einen dramatischen Einfluß ausgeübt.

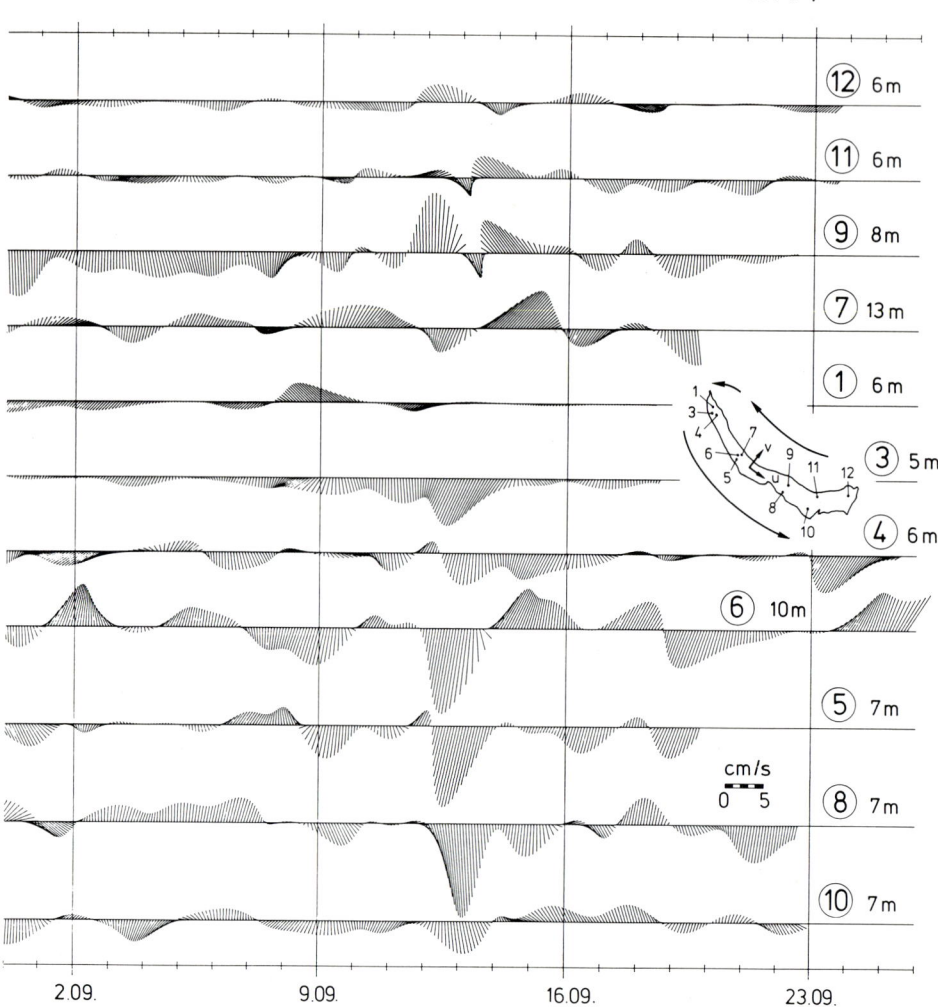

CURRENT: FILTERED (LAKE OF ZURICH 1978)

Abbildung 12: *Auszug von gefilterten Geschwindigkeitszeitreihen (in der Form eines Stickplot-Diagrammes) für das Zürichsee-Experiment 1978. Die Zeitreihen sind derart geglättet, daß Oszillationen mit Perioden < 50 h herausgefiltert sind.*

- Die graphische Darstellung der Zeitreihen für *Geschwindigkeiten* verlangt eine getrennte Aufführung der einzelnen Komponenten, siehe Abbildung 11. Objektiver ist jedoch die Konstruktion von sogenannten *Stick-Plots*, welche den Geschwindigkeitsbetrag und die Richtung kombinieren, siehe Abbildung 12. Oft werden jedoch auch sogenannte *progressive Vektordiagramme* erstellt, Abbildung 13. In diesen Diagrammen werden die (mit

Physikalische Limnologie

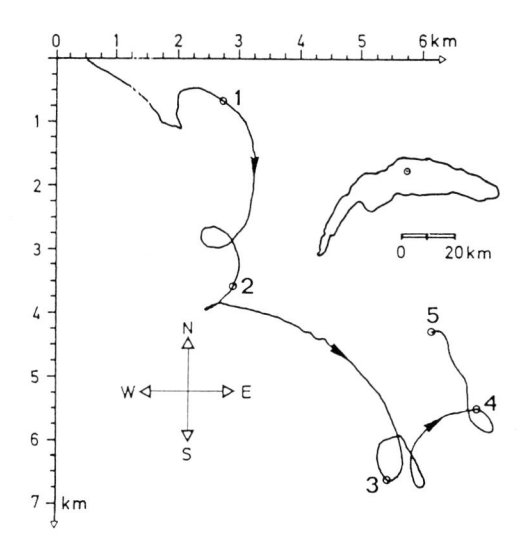

Abbildung 13: *Progressives Vektordiagramm (Genfersee) für die Strömung in 8.5 m Tiefe der in der Weiserkarte angegebenen Station. Die Punkte 1, 2, 3, 4, 5, markieren den Beginn des 1., 2., 3., 4., 5., 6. Aprils in 1977. Die Schleifen werden im Uhrzeigersinn durchlaufen* (BAUER et al. 1981).

dem Zeitschritt multiplizierten) Geschwindigkeitsvektoren successive aneinander gereiht; die resultierende Kurve gleicht dann der Horizontalprojektion der Bahn eines Wasserpartikels, entspricht ihr aber nicht. Solche progressiven Vektordiagramme sind besonders nützlich, wenn die Rotation des Geschwindigkeitsvektors als Funktion der Zeit studiert wird, was bei der Abschätzung der Bedeutung der Erdrotation häufig auftritt.

- Wenn aus Zeitreihen Spektren hergestellt werden, entstehen *Spektraldichten*, in welchen die Energieanteile als Funktion der Frequenz oder der Periode dargestellt sind. Oft wird bei solchen Spektren auch noch ein Filter verwendet, mit welchem Prozesse mit Perioden, die länger als ein gewisses Maximum oder kleiner als ein gewähltes Minimum sind, eliminiert werden. Abbildung 14a zeigt solche Spektren von Zeitreihen der Temperatur in 14 und 30 m Tiefe für die Station 4 im Zürichsee für das 1978 Feldexperiment; man erkennt, daß Prozesse mit großen Amplituden bei Perioden von 100, 44, 25 und 18 Stunden vorliegen, mit einer dominanten Energie bei 44 Stunden, die progressiv abfällt in der Reihenfolge: 100, 25, 18 Stunden. Datenfilterung ist wichtig, da sie unter Umständen die physikalische Deutung von Beobachtungen erleichtert. Wenn z. B. für zwei relative Energiemaxima eine klare Separierung besteht, kann Grund zur Vermutung bestehen, daß zugehörige Prozesse auch mit verschiedenen Theorien

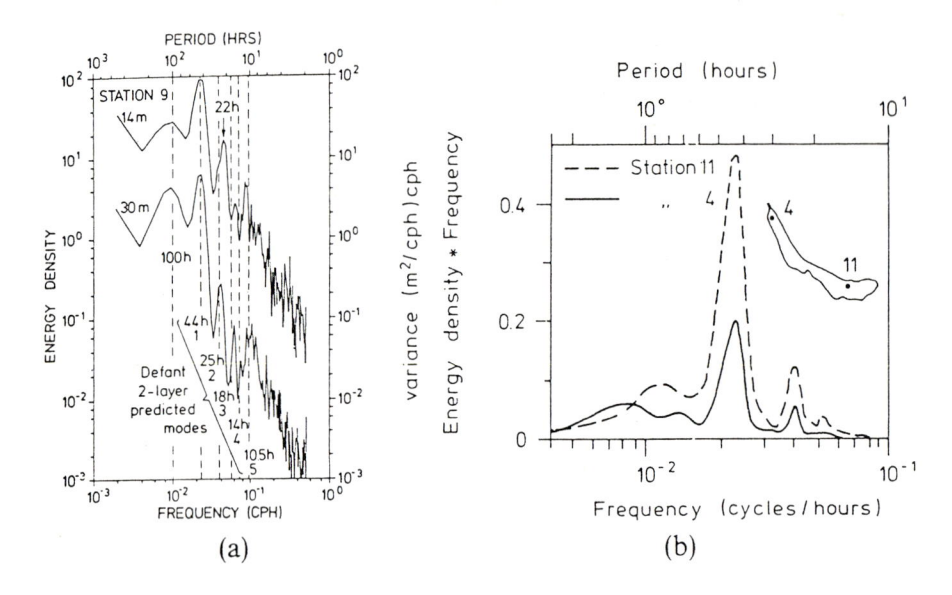

Abbildung 14: *a) Spektralverteilung der Temperaturzeitreihen für zwei Thermistoren der Station 9 im Zürichsee in 14 m und 30 m Tiefe. Eingezeichnet sind ebenfalls die internen Seicheperioden, doppelt logarithmische Darstellung. b) Spektralverteilung der Zeitreihen der $10^0 C$-Isothermen in den Stationen 4 und 11 für das Zürichsee-Experiment von 1978. Dargestellt ist die Varianz als Funktion des Logarithmus der Frequenz.*

erklärbar sind. Zum Studium des einen theoretischen Modells werden dann alle Bewegungskomponenten der Daten, die dem anderen theoretischen Modell entsprechen, herausgefiltert. Dadurch werden die Prozesse, die man untersuchen will, oft deutlicher sichtbar. Spektren werden entweder doppelt-logarithmisch, Abbildung 14a, oder halb-logarithmisch Abbildung 14b, dargestellt. Im zweiten Fall ist die Abszisse (Frequenz) logarithmisch und die Ordinate linear, es wird jedoch mit Vorteil die Varianz (= Energiedichte mal Frequenz) aufgetragen, da diese Darstellung Energie erhaltend ist.

5 Grundgleichungen

5.1 Feldgleichungen

Die Feldgleichungen der Seenhydrodynamik haben die Form der Navier-Stokes-Gleichungen auf dem rotierenden Globus; sie sind im wesentlichen je-

Physikalische Limnologie

doch vier vereinfachenden Annahmen unterworfen. Bevor wir uns diesen zuwenden, wollen wir die Notation erklären. In der Hydrodynamik von Seen ist es vorteilhaft, die horizontalen und vertikalen Komponenten von Vektoren und Tensoren in getrennten Einheiten aufzuführen. Es bedeuten

$v = (u, v)$ $x-$ und $y-$ Komponenten der Strömungsgeschwindigkeiten, zusammengefaßt als 2-Vektor,

w Vertikalkomponente der Strömung,

$\nabla = \left(\dfrac{\partial}{\partial x}, \dfrac{\partial}{\partial y}\right)$ Horizontaler Gradient der Strömung.

Mit diesen Bezeichnungen lassen sich der dreidimensionale Gradient und die dreidimensionale Divergenz schreiben als

$$\operatorname{grad} \phi = (\nabla \phi, \frac{\partial \phi}{\partial z}), \quad \operatorname{div} \phi = \nabla \cdot (\phi_x, \phi_y) + \frac{\partial \phi_z}{\partial z}. \tag{5.1}$$

Die vereinfachenden Annahmen, auf die sich die Feldgleichungen gründen, sind nun die folgenden:

(i) *Boussinesq-Annahme*: Die Variation der Dichte wird nur insofern berücksichtigt, als Dichteunterschiede zu Auftriebskräften Anlaß geben. Demgemäß lautet die Auftriebskraft

$$\rho g = (\rho - \rho_0)g + \rho_0 g = \Delta \rho g + \rho_0 g \tag{5.2}$$

worin ρ_0 eine Referenzdichte (bei $4^0 C$) bedeutet und $\Delta \rho < 0$ ist. Der Term $\rho_0 g$ wird im Druck absorbiert.

(ii) *Hydrostatische Druckannahme*: Diese vereinfachende Annahme setzt voraus, daß die vertikalen Beschleunigungen im Vergleich zu den Auftriebskräften vernachlässigbar klein seien. Mit anderen Worten, in vertikaler Richtung reduziert sich das Newtonsche Grundgesetz (Masse × Beschleunigung = Summe alter Kräfte) auf eine Kräftebilanz. Es gilt also bei Abwesenheit von inneren Reibungskräften

$$\frac{\partial p}{\partial z} + \rho g = 0. \tag{5.3}$$

Wegen (5.2) und mit Hilfe des in Abbildung 15 definierten Koordinatensystems kann dieser Ausdruck integriert werden und liefert dann die Gleichung

$$p = -\rho_0 g(z - \eta) - \int_z^\eta \Delta \rho g \, d\xi + p^{\text{atm}}, \tag{5.4}$$

in welcher $\eta(x, y, t)$ die freie Oberflächenauslenkung und p^{atm} den Atmosphärendruck bezeichnen. Einführen der hydrostatischen Druckannahme eliminiert Prozesse, welche unter Umständen wichtig sein können. Z. B. werden dadurch up- und down-welling, also das lokale Abtauchen bzw. Aufsteigen von Wassermassen ausgeschlossen oder Instabilitäten, wie etwa die Erosion der Grenzschicht zwischen Epi- und Hypolimnion unter der Einwirkung eines starken

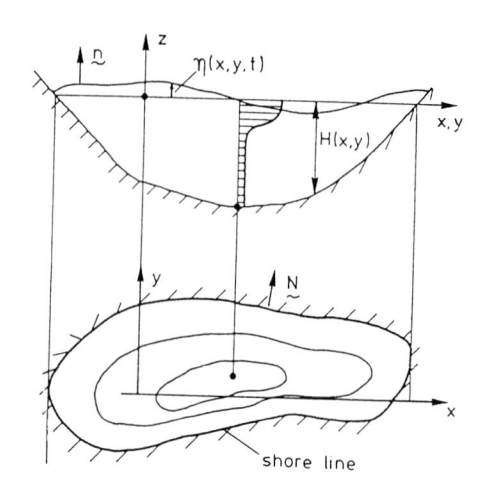

Abbildung 15: *Seiten- (oben) und Grundriß (unten) eines Sees. Definition des kartesischen Koordinatensystems, x, y, t, der freien Oberflächenauslenkung $\eta(x, y, t)$, der Tiefe $H(x, y)$, der Uferlinie und der Einheitsvektoren N und n, die senkrecht zur Uferlinie und freien Oberfläche verlaufen.*

Sturmes. Beide Phänomene sind nicht nur für das physikalische sondern auch für das biochemische Verhalten von Bedeutung.

(iii) *Inkompressibilität*: Diese Annahme sagt aus, daß die thermische Zustandsgleichung unabhängig vom Druck ist $\rho = \rho(\theta, s)$, worin θ die Temperatur und s den Salzgehalt bezeichnen. Da für Süßwasserseen der Salzgehalt eine untergeordnete Rolle spielt, kann die Gleichung $\rho = \rho(\theta)$ als ausreichend bezeichnet werden. Die Erhaltung der Masse führt dann, da die Dichte sich mit der Temperatur kaum verändert, auf die Kontinuitätsgleichung

$$\nabla \cdot v + \frac{\partial w}{\partial z} = 0,$$

was der klassischen Inkompressibilitätsannahme entspricht.

(iv) *Verallgemeinerte Adiabateannahme für die wahre Bewegung*: Die Wasserbewegung in Seen ist im allgemeinen turbulent; mit anderen Worten, sie enthält fluktuierende Komponenten, welche einer mittleren Bewegung überlagert sind, vergleiche Abbildung 16a. Es sei hier vorausgesetzt, daß die wahre Bewegung, d.h. die Bewegung, welche die turbulenten Schwankungen einschließt, in dem Sinne adiabat verläuft, als für diese wahre Bewegung Wärmeleitung und innere viskose Kräfte vernachlässigt werden dürfen. Das verlangt, daß innerhalb der zeitlichen und räumlichen Skalen der flukturierenden Bewegung die viskosen Kräfte vernachlässigbar sind. In diesem Falle reduziert sich die Energiegleichung auf $d\theta/dt = 0$, d. h. die Temperatur der Wasserpartikel bleibt erhalten. Mit diesen Vorbemerkungen lauten die Feldgleichungen der *subturbulenten Bewegung* (SIMONS, 1980, HUTTER, 1984a)

Physikalische Limnologie 207

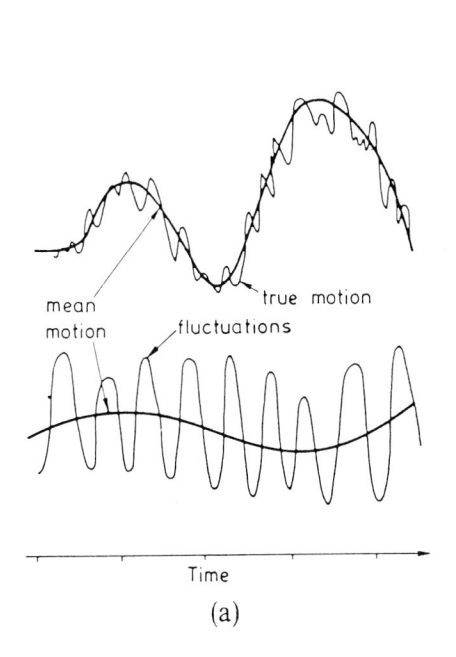

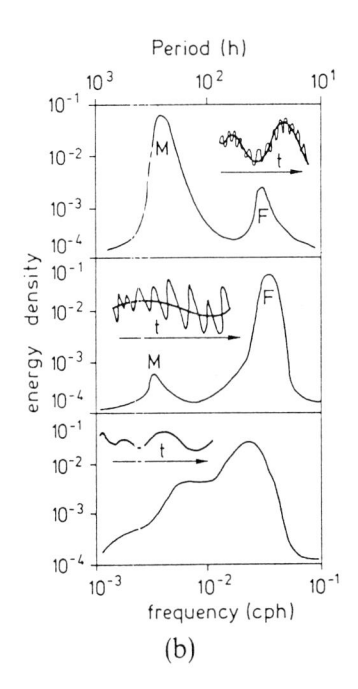

Abbildung 16: *a) Auszüge zweier Zeitreihen, welche die wahre und die mittlere Bewegung darstellen. Im Vergleich zur mittleren Bewegung können die Fluktuationsamplituden klein (oben) oder groß (unten) sein. b) Drei (schematische) Beispiele von fluktierenden Zeitreihen und zugehörige Spektralverteilungen. Im Beispiel oben hat die mittlere Bewegung (M) den größeren Energieanteil als die Fluktuationen (F). In der mittleren Figur ist es jedoch umgekehrt, in beiden Fällen existiert jedoch eine deutliche Spektraltrennung zwischen mittlerer Bewegung und Fluktuationen. Beim untersten Beispiel ist keine Spektraltrennung vorhanden.*

$$\text{Massenbilanz} \quad \nabla \cdot v + \frac{\partial w}{\partial z},$$

$$\text{Horizontale Impulsbilanz} \quad \begin{cases} \dfrac{\partial u}{\partial t} + \nabla \cdot (vu) + \dfrac{\partial}{\partial z}(wu) - fv = -\dfrac{1}{\rho_0}\dfrac{\partial p}{\partial x}, \\[2mm] \dfrac{\partial v}{\partial t} + \nabla \cdot (vu) + \dfrac{\partial}{\partial z}(wv) + fu = -\dfrac{1}{\rho_0}\dfrac{\partial p}{\partial y}, \end{cases} \quad (5.5)$$

$$\text{Energiebilanz} \quad \frac{d\theta}{dt} = 0.$$

Diese müssen durch die Druckgleichung (5.4) ergänzt werden. Die Massenbilanz reduziert sich auf die Kontinuitätsgleichung. In den horizontalen Impulsgleichungen bestehen die linken Seiten aus den Beschleunigungstermen in x- und y-Richtung; sie enthalten die *lokalen* und *advektiven* Beschleunigungen sowie die *Coriolis*-Beschleunigung

$$a_{horizontal} = f(-v, u), \quad f = 2 \sin \Phi \mid \Omega \mid, \tag{5.6}$$

worin Φ die geographische Breite und Ω die Winkelgeschwindigkeit der Erde bezeichnen. Andererseits variiert Φ mit der geographischen Breite. Für Ozeane und sehr große Seen (Schwarzes Meer, Kaspisches Meer, Baikal-See) und für Seen in der Nachbarschaft des Äquatiors (Tanganjika See, Victoria See) ist diese Variation jedoch wichtig, für alle anderen Fälle darf Φ als konstant angesehen werden. Für Seen mittlerer Breite gilt $f = 10^{-4}[s^{-1}]$. Schließlich drückt die Energiegleichung die Konstanz der Temperatur der Wasserpartikel aus.

Obige Gleichungen beschreiben die wahren, feinskaligen, hydrodynamischen Prozesse. Wegen der vergleichsweise raschen Fluktuationen, die immer zugegen sind, besteht jedoch geringe Hoffnung, daß diese Bewegung je mathematisch beschrieben werden könnte. Man begnügt sich daher mit der Bestimmung der *mittleren* Bewegung, die man als einen filtrierten Prozeß bezeichnen könnte, bei dem alle turbulenten Schwankungen herausgefiltert sind. Diese Elimination ist das *Grundproblem der Turbulenz*. Es scheint selbstverständlich, daß wegen der Einschränkung der Geschwindigkeit und Temperaturfelder auf die mittleren Felder die Gleichungen (5.4) und (5.5) geändert werden müssen, um eben dieser Filterung der Schwankungen Rechnung zu tragen. Es ist somit auch plausibel, daß diese Änderung der Gleichungen im allgemeinen von der Struktur und Form dieser Vernachlässigungen abhängt; mit anderen Worten, die Wellenlängen und Perioden der turbulenten Oszillationen müssen die mittlere Bewegung beeinflussen.

Explizit wird die Mittelung der Gleichungen durch Aufteilen jeder Feldvariablen in eine gemittelte (durch Überstreichung gekennzeichnet) und eine fluktuierende (durch Akzente gekennzeichnet) Komponente vollzogen: $u = \bar{u}+v', v = \bar{v} + v'$, etc. Diese Ausdrücke werden in die Feldgleichungen eingesetzt und die resultierenden Gleichungen gemittelt. Dabei treten Formeln der Gestalt

$$\begin{aligned} \overline{uv} &= \overline{(\bar{u} + u')(\bar{v} + v')} \\ &= \overline{\bar{u}\bar{v} + \bar{u}v' + u'\bar{v} + u'v'} = \bar{u}\bar{v} + \overline{u'v'} \end{aligned} \tag{5.7}$$

auf, worin die Identitäten $\overline{\bar{u}v'} = \overline{u'\bar{v}} = 0$ und $\overline{\bar{u}\bar{v}} = \bar{u}\bar{v}$ verwendet wurden. Diese sogenannten Reynolds-Regeln setzen voraus, daß die Mittelwertbildung einer Größe über eine genügend große Zahl von Fluktuationen durchgeführt wird, so daß deren Mittelwert dann verschwindet. Diese Voraussetzung ist der Annahme äquivalent, daß die turbulenten Schwankungen statistisch verteilt sind und sich im Mittel zu null aufsummieren (Stationarität). Die Existenz

Physikalische Limnologie

der Reynolds-Eigenschaften setzt aber auch voraus, daß die mittlere und die Schwankungsbewegungen unterschiedlichen Zeitskalen unterworfen sind, was im Frequenzraum zu einer ausgeprägten Frequenztrennung führt. Das ist nicht immer erfüllt und macht Turbulenzhypothesen dann besonders schwierig.

Wie man aus (5.7) ersehen kann, ist der Mittelwert des Produktes zweier Größen gleich dem Produkt des Mittelwertes dieser Größen *plus* einer Korrektur, die den Mittelwert eines Schwankungsproduktes darstellt. Der Term $u'v'$ heißt *Korrelation* von u und v; er quantifiziert den Einfluß der Mittelungsoperation bei Beschränkung eines turbulenten Prozesses auf Mittelwertgrößen.

Unter Verwendung dieses Vorgehens gehen die Gleichungen (5.4), (5.5) über in neue Gleichungen für die gemittelten Felder von der Form

$$\nabla \cdot v + \frac{\partial w}{\partial z} = 0,$$

$$\frac{\partial u}{\partial t} + \nabla \cdot (vu + \Gamma(u)) + \frac{\partial}{\partial z}(wu + \gamma(u)) - fv = -\frac{1}{\rho}\frac{\partial p}{\partial x},$$

$$\frac{\partial v}{\partial t} + \nabla \cdot (vv + \Gamma(v)) + \frac{\partial}{\partial z}(wv + \gamma(v)) + fu = -\frac{1}{\rho}\frac{\partial p}{\partial y}, \quad (5.8)$$

$$p = p^{\text{atm}} + \rho_0 g(\eta - z) + \int_z^\eta (\rho - \rho_0) g \, d\xi,$$

$$\frac{\partial \theta}{\partial t} + \nabla \cdot (v\theta + \Gamma(\theta)) + \frac{\partial}{\partial z}(w\theta + \gamma(\theta)) = 0,$$

worin der Einfachheit halber auf Querstriche zur Bezeichnung gemittelter Variabeln verzichtet worden ist. Neu in (5.8) sind die sogenannten Flußterme Γ und γ, die definiert sind durch

$$\Gamma(u) = (\overline{u'u'}, \overline{u'v'}), \quad \gamma(u) = \overline{w'u'},$$

$$\Gamma(v) = (\overline{u'v'}, \overline{v'v'}), \quad \gamma(u) = \overline{w'v'}, \quad (5.9)$$

$$\Gamma(\theta) = (\overline{u'\theta'}, \overline{v'\theta'}), \quad \gamma(\theta) = \overline{w'\theta'}.$$

Sie stellen offensichtlich Mittelwerte von Korrelationsprodukten dar. $\rho\Gamma(u)$, $\rho\Gamma(v)$, $\rho\gamma(u)$ und $\rho\gamma(v)$ stellen die negativen REYNOLDs-Spannung in der hydrostatischen Approximation dar, und $\Gamma(\theta), \gamma(\theta)$ entsprechen dem turbulenten Wärmefless. Falls man die mittleren Felder kennt, sind diese Grössen unbekannt; andererseits beschreiben sie den Einfluss der kleinskaligen Bewegung auf die mittleren Prozesse. Sollen die letzteren prognostiziert werden, so müssen die Korrelationsgrössen (5.9) mit den mittleren Feldern verknüpft werden. Das ist das Problem der *turbulenten Schliessung*. Die moderne Literatur kennt verschiedene Versionen solcher turbulenten Schliessbedingungen , die sich im

Grad ihrer Approximation voneinander unterscheiden (BATCHELOR 1952, RODI 1980). Wir schlagen hier den einfachsten Fall vor und postulieren, indem wir im wesentlichen BOUSSINESQ folgen, daß

$$\boldsymbol{\Gamma}(u) = A\nabla u, \quad \gamma(u) = \nu\frac{\partial u}{\partial z},$$

$$\boldsymbol{\Gamma}(v) = A\nabla v, \quad \gamma(v) = \nu\frac{\partial v}{\partial z}, \qquad (5.10)$$

$$\boldsymbol{\Gamma}(\theta) = A_\theta \nabla \theta, \quad \gamma(\theta) = \nu_\theta \frac{\partial \theta}{\partial z},$$

worin

$A(x,y,z)$ = horizontaler Austauschkoeffizient für den Impuls, auch horizontaler Impulsdiffusionskoeffizient genannt,
$\nu(x,y,z)$ = vertikaler Impulsaustauschkoeffizient,
$A_\theta(x,y,z)$ = horizontaler Wärmeaustauschkoeffizient,
$\nu_\theta(x,y,z)$ = vertikaler Wärmeaustauschkoeffizient.

Die Bestimmung von numerischen Werten für diese Größen ist eines der schwierigsten Probleme der physikalischen Limnologie oder Ozeanographie. Größenordnungen sind $A \sim A_\theta \sim 1\,m^2 s^{-1}, \nu \sim \nu_\theta \sim 10^{-2}\,m^2 s^{-1}$; (eine Zusammenstellung kann man in HUTTER, 1984a, finden), jedoch sind ν und ν_θ in der Regel Funktionen der RICHARDSON-Zahl

$$Ri = \frac{\left|\frac{g}{\rho}\frac{\partial \rho}{\partial z}\right|}{\left\|\frac{\partial \boldsymbol{u}}{\partial z}\right\|^2}, \quad \left\|\frac{\partial \boldsymbol{u}}{\partial z}\right\|^2 = \left(\frac{\partial u}{\partial z}\right)^2 + \left(\frac{\partial v}{\partial z}\right)^2. \qquad (5.11)$$

Diese stellt ein Maß dar für die Stabilität der Scherströmung in einer geschichteten Flüssigkeit. Man kann dies übrigens leicht durch das folgende Experiment einsehen. Wird durch starken Wind in einem zweigeschichteten Fluid eine Scherströmung erzeugt, so baut sich zwischen den beiden Schichten ein Geschwindigkeitsunterschied Δu auf, der den Trennbereich der Dicke h der beiden Schichten umso mehr "auseinanderzureißen" versucht, je größer $\Delta u / h$ ist. Andererseits ist es klar, daß der relative Dichteunterschied $(\rho_2 - \rho_1)/(\rho_2 h)$ einer solchen Instabilität umso mehr entgegenwirkt, je größer er ist. Die dimensionslose Kennzahl

$$\frac{\frac{(\rho_2 - \rho_1)g}{\rho_2 h}}{\left(\frac{\Delta u}{h}\right)^2}$$

ist ein Maß für diese beiden, einander gegenläufigen Mechanismen. Je kleiner sie ist, umso instabiler muß die Trennschicht werden. Bei einer kontinuierlichen

Schichtung wird $(\rho_2 - \rho_1)/(\rho_2 h)$ durch $d\rho/dz$ und $\Delta u/h$ durch $\partial u/\partial z$ ersetzt; die Kennzahl wird zur (auf ebene Strömung beschränkten) RICHARDSON-Zahl. Man kann zeigen, daß für $Ri < 1/4$ Instabilität herrscht. Weitere numerische Werte der Diffusivitäten werden von OMAN (1982) gegeben.

5.2 Randbedingungen

Die im letzten Abschnitt hergeleiteten Differentialgleichungen müssen durch Randbedingungen ergänzt werden. Davon gibt es zwei Arten, die an der freien Oberfläche und am Seegrund erfüllt sein müssen. Der erste Satz ist von kinematischer, der zweite von dynamischer Art. Die Gleichungen sind: Auf der *freien Wasseroberfläche*

$$\text{kinematisch} \quad \frac{\partial \eta}{\partial t} + \boldsymbol{v} \cdot \nabla \eta - w = 0,$$

$$\text{dynamisch} \quad \begin{cases} \gamma(u) - \boldsymbol{\Gamma}(u) \cdot \nabla \eta = -\dfrac{1}{\rho} \tau_x^s, \\[2mm] \gamma(v) - \boldsymbol{\Gamma}(v) \cdot \nabla \eta = -\dfrac{1}{\rho} \tau_y^s, \\[2mm] \gamma(\theta) - \boldsymbol{\Gamma}(\theta) \cdot \nabla \eta = -q^s, \end{cases} \qquad (5.12)$$

und auf dem *Seegrund*

$$\text{kinematisch} \quad -\boldsymbol{v} \cdot \nabla H - w = 0,$$

$$\text{dyamisch} \quad \begin{cases} \gamma(u) + \boldsymbol{\Gamma}(u) \cdot \nabla H = -\dfrac{1}{\rho} \tau_x^B, \\[2mm] \gamma(v) + \boldsymbol{\Gamma}(v) \cdot \nabla H = -\dfrac{1}{\rho} \tau_y^B, \\[2mm] \gamma(\theta) + \boldsymbol{\Gamma}(\theta) \cdot \nabla H = 0. \end{cases} \qquad (5.13)$$

Diese Gleichungen lassen folgende Interpretation zu. Man betrachte zuerst die freie Oberfläche, siehe Abbildung 15. Es sei $F(x,y,z,t) = \eta(x,y,t) - z = 0$ die Gleichung dieser Fläche. Man nehme weiter an, daß Niederschlag und Verdunstung keine Rolle spielen. Dann ist die Oberfläche $F = 0$ materiell (d. h. sie wird immer von den gleichen Flüssigkeitspartikeln besetzt), so daß $dF/dt = 0$ oder

$$\frac{\partial \eta}{\partial t} + \boldsymbol{v} \cdot \nabla \eta - w = 0, \quad \text{auf} \quad z = \eta(x, y, t) \qquad (5.14)$$

gilt. Das ist die Evolutionsgleichung der freien Oberfläche; sie ist nicht-linear, kann aber linearisiert werden, weil die Oberflächenauslenkungen klein sind.

Ohne größeren Verlust an Genauigkeit kann man also fordern, daß (5.14) an der unverformten Oberfläche $z = 0$ gültig sei.

Die dynamischen Randbedingungen an der freien Oberfläche betreffen die Flüsse, also die Reynolds-Spannungen und den Wärmefluß. Es sei (siehe Abbildung 15)

$$\boldsymbol{n} = (-\nabla \eta, 1)/\sqrt{1+ \parallel \nabla \eta \parallel^2}$$

der äußere Einheitsvektor auf F = 0; des weiteren sei $G = -(\boldsymbol{\Gamma}, \gamma)$ der turbulente Fluß (des Impulses oder der Wärme). Dann ist

$$G_{\boldsymbol{n}} = \boldsymbol{G} \cdot \boldsymbol{n} = -\gamma + \boldsymbol{\Gamma} \cdot \nabla \eta$$

der Impuls oder Wärmefluß senkrecht zur freien Oberfläche. Dieser ist dem entsprechenden Fluß auf der atmosphärischen Seite gleichzusetzen. Es gilt also

$$G_{\boldsymbol{n}}(u) = -\frac{1}{\rho}\tau_x^s, \quad G_{\boldsymbol{n}}(v) = -\frac{1}{\rho}\tau_y^s, \quad G_{\boldsymbol{n}}(\theta) = -q^s. \qquad (5.15)$$

τ_x^s und τ_y^s sind die Windschubspannungen, mit positiven Richtungen, wie in Abbildung 17 dargestellt, und q bezeichnet den atmosphärischen Wärmefluß an der Wasseroberfläche. Aus (5.15) lassen sich jetzt leicht die dynamischen Beziehungen (5.12) herleiten.

Ganz analog werden auch die Randbedingungen am Boden behandelt. Zu ihrer Herleitung ist angenommen worden, daß der geotherme Wärmestrom verschwinde und daß die Bodenschubspannungen durch τ_x^B und τ_y^B gegeben seien.

Die Gleichungen (5.12) und (5.13) enthalten den meteorologischen Input in Form der Windschubspannungen und des atmosphärischen Wärmestroms. Diese Grössen können als bekannt betrachtet werden, müssen jedoch funktionell mit dem gemessenen Wind und der gemessenen Lufttemperatur etc. verknüpft werden, siehe Abbildung 17. Es ist üblich, die Windschubspannungen lokal mit den Komponenten der Windgeschwindigkeit zu verknüpfen, die in einer gewissen Distanz oberhalb der Wasseroberfläche gemessen werden. Die einfachste Beziehung hat die Form

$$(\tau_x^s, \tau_y^s) = \rho_{Luft} c_s \sqrt{U^2 + V^2}(U, V),$$

$$c_s \sim 2.5 \times 10^{-3}. \qquad (5.16)$$

Im allgemeinen ist der Reibungskoeffizient c_s selbst wieder eine Funktion der Windgeschwindigkeit, des "fetches", d. h. der freien Distanz entlang derer der Wind ungestört über die Seeoberfläche streift, der Höhe oberhalb der Oberfläche, über welcher er gemessen wird, der Rauhigkeit der Seeoberfläche etc. Eine genaue Behandlung erfordert eine Grenzschichtanalyse der wassernahen Schicht der Atmosphäre.

Eine saubere Herleitung des Wärmeübergangs an der Oberfläche verlangt Kenntnisse der Mikroklimatologie. Hier begnügen wir uns mit einer Beziehung

Physikalische Limnologie

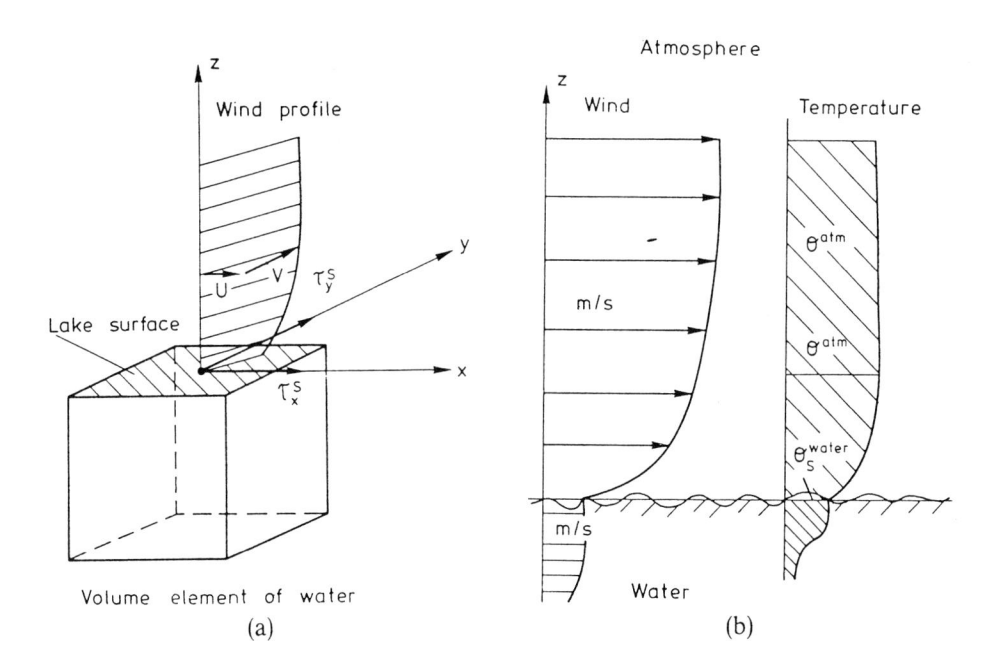

Abbildung 17: *a) Volumenelement an der Wasseroberfläche mit Windprofil in der atmosphärischen Grenzschicht. b) Wind- und Temperaturprofile an der Luft-Wasser-Grenzfläche.*

der Form
$$q^s = h(\theta^{Luft} - \theta_s^{Wasser}), \tag{5.17}$$

in der θ^{Luft} und θ_s^{Wasser} die Luft- bzw. die Wassertemperaturen an der freien Oberfläche bezeichnen; h ist der Koeffizient des Wärmeübergangs, der ebenfalls von einer Reihe lokaler Variabler abhängt (z. B. der Verdunstung). Eine saubere Behandlung der thermischen Randbedingungen ist nur für Prozesse wichtig, welche die jahreszeitlichen Veränderungen (also etwa den Aufbau und die Zerstörung der Temperaturschichtung, wie in Abbildung 2 dargestellt) beschreiben. Für Zeitskalen von Wochen oder Tagen oder Stunden ist die thermische Randbedingung nicht besonders entscheidend. In diesen Fällen ersetzt man (5.12) und (5.17) oft durch die Forderung

$$\theta = \theta^s(x, y, t), \quad \text{auf} \quad z = \eta(x, y, t), \tag{5.18}$$

worin θ^s eine vorgegebene Oberflächentemperatur bezeichnet.

Die mechanischen Randbedingungen am Boden werden manchmal als Haftbedingungen formuliert, nämlich als $u = v = w = 0$, für $z = -H(x, y)$. Häufiger wird jedoch eine Gleitbedingung verwendet; diese gestattet, die dünne

Grenzschicht am Boden zu berücksichtigen und hat die Form

$$\left.\begin{array}{l}(\tau_x^B, \tau_y^B) = \rho_{Wasser} c_B \sqrt{u^2 + v^2}(u, v), \\ \\ c_B \sim 2.5 \times 10^{-3},\end{array}\right\} \quad \text{auf} \quad z = -H(x,y). \qquad (5.19)$$

Die Grenzübergänge $c_B \to \infty$ und $c_B \to 0$ entsprechen idealem Haften bzw. idealem Gleiten. Oft wird (5.19) auch durch eine lineare Beziehung ersetzt, in welcher der Term mit dem Wurzelzeichen wegfällt; in diesem Fall ist der Reibungskoeffizient natürlich nicht dimensionslos.

Die folgenden Abschnitte beschäftigen sich mit speziellen Anwendungen.

6 Oberflächenseiches

Der Fachausdruck "Seiche" wird heute dazu verwendet, die periodischen Gravitationsschwingungen in Seen oder Ozeanbecken zu beschreiben. Solche Bewegungen werden durch Windböen oder durch Stürme angeregt und erzeugen in Ausnahmefällen Oberflächenauslenkungen mit ungewöhnlich großen Amplituden. Sind die hochfrequenten Oberflächenwellen einmal herausgefiltert, so beobachtet man Amplituden der Wasseroberfläche von wenigen Zentimetern. Während eines ungewöhnlichen Weststurmes ist im Erie See jedoch auch schon annähernd 4 m Wasserhub aufgetreten. *Oberflächen-Seiches* sind barotrope Oszillationen, für welche die Schichtung eine unbedeutende Rolle spielt. Solche Schwingungen wurden erstmals vom Jesuiten PATER LOUIS im Jahre 1671 am Michigan-See beobachtet. Systematische Untersuchungen sind von FOREL (1875) im Genfer-See begonnen worden. Erste befriedigende theoretische Erklärungen gehen auf CHRYSTAL (1904, 1905) und DEFANT (1918) zurück. Heute ist die vorhandene Literatur äußerst groß (siehe TISON und TISON 1969, HUTTER et al. 1982 a, b). Moderne Seiche-Forschung verwendet eine ausgeklügelte Kombination von Feldmessungen und rechnerischen Modellen, die auf Großrechnern zur Anwendung kommen.

Oberflächen-Seiches werden in der Regel durch Messung von Zeitreihen von Oberflächenauslenkungen an mehreren Punkten der Seeoberfläche beobachtet, siehe Abbildung 18a. Bei solchen Messungen werden alle Prozesse mit kleinen Wellenlängen von vornherein herausgefiltert. Die registrierten Zeitreihen (siehe Abbildung 18b für ein Beispiel) werden in einem zweiten Schritt dann digitalisiert und einer FOURIER-Transformation unterzogen. Erst solche Fourier-Transformationen lassen eine saubere physikalische Interpretation zu. Manchmal werden Oberflächen-Seiches auch durch Geschwindigkeitsmessungen in speziellen Punkten innerhalb des Sees registriert. Das ist dann von Vorteil, wenn ein See aus zwei oder mehreren Becken besteht, die durch Kanäle miteinander verknüpft sind, und die Kopplungsschwingungen studiert werden.

Physikalische Limnologie 215

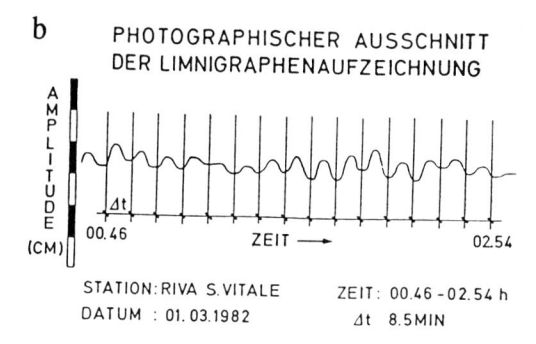

b PHOTOGRAPHISCHER AUSSCHNITT
DER LIMNIGRAPHENAUFZEICHNUNG

AMPLITUDE (CM)

00.46   ZEIT →   02.54

STATION: RIVA S. VITALE   ZEIT: 00.46 - 02.54 h
DATUM : 01.03.1982 Δt 8.5 MIN

Abbildung 18: *a) Zwei Fotografien der Seichelimnigraphen, wie sie im Zürich- und Luganersee verwendet wurden. b) Fotografische Wiedergabe einer Episode der Wasserspiegel-schwankungen, wie sie im Luganersee vom Limnigraphen der Bilder 18a registriert wurden.*

Strömungsmessungen innerhalb des Verbindungskanals von zwei Becken lassen eine solche Kopplung besonders gut erkennen.

Theoretisch werden die Oberflächen-Seiches als Eigenwertproblem der linearisierten Gleichungen des letzten Kapitels behandelt. Dabei wird von den folgenden Vereinfachungen Gebrauch gemacht.

- Die Variation der Wassertemperatur und die Schichtung werden vernachlässigt.

- Alle Nichtlinearitäten, die in Gleichungen auftreten, werden gestrichen.

- Die turbulente Diffusion, d. h. die Reynolds-Spannungen werden vernachlässigt.

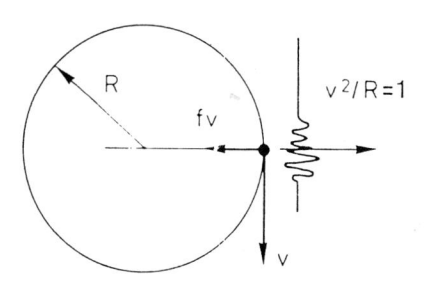

Abbildung 19: *Ein Wellenpaket (Pseudopartikel) ist in einer rotierenden Flüssigkeit einer Corioliskraft (= fv, Ablenkung nach rechts auf der nördlichen Hemisphäre) unterworfen und pflanzt sich daher entlang einer Kreisbahn mit Radius R fort, was beim Wellenpaket zum Wirken einer Fliehkraft v^2/R führt.*

Durch Integration der so vereinfachten Gleichungen über die Wassertiefe und unter Verwendung der Randbedingungen am Boden und an der Oberfläche erhält man dann die Gleichungen

$$\frac{\partial \eta}{\partial t} + \frac{\partial (Hu)}{\partial x} + \frac{\partial (Hv)}{\partial y} = 0,$$

$$\frac{\partial u}{\partial t} - fv = -g\frac{\partial \eta}{\partial x}\left(+\frac{\tau_x^s - \tau_x^B}{\rho}\right), \tag{6.1}$$

$$\frac{\partial v}{\partial t} + fv = -g\frac{\partial \eta}{\partial y}\left(+\frac{\tau_y^s - \tau_y^B}{\rho}\right),$$

die den Randbedingungen

$$(Hu, Hv) \cdot \boldsymbol{N} = 0, \quad \text{dem Ufer entlang} \tag{6.2}$$

gehorchen müssen. $\boldsymbol{N}$ bezeichnet den Normalenvektor senkrecht zur Uferlinie (siehe Abbildung 15). Bei der Behandlung des Eigenwertproblems werden die Klammerausdrücke in (6.1) nicht berücksichtigt; diese beschreiben die Windkräfte und die Bodenreibung und sind bei der Behandlung der windangeregten Strömung, wie z. B. Sturmfluten wichtig.

Für reale Becken können (6.1) und (6.2) nur unter Verwendung von numerischen Methoden gelöst werden. Vereinfachungen sind unter Umständen jedoch möglich. Um die Bedeutung der Coriolis-Kräfte bei Oberflächen-Seiches abzuschätzen, betrachte man ein Wellenpaket von Oberflächenauslenkungen in einem unendlich ausgedehnten Becken unter stationären Bedingungen. Wegen der CORIOLIS-Kräfte erfährt dieses Wellenpaket auf der nördlichen Hemisphäre

Physikalische Limnologie 217

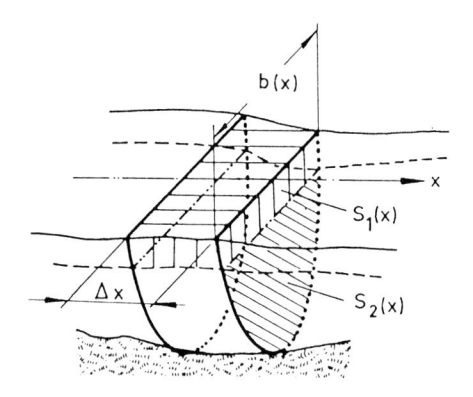

Abbildung 20: *Perspektivische Darstellung eines Kanalstückes. x ist die Kanalachse, $S(x)$ der Querschnitt senkrecht zur Achse und $b(x)$ die Breite der freien Oberfläche.*

eine Rechtsablenkung und auf der südlichen Hemisphäre eine Linksablenkung und bewegt sich entlang eines Kreises mit Radius R, siehe Abbildung 19. Aus einem Kräftegleichgewicht zwischen der Corioliskraft und der Zentripetalkraft, die beide an diesem Pseudopartikelchen mit tangentialer Geschwindigkeit v radial angreifen, folgt

$$R = \frac{v}{f} = \frac{\sqrt{gH}}{f}, \quad v = \sqrt{gH}. \tag{6.3}$$

(In dieser Herleitung haben wir "Wellenpaket" und "Partikel" als gleichbedeutend betrachtet. Das ist in der Quantenmechanik so üblich. Dem quantenmechanischen Jargon folgend könnte man ein solches Partikel also auch als *Limnon* bezeichnen). Der Radius R in (6.3) heißt Rossby-Deformationsradius und $v = \sqrt{gH}$ ist die Fortpflanzungsgeschwindigkeit des Flachwasserwellenpakets. Wenn $f = 0$, sind diese Wellen dispersionsfrei, für $f \neq 0$ unterscheiden sich Phasen- und Gruppengeschwindigkeiten. Für mittlere geographische Breiten gilt $f = 10^{-4}\,ms^{-1}$ und somit $R = 100$ bis $1000 km$. Mit anderen Worten, die Dimensionen, bei denen sich bei barotropen Problemen die Erdrotation bemerkbar macht, liegen bei 100 bis 1000 km. Das ist die Dimension der Großen Seen in den USA, des Baltischen Meeres, des Kaspischen Meeres und größerer Becken. Die meisten Seen sind kleiner, so daß der Einfluß der Erdrotation auf die barotropen Schwingungen dort vernachlässigbar ist.

Die folgenden Berechnungen gründen daher auf der Vernachlässigung der Erdrotation.

Viele Seen sind lang und schmal und können daher angenähert als Kanäle mit Bewegungen hauptsächlich entlang der Kanalachse betrachtet werden (DEFANT, 1918). Mit Bezug auf Abbildung 20 führen die Bilanzgleichungen der

Masse und des Impulses in einem solchen eindimensionalen Modell auf die Gleichungen

$$\frac{\partial \eta}{\partial t} + \frac{1}{b}\frac{\partial}{\partial x}(Su) = 0, \quad \frac{\partial}{\partial t}(Su) + gS\frac{\partial \eta}{\partial x} = 0, \quad 0 < x < L, \qquad (6.4)$$

die den Endbedingungen $Su = 0$ bei $x = 0$, $x = L$ unterworfen sind. Mit anderen Worten, an den See-Enden werden Zu- und Abflüsse null gesetzt. Mit

$$(u, \eta) = (u_0, \eta_0)\exp(i\omega t)$$

erhält man aus (6.4) das räumlich eindimensionale Eigenwertproblem

$$\frac{d}{dx}(Su_0) = -i\omega\eta_0, \quad \frac{d\eta_0}{dx} = -\frac{i\omega}{g}u_0, \quad 0 \leq x < L,$$
$$Su_0 = 0, \quad \text{at} \quad x = 0, L, \qquad (6.5)$$

mit dem Eigenwert ω ($T = 2\pi/\omega$ = Eigenperiode) und den Eigenfunktionen $u_0(x)$ und $\eta_0(x)$. Mit Hilfe von (6.5) sind die Oberflächen-Seiches von vielen Seen berechnet worden, der Leser sei jedoch darauf aufmerksam gemacht, daß man mit (6.5) keine Seiche-Struktur in Querrichtung erhält (siehe jedoch RAGGIO und HUTTER (1982 a,b,c)). Der moderne Trend zielt daher auf die Verwendung von (6.1) und (6.2) und deren numerische Auswertung.

Als Beispiel betrachte man das Südbecken des Luganersees, siehe Abbildung 21. Dieser, auf der Alpensüdseite am Rande der Po-Ebene gelegen, besteht aus drei Becken. Das Nordbecken ist L-förmig, besitzt steile, fast senkrechte Ufer und erstreckt sich von Porlezza bis zur glazialen Moräne bei Melide. Seine Länge beträgt ungefähr 17 km, die mittlere Breite ist 1 500 m, und seine mittlere resp. maximale Tiefe ist 185 und 288 m. Das Südbecken ist im wesentlichen ein S-förmiger Kanal, der von Riva San Vitale bis Agno reicht. Mit seiner Länge von 19 km und mittleren Breite von 1000 m ist es schmäler und länger und mit 55 und 95 m mittlerer bzw. maximaler Tiefe auch flacher als das Nordbecken. Das anschließende Becken bei Ponte Tresa ist ziemlich rund, mit einer Oberfläche von ungefähr 1 km^2 und mittlerer bzw. maximaler Tiefe von 33 bzw. 55 m.

Die glaziale Moräne zwischen Melide und Bissone trennt das Nord- vom Südbecken. Ein Kanal mit ca. 50 m Kronenweite und 100 m Länge verbindet die beiden Becken. Je nach Wasserstand beträgt seine Tiefe 5 bis 6 m; die Fläche seines trapezförmigen Querschnittes ist 200 m^2 oder weniger. Der Kanal bei Lavena, der das Südbecken mit dem Becken von Ponte Tresa verbindet, ist 500 m lang, 40 bis 50 m breit und zwischen 4 und 5 m tief. Der einzige Abfluß dieses 3-Becken-Systems ist die Tresa bei Ponte Tresa; der mittlere Durchfluß erfolgt also durch den Kanal bei Melide vom Nord- ins Südbecken und durch den Kanal bei Lavena vom Südbecken in dasjenige von Ponte Tresa.

Wegen der sehr geringen Querschnittsfläche der Verbindungskanäle wurden in ersten Studien von barotropen und baroklinen Prozessen die drei Becken als

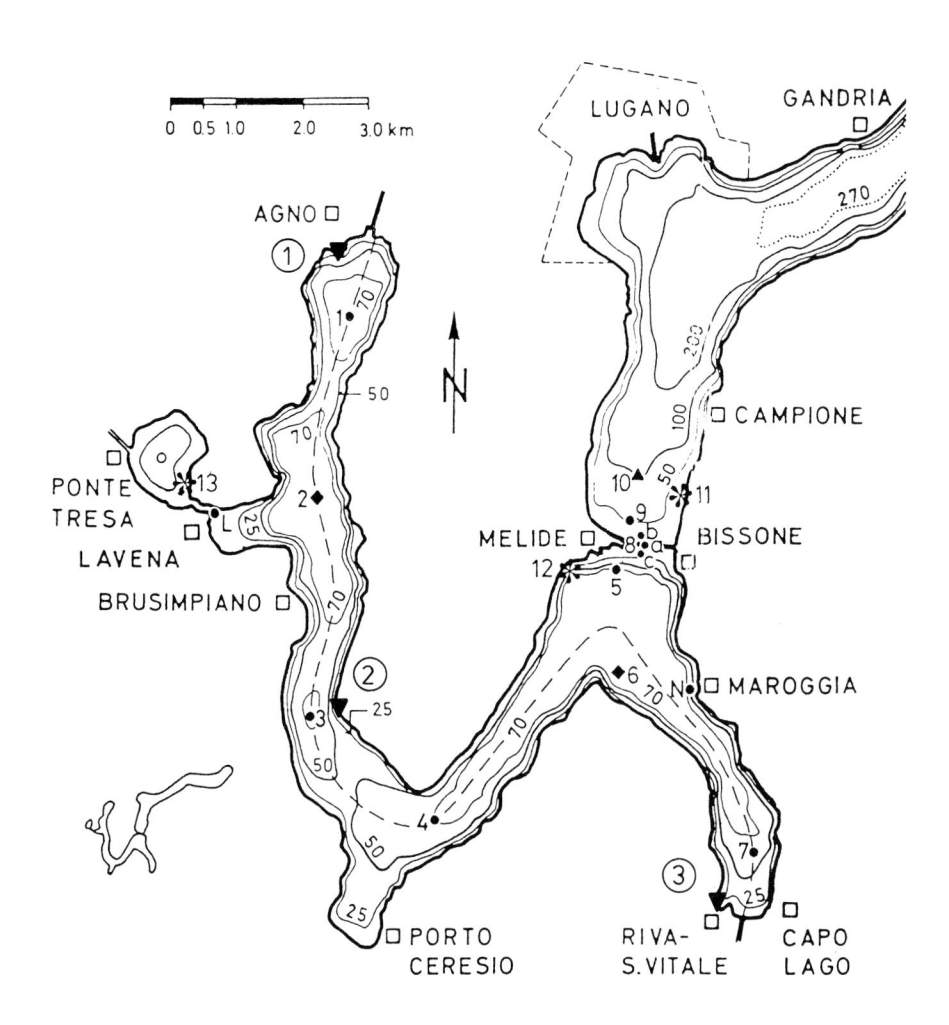

Abbildung 21: *Tiefenkarte des Luganersees mit Konturlinien (in m), Südbecken, ein Teil des Nordbeckens und des Beckens bei Ponte Tresa mit Verbindungskanälen bei Melide und Lavena. Eingetragen mit verschiedenen Symbolen sind:*

- ▼ mit Numerierung (1), (2) und (3), Limnigraphen stationiert im Februar 1982
- * mit Numerierung 11, 12, 13, Limnigraphen, stationiert im Jahre 1984
- • Verankerungen mit je einem Strömungsmesser in Epi- und Hypolimnion und einer die Thermokline erfassenden Thermistorenkette
- ♦ Verankerung von meteorologischen Bojen
- ▲ Positionen mit Strömungsmesser, Thermistorenkette und meteorologischen Instrumenten

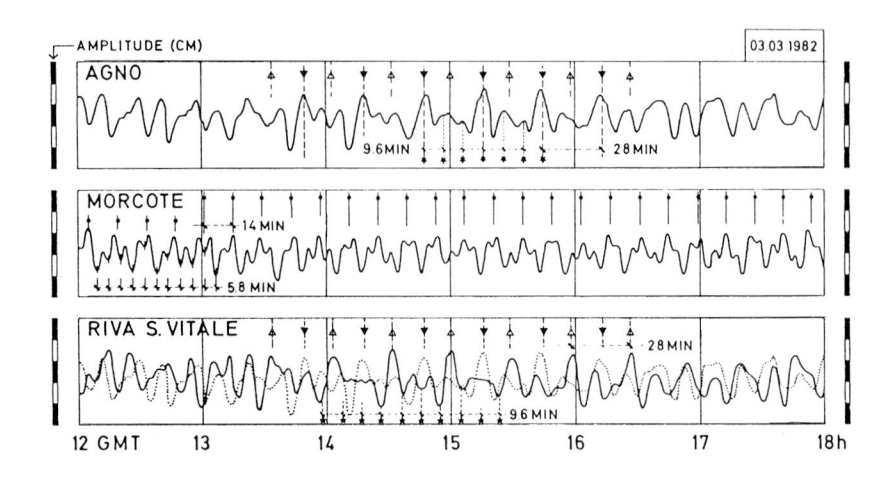

Abbildung 22: *Sechs-Stunden Episode der Zeitreihen der Oberflächenauslenkungen bei den Stationen 'Agno', 'Morcote' und 'Riva San Vitale' am 3. März 1982 von 12.00 bis 18.00 Uhr. Die Zeitreihe der Messung vor 'Agno' ist punktiert, jener bei 'Riva San Vitale', mit einer Periode von ungefähr 28 Min. Für die offenen Dreiecke ist die Rolle der Maxima und Minima gerade umgekehrt. Die Sterne zeigen eine Periode von ca. 9.6 Min. auf, und Punkte (• sowie \ ) in der Zeitreihe von 'Morcote' identifizieren Perioden mit 14 und 5.8 Minuten.*

voneinander getrennt betrachtet, mit anderen Worten, man hat den Durchfluß durch die Kanäle vernachlässigt. Für die meisten beobachteten barotropen und baroklinen Prozesse ist diese Annahme befriedigend. Messungen seit Februar 1984 mit einem Strömungsmeßgerät in der Mitte des Kanals von Melide und Temperaturmessungen mit Thermistorenketten in dessen Nachbarschaft dokumentieren einen überraschend stark oszillierenden barotropen sowie einen mindestens episodhaften baroklinen Austausch zwischen Nord- und Südbecken.

Beispielhaft seien Resultate für das barotrope Verhalten des isolierten Südbeckens mit Messungen an den in Abbildung 21 mit ∇ bezeichneten Limnigraphenstationen besprochen. Abbildung 22 zeigt zwei Episoden von Zeitreihen der Oberflächenauslenkung, welche deutliche oszillatorische Prozesse mit den Perioden: 28, 14, 9.6 und 5.8 Minuten von Auge ablesen lassen. Spektralanalyse einer 12-Stunden-Episode (siehe Abbildung 23) eines Zeitreihenpaares der Oberflächenauslenkung bei den Stationen Agno und Riva San Vitale haben zu Spektraldichten, Kohärenz und Phasendifferenz geführt mit relativen Energiemaxima und guter Kohärenz bei Perioden von 28, 17, 9.6, 8.5 und 5.8 Minuten. Vertikale Linien in dieser Figur markieren die Eigenperioden, wie sie mit den Gleichungen (6.1), (6.2) berechnet wurden, wobei die ersten fünf Li-

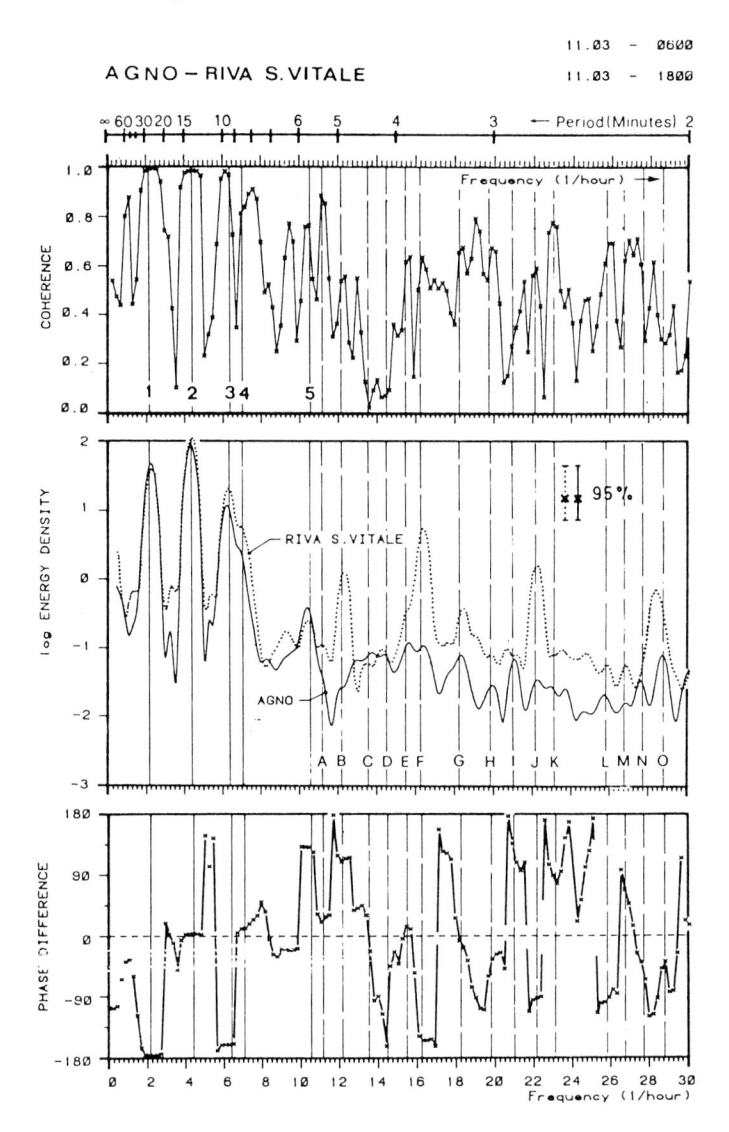

Abbildung 23: *Spektren der Oszillationen der Oberflächenauslenkungen in den Stationen 'Agno' und 'Riva San Vitale' (Mitte) für eine 12 Stunden Episode im März 1982, sowie zugehörige Phasendifferenz 'Agno-Riva San Vitale' (unten) und Kohärenz (oben). Die Energiedichte ist logarithmisch aufgetragen, die Skalen werden jedoch nicht gezeigt. Die 95 % Vertrauensgrenze ist ebenfalls aufgetragen. Vertikale Linien, identifizieren relative Energiemaxima in der Spektralverteilung. Diese sind oft mit einer vergleichsweise großen Kohärenz korreliert. Die mit 1 bis 5 bezeichneten vertikalen Linien identifizieren die ersten 5 Seiches, die restlichen mit A bis O bezeichneten Linien deuten mögliche höhere Eigenperioden an.*

Tabelle 2: *Perioden (in Minuten) der Gravitationsseiches im Zürichsee und im Nord- und Südbecken des Luganersees berechnet mit Hilfe des FE-Codes von P. F.* HAMBLIN *(1972), des FD-Programmes von D. J.* SCHWAB *(1980), dem klassischen Kanalmodell (A.* DEFANT*) und den erweiterten Kanalmodellen von G. M.* RAGGIO *und K.* HUTTER *(1982, a, b, c). Verglichen werden die Resultate mit beobachteten Perioden (siehe K.* HUTTER *et al., 1982 b, c).*
=12pt

	Zürichsee			Luganersee – Nordbecken					Luganersee – Südbecken	
Moda- lität	FE	FD	Be- obach- tung	Kanal- modell	Erw. Kanal- modelle	FE	FD	Be- obach- tung	FE	Be- obach- tung
1	45,0	44,6	44,7	13,8	13,7	13,8	14,4	13,8	27,8	27,6
2	23,5	23,5	23,4	6,6	6,5	6,6	6,5	6,2	13,6	13,9
3	17,6	17,3	17,5	5,0	5,0	5,1	4,6	5,1	9,4	9,6
4	13,6	13,8	13,4		3,7	3,8	3,7		8,5	8,7
5	12,5	11,9	11,8 ?			2,8			5,7	5,8
6	11,6	10,4	10,3 ?			2,3				
7	9,2	9,3	9,2			2,1				
8		9,1				1,9				
9		7,9				1,6				
10		7,6				1,5				
18		5,31	5,3							

nien mit 1, 2, 3, 4, 5 markiert sind. Die Phasendifferenzen der Zeitreihenpaare dieser beiden Stationen sind (in dieser Reihenfolge) $0^0, 180^0, 0^0, 180^0, 0^0$, was mit den berechneten modalen Seiche-Strukturen übereinstimmt; Abbildung 24a gibt ein Beispiel einer Seiche-Struktur für die ersten fünf Eigenschwingungen, Abbildung 24b liefert eine schematische Darstellung.

Daß solche Spektralanalysen verläßliche Resultate für die Modenstruktur liefern, folgt auch aus *Tabelle 2*, welche Resultate für den Zürichsee, das Luganersee-Nordbecken und -Südbecken mit solchen aus Finiten Elementen (FE), finiten Differenzen (FD) und anderen Kanalmodellen vergleicht; dabei lösen diese numerischen Berechnungen das oben erwähnte Eigenwertproblem.

Abbildung 21 gibt ebenfalls einen Überblick über die Messungen von Strömung und Temperatur im Nord- und im Südbecken des Luganersees, vor allem von Mitte August bis Mitte Oktober 1984 (aber nicht ausschließlich), welche das Studium der Co-oszillation der drei Seebecken gestattet. Wir betrachten hier nur die barotropen Bewegungen und konzentrieren uns daher auf Strömungsmessungen in den Kanälen von Lavena und Melide (Positionen L und 8a, c, sowie Messungen von Schwankungen der Wasseroberfläche mit Seiche-Limnigraphen in den Positionen 11, 12 und 13).

Physikalische Limnologie 223

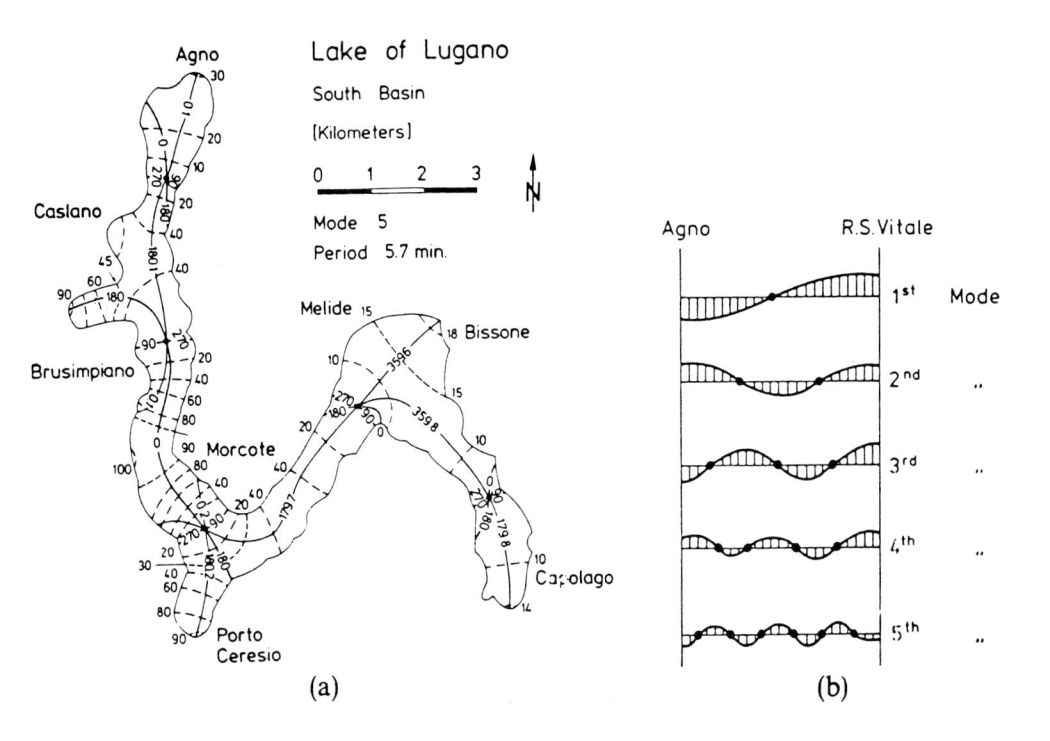

Abbildung 24: *a) Linien konstanten Hubes (gestrichelt) sowie konstanter Phase (ausgezogen) für die fünfte (barotrope) Eigenschwingung des Südbeckens des Luganersees mit einer Periode von 5.8 Minuten. Die Struktur der Eigenschwingung zeigt gewisse Ansätze der Transversalität. Die Linien konstanten Hubes sind mit den Amplitudenverteilung der Oberflächenauslenkungen identisch. Sie sind auf einen maximalen Wert von 100 normiert. Die dunklen Punkte markieren die Amphidromien, wo für den betrachteten Mode zu allen Zeiten keine Oberflächenauslenkungen auftreten. b) Schematische Verteilung der Wasseroberfläche entlang des Talweges in den ersten Seiches.*

Abbildung 25a zeigt das Energiespektrum einer 68-h-Zeitreihe der Wassergeschwindigkeit in Richtung der Kanalachse in 4 m Tiefe bei Position 8a. Es handelt sich im wesentlichen um eine Fourier-Zerlegung der gemessenen Geschwindigkeitsoszillationen; dargestellt ist der Logarithmus der Amplitudenquadrate gegen den Logarithmus der Frequenz (in Umdrehungen pro Stunde) oder der Periode (in Stunden). In der mit zunehmender Frequenz im Mittel abfallenden Kurve sind herausragende relative Maxima gesondert bezeichnet. Im Kanal von Melide sind Schwingungen mit diesen Perioden besonders stark vertreten. Wie aus Tabelle 2 ersichtlich und bereits berechnet, stellen die mit S1-S4 bezeichneten Maxima die ersten vier Perioden der Oberflächen-Seiches des

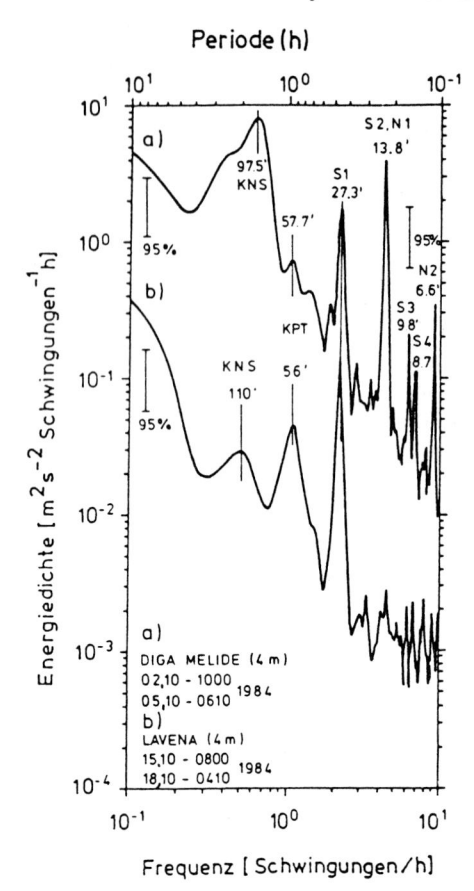

Abbildung 25: *a) Energiespektrum der Strömungskomponente in 4 m Tiefe längs der Kanalachse in Position 8a bei Melide für eine 68-h-Zeitreihe. Relative Maxima sind mit ihren Perioden (in min) bezeichnet. S1 - S4 Moden des Südbeckens; N1, N2 Moden des Nordbeckens, KNS Kopplungsschwingung des Nord- und Südbeckens, KPT Kopplungsschwingung des Beckens bei Ponte Tresa. b) Wie (a), aber für die Strömungskomponente in Längsrichtung des Lavena-Kanals. Für beide Fälle ist der Zeitabschnitt der Meßreihen angegeben.*

Südbeckens allein dar. Entsprechend gehören N1 und N2 zum fundamentalen Mode und zur ersten Oberschwingung des barotropen Seiches des Nordbeckens allein. Die energiereichsten Komponenten im ersten Fall sind S1, KPT und KNS (in dieser Reihenfolge, Abbildung 25b), bei Position 11 jedoch N1, N2 und bei Position 12, S1, S2 (hier graphisch nicht gezeigt). In den Geschwindigkeitsmeßreihen der Kanäle sind die Kopplungsschwingungen deutlich sichtbar, bei den Limnigraphen-Registrierungen jedoch nicht.

Physikalische Limnologie 225

Um für die zwei länger periodischen Schwingungen in Abbildung 25 (100 h und 57 h Perioden) eine Erklärung zu finden, ist das um die Corioliskräfte reduzierte Eigenwertproblem (6.1) und (6.2) numerisch mit der Methode der finiten Differenzen gelöst worden (SALVADÈ und ZAMBONI, 1987).

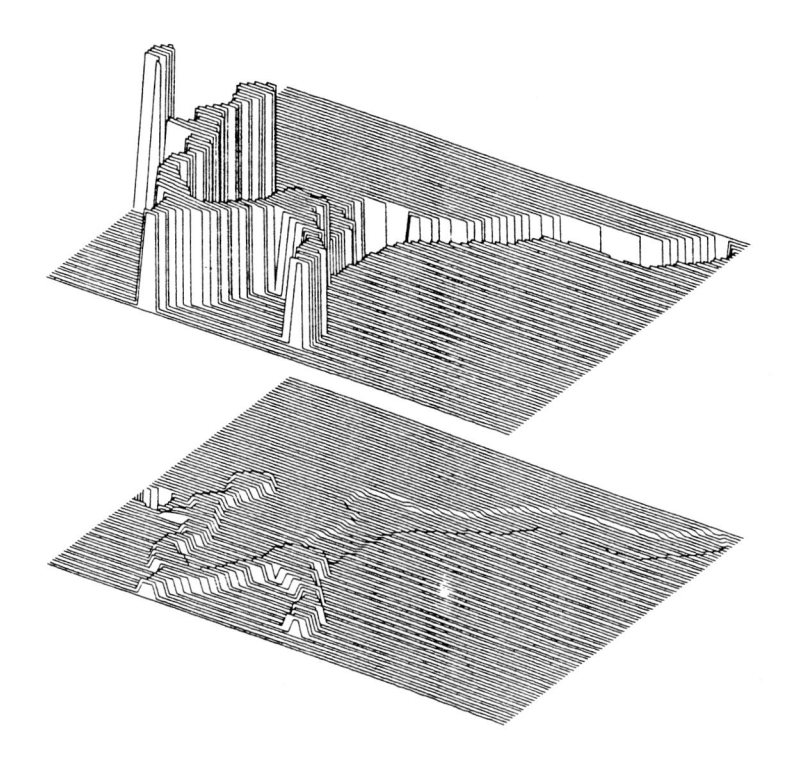

Abbildung 26: *a) Perspektivische Darstellung der Oberflächenauslenkung im Moment größter Amplituden für die Kopplungsschwingung KNS des Luganersees mit Periode 97 min. Im Kanal von Melide tritt die Knotenlinie auf. Nord- und Südbecken (mit dem Becken bei Ponte Tresa) bewegen sich in Gegenphase. Die größten Geschwindigkeiten treten im Kanal von Melide auf. b) Wie a) aber für die Kopplungsschwingung KPT mit 54-min-Periode. Die größten Geschwindigkeiten treten im Kanal von Lavena auf.*

Dabei galt es wegen der Bedeutung des Kanals bei Melide, das Koordinatensystem in dessen Richtung zu orientieren und möglichst kleine Maschenweiten von 50×50 m zu wählen. Damit war der Kanal in Melide durch zwei Elemente vergleichsweise schlecht dargestellt; ein zentriertes Differenzenschema zweiter Ordnung führte jedoch auf ein Matrizen-Eigenwertproblem mit 20263 Unbekannten, dessen Lösung wegen seiner Größe spezielle numerische Methoden erheischte. Variable Maschenweite im Gitternetz mag hier Abhilfe schaffen. Die Seiches der einzelnen Becken waren schon früher berechnet worden.

Tabelle 3: *Berechnete und beobachtete Perioden. Die Moden-Numerierung in Spalte 1 ist unsere eigene Zählart, jene in den letzten zwei Spalten identifizieren die Schwingungsordnung der isolierten Nord- und Südbecken. h bezeichnet die für die Rechnung gewählte Tiefe der FD-Zellen im Kanal von Melide, die mittlere Tiefe ist jene aus allen drei Becken.*

Mode	Berechnete Perioden [min] (mittlere Tiefe 116,8 m)					Gemessene Perioden [min]				
	h [m]					Melide-Kanal	Lavena-Kanal	Nord-becken	Süd-becken	
	6	5,5	5	4						
1	97,8	99,5	101,5	106,3		95–110	110			
2	54,5	54,5	54,6	54,7			56			
3	27,3	27,3	27,3	27,5		27,3	27,3		27,6	Mode 1
4	14,1	14,1	14,1	14,1					13,9	Mode 2
5	13,9	13,9	13,9	13,9		13,8		13,8 Mode 1		
6	9,76	9,76	9,76	9,76		9,6			9,7	Mode 3
7	8,78	8,78	8,78	8,78		8,7			8,6	Mode 4
8	6,68	6,68	6,68	6,68		6,6		6,6 Mode 2		
9	5,78	5,79	5,79	5,79					5,7	Mode 5

Physikalische Limnologie

In Tabelle 3 sind die für die Tiefen H = 6, 5.5, 5 und 4 m des Melide-Kanals berechneten ersten neun Perioden den "gemessenen" Perioden gegenübergestellt. Man stellt fest:

- Eine Variation der Kanaltiefe wirkt sich meßbar nur auf die Grundschwingung von ca. 100 min aus. Je nach Wasserstand ist diese Bandbreite der Periode auch aus den Messungen ersichtlich. Die Amplitudenstruktur der Oberflächenauslenkung (Abbildung 26a) zeigt, daß die Strömungen im Südbecken und im Becken von Ponte Tresa unisono verlaufen und jenen im Nordbecken entgegen gerichtet sind, mit bedeutenden Geschwindigkeiten nur im Kanal bei Melide. Die Rechnungen haben übrigens auch ergeben, daß maximale Oberflächenauslenkungen im See von nur 0,25 cm zu Geschwindigkeiten im Kanal von 10 cm s^{-1} führen. Es handelt sich also um die Co-oszillation des Nord- und Südbeckens (Abbildung 25).

- Die Oberschwingungen (Moden 3 - 9) lassen sich als Seiches N1, N2 und S1 - S4 des Nord- und Südbeckens interpretieren. Das wird auch aus der Amplitudenverteilung deutlich (nicht gezeigt).

- Mode 2 (Abbildung 26b) stellt die Co-oszillation KPT des Südbeckens mit dem von Ponte Tresa dar, denn die Schwingung verläuft in diesen beiden Becken in Gegenphase, mit bedeutenden Geschwindigkeitsamplituden nur im Kanal von Lavena. Zwar ist eine gewisse Mitbewegung der Wassermassen im Nordbecken ersichtlich. Bei Schließen der Öffnung des Kanals von Melide berechnet sich die Periode jedoch zu 55,3 min mit kaum geänderter Amplitudenverteilung im Südbecken und dem Becken von Ponte Tresa.

7 Interne Seiches

Wie die Temperaturregistrierungen im Zürichsee gezeigt haben, (siehe Abbildung 9), treten in der Sommerstagnationsperiode im Metalimnion Bewegungen mit großen Amplituden auf. Diese internen Bewegungen sind von *barokliner* Natur. Interne Oszillationen kann man mit den allgemeinen Gleichungen aus dem 4. Kapitel erklären. Man hat aber kaum Erfolg, ohne Vereinfachungen durchzuführen. Ein Modell, welches das allgemeine System wesentlich vereinfacht, jedoch bezüglich interner Schwingungen immer noch das Wesentliche enthält, ist das Zwei-Schichten-Modell von Abbildung 27a. Wie bei den Oberflächenseiches kann man für jede Schicht die Massen- und Impulsbilanzen aufstellen. Das entsprechende Eigenwertproblem muß dann neben den barotropen Schwingungen auch die baroklinen Schwingungen enthalten. In Analogie zu einem Zweimassenpendel entsprechen die barotropen und baroklinen Schwingungen den beiden Eigenschwingungsformen des Zweimassenpendels.

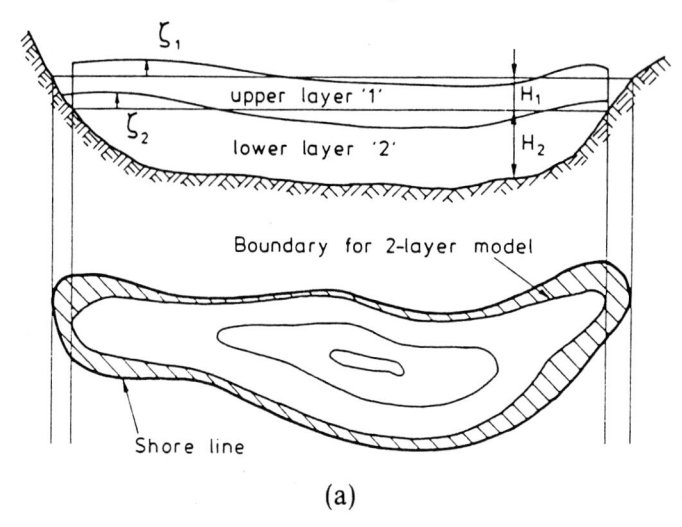

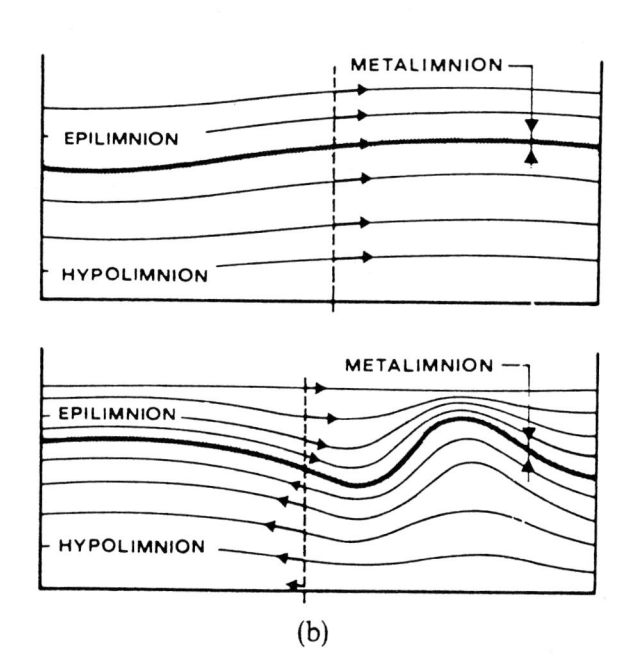

Abbildung 27: *a) Zwei-Schichten-Modell mit den Schichttiefen H1 und H2, den Oberflächen- und Thermoklinenauslenkungen ζ_1 und ζ_2. Die mathematischen Modelle verlangen als Rand in der Regel eine vertikale Wand entlang der Tiefenlinie H_1. Der schraffierte Teil wird in den Modellrechnungen dann vernachlässigt. b) Externe und interne Bewegungen in einem Rechteckbecken. Pfeile zeigen Bewegungsrichtungen an.*

Physikalische Limnologie

Man kann die barotropen und baroklinen Prozesse mathematisch *angenähert* separieren und erhält ein separiertes Gleichungssystem, das sowohl für das barotrope wie das barokline Verhalten auf Gleichungen der Form (6.1) führt, nur daß im baroklinen Fall folgende Substitutionen berücksichtigt werden müssen:

$$g \to g' = g\epsilon,$$
$$H \to H_i = \frac{h_1 h_2}{h_1 + h_2}, \quad \epsilon = \frac{\rho_2 - \rho_1}{\rho_2} \cong 2 \times 10^{-3}. \tag{7.1}$$

g' heißt reduzierte Gravitationskonstante und H_i ist eine äquivalente Wassertiefe für die interne Bewegung. Da $H_i \to h_1$ für $h_2 \to \infty$, ist die äquivalente Wassertiefe H_i von der Größe der Epilimniontiefe. Die Gleichungen (7.1), (6.3) führen bei internen Wellen auf die Beziehungen

$$v_i = \sqrt{g' H_i} = v\sqrt{\epsilon \frac{h_1 h_2}{(h_1 + h_2)^2}} = v\sqrt{\epsilon \frac{H_i}{H}}. \tag{7.2}$$

Für realistische Situationen hat die Quadratwurzel im rechten Term die Größenordnung 5×10^{-2} bis 10^{-2}. Die Phasengeschwindigkeit interner Wellen ist also etwa 100 mal kleiner als deren barotropes Gegenstück. Im Zürichsee sind typische Werte 40 ms^{-1} resp. 0.3 ms^{-1}. Die Beziehungen (7.1) und (6.3) führen (bei der überlichen Sommerschichtung alpiner Seen) zudem auf einen internen Rossby-Deformationsradius $R_i = R\sqrt{\epsilon H_i/H} \sim 5 \times 10^6\, m$ also ca. 5 km, der ebenfalls zwei Größenordnungen kleiner ist als der barotrope Rossby-Radius. Diese Tatsache hat wichtige Konsequenzen. Bei baroklinen Schwerewellen darf die Erdrotation dann nicht vernachlässigt werden, wenn die Seebeckenbreite von der Größenordnung des Rossby-Radius oder kleiner ist. Für den Genfersee und den Bodensee ist dies der Fall, für Seen der Größe des Zürichsees oder des Seneca-Sees (Finger Lakes, New York, USA) führt eine Vernachlässigung der Effekte der Erdrotation jedoch zu gewissen, wenn auch kleinen Fehlern.

Wir wollen die Resultate für den Zürichsee diskutieren. Die Abbildung 10 und *14a* zeigen Zeitreihen für Isothermentiefen und Spektren von Messungen vom August/September 1978. Man erkennt, daß, abgesehen von deutlichen Bewegungen mit einer Periode von ca. 100 Stunden energiereiche Schwingungen mit Perioden von 44, 25 und 18 Stunden vorherrschen. Finite-Differenz-Adoptionen der Gleichungen (6.1), (6.2) haben andererseits zu den Perioden und modalen Strukturen der Abbildung 28 geführt. Die berechneten Perioden sind etwas kürzer als die "gemessenen Perioden". Das beruht teilweise darauf, daß die FD-Approximation die Topographie approximiert und den See verkleinert. Die Folge sind kürzere Perioden. Man kann auch die Kohärenz und Phasendifferenz von Zeitreihen der Isothermentiefen von Stationspaaren bestimmen. Dies ist getan worden. Die Rechnungen bestätigen eine hohe statistische Korrelation der Meßdaten bei diesen Perioden, so daß die Oszillationen

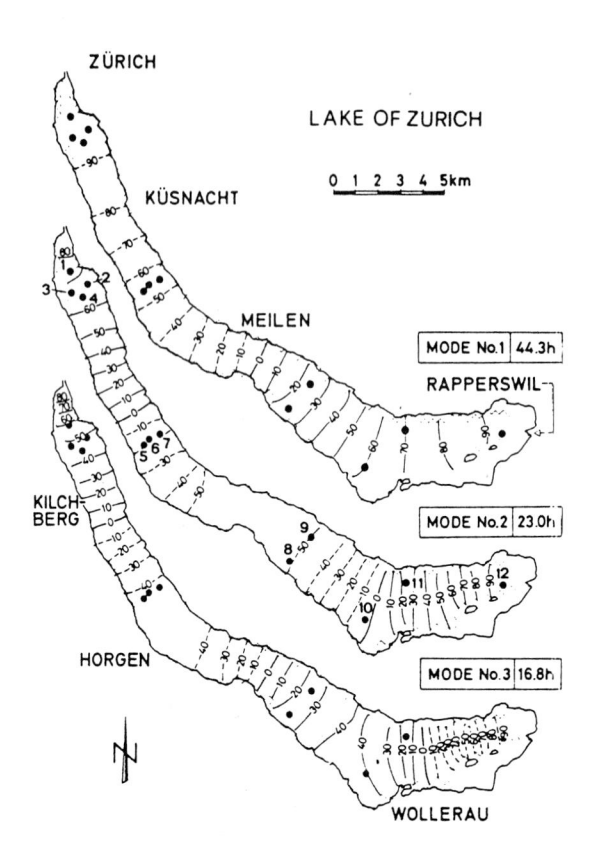

Abbildung 28: *Verteilung der Seiche-induzierten Verschiebung der Diskontinuitätsflächen (12 m) des Zweischichtenmodells für den Zürichsee und die ersten drei Eigenschwingungen gemäß FD-Berechnungen. Die Linien konstanter Amplitude sind in 10 cm Abständen aufgetragen (ausgezogen positiv, gestrichelt negativ, bezogen auf ein Maximum von 100 cm). Knotenlinien sind mit '0' markiert. Dunkle Punkte geben die Positionen der Meßstationen.*

mit den Perioden von 44, 25, 18 Stunden die Grundschwingung und die ersten zwei Oberschwingungen des internen Gravitationsseiches darstellen. Eine detaillierte Analyse der Zürichseedaten und deren Interpretation wird von HORN et al. (1984) gegeben. Tabelle 4 zeigt einen Vergleich der berechneten und gemessenen Perioden für die ersten 10 Eigenschwingungen des Zürich- und des Luganersees. Die Übereinstimmung ist befriedigend. Berechnungen für andere Seen können der Literatur entnommen werden.

Eine Analyse der internen Wellendynamik im Nordbecken des Luganersees geben HUTTER et al. (1983). SALVADÈ et al. (1988) untersuchen mit einem Dreischichtenmodell den Einfluß einer chemischen Schichtung auf die interne

Seendynamik und STOCKER et al. (1987) geben eine Analyse der baroklinen Schwingungen des Südbeckens.

Tabelle 4: *Perioden (in Stunden) der internen Seiches im Zürichsee und im Nordbecken des Luganersees, berechnet mit dem Zweischichtenmodell sowie einem approximierten Zweischichtenmodell (TVD) unter Vernachlässigung der Erdrotation. Vergleich dieser Perioden mit Perioden aus Beobachtungen.*

	Zürichsee (Periode in h)			Nordbecken des Luganersees (Periode in h)		
Modalität	Zwei-Schichten-Modell ($f=0$)	TVD-Modell ($f=0$)	Beobachtung	Zwei-Schichten-Modell ($f=0$)	TVD-Modell ($f=0$)	Beobachtung ($f=0$)
1	44,84	45,13	44	26,05	25,46	24,2
2	23,77	23,41	24	11,63	11,39	12,2
3	17,14	17,12	17	8,39	8,15	8,0
4	13,37	13,03	13	6,72	6,53	6,2
5	10,55	10,71	-	5,07	5,00	5,0
6	9,48	9,29	-	4,15	4,11	4,1
7	8,18	8,46	-	3,76	3,70	3,8
8	7,22	7,29	-	3,32	3,27	-
9	6,69	6,42	-	2,91	2,88	-
10	6,11	6,10	-	2,69	2,62	-

8 Der Einfluß der Erdrotation

In den vorangehenden Erläuterungen ist der Rossby Deformationsradius dazu benutzt worden, um zu entscheiden, ob die Rotation der Erde einen Einfluß auf die Gravitationsschwingungen ausübe, und es ist erkannt worden, daß in kleinen Seen von der Größenordnung der meisten Alpenseen die Effekte der Erdrotation höchstens zu mäßigen bis schwachen Modifikationen der gewöhnlichen Gravitationswellen führen können. Neue Phänomene treten keine auf.

Es ist nun so, daß bei Einbezug der Erdrotation jedoch auch gänzlich neue Phänomene in Erscheinung treten, die bei nichtrotierenden Flüssigkeiten kein Gegenstück haben. Man unterscheidet daher

- Wellen *erster Klasse*: Sie haben ein klassisches Analogon, m. a. W. für $f = 0$ existieren die Wellen immer noch. Schwerewellen, also auch Seiches gehören dazu und werden modifiziert, wenn $f \neq 0$.

- Wellen *zweiter Klasse*: Sie existieren nicht, wenn $f = 0$. Es sind dies vollkommen neue Prozesse, welchen in der Seenhydrodynamik z. T. keine

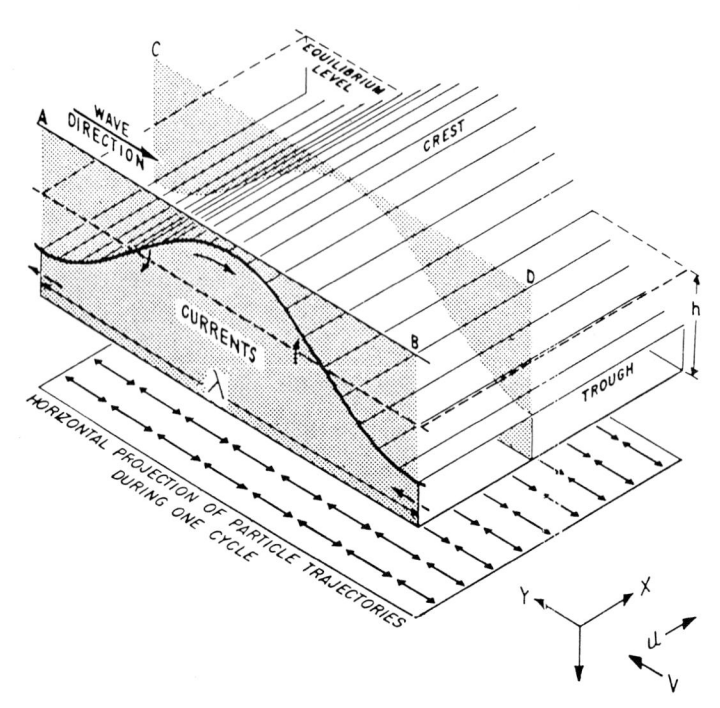

Abbildung 29: *Lange, fortschreitende Welle ohne Rotation des Beckens konstanter Dicke. Die Geschwindigkeitsvektoren sind alle längsgerichtet (aus* MORTIMER *1974).*

Beachtung geschenkt wurde, jedoch selbst in einzelnen recht kleinen Seen beobachtet werden konnten und eine teilweise theoretische Erklärung gefunden haben.

8.1 Modifikation von Wellen erster Klasse

Wir können hier nicht auf Details eingehen, werden das Grundsätzliche aber mit Hilfe von Figuren erklären. Ohne Erdrotation führt eine barokline ebene Welle eines Zweischichtmodells auf Thermoklinen-Auslenkungen und Strömungen, wie sie in Abbildung 29 dargestellt sind. In einem geschloßenen Rechteckbecken ändert sich an dieser Situation nichts Wesentliches, als daß die fortschreitenden Wellen in stehende Wellen transformiert werden mit Knotenlinien, wie etwa in Abbildung 30 dargestellt. Unter der Annahme, daß die Beckenbreite groß genug ist, nämlich größer als der (interne oder externe) Rossby-Radius, werden diese Wellen modifiziert und führen auf ufergebundene sogenannte KELVIN-*Wellen* (Abbildung 31), oder im Falle kleiner Wellenlängen (von der Größenordnung der Beckenbreite) auf POINCARÉ-*Wellen (Abbildung 32).* Für die Kelvinwellen sind die Geschwindigkeitsvektoren zu allen Zeiten

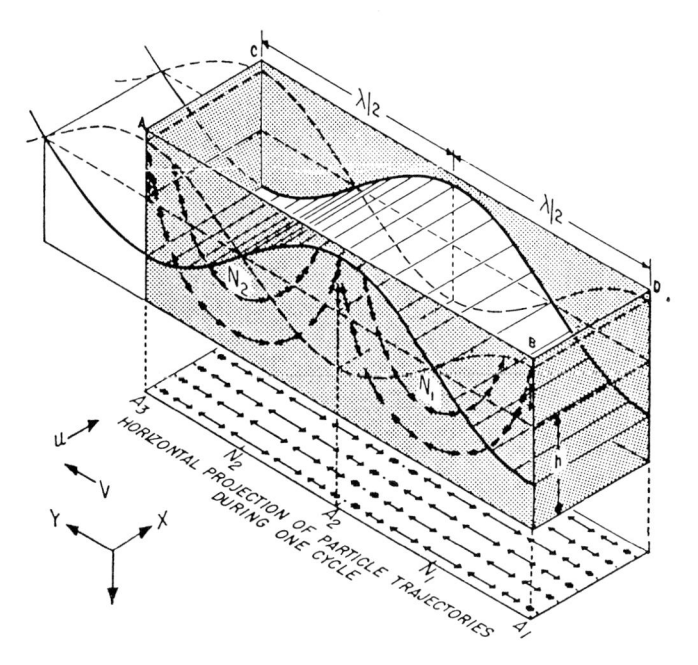

Abbildung 30: *Lange, stehende Wellen ohne Beckenrotation (aus* MORTIMER *1974).*

gleichgerichtet in Richtung der Kanalachse; die maximalen Amplituden der Geschwindigkeit und der Thermoklinenauslenkung treten auf der nördlichen (südlichen) Hemisphäre am rechten (linken) Ufer auf; sie fallen exponentiell ab, wenn man sich vom Ufer entfernt. Im geschlossenen Becken pflanzen sich Kelvinwellen (auf der nördlichen Hemisphäre im Gegenuhrzeigersinn) um den See herum fort. Stehende Kelvinwellen gibt es nicht, weil an den Stellen, in denen bei Vernachlässigung der Erdrotation die Knotenlinien sind, es jetzt nur noch einen einzigen Punkt gibt, der zu allen Zeiten ruht. Das ist die sogenannte *Amphidromie* (siehe Abbildung 33), welche dieses Verhalten aufzeigt). Im übrigen läßt sich qualitativ leicht einsehen, daß eine von der Erdrotation beeinflußte Schwerewelle auf der nördlichen (südlichen) Hemisphäre sich im Gegenuhrzeigersinn (Uhrzeigersinn) um ein Seebecken herum fortpflanzen muß. Denn die Wassermassen erfahren wegen des Einflusses der Corioliskraft eine Rechts-(Links)-Ablenkung, so daß für ein Wellenpaket in Richtung der Phasengeschwindigkeit gesehen das nächstgelegene Ufer sich stets rechts (links) befindet, was notwendigerweise zu einer Fortpflanzung um das Becken im Gegenuhrzeigersinn (Uhrzeigersinn) führt.

Der andere Typ von Gravitationswellen in rotierenden Kanälen oder Becken ist die Poincaré-Welle. Sie entspricht im wesentlichen der transversalen Seiches-Oszillation und hat Zellstruktur. Geschwindigkeitsvektoren rotieren im Uhr-

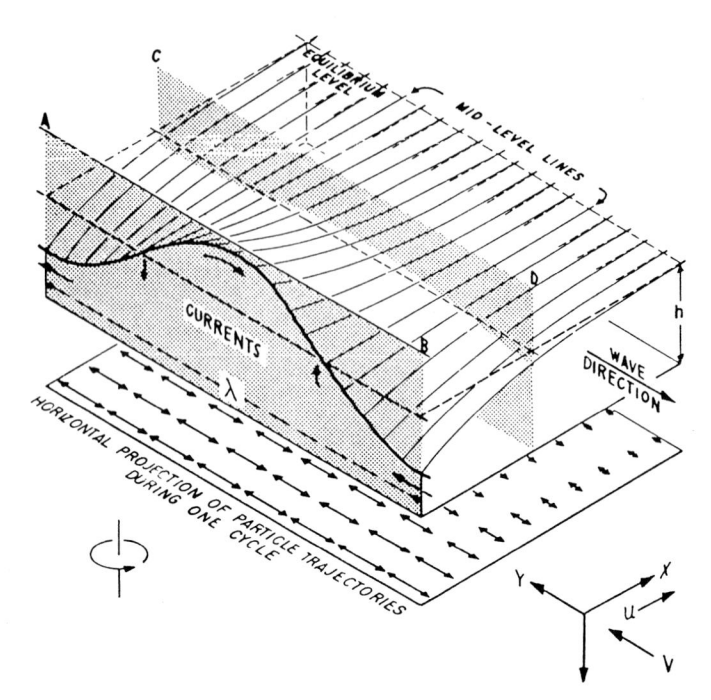

Abbildung 31: *Lange, in positiver x-Richtung fortschreitende Kelvinwelle in einem Kanal konstanter Tiefe (aus* MORTIMER *1974).*

zeigersinn, und die maximalen Amplituden der Geschwindigkeiten und Auslenkungen treten immer in Uferferne auf. Realistische Wellen in rotierenden Becken sind immer eine Kombination von KELVIN- und POINCARÉ-Wellen, aber die letzteren sind bis jetzt nur im Michigan-See mit Bestimmtheit beobachtet worden (MORTIMER, 1974). Demgegenüber ist die Existenz von externen und internen Kelvin-Wellen bereits für viele Seen und Ozeanbecken nachgewiesen worden (vgl. HUTTER, 1984 a, b, 1987; MORTIMER, 1963, 1974, 1984).

8.2 Wellen zweiter Klasse

Diese existieren sowohl für barotrope wie barokline Prozesse. Wir wollen das Wesentliche anhand der linearisierten barotropen Bewegungsgleichungen (6.1) erklären. In diesen Gleichungen wollen wir die zeitliche Ableitung der Oberflächenschwankungen vernachlässigen, so daß die Massenbilanz sich auf

$$\frac{\partial(Hu)}{\partial x} + \frac{\partial(Hv)}{\partial y} = 0 \qquad (8.1)$$

reduziert. Man kann zeigen, daß diese Vereinfachung die barotropen Wellen erster Klasse eliminiert. Wegen (8.1) existiert eine *Massentransport-*

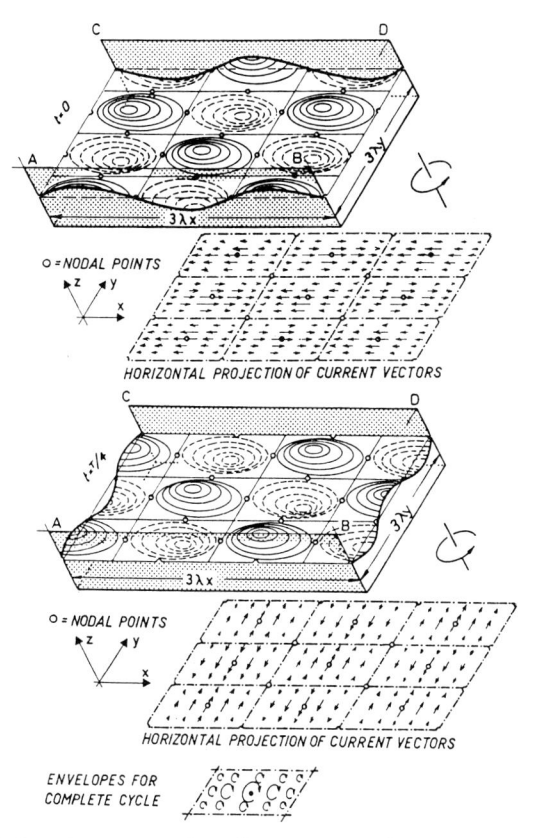

Abbildung 32: *Stehende Poincaré-Welle in einem breiten, rotierenden Kanal konstanter Tiefe. Es werden zwei, durch eine Viertelsperiode getrennte Oszillationsphasen gezeigt für einen Fall mit drei Zellen des Seitenverhältnisses 2 : 1. Die Drehung der Geschwindigkeitsvektoren im Uhrzeigersinn und die Verteilung der Geschwindigkeiten innerhalb einer Zeile sind charakteristisch für Poincaré-Wellen (aus* MORTIMER *1974).*

Stromfunktion derart, daß

$$Hu = -\frac{\partial \psi}{\partial y}, \quad Hv = \frac{\partial \psi}{\partial x}. \tag{8.2}$$

Einsetzen von (8.2) in das um die Schubspannung τ_s und τ_b reduzierte System (6.1) und Elimination von η führt auf die Gleichung

$$T[\psi] \equiv \nabla \cdot \left(\frac{\nabla(\partial \psi/\partial t)}{H}\right) - J\left(\frac{f}{H}, \psi\right) = 0,$$

$$J(a, b) = \frac{\partial a}{\partial y}\frac{\partial b}{\partial x} - \frac{\partial a}{\partial x}\frac{\partial b}{\partial y} \tag{8.3}$$

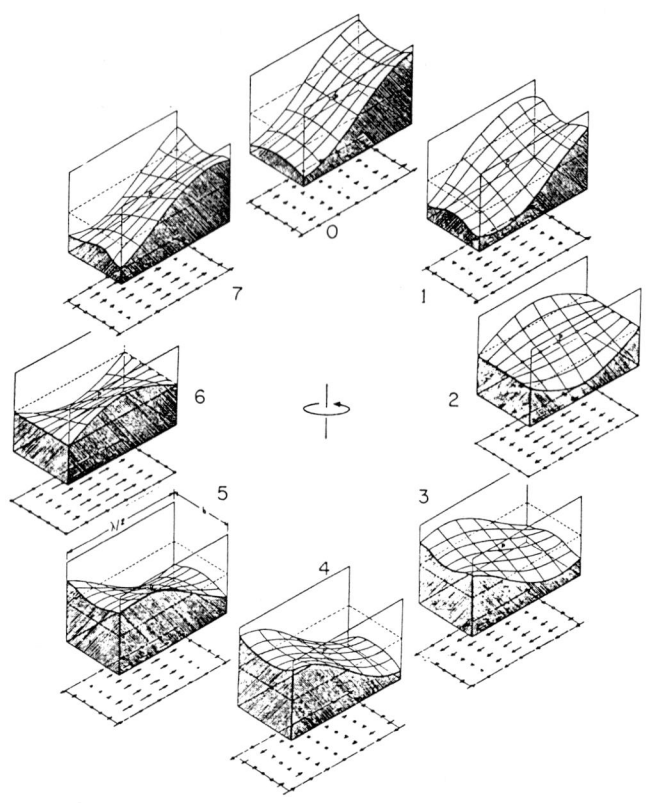

Abbildung 33: *Acht Phasen einer, um eine Amphidromie sich fortpflanzenden "stehenden" Welle, die entsteht, wenn man gegenläufige Kelvin-Wellen superponiert (aus* MORTIMER *1975).*

für die Stromfunktion allein. Die Randbedingung dem Ufer entlang lautet $\psi = 0$; sie entspricht verschwindendem Massenfluß senkrecht zum Ufer. Das Randwertproblem für Wellen zweiter Klasse lautet also

$$T[\psi] = 0, \quad \text{innerhalb des Sees,}$$
$$\psi = 0, \quad \text{dem Ufer entlang.} \quad (8.4)$$

Mit einem harmonischen Lösungsansatz $\psi = \psi_0 e^{i\omega t}$ geht (8.4) über in

$$T[\psi_0] = i\omega \, \nabla \cdot \left(\frac{\nabla \psi_0}{H}\right) - J\left(\frac{f}{H}, \psi_0\right) = 0.$$

Man schließt aus dieser Gleichung, daß ω verschwindet, wenn immer $J = 0$; mit anderen Worten, für $J = 0$ existieren keine Wellen zweiter Klasse. Man hat für deren Existenz also notwendigerweise $f \neq 0$ und kann dann die folgenden Fälle unterscheiden:

- $\nabla f = 0, \nabla H \neq 0$. Die Becken können höchstens die Größenordnung der Great Lakes haben oder müssen kleiner sein. Die Veränderung der Topographie ist entscheidend. Die Wellen heißen daher *topographische* ROSSBY-*Wellen*.

- $\nabla f \neq 0, \nabla H = 0$: Die Variation des Coriolisparameters mit der NS-Ausdehnung des Beckens ist bedeutungsvoll, nicht aber die Tiefenabhängigkeit. Die entsprechenden Wellen heißen *planetare Wellen* und treten vor allem in atmosphärischen Strömungsproblemen auf.

- $\nabla f \neq 0, \nabla H \neq 0$: Dieser Fall ist in der Schelfregion von Ozeanen bedeutend, da Ozeane große NS-Ausdehnungen haben. Die Wellen heißen daher *planetare topographische* ROSSBY-*Wellen*.

- $\nabla f \neq 0, f = 0, \nabla H \neq 0$ oder $\nabla H = 0$: Dieser Fall ist in Äquatornähe entscheidend, wenn gleichzeitig die NS-Ausdehung ca 500-1000 km beträgt. Man spricht von *äquatorialen* ROSSBY-*Wellen*.

Studien von Zeitreihen der Strömung und Temperatur zeigen auf, daß ein bedeutender Anteil der kinetischen Energie der Wasserbewegung in Seen und Ozeanbecken in langperiodischen Wellen steckt. Solche langperiodischen Komponenten können im Prinzip höheren baroklinen Moden (eines Mehrschichtenmodells) zugewiesen werden, sie sind jedoch meist als topographische Wellen interpretierbar. Das bedeutendste Beispiel sind die kontinentalen Schelfwellen (MYSAK, 1980); man hat topographische Wellen aber auch in geschlossenen (kleinen) Becken beobachtet (SAYLOR et al. 1980; HUANG and SAYLOR 1982; MYSAK et al. 1985). Die Deutung der Strömungs- und Temperatursignale wird allerdings oft erschwert, weil topographische Wellen strukturell reich und demgemäß schwierig zu interpretieren sind. Zusätzlich war bis in die jüngste Zeit die Zahl bekannter mathematischer Lösungen der topographischen Wellengleichung sehr begrenzt (LAMB 1932; BALL 1965; SAYLOR et al. 1980; MYSAK 1984; JOHNSON 1986), und erst in neuester Zeit ist ein vollständigeres Verständnis entstanden (STOCKER und HUTTER 1986, 1987; JOHNSON 1989, STOCKER und JOHNSON 1989 a, b).STOCKER (1987) hat aufgezeigt, daß topographische Wellen in einem Rechteckquerschnitt mit muldenartiger Topographie im wesentlichen drei Typen modaler Struktur aufweisen können, welche mit der Dispersionsbeziehung des geraden unendlichen Kanals erklärbar sind.

Abbildung 34 zeigt links oben die Konturlinien der Bodentopographie sowie Isolinien der Stromfunktion ψ für ein Rechteck mit dem Seitenverhältnis 1 : 2. Desweiteren ist in der Mitte als "Weiserkarte" ebenfalls die Dispersionsrelation gerader unendlich langer Kanäle eingetragen. Es sei σ_0 die "Cut-off" Frequenz, oberhalb welcher im unendlich langen Kanal keine topographische Wellenausbreitung besteht. Dann pflanzen sich für $\sigma < \sigma_0$ harmonische topographische Wellen in der Längsrichtung des Rechteckbeckens fort. Für Wellen des Typs

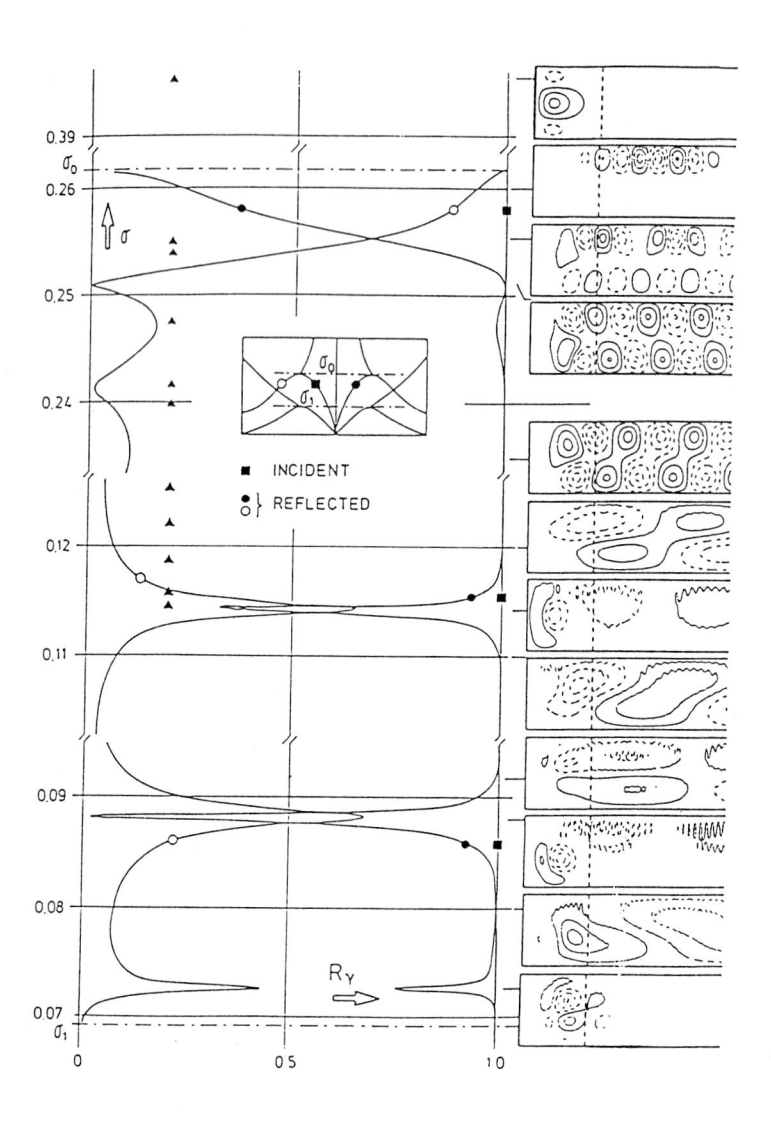

Abbildung 34: *Auswahl einiger Moden von topographischen Wellen in einem Rechteckquerschnitt mit muldenförmiger Topographie. Die Eigenfrequenzen wachsen, wenn man sich in der Abbildung von unten nach oben bewegt. Die Stromlinien sind zu Zeiten $t = 0$ (links) und $t = T/4$ (rechts) gezeichnet, wobei T die Periode bezeichnet. Drei Typen von Lösungen können unterschieden werden und Unterbrechungen in den Vertikallinien deuten weitere nicht gezeigte Moden an. Die mittlere "Weiserkarte" stellt die Dispersionsbeziehung für unendlich lange, gerade Kanäle dar.*

Physikalische Limnologie 239

des Typs 1 sind dann Phasen- und Gruppengeschwindigkeit parallel gerichtet und die Wellenlängen wachsen mit abnehmender Frequenz [1].

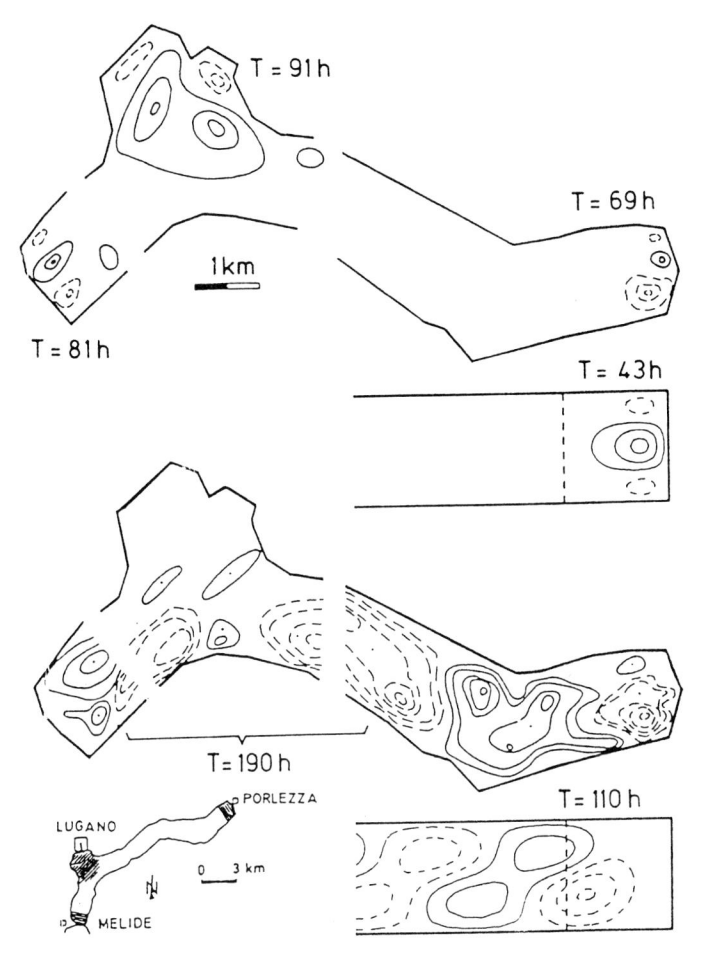

Abbildung 35: *Qualitativer Vergleich von Resultaten aus FE-Rechnungen für lang-periodische topographische Wellen im Nordbecken des Luganersees mit Resultaten eines sehr langen (halb unendlichen) Rechteckkanals. Die Perioden im Rechteckkanal sind größer, weil die Buchtentopographie weniger steil war als im Luganerbecken. Die gemessenen (gerechneten) Perioden für die Buchtenmoden sind in (1): 80.5 (80.3)h, in (2): 71.8(68.5)h und in (3): 71.8(91.0)h.*

---

[1] Phasengeschwindigkeit v_c und Gruppengeschwindigkeit v_G sind definiert als

$$v_c = \sigma/k, \quad v_G = d\sigma/dk,$$

wo k die Wellenzahl (Wellenlänge $\lambda = 2\pi/k$) bezeichnet und $\sigma = \sigma(k)$ die Dispersionsbeziehung darstellt.

Das führt zu einfachen groß-skaligen, beckenumfassenden Moden, wie man aus der linken Kolonne in Abbildung 34 erkennt. Für Moden des Typs 3 pflanzen sich die Phasen und Gruppengeschwindigkeit in entgegengesetzter Richtung fort, und Wellenlängen werden mit abnehmender Frequenz kleiner. Die Wellenstrukturen sind klein-skalig und füllen das ganze Seebecken. Am interessantesten sind Moden vom Typ 2. Diese sind an die beiden langen Enden des Rechteckes gebunden. Die Frequenz dieser "Buchtenmoden" ist größer als $\sigma_0, \sigma > \sigma_0$; und je länger ein Becken ist, umso geringer ist die Wechselwirkung zweier voneinander entfernter Moden.

Die soeben erläuterte Analysis ist durch verwirrende Beobachtungen langperiodischer Signale im 70 bis 80h Bereich, wie sie im Nordbecken des Luganersees beobachtet worden sind, veranlaßt worden. MYSAK et al. (1985) schlugen aufgrund ihres elliptischen Seen-Modells vor, daß diese Beobachtungen durch einen fundamentalen Mode vom Typ 1 erklärbar seien. In einer FE-Analysis hat TRÖSCH (1984) diese Interpretation als unzutreffend nachgewiesen und aufgezeigt, daß im Periodenintervall von ca. 65h bis 100h nur Buchtenmoden existieren können. Abbildung 35 zeigt drei Buchtmoden vom Typ 2 und einen Mode vom Typ 1, wie sie mit der Methode der finiten Elemente von Trösch bestimmt worden sind und vergleicht diese mit entsprechenden Moden des Rechtecks.

9 Windbedingte Zirkulation

Bis jetzt sind Eigenschwingungen diskutiert worden, welche jedoch durch meteorologische Kräfte angeregt wurden. Diese *erzwungenen* Bewegungen sind es, welche quantitativ die Antwort eines Sees auf den meteorologischen Input beschreiben. Es gibt eine große Zahl von angenäherten Modellen, welche solche, vom Wind erzeugte Bewegungen beschreiben (siehe z. B. HEAPS, 1984). Eine quantitativ saubere Behandlung muß von der Integration der nichtlinearen Feldgleichungen (5.8) bis (5.10) ausgehen. Das ist nur numerisch möglich, ist äußerst schwierig und verlangt den entsprechenden Spezialisten. Bis jetzt wurden finite Differenzen (FD) Techniken am erfolgreichsten angewendet. Die Methode der finiten Elemente ist jedoch auch schon benutzt worden. In den FD-Darstellungen wird der See in eine Zahl horizontaler Schichten aufgeteilt, und die Gleichungen werden über diese Schichten gemittelt. Das Resultat ist ein Satz von räumlich zwei-dimensionalen Differentialgleichungen für jede Schicht, welche durch finite Differenzen approximiert werden. Durch Verkleinerung der Maschenweite und durch Vergrößerung der Schichtzahl werden schrittweise bessere und bessere Approximationen der Strömungs- und Temperaturfelder angestrebt. Die numerischen Fragestellungen, die dabei auftreten, sind sehr delikat, da Probleme der numerischen Stabilität und Diffusion zu überwinden sind; die nichtlinearen Modelle sind jedoch mit recht gutem Erfolg auf die Great Lakes (SIMONS 1974, 1975, 1976, 1978; HOLLAN und SIMONS 1978), die Baltik (KIELMANN 1981) und den Zürichsee (OMAN 1982) angewendet worden.

Für das Zürichsee-Experiment von 1978 ist die mittlere, im August-September 1978 gemessene Schichtung als konstanter Basiszustand gewählt worden, um welchen Abweichungen rechnerisch bestimmt wurden (HUTTER 1983, OMAN 1982). Die gemessenen Winddaten an den drei meteorologischen Boyen (Abbildung 5) sind über den ganzen See extrapoliert worden; dieses extrapolierte Windfeld ist dann als Input zur Berechnung der Windschubspannungen benutzt worden (vgl. auch Tafel 1). Der See wurde sukzessive in 9, 15, 18 und 26 horizontale Schichten aufgeteilt, (wobei im Sinne einer guten Auflösung im Metalimnion eine entsprechende Feineinteilung gewählt wurde). Mit diesen FD-Modellen sind dann die zeitlichen Entwicklungen der Strömungs- und Temperaturfelder berechnet worden. In Punkten, wo Messungen vorlagen, sind die 'berechneten' und 'gemessenen' Zeitreihen für Strömung und Isothermentiefen miteinander verglichen worden. Abbildung 36 stellt diesen Vergleich für die Zeitreihen der 8^0C bis 14^0C-Isothermentiefen in den bezeichneten Stationen während einer Periode von 8 Tagen dar. Dicke ausgezogene Linien geben den Output der FD-Berechnungen. Zu Beginn der Episode weichen die beiden Kurvensätze ziemlich stark von einander ab, wahrscheinlich, weil die Berechnungen aus einer Ruhelage heraus starteten, während der See sich bereits in Bewegung befand. Nach vier Tagen und besonders nach dem starken Sturm vom 12. September (vgl. auch Abbildung 10) ist die numerische Simulation jedoch recht gut. Ähnliche Berechnungen sind auch für das Südbecken des Luganersees durchgeführt worden mit ähnlich überzeugenden Resultaten (HUTTER 1990).

Das ist etwa der gegenwärtige Stand der "Wettervorhersage" in einem See.

10 Abschließende Bemerkungen

Wir haben in diesem kurzen Überblick gezeigt, wie Experimente in einem See durchgeführt werden und wie sie ausgewertet werden müssen, wenn man sein physikalisches Verhalten verstehen will. Zur Interpretation sind die Feldgleichungen und Randbedingungen, die sich aus den Massen-, Impuls- und Energiebilanzen ergeben, hergeleitet worden. Des weiteren ist angedeutet worden, wie diese Grundgleichungen vereinfacht werden, um zu den linearisierten Flachwassergleichungen einer homogenen bzw. geschichteten Flüssigkeit auf der rotierenden Erde zu gelangen. Resultate aus mathematischen Modellen sind mit Messungen verglichen worden. Dies erfolgte bei Oberflächenseiches und internen Seiches unter Vernachlässigung der Rotation der Erde. Deren Berücksichtigung gab zur Klassifizierung von Wellen erster und zweiter Klasse Anlaß; diese Unterscheidung führte bei Wellen erster Klasse zur Behandlung der KELVIN- und POINCARÉ-Wellen, bei jenen der zweiten Klasse zum Begriff der topographischen ROSSBY-Wellen. Beobachtungen zeigten auf, daß diese

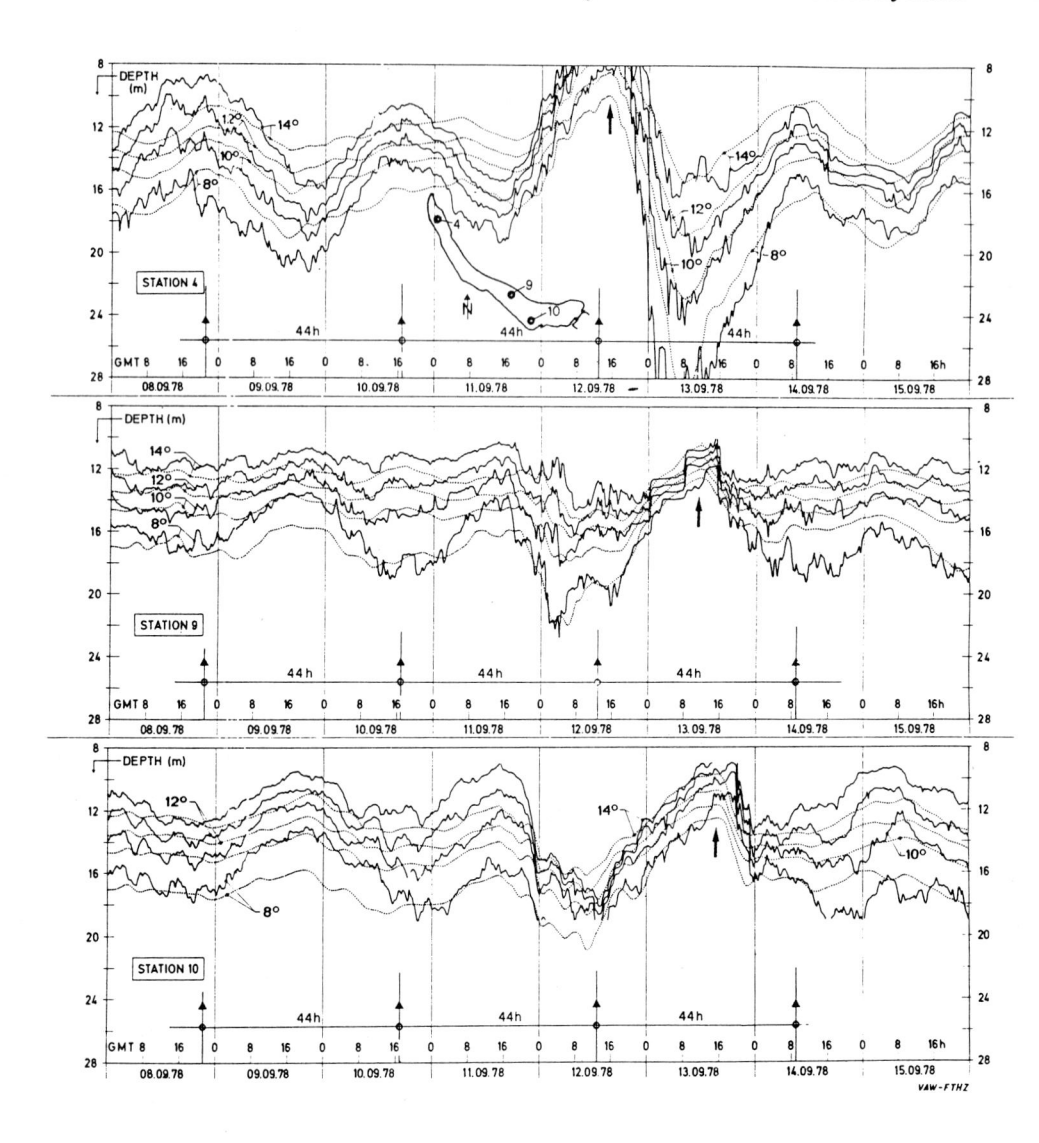

Abbildung 36: *Vergleich der 8^0C-, 10^0C-, 12^0C- und 14^0C-Isothermen-Tiefen aus Naturmessung (ausgezogen) und jenen aus den Modellrechnungen (punktiert) in den Stationen 4, 9 und 10 vom 9. September, 0 Uhr, bis zum 14. September 1978, 24 Uhr. Die Isothermentiefen aus Naturmessungen sind mit einem Meßwertabstand von 20 Minuten ermittelt worden. Dreiecke zeigen die Periode von 44 Stunden des fundamentalen Seiches an, und Pfeile bezeichnen den Beginn der Passage der rechnerischen internen Brandung, der etwas früher als in der Natur erfolgt (aus* OMAN *1982).*

Oszillationen selbst in kleinen Seen existieren. Der Überblick endete mit einer kurzen Darstellung von windbedingten Oszillationen für den Zürichsee, wie sie mittels eines vollen nichtlinearen numerischen Modells berechnet und mit Naturmessungen verglichen wurden.

In einer derart summarischen Übersicht der Hydrodynamik von Seen ist es selbstverständlich, daß bedeutende Themen, einschließlich solcher von erheblicher Wichtigkeit, übergangen werden mußten. Sehr wenig ist über Turbulenz und über Stabilität ausgesagt worden. Barotrope und barokline Instabilitäten sind nur erwähnt, aber nicht behandelt worden; der Entwicklung der Thermoklinen einschließlich dem Austausch von Wärme, Wasserdampf und gelösten und ungelösten Gasen an der Wasseroberfläche blieben unberücksichtigt, wie auch detaillierte Studien zur Diffusion partikulärer Tracer, etc. All diese Themen gehören ebenfalls zur Seenhydrodynamik. Schließlich blieb auch das Wechselspiel zwischen physikalischen, biologischen und chemischen Prozessen unberücksichtigt (auf welche z. T. im Artikel von M. TILZER eingegangen wird). Ich hoffe allerdings, daß diese Übersicht dem Leser einen anspornenden Eindruck hinterlassen hat und ihm die Seendynamik als ein komplexes, aber wichtiges Gebiet eröffnet hat, mit Problemen, die im Sinne einer gerechten Behandlung unserer Umwelt einer Lösung harren.

Literatur

[1] BALL, F. K., 1965. Second-class motions of a shallow liquid. *F. Fluid Mech., 23, pp. 545 - 561*

[2] BATCHELOR, G. K., 1952. The Theory of Homogeneous Turbulence. Cambridge Monograph on Mechanics and Applied Mathematics. *Cambridge University Press*

[3] BAUER, S. W., GRAF, W. H., MORTIMER, C. H. and PERRINJAQUET, C., 1981. Intertial Motion in Lake Geneva (le Léman). *Arch. Met. Geoph. Biokl., Ser. A, 30, pp. 289 - 312*

[4] BOX, G. E. P. and JENKINS, G. M., 1970. Time series analysis, forecasting and control. HOLEN-DAY, SAN FRANCISCO

[5] CHRYSTAL, G., 1904. Some results in the mathematical theory of seiches. *Proc. Roy. Soc. Edinburgh, Vol. 25, pp. 328 - 337*

[6] CHRYSTAL, G., 1905. On the hydrodynamical theory of seiches (with a bibliographical sketch). *Trans. Roy. Soc. Edinburgh, 41, p. 599*

[7] CSANADY, G. T., 1982. Circulation in the coastal ocean. Dordrecht, *Holland: Reidel*

[8] DEFANT, A., 1961. Physical Oceanography. *Osford University Press, Oxford*

[9] FISHER, H. B., J. IMBERGER, E. J. LIST, R. C. Y. KOH and N. H. BROOKS, 1979. Mixing in Inland and Coastal waters. *Academic, New York*

[10] FOREL, F. A., 1875. Les seiches, vagues d'oscillation fixe des lacs, 1er discours. *Actes Soc. Helvétique Sci. Nat., Andermatt, p. 157*

[11] FOREL, F. A., 1895. Le Léman. Monographie, Limnologie, *tome 1 & 2 Ed. F. Rouge Librairie de l'Université, Lausanne*

[12] HAMBLIN, P., 1972. Some Free Oscillations of a Rotating Natural Basin. *PH. D. Thesis, University of Washington, Seattle, Washington* (unpublished)

[13] HEAPS, N. S., 1984. Vertical structure of current in homogeneous and stratified waters. *In: Hydrodynamics of Lakes, CISM-Lectures.* (K. HUTTER, ed.), *Springer-Verlag Vienna - New York, 342 pp.*

[14] HOLLAN, E. and SIMONS, T. J., 1978. Wind induced changes of temperature and currents in Lake Constance. *Arch. Met. Biokl., Ser. A. Vol. 27, 333 - 373*

[15] HUANG, J. C. K. and J. H. SAYLOR, 1982. Vorticity waves in a shallow basin. *Dyn. Atmos. Ocean., 6, pp. 177 - 196*

[16] HUTTER, K., 1983. Strömungsdynamische Untersuchungen im Zürich- und Luganersee. Ein Vergleich von Feldmessungen mit Resultaten theore-tischer Modelle. *Schweiz. Z. Hydrol. Vol. 45(1), 101 - 144*

[17] HUTTER, K., 1984 a. Fundamental equations and approximations. *In: Hydrodynamics of Lakes, CISM-Lectures, Springer Verlag Vienna - New York, 342 pp.*

[18] HUTTER, K., 1984 b. Linear gravity waves, Kelvin waves, theoretical modeling and observation. *In: Hydrodynamics of Lakes, CISM-Lectures, Springer Verlag Vienna - New York, 3428*

[19] HUTTER, K., 1984 c. Mathematische Vorhersage von barotropen und baroklinen Prozessen im Zürich- und Luganersee. *Vierteljahresschrift der naturforschenden Gesellschaft Zürich, Vol. 129 (1), 51 - 92*

[20] HUTTER, K., 1986. Hydrodynamic modeling of lakes. Chapter 22 *In: Encyclopedia of Fluid Mechanics (ed.* CHEREMESINOFF*), Gulf Publ. Comp. Houston, Vol. 6 (1986), pp. 897 - 998*

[21] HUTTER, K., 1987. Schwingungen in einem Seensystem: Der Luganersee. *Naturwissenschaften, Vol. 74, pp. 405 - 414*

[22]   HUTTER, K., 1990. Large scale water movements in lakes with contributions by Salvadè, G., SPINEDI, C., ZAMBONI, F. and BÄUERLE, E., *J. Aquatic Sciences* (in press)

[23]   HUTTER, K., RAGGIO, G., BUCHER, C. and SALVADÈ, G., 1982 a. The surface seiches of Lake of Zürich. *Schweiz. Z. Hydr., Vol. 44, pp. 423 - 454*

[24]   HUTTER, K., RAGGIO, G., BUCHER, C., SALVADÈ, G. and ZAMBONI, F., 1982 b. The surface seiches of the Lake of Lugano. *Schweiz. Z. Hydr., Vol. 44, pp. 455- 484*

[25]   HUTTER, K., OMAN, G. and RAMMING, H. G., 1982 c. Wind bedingte Strömungen des homogenen Zürichsees. *Mitteilung No. 61 der Versuchsanstalt für Wasserbau, Hydrologie und Glaziologie, ETH, Zürich*

[26]   HUTTER, K., SALVADÈ, G. and SCHWAB, D. J., 1983. On internal wave dynamics of the Lake of Lugano. *J. Geophys. Astrophys. Fluid Dyn., 27, pp. 299 - 336*

[27]   JOHNSON, E. R., 1989. Topographic waves in open domains. Part 1. Boundary conditions and frequency estimates. *J. Fluid Mech., Vol. 200, pp. 69 - 70*

[28]   KIELMANN, J., 1981. Grundlagen und Anwendung eines numerischen Modells der geschichteten Ostsee. *Bericht Inst. für Meereskunde, Kiel, No. 87 a, b*

[29]   LEBLOND, P. H. and MYSAK, L. A., 1980. Waves in the Ocean. *Elsevier Oceano-graphy Series, Amsterdam-Oxford-New York*

[30]   MORTIMER, C. H., 1963. Frontiers in physical limnology with particular reference to long waves in rotating basins. *Proc. 5th Conf. Great Lakes Res., Univ. Michigan, Great Lakes Div., Publ. No. 9, p. 9*

[31]   MORTIMER, C. H., 1974. Lake hydrodynamics. *Mitt. Internat. Verein Limnol., 20, pp. 124 - 197*

[32]   MORTIMER, C. H., 1975. Substantive corrections to SIL Communications *(IVL-Mitteilungen) Numbers 6 and 20. Mitt. Ver. Theor. Angewandte Limnologie, Vol. 19, 60 - 72*

[33]   MORTIMER, C. H., 1984. Measurements and models in physical limnology. *In: Hydrodynamics of Lakes, CISM-lectures* (K. HUTTER, ed.), *Springer-Verlag Vienna - New York*

[34]   MORTIMER, C. H. and HORN, W., 1982. Internal wave dynamics and their implications for plankton biology in the Lake of Zürich. *Vierteljahresschrift der Naturforschenden Gesellschaft in Zürich, 127, pp. 299 - 318*

[35] MYSAK, L. A., 1980. Recent advances in shelf wave dynamics. *Rev. Geophysics and Space Physics, Vol. 18, pp. 211 - 241*

[36] MYSAK, L. A., 1984. Elliptical topographic waves. Geophys. Astrophys. *Fluid Dyn.*, submitted

[37] MYSAK, L. A., SALVADÈ, G., HUTTER, K. and SCHEIWILLER, T., 1985. Topographic waves in a stratified elliptical basin, with application to the Lake of Lugano. *Phil. Trans. Roy. Soc. London, Vol. A316, pp. 1-55*

[38] NEUMANN, G. and PIERSON, W. J., 1964. Principals of Physical Oceanography. *Prentice Hall*

[39] OMAN, G., 1982. Das Verhalten des geschichteten Zürichsees unter äußeren Windlasten. *Mitteilung No. 60 der Versuchsanstalt für Wasserbau, Hydrologie und Glaziologie, ETH Zürich, 185 pp.*

[40] PEDLOSKY, J., 1982. Geophysical Fluid Dynamics. *Springer Verlag, Berlin - Heidelberg - New York*

[41] PHILLIPS, O. M., 1969. The dynamics of the upper ocean. Cambridge Monographs on Mechanics and Applied Mathematics. *Cambridge University Press*

[42] RAGGIO, G. and HUTTER, K., 1982 a. An extended channel model for the prediction of motion in elongated homogeneous lakes. Part 1: Theoretical introduction. *J. Fluid Mech., 121, pp. 231 - 253*

[43] RAGGIO, G. and HUTTER, K., 1982 b. An extended channel model for the prediction of motion in elongated homogeneous lakes. Part 2: First order model applied to ideal geometry; rectangular basin with flat bottom. *J. Fluid Mech., Vol. 121, pp. 257 - 281*

[44] RAGGIO, G. and HUTTER, K., 1982 c. An extended channel model for the prediction of motion in elongated homogeneous lakes. Part 3: Free oscilla-tions in natural basins. *J. Fluid Mech., Vol. 121, pp. 283 - 299*

[45] RODI, W., 1980. Turbulence models and their application in hydraulics. *Book Publ. Internat. Assoc. Hydr. Res., Delft*

[46] SAYLOR, J. H., HUANG, J. S. K. and REID, R. O., 1980. Vortex modes in southern Lake Michigan. *J. Phys. Oceanogr., 10, pp. 1814 - 1823*

[47] SALVADÈ, G. and ZAMBONI, F., 1987. External gravity oscillations of the coupled of the Lake of Lugano. *Annales Geophysicae, Vol. 5B, pp. 247 - 254*

[48] SALVADÈ, G., ZAMBONI, F. and BARBIERI, A., 1988. Three-Layer model of the North basin of the Lake of Lugano, *Annales Geophysicae*, Vol. 6, pp. 463 - 474

[49] SCHWAB, D. J., 1980. The free oscillations of Lake St. Clair. An application of LANCZOS' procedure. Great Lakes Environmental Research Laboratory, *NOAA Technical Memorandum ERL GLERL-32*

[50] SIMONS, T. J., 1980. Circulation models of lakes and inland seas. *Can. Bull. Fish. Aquat. Sci.*, 203, pp. 1 - 146

[51] SIMONS, T. J., 1974. Verification of numerical models of Lake Ontario. I: Circulation in Spring and early Summer. *J. Phys. Oceanogr.* Vol. 4, pp. 507 - 523

[52] SIMONS, T. J., 1974. Verification of numerical models of Lake Ontario. II: Stratified circulations and temperature changes. *J. Phys. Oceanogr.* Vol. 5, pp. 98 - 113

[53] SIMONS, T. J., 1974. Verification of numerical models of Lake Ontario. III: Long term heat transport, *J. Phys. Oceanogr.* Vol. 6, pp. 372

[54] SIMONS, T. J., 1978. Wind-driven circulations in the Southwest Baltic, *Tellus*, Vol. 30, pp. 272 - 283

[55] STOCKER, T. and HUTTER, K., 1986. One-dimensional models for topographic Rossby waves in elongated basins on the f-plane. *J. Fluid Mech.* Vol. 170, pp. 435 - 459

[56] STOCKER, T. and HUTTER, K., 1987. Topographic waves in rectangular basins. *J. Fluid Mech.* Vol. 185, pp. 107 - 120

[57] STOCKER, T. and HUTTER, K., 1987. Topographic Waves in Channels and Lakes on the f-plane. *Lecture Notes on Coastal and Estuarine Studies*, Vol. 21

[58] STOCKER, T. and JOHNSON, E. R., 1989. Topographic waves in open domains. Part 2: Bay modes and resonances. *J. Fluid Mech.* Vol. 200, pp. 77 - 93

[59] STOCKER, T. and JOHNSON, E. R., 1990. Transmission and reflection of shelf waves by estuaries and headlands. *J. Phys. Oceanogr.*

[60] STOCKER, K., HUTTER, K., SALVADÈ, G., TRÖSCH, J. and ZAMBONI, F., 1987. Observations and analysis of internal seiches in the Southern basin of Lake of Lugano, *Annales Geophysicae*, Vol. 5B, pp. 553 - 568

[61]   TAUS, K., 1983. Ausbreitung eines Abwasserauftriebstrahls in einem See. Verifikation eines mathematischen Modells in der Natur. *Schweiz. Z. Hydrol., Vol. 45(1), 177 - 195*

[62]   TISON, L. J. and TISON, G. JR., 1969. Seiches et dffinivellations causffies par le vent dans les lacs, baies, estauries. *Note Technique No. 102. Organisation Météorologique Mondiale, Genève, Suisse*

[63]   TRÖSCH, J., 1984. Finite element calculation of topographic waves in lakes. *Proc. of Fourth Int. Conf. on Applied Numerical Modeling, Taiwan*

Biologie natürlicher Gewässer: Die Beeinflussung des Produktionsprozesses durch physikalische Umweltfaktoren [1]

Max M. Tilzer, *Konstanz*

Die Bedingungen in aquatischen Lebensräumen werden sehr wesentlich durch die Energiezufuhr in Form von Sonnenstrahlung und Wind, die beide an der Wasserobeerfläche angreifen und deren letztere mit der Wassertiefe exponentiell abnimmt, bestimmt. Infolgedessen sind aquatische Lebensräume vertikal asymmetrisch strukturiert. Innerhalb des Systems kann ein rein physikalischer von einem biologischen Energiefluß unterschieden werden. Der biologische Energiefluß ist in seinem Gesamtumfang meist nur ein Bruchteil des physikalischen, hat aber entscheidende Bedeutung für die Stoffumsetzungen im Gewässer.

Viele äußere Eiunflüsse unterliegen negativen Rückkopplungen, wodurch ihre Wirkung eingeschränkt und die Systeme insgesamt stabilisiert werden. Wichtige Rückkoppelungsmechanismen sind die Selbstbeschattung und die Nährstoffaufzehrung durch das Phytoplankton, die sein Produktionspotential begrenzen. Wasserorganismen sind durch Selektion und physiologische Plastizität gut an die in ihrem engeren Mileu herrschenden Bedingungen angepaßt.

1 Einleitung

Wasser ist nicht nur der Ort, in dem das Leben entstanden ist, es ist auch heute noch das am weitesten verbreitete Lebensmedium unserer Erde. Der Weltozean bedeckt 71% der Erdoberfläche in einer Dicke von durchschnittlich 3,8 km.

1.1 Das Wasser als Lebensmedium

Wasser besitzt gegenüber der Luft charakteristische Eigenschaften, die sich entscheidend auf die Lebensbedingungen auswirken. Die wichtigsten seien hier kurz zusammengefaßt:

- **Dichte**: Wasser ist etwa 780 mal dichter als Luft bei Atmosphärendruck. Infolgedessen nimmt der hydrostastische Druck im Wasser rasch mit der Tiefe zu. Außerdem besteht ein beträchtlicher Auftrieb. Die Temperaturabhängigkeit der Dichte das Wassers führt in Seen und im Ozean

---

[1] Mit Unterstützung der Deutschen Forschungsgemeinschaft in Rahmen des Sonderforschungsbereichs (SFB) 248 *Stoffhaushalt des Bodensees*.

zur physischen Trennung unterschiedlich temperierter Wasserschichten in verschiedenen Tiefen, wenn vertikale Temperaturgradienten bestehen.

- **Viskosität**: Wasser besitzt eine im Vergleich zu Luft etwa 750 mal größere Viskosität. Als Folge ist bei Bewegung im Wasser der Reibungswiderstand wesentlich höher als in der Luft. Die Kombination von hoher Dichte und Viskosität erlaubt dem Lebewesen letztlich das Schweben im Wasser; dies führt zur häufigsten Lebensgemeinschaft unserer Erde: Dem Plankton.

- **Diffusivität**: Die molekulare Diffusion ist im Wasser unvergleichlich geringer als in der Luft. Stoffaustauschprozesse an der Oberfläche von Organismen im Wasser sind daher in hohem Maße von turbulenten Wasserbewegungen abhängig. Aus demselben Grunde sind Stoffumsetzungen im Wasser in erheblichem Maße von großräumigen Wasserbewegungen abhängig, die sowohl Wasserinhaltsstoffe als auch im Wasser suspendierte Organismen (Plankton) verfrachten können.

- **Absorption elektromagnetischer Wellen**: Wasser absorbiert Licht- und Wäremestrahlung wesentlich stärker als Luft (WETZEL, 1983, TILZER, 1979).

1.2 Das Gewässerökosystem als Reaktor

Gewässer können mit asymmetrisch strukturierten Reaktionsgefäßen verglichen werden, die von oben Energie als Sonnenstrahlung und mechanischer Energie (Wind) empfangen. Die rasche Dissipation beider Energieformen mit zunehmender Wassertiefe ist der wichtigste Faktor, der die vertikale Gliederung der Lebensbedingungen bewirkt. Auch Stoffe gelangen von oben in das System und verlassen dieses in der Regel nahe der Oberfläche. Durch die Schwerkraft kommt es zudem zu einem einseitig gerichteten vertikalen Fluß von im Wasser suspendierten Partikeln zum Seeboden. Turbulente Wasserbewegungen vermögen Konzentrationsunterschiede von gelösten und suspendierten Wasserinhaltsstoffen innerhalb des Wasserkörpers teilweise auszugleichen.

Auf diesem Hintergrund der physikalischen Strukturen spielen sich die chemischen und biologischen Umsetzungen ab. Sie werden durch die räumliche Verteilung der physikalischen Umweltfakrtoren sehr wesentlich geprägt. Dies soll anhand von Abbildung 1 verdeutlicht werden. Sie zeigt im oberen Bild die physikalischen

Umweltbedingungen und Prozesse: Die Einstrahlung von der Sonne und die durch den Wind zugeführte kinetische Energie sind die wichtigsten Faktoren, welche die physikalischen Bedingungen im Wasserkörper bestimmen. Die Gesamt-Energiebilanz wird durch das Verhältnis zwischen dem Energiegewinn durch absorbierte Strahlung auf der einen, zu den Gesamt-Energieverlusten

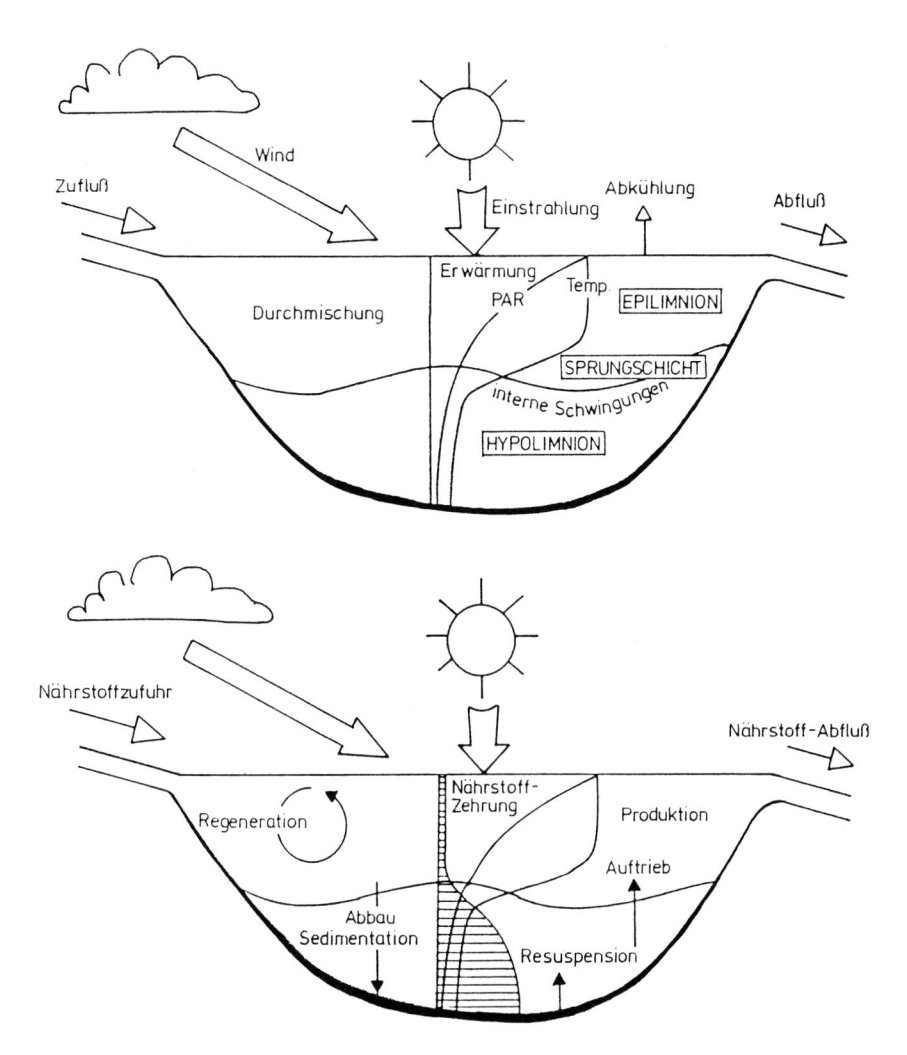

Abbildung 1: *Das Gewässer als Reaktor. a) Physikalische Umweltbedingungen und Prozesse. b) Biologische Umsetzungen.*

von der Wasseroberfläche durch Abstrahlung und Verdunstung auf der anderen Seite, bestimmt. Licht (photosynthetisch aktive Strahlung, PAR) nimmt mit der Tiefe exponentiell ab. Die vertikale Verteilung der Wassertemperatur wird außer durch die Absorption von Wärme- und sichtbarer Strahlung auch durch den Wind bestimmt: Immer dann, wenn mehr Energie in das Gewässer gelangt als dieses verläßt, erwärmen sich oberflächennahe Wasserschichten. Es entsteht ein meist steiler vertikaler Dichtegradient innerhalb der Sprungschicht, der eine physikalische Trennung unterschiedlich temperierter Wassermasse bewirkt. An der Sprungschicht werden die internen Schwingungen (Seiches) besonders ausgeprägt angefacht. Im unteren Bild der Abbildung 1 werden die biologischen Umsetzungen dargestellt: Nur bis zu einer Tiefe, in der etwa 1% der Oberflächenstrahlung vorhanden ist, können grüne Pflanzen assimilieren. Sie nehmen dabei die gelösten anorganischen Nährsalze auf. An der Dichtesprungschicht trifft man daher oft steile Konzentrationsgradienten gelöster Nährsalze an. Innerhalb der durchleuchteten Wasserschicht erfolgt mitunter eine rasche Regeneration von Stoffen (Kohlenstoff und Nährsalze), welche durch die Organismen herbeigeführt und durch die biologische Nutzung der Sonnenstrahlung energetisch angetrieben wird. Durch das Absinken von abgestorbenen Organismen sowie von anorganischen Partikeln aus der durchleuchteten Wasserschicht gegen den Seeboden kommt es zu einem ständigen Verlust von Kohlenstoff und Nährsalzen aus den oberflächennahen Wasserschichten. Die internen Schwingungen entlang der Dichtesprungschicht führen jedoch zu Scherungsbewegungen und damit zu Wasserturbulenzen, durch welche Nährstoffe in geringem Umfange wieder in oberflächennahe Wasserschichten rüchgeführt werden können. Während der Volldurchmischung, die in der Regel im Spätherbst erfolgt, kommt es zu einem vollständigen Ausgleich der vertikalen Konzentrationsgradienten aller Wasserinhaltsstoffe.

Der soeben geschilderte Ablauf von physikalischen und biologischen Mechanismen legt folgende *Hierarchie von Prozessen* in Ökosystemen nahe:

- Die physikalische Struktur prägt über die Temperatur des Wassers die Geschwindigkeit und über die Durchmischung die räumliche Verteilung der ablaufenden Stoffflüsse wesentlich mit.

- Die *chemischen Eigenschaften* des Milieus prägen die in ihm ablaufenden rein chemischen und biochemischen Prozesse. Besondere Bedeutung spielen der pH-Wert des Wassers und die Redoxeigenschaften des Milieus, die für die Richtung vieler chemischer Reaktionen ausschlagend sind.

- Der *Ablauf biologischer Prozesse* wird entscheidend durch die physikalische und chemische Struktur des Lebensraumes geprägt. Dies schließt nicht aus, daß wichtige Lebensvorgänge ihrerseits auf die physikalischen und chemischen Eigenschaften ihres Mileus zurückwirken. Dies ist in Wasserlebensräumen in stärkerem Maße der Fall als auf dem Land.

2 Die Wirkung physikalischer Faktoren auf Energie- und Stoffflüsse

2.1 Energieflüsse in Ökosystemen

Die dem System von außen zugeführte Energie gibt zu einem Energiefluß innerhalb desselben Anlaß, welcher durch Energieübergänge charakterisiert ist. Dieser Energiefluß kann in einen *abiotischen* (d.h. rein physikalischen) und einen *biologischen* unterteilt werden: Der weitaus überwiegende Anteil der Energie wird durch rein physikalische Prozesse umgesetzt; er führt zur Erwärmung des Mediums und der in ihm enthaltenen Materie sowie zu Wasserbewegungen. Ein Teil der zugeführten kurzwelligen Strahlungsenergie kann durch Organismen mittels komplizierter Pigmentsysteme eingefangen und anschließend biologisch nutzbar gemacht werden. Die eingefangene Strahlungsenergie wird in chemische Bindungsenergie umgewandelt, die innerhalb der Lebensgemeinschaft weitergegeben werden kann. Da sowohl der Energieeinfang als auch die Umwandlung in chemische Bindungsenergie und die nachfolgende Weitergabe an andere Organismen (entlang der Nahrungskette) relativ ineffizient erfolgt, macht der Gesamtumfang des biologischen Energieflusses meist nur einen kleinen Bruchteil (weniger als ein Prozent) des abiotischen Energieflusses aus. Trotzdem ist der Einfang von Strahlungsenergie durch photoautotrophe Organismen der entscheidende Schritt, durch den Leben auf der Erde im heutigen Umfange überhaupt erst möglich wurde. Der Einfang chemischer Bindungsenergie bei der Oxidation reduzierter anorganischer Verbindungen durch chemolithotrophe Bakterien spielt dagegen mengenmäßig nur eine untergeordnete Rolle. [2]

Diese Aussagen seien anhand von Abbildung 2 konkretisiert: Von der kurzwelligen Strahlung der Sonne (Wellenlängenbereich: 300-30000 mn) können nur etwa die Hälfte photosynthetisch genutzt werden, der Rest führt ausschließlich zu einer Erwärmung des Lebensraumes. Meist kann auch nur ein relativ kleiner Teil (< 1% - ca. 50%) der photosynthetisch verwertbaren Strahlung durch Algenpigmente eingefangen werden, in Abhängigkeit von der Phytoplanktonbiomasse, der Trübung des Wassers und der spektralen Zusammensetzung der Unterwasserstrahlung. Der Rest führt wiederum ausschließlich zu einer Erwärmung des Wassers. Vom eingefangenen Unterwasserlicht wird wiederum nur ein Bruchteil energetisch durch den Prozeß der Photosynthese genutzt, vor allem in Abhängigkeit von der Strahlungsintensität. Bei niedrigen (limitierenden) Lichtintensitäten werden die höchsten Nutzungseffizienzen erreicht. Die aus Gründen der Stöchiometrie der Photosynthese anzunehmende theoretische Obergrenze der energetischen Ausnutzungseffizienz der eingefangenen Lichtquanten von ca. 20%, wird aber kaum erreicht.

---

[2] Einen Ausnahmefall stellt die Tiefseelebensgemeinschaft der mitozeanischen Rücken dar, die ihre Energie aus der Oxidation großer Mengen von reduzierten Stoffen (vor allem von Sulfiden) gewinnt, welche aus dem Erdinneren ausströmen.

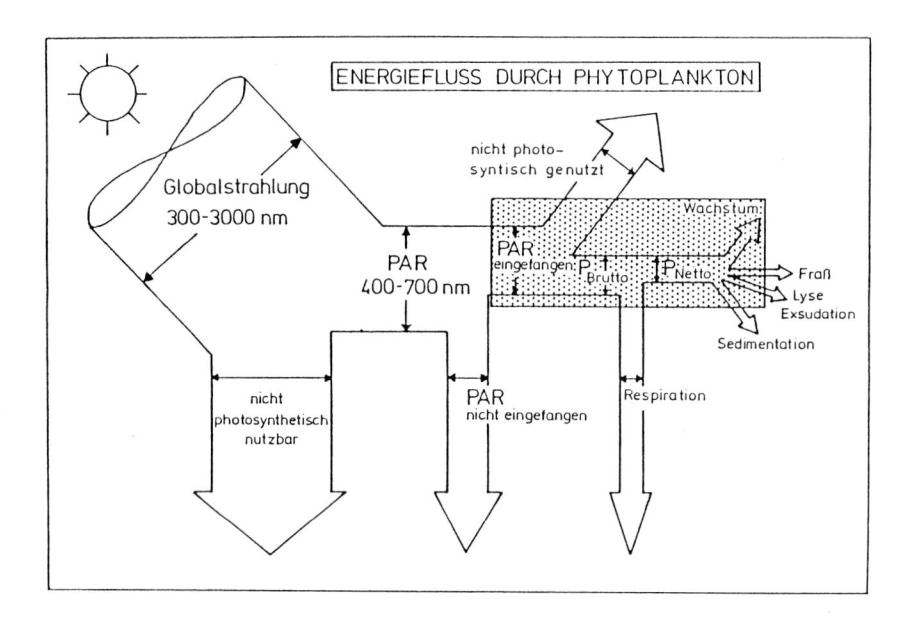

Abbildung 2: *Physikalischer und biologischer Energiefluß durch ein Ökosystem mit Betonung der Rolle der Primärproduktion durch das Phytoplankton (schattiertes Rechteck).*

Je höher die Lichtintensität, desto geringer die Ausnutzungseffizienz. Maximalwerte für die Gesamt-Ausnutzungseffizienz einfallender Strahlungsenergie innerhalb der Wassersäule liegen bei ca. 5%, meist betragen sie aber unter 1%. In diese Gesamt-Ausnutzungseffizienz gehen die Effizienz des Einfanges der Lichtquanten durch die Antennenpigmente und die nachherige energetische Ausnutzung durch den Photosyntheseprozeß ein (WETZEL, 1983, TILZER et al., 1975). Nur ein verschwindend kleiner Bruchteil der dem System insgesamt zugeführten Energie wird an die heterotropen Glieder der Lebensgemeinschaft in Freiwasser und Seeboden durch Fraß, Lyse und Exsudation (Ausscheidung gelöster organischer Substabnz) sowie durch Sedimentation weitergegeben.

2.2 Nicht rückgekoppelte und rückgekoppelte Systeme

Die Beeinflussung biologischer Prozesse durch anorganische Umweltfaktoren kann in zwei grundsätzlich voneinander verschiedenen Weisen erfolgen. In *nicht rückgekoppelten Systemen* haben die Organismen keinen Einfluß auf die sie beeinflussenden Umweltfaktoren. Als einfachste Beispiele seinen hier die Einstrahlung von der Sonne, die Temperaturschichtung und die Bewegungen

Biologie natürlicher Gewässer

des Wassers genannt. Im Falle der Temperaturschichtung ist die Situation jedoch bereits nicht eindeutig: In einem stärker getrübten Wasserkörper wird Wärmestrahlung rascher absorbiert als in einem klaren, was sich auf die Temperaturschichtung auswirkt. Dies gilt insbesondere auch, wenn diese Trübung auf Plankton zurückzuführen ist.

Das Phytoplankton (das pflanzliche Plankton) ist mehrfach in *negativ rückgekoppelte Systeme* verwickelt, welche sich entscheidend auf den Produktionsprozeß von Gewässern auswirken:

- *Beeinflussung des Unterwasser- Lichtklimas:* Die im Wasser suspendierten Algen beeinflussen den vertikalen Lichtgradient in zweierlei Hinsicht:

  – *Abnahme der Wassertransparenz:* Im Bodensee, dessen Phytoplanktonbiomasse im Jahreslauf um den Faktor 100 schwankt, können 80% der jahreszeitlichen Schwankungen der Wassertransparenz durch Schwankungen der Chlorophyllkonzentration (als Maß für die Phytoplanktonbiomasse) erklärt werden (TILZER, 1983). Daher nimmt die euphotische Tiefe mit zunehmender Phytoplanktonbiomasse ab, das ist jene Tiefe, in der die Unterwasserstrahlung auf 1% des Oberflächenwertes abgesunken ist; unterhalb dieser Tiefe ist wegen Lichtmangels keine positive Photosynthesebilanz mehr möglich (Abb. 3a). Infolge dieser *Selbstbeschattung* des Phytoplanktons nimmt die in der euphotischen Zone enthaltene Phytoplanktonbiomasse auch mit ihrer Konzentration nicht linear sondern in Form einer Sättigungshyperbel zu (Abb. 3b).

  – *Beeinflussung der spektralen Eigenschaften des Unterwasser-Lichtes:* Reines Wasser ist im blauen Spektralbereich am besten lichtdurchlässig. Aus diesem Grunde dringt blaues Licht in planktonarmem Wasser am tiefsten ein. Die Phytoplanktonpigmente absorbieren im blauen und im roten Spektralbereich am stärksten. Daher nimmt mit zunehmender Planktondichte nicht nur die Lichtdurchlässigkeit insgesamt ab, es ändert sich auch die spektrale Zusammensetzung des Unterwasser-Lichtes; blaues Licht wird überproportional abgeschwächt und die Farbe der Unterwasserstrahlung verschiebt sich gegen den grünen Spektralbereich. Grünes Licht kann weniger effizient eingefangen werden als blaues (Abb. 4). Beide Effekte beeinträchtigen die Effizienz der Nutzung der Unterwasserstrahlung als Primärenergiequelle für die Photosynthese und damit auch der Produktivität, welche nicht proportional sondern in Form einer Sättigungshyperbel mit steigender Biomassen- (Chlorophyll -) konzentration zunehmen (vgl. Abb 3 a, bzw. Abb. 8).

Diese Aussagen seien mit Hilfe von Abbildung 4 quantifiziert, welche die Unterwasserspektren im Atlantischen Ozean (links) und im Bodensee (rechts) darstellt. Gezeigt werden die Flüsse des nach unten gerichteten Lichtquantensromes (logarithmisch) zwischen 400 und

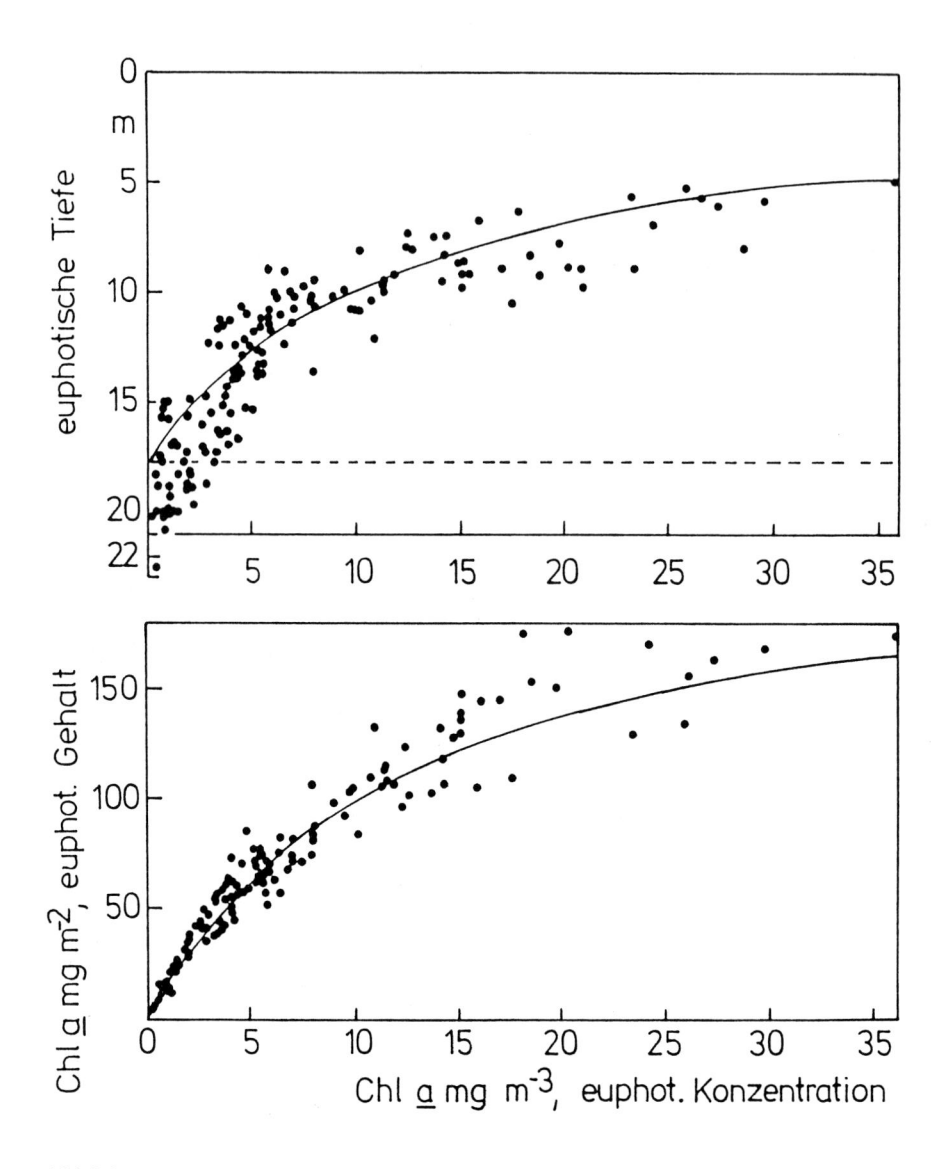

Abbildung 3: *Die Euphotische Chlorophyllkonzentration als Determinante der euphotische Tiefe (oben) und der Gesamtmenge an Chlorophyll innerhalb der euphotischen Zone (unten) im Bodensee (aus* TILZER *and* BEESE, *1988). Die Sättigungsfunktionen entstehen durch Selbstbeschattung, welche bewirkt, daß die vertikale Ausdehnung der euphotischen Tiefe mit zunehmender Chlorophyllkonzentration abnimmt, eine wichtige negative Rückkoppelung in aquatischen Ökosystemen, welche ihr Produktionpotential einschränkt.*

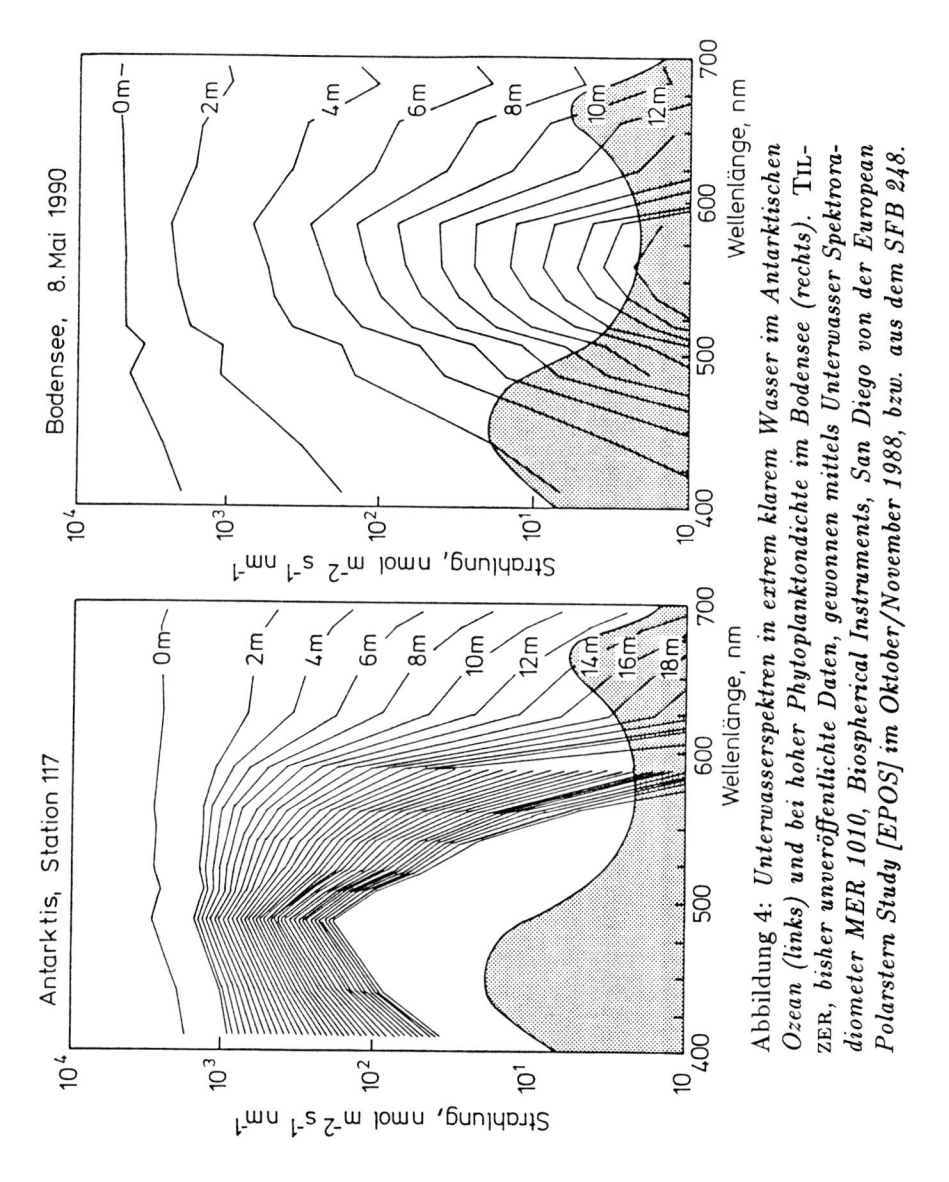

Abbildung 4: *Unterwasserspektren in extrem klarem Wasser im Antarktischen Ozean (links) und bei hoher Phytoplanktondichte im Bodensee (rechts). TIL-ZER, bisher unveröffentlichte Daten, gewonnen mittels Unterwasser Spektroradiometer MER 1010, Biospherical Instruments, San Diego von der European Polarstern Study [EPOS] im Oktober/November 1988, bzw. aus dem SFB 248.*

700 mn Wellenlänge (Photosynthetisch verwertbare Strahlung) in Tiefenintervallen von jeweils 2 m. Der Abstand der Spektren voneinander ist ein Maß für den vertikalen Lichtabfall. Die Chlorophyllkonzentration im Antarktischen Ozean betrug ca. 0,07 mgm^{-3}, im Bodensee 18 mgm^{-3}, die euphotischen Tiefen 98 m, bzw. 5,7 m. Beachte, daß im Anarktischen Ozean blaues Licht (488 nm), im Bodensee jedoch grünes (Licht 540-560 nm) vom Wasser am besten durchgelassen wird. Im roten Spektralbereich absorbiert reines Wasser sehr stark, daher unterscheidet sich der vertikale Lichtabfall hier in der Antarktis und im Bodensee am wenigsten voneinander. Schattiert ist die Wellenlängenabhängigkeit der Lichtabsorption durch eine Algensuspension eingezeichnet. Sie weist Absorptionsmaxima im Blau- und Rotbereich und ein Absorptionsminimum im Grünbereich auf. Bei einer bestimmten Chlorophyllkonzentration müßte das Unterwasserlicht im klaren blauen Ozeanwasser wesentlich effizienter eingefangen und damt energetisch genutzt werden als im stärker getrübten grünen Bodenseewasser.

- *Beeinflussung der Nährstoffkonzentration*: Durch aktive Aufnahmeprozesse können Phytoplanktonalgen auch extrem stark verdünnte Nährstoffe gegen einen Konzentrationsgradienten aufnehmen. Wenn kein Nachschub von Nährstoffen von außen, etwa durch Mischungsprozesse aus nährstoffreicheren tieferen Wasserschichten erfolgt, kommt es in der produzierenden Wasserschicht zu einer Verarmung an Nährstoffen. Dies führt im Extremfall zur völligen Aufzehrung des in der geringsten Menge verfügbaren Nährstoffes, wodurch das Algenwachstum zum Stillstand kommt. Vertikale Durchmischungsprozesse können so entstandene Konzentrationsunterschiede wieder ausgleichen. Daher kann man Nährstoff-Konzentrationsgradienten als Indikatoren für die vertikale Durchmischung von Wasserkörpern nutzen (PAERL et al., 1975).

Negativ rückgekoppelte Systeme tragen sehr wesentlich zur Stabilisierung von Ökosystemen bei, indem sie der Maximalproduktion von lebendem Material obere Grenzen setzen, die man als Tragfähigkeit (carrying capacity) bezeichnet. Diese hängt sehr wesentlich von der Verfügbarkeit der essentiellen Ressourcen ab; jene Ressource bestimmt die carrying capacity, die als erste das Biomassewachstum begrenzt (Limitierender Faktor). In den meisten Fällen bestimmt die Verfügbartkeit von Nährstoffen die carrying capacity. Nur in Extremfällen ist es die Verfügbarkeit von Energie, die aber stets die Geschwindigkeit des Produktionsprozesses kontrolliert (TILZER 1989, TILZER et al., in press).

3 Biologische Reaktionen auf physikalische Einflüsse

3.1 Das Schweben des Planktons

Die Sinkgeschwindigkeit eines Körpers in einem flüssigen Medium hängt von seiner Dichte relativ zu jener des Mediums (Dichteüberschuß) und dem Reibungswiderstand gegenüber dem Wasser ab. Eine konstante Sinkgeschwindigkeit wird entsprechend dem Stokesschem Gesetz dann erreicht, wenn die beschleunigende Kraft der durch den Reibungswiderstand bedingten bremsenden Kraft das Gleichgewicht hält.

Man kann die Eigenschaften von Planktern, welche die Sinkgeschwindigkeit regulieren, als Anpassungen im Sinne einer *Optimierungsstrategie* an ihre Lebensbedingungen auffassen. Hierbei müssen Kompromisse zwischen verschiedenen Anforderungen geschlossen werden:

- Phytoplankton ist nur innerhalb jener Wasserschichten lebensfähig, in denen *genügend Licht* für die Photosynthese vorhanden ist. Es entspricht dies in Seen bzw. dem Ozean Wassertiefen von weniger als 1 m bis ca. 100 m, in Abhängigkeit von der Lichtdurchlässigkeit des Wassers (euphotische Tiefe). Die Lebensdauer einer sinkenden Algenzelle wird also durch die Zeit begrenzt, während derer sie sich innerhalb der euphotischen Zone aufhält. Je kleiner daher die Sinkgeschwindigkeit ist, umso länger kann die Algenzelle in durchleuchteten Wasserschichten verbleiben. Wasserturbulenzen wirken dem Sinkprozeß im allgemeinen entgegen.

- Die Größe von Planktonalgen ist aber meist so gering, daß die Grenzschichtströmung, durch welche lebenswichtige gelöste Nährstoffe an die Zelle heran und Stoffwechselendprodukte von der Zelloberfläche abtransportiert werden könnten, laminar und nicht turbulent verläuft. Phytoplankter sind für den Stoffaustausch mit ihrer unmittelbaren Umgebung daher auf die *molekulare Diffusion* angewiesen. Abbildung 5 macht die diesbezüglichen Konsequenzen deutlich: Nährstoffkonzentrationen (N, etwa von anorganischen Nährsalzen bei Algen) nehmen wegen ihrer Aufnahme durch die Mikroorgasnismen gegen deren Oberfläche hin ab, Konzentrationen von Stoffwechsel-End- oder Abfallprodukten (E, z.B. von Sauerstoff bei oxygen photosynthetischen Organismen) nehmen gegen die Zelloberfläche hin zu. Da die molekularen Diffusionsraten im Wasser extrem niedrig sind und Austauschprozesse durch Wasserturbulenzen im Größenordnungsbereich der Algenzellen (5-100 μm Durchmesser) nicht mehr wirksam werden, müßte es zu einer starken Hemmung der Stoffumsetzungen durch negative Rückkoppelungsprozesse kommen. Nur durch Bewegung der Zellen relativ zum umgebenden Medium, vor allem durch passives Absinken, kann der Stoffwechsel der planktischen Mikroorganismen aufrecht erhalten werden. Optimal angepaßt ist ein Plankter, dessen

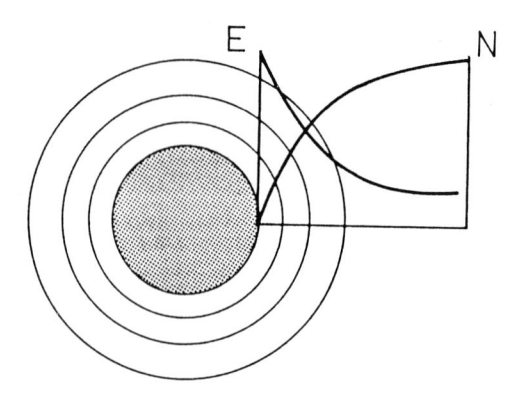

Abbildung 5: *Konzentrationsgradienten um eine im Wasser suspendierte hypothetische Mikrobenzelle: Nährstoffe (N) nehmen bei Annäherung an den Mikroorganismus ab, Stoffwechsel Ent- bzw. Abfallprodukte (E) jedoch zu.*

Sinkgeschwindigkeit genügend klein ist, um eine ausreichend lange Zeit in der euphotischen Zone verbleiben zu können aber groß genug, um eine ausreichende Diffusion von Wasserinhaltsstoffen zu gewährleisten.[3]

Zur *Regulation der Sinkgeschwindigkeit* werden sowohl Dichte als auch Reibungswiderstand optimiert: Beide schwanken aber nur innerhalb enger Grenzen.

- Plankter besitzen *Dichten*, die ca. 1-3% über jener des Wassers liegen. Wenn sie schwere Komponenten besitzen (z.B. Gerüstsubstanzen oder Schalen) wird ihre Dichte durch leichte Einschlüsse (Gasvakuolen, Öltropfen) oder durch Gallerthüllen herabgesetzt.

- Plankter sind meist klein (ihre größte lineare Ausdehnung schwankt zwischen etwa 1 µm und 1 mm). Je kleiner ein Gegenstand, desto größer seine Oberfläche relativ zu seinem Volumen. Die Gestalt von Planktern weicht in der Regel umso weiter von der Kugelgestalt (bei der das Oberflächen/Volumsverhältnis minimal ist) ab, je größer sie sind. Die Oberflächen/Volumsrelation von Phytoplankton schwankt nur innerhalb etwas mehr als einer Zehnerpotenz, obwohl ihre Volumina über 5 Größenordnungen variieren (LEWIS, 1976).

Vermutlich sind geringe Körpergrößen von Phytoplankton auch als Anpassungen im Sinne einer *Maximierung der Nutzung von Unterwasserstrahlung*

---

[3] Eine andere Möglichkeit, "Diffusionshöfe" um die Zelloberflächen zu beseitigen sind *aktive Bewegungen*, meist mittels Begeißelung. Diese müssen aber mit Energieinvestitionen erkauft werden, sowohl für die Ausbildung des relativ komplizierten Geißelapparates, als auch für die Schwimmbewegugen selbst im viskosen Wassermedium.

interpretierbar: Innerhalb großer Pigmentkörper kommt es zu einer beträchtlichen internen Selbstbeschattung. Je feinteiliger das lichtabsorbierende Pigment verteilt ist, desto effizienter kann das Licht absorbiert werden (KIRK, 1983). Dies spielt im Wasser, in welchem Licht häufig knapp ist, vermutlich eine größere Rolle als am Land, wo bekanntlich massive photosynthetisch aktive pflanzliche Gewebe vorkommen, etwa bei Succulenten, welche meist in Starklicht leben. Allerdings sind auch die Blätter von Landpflanzen meist dünn und senkrecht zur Einfallsrichtung des Lichtes orientiert, um die Lichtabsorption zu maximieren, wenn auch in wesentlich geringerem Maße als bei mikroskopisch kleinen Algenzellen.

3.2 Der Produktionsprozeß des Phytoplanktons in durchmischten und geschichteten Wasserkörpern

Vertikale Variation der Hell- Dunkeladaptation als Antwort auf thermische Schichtung: Infolge ihres geringen Dichteunterschiedes und großen Reibungswiderstandes gegenüber dem sie umgebenden Wasser werden, wie bereits erwähnt, Plankter mit sich bewegenden Wassermassen passiv verdriftet. Ihre Vertikalverteilung ist daher stark von der physikalischen Struktur der Wassersäule abhängig.

In thermisch geschichteten Wasserkörpern können sich unter der Voraussetzung, daß die Dichtesprungschicht innerhalb der euphotischen Zone liegt, Algenpopulationen ausbilden, die in unterschiedlich durchleuchteten Wasserschichten leben und physisch von solchen in anderen Wassertiefen getrennt sind. Diese können sich innerhalb gewisser Grenzen an die in ihrem Milieu jeweils vorherrschenden Lichtverhältnisse anpassen. Diese Hell- Dunkeladaptation erfolgt einerseits durch Auswahl von Arten mit unterschiedlichen Lichtansprüchen (Selektionistische Anpassung), oder (häufiger) durch Modifikation des Photosyntheseapparates (physiologische Anpassung). In beiden Fällen können unterschiedliche photosynthetische Antworten auf herrschende Lichtverhältnisse beobachtet werden. Diese sind als *Optimierungsstrategien der Lichtausnutzung* aufzufassen. Im Starklicht sind meist die lichtgesättigte Photosyntheseraten erhöht und die Empfindlichkeit gegen extrem hohe Strahlendosen nahe der Wasseroberfläche (Lichthemmung) herabgesetzt. Schwachlichtadaptierte Algen vermögen hingegen Lichtquanten bei geringen Lichtintensitäten effizienter einzufangen (Abb. 6). Wichtigster Mechanismus zur physiologischen Adaptation ist die Variation der photosynthetischen Pigmente (Antennenpigmente), daneben auch des Enzymapparates (FALKOWSKI & OWENS, 1980, FALKOWSKI 1981, FALKOWSKI et al. 1985, JÖRGENSEN und STEEMANN NIELSEN, 1969).

Das Konzept der kritischen Durchmischungstiefe: Ist der Wasserkörper, in dem sich Phytoplankton befindet durchmischt, dann durchwandern die Zellen mit den zirkulierenden Wasermassen wiederholt einen vertikalen Lichtgradienten. Die durchschnittlichen Lichtintensitäten, denen sie dabei

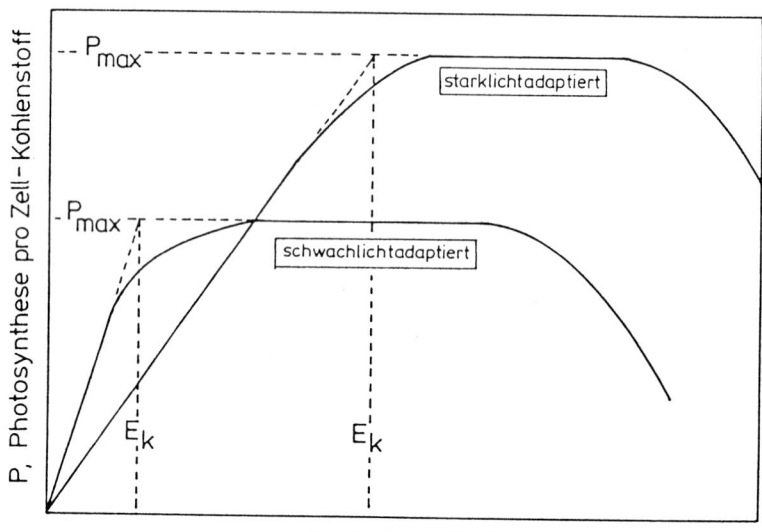

Abbildung 6: *Die am häufigsten beobachtete Veränderung der Photosynthese-Strahlungsbeziehung als Folge der Hell- Dunkeladaptation von Phytoplankton. Dargestellt sind Photosyntheseraten pro Biomasse-(Kohlenstoff-) Mengeneinheit als Funktion der Strahlungsintensität. Im natürlichen Milieu prägt die Photosynthese-Strahlungsbeziehung gemeinsam mit dem Lichtabfall im Wasser das Vertikalprofil der Photosynthese sowie dessen Schwankungen infolge variierender Einstrahlung an der Wasseroberfläche. Starklichtadaptierte Populationen haben meist hohe lichtgesättigte (Starklicht)- Photosyntheseraten (P_{max}) während schwachlichtadaptierte Populationen höhere lichtbegrenzte (Schwachlicht-) Photosyntheseraten aufweisen (niedrige E_k). Wichtigste Mechanismen der physiologischen Hell-Dunkeladaptation sind Modifikationen des den Lichteinfang bewerkstelligenden Pigmentapparates (aus* TILZER, *1987). Man kann diesen Reaktionstyp teleologisch als Optimierungsstrategie deuten: Jede Population kann die in ihrem Mileu vorherrschenden Bedingungen optimal nutzen: Starklichtpolulationen sind nur kurzzeitig geringen, Schwachlichtpopulationen nie hohen Lichtintensitäten ausgesetzt. Es kommen allerdings auch andere Reaktionsmuster vor (*RICHARDSON *et al., 1983).*

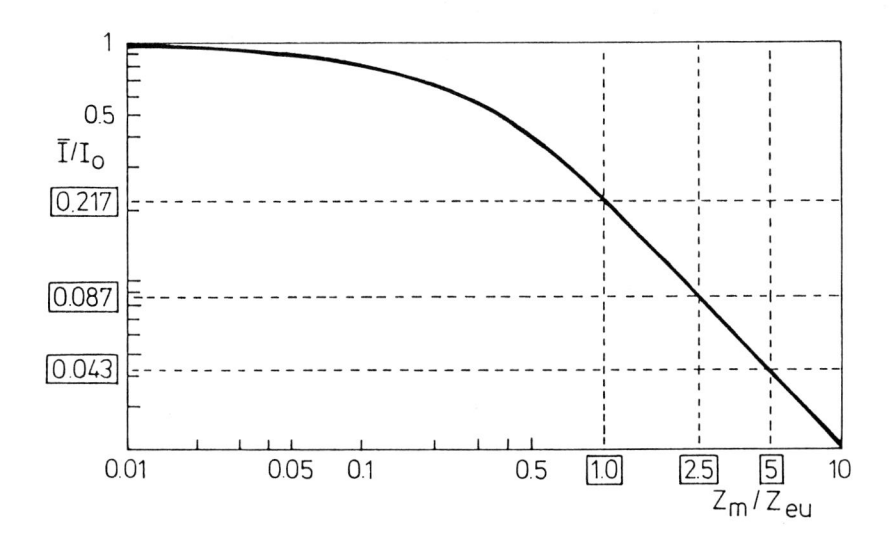

Abbildung 7: *Durchschnittliche Strahlungsintensitäten, ausgedrückt als Bruchteile der jeweiligen Oberflächen-Lichtintenitäten, denen Phytoplankton in einer durchmischten Wassersäule ausgesetzt ist. Die Durchmischungstiefe (Z_m) ist als Vielfaches der euphotischen Tiefe (Z_{eu}) ausgedrückt (aus TILZER, 1990a, berechnet nach RILEY, 1957). Bei einer Durchmischungstiefe, die fünfmal so groß ist wie die euphotische Tiefe, beträgt die Durchschnitts-Strahlungsintensität innerhalb der durchmischten Wassersäule 4,3% der Oberflächen-Lichtintensität. Wegen Lichtmangels kann unter solchen Bedingungen ein Populationsmwachstum nicht mehr aufrecht erhalten werden.*

ausgesetzt sind, hängen von der einfallenden Strahlungsintensität, der Durchmischungstiefe und vom vertikalen Lichtabfall (Wassertransparenz) ab (RILEY, 1946, 1957). Entspricht die Durchmischungstiefe der euphotischen Tiefe, dann beträgt die durchschnittliche Lichtintensität innerhalb der durchmischten Wassersäule 21% der Oberflächenintensität. Sie sinkt auf 4,3% ab, wenn die Durchmischungstiefe das Fünffache der euphotischge Tiefe beträgt (Abb. 7). Je tiefer die Durchmischung ist, umso länger halten sich Phytoplankter in tiefen und daher dunklen Wasserschichten auf, in denen die Respiration die Photosynthese übersteigt. Als Faustregel wird meist angenommen, daß bei einer Durchmischungstiefe von der fünffachen euphotischen Tiefe kein Populationswachstum mehr möglich ist ("kritische Durchmischungstiefe", SVERDRUP, 1953, RILEY, 1956, 1957, TALLING, 1971, RAMBERG, 1978). In den meisten Fällen führt die Überschreitung der kritischen Tiefe zu einem Zusammenbruch der Phytoplanktonbiomasse im Herbst, wenn infolge von Abkühlung und Windeinwirkung die Durchmischungstiefe zunimmt. Es kann aber auch zu einer Überschreitung der kritischen Durchmischungstiefe in Fällen kommen, wenn infolge des Algenwachstums die Wassertransparenz stark abnimmt. Auf diese Weise kann Lichtmangel durch Selbstbeschattung zu einer Begrenzung des Algenenwachstums führen, noch bevor Nährstoffe aufgezehrt worden sind (TILZER 1990 a).

3.3 Selbstbeschattung und Produktivität

Die Zunahme der Biomasseakkumulation führt zu einer Zunahme der Photosynthese und damit der Produktivität. Durch die Selbstbeschattung kommt es jedoch gleichzeitig zu einer Verringerung der vertikalen Ausdehnung der produzierenden Wasserschicht. Theoretische Überlegungen (BANNISTER, 1974) haben gezeigt, daß die Produktivität des Phytoplanktons vom Anteil der Unterwasserstrahlung abhängt, die von Algenpigmenten absorbiert und demnach energetisch genutzt werden kann. Der theoretische Maximalwert entspricht der Produktion im Falle, daß alles Unterwasserlicht durch aktive Antennenpigmente absorbiert wird. Dieser Fall wäre theoretisch dann erreicht, wenn die Algensuspension so dicht ist, daß die Lichtabsorption durch das Wasser sowie andere Inhaltsstoffe vernachlässigbar gering wäre, d.h. in stark eutrophen Gewässern. Empirische Untersuchungen haben gezeigt, daß diese theoretisch postulierte Beziehung tatsächlich verwirklicht ist (MEGARD et al., 1979, TILZER, 1983). Bei jeder beliebigen Chlorophyllkonzentration ist aber der Anteil der Algenpigmente an der Gesamtlichtabsorption auch von der Wassertrübung, die unabhängig vom Phytoplankton ist, abhängig und vom Verlauf der Sättigungskurve mitbestimmt. In klaren Wässern wird daher eine bestimmte Produktivität bereits bei wesentlich geringeren Algendichten erreicht, weil ihre Pigmente dann einen größeren Anteil des in das Wasser eindringenden Lichtes absorbieren kann. Dies spielt für die Produktivität des Ozeans und klarer Seen eine Rolle (TILZER, 1990 b). Abbildung 8 macht dies deutlich. Sie zeigt die Tagesprimärproduktion in Abhängigkeit der Phytoplankton-Biomasse. Im oberen Bild wurde eine konstante "Hintergrund-Attenuation", wie sie im im Duchschnitt im Bodensee auftritt, angenommen. Bei einer Chlorophyllkonzentration von 18 mgm^{-3} werden 50% des Unterwasserlichtes durch Algenpigmente absorbiert und die Produktivität erreicht 50% des maximal möglichen Potentials. Im unteren Bild wurde eine konstante Chlorophyll-Konzentratiopn (18 mgm^{-3}) angenommen und die Hintergrundattenuation variiert. Man kann Änderungen in der Produktivität des Phytoplanktons pro Flächeneinheit durch jenen Bruchteil der insgesamt in das Wasser eindringenden photosynthetisch verwertbaren Strahlung erklären, welcher durch photosynthetische Antennenpigmente eingefangen wird (rechte Skala).

4 Schlußfolgerungen

Physikalische Umweltfaktoren haben in einem Gewässer einen unmittelbaren Einfluß auf das Produktionsgeschehen, weil die wichtigsten Produzenten

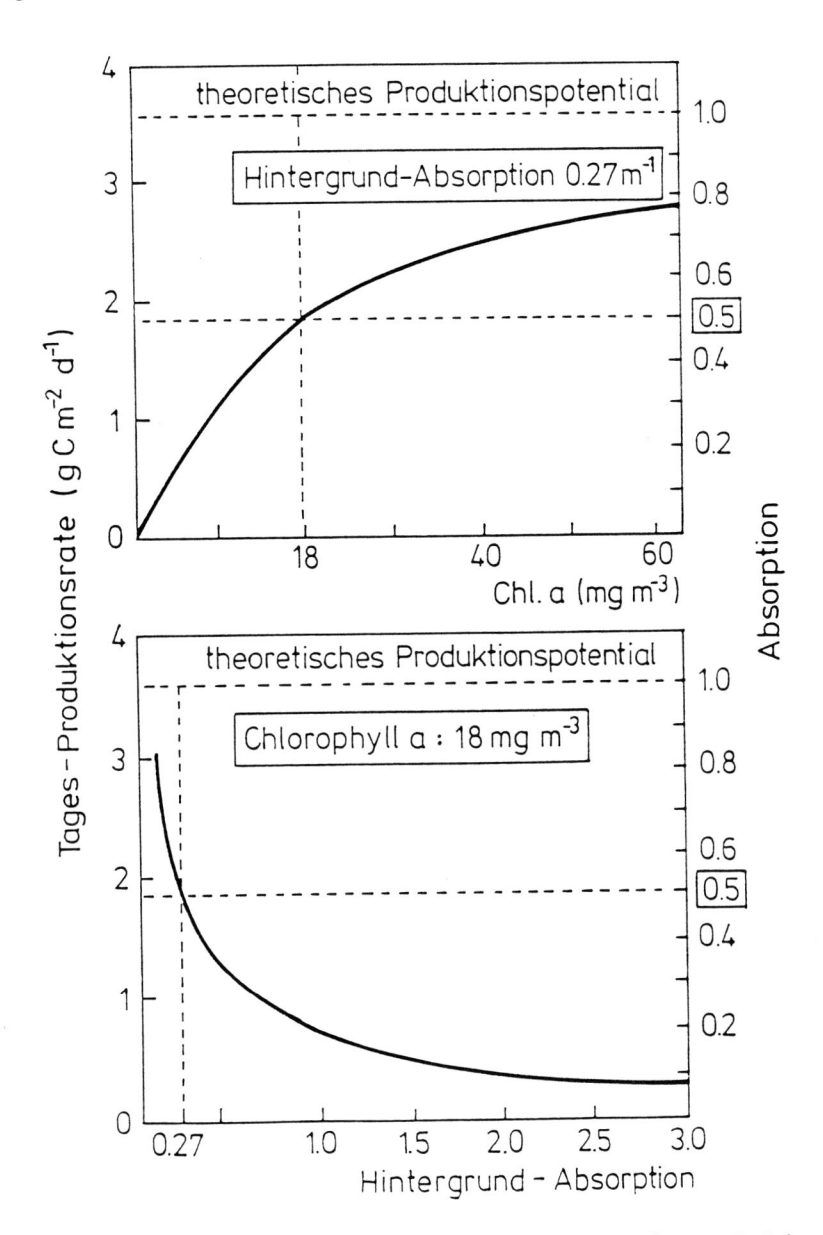

Abbildung 8: *Abhängigkeit der Tages-Primarproduktion (linke Skala) pro Flächeneinheit von der Phytoplankton-Biomasse (hier: von der euphotischen Chlorophyllkonzentration, oben) bzw. von der Lichtabsorption durch das Wasser und andere Wasserinhaltsstoffe (unten). (aus* TILZER, *1990a, verändert).*

organischer Substanz, das Phytoplankton, in extrem enger Weise mit seinem Lebensmedium verknüpft ist. Dabei spielen die folgenden Faktoren eine besondere Rolle:

- Planktonalgen werden passiv mit sich bewegenden Wassermassen verdriftet. Die Bedingungen, unter denen sie leben, werden dadurch entscheidend geprägt. Besonders betroffen ist das Lichtklima und die Versorgung mit gelösten Nährsalzen.

- Phytoplankton lebt in einem im Vergleich zur Luft sehr trüben Medium, welches sich zunehmend in seiner spektralen Zusammensetzung mit der Tiefe ändert. Die Zellen müssen mit ihrem Lebensmedium um die Primärenergie konkurrieren, indem sie das Unterwasserlicht sehr effizient absorbieren. Dies erreichen sie durch geringe Körpergröße und Anpassung ihres Photosyntheseapparates an die herrschenden Bedingungen.

- Phytoplankton nimmt aus dem umgebenden Wasser Nährstoffe durch aktive Transportprozesse gegen einen steilen Konzentrationsgradienten auf und gibt Stoffwechselendprodukte an dieses ab. Die Intensität des Austausches von gelösten Stoffen mit dem Medium werden wesentlich durch die Bewegung des Planktons relativ zum umgebenden Wasser bestimmt, welche durch spezifische Anpassungen von Dichte und Reibungswiderstand optimiert wird.

- Wichtige Beziehungen des Phytoplankton mit den kontrollierenden Umweltfaktoren sind durch negative Rückkoppelungsmechanismen gekennzeichnet. Diese bestimmen die obere Grenze der erreichbaren Produktivität und führen zu einer Stabilisierung des Systems.

Neben den anorganischen Umweltfaktoren üben Interaktionen innerhalb der Organismengemeinschaft einen starken kontrollierenden Einfluß auf die Dynamik des Produktionsprozesses aus. Es sind dies vor allem interspezifische Konkurrenz um Ressourcen sowie Wegfraß durch tierisches Plankton (SOMMER, 1989, STERNER, 1989). Hier wirken in noch stärkerem Maße als bei physikalisch-biologischen Interaktionen negative Rückkoppelungen. Ob im Einzelfall die physikalische oder die intrabiocoenotische Kontrolle der Lebensgemeinschaft größere Bedeutung besitzt, hängt vor allem von der Gunst oder Ungunst der Lebensbedingungen ab: Sind die physikalischen Bedingungen günstig, so spielen intrabiocoenotische Beziehungen eine größere Rolle, sind die physikalischen Bedingungen ungünstig, dann spielen sie eine dominierende Rolle in der Kontrolle des Produktionsprozesses (SOMMER, 1987, REYNOLDS, 1989). In Binnenseen schwankt die Kontrolle im Jahreslauf: Im Winter sind physikalische, im Sommer meist intrabiocoenotische Kontrollmechanismen entscheidend.

Literatur

[1] BANNISTER, T. T. 1974. Production equations in terms of chlorophyll concentratuion, quantum yield, and upper limit to production. *Limnol. Oceanogr.* **19**:1-12.

[2] FALKOWSKI, P. G. and OWENS, T. G. 1978. Effects of light intensity on photosynthesis and dark respiration in six species of marine phytoplankton. *Mar. Biol.* **45**:289-295

[3] FALKOWSKI, P. G. 1981. Light-shade assimilation and assimilation numbers. *J. Plankton Res.* **3**:203-216.

[4] FALKOWSKI, P. G., DUBINSKY, Z. and WYMAN, K. 1985. Growth-irradiance relationships in phytoplankton. *Limnol. Oceanogr.* **30**:311-321.

[5] JÖRGENSEN E. G. and STEEMANN NIELSEN, E. 1965. Adaptation in plankton algae. pp. 39-46 in C.R. Goldman [ed.] Primary productivity in aquatic environments. Univ. of California Press.

[6] KIRK, J. T. O. 1983. Light and Photosynthesis in aquatic ecosystems. Cambridge University Press.

[7] LEWIS, W. M. 1976. Surface/Volume ratios: Implications for phytoplankton morphology. *Science* **192**:885-887.

[8] MEGARD, R. O., COMBS, W. S., SMITH, P. D. and KNOLL, A. S. 1979. Attenuation of light and daily rates of photosynthesis attained by planktonic algae. *Limnol. Oceanogr.* **24**: 1038-1050.

[9] PAERL, H. W., RICHARDS, R. C., LEONARD, R. L. and GOLDMAN, C. R. 1975. Seasonal nitrate cycling as evidence for complete vertical mixing in Lake Tahoe, Califorenia-Nevada. *Limnol. Oceanogr.* **20**:1-8.

[10] RAMBERG, L. 1978. Relations between phytoplankton and light climate in two Swedish forest lakes. *Int. Revue ges. Hydrobiol.* **64**:749-782.

[11] REYNOLDS, C. S. 1989. Physical determinants of phytoplankton succession. pp. 9-56 in U. Sommer [ed.] Plankton Ecology. Succession in plankton communities. Brock/Springer Series of Contemporary Bioscience, Springer.

[12] RICHARDSON, K., BEARDALL, J. and RAVEN, J. A. 1983. Adaptation of unicellular algae to irradiance: An analysis of strategies. *New. Phytol.* **93**:157-191.

[13] RILEY, G. A. 1946. Factors controlling phytoplankton populations on Georges Bank. *J. Mar. Res.* **6**:54-73.

[14] RILEY, G. A. 1956. Oceanography of Long Island Sound, 1952-1954. II. Physical oceanography. *Bull. Bringham Oceanogr. Coll.* **15**:15-46.

[15] RILEY, G. A. 1957. Phytoplankton in the North Central Sargasso Sea, 1950-52. *Limnol. Oceanogr.* **2**:252-257.

[16] SOMMER, U. 1987. Factors controlling the seasonal variation in phytoplankton species composition - A case study for a deep, nutrient rich lake. *Progress in Phycological Research* **5**: 123-178.

[17] SOMMER, U. 1989. The role of competition for resources in phytoplankton succession. pp. 57-106 in U. Sommer [ed.] Plankton Ecology. Succession in plankton communities. Brock/Springer Series of Contemporary Bioscience, Springer.

[18] STERNER, R. W. 1989. The role of grazers in phytoplankton succession. pp. 107-170 in U. Sommer [ed.] Plankton Ecology. Succession in plankton communities. Brock/Springer Series of Contemporary Bioscience, Springer.

[19] SVERDRUP, H. U. 1953. On conditions for the vernal blooming of phytoplankton. *J. Cons. Explor. Mar.* **18**:287-295.

[20] TALLING, J. F. 1971. The underwater light climate as a controlling factor in the production ecology of freshwater phytoplankton. *Mitt. int. Ver. Limnol.* **19**:214-243.

[21] TILZER M. M. 1983. The importance of fractional light absorption by photosynthetic pigments for phytoplankton productivity in Lake Constance. *Limnol. Oceanogr.* **28**: 833-846.

[22] TILZER, M. M. 1979. Einführung in die Theoretische Limnologie. 2. Auflage. Selbstverlag, Universität Konstanz.

[23] TILZER, M. M. 1987. Light-dependence of photosynthesis and growth in cyanobacteria: implications for their dominance in eutrophic lakes. *New Zealand J. Mar. Freshwater. Res.* **21**: 401-412.

[24] TILZER, M. M. 1989. The productivity of phytoplankton and its control by resource availability. pp. 1-40 in H.D. Kumar [ed.] Phycotalk, Rastogi, Meerut, India

[25] TILZER, M. M. 1990 a: Environmental and physiological control of the primary production process. pp. 339-367 in Tilzer M.M. and C. Serruya [eds.] Large Lakes: Ecological Structure and Function, Brock/Springer Series in Contemporary Bioscience, Springer.

[26] TILZER, M. M. 1990b. Water transparency and phytoplankton photosynthesis as indicators of lake trophy: A comparison of Lake Tahoe with meso-eutrophic Lake Constance. Proc. Mountain Watershed Symposium, Incline, Nevada, June 1988.

[27] TILZER, M. M. and BEESE, B. 1988. The seasonal productivity cycle of phytoplankton and controlling factors in Lake Constance. *Schweiz. Z. Hydrol.* **50**:1-39.

[28] TILZER, M. M., GAEDKE, U., SCHWEIZER, A. , BEESE, B., and WIESER, T. in press. Interannual variability of phytoplankton productivity and related parameters in Lake Constance: No response to decreased phosphorus loading? *J. Plankton Res.*

[29] TILZER, M. M. and GOLDMAN, C. R. 1978. Importance of mixing, thermal stratification and light adaptation for phytoplankton productivity in Lake Tahoe (California-Nevada). *Ecology* **59**: 810-821.

[30] TILZER, M. M., GOLDMAN, C. R. and DE AMEZAGA, E. 1975. The efficiency of photosynthetic light energy utilization by lake phytoplankton. *Verh. internat. verein. Limnol.* **19**: 800-807.

[31] WETZEL, R. G. 1983. Limnology. Second Edition. 767pp, plus references and Index. Saunders.

Das Klima der Stadt

Günter Gross, *Hannover*

Im ersten Teil des Artikels wird qualitativ aufgezeigt, wie die zunehmende Urbanisierung die Verteilung der meteorologischen Variablen modifiziert. Hierzu zählen die starke Verschmutzung der Stadtatmospähre, Temperaturen, die bis zu $4-6°C$ höher liegen als in der Umgebung, eine drastische Reduzierung der Windgeschwindigkeit, die einen Luftaustausch behindert, und vielfältige Änderungen in den Feuchtegößen. Aufgrund der enormen Unterschiede in der Bebauungsstruktur und der Bodennutzung innerhalb des Stadtgebietes erweist es sich allerdings als äußerst schwierig, den alleinigen Effekt der Stadt zu messen. Aus diesem Grunde werden noch Ergebnisse numerischer Simulationen präsentiert, mit deren Hilfe der Stadteinfluß zu bestimmen ist.

1 Einleitung

Nach einer Schätzung der UNO werden Ende des 20.Jahrhunderts mehr als 6 Milliarden Menschen die Erde bevölkern. Ein Großteil davon wird sich in Städten niederlassen und somit zu einer starken Ausweitung der urbanen Gebiete beitragen. Um diesen Menschen Lebensraum zu schaffen, müssen Wald und Ackerflächen in Wohngebiete umgewandelt werden. Damit einher geht außerdem ein größerer Verbrauch an Energie, mehr Abfälle werden produziert, mehr Schadstoffe in die Atmosphäre abgegeben.

Diese Änderung in der Landnutzung und in der Zusammensetzung der Luft führt langfristig auch zu Änderungen der mittleren Verteilung der meteorologischen Variablen wie Wind, Temperatur und Feuchte. Das bedeutet aber ferner, daß das lokale Klima dieses Standortes abgewandelt wird und an seine Stelle nun ein sog. *Stadtklima* tritt, welches nach "Meyers Kleines Lexikon Meteorologie" (1987) wie folgt definiert werden kann:

Unter Stadtklima versteht man das gegenüber dem Umland stark modifizierte Mesoklima von Städten und Industrieballungsräumen. Es umfaßt das gesamte Volumen der bodennahen Luftschicht oberhalb und in unmittelbarer Umgebung der Stadt

Als wichtigste Ursachen, die für die Modifikation in der Verteilung der meteorologischen Größen in der Stadt gegenüber dem Umland verantwortlich gemacht werden können, sind zu nennen (Abbildung 1)

- die Störung des Wasserhaushaltes,

- die Veränderungen der Bodeneigenschaften,

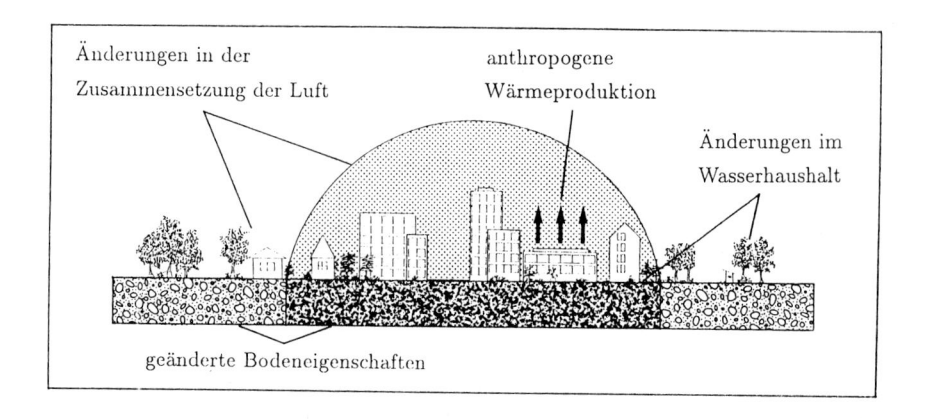

Abbildung 1: *Schematische Darstellung der Ursachen für das Stadtklima.*

- die Änderungen im Strahlungshaushalt und
- die anthropogene Wärmeerzeugung.

2 Vergleich von Klimaelementen im Stadtgebiet und im Umland

2.1 Die Zusammensetzung der Luft

Ein wesentlicher Unterschied zwischen der Stadtatmosphäre und derjenigen des Umlandes liegt in der drastisch modifizierten Zusammensetzung der Luft. Den natürlichen Bestandteilen werden noch feste, gasförmige und flüssige Komponenten beigemischt, die alle anthropogenen Ursprungs sind. In der *Tabelle 1* sind typische Größenordnungen verschiedener Komponenten im Vergleich dargestellt. Die angegebenen Zahlen haben nur orientierenden Charakter, da sie maßgeblich von der Lage der Meßstation im Stadtgebiet abhängen.

Die anthropogenen Quellen für diese zusätzlichen Beimengungen sind in der Hauptsache Hausbrand, Verkehr und Industrie. Es zeigt sich daher auch eine ganz markante Variation der Stärke der Luftverschmutzung im Laufe eines Tages und im Jahresgang (BAUMÜLLER, 1988). Insbesondere im Zusammenwirken mit bestimmten Verteilungen meteorologischer Variablen, können Luftbeimengungen sehr schädliche Nebenwirkungen auf die Biosphäre und verschiedene Materialien wie Stein und Metall haben.

Während winterlicher Inversionswetterlagen in feucht kalten Gebieten ist die Wahrscheinlichkeit zur Bildung von Nebel besonders hoch. Gleichzeitig

Tabelle 1: *Atmosphärische Luftbeimengungen in der Stadt und im Freiland nach Georgii (1970)*

Verunreinigung	Freiland		Stadt	
Feststoffe	0.01-0.02	$mg\,m^{-3}$	0.07-0.70	$mg\,m^{-3}$
SO_2	10^{-3}-10^{-2}	ppm	0.02-0.20	ppm
CO_2	310-330	ppm	350-700	ppm
CO	<1	ppm	5-200	ppm
NO, NO_2	10^{-3}-10^{-2}	ppm	10^{-2}-10^{-1}	ppm
Kohlenwasserstoffe	<1	ppm	1-20	ppm

erreicht die Emission von Schadstoffen aus Feuerungsanlagen für die Gebäudeheizung ein Maximum. Wird dabei stark schwefelhaltige Kohle verbrannt, wie dies besonders im London der früheren Jahre der Fall war, so kann das dabei freigesetzte Schwefeldioxid zusammen mit dem vorhandenen Wasser in der Atmosphäre zu einem extrem dichten, übelriechenden Nebel mit Sichtweiten von nur wenigen Metern führen, der zudem erhebliche Gesundheitsrisiken birgt. Für dieses Phänomen wurde um die Jahrhundertwende im Ballungsraum London der Begriff *smog* geprägt, ein Kunstwort, das sich aus *smoke* und *fog* zusammensetzt und somit auf die Entstehungsursachen hinweist.

Durch Veränderungen in der Feuerungstechnik und der Qualität des Brennmaterials konnte die SO_2-Emission derart drastisch reduziert werden, daß das Auftreten dieses *sauren smogs* fast völlig der Vergangenheit angehört.

Dafür ist ein von den Auswirkungen her sehr ähnliches Phänomen mehr in den Vordergrund gerückt - der *photochemische smog* (FABIAN, 1984). Dieser entsteht, wenn bestimmte Luftbeimengungen wie Stickoxide, Kohlenmonoxide und Kohlenwasserstoffe hoher Lichtintensität ausgesetzt werden. Die genannten Schadstoffe sind ganz charakteristische Emissionen der Autoabgase und aus diesem Grunde wird der *photochemische smog* in Ballungsgebieten mit hoher Kraftfahrzeugdichte beobachtet, das gleichzeitig hoher Sonneneinstrahlung ausgesetzt ist. Dabei werden über einen komplexen Reaktionsmechanismus, der in allen Einzelheiten bis heute noch nicht vollständig erforscht ist, stark oxidierende Substanzen wie Ozon und PAN gebildet. Bei relativ niedrigen Konzentrationen dieser Photooxidantien sind Augenreizungen, Kopfschmerzen und Pflanzenschäden die Folge. Unter ungünstigen Umständen können aber auch Werte erreicht werden, die weit jenseits der Risikoschwelle für gesundheitliche Schäden liegen.

Die Umwandlung von anthropogen freigesetzten Luftbeimengungen und schädigenden Substanzen wie Ozon dauern einige Stunden. Damit ist auch die Möglichkeit gegeben, daß aufgrund der Windverhältnisse diese Substanzen aus dem engeren Umfeld der Stadt abtransportiert werden und erst an anderer Stelle, weit weg von den Verursachern wirksam werden können. Die

Freisetzung von Schadstoffen hat also nicht nur Auswirkungen auf die Stadtatmosphäre alleine, sondern kann auch Konsequenzen für eine ganze Region nach sich ziehen.

2.2 Der Energiehaushalt

Die im Vergleich zum Umland geänderte Zusammensetzung der Luft über einer Stadt kann beträchtliche Auswirkungen auf die Strahlungsbilanz haben. Diese setzt sich aus der Globalstrahlung G, vermindert um den reflektierten Anteil ($=Albedo$), der atmosphärischen Gegenstrahlung AG und der Ausstrahlung A zusammen. Die Albedowerte der Stadtgebiete liegen zwar leicht unter den Umlandwerten (WANNER, 1983), gleichzeitig wird aber durch die urbane Dunstglocke die direkte Sonnenstrahlung so stark vermindert, daß im Umland mehr Strahlungsenergie an der Oberfläche absorbiert werden kann. Durch den hohen Anteil an Luftbeimengungen über der Stadt und den etwas höheren Temperaturen - immer im Vergleich zum Umland - werden zwar die Gegenstrahlung und die Ausstrahlung geändert, ihre Differenz aber dürfte sich gegenüber dem Freilandwert nur geringfügig unterscheiden.

Der Anteil der kurzwelligen Strahlung, der bis zum Boden vordringt, bewirkt in Abhängigkeit von den Materialeigenschaften eine unterschiedliche Erwärmung. Bei einer guten Wärmeleitfähigkeit des Bodens (z.B. Beton) kann die tagsüber zur Verfügung stehende Energie in den Boden abgegeben werden und umgekehrt während der Nachtstunden zur Verhinderung einer zu starken Abkühlung wieder zur Erdoberfläche transportiert werden. Dabei ist vorausgesetzt, daß eine Wärmespeicherung im Boden möglich ist.

Durch den hohen Versiegelungsgrad in bebautem Gelände wird der Wasserhaushalt und damit der Verdunstungswärmestrom stark modifiziert. Im Umland wird ein großer Anteil der Energie für die Verdunstung von Wasser benötigt. Diese Energiemenge steht im Stadtgebiet weiterhin zur Verfügung und zählt betragsmäßig zu den größten Komponenten im Energiehaushalt.

Durch anthropogene Aktivitäten wird die chemisch und physikalisch gebundene Energie aller verbrauchten Energieträger als fühlbare oder latente Wärme in die Stadtatmosphäre abgegeben. In Abhängigkeit von der Größe der Stadt, der geographischen Lage und dem Industriestandard können dabei außergewöhnlich große Mengen an Energie in die umgebende Luft gelangen. Den mit Abstand größten Wert findet LANDSBERG (1981) für Manhatten mit 630 $W\,m^{-2}$ im Jahresmittel. Für Berlin oder auch für Frankfurt liegt dieser Wert bei 20-25 $W\,m^{-2}$. Dieser anthropogene Wärmestrom Q_A zeigt einen ausgeprägten Jahresgang mit maximalen Werten während der Wintermonate. Gerade zu dieser Zeit ist aber die natürlicherweise zur Verfügung stehende Energiemenge am niedrigsten, so daß dann der anthropogene Wärmestrom die Größenordnung der Globalstrahlung erreicht.

Das Klima der Stadt

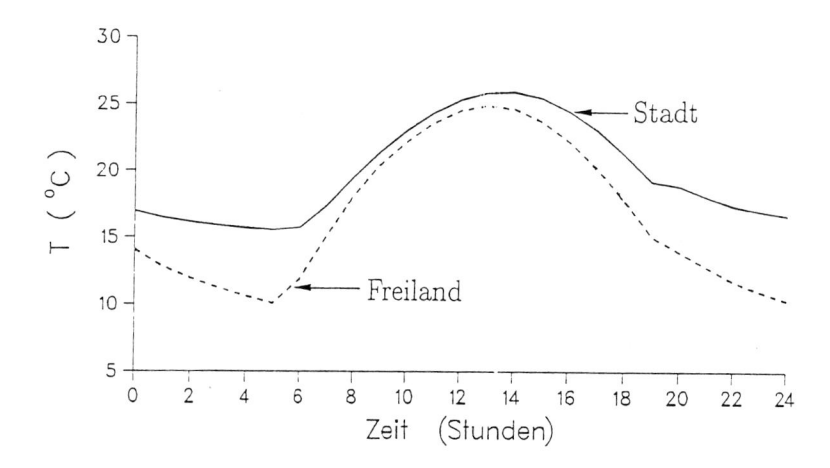

Abbildung 2: *Tagesgang der Temperatur (Stundenmittelwerte) in der Stadt und im Freiland.*

2.3 Die Temperatur

Durch die Unterschiede in der Energiebilanz einer bebauten Fläche im Vergleich zum Umland ergibt sich auch zwangsläufig eine Modifizierung des Temperaturfeldes. Dabei ist die oberflächennahe Luftschicht in der Stadt durch eine höhere Mitteltemperatur gekennzeichnet. Der Begriff *Wärmeinsel*, der für diesen Sachverhalt oftmals verwendet wird, ist nur eine unvollständige Beschreibung, da sich die Stadt nicht als ein einheitlich warmes Gebiet von der kühleren Umgebung hervorhebt, sonder intern noch starke Strukturierungen enthält.

Die maximale Temperaturdifferenz zwischen Stadt und Umland hängt von vielen standortspezifischen Faktoren aber auch in entscheidender Weise von der Größe und damit von der Bevölkerungszahl ab. Typische Werte der maximalen Temperaturerhöhung sind einer Zusammenstellung von OKE (1979) zufolge 3 °C bei 1000 Einwohnern, 8 °C bei 100'000 Einwohnern und bis zu 12 °C bei Städten bis 1 Million Einwohnern (gültig für Nordamerika).

Diese enormen Temperaturdifferenzen zum Umland treten besonders während der Nachtstunden auf, während tagsüber die Umgebung durch die einfallende Sonnenstrahlung auf etwa den gleichen Betrag wie die Stadtatmosphäre aufgeheizt wird (*Abbildung 2*). In höheren geographischen Breiten ist außerdem ein Jahresgang mit maximalen Werten in der winterlichen Heizperiode feststellbar.

Die räumliche Verteilung der bodennahen Temperatur in einer Frühlingsnacht in Darmstadt und Umgebung ist in der *Abbildung 3* dargestellt. Am Stadtrand nimmt die Temperatur in Richtung zum Zentrum hin sehr schnell

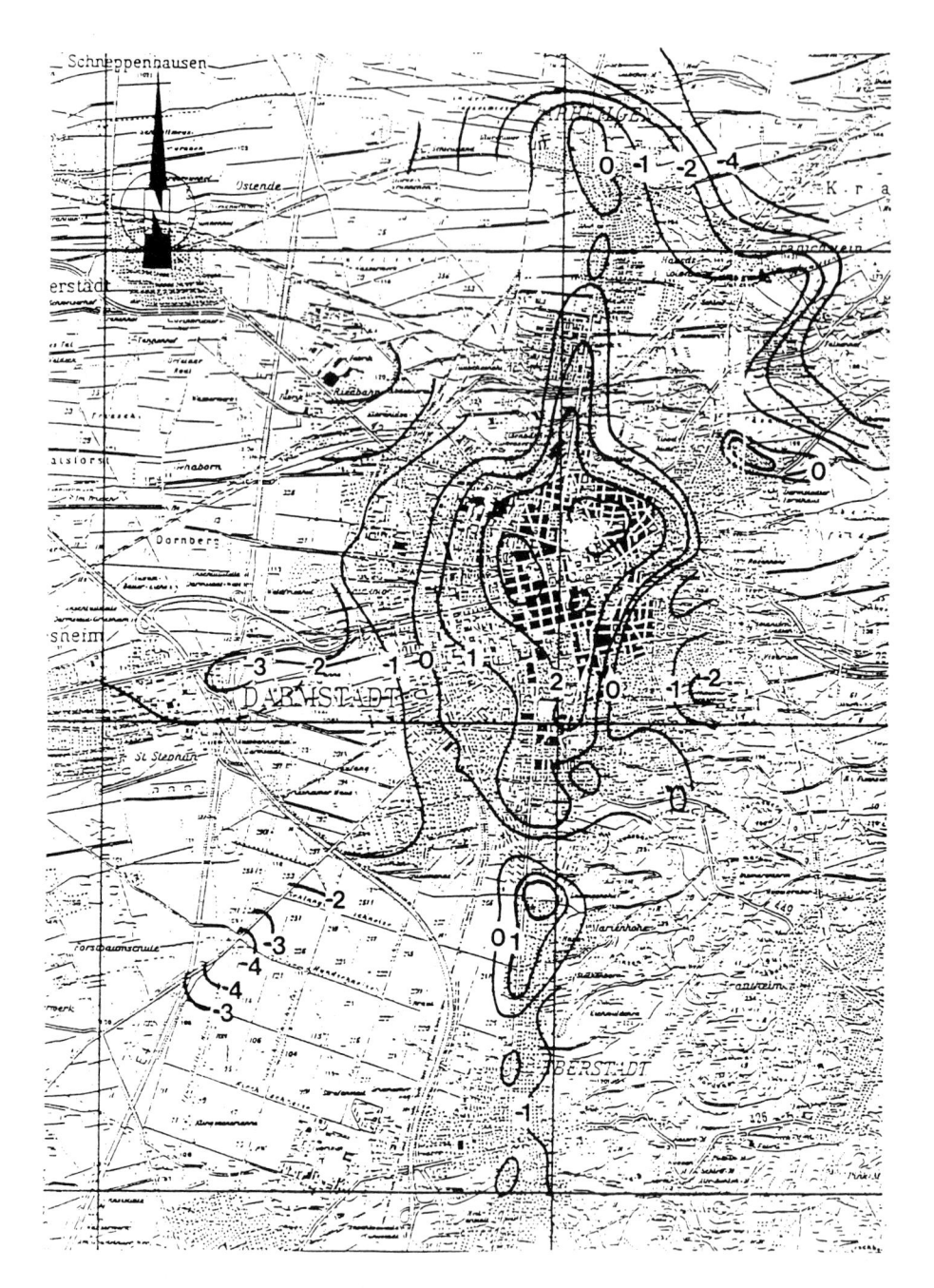

Abbildung 3: *Nächtliche Temperaturverteilung im Bereich von Darmstadt nach* KREUTZ *(1977)*.

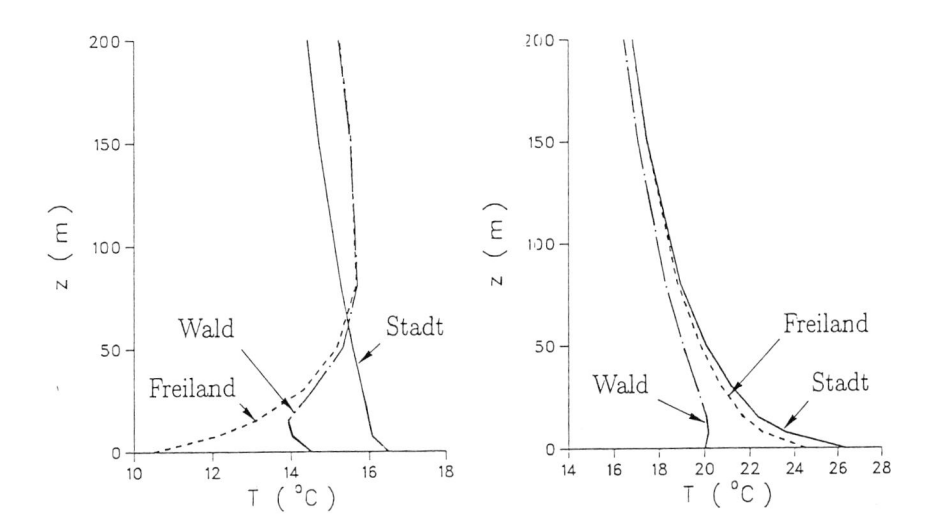

Abbildung 4: *Typische Vertikalprofile der Temperatur während der Nacht (links) und tagsüber (rechts) für drei Landnutzungen.*

zu und erreicht dort Werte die bis zu 8 °C höher sind als die kältesten Gebiete des Umlandes. Im Zentrum selbst heben sich besonders stark bebaute Gebiete und Industriekomplexe als warme Areale hervor.

Die starken nächtlichen Bodentemperaturanomalien im städtischen Raum müssen notwendigerweise auch einen Effekt in der darüberliegenden Luftschicht hervorrufen. Während sich über dem Umland eine starke Bodeninversion ausbildet bei der die Temperatur mit der Höhe zunimmt, findet man in der Stadt eine gut durchmischte Schicht. Dabei nimmt die Temperatur mit der Höhe ab. Dies kann dazu führen, daß in einigen Dekametern über Grund die Luftschicht über dem Freiland wärmer ist als über der Bebauung. Hierfür wurde der Begriff *cross-over-Effekt* geprägt. Dies ist natürlich, wenn überhaupt, nur während der Nachtstunden zu beobachten (*Abbildung 4*).

2.4 Das Windfeld

Die über der Stadt lagernde wärmere Luft verursacht in Bodennähe einen gegenüber dem Umland niedrigeren Luftdruck. Durch diesen horizontalen Druckunterschied wird eine lokale Zirkulation ausgelöst, die vom Umland in das Zentrum gerichtet ist. Die maximale Stärke dieses *Flurwindes* kann mit sehr einfachen Annahmen abgeschätzt werden (GASSMANN, 1983) und liegt für eine Temperaturdifferenz von 5 °C und einer vertikalen Erstreckung der erwärmten Schicht von 75 m in der Größenordnung von 3-4 $m\,s^{-1}$. Allerdings ist die vertikale Mächtigkeit des Flurwindes nicht sehr groß und oftmals genügen schon

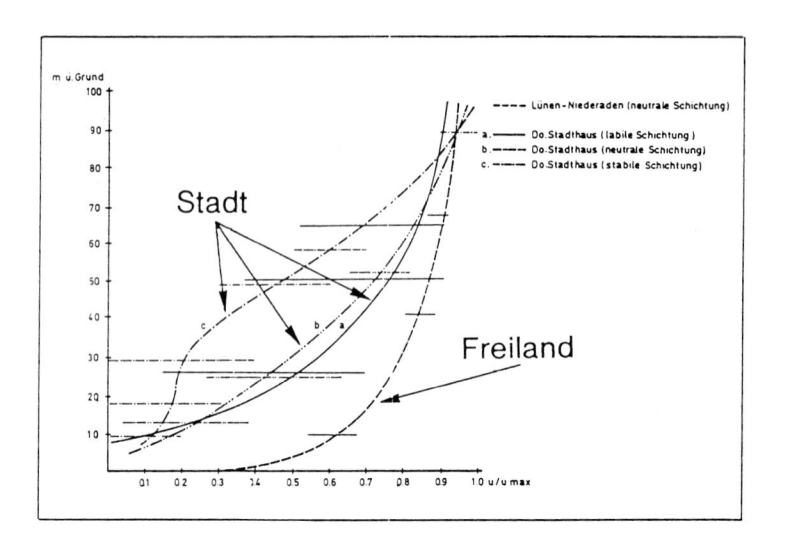

Abbildung 5: Vertikalprofile der Windgeschwindigkeit in der Stadt und im Freiland nach STOCK et al. (1986).

die ersten Häuserreihen der Stadtrandgebiete um ihn völlig zum Erliegen zu bringen. Das Stadtzentrum bleibt in diesem Falle völlig unberührt.

Diese rein thermisch bedingten Strömungssysteme sind in den seltensten Fällen überhaupt nachzuweisen, weil sie durch die großräumig aufgeprägten Winde meist völlig überdeckt werden. Für die derart herangeführten Luftmassen stellt eine Stadt, zumindest im bodennahen Bereich, ein Hindernis dar. Es entstehen Staueffekte, die durch Über- und Umströmen abgebaut werden. Nur ein Bruchteil dringt in die Zwischenräume der Bebauungsstrukturen ein. Als Folge davon wird die mittlere Geschwindigkeit im Bereich der Stadt wesentlich geringer sein als in der gleichen Höhe im Umland. Erst weit oberhalb der Gebäude wird man wieder ungestörte Verhältnisse finden können. Die thermische Schichtung stellt einen weiteren Einflußfaktor auf die mittleren Windverhältnisse in urbanem Gelände dar (*Abbildung 5*).

Diese mittleren Verhältnisse sagen aber nur wenig bezüglich der Strömung um einzelne Gebäude oder Straßenzüge innerhalb einer Stadt aus. Hier können im Einzelfall völlig unterschiedliche Beobachtungen gemacht werden mit extrem hohen Geschwindigkeiten aufgrund von Düseneffekten oder auch in der Richtung entgegengesetzte Winde im Nachlauf von Einzelgebäuden.

Durch Konvergenzen und Divergenzen im horizontalen Strömungsfeld werden auch Vertikalgeschwindigkeiten hervorgerufen die im Luv der Stadt aufwärts und im Lee abwärts gerichtet sind. Diese charakteristische Verteilung

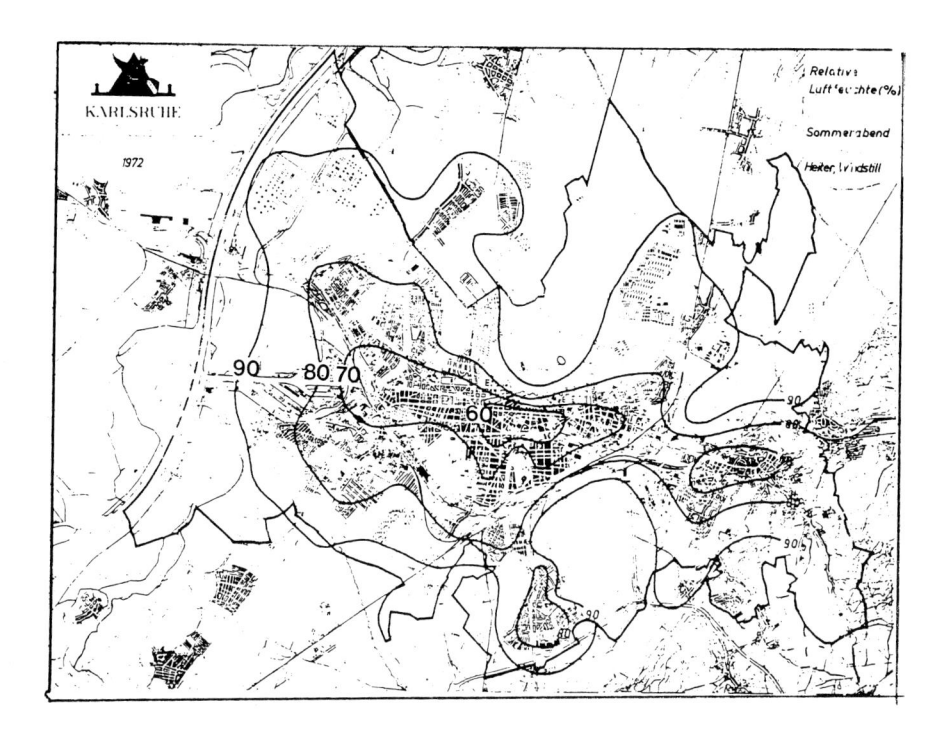

Abbildung 6: *Verteilung der relativen Feuchte in Karlsruhe nach* HÖSCHELE *(1973)*.

kann noch in Abhängigkeit von der thermischen Schichtung der bodennahen Atmosphäre stark modifiziert werden. So wird die Stadt als Strömungshindernis während der Nachtstunden stärker umströmt, tagsüber begünstigt die labile Schichtung ein Überströmen. Dem Ganzen ist außerdem noch generell eine aufsteigende Luftbewegung überlagert, die die bodennah erwärmte Luft infolge freier Konvektion in größere Höhen über die Stadt transportiert.

2.5 Die Feuchteverteilung

Der Wasserhaushalt im Stadtgebiet unterscheidet sich signifikant von demjenigen der Umgebung. So wird z.B. das Niederschlagswasser durch die Kanalisation sofort abgeführt und steht somit nicht mehr für die Verdunstung zur Verfügung. Auf die wichtige Rolle dieses Effektes im Hinblick auf die höheren Temperaturen wurde schon in einem früheren Abschnitt hingewiesen. Da weiterhin die verdunstungsfähigen Grünflächen nur einen kleinen Anteil des Stadtgebietes einnehmen, ist die natürliche Zufuhr von Wasserdampf in die Atmosphäre stark reduziert. Trotzdem weisen Verteilungen absoluter Feuchtemaße (Dampfdruck, absolute Feuchte) nur geringe Differenzen zwischen urbanen Flächen und Umland aus. Dies ist mit dem Faktum zu erklären, daß es neben anthropogenen Wärmequellen auch Feuchtequellen aufgrund menschlicher Aktivitäten gibt. Über große Rohrleitungssysteme wird Wasser von außerhalb in die Stadt transportiert und dort verdunstet, wobei für diesen Vorgang andere Energien als Sonnenenergie eingesetzt werden.

Anders als die oben erwähnten absoluten Maße zeigt die relative Feuchte eine starke Abhängigkeit vom Grade der Urbanisierung. Da diese Größe über den Sättigungsdampfdruck eng mit der Temperatur gekoppelt ist, findet man im warmen Stadtkern die niedrigste relative Feuchte mit einer raschen Zunahme zum kühleren Stadtrand hin (*Abbildung 6*).

Die relativ feuchte bodennahe Atmosphäre im Umland begünstigt die Entstehung von Nebel. Von diesem Phänomen wird gesprochen, wenn die Horizontalsichtweite geringer als 1 km ist. Innerhalb der Stadt ist die relative Feuchte niedriger, was zu einer Reduzierung der Häufigkeit von Nebel führen müßte. Gleichzeitig enthält die verschmutzte Stadtatmosphäre aber derart viele kleine Partikel (*Aerosole*), daß tatsächlich die Anzahl der Nebeltage in der Stadt vielerorts höher ist als im Umland.

Durch die größere Anzahl von Aerosolen über dem Stadtgebiet stehen auch mehr Kondensationskerne zur Bildung von Wolkentropfen zur Verfügung. Das dynamisch und thermisch bedingte Aufsteigen über dem bebauten Gelände bewerkstelligt einen Transport dieser kleinen Partikel in die Höhe des Kondensationsniveaus, und so können häufig Wolken entstehen. Diesem Prozeß ist noch eine horizontale Strömung überlagert, so daß vorwiegend im Lee der Stadt diese Effekte deutlich zu Tage treten.

Mit dem vermehrten Auftreten von Wolken erhöht sich gleichzeitig die Wahrscheinlichkeit von Niederschlag. Dieser müßte nicht direkt im Bereich der Stadt, sondern leewärts verschoben beobachtet werden. Tatsächlich gibt es Beobachtungen, die eine solche vermutete Struktur in der mittleren Niederschlagsverteilung belegen. Ob dies aber tatsächlich auf den Einfluß der Stadt zurückzuführen ist, läßt sich nur sehr schwer beweisen.

Die oben beschriebenen Verhältnisse gelten vorwiegend für konvektive Niederschläge. Überquert ein größerskaliges Niederschlagsgebiet eine Stadt, so ist deren Einfluß meist gering. Trotzdem können auch bei einer solchen Situation signifikante Unterschiede zwischen Umland und dem besiedelten Gelände auftreten. Wenn während der Wintermonate der Niederschlag in Form von Schnee niedergeht genügt oftmals die nur wenige Grade wärmere Stadtatmosphäre um den Schmelzprozeß in Gang zu setzen. So verwundert es nicht, wenn häufig die Stadt schneefrei ist, während im Umland eine mehrere Zentimeter mächtige Schneedecke beobachtet wird (LANDSBERG, 1981).

2.6 Übersicht zur Veränderung von Klimaelementen durch die Stadt

In der Fachliteratur der letzten Jahre, die sich mit dem Themenkomplex *Stadtklimatologie* beschäftigte, hat es nicht an Versuchen gefehlt, den Einfluß der Stadt auf die mittlere Veränderung verschiedener Klimaelemente in übersichtlicher Form darzustellen, LANDSBERG, 1981. Aus den bisherigen Ausführungen wird aber sofort deutlich, daß ein solcher Versuch mit größter Vorsicht betrachtet werden muß. Die raum-zeitlich fein gegliederte Struktur der Verteilung der Klimaparameter im Stadtgebiet wird von Fall zu Fall von anderen Faktoren bestimmt und so lassen sich allenfalls plausible Schlußfolgerungen ziehen aber keinesfalls exakte quantitative Aussagen treffen. Danach ergeben sich in den meisten Fällen der verfügbaren Beobachtungen, daß gegenüber dem Umland die in der Tabelle 2 angegebenen Veränderungen eintreten können.

Tabelle 2: *Veränderung verschiedener Variablen unter dem Einfluß der Stadt.*

Variable	Veränderung
Luftbeimengung	mehr
Globalstrahlung	niedriger
Temperatur	höher
relative Feuchte	niedriger
Sichtweite	niedriger
Nebel	häufiger
Windgeschwindigkeit	niedriger
Bedeckungsgrad mit Wolken	erhöht
Regen	mehr
Schnee	weniger

3 Zum Problem von Messungen im Stadtbereich

Die oben gezeigten Beobachtungen zur Veränderung der verschiedenen Klimaelemente unter dem Einfluß einer Stadt bedürfen noch einer kritischen Betrachtung. Üblicherweise werden diese Ergebnisse aus dem Vergleich von Beobachtungen gewonnen, von denen eine innerhalb der Bebauung und eine weitere außerhalb des städtischen Einflußbereiches liegt. Als Standorte der Umlandstation nimmt man (besonders in Nordamerika) typischerweise den zu der betreffenden Stadt gehörigen Flughafen. Dieser ist allerdings 20-40 km entfernt und alleine schon durch diese Distanz wird man, unabhängig davon ob nun eine Stadt vorhanden ist oder nicht, natürlicherweise Unterschiede in den meteorologischen Variablen beobachten können. Dies liegt darin begründet, daß in den Messungen immer ganz unterschiedliche Komponenten einer meteorologischen Größe M enthalten sind, was sich über

$$M = K + L + S$$

ausdrücken läßt, LOWRY, 1977. Dabei ist M der mit einem Meßinstrument beobachtete Wert eines Wetterelementes bei einer bestimmten Wetterlage an einer festgelegten Station und gültig für einen Meßzeitraum. K gibt nun den quantitativen Anteil an, den man beobachten würde, wenn weder eine Stadt (S) vorhanden wäre noch eine Beeinflußung durch die Topographie oder eine unterschiedliche natürliche Landnutzung (L) feststellbar wäre. Diese einzelnen Komponenten von M sind nun aber prinzipiell nicht voneinander zu separieren und deshalb ist es auch nicht möglich, aus Beobachtungen den alleinigen Einfluß der Stadt auf die Verteilung der meteorologischen Variablen zu bestimmen. Dies gelänge nur, wenn der vorurbane Klimazustand des jetzigen Stadtgebietes bekannt wäre und sich gleichzeitig K und L nicht geändert hätten. Beobachtungen dieser Art liegen nicht vor. Es ist deshalb davon auszugehen, daß viele dem Stadteinfluß zugeschriebene Effekte (besonders in quantitativer Hinsicht) durch eine ungeeignete Auswahl der Vergleichsstationen hervorgerufen werden.

4 Numerische Simulationen

Die einzige Möglichkeit abzuschätzen, was die Stadt alleine durch ihr Vorhandensein für Auswirkungen auf die Verteilung der Klimaelemente im urbanen Bereich und auch in der näheren Umgebung hat, ist die Anwendung von mathematischen Simulationsmodellen. Dabei führt man Rechnungen für verschiedene Szenarien durch, einmal mit und einmal ohne die Stadt und ist dann durch Vergleich der erzielten Resultate in der Lage, den Stadteinfluß S alleine zu bestimmen. Eine Übersicht über die verschiedenen Modelltypen die hier zum Einsatz kommen können, von dem einfachen Energiebilanzmodell bis hin zum komplexen dreidimensionalen prognostischen Modell, ist bei KERSCHGENS (1988) zu finden.

Alle diese Modelle, ob einfach oder komplex, basieren auf dem gleichen physikalischen Grundgerüst. Aus den Erhaltungsgleichungen für Impuls, Masse und Energie und einer Anzahl von Bilanzgleichungen (z.B. für die Feuchte oder für Luftbeimengungen) wird ein mathematisches Gleichungssystem aufgestellt und dieses dann in den meisten Fällen numerisch gelöst. Welche Resultate mit diesem Hilfsmittel erzielt werden können, soll im folgenden noch kurz skizziert werden.

Als Beispiel hierfür wird die Stadt Darmstadt und deren nähere Umgebung gewählt. Um ein numerisches Modell anwenden zu können, sind eine Reihe von

Vorarbeiten nötig. Insbesondere müssen eine ganze Anzahl von Eingabegrößen bereitgestellt werden, die in

- numerische Eingabegrößen (Maschenweite, Anzahl der Gitterpunkte),

- meteorologische Eingabegrößen (Wetterlage) und

- standortspezifische Eingabegrößen

unterteilt werden können. Dem letzten Punkt fällt eine dominante Rolle zu, da hierüber die lokalen Besonderheiten einer Region im Modell berücksichtigt werden. Durch die spezielle Wahl des Rechengitters werden Areale definiert (typischerweise $500 \cdot 500 m^2$) für die bestimmte Eigenschaften festgelegt werden müssen.

In erster Linie bestimmt die Art der Landnutzung (Stadt, Wald, Feld) die Verteilung der meteorologischen Variablen. Aber auch noch innerhalb einer solchen Kategorie muß eine weitere Unterteilung vorgenommen werden, um der Realität möglichst nahe zu kommen. In der *Abbildung 7* ist die Verteilung der standortspezifischen Eingabegrößen für den Darmstädter Raum dargestellt. Jedes Quadrat kennzeichnet einen Gitterpunkt, an dem die Landnutzung Stadt überwiegt. Gleichzeitig ist durch verschiedene Markierungen noch eine Information über die Gebäudehöhe, den Versiegelungsgrad und die anthropogene Abwärme kenntlich gemacht. Waldbestände, mit Angaben über Baumhöhe, Baumart und Bestandsdichte sind durch Dreiecke markiert. Die weißen Flächen werden von Feldern und Wiesen eingenommen.

Mit diesen Angaben und den oben genannten weiteren Eingabegrößen wurden numerische Simulationen durchgeführt; Details hierzu sind in GROSS (1990) zu finden.

Für einen geostrophischen Wind aus West wird die in der *Abbildung 8* dargestellte flächenmäßige Verteilung der bodennahen Temperatur berechnet. Dabei sind zur besseren Orientierung der Verlauf der hier vorhandenen Autobahnen eingezeichnet, urbane Gebiete gepunktet und Waldflächen mittels Dreiecke hervorgehoben. Die komplexe Temperaturverteilung zeigt dabei ganz markante Strukturen, die mit vorhandenen Beobachtungen in Übereinstimmung gebracht werden können.

Zunächst heben sich die städtischen Areale als wärmere Gebiete gegenüber dem unbewaldeten Umland hervor. Dabei werden Temperaturdifferenzen von 3-6 °C simuliert. Für das Zustandekommen dieser städtischen Wärmeinsel sind die Änderungen der Wärmeleitungs- und Kapazitätseigenschaften der sehr unterschiedlichen Materialien, die Störung des Wasserhaushaltes im Bereich der Stadt, Unterschiede im Strahlungshaushalt und die freigesetzte anthropogene Abwärme verantwortlich zu machen. Alle diese Effekte sind, wenn auch teilweise nur in sehr grober Näherung, im Modell berücksichtigt. Durch die sehr detaillierte Vorgabe der räumlichen Verteilung der bebauungsspezifischen Faktoren, zeigen sich auch innerhalb des Stadtzentrums große Unterschiede auf engstem Raum (bis zu 4-5°C). Am Stadtrand wird ein rascher Übergang zu

284   Dynamik umweltrelevanter Systeme

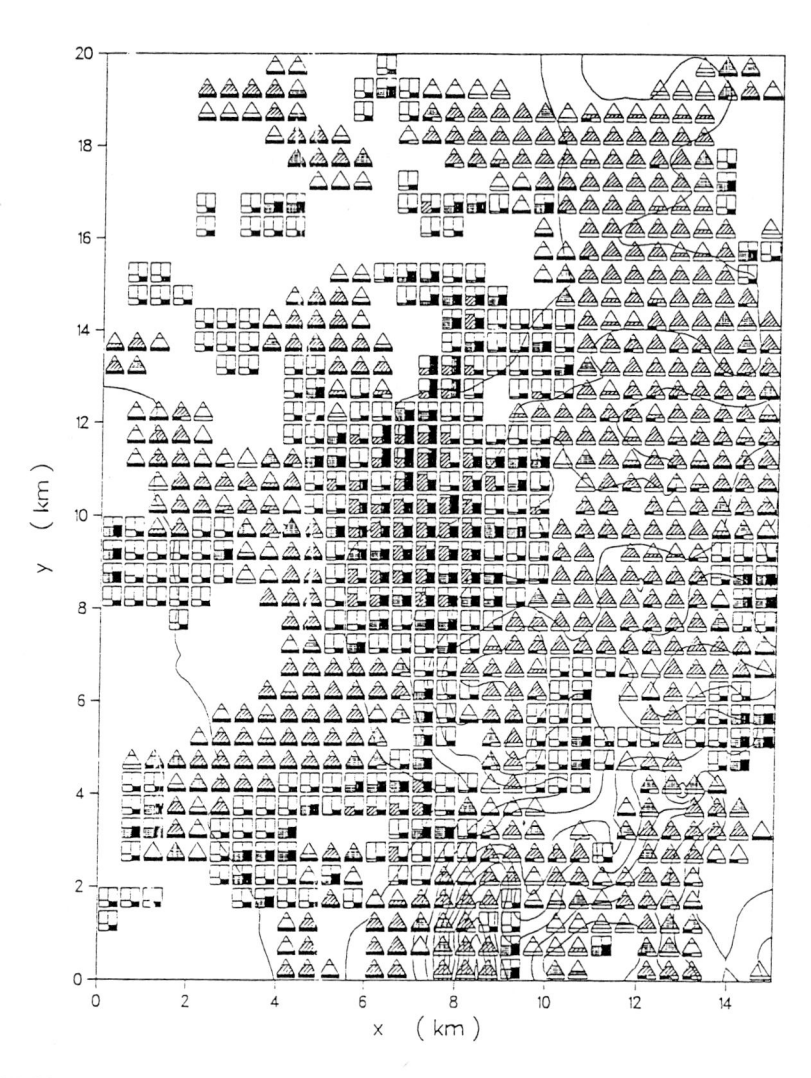

Abbildung 7: *Verteilung der Standortparameter für die Region Darmstadt. Ausgezogene Linien sind Höhenlinien.*

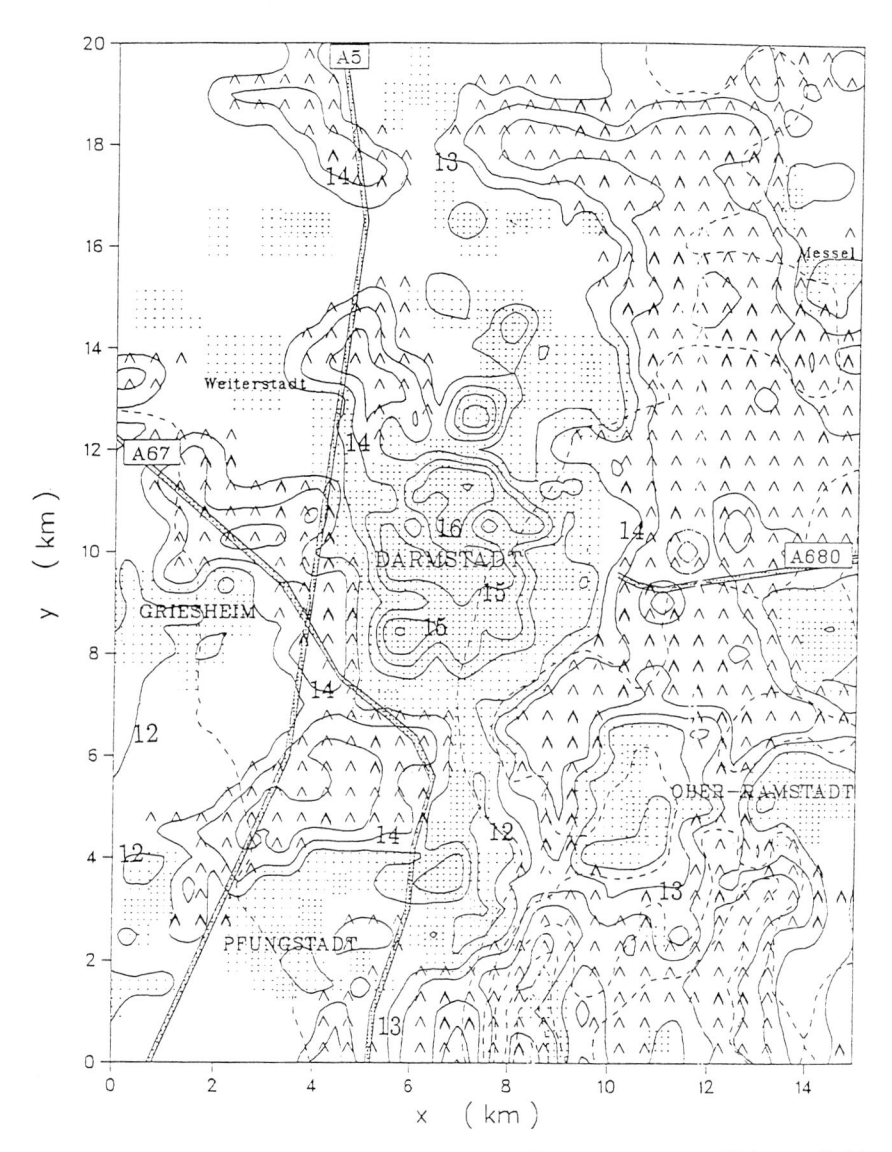

Abbildung 8: *Verteilung der nächtlichen Bodentemperatur. Urbane Gebiete sind gepunktet, Waldgebiete mit Dreiecken hervorgehoben und die Orographie gestrichelt dargestellt.*

den Freilandwerten mit großen horizontalen Temperaturgradienten simuliert. Dieser Befund ist auch in den Registrierungen der Temperaturmeßfahrten des Deutschen Wetterdienstes in diesem Gebiet zu finden.

Die bodennahe Atmosphäre der bewaldeten Flächen werden durch das Kronendach gegen zu starke nächtliche Abkühlung geschützt. Daher heben sich auch die Waldgebiete als warme Zonen gegen die kalten Freiflächen hervor. Ähnlich wie bei der Stadt, werden auch an den Bestandsrändern große Temperaturgradienten simuliert.

Das Windfeld im Einflußbereich einer Stadt ist das Ergebnis komplexer Wechselwirkungsmechanismen ganz unterschiedlicher Zirkulationssysteme und weist daher markante Unterschiede zu demjenigen über einer ungestörten Freifläche auf. Dabei müssen die stadtspezifischen Einflußfaktoren von den rein topographischen Einflüßen unterschieden werden.

Die innerstädtische Bebauung bewirkt eine Reduzierung der mittleren Windgeschwindigkeit, die noch weit oberhalb der höchsten Gebäude wirksam ist. Allerdings dringt nur ein geringer Teil der auf eine Stadt zuströmenden Luftmasse überhaupt in das urbane Gebiet ein. Der größte Anteil wird, abhängig von der thermischen Schichtung der bodennahen Atmosphäre, um oder über dieses kompakte Strömungshindernis geführt. Durch die im Vergleich zum Umland allgemein höheren Temperaturen, bilden sich eigene thermische Windsysteme aus.

Wesentlich stärker treten die topographisch induzierten Zirkulationssysteme wie Berg– und Talwind und Hangwinde in Erscheinung, die besonders bei windschwachen Hochdruckwetterlagen deutlich in den Registrierungen zu finden sind.

Um die lokalen Besonderheiten des Windfeldes im Darmstädter Raum zu studieren, wurden die Simulationen mit einem schwachen synoptischen Druckgradienten durchgeführt. Die nächtlichen Strömungsverhältnisse in 15 m ü.G. für einen geostrophischen Wind aus West sind in der *Abbildung 9* dargestellt. Dies ist eine Rechenfläche, die oberhalb der mittlere Höhe der Gebäude und des Bewuchses liegt. In dieser Darstellung sind eine Reihe der oben aufgeführten Modifikationen des Strömungsfeldes zu finden. Im Bereich der Stadt ist die Windgeschwindigkeit niedrig und das urbane Gebiet wird großräumig umströmt. Allerdings nicht von Westen her, wie man das aufgrund des aufgeprägten geostrophischen Windes erwarten würde, sondern von Osten bis Südosten. Das bedeutet, daß sich unter der vorgegeben synoptischen Situation die Hangwinde des Odenwaldes so stark ausbilden konnten, um die bodennahe orographisch ungestörte Strömung in ihrer Richtung umzudrehen. Besonders gut ausgeprägt findet man ein solches Strömungssystem an den Abhängen des Frankenstein zum Oberrheingraben hin und im Bereich des Modautales, in dem sich ein Bergwind etabliert hat.

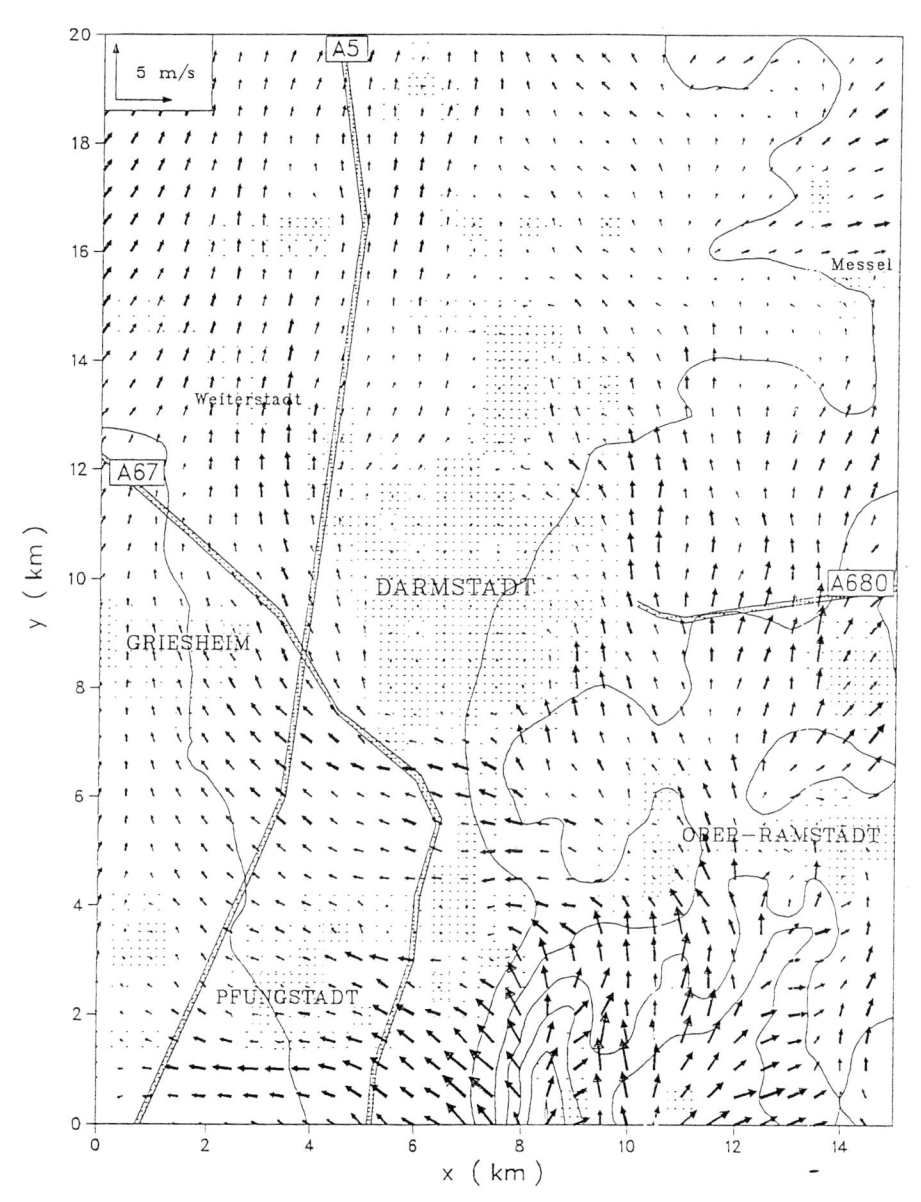

Abbildung 9: *Simulierte nächtliche Windverhältnisse in 15 m ü.G. Ausgezogenen Linien sind Höhenlinien, urbane Gebiete sind gepunktet dargestellt.*

5 Schlußbemerkungen

Seit den frühen Anfängen der stadtmeteorologischen Untersuchungen anfangs des 19. Jahrhunderts ist der Erkenntnisstand über die Veränderungen des lokalen Klimas in urbanem Gelände stetig angewachsen. So weiß man heute in groben Zügen den Unterschied in der Verteilung der meteorologischen Wetterelemente außerhalb der Stadt und innerhalb dieses komplexen Gefüges anzugeben. Allerdings ist man nach wie vor noch weit davon entfernt, die detailierte räumliche und zeitliche Struktur von Wind, Temperatur und Feuchte in synergetischer Weise zu kennen.

Dieses Defizit liegt vor allem darin begründet, daß man genötigt ist, durch einen oder mehrere Nadelstiche (=Meßsysteme) auf die Größe und Struktur des Heuhaufens (=Stadtklima) zu schließen. Neuartige Untersuchungsmethoden wie Fernerkundung vom Flugzeug und Satelliten aus oder auch numerische Modellierung tragen trotz mancher Unzulänglichkeit zu einer wertvollen Erweiterung des Erkenntnisstandes bei. Je größer das Wissen um die stadtklimatologischen Zusammenhänge ist, umso wahrscheinlicher ist die Umsetzung dieser Erkenntnisse in planerische und politische Entscheidungen. Man darf nicht vergessen, daß im Vordergrund des Interesses die Wirkung der Stadt auf den Menschen steht. Die Untersuchungen müssen also das Ziel haben herauszufinden, wie optimale thermische und lufthygienische Umweltbedingungen für das einzelne Individuum in seiner ganz speziellen Umgebung geschaffen werden können.

Literatur

[1] J. BAUMÜLLER, 1988. Emission, Umwandlung, Immission. In *Stadtklima und Luftreinhaltung*. Springer Verlag.

[2] P. FABIAN, 1984. *Atmosphäre und Umwelt*. Springer-Verlag.

[3] F. GASSMANN, 1983. Stadtklima und chemische Verschmutzung. In *Das Klima, seine Veränderungen und Störungen*. Birkhäuser Verlag.

[4] H.W. GEORGII, 1970. The effects of air pollution on urban climate. In *Urban Climates*. WMO Tech. Note Nr. 108.

[5] G. GROSS, 1990. Anwendungsmöglichkeiten mesoskaliger Simulationsmodelle dargestellt am Beispiel Darmstadt. *Met.Rdsch.* (eingereicht).

[6] K. HÖSCHELE, 1973. *Klimatologische Unterlagen für die Stadtplanung Karlsruhe*. Meteorologisches Institut der Universität Karlsruhe.

[7] M. KERSCHGENS, 1988. Modellierungen. In *Stadtklima und Luftreinhaltung*. Springer-Verlag.

[8] W. KREUTZ, 1977. *Die lokalklimatischen Besonderheiten der Gemarkung Arheilgen mit Anlehnung an Darmstadt und ihre nähere Umgebung als Grundlage für landschaftspflegerische und andere Maßnahmen.* Inst.f. Naturschutz, Darmstadt.

[9] H.E. LANDSBERG, 1981. *The urban climate.* Academic Press.

[10] W.P. LOWRY, 1977. Empirical estimation of urban effects on climate: A problem analysis. *J.Appl.Met.* 16, 129-135.

[11] MEYERS KLEINES LEXIKON METEOROLOGIE, 1987. Meyers Lexikonverlag.

[12] T.R. OKE, 1979. Review on urban climatology. *WMO Tech. Note* Nr. 169.

[13] P. STOCK, W. BECKRÖGE, O. KIESE, W. KUTTLER UND H. LÜFTNER, 1986. *Klimaanalyse Stadt Dortmund.* Techn.Ber. Nr.P018, Kommunalverband Ruhrgebiet, Essen.

[14] H. WANNER, 1983. Stadtklimatologie und Stadtklimastudien in der Schweiz. In *Das Klima, seine Veränderungen und Störungen.* Birkhäuser Verlag.

Schadstoffausbreitung in der Atmosphäre

Werner Klug, *Darmstadt*

Die Atmosphäre ist in der Lage Beimengungen, seien sie natürlichen Ursprungs oder durch den Menschen verursacht, über große Distanzen zu transportieren. In diesem Bericht werden Beobachtungen solcher Ferntransporte und die daran beteiligten Prozesse diskutiert. Ferner werden die Modellergebnisse beschrieben, die den Ferntransport quantitativ erfassen.

1 Einleitung

Die Atmosphäre ist seit Jahrhunderten einer der grössten Müllplätze dieser Erde. Daß dies – bis auf Ausnahmen – selbst der gebildeten Menschheit erst seit kurzer Zeit bekannt ist, liegt an drei Tatsachen:

- Die Atmosphäre ist ausserordentlich effektiv, die in sie gebrachten Verunreinigungen zu verteilen und zu verdünnen.

- Die Atmosphäre kann sich von den Verunreinigungen, die in irgendeiner Form mit dem Wasserkreislauf in Verbindung stehen, in kürzester Zeit wieder reinigen.

- Die Mengen an Luftverunreinigungen, die der Mensch in die Atmosphäre bringt, die also anthropogen sind, haben seit dem Beginn der industriellen Revolution stark zugenommen und sind erst in den letzten Jahrzehnten so gross geworden, dass die durch sie hervorgerufenen Effekte nicht mehr nur lokalen, sondern grossräumigen Charakter haben und damit ökologische Schäden grössten Ausmasses hervorrufen können.

Wir wollen uns in diesem kurzen Aufsatz die atmosphärischen Prozesse ansehen, die für Transport und Verdünnung von Luftbeimengungen sorgen und für die Ausscheidungsprozesse verantwortlich sind. Ferner werden wir einen Fall von hohen Beimengungskonzentrationen studieren und schliesslich aufzeigen, wie mit Hilfe eines mathematisch-physikalischen Modelles die Schwefel- und Stickstoffverteilungen in Mitteleuropa berechnet und damit Entscheidungshilfen bei Luftreinhaltemassnahmen bereitgestellt werden können.

Bevor wir uns diesen Themen zuwenden, möchte ich an Hand kurzer Beispiele aufzeigen, daß, zwar vielen nicht bekannt, in der nahen und fernen Vergangenheit immer wieder Probleme auftauchten, die mit schädlichen Luftbeimengungen in Verbindung standen, daß diese Ereignisse aber meistens nicht grossräumiger Natur waren. Erst in jüngster Zeit wurde dies, wie wir gleich sehen werden, anders.

- Bereits unter der Regierung König Edwards II. (1307-1327) wurde in England ein Mann gefoltert, weil er durch Verbrennung von Kohle die Luft "mit einem pestartigem Geruch" erfüllte.

- Im Jahr 1661 schlug einer der Gründer der Royal Society, John Evelyn, Massnahmen vor, die für eine Reduzierung der Luftverunreinigungen sorgen sollten.

- Der britische Chemiker Robert Angus Smith schuf im Jahre 1872 den Begriff "acid rain", als er die Niederschläge in der Umgebung der Industriestadt Manchester chemisch analysierte.

- Das weitere Ansteigen der Luftverunreinigungskonzentrationen kulminierte im Jahr 1952, als im Dezember während einer nebelreichen Hochdruckwetterlage in London 4000 Menschen mehr starben als nach statistischen Kriterien zu erwarten war und dies zum grössten Teil auf Luftverunreinigungen zurückgeführt wurde.

- Anfang der siebziger Jahre dieses Jahrhunderts wurde aus Südskandinavien gemeldet, dass die dortigen Gewässer einen deutlich sichtbaren Trend zur Abnahme der pH-Werte erkennen liessen. Diese Abnahme wurde sehr bald auf die Emissionen der mittel- und westeuropäischen Industriezentren zurückgeführt.

2 Atmosphärische Prozesse

Wir kommen nunmehr auf die atmosphärischen Vorgänge im Zusammenhang mit Luftbeimengungen zurück. Als erstes wollen wir uns in einer schematischen Darstellung ansehen, welche Prozesse hier beteiligt sind (Abbildung 1). In dieser Abbildung sind schematisch die Prozesse eingetragen, die bei der Ausbreitung von Luftbeimengungen eine Rolle spielen. Zu diesen gehören zunächst die Quellen, die industrieller oder privater (Hausbrand) Art sein können. Weiterhin sind auch natürliche Quellen (Vulkane, Waldbrände, durch Blitz ausgelöst, etc.) zu betrachten.

Die in die Atmosphäre gebrachten Luftbeimengungen werden durch den Wind verfrachtet, wobei zu berücksichtigen ist, daß dieser im allgemeinen mit der Höhe über dem Erdboden Richtung und Geschwindigkeit ändert.

Da die atmosphärischen Strömungen turbulent sind, wirken sie diffusiv und sorgen für eine sehr effektive Verdünnung der Luftbeimengung.

Während der Ausbreitung in der Atmosphäre können die Luftbeimengungen chemischen Veränderungen unterliegen. Als Beispiel sei das Schwefeldioxid genannt, das durch chemische Reaktionen zur Erhöhung des Sulfatanteils in atmosphärischen Partikeln beiträgt.

Schadstoffausbreitung in der Atmosphäre

```
┌─────────────────────────────────────────────────┐
│              ATMOSPHÄRE                         │
│                                                 │
│   WIND ──────►    CHEMISCHE                     │
│            │      UMWANDLUNGEN                  │
│            ▼                 │                  │
│         DIFFU-               │                  │
│          SION                ▼                  │
│   ▲        │              FEUCHTE               │
│   │        │              DEPOSITION            │
│   │        ▼                                    │
│ QUELLEN  TROCKENE DEPOSITION                    │
└─────────────────────────────────────────────────┘
```

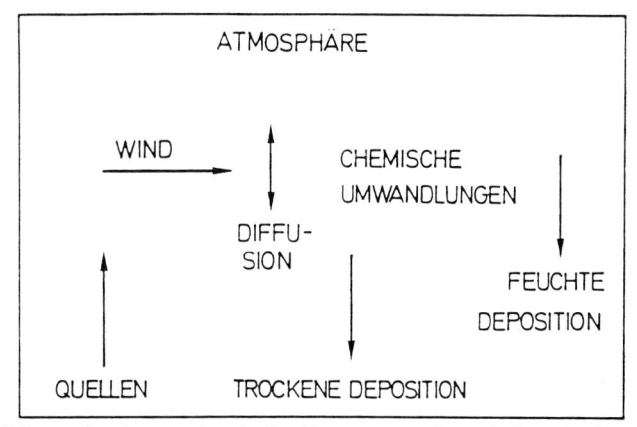

Abbildung 1: *Atmosphärische Prozesse während der Ausbreitung*

Schließlich seien noch die Ausscheideprozesse erwähnt: Durch Ab- und Adsorption am Erdboden werden Moleküle festgehalten und nehmen am weiteren Ausbreitungsprozess nicht mehr teil. Diesen Vorgang nennt man trockene Deposition. Der zweite Vorgang ist mit dem Wasserkreislauf eng verbunden: Bei der Kondensation des Wasserdampfes werden Luftbeimengungen in das Niederschlagspartikel eingebunden und gelangen mit diesem zum Erdboden. Ausserdem kann ein fallendes Niederschlagspartikel auf dem Wege zum Erdboden Luftbeimengungen aufnehmen und so zum Erdboden tranportieren. Dieser Prozess wird feuchte Deposition genannt.

Die genannten Vorgänge sind in mathematischer Form darstellbar, die entstehenden Gleichungen sind umfangreiche partielle Differentialgleichungssysteme, die nur mit elektronischen Rechenautomaten gelöst werden können.

3 Beobachtungen

Bevor wir uns der Schilderung von Ergebnissen zuwenden, die mit Hilfe von solchen Modellen gewonnen wurden, sein Beobachtungen geschildert, die uns letztlich die Gewissheit gaben, daß auch in Mitteleuropa weiträumige Transporte von Luftverunreinigungen stattfinden (s.a. [1]).

Als Mitte des vorigen Jahrzehnts ein vom Umweltbundesamt finanziertes Messnetz im Münster Becken - nordöstlich vom Ruhrgebiet gelegen - stündliche Mittelwerte der SO_2 - Luftkonzentration lieferte, stellte es sich bei der von uns durchgeführten statistischen Auswertung heraus, daß die SO_2 Konzentrationen nicht etwa dann hoch waren, wenn der Wind vom nahen Ruhrgebiet her wehte, sondern vielmehr bei östlicher bzw. südöstlicher Windrichtung. In dieser Richtung liegen, vom Münster Becken aus gesehen, erst in grösseren Entfernungen Industriegebiete mit hohen Emissionswerten. Eine weitere

SCHWEFELBILANZ DER BUNDESREPUBLIK

in kt S/a in 1982

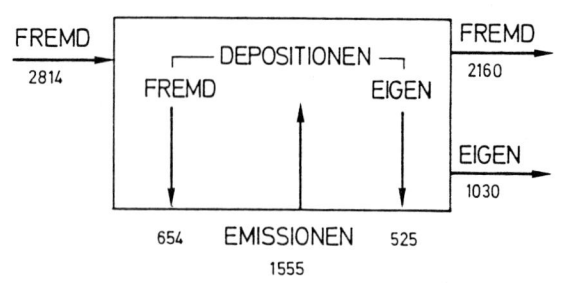

```
FREMD ─→  ┌─ DEPOSITIONEN ─┐   FREMD ─→
 2814     FREMD         EIGEN    2160
            ↓             ↓
                                 EIGEN ─→
                                  1030
          654   EMISSIONEN   525
                   1555
```

Abbildung 2: *Schwefelbilanz in der Bundesrepublik in kt S/a*

Überraschung war, daß diese hohen Konzentrationen ($> 300 mg SO_2/m^3$) bei Windgeschwindigkeiten $> 7 m/sec$ auftraten, wohingegen die bekannten Ausbreitungsformeln für Punktquellen eine umgekehrte Proportionalität zwischen Konzentration und Windgeschwindigkeit aufzeigen. Es war aufgrund von Trajektorienberechnungen (das sind Bahnkurven von Luftteilchen) offensichtlich, daß die hohen SO_2-Konzentrationswerte durch einen Ferntransport hervorgerufen wurden, der die Luftpakete aus dem südlichen Mitteldeutschland und dem südlichen Polen advehierte. Dabei treten besondere meteorologische Bedingungen auf, die den Transport von hohen Konzentrationswerten begünstigen. Die Wetterlage ist dann durch ein kräftiges, winterliches Hochdruckgebiet über Fennoskandien charakterisiert, das auf seiner mitteleuropäischen Südseite mit einem kräftigen Druckgradienten für mässigen bis starken Ostwind sorgt. Niederschläge, die eine Reduzierung der Konzentrationen durch Ausregnen oder Ausschneien bewirken könnten, fallen nicht. Charakteristisch für ein solches Hochdruckgebiet ist ferner eine Absinkinversion, die in $600 - 1000 m$ Höhe liegt und für eine Blockierung des Austausches nach oben sorgt. Durch die infolge der advehierten kontinentalen Kaltluft niedrig liegenden Temperaturen wird der Verbrauch von fossilen Brennstoffen und der damit verbundene Schadstoffausstoss bei Kraftwerken und Hausbrand merklich über den normalen Werten liegen. Schliesslich ist bei diesen Situationen in Mitteleuropa meistens eine geschlossene Schneedecke vorhanden, die eine trockene Deposition des Schwefeldioxids am Erdboden stark unterdrückt.

Es ist ganz offensichtlich, daß solche hohen, aus grösseren Entfernungen "importierten" Konzentrationen nicht durch lokale Emissionsminderungen beseitigt oder wesentlich reduziert werden können. Allenfalls kann sich im Lee des Gebietes mit verordneten Emissionsminderungen eine leichte Abnahme der Konzentration bemerkbar machen. Es ist daher vor Emissionsminderungsanordnungen, wie sie in den sogenannten Smogalarmplänen vorgesehen sind, zu prüfen, ob die hohen Konzentrationen von weither advehiert oder an Ort und Stelle durch die lokalen Quellen erzeugt werden.

4 Modelluntersuchungen

Nachdem die Bedeutung des Ferntransportes von Luftverunreinigungen erkannt ist, ist es naheliegend zu versuchen, quantitativ diesen Effekt zu erfassen [2,3]. Solches ist mit Hilfe der erwähnten mathematisch-physikalischen Modelle möglich. Dazu wenden wir ein stark vereinfachtes Modell an, das aber die wesentlichen physikalischen Vorgänge enthält. Zu diesen gehören der Transport durch den mittleren Wind, Ausscheiden durch trockene und feuchte Deposition und Umwandlung des SO_2 in SO_4, das wiederum durch trockene und feuchte Deposition aus der Atmosphäre entfernt wird. Dabei werden mittlere meteorologische Jahreswerte für die Mischungshöhe, Windrichtungs- und Niederschlagsverteilungen, mittlere Windgeschwindigkeit sowie zeitlich gemittelten Ausscheidungsparameter für feuchte und trockene Deposition verwendet. Die Diffusion braucht nicht berücksichtigt zu werden, da eine sofortige Vermischung in der Vertikalen und Horizontalen innerhalb der Emissionsbox angenommen wird. Das horizontale Raster liegt bei rd. $60 km$ und ein entsprechendes Emissionskataster für SO_2, NO und NO_2 wurde bereitgestellt. So ein Modell kann natürlicherweise nicht unter der Rastergrösse auflösen, aber es enthält die wesentlichen grossräumigen Strukturen. Dieses Modell wurde auf Mittel- und Westeuropa angewandt und seine Ergebnisse im Vergleich zu den Messwerten sind sehr zufriedenstellend.

STICKSTOFFBILANZ DER BUNDESREPUBLIK

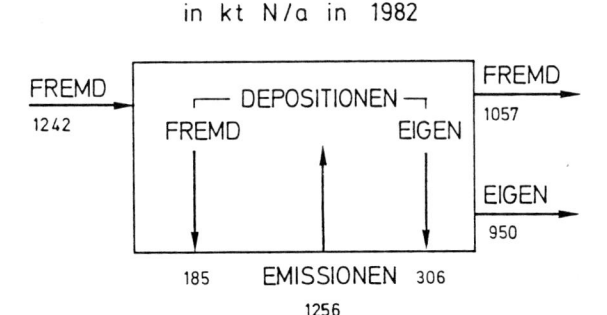

in kt N/a in 1982

```
FREMD                                    FREMD
1242   ┌── DEPOSITIONEN ──┐              1057
       FREMD          EIGEN
                                         EIGEN
                                         950
       185   EMISSIONEN   306
              1256
```

Abbildung 3: *Stickstoffbilanz in der Bundesrepublik in kt N/a*

Weiterhin ist es mit Hilfe eines solchen Modelles möglich für einzelne geographischen Regionen oder Länder Schadstoffbilanzen entweder für die Konzentrationen oder die Depositionen aufzustellen. Diese bestehen entweder daraus,

SCHWEFELBILANZ DER NIEDERLANDE

in kt S/a in 1982

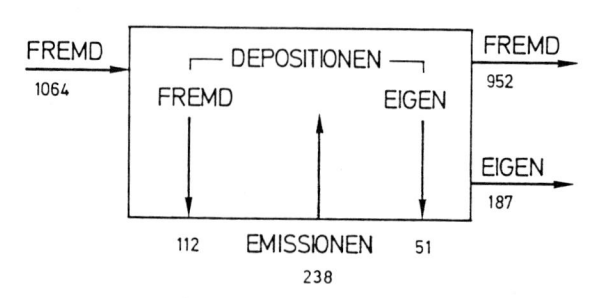

```
FREMD   ┌── DEPOSITIONEN ──┐   FREMD
1064        FREMD    EIGEN      952

                                EIGEN
                                187

        112   EMISSIONEN   51
              238
```

Abbildung 4: *Schwefelbilanz in der Niederlande in kt S/a*

daß man berechnet, wieviel von den Depositionen in einem bestimmten Land aus dem eigenen Land oder von anderen Ländern stammen oder man schlüsselt diese anteilig auf die Herkunftsländer auf. Beispiele für solche Bilanzen sind in den Abbildungen 2, 3 und 4 enthalten. Abbildung 2 enthält die Schwefelbilanz der Bundesrepublik, Abbildung 4 diejenige der Niederlande. Eine Stickstoffbilanz der Bundesrepublik zeigt die Abbildung 3. Aus Abbildung 1 ist demnach beispielhaft als wichtige Schlussfolgerung zu entnehmen, daß bei einer Reduzierung der Schwefelemissionen der Bundesrepublik um 50% die Depositionen nur um 22% abnehmen, da der Eintrag aus den anderen Ländern unverändert bleibt. - Bei den Niederlanden ist dieser Effekt noch ausgeprägter: Bei einer Reduktion der inländischen Emissionen um 50% sinkt die Schwefeldeposition in den Niederlanden nur um 16%. Diese Ergebnisse machen deutlich, daß für eine wesentliche Verringerung der Schwefeleinträge ein länderübergreifendes Konzept erforderlich ist.

Literatur

[1] SMITH, F. B. und HUNT, R. D., Meteorological aspects of the transport of pollution over long distances. *J. Atmosph. Environm.* **12**, p. 461-478.

[2] ELIASSEN, A., The OECD-study of long range transport of air pollutants: long range transport modelling. *J. Atmosph. Environm.* **12**, p. 479-488.

[3] ELIASSEN, A. und SALTBONES, J., Modellin of long range transport of sulphur over Europe: a two-year model run and some experiments. *J. Atmosph. Environm.* **17**, p. 1457-1473.

Wechselwirkungen zwischen Oberflächen und der Atmosphäre

GERHARD MANIER, *Darmstadt*

Die Energie- und Stofftransporte zwischen der Atmoshäre und allen Objekten auf der Erde bestimmen die Dauer ihrer Existenz. Bei Lebewesen müssen bestimmte Toleranzbereiche eingehalten werden, in der unbelebten Natur bestimmen die Transporte das Zeitmaß der Zerstörung. Leider weiß man über die Energie- und Stofftransporte nur wenig, denn die entsprechenden Wissenschaften befassen sich immer nur mit ihrem Bereich, d.h. entweder nur mit der Atmospäre oder nur mit den Objekten. Es besteht die Gefahr, daß die Toleranzbereiche durch menschliche Aktivitäten unkontrolliert verlassen werden. Aus diesem Grund ist gemeinsames Handeln lebensnotwendig.

1 Einleitung

Alle Aktivität des Menschen hat nur ein Ziel, nämlich sein Wohlergehen und zu diesem Wohlergehen gehört in der Hauptsache das leibliche Wohl. Er fühlt sich am wohlsten, wenn er weder schwitzt noch friert und keinen Hunger oder Durst hat. Gekoppelt ist dieses Wohlbefinden beim Menschen wie auch bei vielen Tieren mit einer relativ konstanten Kerntemperatur, die beim Menschen zwischen 36,6 und 37,2°C liegt. Geringe Abweichungen führen nicht sofort zum Tode, die letalen Grenzen liegen beim Menschen bei 40 bzw. 26°C. Aufrecht erhalten wird diese Kerntemperatur durch die Verbrennung von Kohlenstoff zu CO_2, wobei der Kohlenstoff mit der Nahrung aufgenommen wird, und durch eine Vielzahl von natürlichen und künstlichen Mechanismen und Hilfmitteln, deren sich der Mensch willkürlich oder unwillkürlich bedient. Physikalisch gesehen muß der Mensch seine Energiebilanz immer ausbalancieren, d.h. Energiegewinn und -verlust müssen sich die Waage halten.

Bild 1 zeigt alle an dieser Energiebilanz beteiligten Energieströme. Der Übergang zwischen Körper und umgebender Atmosphäre erfolgt an der Körperoberfläche oder an Oberflächen im Körperinneren. Zu Beginn seiner Entwicklung hatte der Mensch fast nur unwillkürliche Steuerungsmechanismen. Bei zu hoher Temperatur konnte er schwitzen, bei zu tiefer Temperatur fing er an zu zittern. Im Sommer hatte er vielleicht ein Sommerfell und im Winter ein dichtes Haarkleid. Wenn die Sonne zu heiß brannte, ging er in den Schatten und er fand bald heraus, daß in Höhlen die Temperatur gleichmäßig ist, wobei er aber noch gar nichts von Temperatur und Energiebilanz und ihren einzelnen Komponenten wußte.

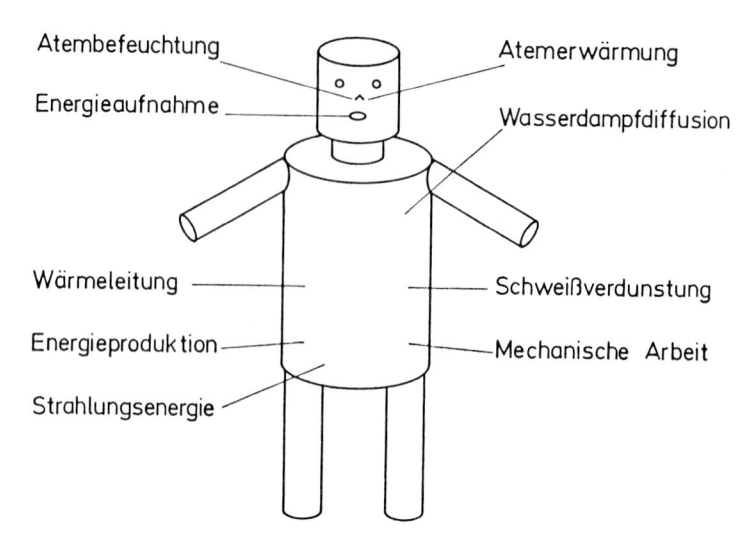

Abbildung 1: *Die Eniergiebilanz des Menschen [1]*

Heute hat er sich ein kompliziertes System von Überlebenshilfen geschaffen und er hat festgestellt, daß man nicht vom Brot alleine lebt, nicht nur der Körper will Nahrung haben, sondern auch der Geist. Aus diesem Grunde machte er sich seine Umgebung schön und wurde mobil. Gerade hierdurch schaffte er sich aber neue Probleme, denn er verbrauchte sehr viel mehr Energie, als auf natürlichem Wege wieder nachgebildet wird und durch diesen Mehrverbrauch an Energie und die Umgestaltung seiner Umwelt bringt er eben diese und sich selbst in Gefahr.

Die Gefahren als solche sind inzwischen erkannt, um ihnen aber begegnen zu können, müssen die Mechanismen der vielfältig ineinandergreifenden Systeme bekannt sein, womit das Grundthema der Veranstaltungsreihe "Dynamik umweltrelevanter Systeme" angesprochen ist. Teilbereich, besonders für große Entfernungen bis hin zu weltweiten Vorgängen werden und wurden in den verschiedenen Artikeln zu diesem Thema abgehandelt. In diesem Beitrag geht es um Vorgänge im kleinsten Entfernungsbereich, direkt an den Oberflächen aller nur denkbarer Objekte (Bild 2).

Es sollen nur Wechselwirkungen mit der natürlichen Atmosphäre behandelt werden, wozu aber auch die Luft in bewohnten Gebäuden gehören kann. Die Wechselwirkungen kann man in drei Gruppen einteilen:

- Energietransporte

- Stofftransporte und

- statisch, dynamische Wechselwirkungen

	natürliche Objekte	künstliche Objekte
Mensch	Seen	Häuser
Tier	Flüsse	Straßen
Pflanzen	Wälder	Brücken
	Brachland	Kanäle
	Heide	Wasserbecken
	Moor	Wälder
	Wüste	Wiesen
	Felsen	Äcker
		Deponien
		Halden

Abbildung 2: *Wechselwirkungen zwischen Atmosphäre, Lebewesen, natürlichen und künstlichen Objekten*

Eine strenge Trennung ist häufig nicht möglich, so ist z.B. ein Stofftransport immer auch mit einem Energietransport verbunden.

Die Beschäftigung mit diesen Wechselwirkungen ist außerordentlich wichtig, denn:

> *durch die Energie- und Stofftransporte kommt es zu erwünschten und/oder unerwünschten Wirkungen der vom Mensch geschaffenen Objekte auf die Atmosphäre und umgekehrt von Wirkungen der Atmosphäre auf die von den Menschen geschaffenen Objekte.*

Wenn man die gewünschten Auswirkungen fördern will und die unerwünschten verhindern möchte, so muß man über die Wirkungsmechanismen genau Bescheid wissen, und das ist leider bisher häufig nicht der Fall.

Häuser werden gebaut, damit der Mensch darin behaglich leben kann. Für diese Behaglichkeit müssen die Energie- und Stofftransporte (Wasserdampf, Sauerstoff, Kohlendioxyd) zwischen Mensch und Raum und Haus und Umgebung so geregelt sein, daß der Aufwand an Primärenergie möglichst klein ist.

Straßen werden gebaut, Wälder werden gerodet, Bäche begradigt oder renaturiert, Ackerflächen werden neu angelegt oder stillgelegt, Stauseen werden neu angelegt; alle diese Vorgänge können das Mikroklima ändern und damit schädlich oder nützlich sein, wobei die Beurteilung je nach Standpunkt unterschiedlich ausfällt: Manches was für den Menschen günstig ist, ist für Tiere und Pflanzen schädlich, manches ist ökonomisch sinnvoll, während es ökologisch gefährlich ist.

Gegenstände erhalten einen Anstrich oder eine Beschichtung, um ihre Lebensdauer zu erhöhen, wodurch außerdem die Energietransporte vergrößert oder verringert werden können und Stofftransporte unterdrückt oder gefördert werden.

Historische Bauten aus natürlichen Materialien und moderne Bauwerke aus künstlichen Rohstoffen werden durch die Wechselwirkungen mit der Atmosphäre belastet und können zerstört werden.

Bei der aktiven und passiven Nutzung alternativer Energiequellen, wie Sonne, Wind, Luft und Wasser muß eine möglichst große Energiemenge aus der Atmosphäre einem Speicher zugeführt werden und der Speicher muß möglichst wenig Energie unkontrolliert an die Atmosphäre abgeben.

Schädliche Luftinhaltsstoffe können aus künstlichen Oberflächen wie Wände, Wasserflächen von Kläranlagen, alten und neuen Deponien austreten, durch Wände hindurch diffundieren und sich auf Oberflächen ablagern.

Durch die mechanischen Wirkungen des Windes kommt es zu statischen und dynamischen Wirkungen auf Hochbaukonstruktionen.

Der Wind wirbelt Feinstaub auf. An Straßen, auf Deponien und Halden kann es sich dabei um Schwermetalle handeln, oder es können Pflanzenschutzmittel verfrachtet und der wertvolle Ackerboden verweht werden. Der Wind ruft Schlagregen hervor, wodurch es zu einer Belastung und Schädigung von exponierten Bauteilen, häufig bei historischen Bauten, kommen kann.

Diese Auflistung läßt erkennen, daß Spezialisten unterschiedlicher Fachrichtungen sich mit diesen Wechselwirkungen zwischen Oberflächen und der Atmosphäre beschäftigen müssen; Bauingenieure, Beschichtungsfachleute, Chemiker, Bauhistoriker, Restauratoren, Straßenbauer, Betonfachleute, Wasserbauer, Biologen, Zoologen, Forst- und Landwirte, Stadt- und Regionalplaner. Im allgemeinen sind es Spezialisten für die betroffenen Objekte oder Bereiche einschließlich ihrer Oberflächen. Was in der Atmosphäre passiert wird häufig durch wenige Kennzahlen erfaßt, die aus Laborexperimenten abgeleitet wurden, oder es gibt Regeln und Schlagworte wie z.B. Luftleitbahnen, deren Herkunft zweifelhaft ist.

Auf der anderen Seite gibt es Meteorologen, deren Spezialität die Energie- und Stofftransporte in der Atmosphäre sind. Für sie ist nun der untere Rand der Atmosphäre das, was für die anderen Fachleute die Oberfläche ihrer Gegenstände ist. Auch der Meteorologe berücksichtigt diesen Rand nur mit wenigen Kennzahlen, die häufig von Generation zu Generation weitergegeben werden, so daß sich ihre Herkunft im Dunkel der Geschichte verliert.

Es sollte naheliegen, daß beide Gruppen zusammenarbeiten, damit jede vom Wissensstand der anderen profitieren kann und es ist wünschenswert, daß man sich gemeinsam um die Vorgänge an der Grenzschicht kümmert. Besonders die Meteorologen sollten sich mehr um diese für ihre Verhältnisse häufig nahezu submikroskopischen Entfernungsbereiche kümmern.

Eine Voraussetzung für eine gedeihliche Zusammenarbeit ist eine gemeinsame Sprache. Leider werden je nach Fachgebiet für ein und dieselbe Größe oder ein und denselben Vorgang ganz verschiedene Begriffe verwendet, was ganz besonders am Anfang eine Zusammenarbeit erschwert. Man sollte sich in allen Bereichen an die international festgelegten Definitionen halten.

2 Wechselwirkungen

Im einzelnen kann man folgende Wechselwirkungen unterscheiden:
- Strahlungsabsorption und -emission
- Wärmeübergänge
- Wasser- und Wasserdampftransporte
- sonstige Stofftransporte
- statische und dynamische Wechselwirkungen

Auf welche Art und Weise diese Wechselwirkungen bei theoretischen und praktischen Überlegungen und Modellen für Meteorologen und Nichtmeteorologen eine Rolle spielen, sei anhand von einigen Beispielen erklärt:

Die dynamischen und thermodynamischen Vorgänge in der Atmosphäre beschreibt der Meteorologe mit einer Reihe von Differentialgleichungen. Je nach Anforderung an die Vollständigkeit werden sieben oder auch noch mehr Variablen behandelt und das zu lösende Differentialgleichungssystem besteht daher auch aus sieben oder mehr Gleichungen. Eine analytische Lösung ist in nahezu allen Fällen nicht möglich. Zur Lösung wird daher die Methode der finiten Differenzen verwendet und für diese Lösung benötigt man u.a. die Energie- und Stofftransporte am unteren Rand.

Der Versuch, die physikalischen Vorgänge in der Atmosphäre mit Hilfe von mathematischen Modellen zu beschreiben, ist für die praktische Anwendung außerordentlich wichtig. Sieht man einmal von dem Problem der Wettervorhersage ab, so geht es fast immer um die Frage, welche Folgen auf das lokale, regionale oder globale Klima bestimmte Eingriffe des Menschen in seiner Umgebung haben. Das beginnt z.B. mit dem Einfluß einer Mauer auf das Kleinklima und endet mit der Vernichtung des tropischen Regenwaldes und den sich daraus ergebenden Klimaänderungen.

Man sollte versuchen, die Folgen vor den Eingriffen abzuschätzen und nicht erst nach Gründen zu suchen, wenn die Folgen schon eingetreten sind. Im globalen Rahmen ist das vielleicht schon zu spät, in kleinräumigen Bereichen, bei denen auch ganz andere Zeitfaktoren eine Rolle spielen, sollte das aber immer möglich sein. Der Gesetzgeber hat es ja auch erkannt, und es müssen in vielen Bereichen Umweltverträglichkeitsprüfungen durchgeführt werden, leider aber nur in einer Richtung: Wie wird die Umwelt durch den Eingriff des Menschen beeinflußt? Die andere Fragerichtung, die häufig genauso wichtig wäre, ist: Welchen Einfluß hat die Umwelt auf das neue Objekt? Dabei erklären die Schlagworte Korrosion, Lebensdauer, notwendiger Ersatz und Energie- und Materialaufwand die Fragerichtung.

Wenn man die Folgen von Eingriffen bestimmen will, muß man den augenblicklichen Zustand erst einmal kennen. Das kann durch Messungen geschehen. Wegen der großen zeitlichen Variabilität mit der Tages- und Jahreszeit und von Jahr zu Jahr, sind eigentlich immer langjährige Meßreihen zur Definition des augenblicklichen Zustandes notwendig. Hinzu kommt die häufig sehr große räumliche Variabilität, die sehr dichte Meßnetze notwendig machen würde. Der augenblickliche Zustand als Basis für zukünftige Änderungen läßt sich daher auch nicht durch eine oder wenige Zahlen beschreiben, und die Informationen gelten auch nur für räumlich beschränkte Bereiche. Es sind klimatologische Angaben notwendig. Neben den Mittelwerten benötigt man Informationen über die zeitliche Variabilität für alle wichtigen Zeitspannen von wenigen Sekunden hin bis zu einigen Jahren, und es muß die räumliche Repräsentanz der einzelnen Meßgrößen bekannt sein. Zu den benötigten Kenngrößen gehören auch die Energie- und Wasserdampftransporte von der Oberfläche in die Atmosphäre.

Für einen Entfernungsbereich von einigen Kilometern bis zu einigen Hundert Kilometern sind diese Probleme relativ zufriedenstellend gelöst, denn hierbei kommt es nicht auf eine räumlich sehr detaillierte Information an. Im kleineren Entfernungsbereich, besonders wenn es sich um einzelne Objekte handelt, müssen auch räumlich detaillierte Informationen über den Ist-Zustand vorhanden sein, und es muß gegebenenfalls die zeitliche Variation auch mit einer großen zeitlichen Auflösung bekannt sein.

Ist der Anfangszustand bekannt, so kann mit Hilfe des Gleichungssystems der zukünftige Zustand berechnet werden, und es können die Folgen von Eingriffen des Menschen in seine Umgebung ermittelt werden. Wie diese Folgen zu bewerten sind, ist nicht mehr Aufgabe des Meteorologen und dabei gibt es dann auch den meisten Streit. Die Güte solcher Vorhersagen hängt wesentlich von der richtigen Erfassung der Transporte am unteren Rande der Atmosphäre ab. Fehler in diesem Bereich können sogar das Vorzeichen der vermuteten Veränderungen umkehren und damit zu vollkommen falschen Aussagen führen.

Die Meteorologen müssen, anders als ihre Kollegen aus anderen Fachgebieten, bei ihren Rechnungen einen ganz besonderen Nachteil in Kauf nehmen. Sie wissen nicht genau, bis zu welcher Höhe und bis zu welcher horizontalen Entfernungen sich Veränderungen auswirken und um ja nichts falsch zu machen, müssen sie das Simulationsgebiet immer recht groß wählen.

Will auf der anderen Seite z.B. ein Bauphysiker die Wärme- und Wasserdampftransporte in einem Baukörper berechnen, so geht er ebenfalls von einem System von Differentialgleichungen aus, mit dem die Variation von Temperatur, Wasserdampf und Wasser (Eis) bestimmt werden können. Für die Oberfläche des Baukörpers müssen zur Lösung des Gleichungssystems Informationen über den Wärme- und Wasserdampftransport von oder zur Atmosphäre vorhanden sein. Häufig kann er im Gegensatz zum Meteorologen das Problem eindimensional, d.h. senkrecht zur Oberfläche, behandeln. Dann verwendet er ähnliche Lösungsverfahren wie die Meteorologen. Bei komplizierten Baukörpern erfolgt die Lösung mit der Methode der finiten Elemente. Wie in der Meteorologie hängt die Genauigkeit der Rechnungen und damit die Anwendbarkeit der Methode von der richtigen Erfassung der Randwerte (Wärme- und Wassertransporte zwischen Atmosphäre und Oberflächen) ab.

Ist die Wärmekapazität des Baukörpers groß, so reagiert er träge auf Änderungen in der Atmosphäre, und kurzfristige Variationen der Wechselwirkungen spielen keine Rolle. Handelt es sich hingegen um die Reaktionen einer dünnen Schicht mit geringer Wärmekapazität, so werden auch kurzfristige Variationen in der Atmosphäre zu Reaktionen im Material führen. So können z.B. kurzfristige starke Erwärmungen mit Austrocknung und anschließende Abkühlung mit Anfeuchtung zu Materialschäden und sogar zur Zerstörung der Schichten führen.

Einen großen Vorteil hat der Fachmann, der sich mit begrenzten Objekten befaßt im Vergleich zum Meteorologen: Er kennt die Grenzen seines Objektes und damit auch den Bereich, in dem etwas passieren kann. Für ihn ist die angrenzende Atmosphäre ein homogenes Medium, charakterisiert durch konstante meteorologische Größen.

Zusammenfassend kann festgestellt werden: Für die Beantwortung vieler grundlegender Fragen sind Kenntnisse über die Wechselwirkungen zwischen Atmosphäre und Oberflächen von großer Bedeutung. Bei diesen Kenntnissen handelt es sich um alle relevanten klimatologischen Informationen wie Mittelwerte, Streuungen, Häufigkeitsverteilungen, kombinierte Häufigkeitsverteilungen und Korrelationen, Kovarianzen, Spektren und Kospektren und die zeitliche Variation und räumliche Repräsentanz dieser Informationen.

3 Energiebilanz einer Oberfläche

Bei sehr vielen Problemen ist die Energiebilanz einer ebenen Oberfläche die entscheidende Größe, so z.B. bei der Erwärmung und Abkühlung, Verdunstung und Kondensation von Wasser und der Beschleunigung und Verlangsamung von chemischen Reaktionen. Die Energiebilanz wird bestimmt durch die Strahlungsströme und Stofftransporte. Man wird jede beliebige Körperoberfläche aus einer mehr oder weniger großen Zahl von ebenen Oberflächenstücken zusammensetzen können. Die Orientierung im Raum ist, siehe Bild 3, durch den Azimutwinkel α und die Zenitdistanz β der Flächennormalen bestimmt.

3.1 Strahlung

Es ist zweckmäßig, bei der Strahlung entsprechend den Strahlungsquellen zwei Wellenlängenbereiche zu unterscheiden. Die Strahlungsquelle für die kurz-

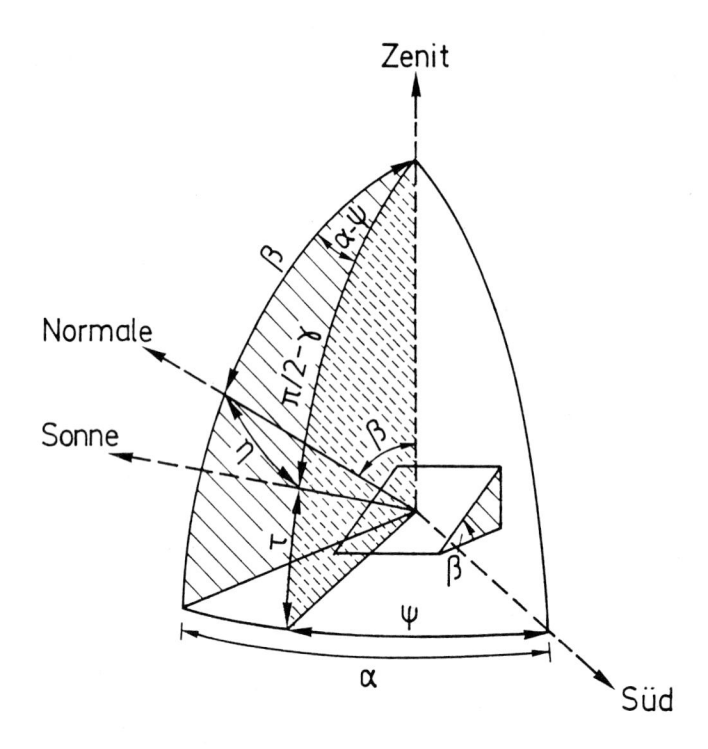

Abbildung 3: *Orientierung der Empfängerfläche im Halbraum. Azimut der Flächennormalen* α; *Azimut der Sonne* ψ; *Zenitdistanz der Flächennormalen* β; *Sonnenhöhe* γ; *Winkel zwischen Flächennormalen und Richtung zur Sonne* η. *[2]*

wellige Strahlung ist die Sonne, der Wellenlängebereich erstreckt sich von 0,3 bis 2,3 μm. Die Strahlungsquellen für die langwellige Strahlung sind die Erdoberfläche und alle Objekte, die eine vom absoluten Nullpunkt abweichende Oberflächentemperatur haben, also auch die Wolken, das atmosphärische Aerosol sowie der Wasserdampf und das Kohlendioxid. Der Wellenlängenbereich beginnt bei 2,5 und endet bei 50 μm.

Sonnenstrahlung. Die Sonnenstrahlung ist häufig die einzige Energiequelle eines Objektes. Bei den folgenden Überlegungen soll erst einmal vom Einfluß der Wolken abgesehen werden, d.h es wird angenommen, daß der Himmel wolkenlos ist. Wenn die Sonne für die betrachtete Oberfläche aufgegangen ist, wird sie durch die direkte Sonnenstrahlung erwärmt. Sonnenauf- und untergang hängen von der geographischen Breite, der Jahres- und Tageszeit, der Ori-

Tabelle 1: *Flußdichte der direkten Sonnenstrahlung (W/m^2) in Abhängigkeit von der Trübung und von der Sonnenhöhe für senkrechten Strahlungseinfall und, in Klammern, auf die Horizontalfläche.*

Trübung	Sonnenhöhe (γ)		
	10°	30°	50°
3	420 (73)	800 (400)	943 (725)
6	129 (22)	468 (234)	651 (499)

entierung der Fläche und von Horizonteinschränkungen bzw. -erweiterungen durch Gebäude und topographische Strukturen ab. Es handelt sich dabei um ein rein geometrisches Problem.

Die Messung der Sonnenstrahlung ist relativ aufwendig, besonders weil die Strahlung erst in die Erwärmung einer schwarzen Fläche umgewandelt werden muß, deren Temperatur mit Thermoelementen gemessen wird. Die Thermospannungen sind relativ klein, so daß an die Meßgenauigkeit hohe Anforderungen zu stellen sind. Häufig wird daher die Sonnenstrahlung berechnet, wobei sorgfältige Messungen die Grundlagen der Berechnungsmethoden sind.

Am Rande der Atmosphäre ist der Mittelwert der Sonnenstrahlung

$$I_0 = 1367 W/m^2.$$

In der Atmosphäre wird dieser Wert durch Absorption und Streuung der Strahlung verringert. Im Meeresniveau erhält man die direkte Sonnenstrahlung in Abhängigkeit von Sonnenhöhe nach folgender Gleichung [3]:

$$I = I_0 \exp\left(-T_L \frac{p}{p_0} / (0.9 + 9.4 \sin \gamma)\right) \qquad (1)$$

(p =Luftdruck, $p_0 = 1013$ hPa, γ = Sonnenhöhe).

Der Faktor T_L beschreibt die Trübung der Atmosphäre. Bei reiner Luft erhält man einen Wert von 2, bei sehr stark getrübter Luft kann er bis über 6 ansteigen. Die folgende Tabelle 1 gibt eine Übersicht über die Flußdichte der direkten Sonnenstrahlung in Abhängigkeit vom Trübungsfaktor und von der Sonnenhöhe.

Die Sonnenposition ist, siehe Bild 3, gegeben durch das Sonnenazimut ψ und die Sonnenhöhe γ. Aus diesen Werten und der Orientierung der Flächennormalen kann man den Winkel η zwischen der Richtung zur Sonne und der Flächennormalen bestimmen und hat damit die Möglichkeit, nach der folgenden Gleichung die Strahlungsflußdichten (B) einer beliebig orientierten Empfängerfläche zu bestimmen.

Tabelle 2: *Flußdichte der diffusen Sonnenstrahlung (W/m²) in Abhängigkeit von der Sonnenhöhe und der Trübung für eine eine horizontale Fläche.*

Trübumg	Sonnenhöhe (γ)		
	10°	30°	50°
3	53	88	66
6	56	118	212

$$B = I \cos \eta \tag{2}$$

Man erhält daher z.B. für einen Winkel η von 60° gerade halb so große Werte wie in Tabelle 1 angegeben.

Ein Teil der Sonnenstrahlung wird in der Atmosphäre abgelenkt und kann als diffuse Sonnenstrahlung ebenfalls zur Fläche gelangen. Für eine horizontale Fläche ist der Energiegewinn durch diese diffuse Strahlung am größten. Bei einer geneigten Fläche hängt der Strahlungsfluß von der Orientierung der Fläche relativ zur Sonne und dem Anteil des Himmelsgewölbes ab, aus dem diffuse Strahlung zur Erde gelangen kann, denn die Himmelsstrahlung ist außerordentlich anisotrop mit einer Variation der Flußdichten von 1:10 je nach Orientierung der Empfängerfläche relativ zur Sonne. Berechnen kann man die Flußdichte dieser diffusen Sonnenstrahlung (D) nach folgender Gleichung [4]:

$$D = I_0 \sin \gamma \left(0.84 \exp \left(-\frac{0.027 T_L}{\sin \gamma} \right) - \frac{I}{I_0} \right) \tag{3}$$

In Tabelle 2 ist die Abhängigkeit der Strahlungsflußdichten der diffusen Sonnenstrahlung von der Sonnenhöhe und der Trübung zu finden.

Besonders bei großer Sonnenhöhe und großer Trübung ist die Flußdichte der diffusen Sonnenstrahlung besonders groß.

Will man die Anisotropie der Strahlung berücksichtigen, so hilft eine Aufspaltung der diffusen Sonnenstrahlung in zwei Anteile [5], einen isotropen, und einen anisotropen. Der isotrope Anteil (D_I) ist gegeben durch

$$D_I = D \left(1 - \frac{I}{I_0} \right) \cos^2 \frac{\beta}{2} \tag{4}$$

mit β der Zenitdistanz der Flächennormalen.

Für den anisotropen Anteil (D_A), der in der Hauptsache aus der Sonnenumgebung stammt, erhält man folgende Gleichung

$$D_A = D \frac{I}{I_0} \frac{\cos \eta}{\sin \gamma} \tag{5}$$

Tabelle 3: *Flußdichte der diffusen Sonnenstrahlung in Abhängigkeit von der Sonnenhöhe und der Trübung für eine nach Süden orientierte Wand um 12 Uhr WOZ (wahre Ortszeit).*

Trübung	Sonnenhöhe (γ)		
	10°	30°	50°
3	109	125	49
6	55	167	98

(η ist der Winkel zwischen der Flächennormalen und der Richtung zur Sonne, γ ist die Sonnenhöhe).

Tabelle 3 zeigt, wie sich die Flußdichte der diffusen Sonnenstrahlung (W/m^2) für eine nach Süden orientierte Wand um 12 Uhr WOZ mit der Sonnenhöhe (Jahreszeit) und der Trübung ändert.

Bei einer mittleren Sonnenhöhe, wie sie in den Übergangsjahreszeiten vorkommt, ist die Flußdichte der diffusen Sonnenstrahlung am größten. Der Trübungseinfluß ist wegen der starken Anisotropie der diffusen Sonnenstrahlung bei kleinen und großen Sonenhöhen gegenläufig.

An der Erdoberfläche wird ein Teil der Globalstrahlung, das ist die Summe aus direkter und diffuser Sonnenstrahlung, reflektiert. Bei einer nichthorizontalen Fläche kann ein Teil dieser Globalstrahlung zu dieser Fläche hin reflektiert werden. Das Reflexionsvermögen ist eine Oberflächeneigenschaft und variiert von 0,05 bei einer Wasseroberfläche bis zu Werten von 0,9 bei frisch gefallenem Schnee.

Eine Horizonteinschränkung, siehe Bild 4, sei es durch Gebäude oder durch die Topographie, kann zu bestimmten Jahreszeiten und Stunden im Jahr die Sonne verdecken, so daß die direkte Sonnenstrahlung gleich Null ist. Außerdem wird aus dem Raumwinkel der Horizonteinschränkung keine diffuse Strahlung zur Erdoberfläche gelangen. Andererseits erhält die Horizonteinschränkung diffuse Sonnenstrahlung und bei entsprechender Orientierung auch direkte Sonnenstrahlung, die zum Teil reflektiert wird. Ein Teil dieser reflektierten Strahlung kann ebenfalls zur Empfängerfläche gelangen.

Schließlich kann es bei Empfängerflächen an Hängen und auf Bergen zu einer Horizonterweiterung kommen, wodurch sich Sonnenauf- und -untergang für die Fläche ändern können (Verlängerung des Tages). Der Winkelbereich, aus dem diffuse Strahlung zur Fläche gelangen kann, wird in einem solchen Fall vergrößert, während der Anteil der Globalstrahlung, der an der Erdoberfläche reflektiert wird und zur Oberfläche gelangen kann, sich verringert.

Horizonteinschränkung bzw. -erweiterung und ihre Einflüsse auf die direkte und diffuse Sonnenstrahlung sind wiederum rein geometrische Probleme, wenn man von der Anisotropie der diffusen Sonnenstrahlung einmal absieht. Zur

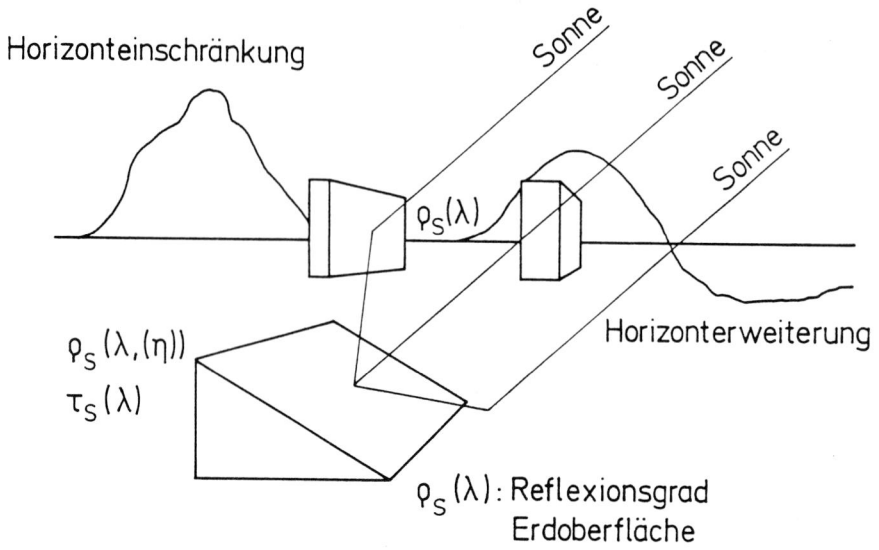

Abbildung 4: *Einfluß von Horizonterweiterung, -einschränkung, und reflektierter Globalstrahlung auf die kurzwellige Strahlungsbilanz.*

Bestimmung des reflektierten Anteils der Globalstrahlung sind hingegen Informationen über das Reflexionsvermögen von Erdoberfläche und Horizonteinschränkungen und gegebenenfalls die Abhängigkeit dieses Reflexionsvermögens von der Wellenlänge notwendig. Schließlich muß man noch das integrale oder spektrale Absorptionsvermögen der betrachteten Fläche kennen – es variiert ebenfalls je nach Oberfläche in weiten Grenzen–, um den Energiegewinn durch Absorption kurzwelliger Strahlung bestimmen zu können.

In Tabelle 4 ist als Beispiel die kurzwellige Strahlungsbilanz in W/m^2 einer nach Süden orientierten senkrechten Wand in Abhängigkeit von der Sonnenhöhe und der Trübung angegeben. Als Absorptionsgrad der Wand wurde 0,7 und als Reflexionsgrad der Umgebung 0,2 angenommen.

Der andere Extremfall, ein vollständig mit Wolken bedeckter Himmel, ist leicht zu behandeln, fällt doch lediglich die direkte Sonnenstrahlung weg, so daß die Globalstrahlung gleich der diffusen Sonnenstrahlung ist. Die Anisotropie der Himmelstrahlung ist deutlich weniger ausgeprägt als bei wolkenlosem Himmel. Man findet lediglich eine Abhängigkeit von der Zenitdistanz mit einem Maximalwert im Zenit und etwa halb so großen Werten am Horizont. Der Strahlungsfluß kann aber, in Abhängigkeit von der Wolkendicke und Wolkenhöhe, beträchtlich variieren.

Sind nur wenige Wolken am Himmel (Bedeckungsgrad 1/8 bis 2/8) oder ist der Himmel nahezu vollständig mit Wolken bedeckt (Bedeckungsgrad 6/8 bis 7/8), so sind die Strahlungsströme nahezu gleich denen bei wolkenlosem bzw. bei vollständig bewölktem Himmel. Bei einem Bedeckungsgrad zwischen

Tabelle 4: *Kurzwellige Strahlungsbilanz (W/m². einer nach Süden orientierten senkrechten Wand in Abhängigkeit von der Sonnenhöhe und der Trübung für 12 Uhr WOZ bei einem Absorptionsgrad der Wand von 0,7 und einem Reflexionsgrad der Umgebung von 0,2.*

Trübung	Sonnenhöhe (γ)		
	10°	30°	50°
3	321	520	440
6	114	368	352

diesen Extremwerten beobachtet man hingegen eine sehr große Variation der Globalstrahlung, je nachdem ob die Sonne von Wolken bedeckt ist oder nicht.

Die zeitliche Variation der kurzwelligen Strahlung ist wegen der recht langsamen Änderung von Sonnenhöhe und Sonnenazimuth klein. Nur Sonnenauf- und -untergang durch Abschattungen (Gebäude, Topographie und Wolken) führen zu sprunghaften Änderungen (ein Faktor 5 in wenigen Sekunden ist ohne weiteres möglich).

Wärmestrahlung. Jeder Gegenstand verliert Energie durch die Wärmestrahlung seiner Oberfläche. Die Flußdichte der Wärmestrahlung wird durch die Oberflächentemperatur T_0 und den Emissionsgrad α_t bestimmt und kann nach Gleichung (6) berechnet werden.

$$E_1 = \alpha_t \sigma T_0^4 \qquad (6)$$

Der Emissionsgrad hängt von der Wellenlänge und von der Oberflächentemperatur ab, ($\sigma = 5.67 \cdot 10^{-8} W m^{-2} K^{-4}$).

Diesem Energieverlust durch Ausstrahlung steht ein Energiegewinn durch Absorption von Wärmestrahlung aus der Umgebung gegenüber. Ein Teil dieser Strahlung stammt von der Erdoberfläche, benachbarten Gebäuden und topographischen Hindernissen und hängt von den Oberflächentemperaturen und dem Emissionsgrad dieser Objekte ab. Er kann ebenfalls nach Gleichung 6 berechnet werden. Ein zweiter Anteil (die Wärmestrahlung der Atmosphäre) stammt aus der Atmosphäre, und deren Flußdichte wird durch Lufttemperatur, Wasserdampfgehalt, Aerosolgehalt und Wolken bestimmt. Bei einer horizontalen Fläche ohne Horizonteinschränkung ist nur dieser Anteil wirksam.

Bei der Wärmestrahlung tritt, anders als bei der Sonnenstrahlung die Oberflächentemperatur der Empfängerfläche und der Umgebung als bestimmende Größe auf. Diese Oberflächentemperatur und ihre zeitliche und räumliche Variation ist andererseits aber erst eine Folge der Energiebilanz der

Oberflächen, d.h. sie hängt von der kurzwelligen und langwelligen Strahlungsbilanz, dem Wärmestrom und der Verdunstung ab. Außerdem ist gerade diese Oberflächentemperatur als Temperatur der Grenzfläche sowohl bei meteorologischen wie auch bei nicht-meteorologischen Modellen eine außerordentlich wichtige Größe.

Man könnte die Oberflächentemperatur aus den Messungen bestimmen. Es ist aber außerordentlich schwierig, ein geeignetes Thermometer zu entwickeln, denn es soll ja die Oberflächentemperatur bestimmt werden und nicht etwa die Mitteltemperatur über einer Schicht von einigen Millimetern bis Zentimetern Dicke. Außerdem darf das Thermometer die Oberflächentemperatur durch seine Anwesenheit nicht ändern. Aus diesen Gründen bestimmt man umgekehrt die Oberflächentemperatur indirekt über die Gesamtenergiebilanz oder man hilft sich mit Pseudotemperaturen, die aus der Lufttemperatur abgeleitet werden. Besonders die letztgenannte Methode kann zu beliebig falschen Ergebnissen führen.

Der zweite Anteil der Wärmestrahlung stammt aus der Atmosphäre und kompensiert den Strahlungsverlust zu einem gewissen Anteil. Bei wolkenlosem Himmel ist die wesentliche Strahlungsquelle der Wasserdampf und man benötigt eigentlich die Wasserdampf- und die Wasserdampftemperaturverteilung in der Troposphäre um diesen Strahlungsstrom zu bestimmen. Da der überwiegende Teil der Strahlung aber aus der objektnahen Umgebung kommt, kann man die Flußdichte E_2 aus der Lufttemperatur in 2 m Höhe T_2 berechen; man erhält

$$E_2 = \alpha_t \varepsilon_{eff} \sigma T_2^4 \tag{7}$$

mit

$$\varepsilon_{eff} = 9.9 \cdot 10^{-6} T_2^2,$$

dem effektiven halbräumigen Emissionsgrad.

Ist der Himmel mit Wolken bedeckt, so hängt die Flußdichte E_{2W} sehr stark vom Bedeckungsgrad mit Wolken und von der Wolkenhöhe ab, die Variationsbreite reicht von $E_{2W} = E_1$ bis $E_{2W} = E_2$. Absorbiert wird diese Strahlung aus der Atmosphäre und aus der Umgebung entsprechend dem effektiven langwelligen Absorptionsgrad ϱ_t nach der folgenden Gleichung

$$E_{2A} = \varrho_t E_2; \tag{8}$$

ϱ_t liegt für sehr viele Oberflächen zwischen 0,9 und 0,99; nur bei polierten Metalloberflächen können deutlich kleinere Werte auftreten.

Die langwellige Strahlungsbilanz ist die Differenz zwischen Verlust und Gewinn

$$E = \varrho_t E_2 - E_1. \tag{9}$$

Nur wenn die Empfängerfläche dicht von Objekten höherer Oberflächentemperaturen umgeben ist, kann $E_2 > E_1$ sein. Normalerweise ist es umgekehrt, d.h. E ist negativ, der Körper verliert Energie durch die langwellige Strahlung an seine Umgebung.

Selbstverständlich kann man die langwelligen Strahlungsflußdichten auch messen.

Es gilt aber auch hier das gleiche, wie bei der Messung der kurzwelligen Strahlung. Hinzu kommt noch, daß am Tage die Meßgeräte die Summe von kurzwelliger und langwelliger Strahlung erfassen und die langwelligen Strahlungsströme erst rechnerisch ermittelt werden müssen. Ganz besonders problematisch wird die Messung bei geneigten Oberflächen.

Im allgemeinen ist die zeitliche Variation der Wärmestrahlung klein. Mit Halbstundenmittelwerten erreicht man eine ausreichende zeitliche Auflösung. Bei teilbedecktem Himmel besonders am Tage kann sich die Wärmestrahlung einer Fläche schnell ändern. Das hängt entscheidend von der Variation der Oberflächentemperatur ab. Eine Änderung um den Faktor 2 innerhalb von wenigen Minuten ist allerdings schon ein recht großer Wert.

3.2 Fühlbarer Wärmestrom

Für diesen Vorgang gibt es eine ganze Reihe von Bezeichnungen. Der Meteorologe sollte genau genommen immer vom turbulenten fühlbaren (nicht sensiblen) Wärmestrom sprechen. In anderen Fachgebieten, besonders in der Thermodynamik nennt man diesen Wärmestrom häufig "konvektiver Wärmeübergang" und unterteilt ihn nach "freier Konvektion" und "erzwungener Konvektion". Bei der erzwungenen Konvektion wird häufig noch nach laminarer und turbulenter Strömung unterschieden. Eine solche Unterscheidung ist in der Meteorologie nicht notwendig, da in der realen Atmosphäre immer alle Wärmeübergänge gemeinsam wirksam sind.

Mit einem geeigneten Meßgerät kann man den turbulenten fühlbaren Wärmestrom direkt messen. Es ist dafür notwendig, sowohl die turbulenten Schwankungen der Windgeschwindigkeit in den drei Koordinatenrichtungen wie auch die turbulenten Schwankungen der Temperatur zu bestimmen. Die Turbulenzmessungen müssen zeitsynchron mit einer zeitlichen Auflösung von etwa $25\ s^{-1}$ durchgeführt werden. Es gibt geeignete Meßeinrichtungen, die Messung ist jedoch sehr aufwendig. Aus diesem Grunde erfolgt die Berechnung des turbulenten fühlbaren Wärmestroms immer aus einer Temperaturdifferenz. Das ist ein wesentlicher und prinzipieller Unterschied zu den Energietransporten durch Strahlung, bei denen die Emission von der Oberflächentemperatur und den Oberflächeneigenschaften und die Absorption nur von den Oberflächeneigenschaften und dem Strahlungsangebot abhängen. Der Wärmestrom ist nur dann von Null verschieden, wenn ein Temperaturunterschied bzw. ein Temperturgradient vorhanden sind. Außerdem ist es für die Strahlungsübergänge gleichgültig, ob zwischen der emittierenden und absorbierenden Fläche eine Atmosphäre vorhanden ist oder nicht, wenn man einmal von der Wirkung des Wasserdampfes absieht. Ein fühlbarer Wärmestrom ist hingegen an das Vorhandensein von Luft gebunden (sonst gäbe es ja auch keine Lufttemperatur) und es handelt sich auch beim fühlbaren Wärmestrom im Grunde genommen um einen Massentransport, wie bei der Verdunstung oder sonstigen Stofftransporten. Die Richtung des Massenstromes ist allerdings der Richtung des Wärmestromes entgegengesetzt.

Ursache für den fühlbaren Wärmestrom ist die Abkühlung oder Erwärmung von Oberflächen durch Strahlungseinflüsse oder Verdunstung bzw. Taubildung. Hierdurch entstehen Temperaturunterschiede zwischen der Oberfläche und der Atmosphäre, diese lösen einen Wärmestrom aus, der so gerichtet ist, daß die Temperaturunterschiede ausgeglichen werden. Die Oberflächen sind daher die Heiz- und Kühlflächen für die Atmosphäre, und das hat zur Folge, daß die Temperaturgradienten in Oberflächennähe ganz besonders groß und entsprechend schwer zu messen sind.

Die Meteorologen wissen dies und vermeiden derartige Messungen tunlichst. Andererseits benötigen sie für viele Anwendungen Informationen über Wärmeströme. Damit sie diesem Bedürfnis nachkommen können, benutzen sie die Tatsache, daß der Wärmestrom in den untersten Dekametern der Atmosphäre nahezu höhenkonstant ist. Sie verlegen ihre Messungen von der Grenzfläche weg in Bereiche hinein, in denen Temperaturmessungen leicht zu bewerkstelligen sind. Allerdings sind hier die Gradienten schon recht klein und die Lufttemperatur muß mit einer sehr großen Genauigkeit (besser als 1/10°) gemessen werden.

Sicherlich kann man aber nicht annehmen, daß der Wärmestrom senkrecht zu einer Wand konstant ist, und auch über einer begrenzten horizontalen Fläche inmitten einer anders temperierten Umgebung (z.B. Flachdach oder Straße) ist es sicherlich nicht gleichgültig, in welcher Höhe über dem Dach die Temperaturmessung zur Bestimmung des Wärmestromes durchgeführt wird.

Der Nicht-Meteorologe, z.B. der Bauphysiker, versucht den Wärmestrom auf andere Art und Weise zu bestimmen. Auch er geht davon aus, daß der konvektive Wärmeübergang proportional einer Temperaturdifferenz ist. Bei ihm ist es aber die Differenz zwischen der Oberflächentemperatur T_0 und der Lufttemperatur T_L, die bei genügend großer Entfernung von der Oberfläche als konstante Größe angesehen wird. Die Proportionalitätskonstante ist die Wärmeübergangszahl, so daß man für den Wärmestrom (H) folgende Gleichung erhält.

$$H = \alpha_K (T_L - T_0). \tag{10}$$

Sehr häufig wird für α_K ein konstanter Wert eingesetzt, womit man sicherlich auch brauchbare Ergebnisse erhält. Wenn man es etwas besser machen will, so unterscheidet man zwischen freier und erzwungener Konvektion [6].

Tabelle 5: *Abhängigkeit der Wärmeübergangszahl und des fühlbaren Wärmestroms von der Temperaturdifferenz bei freier Konvektion*

Temperturdifferenz	1	10	30	50	°C
Wärmeübergangszahl	1.68	3.62	5.22	6.19	$W/(m^2 K)$
Wärmestrom	1.68	26.2	157	310	W/m^2

Bei freier Konvektion sollte die Wärmeübergangszahl nur von der Temperaturdifferenz zwischen Oberfläche und Atmosphäre abhängen. Die Ähnlichkeitstheorie liefert drei dimensionslose Zahlen, die die freie Konvektion bestimmen. Es sind dieses die Nusselt-Zahl (Nu), die Prandtl-Zahl (Pr) und Grashof-Zahl (Gr). Zwischen diesen Zahlen gibt es eine eindeutige Beziehung:

$$Nu = f(Gr, Pr) \tag{11}$$

Mit der Prandtl-Zahl für Luft (Pr = 0,7) erhält man für die Wärmeübergangszahl die Gleichung:

$$\alpha_N = 1.68 \mid \Delta T \mid^{0.33} \tag{12}$$

Eine Übersicht über die Größenordnung der Wärmeübergangszahlen bei freier Konvektion und die dazugehörenden fühlbaren Wärmeströme zeigt Tabelle 5.

Bei einer Anwendung in der Meteorologie, d.h. für Fälle in denen in der realen Atmosphäre die Windgeschwindigkeit nahezu gleich Null ist, würde die gleiche Temperaturab- oder -zunahme mit der Höhe zu identischen Wärmetransporten, allerdings mit entgegengesetzten Vorzeichen führen. In Wirklichkeit ist bei einer Temperaturabnahme mit der Höhe der Wärmestrom aber sehr viel größer als bei einer Temperaturzunahme. Bei dieser Temperaturänderung mit der Höhe, d.h. bei einer Inversion, beobachtet man sogar das Gegenteil d.h. α_N sollte umgekehrt proportional zu Betrag ΔT sein.

Bei erzwungener Konvektion tritt an die Stelle der Grashof-Zahl die Reynold-Zahl (Re) und die Wärmeübergangszahl hängt von einer charakteristischen Windgeschwindigkeit u und einer charakteristischen Länge L ab. Bei laminarer Strömung enthält man

$$\alpha_{ZL} = 0.41 \left(\frac{u}{L}\right)^{0.5}. \tag{13}$$

Bei turbulenter Strömung ist die Wärmeübergangszahl mit guter Näherung gegeben durch

$$\alpha_{ZT} = 6.37 u^{0.8} L^{-0.2}. \tag{14}$$

Tabelle 6: *Wärmeübergangszahl bei erzwungener Konvektion in Abhängigkeit von der charakteristischen Strömungsgeschwindigkeit und der charakteristischen Länge*

Länge in m	Windgeschwindigkeit in m/s		
	1	5	10
1	7.6	24.7	42.0
5	4.9	17.0	29.4
10	4.2	14.7	25.5

Wie man die laminaren und turbulenten Anteile an der Wärmeübergangszahl kombiniert, wird unterschiedlich angegeben. Entweder verwendet man die jeweils größte der beiden Zahlen oder addiert ihre beiden Anteile nach folgender Gleichung

$$\alpha_Z = \left(\alpha_{ZL}^2 + \alpha_{ZT}^2\right)^{0.5}. \tag{15}$$

Tabelle 6 gibt eine æbersicht über den Wertevorrat der Wärmeübergangszahlen bei erzwungener Konvektion.

Erzwungene und freie Konvektion sollen nach der Gleichung

$$\alpha_K = \left(\alpha_N^{2.66} + \alpha_Z^{2.66}\right)^{0.38} \tag{16}$$

zusammengefaßt werden können. Insgesamt erhält man für die Wärmeübergangszahl folgenden Zusammenhang:

$$\alpha_K = f\left(|\Delta T|, u, L\right). \tag{17}$$

Will man nach Gleichung (10) mit (17) den fühlbaren Wärmestrom bestimmen, so benötigt man:

- Oberflächentemperatur,

- Lufttemperatur,

- charakteristische Strömungsgeschwindigkeit,

- charakteristische Länge.

Die Oberflächentemperatur ist im allgemeinen nicht bekannt. Das führt ja auch schon bei der Bestimmung der Wärmestrahlung zu Schwierigkeiten. Im Labor ist die Bestimmung der Lufttemperatur kein Problem, da es sich um ein weitgehend homogenes Medium handelt. In der freien Atmosphäre ist das nicht der Fall, so daß es hier schwierig ist, eine geeignete Bezugstemperatur zu ermitteln. Noch größer sind die Schwierigkeiten bei der Auswahl einer charakteristischen Strömungsgeschwindigkeit. Schon über ebenem Untergrund konstanter Rauhigkeit nimmt die Strömungsgeschwindigkeit mit der Höhe zu. Zwischen 1 und 10 m Höhe kann sich die Geschwindigkeit ohne weiteres verdoppeln. Jeder kennt die Stromlinienbilder aus dem Windkanal, die bei der Umströmung einzelner Gebäude entstehen. Schon durch ein einzelnes Gebäude wird die Strömung grundlegend modifiziert. Es entstehen Gebiete mit stark reduzierter andere mit besonders erhöhter Windgeschwindigkeit, so daß die Angabe einer charakteristischen Windgeschwindigkeit nahezu unmöglich ist. Noch komplizierter wird es, wenn es sich nicht um ein einzelnes, sondern um viele Gebäude handelt. Auch die Angabe einer charakteristischen Länge wird in solchen Fällen nahezu unmöglich sein.

Es scheint so zu sein, daß keine der beiden Gruppen, weder die Meteorologen, noch die Spezialisten aus den anderen Fachgebieten eine geeignete Methode kennen, um den fühlbaren Wärmestrom auch für einfach strukturierte Körper in der realen Atmosphäre zu bestimmen.

3.3 Latenter Wärmestrom

Der Meteorologe nennt den Wasserdampftransport von der Erd- oder Wasseroberfläche durch die bodennahe Luftschicht bis zu jener Höhe, in der der Wasserdampf kondensiert und sich Wolken bilden, "latenten Wärmestrom" – latent, weil bei diesem Transport die an der Erdoberfläche verbrauchte Verdunstungswärme latent im Wasserdampf enthalten ist und erst bei der Wolkenbildung wieder freigesetzt wird.

Da auch der Wasserdampftransport über ebenem Gelände mit homogener Rauhigkeit in den untersten Dekametern der Atmosphäre nahezu höhenkonstant ist, ist der Wassertransport gleich der Verdunstung.

Die Quellen oder Senken (Tau- oder Reifbildung) des Wasserdampftransportes sind wie beim fühlbaren Wärmestrom die Oberflächen und auch hier sind die Änderungen der Wasserdampfkonzentration in Oberflächennähe am größten, so daß der Meteorologe in gewissem Abstand zur Oberfläche Konzentrationsmessungen durchführt, um daraus die Verdunstung (gleich Wasserdampftransport, proportional latentem Wärmestrom) zu bestimmen. Die Anforderungen an die Meßtechnik sind hier noch größer als bei der Temperatur, denn es ist außerordentlich schwierig die turbulenten Schwankungen der Wasserdampfdichte mit eine ausreichenden Genauigkeit und zeitlichen Auflösung zu bestimmen.

Der Ingenieur nimmt an, daß der Wasserdampftransport m analog dem Wärmetransport vor sich geht, d.h. er ist proportional einer Konzentrationsdifferenz zwischen der Oberfläche C_0 und der freien Atmosphäre C_L. Die Proportionalitätskonstante ist die Stoffübergangszahl β

$$m = \beta\,(C_L - C_0)\,. \tag{18}$$

Die Stoffübergangszahl erhält man aus der Wärmeübergangszahl aus dimensionsanalytischen Æberlegungen und Analogiegesetzen zu

$$\beta = \frac{\alpha}{\varrho c_p \, (a/D)^n} \qquad (19)$$

(ϱ = Luftdichte, c_p = spezifische Wärme der Luft bei konstantem Druck, a = Temperaturleitfähigkeit und D = Diffusionskoeffizient). Es soll n = 0,58 gelten. Für Temperaturen, wie sie normalerweise in der Atmosphäre vorkommen, erhält man

$$\beta \approx 3.7\alpha, \qquad (20)$$

mit β in mmh^{-1} und α in $W/(m^2 K)$.

Wenn man nach Gleichung (18) mit Gleichung (20) den Wasserdampftransport bestimmen will, kommen zu den Problemen, die beim fühlbaren Wärmestrom genannt worden sind, noch zwei weitere hinzu. Es muß die Wasserdampfkonzentration an der Oberfläche bekannt sein, und es muß sich eine charakteristische Wasserdampfkonzentration in der Umgebung angeben lassen. Beides ist, wenn nicht unmöglich, so doch mit großen Schwierigkeiten verbunden. Selbst wenn man auf irgendeine Weise die beiden Konzentrationen, die dazu gehörige Temperaturen, die charakteristische Windgeschwindigkeit und Länge vorgeben könnte, kann man nicht einfach mit Gleichung (18) den Wasserdampftransport und damit den Wasserverlust einer Oberfläche berechnen. Das liegt daran, daß die Verdunstungswärme, die bei der Verdunstung verbraucht wird, auf irgendeine Art und Weise wieder ersetzt werden muß. Die Wärmeleitung aus dem Körper ist sicherlich nicht effektiv genug. Die übrigen Glieder der Energiebilanz (Strahlung und fühlbarer Wärmestrom) müssen den Verlust ausgleichen. Für einen Wasserverlust von z.B. $0,5kg/(m^2h)$ ist ein Energiestrom von rund $350W/m^2$ nötig. Wird nicht ausreichend Energie durch Strahlung und fühlbaren Wärmestrom der Oberfläche zugeführt, so kühlt sich diese ab, wodurch das Konzentrationsgefälle (bei Sättigung an der Oberfläche) absinkt und der Wasserdampftransport zurückgeht, bis ein Ausgleich der Energiebilanz erreicht ist oder das Konzentrationsgefälle verschwindet, bzw. sich sogar umkehrt.

4 Stofftransporte

Die Ausbreitung von Schadgasen in der Atmosphäre ist ein Hauptthema der Luftreinhaltung. Wenn man schon nicht die Emissionen reduziert, so soll doch durch geeignete Maßnahmen (z.B hohe Kamine) erreicht werden, daß vorgegebene Grenzwerte der Konzentration nicht überschritten werden. Damit dieses erreicht werden kann, wurden und werden mit großem Aufwand Meßprogramme durchgeführt und Rechenmodelle (häufig von Meteorologen) entwickelt. Es liegt in der Natur der Sache, daß die Schadgase auch mit der

Erdoberfläche, Gebäuden, Pflanzen, Tieren und Menschen in Kontakt kommen. Dort werden sie entweder total reflektiert oder zum Teil oder vollständig aufgenommen. Für die o.a. Rechenmodelle ist es eine Senke der Schadgase und muß bei der Rechnung unbedingt berücksichtigt werden. Für die Fachleute, die sich mit den Objekten, die die Schadgase aufnehmen befassen, ist dieses die Quelle von Schadgas.

Der Bauphysiker oder andere Fachleute, die sich mit dem Umfeld des Menschen oder dem Menschen selbst befassen, verwenden zur Bestimmung des Massenstromes Gleichung (18), vielleicht mit einem etwas anderen Faktor zur Bestimmung von β aus α in Gleichung (20). Die Vorbehalte, die gegen die Verwendung dieser Gleichung gemacht worden sind, bleiben bestehen.

Bei meteorologischen Rechenmodellen wird die abgelagerte Masse W in $kg/(m^2 s)$ nach folgender Gleichung

$$W = v_g C_0 \quad ; \quad W = v_d C_0 \tag{21}$$

bestimmt. v_g ist die Sinkgeschwindigkeit größerer Partikel, die vom aerodynamischen Radius der Partikel abhängt, und v_d ist die Depositionsgeschwindigkeit für Gase und kleine Partikel, die eine vernachlässigbare Sinkgeschwindigkeit haben. Die Größenordnung von v_d variiert zwischen 0,01 und 10 cm/s. C_o ist die Konzentration in Bodennähe.

5 Mechanische Wechselwirkungen

Die statischen und dynamischen Wirkungen des Windes auf Bauwerke wurden und werden in großem Umfang schon seit längerer Zeit und mit gutem Erfolg untersucht, wobei besonders Versuche im Windkanal zu nennen sind. Diese Vorgänge gehören zwar auch zu den Wechselwirkungen, sollen hier aber wegen des außerordentlichen Umfanges dieses Themas nicht weiter behandelt werden.

Es bleiben die mechanischen Wirkungen von Aerosolpartikeln, Schnee, Regen, Hagel und Graupel, die durch den Wind in Kontakt mit Oberflächen gebracht werden, und die Aufwirbelung von Partikel unterschiedlicher Herkunft und Zusammensetzung durch den Wind.

Die Meteorologen haben sich mit diesen Vorgängen bisher nur am Rande befaßt. Man hat experimentell und mit mathematischen Modellen die Ausbildung und Wanderung bestimmter Dünenformen untersucht. Man weiß, daß der sogenannte Blutregen durch die Aufwirbelung von rotem Staub in der Sahara entsteht, der über Hunderte von Kilometern nach Mitteleuropa transportiert wird und man weiß auch, daß es ohne weiteres vorkommen kann, daß Kochsalzpartikel bei einem Sturm in der Nordsee entstehen und durch den Wind weit in die Bundesrepublik hinein transportiert werden können. Bei den aktuellen Problemen, Wiederaufwirbelung von Schadsubstanzen an Halden und

Deponien oder der Verwehung von Herbiziden oder wertvollem Ackerboden, besteht von der Seite der Meteorologen noch ein großer Nachholbedarf an Forschungstätigkeit.

6 Schlußbemerkungen

Im 18. und 19. Jahrhundert erfolgte in der Medizin eine entscheidende Entwicklung, die weg von dem kranken Individuum und hin zu systematisierten Krankheitsbildern führte. Dabei wurden außerordentliche Fortschritte im Bereich der Diagnostik gemacht. Die Entwicklung führte aber keineswegs zu einer Verbesserung der Therapie, denn mit der Analyse der Krankheitsbilder allein war noch nichts über die Entstehung und æbertragung der Krankheiten gesagt. Die Ähnlichkeit der Krankheitsbilder legte aber den Schluß nahe, daß auf irgendeinem Wege eine Übertragung vorhanden sein mußte. Die groteske Folge war, daß jeder seinen Körper und seine Körperöffnungen so weit wie möglich zu verdecken und zu verschließen trachtete, damit keine Übertragung möglich wurde.

In der Diagnose der Schäden an unserer Umwelt sind wir auch schon sehr weit gekommen. Von den Übertragungsmechanismen jedoch muß man noch sehr viel mehr wissen, um eine gezielte Therapie und Prophylaxe betreiben zu können.

Literatur

[1] Biometeorologie, Promet Meteorologische Fortbildung, 1982, Heft 3/4, *Deutscher Wetterdienst, Offenbach a.M.*

[2] KASTEN, F. (1983) Measurement and analysis of solar radiation data. In: Performance of solar energy converters, hrsg. v. G. BEGHI. Reidel, Dortrecht, Niederlande, 1-64

[3] KASTEN, F. (1980) A simple parameterization of the pyrheliometric formula for determining the Linke turbidity factor, *Meteor. Rundsch.* **23**, 124 - 127

[4] KASTEN, F. (1983) Parameterisierung der Globalstrahlung durch Bedeckungsgrad und Trübungsfaktor. *Ann. Meteor. (N.F.)*, **20**, 49 - 50

[5] HAY, J. E. and MCKAY, D. C. (1985) Estimating solar irradiance on inclined surfaces: A review and assessment of methodologies. *Int. J. Solar Energie* **3**,203 - 240

[6] MASSMEYER, K. und POSORSKI, R. (1982) Wärmeübertragung an Energieabsorbern und deren Abhängigkeit von Meteorologischen Parametern. *KFA-Jülich, Spezieller Bereich Nr 184*

Waldschäden in den Schweizer Alpen: Problemanalyse zur Erfassung der Auswirkung auf das Berggebiet

FRITZ HANS SCHWARZENBACH, *Birmensdorf*

Die Arbeit beschreibt, kommentiert und begründet eine Problemanalyse zum Titelthema. Die Analyse folgt dabei einer allgemein anwendbaren Strategie zur Lösung komplexer Probleme mit vernetzten Strukturen (SCHWARZENBACH 1987 b). Eine Übersicht zum Ablauf der Analyse findet sich in Tabelle 1.
Wichtigste Grundlage für die Klärung kausalanalytischer Zusammenhänge zwischen einer Auflichtung der Wälder im Berggebiet und deren Auswirkungen auf den Lebens- und Handlungsraum der Bergbevölkerung bilden Kenntnisse über die Entwicklung geschädigter Einzelbäume und über die ökodynamische Steuerung auf- und abbauender Prozesse auf Stufe des Waldbestandes.
Wenn diese Schlüsselinformationen vorliegen, lassen sich unter Rückgriff auf die jahrzehntelange Erfahrung der Forstdienste im Berggebiet die Veränderungen der Risikolage bei fortschreitender Auflichtung der Bestände recht zuverlässig einschätzen. Als Methode der Wahl erweisen sich Fallstudien für örtlich begrenzte Problemgebiete, da die grosse Variabilität der Bergwälder (artenmässige Zusammensetzung, Alters- und Bestandesstruktur, örtliche Lebensbedingungen, genetische Variabilität der Waldbaumarten, usw.) verallgemeinernde Aussagen über grosse Gebiete fragwürdig erscheinen lassen. Die Ergebnisse der Problemanalyse erlauben den Aufbau einer Arbeitsanweisung für die Analyse von Fallbeispielen auf lokaler und regionaler Stufe.

1 Einführung

1.1 Rahmen

Im Rahmen des in diesem Buch gesetzten Themas "Dynamik umweltrelevanter Systeme" stehen anthropogene Veränderungen der Umwelt zur Diskussion, die sich auf die Lebensbedingungen der Pflanzen, der Tiere und des Menschen auswirken können.

Der Beitrag "Waldschäden in der Schweiz: Problemanalyse zur Erfassung der Auswirkungen auf das Berggebiet" greift ein Thema auf, das während der letzten Jahre wesentlich zur Sensibilisierung der schweizerischen Bevölkerung für Umweltprobleme beigetragen und die Umweltpolitik des Bundes, der Kantone und der Gemeinden maßgebend mitbestimmt hat.

1.2 Unterlagen

Als Unterlagen dienen Publikationen nach 1980, die Aufschluß über die Entwicklung und die ökologischen wie auch die sozioökonomischen Auswirkungen der Waldschäden im schweizerischen Berggebiet vermitteln. Um die Übersicht zu erleichtern, werden die zitierten Arbeiten thematisch geordnet und gruppenweise kommentiert.

Über die Ziele und den Stand der schweizerischen Waldschadenforschung orientieren SCHLAEPFER (1988), SCHLAEPFER und HÄMMERLI (1990).

Der Bericht über die Ersterhebung 1982/86 des Schweizerischen Landesforstinventars (Eidg. Anstalt für das forstliche Versuchswesen und Bundesamt für Forstwesen 1988) vermittelt als Waldinformationssystem auf Stichprobenbasis (Rasterstichprobe der schweizerischen Waldfläche im $1 \times 1 km$ - Netz) ein umfassendes Bild des Schweizer Waldes.

Die Waldschadenentwicklung auf nationaler Ebene läßt sich vor allem an den jährlich erscheinenden "Sanasilva - Waldschadenberichten" verfolgen (Bundesamt für Forstwesen und Landschaftsschutz und Eidg. Anstalt für das forstliche Versuchswesen 1984, 1985, 1986, 1987, 1988). Eine Übersicht für 1983 findet sich bei BUCHER et al. (1984); eine zusammenfassende Darstellung der Waldzustandsveränderungen für die Zeitspanne 1984/87 gibt HÄGI (1989). Angaben über die Waldschäden in der NW-Schweiz haben FLÜCKIGER et al. (1984) veröffentlicht. Für Einzelheiten zur Waldschadenerfassung mit Infrarot-Luftbildern sei auf SCHWARZENBACH et al. (1986) verwiesen.

Über Waldschäden und Naturgefahren finden sich Angaben in verschiedenen Arbeiten (Eidg. Institut für Schnee- und Lawinenforschung 1989, GÜNTER, R. und PFISTER, F., 1989, PFISTER, C. et al., 1988, PFISTER, F. et al. 1987, 1988, Versuchsanstalt für Wasserbau, Hydrologie und Glaziologie und Eidg. Anstalt für das forstliche Versuchswesen 1988, ZELLER und RÖTHLISBERGER, 1988.

Hinweise auf Veränderungen der Vegetation, die im Zusammenhang mit den neuartigen Waldschäden beobachtet werden, geben KISSLING (1989) und KUHN et al. (1987).

Auf Wildschäden und ihre Bedeutung für den Bergwald weisen EIBERLE und NIGG (1987), EIBERLE (1989) hin.

Über wirtschaftliche Auswirkungen einer fortschreitenden Waldzerstörung in der Schweiz orientieren TSCHANNEN und BARRAUD (1985), Schweizerische Gesellschaft für Umweltschutz (1986), PFISTER et al. (1987).

1.3 Waldschadenentwicklung und Risiken für das Berggebiet

Die rasche Zunahme der Waldschäden in den Jahren 1983 - 1986 ließ eine schleichende Zerstörung vieler Schutzwälder im Berggebiet befürchten. Diese düsteren Aussichten weckten die Erinnerung an die leidvollen Erfahrungen früherer Generationen: Rodungen an der Waldgrenze und Kahlschläge an den steilen Flanken der Alpentäler hatten die Lawinen- und Steinschlaggefahr erhöht und das Risiko von Hangrutschungen, Murgängen und Überschwemmungen ansteigen lassen.

Unter diesen Voraussetzungen hat die Frage nach den möglichen Auswirkungen der zunehmenden Waldschäden auf den Lebens- und Wirtschaftsraum der Bergbevölkerung während der letzten Jahre rasch an Bedeutung gewonnen. Mit der herausfordernden Formulierung

"Führt die schleichende Waldzerstörung zu einer existentiellen Bedrohung des Berggebietes ?"

ist die Bedeutung des Problems für die Schweiz plakativ herausgestrichen worden. Diese politisch brisante Frage liess sich zu Beginn der Diskussion um die "neuartigen Waldschäden" nur spekulativ beantworten, weil damals die Waldschadenentwicklung am Anfang stand und die fachlich breit abgestützten Programme der Waldschadenforschung erst anliefen.

Seither konnte der Stand des Wissens über die "neuartigen Waldschäden" wesentlich erweitert und vertieft werden. Die jährlich veröffentlichten Ergebnisse der nationalen Waldschadeninventuren dokumentieren den Verlauf der Schadenentwicklung in den einzelnen Ländern. Untersuchungen auf Dauerbeobachtungsflächen wie auch Freiland- und Laborexperimente liefern eine Fülle von Einzelergebnissen, die sich allmählich zu einem Gesamtbild zusammenfügen.

Unter diesen Voraussetzungen ist der Versuch gerechtfertigt, die Frage nach den Auswirkungen der Waldschäden auf das Berggebiet der Schweiz methodisch neu aufzugreifen und nach dem gegenwärtigen Stand des Wissens und der Erfahrung zu beantworten.

2 Ziele

2.1 Darstellung und Begründung eines Lösungsstrategie

Die Analyse ökologischer Problems mit vernetzten Strukturen ist methodisch sehr anspruchsvoll. Die Aufgabe kann in der Regel nur gelöst werden, wenn für die Strukturierung des unübersichtlichen Fragenkomplexes eine Strategie *ad hoc* entwickelt wird. Dabei leistet ein allgemein anwendbarer Arbeitsgang gute Dienste, der sich in der Praxis bei der Lösung zahlreicher Probleme bewährt hat (SCHWARZENBACH 1987a, b). Dieser Lösungsweg soll am Beispiel "Waldschäden in den Schweizer Alpen: Problemanalyse zur Erfassung der Auswirkungen auf das Berggebiet" vorgestellt und begründet werden.

2.2 Entwicklung eines Modells für die Beurteilung ökologischer und sozio-ökonomischer Risiken im Berggebiet

Die Ergebnisse der Problemanalyse erlauben den Aufbau eines Modells, das die Zusammenhänge zwischen der Auflichtung eines Bergwaldes und der Gefährdung des Lebens- und Wirtschaftsraumes der Bergbevölkerung aufzuzeigen vermag. Dieses Modell kann dazu verwendet werden, die örtlich bestehende Risikolage zu beurteilen und unter Anwendung der Szenario-Technik die Veränderung des Risikos bei bestimmten Gefährdungssituationen abzuschätzen.

3 Methodik

3.1 Allgemeine Überlegungen

Grundsätzlich kann die Lösung eines beliebigen Problems auf zwei verschiedenen Wegen angegangen werden:

- Entwicklung eines *ad hoc* - Ansatzes, der auf einer Analyse des gegebenen Problems aufbaut.

- Zuordnung der Fragestellung zu einer Gruppe von Problemen, für die bereits ein Lösungsweg in allgemeiner Form entwickelt worden ist, der sich ohne Schwierigkeiten auf den gegebenen Fall übertragen lässt.

Viele Sachwissenschaftler bevorzugen den ersten Weg, weil sie mit der Art des Vorgehens vertraut sind. Diesem Vorteil stehen aber bei der Lösung komplexer Probleme auch Nachteile entgegen:

- Die Entwicklung einer Lösungsstrategie mit einer ganzen Kette aufeinanderfolgender Arbeitsschritte ist methodisch anspruchsvoll und braucht viel Zeit.

- Die problemanalytischen Arbeitstechniken mit ihren ungewohnten Ansätzen sind außerhalb des engen Fachkreises der Methodologen wenig bekannt und bilden noch kaum Gegenstand der akademischen Lehre.

Der zweite Ansatz fußt auf systemwissenschaftlichen Überlegungen. Die Entwicklung geeigneter Modelle zur Beschreibung der Struktur, der Funktionen und der Beziehungen zwischen den Elementen hat vor allem didaktischen Wert: Modelle erleichtern den Überblick, decken Zusammenhänge auf und ordnen Teilfragen in den übergeordneten Rahmen ein. Gelingt der Aufbau eines Modells mit rechnerischen Ansätzen, so lassen sich über Simulationen die Auswirkungen ausgewählter Faktoren auf das untersuchte System zahlenmässig abschätzen und mit den Ergebnissen empirischer Studien vergleichen. Die Crux dieses zweiten Ansatzes liegt bei der Entwicklung des systemwissenschaftlichen Modells, das auf Ergebnisse realwissenschaftlicher Untersuchungen und auf Hypothesen zur Verknüpfung qualitativer und / oder quantitativer Aussagen über das System abgestützt werden muss.

Eine Beurteilung der beiden Lösungswege aus der Sicht des Methodologen führt zum Schluß, daß sich die beiden Ansätze sinnvoll ergänzen: Die erste Variante schafft die empirisch fundierten Grundlagen für die Entwicklung eines systemwissenschaftlichen Ansatzes und bietet später die Möglichkeit, die Verwendbarkeit des Modells in der Praxis zu prüfen. Der systemwissenschaftliche Ansatz führt zur Klärung der wichtigen Frage, ob und in welchem Ausmaß bestimmte Ergebnisse und Hypothesen aus empirischen Studien verallgemeinert und im Modell verknüpft werden können.

3.2 Methodischer Ansatz

Als methodischer Ansatz wird eine allgemein anwendbare Strategie zur Lösung von Problemen mit vernetzten Strukturen benützt, die sich in der Praxis schon oft bewährt hat. Eine Anwendung dieses Verfahrens auf das Beispiel "Forstliche Dauerbeobachtungsflächen" ist vor kurzem publiziert worden (SCHWARZENBACH und URFER 1989, URFER et al. 1990). Der Ansatz zielt darauf ab, unter Anwendung verschiedener problemanalytischer Arbeitstechniken den Fragenkreis schrittweise zu strukturieren und über eine Analyse der Vorgänge wie auch ihrer Steuerung die entwicklungsbestimmenden Schlüsselprozesse zu erfassen.

Da diese Art des Vorgehens noch kaum bekannt ist, rechtfertigt sich eine Darstellung und Begründung der einzelnen Teilschritte.

4 Aufbau des Arbeitsganges

Die zwölfgliederige Kette der einzelnen Arbeitsschritte wird als Übersicht (Tab. 1) der Detailbeschreibung vorangestellt.

Tabelle 1: Arbeitsgang der Problemanalyse im Überblick

Schritt	Inhalt
1	Umsetzen des Themas in eine Frage
2	Fragestellung präzisieren
3	Zeithorizont festlegen
4	Entwicklung des methodischen Ansatzes
5	Teilsystem 'Bergwald' charakterisieren
6	Teilsystem 'Berggebiet' charakterisieren
7	Erfassen von Schlüsselprozessen der Waldveränderung
8	Erfassen ökodynamisch wichtiger Veränderungen
9	ökologische Folgen einer Auflichtung des Bergwaldes analysieren
10	Folgen der Auflichtung auf den Lebens- und Wirtschaftsraum der Bergbevölkerung zeigen
11	Synthese der Ergebnisse
12	Konsequenzen für politisches Handeln ableiten

5 Beschreibung und Anwendung der einzelnen Arbeitsschritte

5.1 Umsetzen des Themas in eine Frage (Arbeitsschritt 1)

Das aufgeworfene Thema wird in eine sehr allgemein gehaltene Frage umgeformt, deren Beantwortung nach Abschluß der Untersuchung die Lösung des Problems liefert.

Die Aufgabe bereitet oft einiges Kopfzerbrechen, weil in der Praxis viele Probleme meist nur stichwortartig umrissen werden. In manchen Fällen wird die *Kernfrage*, die Ausgangspunkt und Grundlage für die Entwicklung möglicher Lösungswege bildet, überhaupt nicht formuliert. Nicht selten läßt auch eine sprachlich unscharfe Beschreibung des Problems mehrere Möglichkeiten der Interpretation offen, die zu ganz verschiedenen Lösungsansätzen führen können. Bewährt hat sich der Ansatz, verschiedene Varianten der Kernfrage zu formulieren und im klärenden Gespräch mit Kennern der Thematik jene Fassung herauszugreifen, die das Problem am besten beschreibt.

In unserem Beispiel wird folgende Formulierung gewählt:

Wie wirken sich Waldschäden auf das Berggebiet der Schweiz aus?

Bei dieser Fassung bezieht sich die *Verallgemeinerung* auf folgende Punkte:
Unter dem Begriff "Waldschäden" werden – unabhängig von der Ursache – alle Formen von Schäden an Waldbäumen verstanden:

- Schäden durch Windwurf, Steinschlag, Schneedruck oder Lawinen.
- Schäden durch Massenvermehrung von Insekten.
- Schäden durch pilz- oder virusbedingte Krankheiten.
- Verbiß- und Schälschäden durch Wild oder Weidetiere.
- Schäden durch unvorsichtiges Fällen oder unsachgemäßes Rücken.

Der Begriff "Berggebiet" wird inhaltlich weit interpretiert, indem die Berggebiete des Schweizer Juras in die Überlegungen einbezogen werden.

Die Umformung des Themas in eine Frage erlaubt in groben Zügen bereits eine erste Typsisierung des Problems. Gefragt wird nach dem *kausalen Zusammenhang* zwischen "Waldschäden" als vorgegebener Ursache und einer Palette vorerst noch unbekannter Auswirkungen auf das Berggebiet.

Das Problem gehört zur Gruppe der "Kausalprobleme".

5.2 Fragestellung präzisieren (Arbeitsschritt 2)

Eine Fragestellung in allgemeiner, das Problemfeld abdeckender Faßung muß in den meisten Fällen in einer Reihe nachgeordneter Fragen aufgelöst werden, um den angesprochenen Problemkreis hinreichend differenzieren zu können. Die Entwicklung eines Lösungsweges wird wesentlich erleichtert, wenn die zu lösenden Teilaufgaben in einen *hierarchisch aufgebauten Katalog* von Fragen umgesetzt werden. In unserem Beispiel bilden zwei nachgeordnete Fragen den entscheidenden Ansatzpunkt für die Weiterführung der Problemanalyse:

- Wie entwickelt sich der Waldzustand im Berggebiet der Schweizer Alpen?
- Wie wirken sich bestimmte Veränderungen des Waldzustandes auf den Lebens- und Wirtschaftsraum der Bergbevölkerung aus?

Die Auflösung in diese beiden Teilfragen zeichnet den Lösungsweg vor. Die Aufgabe besteht darin, zwei zeitlich parallel verlaufende Entwicklungen im Berggebiet auf kausale Verknüpfungen zu untersuchen und die Kenntnisse dieser Zusammenhänge als Grundlage für eine Risikoanalyse auszunützen.

Diese Festellung ordnet die ursprüngliche Kernfrage einem Typ von Forschungsaufgaben zu, der im Rahmen *kausaler Beweisführungen* in der Biologie und in ihren Anwendungswissenschaften eine große Rolle spielt. Es geht darum, aus Beobachtungen über den bisherigen Verlauf einer *geschichtlichen Entwicklung* auffallende Veränderungen festzustellen und auf die Einwirkung entwicklungsbestimmender Ursachen zurückzuführen. Mit dieser Zuordnung zu einer Grundaufgabe kausalanalytischer Forschung ist der Weg für die Weiterführung der Problemanalyse klar vorgespurt.

Die Aufgliederung der Kernfrage in eine Reihe nachgeordneter Fragen erleichtert die Suche nach Lösungsansätzen.

5.3 Zeithorizont festlegen (Arbeitsschritt 3)

Bei Analysen geschichtlicher Entwicklungen sind aus methodischer Sicht drei Fälle zu unterscheiden:

- Was läßt sich aus der retrospektiven Analyse des geschichtlichen Geschehens über die entwicklungsbestimmenden Kräfte in der *Vergangenheit* aussagen?

- Inwieweit kann der *gegenwärtige Stand der Entwicklung* als Folge früher einwirkender Faktoren erklärt werden?

- Läßt sich aus Kenntnissen über den bisherigen und den gegenwärtigen Verlauf einer geschichtlichen Entwicklung eine Prognose über den *zukünftigen Verlauf* ableiten?

Weil die drei Fälle zu verschiedenen Lösungsansätzen führen, ist an dieser Stelle des Arbeitsganges zu entscheiden, welche der drei Varianten gewählt werden soll. Gesucht wird in unserem Beispiel eine Antwort auf die dritte Frage: "Welche Prognose lässt sich für die künftige Entwicklung des Berggebietes stellen, wenn sich die Waldschadensituation verschlimmern sollte?"

Wie SCHWARZENBACH (1987 b) gezeigt hat, kann aus logischen Gründen der zukünftige Verlauf einer geschichtlichen Entwicklung mit den üblichen Verfahren nicht prognostiziert werden, weil die wahrscheinlichkeitstheoretischen Voraussetzungen für die Anwendung dieser Methoden nicht erfüllt sind. Als Ausweg aus dieser Sackgasse hat sich die sog. "*Szenario-Technik*" bewährt, die auf folgenden Überlegungen aufbaut:

- Die geschichtliche Entwicklung wird in ihrem bisherigen Verlauf charakterisiert. Unter Anwendung problemanalytischer Verfahren werden die kennzeichnenden Veränderungen des Systems phasenweise nachgezeichnet und auf entwicklungsbestimmende Steuerungsprozesse untersucht.

- Unter der Annahme, daß auch in Zukunft ähnliche Vorgänge auftreten und die gleichen Faktoren die Entwicklung steuern, lassen sich Vermutungen über den zukünftigen Verlauf anstellen. Diese Hypothesen werden als sog. "*Wenn...dann - Sätze*" formuliert. Trifft man für bestimmte Ursachen *Minimal- und Maximalannahmen*, so läßt sich der mutmaßliche Spielraum der zukünftigen Entwicklung abschätzen.

- Die "Wenn...dann - Sätze" bilden die Bausteine der einzelnen Szenarien, die als Grundlage prognostischer Aussagen dienen. Wie leicht einzusehen ist, steht und fällt die Güte der Vorhersage mit der Gültigkeit der einzelnen Annahmen, die in das Modell eingehen. Daraus ergibt sich die Konsequenz, daß bei der retrospektiven Analyse der bisherigen Entwicklung die vermuteten Ursache/Wirkungs-Ketten sehr sorgfältig herausgearbeitet werden müssen.

Die Festlegung des Zeithorizontes (Vergangenheit, Gegenwart, Zukunft) und der damit fokussierten Phase der geschichtlichen Entwicklung bestimmt den Lösungsweg.

5.4 Entwicklung des methodischen Ansatzes (Arbeitsschritt 4)

In einem Zwischenentscheid wird über das weitere Vorgehen bestimmt. Folgende Schritte zeichnen sich bereits ab:

- Charakterisierung des Teilsystems "Bergwald" (Arbeitsschritt 5).
- Charakterisierung des Teilsystems "Berggebiet" (Arbeitsschritt 6).
- Entwicklung eines Verfahrens zur Erfassung von Veränderungen des Bergwaldes (Arbeitsschritte 7 und 8).
- Erfassen der ökologischen Auswirkungen einer Auflichtung des Bergewaldes (Arbeitsschritt 9).
- Suche nach Auswirkungen der Waldverlichtung auf den Lebens- und Wirtschaftsraum der Bergbevölkerung (Arbeitsschritt 10).

Zwischenbilanzen gehören zum iterativen Vorgehen und bilden die Grundlage für Entscheide über die nächsten Arbeitsschritte.

5.5 Teilsystem "Bergwald" charakterisieren (Arbeitsschritt 5)

Die Umsetzung einer methodischen Leitidee in einen realisierbaren Ansatz für ein Forschungsprojekt setzt voraus, daß die zu untersuchenden Teilsysteme hinreichend und nachvollziehbar eingegrenzt werden. Als Arbeitstechnik eignet sich die sog. *"Fokussierung"* (SCHWARZENBACH 1987 a, b). Bei der Analyse eine Problems werden die fokussierten Aspekte notiert, um den Nachvollzug der Analyse zu erleichtern. Um das Teilsystem "Bergwald" zu charakterisieren, werden folgende Gesichtspunkte berücksichtigt:

- Geographische Lage.

- Der Aufbau eines Bestandes, der durch natürliche Verjüngung entstanden ist, zeigt eine bunte Mannigfaltigkeit: Das Erscheinungsbild eines Bestandes wird durch die artenmäßige Zusammensetzung, durch den altersmäßigen Aufbau wie auch durch das kleinräumig spielende Verteilungsmuster der Einzelbäume geprägt.

- Die Empfindlichkeit der Einzelbäume gegenüber der Einwirkung irgendwelcher Streßfaktoren schwankt innerhalb weiter Grenzen.

Die Konsequenzen liegen auf der Hand: Innerhalb eines Bestandes können durchaus individuelle Entwicklungen mit gegenläufiger Tendenz vorkommen. In solchen Fällen unterschätzt eine Zustandserfassung auf Bestandesstufe die Dynamik der Entwicklung, weil sich bei einer Bilanzierung die positiven und negativen Veränderungen überlagern und sich bei der Summation gegenseitig aufheben. Diese theoretisch begründete Annahme kann durch die Ergebnisse individueller Kronenansprachen auf Infrarot – Luftbildern im Massstab 1 : 3'000 – belegt werden (Bundesamt für Forstwesen und Landschaftsschutz und Eidg. Anstalt für das forstliche Versuchswesen 1988).

Aus methodischer Sicht erfüllt die Einzelbaumansprache auf Infrarot-Luftbildern im großen Maßstab die gestellten Anforderungen. Der Zeitaufwand für die Beurteilung der Luftbilder, die hohen Kosten für Filmmaterial und Bildflüge wie auch für die Anschaffung der photogrammetrischen Auswertegeräte beschränken jedoch die Anwendung des Verfahrens zum vornherein auf flächenmäßig begrenzte Problemgebiete.

Die Dynamik ausgewählter Waldbestände läßt sich erfassen, indem man die Einzelbäume eines Bestandes periodisch auf ihre Vitalität beurteilt. Als Methode zur Erfaßung und Dokumentation der Entwicklung eignet sich die Interpretation von Infrarot-Luftbildern im Massstab 1 : 3'000.

5.8 Erfassen ökodynamisch bedeutsamer Steuerungsvorgänge (Arbeitsschritt 8)

Um die Entwicklung eines Waldbestandes in ihrer kausalen Abhängigkeit von einwirkenden Faktoren verstehen zu können, sind Kenntnisse über die *endogenen und exogenen Steuerungsvorgänge* des Teilsystems "Bergwald" notwendig:

- Eigendynamische Stabilisierung des ökologischen Gleichgewichtes.

- Eigendynamische Anpassung des Systems an dauernd veränderte Umweltbedingungen.

- Steuerung der Entwicklung durch waldbauliche und forsttechnische Maßnahmen.

Vor allem sind dabei folgende Prozesse ins Auge zu fassen:

- Vorzeitiger Abgang von Einzelbäumen als Folge eins fortschreitenden Schädigungsprozesses.

- Erholung geschädigter Einzelbäume.

- Auflichtung von Waldbeständen durch natürliche oder induzierte Abgänge von Einzelbäumen.

- Regeneration aufgelichteter Bestände durch natürliche Verjüngung und/oder mit Unterstützung durch waldbauliche Maßnahmen.

Besondere Beachtung verdienen Prozesse, die nach dem Steuerungsprinzip der *positiven Rückkoppelung* selbstverstärkend ablaufen. Von entscheidender Bedeutung ist die Kenntnis jener Spiralprozesse, die in aufschaukelnder Selbstverstärkung die Auflichtung von Bergwäldern beschleunigen.

Die Kenntnis der Steuerung ökodynamischer Prozesse (Eigenstabilisierung, Anpassung an veränderte Lebensbedingungen, Steuerung durch waldbauliche und forsttechnische Maßnahmen) liefert den Schlüssel für das Verständnis kausaler Zusammenhänge.

5.9 Ökologische Folgen der Auflichtung eines Bergwaldes (Arbeitsschritt 9)

Den Förstern der Berggebiete sind die ökologischen Auswirkungen einer Auflichtung von Bergwäldern durchaus bekannt, wie sie auch mit den korrigierenden waldbaulichen und forsttechnischen Maßnahmen aus der langen Tradition der Wiederaufforstung abgeholzter, übernutzter und geschädigter Bestände sehr gut vertraut sind.

Die ökologischen Auswirkungen einer Auflichtung des Bergwaldes werden in erster Linie durch die Dynamik der Bestandesauflösung bestimmt. Zwei extreme Szenarien sind zu unterscheiden:

- Großflächige Waldzerstörung durch Naturkatastrophen (z.B. Windwurf, Waldbrand, Lawinen, Schneedruck, Hangrutschungen, Kahlschläge).

- Punktuell einsetzende, kleinflächig sich ausweitende und damit schleichende Auflichtung eines Waldbestandes (z.B. Borkenkäferbefall, mangelnde Verjüngung infolge Wildverbiß, unangepaßte Nutzungen).

Im Einzelfall liegen die Verhältnisse meist zwischen diesen beiden Extremen. Die Einschätzung der ökologischen Folgen und die Planung waldbaulicher und forsttechnischer Maßnahmen muß deshalb über eine Analyse der örtlich gegebenen Verhältnisse einsetzen.

Die Abklärungen zur Erfassung der ökologischen Auswirkungen zielen vor allem darauf ab, die Möglichkeiten eigendynamisch gesteuerter Regulationsprozesse abzuschätzen. Da die Erhaltung eines funktionsfähigen Waldbodens als entscheidende Voraussetzung für alle Prozesse der Waldregeneration gilt, konzentrieren sich alle Anstrengungen darauf, die *Risiken der Bodenabtragung* und die *Chancen einer Stabilisierung* der obersten Bodenschichten zu beurteilen. Droht ein rascher Verlust der obersten Bodenschichten durch Erosion und Abschwemmung, so müssen zeitgerecht die notwendigen waldbaulichen und forsttechnischen Maßnahmen ergriffen werden.

Für die Beurteilung der ökologischen Risiken der Auflichtung eines Bergwaldes und die Planung korrigierender Maßnahmen ist die Kenntnis des Auflichtungsvorganges und seiner Auswirkungen auf die Erhaltung des Waldbodens von entscheidender Bedeutung.

5.10 Folgen der Auflichtung auf den Lebensraum der Bergbevölkerung (Arbeitsschritt 10)

Die Folgen einer Auflichtung der Schutzwälder für die Bergbevölkerung sind in ihrer Art wie auch in ihren finanziellen Konsequenzen seit langem bekannt. Eine fortschreitende Zerstörung des Bergwaldes würde zu einer Zunahme der Risiken führen, deren Ausmaß und deren Bedeutung für die Bergbevölkerung nur über eine Analyse der örtlichen Verhältnisse erfaßt werden kann.

Bei einer zunehmenden Auflichtung der Bergwälder wäre – unabhängig von der auslösenden Ursache – mit einer Reihe von Folgen für das Berggebiet zu rechnen:

a) *Auswirkungen auf den Lebensraum der Bergbevölkerung*

- Zunahme der Schäden an Siedlungen, Verkehrswegen, Wald und Kulturland als Folge von Naturereignissen mit zerstörender Wirkung.

b) *Sozio-ökonomische Auswirkungen*

- Wachsender Aufwand für Maßnahmen zur Walderhaltung.

- Steigender Aufwand für bauliche und technische Schutzvorkehren.

- Zunehmende Kosten für die Behebung auftretender Schäden an Siedlungen, Verkehrswegen, Wald und Kulturland.

Waldschäden in den Schweizer Alpen

- Abnehmende Attraktivität der Bergregionen als Wohn-, Freizeit- und Feriengebiet.
- Negative Auswirkungen auf den alpinen Fremdenverkehr.

Die Folgen einer Auflichtung der Bergwälder auf den Lebens- und Handlungsraum der Bergbevölkerung sind schon seit langem bekannt. Risikoveränderungen lassen sich aber nur über eine Analyse der örtlichen Verhältnisse erfassen.

5.11 Synthese der Ergebnisse (Arbeitsschritt 11)

Jede Problemanalyse mündet zum Schluß in den Versuch einer zusammenfassenden Synthese der Ergebnisse.

Folgende Gesichtspunkte stehen im Vordergrund:

- Eine fortschreitende Auflichtung von Waldbeständen im schweizerischen Alpenraum wirkt sich – unabhängig von den auslösenden und den verlaufsbestimmenden Ursachen – störend auf das ohnehin labile ökologische Gleichgewicht des Bergwaldes aus.
- Das Spektrum der ökologischen und sozioökonomischen Folgen einer fortschreitenden Auflichtung der Bergwälder ist bekannt.
- Eine zunehmende Ausbreitung und Intensivierung der "neuartigen Waldschäden" in den Schweizer Alpen erhöht die ökologischen Risiken und verstärkt die Gefährdung des Berggebietes in seiner Funktion als Lebens- und Handlungsraum der Bergbevölkerung.
- Bei einer fortschreitenden Auflichtung der Bergwälder finden die natürlichen Regulationsvorgänge der Eigenstabilisierung und der Anpassung an veränderte Lebensbedingungen ihre Grenzen.
- Die Veränderung der Risikolage des Berggebietes in Abhängigkeit von einer fortschreitenden Auflichtung der Bergwälder kann nur durch umfassend konzipierte Analysen der örtlichen Verhältnisse erkannt und erfaßt werden.
- Die Planung geeigneter Maßnahmen der Walderhaltung und zweckmäßiger Vorkehrungen zum Schutz des Lebens- und Wirkungsraumes der Bergbevölkerung muß auf die Ergebnisse örtlicher Fallstudien abgestützt werden.

Eine zusammenfassende Synthese der Resultate aus der Problemanalyse liefert methodische Grundlagen für Risikobeurteilungen im Berggebiet für den Fall einer fortschreitenden Auflichtung der Bergwälder.

5.12 Konsequenzen für politisches Handeln (Arbeitsschritt 12)

Die bedrohlichen Folgen einer fortschreitenden Auflichtung der Bergwälder verlangen rasches und wirkungsvolles Handeln mit folgenden Zielen:

- Beseitigen aller anthropogen bedingter Zusatzbelastungen der Bergwälder.

- Verzögern der Auflichtung und gleichzeitige Förderung der natürlichen Regenerationsvorgänge mit waldbaulichen Maßnahmen und mit einer angemessenen Regulierung der Wildbestände.

- Stabilisieren abtragungsgefährdeter Waldböden mit forsttechnischen Mitteln.

- Zusätzliche Vorkehrungen zum Schutz gefährdeter Siedlungen, Verkehrswege, Wälder und landwirtschaftlicher Nutzflächen.

Politisches Handeln mit Verstärkung der bisherigen Maßnahmen zur Walderhaltung und zum Schutz des Lebens- und Handlungsraumes der Bergbevölkerung muß bei fortschreitender Auflichtung der Bergwälder rasch und wirksam intensiviert werden.

6 Umsetzung in einen Arbeitsgang für Fallstudien

6.1 Nutzbarmachung des Erfassungsmodells

Die Entwicklung eines Modells zur Erfassung der kausalen Zusammenhänge zwischen einer Veränderung des Waldzustandes im Berggebiet und ihren Auswirkungen auf den Lebens- und Handlungsraum der Bergbevölkerung darf nicht allein Gegenstand akademischer Diskussionen bleiben. Um die gewonnenen Einsichten und methodischen Erfahrungen aus der breit angelegten Problemanalyse zu nutzen, kann der Versuch unternommen werden, eine *Wegleitung für die Analyse konkreter Fallbeispiele* zu entwickeln. Ein derartiger Arbeitsbehelf erleichtert dem Praktiker die Untersuchung der örtlichen Verhältnisse und trägt zu einer Vereinheitlichung der Methoden bei.

6.2 Kernpunkte eines Arbeitsganges für Fallstudien

Die Analyse regionaler und lokaler Fallbeispiele hat sich während der letzten Jahre zu einem wichtigen Arbeitsinstrument der praxisbezogenen Waldschadenforschung in der Schweiz entwickelt. Diese empirischen Studien haben insgesamt zu einer wesentlichen Bereicherung unseres Wissens über die Zusammenhänge zwischen einer Auflichtung der Bergwälder und ihrer Folgen ökologischer und sozioökonomischer Art geführt und die Diskussion um methodische Probleme dieser Arbeitsmethode angeregt (PFISTER et al. 1987, PFISTER und EGGENBERGER 1988, GÜNTER und PFISTER 1989).

Ein Teil dieser Erfahrungen ist in die Problemanalyse eingeflossen. Sie haben ihren Niederschlag bei der Entwicklung des Modells und des Arbeitsganges für die Analyse von Fallbeispielen gefunden. Um den Rahmen der Arbeit nicht zu sprengen, muß leider auf die Diskussion des ganzen Fragenkomplexes verzichtet werden. Aus dem gleichen Grund beschränkt sich die Darstellung des vorgeschlagenen Arbeitsganges auf eine Nennung der einzelnen Arbeitsschritte:

- Analyse des gegenwärtigen Waldzustandes und der vorangehenden Entwicklung.

- Analyse der Risiken ökologischer Veränderungen im Naturraum.

- Analyse der Folgerisiken für den Lebens- und Handlungsraum der Bergbevölkerung.

- Klärung der Entscheidungsgrundlagen aufgrund sinnvoll konzipierter Szenarien.

- Entwicklung von Handlungskonzepten unter Abstützung auf die gewählten Szenarien.

- Umsetzen der Konzepte in politisches Handeln.

- Erfolgskontrolle der getroffenen Maßnahmen.

Das Modell zur Klärung der Zusammenhänge zwischen einer Auflichtung der Bergwälder und nachfolgenden Auswirkungen auf das Berggebiet erlaubt die Entwicklung eines Arbeitsganges für die Analyse von Fallbeispielen auf regionaler und lokaler Ebene.

7 Diskussion

Unter Benützung einer allgemein anwendbaren Strategie zur Lösung komplexer Probleme wird eine Analyse des Themenkreises "Waldschäden in den Schweizer Alpen: Problemanalyse zur Erfassung der Auswirkungen auf das

Berggebiet" mit einem *deduktiven Ansatz* durchgeführt. Die Analyse macht einige Schlüsselprozesse sichtbar, die als Grundlage für den Aufbau eines Modells zur Klärung der Zusammenhänge dienen können.

Das Modell rückt jene Prozesse und Steuerungsvorgänge innerhalb des Teilsystems "Bergwald" in den Vordergrund, die für die Beurteilung der ökologischen Risiken und der Auswirkungen der Waldverlichtung auf den Lebens- und Wirtschaftsraum der Bergbevölkerung wichtig sind.

Die Ergebnisse der Problemanalyse tragen dazu bei, viele Einzelresultate der Waldschadenforschung und praktische Erfahrungen aus dem Gebirgswaldbau in ihrer Bedeutung zu gewichten und in einen übergeordneten Zusammenhang zu stellen.

Aus *methodischer Sicht* führt die Untersuchung zu folgenden Resultaten:

- Die Klärung der kausalen Zusammenhänge im Themenbereich "Waldschäden in den Schweizer Alpen: Problemanalyse zur Erfaßung der Auswirkungen auf das Berggebiet" setzt mit Vorteil bei einer *Analyse der Individualentwicklung geschädigter Einzelbäume* an, wobei sowohl Absterbeprozesse wie Erholungs- und Regenerationsvorgänge zu untersuchen sind.

- Aus der Kenntnis der Entwicklung der Einzelbäume eines Bestandes während einer hinreichend langen Referenzperiode ergeben sich wichtige Grundlagen, um die ökodynamische Entwicklung auf Stufe des Waldbestandes erfassen zu können. Die Kenntnis dieser Veränderungen bringt Anhaltspunkte zur räumlich-zeitlichen *Dynamik der Auflichtungs- und Erholungsvorgänge* und liefert damit Unterlagen für die Einschätzung ökologisch und sozioökonomisch bedeutsamer Risiken. Bei dieser Beurteilung kann auf die jahrzehntelange Erfahrung der Förster bei der Wiederaufforstung geschädigter und gerodeter Bergwälder zurückgegriffen werden.

- Die Problemanalyse führt zum Schluß, daß sich die Ergebnisse lokaler Fallstudien über die Auswirkungen einer Auflichtung der Bergwälder auf das Berggebiet nur in beschränktem Ausmaß verallgemeinern lassen. Maßnahmen zur Verminderung der Risiken sind daher stets auf die Resultate vorausgehender Analysen an Ort und Stelle abzustützen.

- Die Erfahrungen bei der Entwicklung eines Modells zur Analyse der Ursache/Wirkungs-Ketten "Schäden im Bergwald - Auswirkungen auf das Berggebiet" können für die Ausarbeitung einer Wegleitung für die Durchführung regionaler oder lokaler Fallstudien ausgenützt werden.

Danksagung

Meinen Kollegen Prof. R. Schlaepfer und Prof. Dr. K. Eiberle danke ich für die kritische Durchsicht des Manuskriptes.

Literatur

[1] Altwegg, D. (1988): *Die Folgekosten von Waldschäden.* Diss. Nr. 1051, Hochschule St. Gallen. 370 S.

[2] Bucher, J.B., Kaufmann, E. und Landolt, W. (1984): Waldschäden in der Schweiz - 1983. *Schweizerische Zeitschrift für Forstwesen* 135, 4: 271-287.

[3] Bundesamt für Forstwesen und Landschaftsschutz, Bern und Eidg. Anstalt für das forstliche Versuchswesen (1984): Ergebnisse der Sanasilva - Waldschadeninventur 1984. Birmensdorf, *Eidg. Anstalt für das forstliche Versuchswesen,* Birmensdorf. 27 S.

[4] Bundesamt für Forstwesen und Landschaftsschutz, Bern und Eidg. Anstalt für das forstliche Versuchswesen (1985): Ergebnisse der Sanasilva - Waldschadeninventur 1985. Birmensdorf, *Eidg. Anstalt für das forstliche Versuchswesen,* Birmensdorf. 47 S.

[5] Bundesamt für Forstwesen und Landschaftsschutz, Bern und Eidg. Anstalt für das forstliche Versuchswesen (1986): Sanasilva- Waldschadenbericht 1986. Birmensdorf, *Eidg. Anstalt für das forstliche Versuchswesen,* Birmensdorf. 27 S.

[6] Bundesamt für Forstwesen und Landschaftsschutz, Bern und Eidg. Anstalt für das forstliche Versuchswesen (1987): Sanasilva- Waldschadenbericht 1987. Birmensdorf, *Eidg. Anstalt für das forstliche Versuchswesen,* Birmensdorf. 32 S.

[7] Bundesamt für Forstwesen und Landschaftsschutz, Bern und Eidg. Anstalt für das forstliche Versuchswesen (1988): Sanasilva- Waldschadenbericht 1988. Birmensdorf, *Eidg. Anstalt für das forstliche Versuchswesen,* Birmensdorf. 47 S.

[8] Eiberle, K. und Nigg, H. (1987): Grundlagen zur Beurteilung des Wildverbisses im Gebirgswald. *Schweiz. Zeitschrift für Forstwesen* 138, 9: 747-785.

[9] Eiberle, K.: (1989): Über den Einfluß des Wildverbisses auf die Mortalität von jungen Waldbäumen in der oberen Montanstufe. *Schweiz. Zeitschrift für Forstwesen* 140, 12: 1031-1042.

[10] EIDGENÖSSISCHE ANSTALT FÜR DAS FORSTLICHE VERSUCHSWESEN UND BUNDESAMT FÜR FORSTWESEN UND LANDSCHAFTSSCHUTZ, Hrsg. (1988): Schweizerisches Landesforstinventar. Ergebnisse der Erstaufnahme 1982-1986. *Eidg. Anstalt für das forstl. Versuchswesen*, Birmensdorf. Bericht Nr. **305**: 375 S.

[11] EIDG. INSTITUT FÜR SCHNEE- UND LAWINENFORSCHUNG (Hrsg.) 1989: Schnee und Lawinen in den Schweizer Alpen 1987/88 (Nr. 52). *Eidg. Drucksachen- und Materialzentrale, 3000 Bern.* 157 S.

[12] FLÜCKIGER, W., FLÜCKIGER-KELLER, H., BRAUN, S. (1984): Die Waldschäden in der Nordwestschweiz. *Schweiz. Zeitschrift für Forstwesen* **135**, 5: 391-444.

[13] GÜNTER, R. und PFISTER, F. (1989): Sicherheitsplanung in Schutzwaldprojekten. *Eidg. Anstalt für das forstliche Versuchswesen*, Bericht Nr. **312**: 40 S.

[14] HÄGI, K. (1989): Terrestrische Waldschadeninventur. Schlußbericht Sanasilva 1984 - 1987. *Eidg. Anstalt für das forstliche Versuchswesen*. Bericht Nr. **314**: 36 S.

[15] KISSLING, P. (1989): Changement floristique depuis 1950 dans les fôrets des Alpes suisses. *Botanica Helvetica* **99**, 1: 27- 43.

[16] KUHN, N., AMIET, R. und HUFSCHMID, N. (1987): Veränderungen in der Waldvegetation der Schweiz infolge Nährstoffanreicherungen aus der Atmosphäre. *Allgemeine Forst- und Jagdzeitung* **158**, 5/6: 77-84.

[17] PFISTER, C., BÜTIKOFER, N., SCHULER, A. und VOLZ, R. (1988): Witterungsextreme und Waldschäden in der Schweiz. *Bern, Bundesamt für Forstwesen und Landschaftssschutz.* 70 S.

[18] PFISTER, F., WALTHER, H., ERNI, V. und CANDRIAN, M. (1987): Walderhaltung und Schutzaufgaben im Berggebiet. *Eidg. Anstalt für das forstliche Versuchswesen. Bericht Nr.* **294**: 85 S.

[19] PFISTER, F. und EGGENBERGER, M. (1988): Zukunft für den Schutzwald? - Methoden der Maßnahmenplanung, dargestellt am Beispiel der Region Visp - westl. Raron VS. *Eidg. Anstalt für das forstliche Versuchswesen.* 80 S.

[20] SCHLAEPFER, R. (1988): Dépérissement des fôrets: une analyse des connaissances fournies par la recherche. *Eidg. Anstalt für das forstliche Versuchswesen.* Bericht Nr. **306**: 47 S.

[21] SCHLAEPFER, R. und HÄMMERLI, F. (1990): Das "Waldsterben" in der Schweiz aus heutiger Sicht. *Schweiz. Zeitschrift für Forstwesen* **141**, 3: 163-188.

[22] SCHWARZENBACH, F.H., OESTER, B., SCHERRER, H.U., GAUTSCHI, H., EICHRODT, R., HÜBSCHER, R. und HÄGELI, M. (1986): Flächenhafte Waldschadenerfassung mit Infrarot-Luftbildern 1 : 9000. Methoden und erste Erfahrungen. *Eidgenössische Anstalt für das forstliche Versuchswesen.* Bericht Nr. **285**: 75 S.

[23] SCHWARZENBACH, F.H. (1987 a): Arbeitstechnische und didaktische Erfahrungen bei der Lösung vernetzter Probleme an einem Beispiel aus der Ökologie: "Festsetzung von Grenzwerten für Schadstoffe". *Akzente/ Haus der Universität Bern,* **1**, *Annex* **1**: 52-79.

[24] SCHWARZENBACH, F.H. (1987 b): Grundlagen für die Entwicklung einer allgemein anwendbaren Strategie zur Lösung ökologischer Probleme. *Eidg. Anstalt für das forstliche Versuchswesen,* Bericht Nr. **293**: 46 S.

[25] SCHWARZENBACH, F.H. und URFER, W. (1989): Anwendung einer allgemeinen Strategie zur Lösung ökologischer Probleme. *Forstwissenschafliches Centralblatt,* **108**, 218-228.

[26] SCHWEIZERISCHE GESELLSCHAFT FÜR UMWELTSCHUTZ, Hrsg. (1986): *Die wirtschaftlichen Folgen des Waldsterbens in der Schweiz.* 38 S.

[27] TSCHANNEN, E. und BARRAUD, P. (1985): Die wirtschaftliche Lage schweizerischer Forstbetriebe. *Wald + Holz* **66**, 11/12: 761-773.

[28] URFER, W., KNABE, W., SCHWARZENBACH, F.H., WOLTERING, F. und SCHULTE, M. (1990): Auswertung von Bonituren der immissionsökologischen Dauerbeobachtungsflächen in Nordrhein-Westfalen. *Allg. Forst- und Jagdzeitung* **161**, 71-78.

[29] VERSUCHSANSTALT FÜR WASSERBAU, HYDROLOGIE UND GLAZIOLOGIE UND EIDGENÖSSISCHE ANSTALT FÜR DAS FORSTLICHE VERSUCHSWESEN, Hrsg. (1988): Folgen der Waldschäden auf die Gebirgsgewässer in der Schweiz. Workshop 1987. Birmensdorf, Eidg. Anstalt für das forstliche Versuchswesen. 109 S.

[30] ZELLER, J. und RÖTHLISBERGER, G. (1988): Unwetterschäden in der Schweiz im Jahre 1987. *Wasser, Energie, Luft 80,* 1/2: 29-42.

Methodologische Beiträge zum Thema Dynamik von Waldökosystemen

FRITZ HANS SCHWARZENBACH, *Birmersdorf*

Es werden die Beziehungen und Abhängigkeiten zwischen den Lebensbedingungen eines "Standortes" und der Waldentwicklung aus ökodynamischer Sicht heraus untersucht. Erhebungen und Dauerbeobachtungen, Feldversuche und Laborexperimente haben eine Fülle von Daten zur Dynamik von Waldökosystemen geliefert. Diese Daten müssen zur Nutzung in der Ökosystemforschung in geeigneter Weise aufbereitet werden. Die vorliegende Studie gibt Vorschläge zur Überwindung der Schwierigkeiten einer fachübergreifenden Verständigung, indem der Begriff "Ökosystem" geklärt wird, der Wald ökologisch nach verschiedenen Ordnungssystemen in seiner realen Ausprägung charakterisiert wird und die verschiedenen Vorgänge im Hinblick auf dynamische Modellentwicklungen geeignet typisiert werden.

1 Einführung

Seit einigen Jahren befasst sich eine interdisziplinäre Arbeitsgruppe aus Statistikern, Methodologen und Sachwissenschaften um PROF. DR. W. URFER (Fachbereich Statistik der Universität Dortmund) mit der Entwicklung und Anwendung biometrischer Verfahren in der Ökosystemforschung. Ein thematischer Schwerpunkt bildet dabei die Analyse von Daten aus Langzeituntersuchungen auf forstlichen Dauerbeobachtungsflächen (KNABE et al. 1989, 1990, SCHULTE 1987, SCHWARZENBACH und URFER 1989, URFER 1986, 1988, 1989, URFER et al. 1990, URFER und HUSS 1985, WOLTERING 1987). Im Zuge dieser Untersuchungen hat sich die Bearbeitung des Themas "Dynamik von Waldökosystemen" unter sach- und systemwissenschaftlichen Gesichtspunkten aufgedrängt, um allgemeine Grundlagen für die Planung und Auswertung ökosystemarer Untersuchungen zu gewinnen.

Gleichzeitig lassen sich die Ergebnisse dieser Studie in die Vortragsreihe "Dynamik umweltrelevanter Systeme" eingliedern, die auf Initiative von PROF. DR. K. HUTTER im akademischen Jahr 1989/90 an der Technischen Hochschule Darmstadt veranstaltet worden ist.

2 Ziele

Die Studie über die Dynamik von Waldökosystemen ist methodologisch ausgerichtet. Sie hat zum Ziel, an ausgewählten Einzelthemen systemwissenschaftlich Überlegungen mit Erfahrungen aus forstökologischen Untersuchungen zu verknüpfen, um auf diesem Weg einen Beitrag zur Modellbildung in der Ökosystemforschung zu leisten.

3 Abgrenzung des Themas

Das übergeordnete Thema "Dynamik von Waldökosystemen" bezieht sich auf einen ungewöhnlich breiten Bereich der Ökosystemforschung und kann deshalb unter ganz verschiedenen Blickwinkeln abgehandelt werden.

Um den Rahmen dieses Beitrages nicht zu sprengen, wird die Studie thematisch sehr stark eingegrenzt:

- Die Ausführungen beziehen sich in erster Linie auf *Waldökosysteme.*

- Im Vordergrund stehen Überlegungen zur *Dynamik von Waldökosystemen.* Unter dem Sammelbegriff Dynamik werden alle zeitabhängigen Veränderungen der untersuchten Ökosysteme zusammengefaßt. Fragen zum Zustand und zur Struktur der Systeme werden nur insofern aufgegriffen, als sie zum Verständnis der Dynamik beitragen.

- Das Thema Dynamik von Waldökosystemen wird aus der *Sicht des Methodologen* behandelt.

Ursprünglich bestand die Absicht, statistische Modelle und Simulationsmodelle zur Beschreibung der Dynamik von Waldökosystemen (z. B. Energieflüsse, Stoffwechsel, Wachstums- und Entwicklungsvorgänge, Steuerung, Prozesse der Eigenstabilisierung und der Anpassung) übersichtlich zu ordnen und vergleichend zu diskutieren. Diese Idee wurde aufgegeben, nachdem schon eine erste Durchsicht der Fachliteratur gezeigt hatte, daß unter den Sachwissenschaften eine weit verbreitete Unsicherheit über die Definition und die Auslegung zentraler Begriffe wie *System, Ökosystem* oder *dynamisches System* besteht.

Unter diesen Voraussetzungen ist die Arbeit thematisch neu ausgerichtet worden. Sie setzt sich zum Ziel, drei methodologisch wichtige Problemfelder vertiefend zu behandeln und damit einen Beitrag zur Klärung wichtiger Grundlagen der Ökosystemforschung zu leisten

- Die Definition und die Auslegung des Begriffes Ökosystem hat sich im Verlaufe der Zeit gewandelt. Schwierigkeiten bereitet der Versuch, auf der Grundlage der systemtheoretisch begründeten Definition des *idealen Ökosystems* eine begriffliche Abgrenzung *realer Ökosysteme* zu finden. Dieses Problemfeld wird über einen geschichtlichen Rückblick auf die Entwicklung des Begriffes ausgeleuchtet.

- Reale Ökosysteme sind ausserordentlich komplex strukturiert und zeichnen sich durch eine ungewöhnliche Mannigfaltigkeit vernetzter Vorgänge aus. Der Ökologe steht damit vor der Frage, wie er bei seinen Untersuchungen real vorkommende Ökosysteme identifizierbar beschreiben und in ihren vielfältigen Erscheinungsformen typisieren und ordnen will.

- Forstwissenschaftler verschiedener Richtungen befassen sich seit langem mit ökodynamischen Untersuchungen an Einzelbäumen, Waldbeständen und Wäldern. Die unterschiedlichen Auffassungen und Fachsprachen erschweren die Synthese der Ergebnisse spezialwissenschaftlicher Forschung zur Dynamik von Waldökosystemen. Aus diesem Grund ist der Versuch gerechtfertigt, die verschiedenen Ansätze ökodynamischer Forschung miteinander zu verknüpfen, um den Überblick über die Vielfalt der Resultate forstwissenschaftlicher Arbeiten zu erleichtern.

Die Ergebnisse dieser Analyse sollen mithelfen, eine Reihe methodischer Fragen zu klären, die bei der Planung ökodynamisch ausgerichteter Forschungsprojekte auftreten:

- Wie lassen sich reale Ökosysteme mit ihrer Komplexität und ihrer Individualität idenifizierbar beschreiben, typisieren und hierarchisch ordnen?
- Wie wird die Dynamik eines Waldökosystems charakterisiert?
- Wie können die mannigfaltigen Vorgänge in Waldökosystemen übersichtlich gruppiert werden?

4 Problemanalytischer Ansatz

Methododologen stellen sich als Wissenschaftler die Aufgabe, für ein bestimmtes Forschungsgebiet allgemein anwendbare Strategien, Methoden, Modelle und Planungshilfen zu entwickeln. Dabei bauen sie auf Erfahrungen und Kenntnissen der Realwissenschaftler auf, indem sie die Sachprobleme in ihrer formalen Struktur analysieren und für die wichtigsten Typen von Fragen generell anwendbare Lösungswege suchen.

Diese Art des Vorgehens erfordert stets eine breit angelegte Analyse des Forschungsgebietes nach real- und formalwissenschaftlichen Gesichtspunkten.

Um die methodologischen Kernfragen zur Dynamik von Waldökosystemen zu erkennen, ist als erstes eine Literaturstudie zur Entwicklung des Systemdenkens in der ökologischen Forschung durchgeführt worden. Diese Analyse stützt sich vor allem auf STUGREN (1986), der in seinem Buch "Grundlagen der Allgemeinen Ökologie" eine erstaunliche Fülle ökologischer Publikationen übersichtlich geordnet und ausgewertet hat.

Dieser forschungsgeschichtliche Rückblick zeigt, wie sich im Verlaufe der Zeit die Interpretation des Begriffes Ökosystem verändert hat und damit zum Spiegel eines paradigmatischen Wandels wird.

Die Einführung des Systembegriffes in der Ökologie stellt traditionelle Auffaßungen in Frage und hat daher eine Grundsatzdiskussion über Ziele, Inhalte und Methoden ökologischer Forschung ausgelöst. Die wissenschaftliche Auseinandersetzung dreht sich nicht zuletzt um die Forderung nach neuen methodischen Ansätzen im Sinne einer *ganzheitlichen Betrachtungsweise*, die über eine interdisziplinäre Zusammenarbeit von Forschern verschiedenster Fachrichtungen verwirklicht werden soll. Die allgemeine Bedeutung dieser wissenschaftlichen Diskussion bietet Anlaß, in einem zweiten Schritt der Problemanalyse den Begriff Ökosystem zu klären.

Der geschichtliche Rückblick auf die Entwicklung des Systemdenkens in der Ökologie hat ein zweites methodisches Kernproblem in den Vordergrund gerückt, das als *Aufbau eines Ordnungssystems für reale Ökosysteme* umschrieben werden kann.

Die Aufgabe, reale Ökosysystem identifizierbar zu beschreiben, klassifikatorisch gegeneinander abzugrenzen und hierarchisch zu ordnen, hat – allen Versuchen zum Trotz – nach STUGREN (1986) bisher noch keine befriedigende Lösung gefunden. Um diese Schwierigkeiten aufzuzeigen, wird auf Erfahrungen bei der Entwicklung allgemein anwendbarer Methoden zum Aufbau von Ordnungssystemen zurückgegriffen.

Der letzte Teil der Analyse befaßt sich mit der Aufgabe, Veränderungen realer Waldökosysteme zu charakterisieren, nach Typen zu gruppieren und nach einem übersichtlichen Schema zu ordnen.

5 Zum Begriff Ökosystem

5.1 Einführung des Begriffes durch TANSLEY (1935)

TANSLEY (1935) hat nach Angaben bei STERN und TIGERSTEDT (1974) und STUGREN (1986) den Begriff Ökosystem eingeführt. Er geht dabei von der Vorstellung aus, daß sich das Universum aus einem Netzwerk physikalischer Systeme verschiedener hierarchischer Stufen aufbaut. Die einzelnen Systeme lassen sich definitorisch abgrenzen und als Teile des Ganzen in die übergeordneten Strukturen des Gesamtsystems integrieren. Die Ökosysteme bilden dabei nach TANSLEY (1935) eine große Gruppe dieser physikalischen Systeme.

5.2 Weiterentwicklung des Begriffes Ökosystem

Geschichtlicher Rückblick

Nach STUGREN (1986) hat die Einführung des Systembegriffes in der Ökologie dazu geführt, die urspünglichen Definitionen HAECKELs (1866, 1870, 1873) grundsätzlich neu zu überdenken und im Rahmen der *Allgemeinen Ökologie* theoretisch zu vertiefen. Dabei hat die sog. *Systemökologie* (ODUM 1959, 1977) mit ihrer fortschreitenden Mathematisierung ökologischer Vorgänge dem Ökosystem - Paradigma (FEDOROV und GILMANOV 1980) den Weg geebnet.

Im geschichtlichen Rückblick erweist sich diese Verknüpfung der Systemlehre mit der naturwissenschaftlich geprägten Ökologie als faszinierende Phase eines Umdenkens mit weitreichenden Konsequenzen für die Forschung. Die Bedeutung dieses Wandels rechtfertigt einige Hinweise auf wichtige Zwischenschritte, die zu einem vertieften Verständnis für die Eigenart der Ökosysteme, aber auch zu einer fortschreitenden Differenzierung des Begriffes geführt haben. Dieser summarische Überblick stützt sich vor allem auf die umfassende Analyse ökologischer Publikationen, die STUGREN (1986) veröffentlicht hat.

Der Begriff System als Ausgangspunkt

Als Ausgangspunkt dient die Umschreibung des übergeordneten Begriffes *System*. In Anlehnung an BEIER (1960, BERTALANFFY (1960) und SOCAVA (1974) gibt STUGREN (1986) eine einfach gehaltene Umschreibung:

> *Systeme sind Komplexe von Elementen, die miteinander in steter Wechselbeziehung stehen und als Ganzheiten auftreten.*

Diese Definition ist sehr allgemein gehalten. Es stellt sich daher die Frage, wie dieser Systembegriff zur Beschreibung der belebten Natur (Biosphäre) herangezogen werden kann.

Definition des Begriffs Ökosystem

STUGREN (1986, S. 76) hat sich eingehend mit dem Begriff *Ökosystem* auseinandergesetzt und eine Definition gegeben, die sich auf den übergeordneten Begriff *System* stützt.

> *Ökosysteme gehören im Prinzip zu den physikalischen Systemen, aus denen das Weltall aufgebaut ist. Sie stellen die funktionellen Grundeinheiten der Biosphäre als Raum-Zeit-Gefüge dar, die auf engem Raum Leben und Umwelt zu einem untrennbaren Ganzen vereinen. Ökosysteme sind durch spezifische Wechselwirkungen ihrer Komponenten und eine eigene Struktur gekennzeichnet. Ein Ökosystem besteht aus Biomasse und anorganischen Systemen, und seine Funktion besteht hauptsächlich auf trophischen Verknüpfungen. Nicht jedes Leben-Umwelt-Gebilde ist ein Ökosystem; denn Ökosysteme sind immer durch Systemqualität und innere Stoffkreisläufe charakterisiert.*

Nach dieser Umschreibung weisen Ökosysteme u. a. folgende kennzeichnende Eigenschaften auf:

- Ökosysteme sind funktionelle Grundeinheiten der Biosphäre.
- Ökosysteme sind durch ihre Struktur wie auch durch spezifische Wechselbeziehungen zwischen den Systemkomponenten gekennzeichnet.
- Ökosysteme sind an den Raum und an die Zeit gebunden.
- Ökosysteme sind stets aus einem belebten Teilsystem (Lebensgemeinschaft) und einem unbelebten Teilsystem (Lebensraum) aufgebaut.
- Viele Vorgänge innerhalb des Ökosystems sind mit dem Stoffwechsel der Lebewesen verknüpft.
- Ökosysteme zählen zwar zu einer größeren Gruppe von Leben– Umwelt-Gebilden, nehmen aber eine besondere Stellung ein, weil sie stets durch Systemqualität und systeminterne Stoffkreisläufe charakterisiert sind.

Analyse der Begriffe System und Ökosystem

Als lohnend hat sich der Versuch erwiesen, die Übertragung des Begriffs System auf die Ökologie anhand der beiden oben gegebenen Definitionen nachzuvollziehen. Damit läßt sich zeigen, wie gedanklich eine Brücke von der Systemtheorie zur Welt der realen Ökosysteme geschlagen werden kann.

Systeme wurden als *Komplexe von Elementen* beschrieben, die in steter Wechselbeziehung stehen und als Ganzheiten auftreten. Systeme haben nach dieser Definition drei Anforderungen zu genügen:

- Aufbau aus Komplexen von Elementen,
- stete Wechselbeziehungen zwischen den Elementen,
- Manifestation als Ganzheiten.

Sehen wir zu, wie bei der Definition des Begriffes Ökosystem diesen drei Bedingungen Rechnung getragen worden ist: Formal sind diese Anforderungen erfüllt, wenn man von der Vorstellung ausgeht, dass ein Ökosystem eine Einheit darstellt, die immer aus den beiden Komplexen *belebte* und *unbelebte Elemente* aufgebaut ist, die miteinander in steter Wechselbeziehung stehen.

Durch sprachliche Umformulierung läßt sich ein Bezug zur Vorstellungswelt und zum Vokabular des Ökologen herstellen, indem man den Ausdruck belebte Elemente durch *Lebewesen*, die Bezeichnung unbelebte Elemente durch *Eigenschaften des Lebensraumes* ersetzt. Im weiteren wird mit der Wendung *Wechselbeziehung zwischen den Elementen* eine grundlegende Erfahrung ökologischer Forschung angesprochen: Lebewesen können sich nur entwickeln, wenn das Angebot des Lebensraumes alle ihre existentiellen Ansprüche erfüllt.

Soweit läßt sich der Begriff System problemlos mit ökologischen Vorstellungen verbinden. Schwierigkeiten bereitet demgegenüber die Frage, wie der Ausdruck *Ganzheiten* aufgefaßt werden soll.

Sprachlich drückt das Wort Ganzheiten klar aus, daß Systeme als abgrenzbare – und somit auch definierbare – Einheiten zu verstehen sind. Mit dieser Aussage sind zwei Konsequenzen verknüpft, die bei der Definition des Begriffes Ökosystem zwingend berücksichtigt werden müssen:

- Ein Ökosystem bildet eine Einheit, die nach außen eindeutig abzugrenzen ist.

- Ein Ökosystem umfaßt die Gesamtheit aller belebten und unbelebten Elemente mit ihren wechselseitigen Beziehungen innerhalb und zwischen dem belebten und unbelebten Teilsystem.

Damit steht der Ökologe zum einen vor der Aufgabe, sein Objekt "Ökosystem" als unterscheidbare Einheit zu definieren und in die hierarchische Struktur der physikalischen Systeme einzuordnen. Zum andern hat er die Ganzheit des Ökosystems definitorisch festzulegen. Dieser Forderung kann Rechnung getragen werden, wenn unter einem Ökosystem die Lebensgemeinschaft aller Organismen (inkl. Mikrolebewesen), die Gesamtheit aller Elemente des Lebensraumes und das Netzwerk aller Beziehungen zwischen den Elementen verstanden wird, wie sie sich zu einem bestimmten Zeitpunkt an einem bestimmten Ort manifestiert.

Aus Sicht der Systemtheorie leuchtet dieser Ansatz durchaus ein. Wenn aber der Ökologe versucht, ein Ökosystem als reales Untersuchungsobjekt in seiner Ganzheit zu beschreiben, so gerät er sehr rasch in Schwierigkeiten. Noch größer werden die Probleme, wenn die Aufgabe gelöst werden soll, reale Ökosysteme mit ihrer Vielfalt von Erscheinungsformen identifizierbar zu charakterisieren, sie zu typisieren oder gar hierarchisch zu ordnen.

Der Grund für diese Schwierigkeiten liegt vor allem bei zwei Eigenheiten realer Ökosysteme: Sie sind höchst kompliziert aufgebaut und weisen in ihrer Erscheinungsform einen hohen Grad an Individualität auf.

In der allgemeinen Diskussion um den Begriff Ökosystem ist das Problem noch kaum angesprochen worden, wie aus der systemtheoretischen Definition des Begriffs Ökosystem geeignete Kriterien abgeleitet werden können, um reale Ökosysteme in ihrer Eigenart hinreichend präzis zu beschreiben, sie typologisch zu charakterisieren und sie hierarchisch zu ordnen.

6 Charakterisieren und Ordnen realer Ökosysteme

6.1 Allgemeine Hinweise

Bei jeder Untersuchung steht der Ökologe vor der Aufgabe, das ausgewählte Ökosystem derart zu beschreiben, daß das Objekt durch Dritte mit hinreichender Sicherheit identifiziert und in seiner Eigenart erfaßt werden kann. Diese Forderung gilt vor allem auch, wenn Arbeiten über die Dynamik von Ökosystemen geplant und durchgeführt werden. Wird diesem Postulat nicht genügend Rechnung getragen, so fehlt eine entscheidende Grundlage, um die Ergebnisse einer Untersuchung mit den Resultaten anderer Arbeiten vergleichen zu können oder aus den Daten verallgemeinernde Schlüsse zu ziehen.

Die kennzeichnende Beschreibung realer Ökosysteme ist eine anspruchsvolle Aufgabe. Letztlich geht es darum, mit einer kleinen Zahl von Aussagen über das Objekt ein Bild des ausgewählten Ökosystems zu skizzieren, das aber in jedem Fall nur einen sehr dürftigen Eindruck von der vernetzten Struktur, von der Vielfalt der Beziehungen zwischen den Elementen und von der Mannigfaltigkeit der Vorgänge vermittelt. Damit besteht die Gefahr, daß die Beschreibung des Objektes Mängel und Lücken aufweist, die für außenstehende Forscher den Nachvollzug und die Beurteilung einer ökologischen Untersuchung wesentlich erschweren.

6.2 Charakterisieren von Ökosystemen nach dem Verfahren der Fokussierung

Um ein gegebenes Objekt zu charakterisieren, hat sich in der Praxis die Arbeitstechnik der *Fokussierung* (SCHWARZENBACH 1987) bewährt. Bei diesem Verfahren betrachtet der Ökologe sein Objekt unter verschiedenen Gesichtswinkeln und beschreibt jene Merkmale des Ökosystems, denen er im Hinblick auf die Ziele seiner Untersuchung eine besondere Bedeutung beimißt. Diese problemorientierte Charakterisierung eines realen Ökosystems schafft eine wesentliche Grundlage für die Planung ökologischer Forschungsprojekte (SCHWARZENBACH und URFER 1989).

Die größte Schwierigkeit dieses Verfahrens besteht darin, geeignete Kriterien auszuwählen, um ein Objekt von der Komplexität realer Ökosysteme unverwechselbar zu beschreiben und im Hinblick auf das Ziel einer Untersuchung hinreichend zu kennzeichnen. Mit Vorteil wird von den Kriterien ausgegangen, die STUGREN (1986) bei seiner Umschreibung des Begriffes Ökosystem benutzt hat. Unter Berücksichtigung weiterer Gesichtspunkte ist schließlich die Kriterienliste in Tabelle 1 entstanden. Sie belegt, daß für die Charakterisierung realer Ökosysteme eine ganze Reihe von Kriterien verfügbar sind, die sich vor allem auf strukturelle Eigenschaften des ausgewählten Objekts beziehen.

Tabelle 1: *Kriterien zur Beschreibung realer Ökosysteme*
Zeitpunkt der Untersuchung
Räumliche Ausdehnung des Objekts
Geographische Lage des Objekts
Charakterisierung des belebten Teilsystems: • Hierarchiestufe der biologischen Organisation   • Artenmässige Zusammensetzung der Lebensgemeinschaft   • Struktur der Lebensgemeinschaft (Kennarten, dominierende Arten, Entwicklungsstufen, Altersstruktur)
Charakterisierung des unbelebten Teilsystems: • Charakteristika des Bodens   • klimatische und meterologische Bedingungen   • Wasserangebot   • Stoffangebot
Kompartimentierung: • Art der Kompartimente   • Grenzflächen zwischen den Kompartimenten

Die Beschreibung eines realen Ökosystems vereinfacht sich erheblich, wenn Merkmale gewählt werden, die bereits als Grundlage für den Aufbau eines hierarchischen Ordnungssystems verwendet worden sind. Beispiele sind etwa:

- vegetationskundliche Ordnungssysteme,
- Klassifikationssysteme für Waldböden,
- Leitarten der pflanzlich/tierischen Lebensgemeinschaft,
- Entwicklung von Waldbeständen nach waldbaulichen Gesichtspunkten,
- Vegetationsgürtel der nördlichen Hemisphäre,
- Klimazonen der Erde.

Wichtig für die Identifizierung eines realen Ökosystems sind vor allem die Angaben über die geographische Lage und die räumliche Ausdehnung des Objekts. Sie werden meist durch eine Kurzcharakteristik des belebten Teilsystems ergänzt, die sich oft auf die Zuordnung des fokussierten Objekts zu einer Hierarchiestufe der biologischen Organisation und auf die Nennung wichtiger Pflanzen- oder Tierarten beschränkt.

Beispiele für derartige Kurzbeschreibungen von Waldökosystemen verschiedener Organisationsstufe finden sich in Tabelle 2. Sie präsentiert eine Reihe

Tabelle 2: *Charakterisierung von Waldökosystemen*

Wälder der nördlichen Hemisphäre
Eurasiatische Nadelwälder
Fichtenwälder der subalpinen Höhenstufe im Verbreitungsgebiet der Westalpen
Örtlich vorkommende Ausprägung des Fichtenwaldes im schweizerischen Urwaldreservat "Bödmeren"
Ausgewählter Fichtenbestand einer ertragskundlichen Versuchsfläche
Population gleichaltriger Fichten an einem ausgewählten Standort
Einzelfichte an ihrem Standort

von Waldökosystemen, die in absteigender Folge nach den nach Hierarchiestufen biologischer Organisation geordnet sind. Als unterste Stufe wird dabei das *Individuum in seinem Lebensraum* gewählt.

Diese Abgrenzung ist nicht unumstritten. Man kann sich auf den Standpunkt stellen, daß ein *Einzelorganismus in seinem Lebensraum* nicht mehr unter die ursprüngliche Definition des Begriffes Ökosystem fällt, die unter dem Ausdruck *Ganzheit* die Gesamtheit aller Lebewesen in einem abgegrenzten und lokalisierbaren Lebensraum versteht.

Dieser formalistische Einwand erweist sich bei genauerem Zusehen als haltlos: Die Formulierung "Einzelfichte an ihrem Standort" sagt nur aus, daß der untersuchende Ökologe seine Aufmerksamkeit auf einen ausgewählten Einzelbaum eines Ökosystems Fichtenwald mit seiner arten- und individuenreichen Lebensgemeinschaft von Pflanzen und Tieren (unter Einschluß der Mikrolebewesen) richtet. Der Ausdruck Einzelfichte an ihrem Standort beschreibt somit nichts anderes als die Fokussierung, die der Forstwissenschafter für seine Untersuchung des Ökosystems Fichtenwald gewählt hat. Eine derartige Beschränkung der Untersuchung auf ein einzelnes Element kann methodisch durchaus sinnvoll sein, doch muß diese eingrenzende Fokussierung bei der Interpretation der Ergebnisse sorgfältig berücksichtigt werden.

Das Thema "Hierarchische Ordnung realer Ökosysteme" wird im anschließenden Abschnitt 6.3 unter einem anderen Gesichtspunkt nochmals aufgegriffen.

6.3 Ordnungssysteme für reale Ökosysteme

Vorteile eines Ordnungssystems für Ökosysteme

An einem Ordnungssystem für Ökosysteme sind Ökologen und Systemwissenschafter gleichermassen interessiert:

- Wenn ein Ordnungssystem vorliegt, das allgemein anerkannt ist und sich leicht anwenden läßt, dann wird die Beschreibung des einzelnen Objekts wesentlich vereinfacht und die Vergleichbarkeit mit anderen Ökosystemen erleichtert.

- Mit der eindeutigen Zuordnung eines Objekts ökologischer Forschung zu einer bestimmten Kategorie des Ordnungssystems wird klar, wie weit die Ergebnisse einer Untersuchung (z.B. Anwendbarkeit eines Simulationsmodells zur Waldentwicklung) übertragen und verallgemeinert werden können.

Zum Stand der Dinge

Nach TANSLEY (1935) wie auch nach STUGREN (1986) sind physikalische Systeme zu einem hierarchisch strukturierten Netzwerk verknüpft. Wird dieses Postulat akzeptiert, so sollten sich auch die physikalischen Systeme der Untergruppe Ökosysteme hierarchisch zuordnen lassen.

An Versuchen hat es nach STUGREN (1986) in der Vergangenheit keineswegs gefehlt. Umso ernüchternder ist die Einsicht, daß es bisher nicht gelungen ist, ein allgemein anerkanntes Ordnungssystem zu schaffen.

Die Ökologen sind sich zwar weitgehend einig, daß die Vielfalt realer Ökosysteme nur durch Klassifikation und systematische Ordnung empirisch festgestellter Einheiten erfaßt werden kann. Nach STUGREN (1986, S. 91) dreht sich die Auseinandersetzung vor allem um die Wahl des Verfahrens (Klassifikations- oder Ordinationsverfahren) und um die Auswahl geeigneter Kriterien, nach denen real vorkommende Ökosysteme abgegrenzt, typisiert und hierarchisch geordnet werden können.

Methodische Grundlagen für die Entwicklung von Ordnungssystemen

Bei jeder Entwicklung von Ordnungssystemen sind verschiedene Aufgaben zu lösen:

- Entscheid über die Wahl eines deterministischen oder probabilistischen Ordnungssystems.

- Wahl geeigneter Kriterien (Trennmerkmale) zur Abgrenzung von Ordnungskategorien.

- Aufbau des Ordnungssystems.

- Entwicklung eines Zuordnungsverfahrens (Bestimmungsverfahrens) für die Zuweisung eines Elements zu einer definierten Kategorie des Ordnungssystems.

Für den Aufbau irgendwelcher Ordnungssysteme stehen ganz allgemein zwei methodische Ansätze zur Verfügung, die auf unterschiedlichen Vorstellungen beruhen, sich aber in ihren Anwendungsbereichen sinnvoll ergänzen.

Der erste Ansatz versucht, die Kategorien des Ordnungssystems unter *Anwendung mathematisch-statistischer Verfahren* abzugrenzen und die Zuordnung des einzelnen Elementes nach einer geeigneten Trennformel vorzunehmen. Diese Art des Vorgehens führt zu einem *Ordnungssystem auf probabilistischer Grundlage* (Ordinationsverfahren).

Lassen sich anderseits die zu ordnenden Elemente nach den Ausprägungen geeigneter Trennmerkmale eindeutig unterscheiden, dann ist der Aufbau eines – meist hierarchisch strukturierten – *Ordnungssystems auf deterministischer Grundlage* (Klassifikationsverfahren) möglich. In diesem Fall kann ein Bestimmungsschlüssel entwickelt werden, der die Zuordnung eines Elementes nach dem Prinzip des sog. *Entscheidungsbaumes* ermöglicht.

Probabilistische Ordnungssysteme sind bisher in den biologischen Wissenschaften nur ausnahmsweise und meist nur für die Unterscheidung einer kleinen Zahl von Gruppen benützt worden, obwohl ihnen beim heutigen Stand der Biometrie und der Informatik gute Chancen eingeräumt werden können.

Da die klassischen Ordnungssysteme der Biologie mit ihren taxonomischen Bestimmungschlüsseln auf deterministischer Grundlage beruhen, liegt der Gedanke nahe, auch Ökosysteme nach dem gleichen Prinzip zu ordnen.

Wahl geeigneter Kriterien zur Abgrenzung von Ordnungskategorien

Ordnungssysteme lassen sich nur aufbauen, wenn die zu ordnenden Elemente kennzeichnende Eigenschaften aufweisen, welche die Bildung unterscheidbarer Gruppen erlauben. Besonders gute Voraussetzungen bieten Merkmale mit mehreren, eindeutig und einfach feststellbaren Ausprägungen.

Für den Aufbau eines Ordnungssystems geht man in der Regel von jenen Kriterien aus, die man für die Charakterisierung der zu ordnenden Elemente benützt hat. Zum Aufbau eines Ordnungssystems für Ökosysteme bietet sich die Liste der Kriterien in Tabelle 1 als Ausgangspunkt an.

Die große Zahl möglicher Kriterien weist auf die methodischen Schwierigkeiten hin, einen geeigneten Ansatz für den Aufbau eines Klassifikationssystems zu finden, das zu einer übersichtlichen Ordnung der äußerst mannigfaltigen Erscheinungsformen realer Ökosysteme führt.

Bei vielgestaltigen Elementen, wie sie etwa die realen Ökosysteme darstellen, werden in der Regel *mehrdimensionale, hierarchisch aufgebaute Ordnungssysteme* entwickelt, bei denen zur Abgrenzung der einzelnen Ordnungskategorien gleichzeitig mehrere, verschiedenartige Kriterien benutzt werden. Bei der Entwicklung derartiger Klassifikationssysteme besteht eine methodische Schwierigkeit darin, die verschiedenen Kriterien in eine sinnvolle hierarchische Stufenfolge zu bringen.

Bisher liegt noch kein mehrdimensionales, hierarchisches Ordnungssystem für reale Ökosysteme vor. Unter dieser Voraussetzung bleibt dem Ökologen nichts anderes übrig, als ad hoc verschiedene Ordnungskriterien miteinander zu kombinieren, um ein gegebenes Ökosystem einer bestimmten Gruppe zuzuweisen und auf diese Art zu typisieren.

In der Praxis bestehen für bestimmte Gruppen von Ökosystemen eigene Ordnungssysteme, die z. T. schon vor langer Zeit entwickelt worden sind und aus Tradition beibehalten werden. So charakterisieren die Forstwissenschafter die Waldökosysteme auf eine besondere Weise und verwenden ein eigenes Ordnungssystem mit einer besonderen Terminologie.

Ordnen von Waldökosystemen

Förster und Forstwissenschaftler benutzen seit langem eigene Klassifikationsverfahren, um ihr Objekt *Wald* auf nachvollziehbare Weise zu beschreiben und die gewählte Fokussierung sichtbar zu machen. Ein gute Übersicht findet sich bei BRÜNIG und MAYER (1980).

Ein erstes Zuordnungsverfahren stützt sich auf das Kriterium *Organisationsstufen des Waldes*. Die Stufenleiter beginnt mit dem *Einzelbaum*. Die beiden nächsten – eher selten gebrauchten – Stufen *Rotte* und *Gruppe* schaffen die Brücke zur forstlich wohl wichtigsten Kategorie *Bestand*. Dieser Begriff bezeichnet eine Teilfläche eines Waldes, die physiognomisch einheitlich wirkt und sich im Gelände als Einheit abgrenzen läßt. Die nächsthöhere Stufe *Wald* ist die Bezeichnung für eine in sich geschlossene Fläche, die von Waldbäumen bestockt ist. Bestände lassen sich nach ganz unterschiedlichen Gesichtspunkten beschreiben und typisieren. Die Struktur eines Bestandes wird etwa mit folgenden Kriterien charakterisiert:

- Mischungsgrad zwischen Laub- und Nadelbaumarten,

- Schlußgrad (gedrängt, normal/locker, usw.),

- Schichtung (Unter-, Mittel-, Oberschicht),

- Struktur (Def. nach Landesforstinventar der Schweiz) mit den Kategorien *einschichtig, mehrschichtig* und *stufig*,

- Entwicklungsstufen (Jungwuchs, Stangenholz, Baumholz 1, Baumholz 2).

Bestände lassen sich aber auch nach *Leitarten* charakterisieren (z.B. Fichtenbestand, Buchen/Weißtannenbestand).

Die vegetationskundliche Aufnahme der örtlich vorkommenden Pflanzengesellschaft erlaubt eine sehr differenzierte, pflanzensoziologische Beschreibung und Typisierung eines Waldbestandes (BRAUN-BLANQUET 1964, ELLENBERG und KLÖTZLI 1972, KELLER 1979).

Mit der Zuordnung zu einer Sukzessionsstufe kann die Phase der langfristigen Entwicklung der Waldgesellschaft charakterisiert werden.

In jüngster Zeit gewinnt die *Kompartimentierung* als Prinzip zur strukturellen Gliederung eines Waldökosystems an Bedeutung (BOSSEL 1987). Als Kompartimente werden räumlich und strukturell unterscheidbare Untereinheiten des Systems verstanden, die durch Grenzflächen getrennt sind (Pflanzenwurzeln/Boden, Luft/Blattwerk von Bäumen).

Eine andere Art der Kompartimentierung stellt die Gliederung eines Baumes in Krone, Zweige/Äste, Stamm und Wurzeln dar. Schon früh hat die forstliche Standortkunde versucht, die örtlich gegebenen Lebensbedingungen zu charakterisieren und in einer Gesamtschau zusammenzufassen. Ausgangspunkt für die Synthese bildet das Mosaik der Informationen, die durch Spezialwissenschaften zusammengetragen und nach fachspezifischen Gesichtspunkten systematisch geordnet worden sind:

- Biometeorologie,
- Hydrologie,
- Pedologie,
- Bodenphysik,
- Vegetationskunde.
- Bioklimatologie,
- Geomorphologie,
- Bodenchemie (ULRICH 1981),
- Bodenbiologie,

Die Standortkunde richtet ihre Aufmerksamkeit vor allem auf die Wechselbeziehungen zwischen den Elementen und versucht, das Netzwerk der Verknüpfungen und Abhängigkeiten zwischen Lebensbedingungen und Waldentwicklung zu verstehen.

Seit einiger Zeit bahnt sich ein Wandel in der Auffassung der Begriffe "Standort" und "Standortkunde" an. So definiert das Schweizerische Landesforstinventar (Eidgenössische Anstalt für das forstliche Versuchswesen 1988) den Begriff Standort wie folgt:

Gesamtwirkung aller Umweltbedingungen auf Lebewesen

Nach dieser Umschreibung bezeichnet das Wort Standort das gesamte Bündel exogener Einflüsse mit bioaktiver Wirkung. Wird diese Auslegung des Begriffes akzeptiert, so erweist sich die Standortkunde als Kerngebiet der forstlichen Ökosystemforschung.

Etwas weniger weit geht FROELICHER (1990) bei seiner Definition:

Auf die Pflanzenwelt bezogen, wird unter dem Begriff Standort die Summe aller Lebens- und Umweltbedingungen einer pflanzlichen Lebensgemeinschaft innerhalb eines bestimmten Lebensraumes verstanden.

Beide Umschreibungen weisen auf die Bemühungen der Forstwissenschaftler hin, die integrale Betrachtungsweise zu fördern und dem Systemdenken den Weg zu ebnen.

Im Hinblick auf die Dynamik von Walddökosystemen verdient ein weiteres Kriterium besondere Aufmerksamkeit. Mit dem Begriff *Bonität* wird ein Maß definiert, das die Leistungsfähigkeit eines Waldstandortes – bezogen auf die Wuchsleistung der Waldbestände – charakterisiert (KELLER 1978, Eidgenössische Anstalt für das forstliche Versuchswesen 1988). Das Kriterium *Bonität* stützt sich auf die Ergebnisse ertragskundlicher Untersuchungen, die in Abhängigkeit von den standörtlichen Wachstumsbedingungen interpretiert werden. Bei diesem Ansatz werden die Lebensbedingungen als Steuerungsfaktoren der Waldentwicklung aufgefasst; die Bonität ist eine Maßzahl, die den Einfluß der Standortfaktoren auf das Baumwachstum im Vergleich zu der genetisch möglichen Baumhöhe mißt.

Zum Stand der Entwicklung von Ordnungssystemen für Waldökosysteme

Die umfangreiche Palette möglicher Kriterien für die Beschreibung, Charakterisierung und Typisierung von Waldökosystemen wirft die Frage auf, auf welche Art diese partiellen Ordnungssysteme bei praktischen Anwendungen kombiniert werden sollen. An der Lösung dieses methodischen Problems sind Sach- und Systemwissenschaftler gleichermaßen interessiert.

Um das Ergebnis derartiger Abklärungen vorwegzunehmen: Es ist auch in der Forstökologie bisher nicht gelungen, ein integrales Ordnungssystem für Waldökosysteme aufzubauen. Ein bemerkenswerter Beitrag ist jedoch durch die methodischen Vorarbeiten für die *Erstaufnahme des Schweizerischen Landesforstinventars* (1982-1986) geleistet worden. Da im Rahmen dieser Arbeit nicht auf Einzelheiten eingetreten werden kann, sei auf die Literatur verwiesen (WULLSCHLEGER et al. 1975, MAHRER 1976, LANGENEGGER 1979, MAHRER und VOLLENWEIDER 1983, ZINGG 1988, Eidgenössische Anstalt für das forstliche Versuchswesen 1988).

7 Dynamik von Waldökosystemen

7.1 Forschungsgeschichtlicher Rückblick

Seit ihren Anfängen im letzten Jahrhundert untersucht die forstliche Forschung die Entwicklung von Wäldern unter naturgegebenen Voraussetzungen wie auch unter der Einwirkung waldbaulicher Massnahmen. Unter ganz verschiedenen Aspekten haben forstliche Forscher im Verlaufe der Zeit wichtige Beiträge zum Verständnis der Dynamik von Waldökosystemen beigesteuert. Die thematische Breite kann mit einigen Hinweisen stichwortartig umrissen werden:

- Langfristige Meßreihen der forstlichen Ertragskunde zur Beschreibung des Wachstums artreiner Waldbestände in Abhängigkeit von standörtlichen Voraussetzungen und waldbaulichen Maßnahmen.

- Entwicklung von sog. *Ertragstafeln* zur Prognostizierung des Wachstums forstlich wichtiger Baumarten unter bestimmten standörtlichen Gegebenheiten.

- Vegetationskundlich - ökologische Analysen der Entwicklungsstufen (Sukzessionsstufen) natürlicher Waldgesellschaften.

- Epidemiologische Untersuchungen zur Entwicklung der neuartigen Waldschäden.

- Beschaffung wissenschaftlicher Grundlagen für eine erfolgversprechende Wiederaufforstung entwaldeter Gebiete an der klimatisch bedingten Waldgrenze.

- Untersuchungen über Stoffkreisläufe in Waldbäumen.

Dieses breit gefächerte Spektrum forstwissenschaftlicher Arbeiten zur Dynamik von Waldökosystemen rechtfertigt den Versuch, das reiche Erfahrungswissen in einer zusammenfassenden Übersicht zu gliedern.

7.2 Allgemeine Überlegungen zur Ökodynamik

Die Entwicklung von Waldökosystemen wird durch eine Vielzahl verschiedenartigster Vorgänge bestimmt, die unter sich auf mannigfaltige Weise vernetzt sind. Diese Verknüpfung von Prozessen innerhalb und zwischen Subsystemen unterschiedlicher hierachischer Stufe erschwert den Aufbau von Modellen zur adäquaten Beschreibung der Waldentwicklung ganz erheblich.

Es erscheint zum vornherein aussichtslos, das Netzwerk aller Vorgänge, die während einer bestimmten Zeitspanne in einem realen Waldökosystem ablaufen, gesamthaft zu erfassen. Damit ist der Ökologe gezwungen, seine Untersuchungen auf eine überblickbare Gruppe ausgewählter Veränderungen zu beschränken. Er steht vor der Aufgabe, die Vorgänge auf eine Art zu charakterisieren, dass sie identifiziert, gruppiert und typisiert werden können.

Ein naheliegender Ansatz besteht darin, die zu beschreibenden Vorgänge den fokussierten Bereichen des ausgewählten Ökosystems zuzuordnen. Bei diesem Vorgehen kann auf die Ordnungskriterien und auf die partiellen Ordnungssysteme zurückgegriffen werden, die in Abschnitt 6 diskutiert worden sind. Dabei stellt sich aber ein definitorisches Problem:

Viele ökologisch bedeutsame Vorgänge spielen sich auf der zellulären und subzellulären Organisationsstufe des einzelnen Lebewesens ab. Es stellt sich die Frage, ob diese Prozesse noch der Ökosystemforschung zuzuzählen oder dem Forschungsgebiet der Pflanzen- bzw. Tierphysiologie zuzuordnen sind.

In dieser Arbeit wird der pragmatische Ansatz gewählt, alle jene Vorgänge unter dem Begriff "*Ökodynamik*" in die Überlegungen einzubeziehen, die mit den Beziehungen von Organismen zu ihrer belebten und unbelebten Umwelt verknüpft sind.

7.3 Systematisierung ökodynamischer Vorgänge

STUGREN (1986) gibt eine umfassende, systematisch aufgebaute Übersicht zur Dynamik von Ökosystemen mit einer beeindruckenden Fülle von Beispielen und Literaturhinweisen.

Im Rahmen der vorliegenden Arbeit wird versucht, die Dynamik von Waldökosystemen unter einem anderen Gesichtswinkel zu betrachten.

Methodisch kann eine Systematisierung ökodynamischer Vorgänge auf zwei Wegen versucht werden: Der *induktiv-aufbauende Ansatz* versucht, ein Klassifikationsschema *von unten nach oben* zu entwickeln. Der *deduktiv-aufgliedernde Ansatz* wählt den Weg *von oben nach unten*. Sachwissenschafter bevorzugen die erste Vorgehensweise, während Systemwissenschafter wohl eher dem zweiten Ansatz zuneigen.

Im folgenden wird ein "Black Box" - Ansatz" zur Diskussion gestellt, der sich für die Beschreibung und Analyse der Dynamik von Waldökosystemen auf der Organisationsstufe der Lebensgemeinschaft bewährt hat.

7.4 Prinzipien des gewählten Ansatzes

Unter dem Begriff Ökosystem wird eine Einheit verstanden, die als eine einzelne Masche im hierarchisch aufgebauten Netzwerk der physikalischen Systeme eindeutig abgegrenzt werden kann. Mit dieser Festsetzung wird das fokussierte reale Ökosystem einem nationalen Wirtschaftssystem in einem Netz von Wirtschaftsräumen auf kontinentaler Ebene vergleichbar.

Dieser Ansatz erlaubt, die Dynamik eines Ökosystems in zwei Gruppen von Vorgängen aufzuteilen: In eine Gruppe von *außenwirtschaftlichen Austauschprozessen* und in eine Kategorie *binnenwirtschaftlicher Vorgänge*. Diese zweite Gruppe kann aus der Perspektive der Aussenwirtschaft als eine "Black Box" bezeichnet und verstanden werden.

Diese Aufteilung geht letztlich auf eine Differenzierung des allgemeinen Systembegriffes durch PRIGOGINE (1955) zurück. Er hat vorgeschlagen, alle begrenzten (nicht unendlichen) Systeme nach ihrem Verhalten beim Energie- und Materialaustausch mit der Umwelt in folgende drei Klassen einzuteilen:

- *Abgeschlossene* (isolierte) Systeme: Kein Energie- und Stoffaustausch mit der Umwelt,

- *Geschlossene* Systeme: Nur Energieaustausch mit der Umwelt,

- *Offene* Systeme: Energie- und Stoffaustausch mit der Umwelt.

Nach STUGREN (1986) gehören die Ökosysteme zu den *Offenen Systemen*, weil sie im außenwirtschaftlichen Tauschverkehr einen Energie- und Stoffaustausch mit der Umwelt aufweisen.

Führt man die Analogie zur Ökonomie weiter, so kann die Art und das Ausmass des grenzüberschreitenden Austausches über eine Erhebung der ein- und ausgehenden Frachten festgestellt werden. Auf die Ökologie übertragen, kann der Außenhandel eines Ökosystems über eine kontinuierliche Registrierung des Importes und Exportes von Energie und Stoffen an jenen Grenzen erfaßt werden, an denen der Austausch erfolgt.

Dieser Ansatz erlaubt den Aufbau von Modellen, die den Eintrag und den Austrag von Energie und Stoffen nach Art und Menge wie auch in ihrem zeitlichen Verlauf beschreiben. Zu beachten ist dabei, daß dieser Ansatz keine Aussagen über Transporte, Umwandlungen, Einlagerungen und binnenwirtschaftlichen Austausch erlaubt.

Um den systeminternen Energie- und Stoffaustausch zu analysieren, kann das Ökosystem in zweckmäßiger Weise in Kompartimente aufgeteilt werden. Art und Menge der zu- und abgeführten Stoffe und der Energieaustausch lassen sich wiederum nach dem Import/Export - Modell quantitativ erfassen und mit ihren zeitlichen Fluktuationen beschreiben.

Als nächster Schritt der Analyse bietet sich der Versuch an, Stoff- und Energieflüsse zu beschreiben. Dieses methodisch anspruchsvolle Vorhaben untersucht die Kette der Transportvorgänge innerhalb des Ökosystems mit ihren Übergängen zwischen den fokussierten Kompartimenten. Besondere Aufmerksamkeit wird dabei den Prozessen an den Grenzflächen geschenkt.

Wenn entlang dieser Kette von Transportetappen und Übergängen zwischen Kompartimenten die begleitenden biophysikalischen und biochemischen Prozesse untersucht werden, so lassen sich auf dieser Stufe unschwer Verknüpfungen mit physiologischen Reaktionen und Stoffwechselvorgängen herstellen.

In einer modifizierten Form kann der Vergleich mit ökonomischen Systemen auf eine andere Gruppe von Vorgängen ausgedehnt werden, die mit Wachstums- und Entwicklungsvorgängen innerhalb einer Lebensgemeinschaft von Pflanzen und Tieren (unter Einschluß der Mikrolebewesen) einhergehen.

Bei diesem zweiten Ansatz geht man vom Gesamtangebot der Lebensbedingungen innerhalb eines angegrenzten, realen Ökosystems aus. Dieses Gesamtangebot umfaßt vorerst ein breites Spektrum bioaktiver Stoffe, die als entwicklungsfördernde oder entwicklungshemmende Faktoren auf die Organismen der Lebensgemeinschaft einwirken.

Das Gesamtangebot an Stoffen läßt sich stets – ob auf alle oder nur auf einzelne Faktoren bezogen – in zwei Komponenten aufteilen:

- Der eine Teil des Gesamtangebotes wird durch die Organismen aufgenommen und ist in der ursprünglichen oder einer umgewandelten Form in ihren Körpern auf Zeit gebunden. Diese Komponente wird als *organismisch gebundener Anteil des Angebotes* bezeichnet.

- Der zweite *freie Teil des Angebotes* steht als nutzbare Reserve der Lebensgemeinschaft zur Verfügung und kann von den Lebewesen in freier Konkurrenz aufgenommen und gebunden werden.

- Was für das Stoffangebot gilt, trifft im Prinzip auch für das Angebot an Raum, an Wasser und an Lebensbedingungen physikalischer Natur (Licht, Wärme, usw.) zu. In diesen Fällen wird man aber die Aufteilung in zwei Komponenten mit anderen Wortpaaren wie belegt/frei (Raumangebot), genutzt/ungenutzt (Licht, Wärme) bezeichnen.

Diese Betrachtungsweise eröffnet einen Weg, um einerseits die Entwicklung einer Lebensgemeinschaft zu charakterisieren und anderseits einige Gesetzmäßigkeiten der Eigenstabilisierung und Anpaßungen von Ökosystemen zu verstehen:

- Jeder Organismus hat seine artspezifischen, vom Stadium der ontogenetischen Entwicklung abhängigen Ansprüche an die Bedingungen seines Lebensraumes. Werden diese lebensnotwendigen Ansprüche nicht erfüllt, so kann sich das Lebewesen nicht entwickeln.

- Jeder Organismus hat seine artspezifische, von der ontogenetischen Entwicklung abhängige Toleranz gegenüber lebensfeindlicher Bedingungen seines Lebensraumes. Wird die Toleranzgrenze überschritten, so besteht keine Chance des Überlebens.

- Die Organismen einer Lebensgemeinschaft teilen sich – bei freier Konkurrenz – in das verfügbare Angebot an Lebensbedingungen. Die arten- und zahlenmäßige Zusammensetzung einer Lebensgemeinschaft spiegelt die aktuelle Aufteilung des organismisch gebundenen Angebotes im Zeitpunkt der Beobachtung.

- Der organismisch gebundene Anteil einer bestimmten Ressource kann im Maximum dem Gesamtangebot entsprechen. Ist dieses Angebot klein, so begrenzt dieser Faktor die Entwicklung der Lebensgemeinschaft.

- Wird das Gesamtangebot einer bestimmten Ressource organismisch gebunden, so bleibt die weitere Entwicklung der Lebensgemeinschaft so lange blockiert, bis durch Rückführungsprozesse wieder ein frei verfügbares Angebot entsteht.

- Die Entwicklung einer Lebensgemeinschaft wird offensichtlich durch das Verhältnis zwischen freiem und organismisch gebundenem Ressourcenangebot maßgebend beeinflußt. Ein hoher freier Anteil gestattet eine dynamische Entwicklung bei rascher Ablösung kurzlebiger Generationen kleiner Lebewesen mit hoher Vermehrungsrate und hohem Ausbreitungspotential. Knappe freie Anteile des Angebotes verschärfen die Konkurrenz zwischen den Lebewesen und begünstigen langlebige, große Organismen mit langsamer Ablösung der Generationen und langdauernder Reproduktionsfähigkeit.

- Ein Ökosystem befindet sich in einem dynamischen Gleichgewicht, wenn der Anteil des freien Angebotes und die Struktur der Lebensgemeinschaft nur in einem engen Bereich fluktuieren.

- Änderungen im Anteil des frei verfügbaren Angebotes lösen dynamisch gesteuerte Steuerungsvorgänge aus, die zur Regeneration des früheren Zustandes der Lebensgemeinschaft oder zur Anpaßung der arten- und zahlenmäßigen Zusammensetzung an die neuen Bedingungen führen.

7.5 Einordnen von Untersuchungen zur Dynamik von Waldökosystemen

Arbeiten zur Nachhaltigkeit der Nutzung

Unter dem Prinzip der *nachhaltigen Nutzung* wird im Forstwesen der Grundsatz verstanden, daß nur so viel Holz geschlagen werden darf, wie wieder nachwächst.

Diese Forderung besagt, dass der Export an Holz aus einem Waldökosystem während einer festgelegten Zeitspanne die Menge nicht überschreiten darf, die unter den Bedingungen des betreffenden Standortes gleichzeitig wieder nachwächst. Aus ökodynamischer Sicht verlangt das Prinzip der nachhaltigen Nutzung die dauernde Erhaltung des naturgegebenen standörtlichen Produktionspotential.

Damit stellt sich der Forstwissenschaft die Aufgabe, den jährlichen Holzzuwachs in Abhängigkeit von den standörtlichen Gegebenheiten zuverlässig zu schätzen und auf der Grundlage dieser Schätzungen ein Prognoseverfahren zu entwickeln.

Die Lösung dieser Aufgabe wird mehr und mehr über die Entwicklung dynamischer Modelle gesucht, die das Wachstum des Einzelbaumes (z.B. REYNOLDS et al. 1987 a, b) oder des Waldes unter definierbaren Standortbedingungen simulieren (AGREN und AXELSSON 1980, LINDER 1981, MOHREN et al. 1984).

Langfristige Entwicklung von Waldökosystemen

Die sog. *Waldentwicklungsmodelle* haben zum Ziel, die Vorgänge zu simulieren, die sich bei der jahrhundertelangen Entwicklung von Waldökosystemen unter bestimmten Umweltbedingungen abspielen. Bei derartigen Modellierungen sind u.a. Wachstum und Entwicklung der Einzelbäume, kurz- und langfristige Veränderungen in der arten-, alters- und zahlenmäßigen Zusammensetzung der Waldgesellschaft und die Dynamik der Umweltveränderungen zu berücksichtigen. Als Beispiel sei das Modell "FORET" angeführt, das auf SHUGART (1984) zurückgeht und von KIENAST und KUHN (1989) auf schweizerische Verhältnisse übertragen worden ist.

Diese Modelle versuchen im Grunde genommen, das organismisch gebundene Angebot des Lebensraumes in seiner Aufteilung auf die zeitlich sich verändernde Zusammensetzung der Lebensgemeinschaft zu charakterisieren. Dabei stellt sich die Frage, ob und mit welchem Grad der Reproduzierbarkeit ein Standort mit gegebenen Bedingungen stets wieder einen Wald der gleichen Zusammensetzen hervorbringt. Diese Annahme einer deterministischen Gesetzmässigkeit führt zur Hoffnung, dass sich Simulationsmodelle für Prognosen der Waldentwicklung eignen könnten.

Die langfristige Entwicklung eines Waldökosystems scheint einer einfachen Gesetzmässigkeit zu folgen: Am Anfang steht die Besiedlung eines freien Standortes durch kleine, kurzlebige Organismen, die in großer Zahl den freien Raum besetzen und rasch wachsen. Zu diesen Organismen gehören nicht zuletzt die vielen Jungpflanzen der standortgemäßen Waldbaumarten. Die Spätphase der Waldentwicklung bringt die physiognomisch auffällige Dominanz der ausgewachsenen Bäume, die als langlebige Riesen über Jahrzehnte hinweg in kleiner Zahl das Feld beherrschen.

Analyse der neuartigen Waldschäden

Die zentrale Hypothese der Waldschadenforscher stützt sich auf die Annahme, daß die *neuartigen Waldschäden* auf tiefgreifende Veränderungen der standörtlich einwirkenden Lebensbedingungen zurückgehen. Die sichtbaren Symptome an den Waldbäumen sprechen für eine massive Störung der ontogenetischen Entwicklung, die letztlich die betroffenen Einzelbäume in eine ökologische Grenzlage abdrängt oder gar zu ihrem vorzeitigen Abgang führt.

Die Waldschadenforschung versucht, im retrospektiven Ansatz die beobachteten Veränderungen in der Lebensgemeinschaft Wald als Folge multifaktorieller Einwirkungen auf das Ökosystem zu deuten. Im einzelnen werden diese Einflüsse als mögliche Steuergrößen der Waldentwicklung modelliert. Auf hierarchisch nachgeordneten Systemebenen werden Teilmodelle entwickelt und eingesetzt.

Als eine der wichtigsten Methoden zur Analyse der weitreichenden Veränderungen des Ökosystems Wald hat sich neben Versuchen im Labor, im Freiland und in "open top - Kammern" die Durchführung langfristiger Beobachtungs- und Meßprogramme auf Dauerflächen erwiesen. Ein Ziel dieser Untersuchungen besteht darin, Einwirkungen importierter Fremdstoffe auf die Entwicklung eines Waldökosystems zu erfassen und über die Analyse systeminterner Transport- und Stoffwechselvorgänge Aufschlüsse über die Prozessketten mit schädigenden Folgen zu erhalten. Über die Ergebnisse von Untersuchungen auf Dauerbeobachtungsflächen ist im Rahmen des Waldschadenskongresses Friedrichshafen vom 2.- 6. Oktober 1989 eingehend berichtet worden (BAUCH 1990, MOHREN et al. 1990, MURACH 1990, PRINZ 1990, SCHULZE 1990, SEUFERT et al. 1990, KREUTZER 1990, ZÖTTL et al. 1990).

8 Zusammenfassung

Forstwissenschaftler untersuchen seit langem die mannigfaltigen Beziehungen und Abhängigkeiten zwischen den Lebensbedingungen eines Standortes und der Waldentwicklung. Erhebungen und Dauerbeobachtungen, Feldversuche und Laborexperimente haben über Jahrzehnte hinweg eine Fülle von Daten zur Dynamik von Waldökosystemen beigesteuert. Systemwissenschaftler sind daran interessiert, das umfangreiche und vielseitige Wissen der Forstökologen zu sichten und für die Ökosystemforschung zu nutzen.

Die angestrebte Verknüpfung der sachswissenschaftlich orientierten Forstökologie mit systemwissenschaftlichen Vorstellungen und Arbeitstechniken wirft eine Reihe von Problemen auf, deren Klärung methodische Vorarbeiten erfordert. Mit einer methodologisch ausgerichteten Studie wird deshalb versucht, einigen Fragen auf den Grund zu gehen und Vorschläge für die Überwindung der Schwierigkeiten einer fachübergreifenden Verständigung auszuarbeiten. Drei Themen werden behandelt:

- Der Begriff Ökosystem ist seit seiner Einführung durch TANSLEY (1935) unterschiedlich aufgefaßt, weiter differenziert und verschiedentlich neu umschrieben worden. Die begriffliche Unsicherheit rührt nicht zuletzt von der Schwierigkeit her, Ökosysteme in ihrer realen Ausprägung abzugrenzen und als Untersuchungsobjekte identifizierbar zu charakterisieren. Mit einem knapp gefaßten geschichtlichen Rückblick werden wichtige Zwischenergebnisse der jahrzehntelangen Diskussion festgehalten und in ihren Auswirkungen auf die Ökosystemforschung diskutiert.

- Forstwissenschaftler beschreiben einen Wald nach ganz verschiedenen Gesichtspunkten, wobei sich die Wahl der Kriterien zumeist nach den Zielen der Untersuchung richtet. Um ein Waldökosystem in seiner realen Ausprägung zu charakterisieren, werden neben der phänologischen Beschreibung auch Orndungssysteme wissenschaftlicher Spezialgebiete wie Vegetationskunde, Bodenkunde, Geologie, Geographie, usw. benutzt.

  Obwohl bei der methodischen Vorbereitung großräumiger Waldinventuren standardisierte Arbeitsgänge für die Untersuchung und Charakterisierung von Waldstichproben entwickelt und eingeführt worden sind, gibt es zur Zeit noch kein umfassendes, hierarchisch aufgebautes Ordnungssystem für Waldökosysteme. Am weitesten fortgeschritten scheinen die vegetationskundlichen Ansätze zu sein, die Waldgesellschaften nach pflanzensoziologischen Kriterien abgrenzen und ordnen.

- Eine wichtige Grundlage für die Entwicklung geeigneter Modelle zur Dynamik von Waldökosystemen bildet die Typisierung der mannigfaltigen Vorgänge und ihre Einordnung in das Netzwerk dynamischer Prozesse. Mit einem "Black Box - Ansatz" wird versucht, das hierarchische Gefüge ökosystemarer Vorgänge schrittweise zu differenzieren und mit diesem deduktiven Vorgehen eine grobe Ordnungsstruktur zu entwickeln. An einigen aktuellen forstökologischen Themen wird gezeigt, wie sich der gewählte Ansatz auf praktische Beispiele anwenden läßt.

Literatur

[1] AGREN, G.I.; AXELSSON, B. (1980): PT - A tree growth model. *Ecology Bulletin (Stockholm)*, (32) 525-536.

[2] BAUCH, J. (1990): Über das Forschungsprogramm Waldschäden am Standort "Postturm" Forstamt Farchau/Ratzeburg, in: *Internationaler Kongress Waldschadensforschung: Wissensstand und Perspektiven*, Friedrichshafen 2. - 6. Oktober 1989. B. Ulrich (Hrsg.), S. 567-582. Kernforschungszentrum Karlsruhe GmbH, Karlsruhe

[3] BEIER, W. (1960): *Biophysik*. Leipzig. Thieme

[4] BERTALANFFY, L. (1960): *Problems of Life*. New York. Harper

[5] BOSSEL, H. (1987): *Systemdynamik. Grundwissen, Methoden und BASIC - Programme zur Simulation dynamischer Systeme.* Braunschweig/Wiesbaden. Friedr. Vieweg & Sohn

[6] BRAUN-BLANQUET, J. (1964): *Pflanzensoziologie. Grundzüge der Vegetationskunde*, 3.Aufl. 865 S. Wien/New York. Springer

[7] BRÜNIG, E.; MAYER, H.: (1980) *Waldbauliche Terminologie*. IUFRO-Gruppe Ökosysteme. 207 S. Wien. Institut für Waldbau, Universität für Bodenkultur.

[8] Eidgenössische Anstalt für das forstliche Versuchswesen (1988): *Schweizerisches Landesfostinventar. Ergebnisse der Erstaufnahme 1982-1986.* 375 S. Eidg. Anstalt für das forstliche Versuchswesen, Bericht Nr. 305

[9] ELLENBERG, H.; KLÖTZLI, F. (1972): *Waldgesellschaften und Waldstandorte der Schweiz.* Mitteilungen der Eidg. Anstalt für das forstliche Versuchswesen, (48) 587-930.

[10] FEDOROV, V.D.; GILMANOV, T.G. (1980). *Ekologija* (Ökologie). Moskau Izd. MGU

[11] FROELICHER, J. (1990): Standortskartierung als wichtige Grundlage der forstlichen Planung - Aktuelle Anwendung und Umsetzung der Grundlagen in die Praxis am Beispiel Kanton Solothurn. *Schweizerische Zeitschrift für Forstwesen*, (141) 801-810.

[12] HAECKEL, E. (1866). *Generelle Morphologie der Organismen.* 2.Band. Berlin. Reimer

[13] HAECKEL, E. (1870): Über Entwicklungsgang und Aufgabe der Zoologie. *Jenaische Z. Meth. d.Naturw.*, (5) 353-370.

[14] HAECKEL, E. (1873): *Natürliche Schöpfungsgeschichte.* 4.Aufl. Berlin

[15] KELLER, W. (1978): *Einfacher ertragskundlicher Bonitätsschlüssel für Waldbestände in der Schweiz.* Mitteilungen der Eidg. Anstalt für das forstliche Versuchswesen, (54) 1-98.

[16] KELLER, W. (1979): Ein Bestimmungsschlüssel für die Waldgesellschaften der Schweiz. *Schweiz. Zeitschrift für Forstwesen*, (130) 225-249.

[17] KIENAST, F., KUHN, N. (1989): Computergestützte Simulation von Waldentwicklungen. *Schweizerische Zeitschrift für Forstwesen*, (140) 189-201.

[18] KNABE, W.; POHLMANN, H., URFER, W. (1989): Statistische Ueberprüfung der Silicium-Hypothese in der Waldschadensforschung. *Forstarchiv* (60) 223-227.

[19] KNABE, W., URFER, W., VENNE, H. (1990): Die Variabilität der Immissionsresistenz von Fichtenherkünften - ein Beitrag zum IUFRO-Fichtenprovenienzversuch 1964/68. *Silvae Genetica*, (39) 8-17.

[20] KREUTZER, G. (1990): The Effects of Acid Irrigation and Compensative Liming on Soil, in: *Internationaler Kongress Waldschadensforschung: Wissensstand und Perspektiven, Friedrichshafen 2. - 6. Oktober 1989.* A. Ulrich (Hrsg.), S.667-690. Kernforschungszentrum Karlsruhe GmbH, Karlsruhe

[21] LANGENEGGER, H. (1979): Eine Checkliste für Waldstabilität im Gebirgswald. *Schweiz. Zeitschrift für Forstwesen*, (130) 640-646.

[22] LINDER, S. (1981): Understanding and predicting tree growth. *Stud. For. Suec.*, (160) 1-87.

[23] MAHRER, F., VOLLENWEIDER, C. (1983): *Das Landesforstinventar der Schweiz.* Berichte der Eidg. Anstalt für das forstliche Versuchswesen, Nr. 247, 1-26.

[24] MOHREN, G.M.J., VAN GERWEN, C.P., SPITTERS, C.J.T. (1984): Simulation of primary production in even-aged stands of Douglas-fir. *For. Ecol. & Managem.*, (9) 27-40.

[25] MURACH, D. (1990): Natural and anthropogenic stress in spruce and beech ecosystems in the Solling project, in: *Internationaler Kongress Waldschadensforschung: Wissensstand und Perspektiven, Friedrichshafen 2. - 6. Oktober 1989.* B. Ulrich (Hrsg.), S. 583-596. Kernforschungszentrum Karlsruhe GmbH, Karlsruhe

[26] ODUM, E.P. (1959): *Fundamentals of ecology* (2. Aufl.) Philadelphia/ London. Methuen

[27] ODUM, E.P. (1977): The emergence of ecology as a new integrative discipline. *Science*, (195) 1289-1293.

[28] PRIGOGINE, I. (1955). *Introduction to thermodynamics of irreversible processes.* Springfield/Ill. Thomas

[29] PRINZ, B. (1990): Ergebnisse der Waldschadensforschung im Land Nordrhein-Westfalen am regionalen Forschungsstandort Velmerstot/Eggegebirge, in: *Internationaler Kongress Waldschadensforschung: Wissensstand und Perspektiven*, Friedrichshafen 2. - 6. Oktober 1989. B. Ulrich (Hhrsg.), S. 597-642. Kernforschungszentrum Karlsruhe GmbH, Karlsruhe

[30] REYNOLDS, J.F.; DOUGHER, T.Y.; TENHUNEN, J.D., HARLEY, P.C. (1987 a): PRECO: A model for the simulation of ecosystem response to elevated CO_2, in: *Greenbook*, CDRD, USDA, Washington DC

[31] REYNOLDS, J.F.; SKILES, J.W., MOORHEAD, D.L. (1987 b): SERECO: A model for the simulation of ecosystem response to elevated CO_2., in: *Greenbook*, CDRD, USDA, Washington DC

[32] SCHULZE, E.D. (1990): The ecosystem balance of Picea abies stand in the Fichtelgebirge, in: *Internationaler Kongress Waldschadensforschung: Wissensstand und Perspektiven*, Friedrichshafen 2. - 6. Oktober 1989. B. Ulrich (Hrsg.), S. 643-648. Kernforschungszentrum Karlsruhe GmbH, Karlsruhe

[33] SCHWARZENBACH, F.H. (1987): *Grundlagen für die Entwicklung einer allgemein anwendbaren Strategie zur Lösung ökologischer Probleme.* Berichte der Eidg.Anstalt für das forstliche Versuchswesen, Nr. 293, 46 S.

[34] SCHWARZENBACH, F.H., URFER, W. (1989): Anwendung einer allgemeinen Strategie zur Lösung ökologischer Probleme. *Forstwissenschaftliches Centralblatt*, (108) 218-228.

[35] SEUFERT, G., EVERS, F.H. (1990): Schadgasausschluß- Experiment bei Fichte am Edelmannshof: Konzeption und erste Ergebnisse zum Stoffhaushalt., in: *Internationaler Kongress Waldschadensforschung: Wissensstand und Perspektiven*, Friedrichshafen 2. - 6. Oktober 1989. B. Ulrich (Hrsg.), Kernforschungszentrum Karlsruhe GmbH, Karlsruhe

[36] SHUGART, H.H. (1984): *A theory of forest dynamics.* New York. Springer

[37] SHUGART, H.H.; MCLAUGHLIN, S.B., WEST, D.C. (1980): Forest models: Their development and potential application for air pollution effewct research. USDA GEN. TECHN. REPORTS, PSW-43, 203-214.

[38] SOCAVA, V.B. (1974): *Das Systemparadigma in der Geographie.* Petermanns Geographische Mitteilungen, (118) 161-166.

[39] STERN, K., TIGERSTEDT, P.M.A.: (1974) *Oekologische Genetik.* 211 S. Stuttgart. Gustav Fischer

[40] STUGREN, B. (1986). *Grundlagen der Allgemeinen Ökologie* (4.Aufl.) 356 S. Stuttgart/New York. Gustav Fischer

[41] TANSLEY, A.G. (1935): The use and abuse of vegetational concepts and terms. *Ecology,* (16) 284-307.

[42] ULRICH, B. (1981): Ökologische Gruppierung von Böden nach ihrem chemischen Bodenzustand. *Zeitschrift für Pflanzenernährung und Bodenkunde,* (144) 289-305.

[43] URFER, W., HUSS, H. (1985): *Anwendungen der kanonischen Korrelations- und Redundanzanalyse zur Untersuchung der Waldgefährdung durch Luftverunreinigungen.* Arbeitsberichte des Fachbereiches Statistik der Universität Dortmund

[44] URFER, W. (1986): Statical analysis of the effect of pollution on forest conservatrion, in: Volume 1, Invited lectures,*Second Catalan International Symposium on Statistics*, Barcelona

[45] URFER, W. (1988): Multivariate Verfahren zur Untersuchung von Waldökosystemen. *Allgemeines Statistisches Archiv,* (72) 11-23.

[46] URFER, W. (1989): Statistical evaluation of forest ecosystem measurements, in: *Air Pollution Series of the Environmental Research Program of the Commission of the European Communities,* Bruxelles

[47] URFER, W.; KNABE, W.; SCHWARZENBACH, F.H.; WOLTERING, F.; SCHULTE, M. (1990): Auswertung von Bonituren der immissionsökologischen Dauerbeobachtungsflächen in Nordrhein-Westfalen. *Allgemeine Forst- und Jagdzeitung,* (161) 71-78.

[48] WOLTERING, F.(1987): *Anwendung statistischer Methoden zur Untersuchung der Immissionsresistenz von Kiefern* Dortmund, Fachbereich Statistik der Universität Dortmund

[49] WULLSCHLEGER, E.; BERNADZKI, E.; MAHRER, F. (1975): *Planungsmethoden im Schweizer Wald.* Berichte der Eidg. Anstalt für das forstliche Versuchswesen Nr.143, 1-52.

[50] ZINGG, A. (1988): Anleitung für die Feldaufnahmen. *Schweiz. Landesforstinventar*. Anleitung für die Erstaufnahme 1982-1986. Berichte der Eidg. Anstalt für das forstliche Versuchswesen Nr. 304, 5-117.

[51] ZÖTTL, H.W.; FEGER, K.H.; BRAHMER, A. (1990): Projekt Arinus: Auswirkungen von Restabilisierungsmassnahmen und Immissionen auf den N - und S - Haushalt der Öko- und Hydrosphäre von Schwarzwaldstandorten., in: *Internationaler Kongress Waldschadensforschung: Wissensstand und Perspektiven*, Friedrichshafen 2. - 6. Oktober 1989. B.Ulrich (Hrsg.). S.691-698. Kernforschungszentrum Karlsruhe GmbH, Karlsruhe

Chaos und Ordnung in natürlichen Systemen

FRITZ GASSMANN, *Villigen*

In den vergangenen 10 – 20 Jahren setzten sich innerhalb der exakten Naturwissenschaften neue Erkenntnisse durch, die zentrale Begriffe wie Determinismus und Vorhersagbarkeit makroskopischer Phänomene relativiert haben. Dadurch ereignete sich eine überraschende Öffnung gegenüber Lebensphänomenen, die große Hoffnung auf einen Brückenschlag zwischen Physik und Biologie aufkommen ließ. Es wird anhand verschiedener Beispiele aus der Mathematik, Physik, Chemie und Biologie gezeigt, wie Nichtlinearitäten einerseits bei einfachsten Systemen unvorhersagbares chaotisches Verhalten bewirken, anderseits aber bei komplexen Systemen für das Auftreten geordneter Strukturen verantwortlich sein können. Chaos und Ordnung erscheinen so als zwei zusammengehörende Aspekte ein- und desselben Phänomens.

1 Vorbemerkungen

In den Naturwissenschaften ist eine tiefgreifende Umwälzung im Gange, die von der Physik ausgelöst wurde, aber unterdessen alle übrigen naturwissenschaftlichen Disziplinen erreicht hat und daran ist, sich auf die Humanwissenschaften wie Medizin, Soziologie und Ökonomie auszudehnen. Darüber hinaus sind sogar Ansatzpunkte in den Geisteswissenschaften wie beispielsweise in der Linguistik oder in den Kunstwissenschaften denkbar. Die zentralen Begriffe, die zum verbindenden Element der verschiedensten Wissensgebiete wurden, sind die scheinbaren Gegenpole *Chaos* und *Ordnung*, die in unmittelbare Nachbarschaft der Begriffe Komplexität, Selbstorganisation oder Kreativität gerückt wurden.

Während der Begriff Ordnung eine emotional positive Beladung trägt, weil in seinem unmittelbaren Bedeutungsfeld Begriffe wie Struktur, Klarheit, Determiniertheit und Vertrauen zu finden sind, so ist der Begriff Chaos heute in eher schlechter Gesellschaft mit Wirrwarr, Zerstörung und Angst. Die modernen Naturwissenschaften haben sich aber nicht diesen negativ beladenen Chaosbegriff der Umgangssprache zu eigen gemacht, sondern knüpfen an die ursprüngliche Bedeutung des griechischen Begriffes χαός an, der sich auf das Klaffende, weit offenstehende und speziell auf die Leere des Weltraumes bezog, aus der alles Werden und schließlich der Kosmos hervorgegangen sind. Chaos und Kosmos gehören deshalb als Einheit der Potenzen und gewordenes Sein eng zusammen. So betrachtet zeigt der Begriff Chaos sein positives Umfeld und seine Beziehungen zu Kreativität, Überraschung und Kurzweil, während der Begriff Ordnung, wenn auch widerwillig, seine negativen Seiten offenbaren muß, nämlich seine Assoziationen mit Sterilität, Verkrustung und Langeweile!

Bevor ich näher auf die im Gange befindliche Neuordnung des wissenschaftlichen Weltbildes eingehe, möchte ich an drei früheren Entwicklungsschritten in der Physik erläutern, ob gewisse Gesetzmäßigkeiten erkennbar sind, die sich möglicherweise auf die heutige Situation übertragen lassen. Ich denke dabei zuerst an die Newtonsche Mechanik, die durch eine Kombination der Galileischen Bewegungsgesetze (träge Masse) mit dem Gravitationsgesetz (schwere Masse), die nur mit Hilfe der damals neu entdeckten Infinitesimalrechnung möglich wurde, imstande war, die Himmelsmechanik erstmals auf eine solide Grundlage zu stellen. Diese Errungenschaft des menschlichen Geistes, gewisse Dinge mit höchster Präzision vorhersagen zu können, hat das naturwissenschaftliche Denken bis in unsere heutige Zeit hinein wesentlich geprägt. Die Himmelsmechanik galt denn auch über Jahrhunderte hinweg als das wesentliche Paradigma des Determinismus. Daß das griechische Παραδειγμα nicht nur Modell, Vorbild, Beispiel und Muster, sondern auch Mahnung im Sinne des warnenden Exempels heißen kann, wird durch neueste Untersuchungen belegt, die die Bahn des Pluto als chaotisch enthüllt haben.

Das zweite Beispiel betrifft die Kombination der bis dahin gegensätzlichen elektrischen und magnetischen Felder durch die Maxwell-Gleichungen, welche die Optik zu einem Teilgebiet des Elektromagnetismus werden ließen. Als neues Paradigma galten die elektromagnetischen Erscheinungen als Wellenphänomene, die als Antagonisten der Teilchen wie Atome und Moleküle betrachtet wurden. Ich möchte die Relativitätstheorie überspringen und direkt zur Quantenmechanik als drittes Beispiel übergehen. Auch hier wurden zwei vermeintliche Gegensätze, nämlich die soeben erwähnten Teilchen und Wellen, miteinander verschmolzen, wodurch sich die Chemie im Prinzip als Teilgebiet der Physik herausstellte. Für diese Teilchen-Wellen-Heirat mußte aber ein sehr hoher Preis bezahlt werden, indem durch die damit verknüpfte Heisenbergsche Unschärferelation das alte Paradigma des Determinismus ernsthaft ins Wanken geriet. Die Konfrontation zwischen Zufall und Notwendigkeit beschränkte sich aber auf atomare Dimensionen, die der alltäglichen Erfahrung ohnehin nicht direkt zugänglich sind, und so wurde die Attacke auf den Determinismus vorläufig abgewehrt.

Ich werde später zeigen, daß die Verbindung der Antagonisten Chaos und Ordnung den Laplaceschen Dämon auch im makroskopischen Bereich endgültig in die Schranken weist. Vorerst soll aber versucht werden, die typischen Merkmale der erwähnten Evolutionssprünge der Physik aufzuzeigen. Der Vorgang war in allen drei Beispielen der folgende:

- Die Erkenntnis setzt sich durch, daß sich gewisse Phänomene einer Erklärung durch die bestehenden Theorien entziehen (Himmelsmechanik, Optik, Chemie).

- Die technische Umsetzung der bereits erreichten Kenntnisse führt zu neuartigen Beobachtungsmöglichkeiten (Meßgeräte). Zusätzlich werden neue mathematische Methoden entdeckt, die sich zur Beschreibung von Phänomenen außerhalb der etablierten Theorien eignen.

- Durch das Verschmelzen zweier Gegenpole entsteht ein neues Weltbild, das bis anhin unerklärbare Phänomene einschließt, wodurch sich die Erkenntnisbasis des menschlichen Geistes sprunghaft erweitert. Eine solche wissenschaftliche Revolution ist immer mit einem Paradigmenwechsel verbunden.

Ich möchte nun versuchen, in drei ähnlichen Schritten die Grenzen der traditionellen Physik aufzuzeigen (Abschnitt 2), dann die beiden Kontrahenten "Zufall" und "Notwendigkeit" zum deterministischen Chaos zu verschmelzen (Abschnitt 3) und schließlich auf Ansätze zu einem Verständnis der Selbstorganisation einzugehen (Abschnitt 4).

2 Grenzen der traditionellen Physik bei der Beschreibung natürlicher Systeme

Die traditionelle Physik wird geprägt durch zentrale *Forderungen*, die tief in den Lehrplänen der Gymnasien und Universitäten verwurzelt sind. Die angehenden Wissenschafter erhalten ein physikalisches Weltbild, in dem die Reproduzierbarkeit und damit der Determinismus eine übermächtige Stellung erhalten. So werden als Paradebeispiele Phänomene behandelt, die der *starken Kausalität* genügen. Im Gegensatz zur schwachen Kausalität, wo kleine Störungen der Anfangsbedingungen große Abweichungen in der zeitlichen Entwicklung der Variablen zur Folge haben können, verhalten sich Systeme, die der starken Kausalität genügen, recht passiv gegenüber kleinen Störungen: "Die Natur macht keine Sprünge" gilt als Leitidee dafür, daß kleine Veränderungen keine dramatischen Folgen haben können. Ein derart stabiles Verhalten gegenüber Störungen trifft denn auch für die Paradigmen der traditionellen Physik zu, wie z.B. beim Zweikörperproblem der Himmelsmechanik, beim Pendel mit kleiner Amplitude, bei technisch brauchbaren elektrischen Schaltkreisen etc.

Ein weiteres wichtiges Merkmal der gängigen Paradebeispiele ist deren *Idealisierung* durch das Weglassen von mathematisch schwierig zu behandelnden Termen. Man spricht dabei von der Vernachlässigung von "Dreckeffekten" und drückt durch die Wahl des Begriffes implizit aus, daß das Weggelassene als lästig und (deshalb?) unwichtig betrachtet wird. Das übrigbleibende idealisierte System läßt sich dann vielfach mathematisch elegant behandeln und führt zu analytischen Lösungen, die von vielen Forschern heute noch als die einzigen der "richtigen" Wissenschaft würdigen Ergebnisse von Untersuchungen anerkannt werden; dies im Gegensatz zu "minderwertigen" numerischen Lösungen.

Ein Schmuckstück mathematischer Brillanz ist in diesem Zusammenhang das Superpositionsprinzip; da dies aber nur für *lineare Systeme* anwendbar ist, werden meistens alle Nichtlinearitäten (und diese sind die Regel) vernachlässigt, das System wird "linearisiert". Es wird hier unzweifelhaft die adäquate Naturbeschreibung einer "schönen" Mathematik geopfert und nicht umgekehrt! Wenn auch die Berechtigung für dieses Opfer vor dem Computerzeitalter darin bestand, daß auf andere Weise das Auffinden von Lösungen gänzlich unmöglich gewesen wäre, so ist dieses Argument weitgehend hinfällig geworden.

Betrachtet man die im heutigen Ausbildungsgang eines Physikers behandelten Beispiele, fällt noch ein anderer Aspekt auf: Es werden entweder Systeme mit sehr wenigen Freiheitsgraden (z.B. Zweikörperproblem) oder unendlich vielen Freiheitsgraden (z.B. statistische Thermodynamik) betrachtet, der Zwischenbereich, in dem sich das ganze Leben abspielt, wird jedoch als unattraktiv übersprungen. Zusätzlich wäre zum Bereich der Thermodynamik noch festzustellen, daß fast ausschließlich auf die realitätsferne *Gleichgewichtsthermodynamik* eingegangen wird, die sich auf unendlich ausgedehnte, homogene Medien nach unendlich langer Wartezeit bezieht.

Ich möchte in diesem Zusammenhang das Phänomen der *Turbulenz* erwähnen, das in meinem Physikstudium keiner Bemerkung wert war, obschon es uns buchstäblich auf Schritt und Tritt verfolgt. Im Lichte der vorliegenden Analyse erstaunt diese Unterlassung jedoch keineswegs, denn mit Hilfe der Begriffe der traditionellen Physik läßt sich kaum eine klare Definition dieses interessanten Phänomens angeben. Wenn die Turbulenz als dissipatives, wirbelbildendes, nichtlineares, dreidimensionales, stochastisches, diffusives Phänomen mit vielen verschiedenen Längen- und Zeitskalen geschildert wird, dessen größte Skalen die Dimension der gesamten Struktur aufweist, so wird klar, wie wenig diese Erscheinung ins Bild der traditionellen Physik paßt. Es widerspricht sogar allen der oben aufgezählten zentralen Forderungen, indem es sich nicht identisch reproduzierbar verhält, bei einer Linearisierung verloren geht und sich fernab vom Gleichgewicht befindet. Dieser letzte Punkt findet seine Ursache im Umstand begründet, daß Turbulenz ihre Existenz der Aufrechterhaltung eines Energieflusses verdankt, der seinen Ursprung in der kinetischen Energie eines Strömungsfeldes findet und durch die molekulare Viskosität in Wärmeenergie umgewandelt wird. Einzig und allein dieses Spannungsfeld zwischen großskaliger Produktion und kleinskaliger Dissipation von Wirbelenergie hält die Turbulenz am Leben. Stoppt der Energiefluß, stirbt die Struktur sofort ab und das System geht in den toten Zustand des thermodynamischen Gleichgewichtes über.

Es hat seinen tieferen Sinn, daß die Begriffe absterben und tot für das betrachtete Phänomenon intuitiv als zutreffend erscheinen, weil die wichtigsten gemeinsamen Merkmale jeder Lebenserscheinung, nämlich die permanente Aufrechterhaltung eines Energieflusses (Metabolismus) sowie eine gewisse Zufälligkeit (Lebewesen sind nicht identisch), ebenfalls in der Turbulenz zu finden sind. Nimmt man nun die Erkenntnis, daß ein Zugang zu Lebensphänomenen von der

Physik her kommend am ehesten im Umfeld der Turbulenz gefunden werden könnte, zusammen mit der überaus unwürdigen Behandlung des Phänomens durch die Physiker (Unterschlagung oder höchstens statische Beschreibung und Minimierung in technischen Systemen), wird die fundamentale Unzulänglichkeit der traditionellen Physik für die Beschreibung von lebenden Systemen verständlich.

Die scheinbar unüberbrückbare Distanz zwischen technischen Systemen als Abbild der Physik und natürlichen Systemen wird in der Gegenüberstellung, die in der Tabelle 1 wiedergegeben ist, besonders augenfällig. Es kann nicht genügend betont werden, daß die Diskrepanz zwischen Natur und heutiger Technik nicht nur eine oberflächliche ist, sondern zutiefst in der Konzeption der unterschiedlichen Systeme verankert ist. Es dürfte deshalb wenig erstaunen, daß früher oder später Probleme auftreten mußten, die ihren Ursprung letztendlich in der tiefgreifenden Inkompatibilität der heutigen Technik mit der Natur haben. Um die bereits vorhandenen und zusätzlich noch auf uns zukommenden Umweltprobleme, wie beispielsweise die Klimaveränderungen, richtig einschätzen zu können, ist ein wesentlich verbessertes Verständnis natürlicher Systeme absolut unerläßlich.

Ich möchte in den beiden folgenden Abschnitten zeigen, weshalb die Theorie der nichtlinearen dynamischen Systeme zur Hoffnung Anlass gibt, einen echten Schritt in Richtung eines besseren Verständnisses komplexer Phänomene, wie sie das Klimasystem oder gar biologische Systeme darstellen, tun zu können.

3 Deterministisches Chaos – Verschmelzung von Zufall und Notwendigkeit

Ich möchte mit der Auflösung des scheinbaren Widerspruchs zwischen Determinismus und Chaos durch die Betrachtung eines Paradoxons beginnen. Die Diffusion von Teilchen läßt sich auf dem Computer mit Hilfe der Monte Carlo Methode simulieren. Die Eigenart von solchen Programmen besteht darin, dass sie das an die Spielbank erinnernde Zufallselement durch ein Unterprogramm – genannt Zufallszahlengenerator – erzeugen. Wie verträgt sich nun der Begriff Zufall mit der strengen Determiniertheit eines Computerprogrammes?

Auf der einen Seite stellt der Benutzer eines solchen Programmes fest, daß die produzierten Zahlen ohne erkennbare Regelmäßigkeit gleichmäßig in einem Intervall (meistens zwischen 0 und 1) verteilt sind und klassische statistische Analysen würden Zufälligkeit der Zahlenreihen diagnostizieren, analog den durch einen Würfel erzeugten Reihen. Auf der anderen Seite ist aber durch die Tatsache, daß es sich beim Zufallszahlengenerator um ein endliches, meistens sehr kleines, Programm handelt, von vornherein klar, daß die Zahlenfolge streng determiniert sein muß. Diese Eigenschaft kann durch Wiederholungen

Tabelle 1: *Gegenüberstellung physikalisch-technischer und natürlicher System*

Physik/Technik	Natur
• offene Kreisläufe • im wesentlichen linear • ein-/ausschaltbar, reversibel • Kristallstruktur, Funktion wirkt nicht auf die Struktur • Gleichgewichtszustände • viele und weit verstreute Instruktionen (Pläne) • einfache Formen (Serie) • glatte Oberflächen • wird durch komplexes System (Mensch) gebaut • statische Existenz (ist) • keine Anpassungsfähigkeit an Umgebung (höchstens Umbau) • Konstrucktionsfehler oder Verschleiß führt zu Versagen • keine Kreativität • isolierte Einzelsystem • tote System, auch wenn eingeschaltet • theoretisch gut verstanden	• geschlossenen Kreisläufe • Nichtlinearitäten entscheidend • nur reduzierte Aktivität, Leben-Tod irreversibel • dissipative Struktur, molekulare Mechanismen, Funktion und Struktur in starker Wechselwirkung • weit entfernt vom thermodynamischen Gleichgewicht • rel. wenig und sehr kompakte Instruktionen (Gene, DNS) • komplexe Formen, Individualität • fraktale Strukturen • entsteht durch evolutiven, sich selbst organisierenden Prozess • wächst, vermehrt sich (wird) • viele Anpassungsmöglichkeiten auf jeder Stufe • Reparaturmechanismus (Heilung) auf jeder Stufe • Kreativität systeminhärent (Evolution) • Systemhirachie • lebendige Systeme, auch während des Schlafes und Entstehends (Zelle, Embryo) • Verständnis erst in den Anfängen

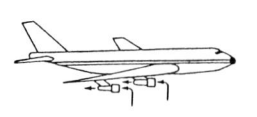

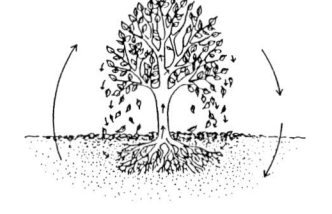

der Berechnungen überprüft werden, indem der Startwert des Zufallszahlengenerators jedesmal gleich vorgegeben wird, wodurch sich auch jedesmal dieselbe Reihe von "Zufallszahlen" ergibt. Der scheinbare Widerspruch löst sich also dadurch auf, daß der Charakter des Zufälligen lediglich in unserer Unkenntnis des Generatorprogrammes und der verwendeten Initialisierung beruht, daß aber der Vorgang als solcher streng deterministisch ist.

3.1 Die schwache Kausalität der Bernoulli-Abbildung

Betrachten wir als einfachst möglichen Zufallsgenerator die Bernoulli-Abbildung

$$x_{n+1} = f(x_n) = 2x_n \bmod 1. \tag{1}$$

Würde der Zusatz "modulo 1" nicht eine Nichtlinearität in Form einer Unstetigkeit einführen, würde (1) eine sehr einfache lineare Abbildung (engl.: map) darstellen.

Die geometrische Darstellung der Abbildung zeigt aber, wie die modulo-Nichtlinearität zu einer wahllos ausschauenden Verteilung im Intervall $]0, 1[$ führt. In Abb. 1 ist die Funktion $f(x)$ zusammen mit einigen Abbildungsschritten dargestellt. Die strich-punktiert eingezeichnete Winkelhalbierende wurde verwendet, um die Werte x_{n+1} von der Ordinate auf die Abszisse zu spiegeln, um den nächsten Iterationsschritt ausführen zu können. Die Schnittpunkte zwischen der Winkelhalbierenden und der Funktion $f(x)$, hier die beiden Punkte 0 und 1, stellen die "Fixpunkte" der Abbildung dar, die bei jedem Abbildungsschritt unverändert bleiben. Wie eine einfache Betrachtung zeigt, sind beide Fixpunkte instabil, indem nahe gelegene Punkte sich bei der Abbildung in immer grösser werdenden Schritten vom jeweiligen Fixpunkt entfernen. Eine weitere wichtige Eigenschaft dieser Abbildung ist das Anwachsen kleiner Fehler, indem die Strecke zwischen zwei nahe beieinander gelegenen Ausgangspunkten sich gemäß der Steigung der Funktionsgeraden bei jedem Abbildungsschritt verdoppelt, solange beide Punkte auf derselben Intervallhälfte liegen. Daß das Fehlerwachstum auch über die Unstetigkeitsstelle hinaus vorliegt, wird durch eine Binärdarstellung der Punkte x_n klar. Es ist offensichtlich, daß die Abbildung (1) äquivalent ist mit einer Linksverschiebung aller Bits um eine Stelle, wobei sich der modulo-Zusatz in ein Nullsetzen des Bit vor dem Komma übersetzt.

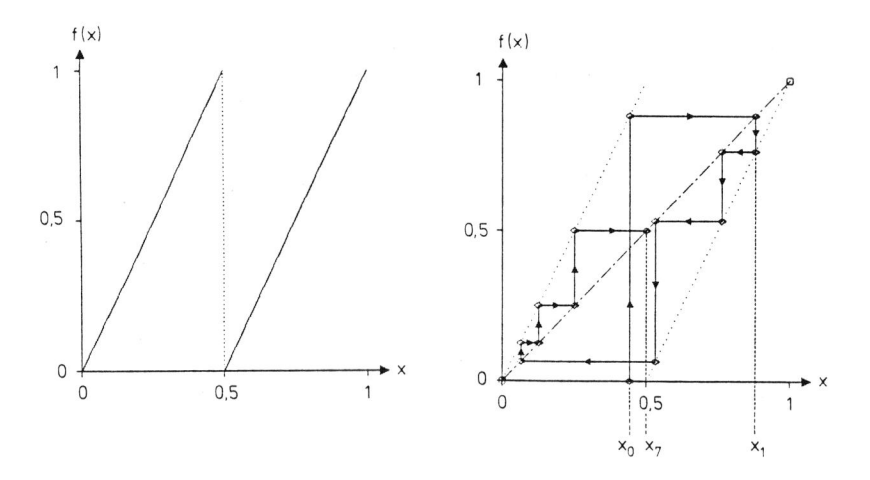

Abbildung 1: *Geometrische Konstruktion der Bernoulli Abbildung*

$x_0 = 0,01110001$
$x_1 = 0,1110001$
$x_2 = 0,110001$
$x_3 = 0,10001$
$x_4 = 0,0001$
$x_5 = 0,001$
$x_6 = 0,01$
$x_7 = 0,1$

Nach nur 7 Abbildungsschritten rutscht das bei x_0 unwesentlich erscheinende 8. Bit nach dem Komma an die führende erste Stelle und entscheidet somit, ob x_7 in die linke oder die rechte Intervallhälfte zu liegen kommt.

Allgemeiner ausgedrückt werden unvermeidliche mikroskopische Unsicherheiten, wie sie von der quantenmechanischen Unschärfe herrühren können, auf makroskopische Werte verstärkt. Für Auswirkungen einer atomaren Schwankung im $10^{-10} m$ Bereich auf den makroskopischen $1 m$ Bereich wären nur rund 33 Bernoulli-Abbildungsschritte notwendig! Durch diesen Fehlerverstärkungsmechanismus wird nun aber die *mögliche Anzahl Vorhersagezeitschritte N* begrenzt, obwohl die zugrunde liegende Dynamik $f(x)$ streng determiniert ist. Der mittlere Streckungsfaktor kleiner Intervalle wird meist als e^λ geschrieben, wobei λ als *Liapunov-Exponent* bezeichnet wird. Eine einfache Ableitung führt auf den Zusammenhang

$$\lambda = < \ln |f'| > . \qquad (2)$$

Da die Bernoulli-Abbildung an jeder Stelle die Steigung $f' = 2$ aufweist, wird $\lambda = \ln 2 = 0.69$. Positive λ-Werte bedeuten chaotisches, negative λ-Werte stabiles Verhalten, da Fehler verstärkt resp. gedämpft werden.

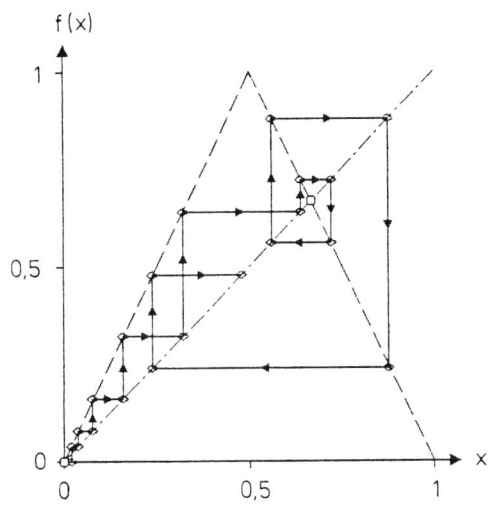

Abbildung 2: *Geometrische Konstruktion der Dreiecksabbildung*

Aus der Relation (2) findet man auch sogleich den Zusammenhang zwischen einer Meßgenauigkeit ϵ und der möglichen Anzahl Vorhersagezeitschritte N für $\lambda > 0$:

$$N < \frac{1}{\lambda} \ln \frac{1}{\epsilon} \qquad (3)$$

Aus der Relation (3) folgt, dass es bei einer Initialisierungsgenauigkeit von $0,001 (\sim 2^{-10})$ sinnlos ist, Prognosen über mehr als $(1/0,69)\ln(1/10^{-3}) = 10$ Schritte zu machen. Dieses Resultat ist bereits aus der oben angeführten Abbildungsvorschrift durch Linksverschiebung um je eine Stelle klar!

Eine weitere Art der Betrachtung der Bernoulli-Abbildung, die sich im Zusammenhang mit der nichtlinearen Dynamik als fruchtbar erweist, ist der als *Bäcker-Transformation* bezeichnete Streckungs- und Faltungsalgorithmus. Das Intervall $[0,1]$ wird als Teigmasse vorgestellt, die auf die doppelte Länge ausgewalzt wird. Hernach wird die rechte Hälfte des so vergrösserten Intervalls weggeschnitten und nach links verschoben über die andere Hälfte gelegt usf. Ein ähnlicher Streckungs- und Faltungsmechanismus ist beispielsweise verantwortlich für die stark mischende Eigenschaft turbulenter Strömungen.

3.2 Die großen Folgen einer kleinen Veränderung eines Kontrollparameters

Um uns ausgehend von dieser sehr abstrakt anmutenden Bernoulli-Abbildung gegen Systeme vorzutasten, die eine physikalische Bedeutung haben können, betrachten wir als nächstes die *Dreiecksabbildung*

$$x_{n+1} = f(x_n) = r(1 - 2|\frac{1}{2} - x_n|), \qquad (4)$$

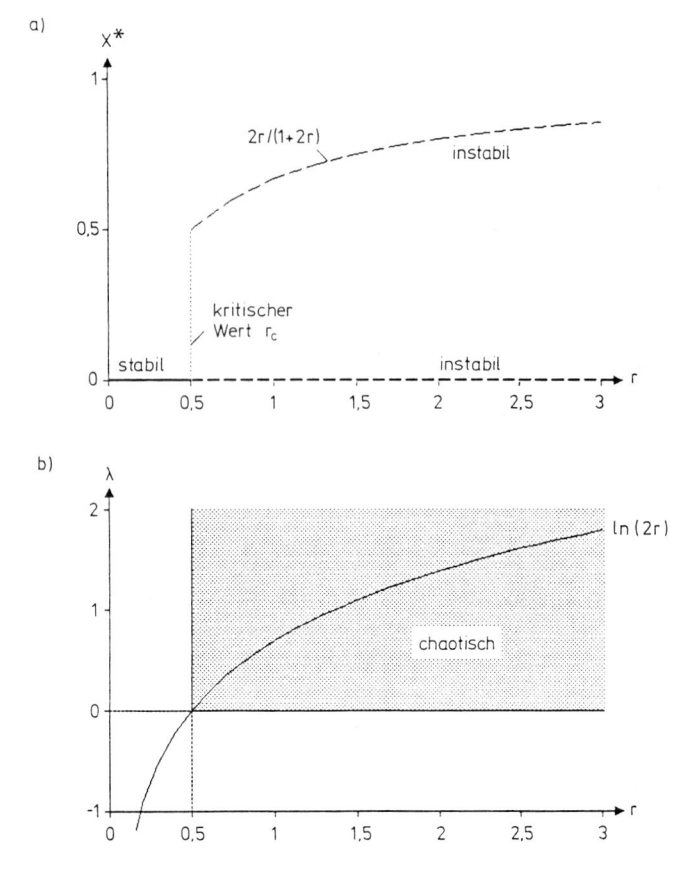

Abbildung 3: *Verhalten des Liapunov-Exponenten λ sowie der Fixpunkte x^* bei der Dreiecksabbildung als Funktion des Kontrollparameters r. Die stabilen Äste sind durchgezogen, die instabilen gestrichelt dargestellt.*

die einen *Bifurkations-* oder *Kontrollparameter r* enthält. Die geometrische Darstellung dieser Abbildung ist für $r = 1$ in Abb. 2 wiedergegeben. Aus (2) folgt für den Liapunov-Exponenten $\lambda = \ln(2r)$, woraus sich ein *kritischer Wert* $r_c = 0.5$ für den Übergang von stabilem ($r < 0.5$) zu chaotischem Verhalten ($r > 0.5$) ergibt. Gleichzeitig mit diesem *Phasenübergang* des Systems spaltet sich der für $r < 0.5$ stabile (attraktive) Fixpunkt $x^* = 0$ auf in zwei instabile (repulsive) Fixpunkte $x^* = 0$ und $x^* = 2r/(1 + 2r)$ wie dies die Abb. 3 veranschaulicht.

Sobald also r den kritischen Wert $r_c = 0.5$ überschreitet, verschwindet der stabile Ast und die starke Kausalität macht der schwachen Kausalität Platz, bei der nur identische Anfangsbedingungen zu gleichen Bahnen im Phasenraum führen, währenddem kleine Abweichungen früher oder später zu divergierenden Bahnen Anlaß geben.

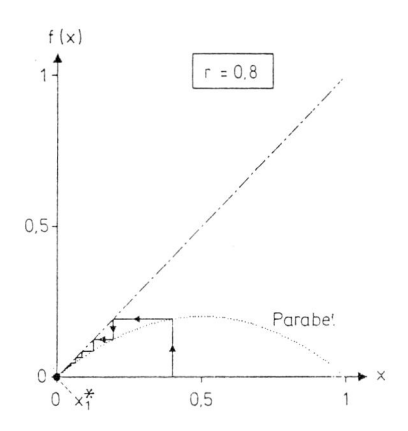

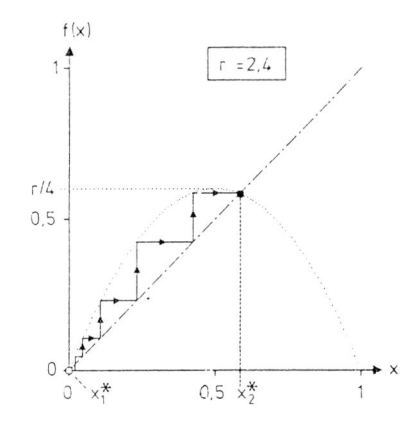

Abbildung 4: *Geometrische Konstruktion der Logistischen Abbildung. Sobald die Parabelsteigung r im Nullpunkt den kritischen Wert 1 überschreitet, wird der vorher stabile Fixpunkt $x_1^* = 0$ instabil, und es entsteht gleichzeitig ein neuer stabiler Fixpunkt $x_2^* = 1 - 1/r$.*

3.3 Entscheidungsnotstände an Verzweigungspunkten

Dies bringt uns endlich zur *Logistischen Abbildung*, die B.F. VERHULST bereits 1845 für die Simulation einer Populationsentwicklung benutzt hat

$$x_{n+1} = f(x_n) = rx_n(1 - x_n). \tag{5}$$

Der Kontrollparameter r hat die Bedeutung eines Fertilitätsparameters, $x_{n+1} \sim x_n$ beschreibt ein exponentielles Wachstum und der Term $(1 - x_n)$ begrenzt die normierte Population auf den maximalen Wert 1 (100%).

Die geometrische Konstruktion der Abbildung ist in Abb. 4 wiedergegeben und zeigt für $r < 1$ einen stabilen Fixpunkt $x_1^* = 0$; die Population stirbt aus, weil pro Individuum im Durchschnitt weniger als ein Nachkomme erzeugt wird. Sobald die Steigung r der Parabel im Nullpunkt den kritischen Wert 1 überschreitet, wird $x_1^* = 0$ instabil und gleichzeitig entsteht ein neuer stabiler Fixpunkt $x_2^* = 1 - 1/r$. Man nennt einen solchen Punkt, bei dem sich ein Lösungsast aufteilt oder verzweigt, ganz allgemein einen *Verzweigungs-* oder *Bifurkationspunkt*.

Eine überaus typische Erscheinung tritt bei einem weiteren kritischen Wert des Kontrollparameters $r = 3$ auf, wenn der Schnittwinkel zwischen der Parabel und der Winkelhalbierenden beim Fixpunkt x_2^* 90° erreicht. Wie man sich mit Hilfe der geometrischen Konstruktion leicht überzeugen kann, wird dann der Fixpunkt x_2^* instabil und Berechnungen mit Hilfe eines programmierbaren Taschenrechners zeigen z.B. für $r = 3.2$ nach einem kurzen Einschwingvorgang

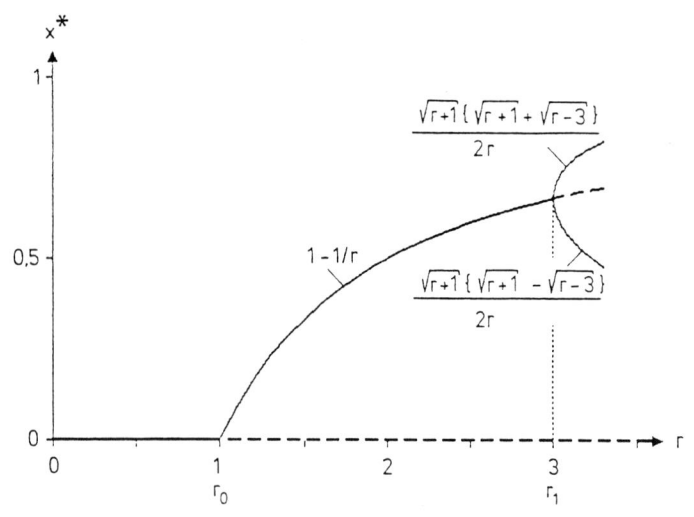

Abbildung 5: *Bifurkationsschema der Logistischen Abbildung für $r = 0$ bis 3.2*

ein periodisches Verhalten (mit Periode 2). Die alternierend angesprungenen Werte x_3^* und x_4^* sind keine eigentlichen Fixpunkte von $f(x)$ mehr, sondern erfüllen die Beziehung $x_4^* = f(x_3^*)$ und $x_3^* = f(x_4^*)$. Hieraus folgt aber, daß x_3^* und x_4^* Fixpunkte der zusammengesetzten Abbildung $f(f(x)) = f^2(x)$ sind, woraus sich die Berechtigung ableitet, die Bezeichnung "Fixpunkte" aufrecht zu erhalten. Das in Abb. 5 dargestellte Bifurkationsschema zeigt um den Wert $r = 3$ herum ein Bild, das entfernt an eine Mistgabel erinnert, weshalb im englischen Sprachgebrauch solche Verzweigungen als "pitchfork-bifurcations" bezeichnet werden.

Um den tieferen physikalischen Sinn zu verstehen, der durch die gezeigten mathematischen Eigenschaften am Verzweigungspunkt $r = 3$ beschrieben werden kann, wollen wir uns zunächst vorstellen, daß die Abbildung $x_{n+1} = f(x_n)$ eine Beobachtungsreihe beschreibt, die zu äquidistanten Zeitpunkten aufgenommen wurde, wie beispielsweise die Auszählung einer Fischpopulation in einem Teich an einem bestimmten Datum. Die Verzweigung bei $r = 3$ führt zu einer Verdoppelung der Zeitperiode von 1 Jahr auf 2 Jahre, bis jeweils wieder derselbe Wert x beobachtet werden kann. Im Gegensatz zum Auftreten von Oberwellen (Periodenhalbierung) bei der Fourieranalyse von nicht rein sinusförmigen Signalen treten also im Rahmen der nichtlinearen Dynamik Periodenverdoppelungen bei kritischen Werten des Kontrollparameters auf. Eine Fourieranalyse der resultierenden Zeitreihe würde also neben den üblichen Oberwellen auch "Unterwellen" zeigen, die ab bestimmten Werten des Kontrollparameters auftreten. Diese Eigenschaft nichtlinearer Systeme kann wichtige Konsequenzen haben, indem bei Phänomenen mit kurzer Grundperiode Schwankungen in grösseren Zeitskalen auftreten können, sobald ein Kontrollparameter sich leicht verschiebt.

Chaos und Ordnung in natürlichen Systemen

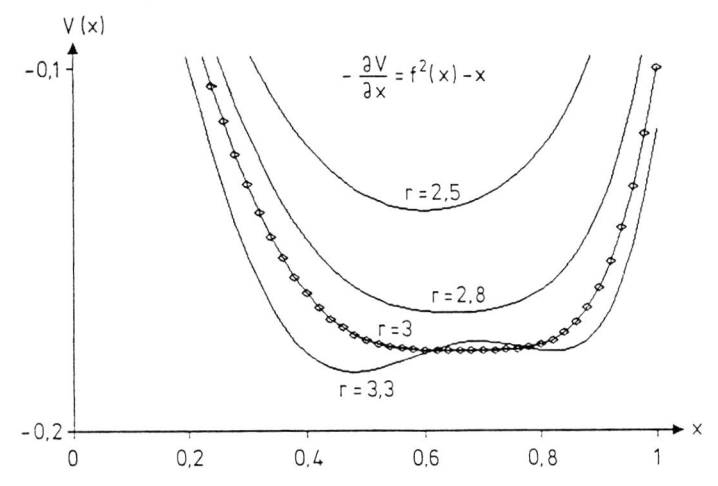

Abbildung 6: *Potentialfunktion V der Logistischen Abbildung für verschiedene Werte des Kontrollparameters r. Eine stark gedämpfte Kugel, deren Geschwindigkeit proportional zur Beschleunigungskraft ist, würde im dargestellten Potential das Verhalten der Logistischen Abbildung imitieren. Beim kritischen Bifurkationspunkt $r = 3$ wird das Minimum des Potentials sehr flach und die Gleichgewichtslage ist nur noch schlecht definiert.*

Eine weitere Eigenschaft solcher Bifurkationspunkte kann aufgezeigt werden, indem anstelle der eigentlichen Abbildung f die zusammengesetzte Abbildung f^2 betrachtet wird. Im Rahmen dieser Abbildung sind die beiden stabilen Fixpunkte-Äste x_3^* und x_4^* absolut gleichbedeutend, also symmetrisch. Wird ein Taschenrechner so programmiert, daß er immer zwei Abbildungen f hintereinander ausführt, wird jedoch bei langsamer Erhöhung des Kontrollparameters r entweder der Ast x_3^* oder der Ast x_4^* erscheinen und es stellt sich die Frage, wie sich der Rechner für die eine oder die andere Variante "entscheidet".

Bei etwas Experimentieren in der Umgebung des Bifurkationspunktes fällt auf, daß die Abbildung umso schlechter konvergiert, je mehr der kritische Wert $r = 3$ angenähert wird, d.h. kleine Störungen relaxieren langsamer, man beobachtet sogenanntes "kritisches Langsamwerden", das mit "kritischen Fluktuationen" gekoppelt ist. Dies führt dazu, daß um den kritischen Punkt herum kleinste Störungen entscheiden, welchen Ast das System "auswählen" wird. Die in der Abb. 6 dargestellten Potentialfunktionen zeigen die Hintergründe dieser außerordentlichen Empfindlichkeit auf kleinste Störungen. Nahe um den kritischen Wert $r = 3$ herum wird der Potentialverlauf im Bereich des Minimums extrem flach und die Gleichgewichtslage einer gedachten Kugel ist nur noch schlecht definiert.

In Abb. 7 ist eine Computersimulation einer Entwicklung des Systems bei langsamem Wachstum des Kontrollparameters r dargestellt. Die deutlich sichtbaren Fluktuationen sind das Resultat stochastischer Störungen, deren Stärke

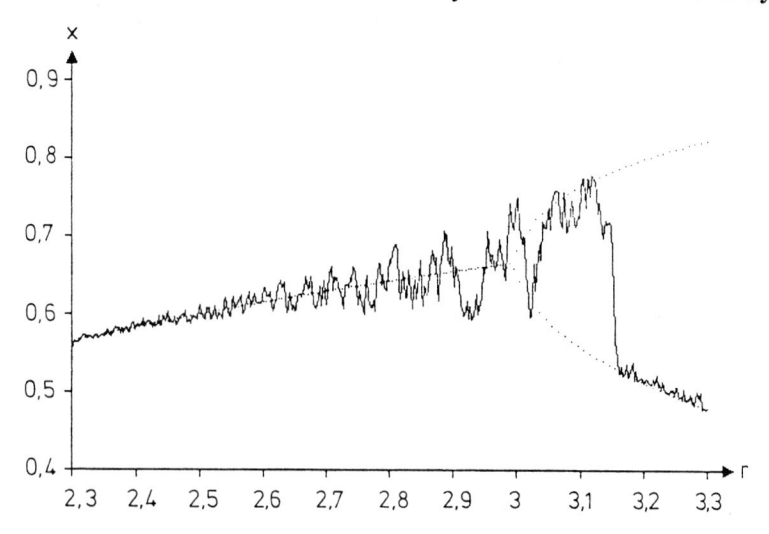

Abbildung 7: *Kritische Fluktuationen bei der Logistischen Abbildung um den Bifurkationspunkt bei* $r = 3$. *Es wurde das Resultat jeder zweiten Abbildung gezeichnet; vor jedem dieser doppelten Abbildungsschritte wurde eine zufällige Störung von maximal + 0.05 addiert. Die starke Zunahme der Fluktuationen um den Entscheidungspunkt* $r = 3$ *herum sind deutlich erkennbar. Bei* $r = 3.15$ *ist die Entscheidung endgültig zu Gunsten des unteren Astes (punktiert angedeutet) gefallen.*

während der gesamten Rechnung konstant blieb. Die überaus großen kritischen Fluktuationen zwischen etwa $r = 2.8$ und $r = 3.15$ brechen schlagartig zusammen, sobald die Entscheidung für das etwas tiefer liegende, stabilere Minimum endgültig fällt. Vor allem bei der Verwendung kleinerer Störungen kann sich das System aber auch ohne weiteres im anderen, etwas höher gelegenen Minimum festsetzen. Dieser Entscheidungsprozeß entbehrt nicht einer gewissen Ähnlichkeit mit dem entsprechenden psychischen Vorgang im Falle schwieriger Entscheidungen, der durch das quälende Hin und Her sowie die entspannte Ruhe nach erfolgter Tat charakterisiert wird.

Physikalisch ausgedrückt können in der Nähe von kritischen Punkten mikroskopische Fluktuationen, die durch die thermische Bewegung der Moleküle verursacht werden, entscheiden, welcher stabile, makroskopisch beobachtbare Ast als Fortsetzung ausgewählt wird. Im Taschenrechner übernehmen interne, auf der Anzeige nicht mehr wiedergegebene Bits die Rolle der thermischen Fluktuationen, die den "Zufallsentscheid" verursachen.

Durch diese bei nichtlinearen Systemen inhärente Eigenschaft der endgültigen Auswahl des einen von zwei gleichberechtigten (symmetrischen) Zuständen, was als *Symmetriebruch* bezeichnet wird, wird in einem gewissen Sinn "Geschichte" in die Physik eingeführt, was an einigen Beispielen erläutert werden soll.

So kann die Chiralität des Universums in der Form der Paritätsverletzung beim β-Zerfall durch einen historisch einmaligen Zufallsentscheid, der durch einige Elementarteilchen hervorgerufen wurde, als die Temperatur einen kritischen Wert erreichte, verstanden werden. Aber nicht nur Atome ziehen eine Drehrichtung vor, sondern auch bei biogenen Molekülen wurde die eine Drehrichtung gegenüber der anderen, gleichberechtigten, irreversibel selektioniert. So haben alle Erbmoleküle, die DNS, in der gesamten Biosphäre dieselbe Drehrichtung, die, einmal ausgewählt, sich auf Grund des Replikationsprozesses nicht mehr ändern kann. Weiter zeigen biogene Aminosäuren und Zucker immer dieselbe Drehrichtung, währenddem die entsprechenden synthetischen Stoffe immer 1:1 Mischungen von beiden spiegelsymmetrischen Molekülen sind.

Ein makroskopisches Beispiel für Chiralität wird durch die vielen Schneckenarten gegeben, deren Gehäuse immer dieselbe Drehrichtung aufzeigt, da die Paarung bei gegenläufiger Drehung aus geometrischen Gründen nicht möglich wäre. Ebenso winden sich Bohne, Pfeifenkraut und Winde immer in derselben Richtung und entgegengesetzt zu Hopfen und Geissblatt.

Es scheint heute klar, daß die biologische Evolution durch eine große Anzahl solcher kritischer Entscheidungspunkte oder Bruchstellen geprägt wird und deshalb sowohl einmalig, nicht wiederholbar und historisch als auch nicht prognostizierbar ist.

Das Beispiel der streng deterministischen logistischen Abbildung zeigt, wie selbst bei Liapunov-Exponenten $\lambda \leq 0$ (an den Bifurkationspunkten wird $\lambda = 0$) bei kritischen Werten des Kontrollparameters Entscheidungsnotstände auftreten. Mangels deterministischer Vorschriften im dynamischen System selbst wird die "Entscheidungskompetenz" an diesen kritischen Punkten nach unten bis in den mikroskopischen Maßstab hinunter "delegiert", wo die Entscheidungen dann aufgrund der immer vorhandenen thermischen Fluktuation ohne Sicht für das Ganze rein zufällig getroffen werden.

Neben der bereits diskutierten Begrenzung der Vorhersagezeit aufgrund des Fehlerwachstums bei konstanten Kontrollparametern und Liapunov-Exponenten > 0 kann ein System mit streng deterministischer Dynamik also zusätzlich dadurch indeterminierbar werden, indem es sich durch eine langsame Veränderung eines Kontrollparameters entwickelt und dabei symmetriebrechende Bifurkationspunkte überschreitet, wo die Auswahl des fortsetzenden Entwicklungsastes dem Zufall überlassen bleibt.

3.4 Universell gültige Gesetzmässigkeiten

Gehen wir aber wieder zurück zur Logistischen Abbildung und lassen den Kontrollparameter über den Wert 3 hinaus anwachsen. Bereits bei $r_2 \cong 3,45$ verzweigen sich beide stabilen Äste auf dieselbe Art und Weise, wie dies bei $r_1 = 3$ geschah, so daß eine weitere Periodenverdoppelung vorliegt. Erhöht man r langsam weiter, wird man in immer kürzeren Abständen unendlich viele weitere analoge Bifurkationen vorfinden, die alle vor dem irrationalen Wert $r_\infty = 3,5699456\ldots$ plaziert sind.

Interessant ist nun aber vor allem, daß das Verhalten dieser unendlichen Periodenverdoppelungs-Kaskade von der Wahl der Funktion f weitgehend unabhängige, also universelle Gesetzmässigkeiten aufweist, indem die kritischen Parameterwerte r_i ab genügend großem i gegen

$$r_\infty - r_i \sim \delta^{-i} \tag{6}$$

konvergieren. Die universelle irrationale Konstante $\delta = 4,6692016091\ldots$ wurde durch den Mathematiker M. J. FEIGENBAUM 1978 zum ersten Mal beschrieben, weshalb man auch von *Feigenbaum-Konstanter* und von *Feigenbaum-Kaskade* spricht.

Die Entdeckung einer solchen allgemeingültigen Zahl im Rahmen der Dynamik komplexer nichtlinearer Systeme war sehr unerwartet und von fundamentaler Bedeutung, da sie der Hoffnung Auftrieb gibt, trotz der schieren Unüberschaubarkeit dieser Systemklasse gewisse a priori-Aussagen formulieren zu können. Solche Relationen könnten eine Art Naturgesetz für komplexe Systeme darstellen und dazu beitragen, die Auswahl von Beobachtungsgrößen zu optimieren und eventuell zu verknüpfen oder weitere Aussagen daraus abzuleiten.

3.5 Attraktor mit seltsamen Eigenschaften

Eine vollständige Computerrechnung für die Werte des Kontrollparameters zwischen 3 und dem Maximalwert 4 ist in Abb. 8 wiedergegeben und macht auf eindrückliche Art deutlich, weshalb sich die nichtlineare Dynamik trotz ihrer prinzipiellen Entdeckung durch den Mathematiker H. POINCARÉ zu Beginn unseres Jahrhunderts erst richtig entwickeln konnte, als genügend schnelle Rechenmaschinen zur Verfügung standen: Kein Mensch würde die Geduld aufbringen, eine solche Figur von Hand zu berechnen! Die eng punktierten Bereiche sind chaotische Zonen mit positivem Liapunov-Exponenten, die durch unendlich viele "laminare Fenster" unterteilt sind, deren größtes bei $r = 1+\sqrt{8}$ beginnt.

In Abb. 9 ist eine starke Vergrösserung der Fenstermitte dargestellt und zeigt, daß der Übergang von der oberen Fensterseite zum Chaos wiederum durch eine Periodenverdoppelungskaskade vermittelt wird, die in ihrer Struktur der gesamten Figur sehr ähnlich aufgebaut ist. Dieses Wiederauffinden der Gesamtstruktur durch Vergrößerung eines Teilbereiches, das unendlich oft wiederholt werden kann (genügend hohe Rechengenauigkeit vorausgesetzt), ist ein typisches Merkmal nichtlinearer Dynamik und wird als *Skaleninvarianz* oder *Selbstähnlichkeit* bezeichnet.

Die zu einem bestimmten Wert des Kontrollparameters r gehörige Punktemenge wird *seltsamer Attraktor* (engl.: strange attractor) genannt. Daß es sich

Chaos und Ordnung in natürlichen Systemen

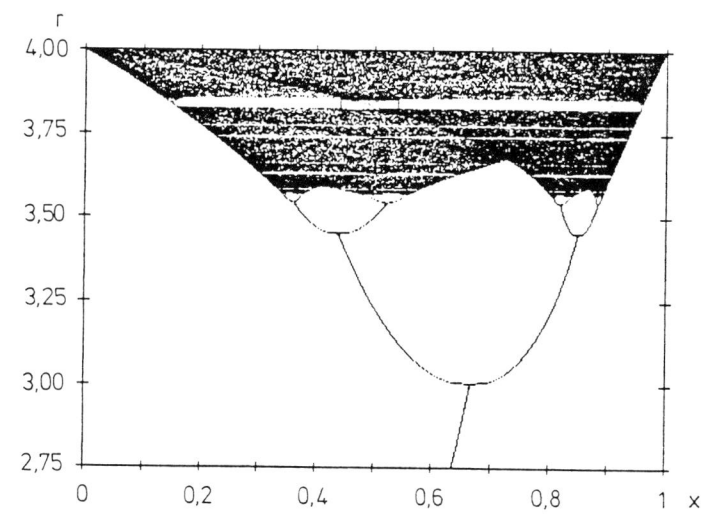

Abbildung 8: *Fixpunkte und chaotische Bereiche der logistischen Abbildung für Werte des Kontrollparameters zwischen 3 und 4. Der Liapunov-Exponent für $r \leq 3$ läßt sich nach Formel (2) berechnen zu $\lambda = \ln|2 - r|$ und wird für kritische Werte $r_0 = 1$ und $r_1 = 3$ gleich null, sonst ist λ negativ in diesem Bereich des Kontrollparameters (stabiles Verhalten). Oberhalb von t_∞ ist λ jedoch mit Ausnahme der Fensterregionen positiv (chaotisches Verhalten). Das Rechteck markiert den in Abb. 9 vergrößert dargestellten Bereich.*

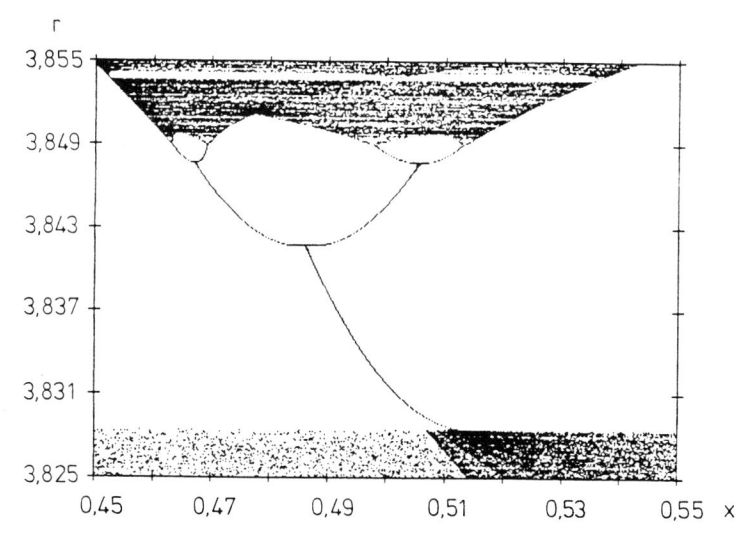

Abbildung 9: *Vergrößerung des in Abb. 8 eingezeichneten Rechtecks. die auf der Geraden $r = $ const. liegenden Punkte gehören zu einem seltsamen Attraktor mit einer Dimension zwischen 0 und 1.*

```
*    1
*    3
*   10
*   30
*  100
*  300
* 1000
```

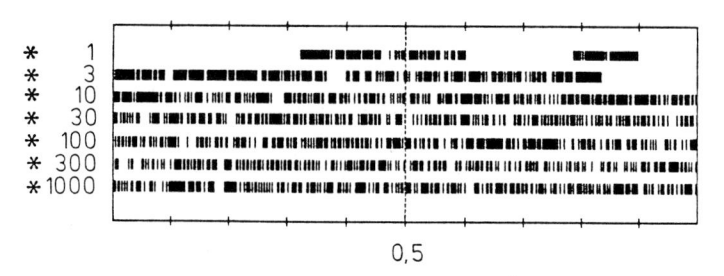

0,5

Abbildung 10: *Zum seltsamen Attraktor für den Wert* $r = 3,6$ *gehörige Punkte* x_n. *Eine immer weitere Vergrösserung um* $x = 0,5$ *zeigt, daß die Punktemenge unendlich viele Lücken verschiedener Größe aufweist. Es gehören nicht alle Punkte der zuoberst dargestellten "Linie" zum Attraktor, seine Dimension ist kleiner als 1.*

um einen Attraktor handelt ist klar, denn alle Werte x_n einer Abbildungsreihe konvergieren gegen diese Punktemenge; der Systemzustand (oder allgemein ausgedrückt die Trajektorie im Phasenraum) wird also durch diesen Bereich "angezogen".

Seltsam wird der Attraktor genannt aufgrund seiner Eigenschaft, kleine Abweichungen in den Anfangsbedingungen zu verstärken (positiver Liapunov-Exponent, Fehlerwachstum, Chaos). Diese große Empfindlichkeit auf die Anfangsbedingungen, die den Vorhersagezeitraum begrenzt, kann mit einem Taschenrechner gezeigt werden, indem für ein bestimmtes r zweimal hintereinander für leicht verschiedene Anfangswerte x_0 je gleich viele (ca. 20) Iterationsschritte ausgeführt werden. Die beiden Endpunkte x_{20} werden dabei irgendwo, meist deutlich voneinander getrennt, auf dem Attraktor landen. Ein seltsamer Attraktor besitzt aber noch eine weitere "seltsame" Eigenschaft: seine *fraktale Dimension*. Eine genauere Betrachtung (vgl. Abb. 10) zeigt nämlich, daß, obschon unendlich viele Punkte, lange nicht alle Punkte der reellen Zahlengeraden im entsprechenden Abschnitt zum Attraktor gehören.

Es kann sich also einerseits nicht um eine Strecke mit der Dimension 1 handeln, andererseits besteht der Attraktor aber aus unendlich vielen Punkten, so daß die Dimension 0 auch nicht in Frage kommt. Es läßt sich nun auf mathematisch einwandfreie Art eine gebrochene (fraktale) Dimension zwischen 0 und 1 definieren, die diesem besonderen geometrischen Gebilde gerecht wird.

3.6 Das System wird launisch

Der linke Rand des großen Fensters bei exakt $r_c = 1 + \sqrt{8}$ zeigt eine zusätzliche wichtige Eigenschaft: Verringert man den Wert des Kontrollparameters leicht unter r_c, wird das oberhalb von r_c beobachtete regelmäßige Verhalten

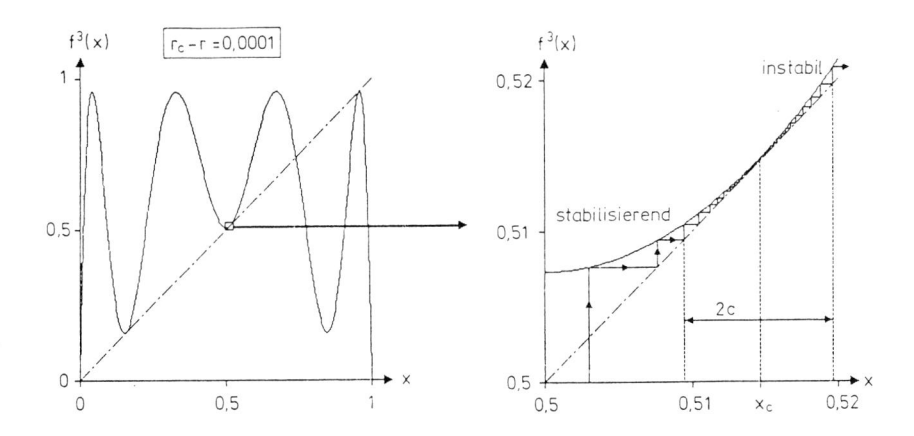

Abbildung 11: *Zustandekommen der Intermittenz: Das System verweilt lange Zeit (viele Iterationsschritte) im schmalen Kanal der Länge 2c und scheint stabil zu sein, bis es plötzlich aus dem Kanal austritt und sich kurzzeitig chaotisch verhält, bis es vom nächsten Kanal angezogen wird. Die Kanäle stellen ein Überbleibsel der für $r < r_c$ nicht mehr existierenden stabilen und labilen Fixpunkte dar, die für $r = r_c$ kollidieren. Je weiter r sich von r_c entfernt, desto mehr verblaßt der "Fußabdruck der Fixpunkte, desto chaotischer wird das Systemverhalten.*

mit Periode 3 in unregelmäßigen Abständen durch *chaotische Ausbrüche* (engl.: turbulent bursts) unterbrochen. Die laminaren Intervalle werden mit zunehmender Entfernung von r_c immer kleiner, bis schließlich ununterbrochenes chaotisches Verhalten vorliegt. Dieses als *Intermittenz* bezeichnete Verhalten ist bei vielen komplexen Systemen von Bedeutung wie beispielsweise bei turbulenten Strömungen oder Lasern und dürfte auch in chemischen, biologischen oder ökonomischen Systemen wichtig sein.

Interessant in diesem Zusammenhang ist die Tatsache, daß sich wiederum eine allgemeingültige Beziehung zwischen der mittleren Anzahl Iterationsschritte L innerhalb des laminaren Kanals und der Entfernung des Kontrollparameters r vom kritischen Wert r_c angeben läßt:

$$L \sim |r_c - r|^{-1/2}. \tag{7}$$

Das Zustandekommen der Intermittenz ist in der Abb. 11 anhand des Fensters mit Periode 3 der Logistischen Abbildung erklärt und beruht darauf, daß stabile und instabile Fixpunkte miteinander kollidieren und "Fußabdrücke" zurücklassen, die die gegensätzlichen Eigenschaften Anziehung und Abstoßung in einer Art "Haßliebe" verbinden.

$$m\ddot{x} = -\gamma\dot{x} - mg\sin\xi + F\cos(\omega t)$$

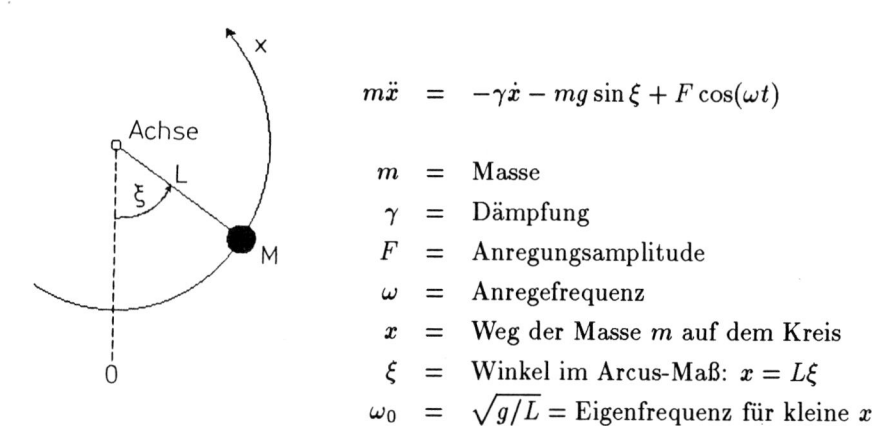

m = Masse
γ = Dämpfung
F = Anregungsamplitude
ω = Anregefrequenz
x = Weg der Masse m auf dem Kreis
ξ = Winkel im Arcus-Maß: $x = L\xi$
ω_0 = $\sqrt{g/L}$ = Eigenfrequenz für kleine x

Abbildung 12: *Mit der Kraft F und der Kreisfrequenz ω periodisch angeregtes Pendel mit einer Geschwindigkeits-proportionalen Dämpfungskraft $\gamma\dot{x}$. Im Text wird eine mit Hilfe folgender Substitutionen dimensionslos gemachte Bewegungsgleichung verwendet:*

$b \equiv \dfrac{\gamma}{m\omega_0}$ (Dämpfungsparameter)

$r \equiv \dfrac{F}{mL\omega_0^2}$ (Anregungsamplitude)

$\Omega \equiv \dfrac{\omega}{\omega_0}$ (Anregefrequenz)

$d\tau \equiv \omega_0 dt$ (Zeitintervall)

Ich habe versucht, wichtige Begriffe aus dem Lexikon der nichtlinearen Dynamik am Paradebeispiel der Logistischen Abbildung plausibel zu machen. Um zu zeigen, daß es sich bei dieser sehr vereinfachten "Karikatur" der Bevölkerungsdynamik jedoch um wesentlich mehr als um eine mathematische Spielerei handelt, möchte ich dieselben charakteristischen Verhaltensweisen zuerst an einem kontinuierlichen System der klassischen Mechanik und dann anhand eines Experimentes aus der Strömungsdynamik zeigen.

3.7 Das alte Pendel enthüllt unerwartete Eigenschaften

Analog zur oben betrachteten Abbildung kann eine *kontinuierliche Entwicklung* (engl.: flow) allgemein als

$$\dot{\boldsymbol{x}} = \boldsymbol{F}(\boldsymbol{x}) \qquad (8)$$

geschrieben werden, wobei $\boldsymbol{x}$ ein Zustandsvektor im Phasenraum bedeutet. Für ein *angeregtes und gedämpftes mathematisches Pendel* (vgl. Abb. 12) lautet die in der Form (8) geschriebene Bewegungsgleichung mit dem nichtlinearen Term $\sin \xi_1$

$$\begin{aligned}\dot{\xi}_1 &= \xi_2, \\ \dot{\xi}_2 &= -b\xi_2 - \sin\xi_1 + r\cos\xi_3, \\ \dot{\xi}_3 &= \Omega.\end{aligned} \qquad (9)$$

Die Phasenraumkoordinaten ξ_1, ξ_2 und ξ_3 haben dabei die Bedeutung von Auslenkungswinkel, Winkelgeschwindigkeit und Anregungsphase. Die beiden Liapunov-Exponenten des zweidimensionalen Entwicklungsflußes sind die zeitlich gemittelten Eigenwerte der Matrix $(\partial F_i/\partial x_k)$, die sich für diesen einfachen Fall analytisch berechnen lassen zu:

$$\lambda_{+-} = \langle \frac{1}{2}\left\{-b \pm \sqrt{b^2 - 4\cos\xi_1}\right\}\rangle. \qquad (10)$$

Damit das System chaotisch werden kann, muß mindestens ein Liapunov-Exponent positiv werden. Für λ_+ geschieht dies frühestens, wenn $\cos\xi_1$ über einen größeren Bruchteil der Zeit negativ wird, also bei Auslenkungen, die wesentlich größer als 90° sind. Eine Computersimulation von (9) ist in Abb. 13 dargestellt und zeigt in Übereinstimmung mit (10) eine monoton anwachsende Amplitude unterhalb 90°. Sobald die Amplitude des Pendels 90° erreicht (wobei λ_+ kurzzeitig zu Null wird), beobachten wir einen Amplitudensprung auf ca. 145° ($\sin\xi_1 \cong 0.57$), dazwischen gibt es keinen stationären Zustand.

Diese *Sprungstelle* entspricht etwa der Stelle $r_o = 1$ bei der Logistischen Abbildung und stellt ein schönes Beispiel für ein Kipp-phänomen dar, das bei nichtlinearen Systemen häufig zu beobachten ist. Bei ca. 154° tritt eine *symmetriebrechende Bifurkation* auf, wie sie bei der Logistischen Doppel-Abbildung bei $r_1 = 3$ vorliegt. Das Pendel hat sich im dargestellten Fall der Abb. 13 "entschieden", die rechte Amplitude größer als diejenige auf der linken Seite zu wählen und schwingt asymmetrisch. Aus der physikalischen Anordnung heraus ist jedoch klar, daß der zu diesem Schwingungsmodus symmetrische absolut gleichberechtigt wäre. In der Fortsetzung tritt eine *Periodenverdoppelungskaskade* auf, die analog zur Logistischen Abbildung in chaotische Bänder mündet, die durch laminare Fenster unterbrochen sind. Wiederum findet sich ein relativ großes *Fenster mit Periode 3*, das an seiner tiefer liegenden scharfen Begrenzung *Intermittenz* und an seiner höher liegenden Begrenzung eine *Periodenverdoppelungskaskade* und schließlich *Chaos* zeigt; vgl. Abb. 14.

Im Fenster um $r = 0,7716$ können sogar durch einen Sprung getrennte "rückwärts zueinander stehende" Bifurkationskaskaden beobachtet werden. Die etwas heikle Rechnung wurde auf einem PC mit einer Fließkomma-Arithmetik mit 52 Bit-Mantissen durchgeführt und benötigte bei einer Taktfrequenz von 10 MHz rund 20 Stunden. Es muß berücksichtigt werden, daß die mit einem

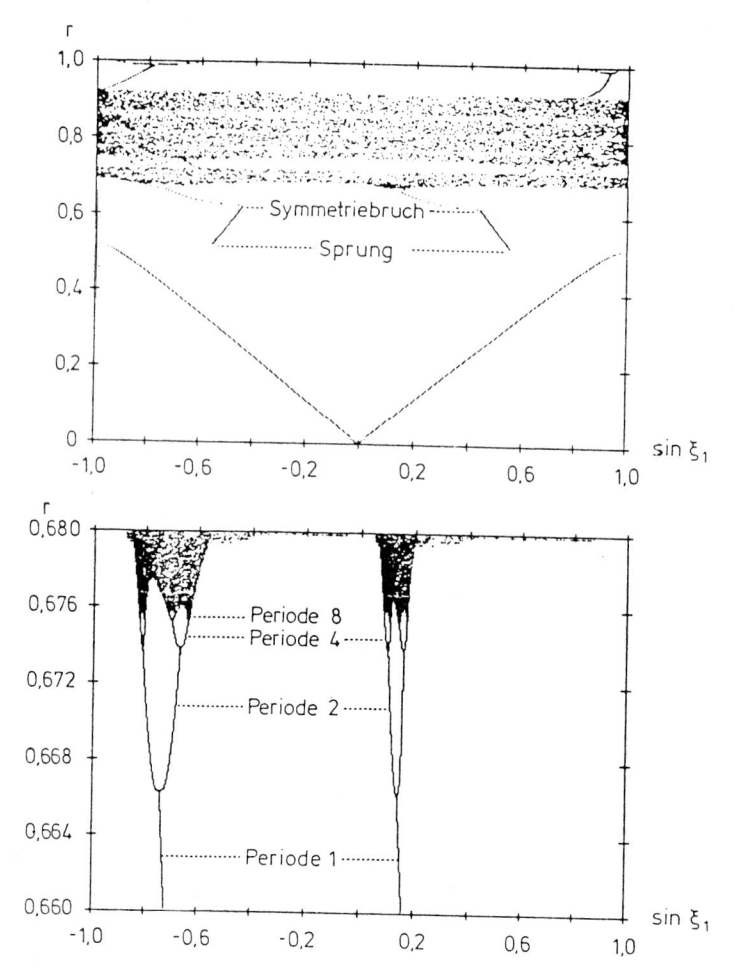

Abbildung 13: *Normalprojektion der Umkehrpunkte des Pendels (9) für $b =$ $0,25$ und $\Omega = 0,67$ bei langsam anwachsender Anregungsamplitude $r = 0 \cdots 1$. Der Zwischenbereich $r = 0,66 \cdots 0,68$ wurde vergrössert dargestellt, um die Perioden-Verdoppelungskaskade gut sichtbar zu machen.*

Runge-Kutta Algorithmus 4. Ordnung durchgeführten Berechnungen aus einer sehr großen Anzahl Integrationsschritten bestanden und das Pendel bei der großen Anregungsamplitude r über seine obere instabile Ruhelage bei 180° hinausgetrieben wurde und je nach dem Wert von r mehrere Male in der einen oder der anderen Richtung rotierte, was teilweise sehr lange Einschwingzeiten zur Folge hatte.

Um den zum angeregten Pendel gehörenden seltsamen Attraktor in seinem dreidimensionalen Einbettungsraum (ξ_1, ξ_2, ξ_3) darzustellen, wurden die Durchstoßpunkte der Trajektorie durch verschiedene Ebenen konstanter Phase (ein

Chaos und Ordnung in natürlichen Systemen

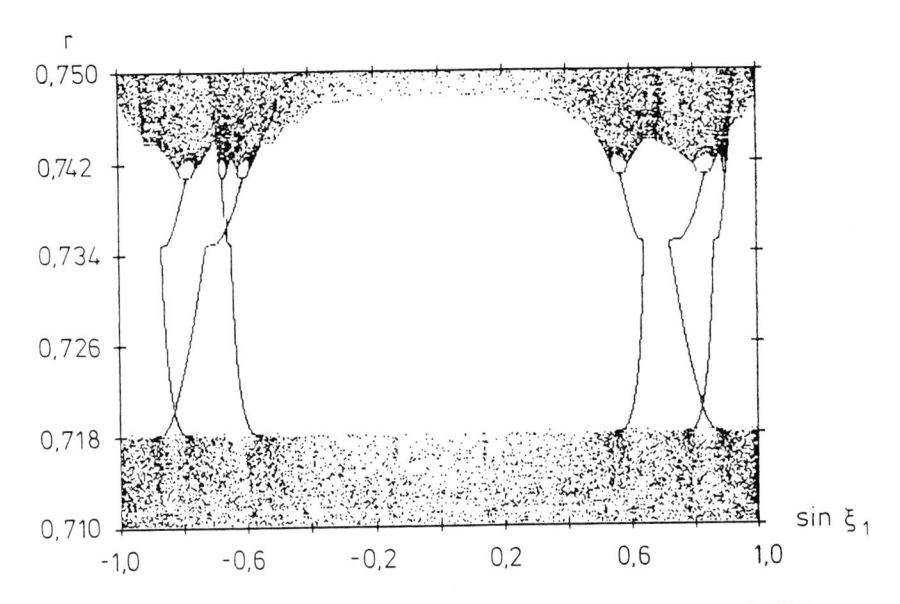

Abbildung 14: *Fenster mit Periode 3 beim Pendel für $r > 0,718$.*

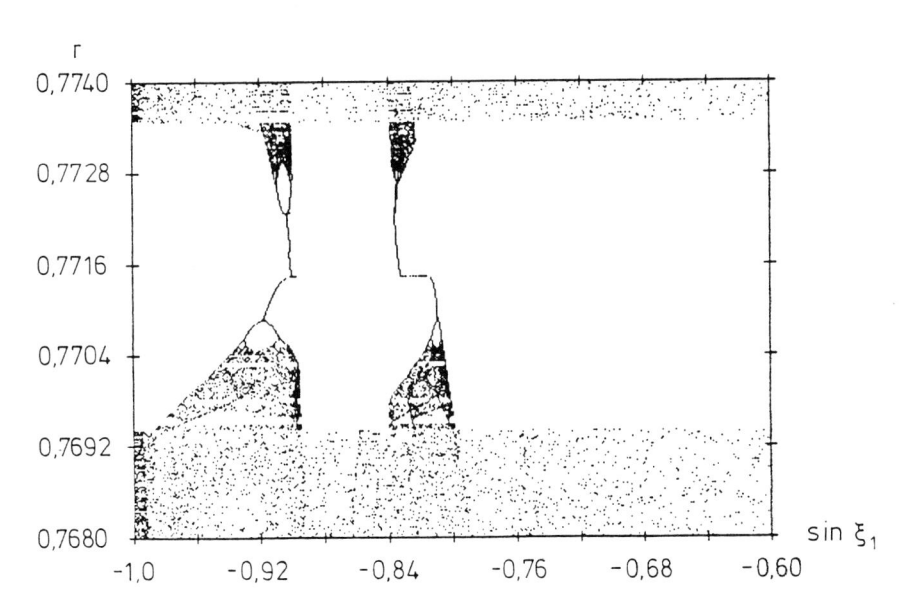

Abbildung 15: *Fenster mit Periode 2 um $r = 0,7716$.*

sog. *Poincaré-Schnitt*) bestimmt. Das in Abb. 16 dargestellte torusförmige Gebilde offenbart die Symmetrie der Dynamik und läßt auch den zugrunde liegenden Streckungs-Rückfaltungsvorgang der Bäcker-Transformation intuitiv erahnen, da Schnitten aus einem aus hellem und dunklem Teig nach nur unvollständiger Vermischung gebackenen "Marmorkuchen" eine entfernte Ähnlichkeit mit Abb. 16 aufweisen.

3.8 Die Theorie hält dem Experiment Stand

Als experimentelles Beispiel aus der Fluiddynamik soll die *Rayleigh-Bénard Konvektion* herangezogen werden, die durch vorsichtiges Erwärmen der Unterseite einer Flüssigkeitsschicht entsteht. Sobald die Energiezufuhr einen kritischen Wert überschreitet, setzt eine Konvektionsbewegung ein, die die Wärme wesentlich effektiver nach oben transportiert als es die molekulare Wärmeleitung bei kleinerem Energiefluß tat.

Bei planparallelen und (theoretisch) unendlich weit ausgedehnten Platten als untere und obere Begrenzung und absolut gleichförmiger Wärmezufuhr ist jede Stelle auf der unteren Platte gleichwertig und nur mikroskopische thermische Fluktuationen können entscheiden, wo eine erste Bewegung entstehen soll.

Engt man aber das System durch laterale Wände so weit ein, daß nur genau zwei Konvektionsrollen entstehen können, wie dies Abb. 17 zeigt, können durch diese "Prädispositionierung" des Systems wesentlich schöner reproduzierbare Experimente durchgeführt werden. Die beiden Konvektionsrollen können aber immer noch von unterschiedlicher Größe sein und seitliche Schwingungen ausführen, so daß die gemessene Temperaturdifferenz ΔT nicht konstant bleibt.

Die Rolle des Kontrollparameters wird hier durch die Rayleigh-Zahl übernommen, eine Kombination von Erdbeschleunigung, Ausdehnungskoeffizient, Plattenabstand, Wärmeleitfähigkeit, Viskosität und Temperaturdifferenz zwischen unterer und oberer Platte, die proportional zu letzterer Temperaturdifferenz ist. Bei einer kritischen Rayleigh-Zahl r_c sind erste Bewegungen sichtbar. Weit oberhalb r_c, zwischen $40 r_c$ und $43 r_c$, wurde durch den hervorragenden Experimentator A. LIBCHABER eine Periodenverdopplungskaskade gefunden, die alle universell gültigen Beziehungen erfüllt, die durch die Theorie vorhergesagt wurden. In weiteren Experimenten, die teilweise mit flüssigem Quecksilber anstelle von Helium durchgeführt wurden, konnte im chaotischen Bereich ein laminares Fenster mit Periode 3 sowie das typische Phänomen der Intermittenz beobachtet werden.

Es soll an dieser Stelle nicht unterschlagen werden, daß ein durch den Meteorologen E. N. LORENZ verwendetes mathematisch vereinfachtes Modell der Rayleigh-Bénard Konvektion, dessen Ergebnisse basierend auf einer Computersimulation er 1963 erstmals veröffentlichte [1], die Erforschung nichtlinearer komplexer Systeme ins Rollen brachte. Dies geschah jedoch erst in den siebziger

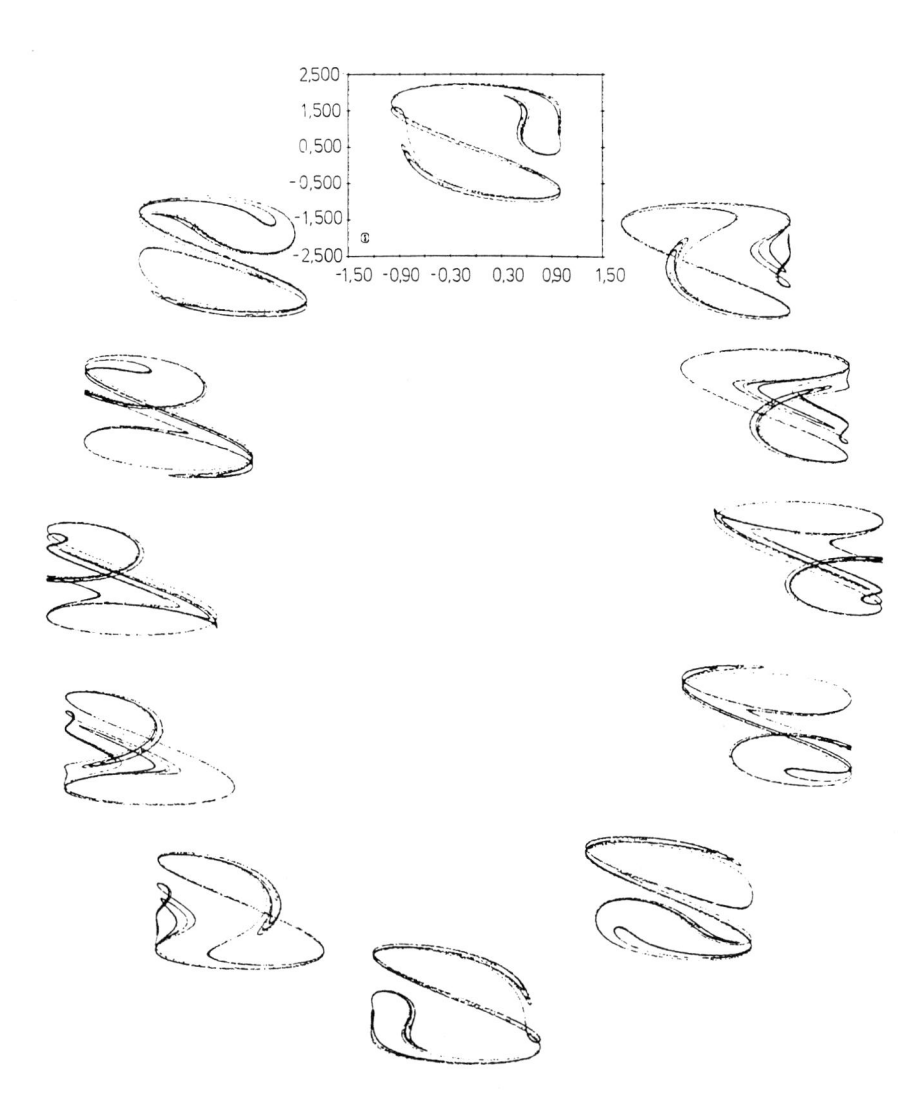

Abbildung 16: *Poincaré-Schnitte ξ_3 = const. durch den seltsamen Attraktor des angeregten Pendels im chaotischen Zustand bei $b = 0,25$, $W = 0,67$, $r = 0,7814$. Da $\xi_3 = 0$ mit $\xi_3 = 2p$ identisch ist, müssen die Schnitte torusförmig aneinandergereiht vorgestellt werden. Es wurden 10'000 Trajektorien-Durchstoßpunkte berechnet.*

elektrische Widerstandsthermometer

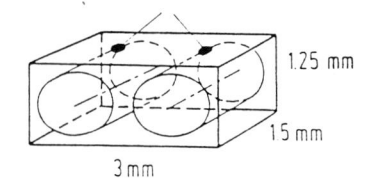

Abbildung 17: *Eine kleine Zelle enthält flüssiges Helium mit einer Temperatur nahe am absoluten Nullpunkt. Gemessen wird der zeitliche Verlauf der Temperaturdifferenz $\Delta T(t)$, die bei symmetrischer Ausbildung der beiden Konvektionsrollen etwa verschwindet.*

Jahren, nachdem sich der Skeptizismus der damals etablierten Physiker etwas aufgeweicht hatte und die bahnbrechenden neuen Erkenntnisse nicht mehr nur auf Ablehnung stießen.

Die Nichtlinearitäten haben nun also, wie gezeigt wurde, Zufall und Notwendigkeit miteinander verbunden und dabei Komplexität, Fehlerwachstum und beschränkte Vorhersagbarkeit anstelle eines strengen Determinismus gesetzt. Wurde dadurch aber nicht zuviel Unvorhersehbarkeit eingeführt und damit die Erklärungsmöglichkeiten für Evolution und Leben endgültig zunichte gemacht? Ich möchte im folgenden Abschnitt darlegen, daß diese Befürchtung verneint werden muß, da das Chaos im Verein mit Selbstorganisation, ein weiteres Produkt der Nichtlinearität, die Wurzel für die Entstehung kreativer Strukturen darstellt.

4 Selbstorganisation - schöpferische Ordnung aus dem Chaos

Nachdem wir gesehen haben, welchen Formenreichtum und welche Komplexität selbst einfachste Systeme entfalten können, möchten wir nun die entgegengesetzte Position einnehmen und uns fragen, in welcher Art komplexe Systeme mit sehr vielen Freiheitsgraden Ordnungsstrukturen ausbilden können, wie wir sie in unserem täglichen Leben, trotz vieler Indeterminiertheiten, überall antreffen. So finden wir *raum-zeitliche Strukturen* vom größten uns zugänglichen Maßstab, dem Universum mit seinen Galaxien, bis hin zum allerkleinsten Maßstab der Elementarteilchen. Am vertrautesten sind uns geordnete Strukturen jedoch im Zwischenbereich in der Form von Wellen oder Wirbeln, die beispielsweise in der Atmosphäre für das Wettergeschehen von zentraler Bedeutung sind. Geordnete Strukturen sind aber auch im geologischen Bereich als Kristalle oder geschichtete und gefaltete Sedimentschichten anzutreffen.

Chaos und Ordnung in natürlichen Systemen 395

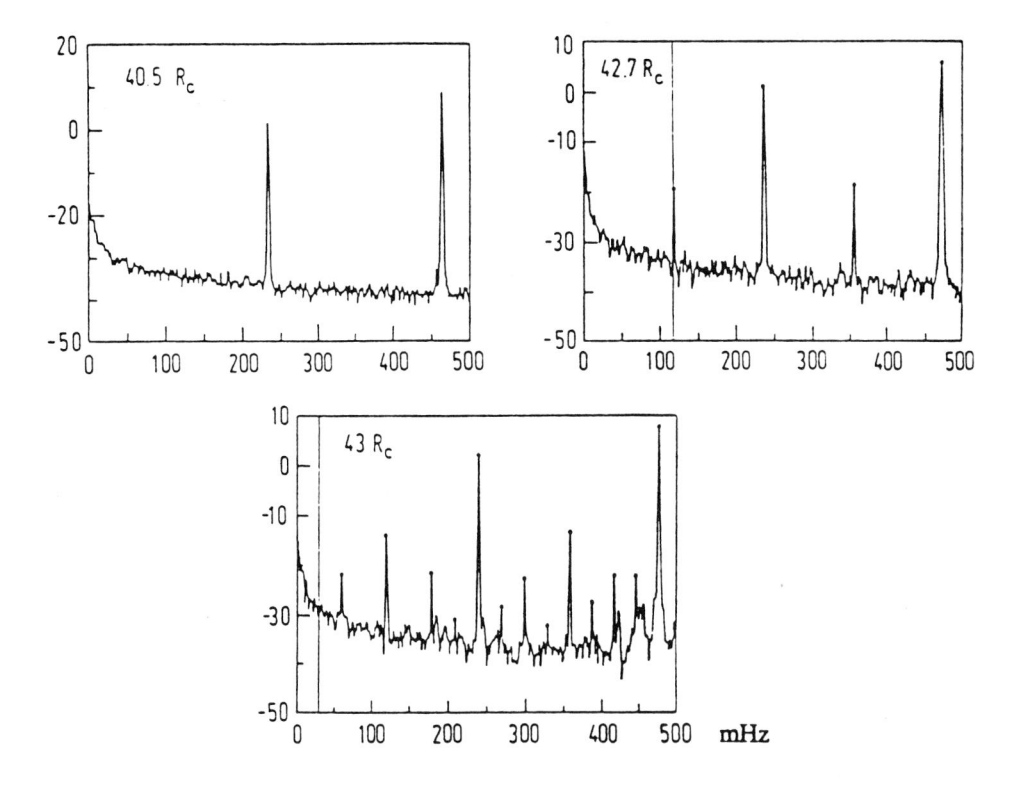

Abbildung 18: *Periodenverdoppelungs-Kaskade bei der Rayleigh-Bénard Konvektion im Experiment mit flüssigem Helium. Die Leistungsspektren des Temperatursignals* $\Delta T(t)$ *zeigen mit r zunehmende Verdoppelungen der Grundperiode von ca. 2 sec auf 4, 8, 16 und 32sec. Wie üblich treten im Leistungsspektrum auch alle Kombinationen der Frequenzen auf, also beispielsweise* $3f_o/4$ *oder* $9f_o/16$. *Der Peak bei* $f_o/16$ *ist nicht erkennbar, jedoch z.B. seine Überlagerung mit* $f_o/2$ *als* $9f_o/16$ *(entnommen aus [2]).*

Die eindrücklichsten Ordnungsphänomene sind aber innerhalb der biotischen Sphäre zu bestaunen, wo sie in jeder Hierarchiestufe zu finden sind: Hochgeordnete biochemische Zyklen besorgen den Aufbau der Proteine, die für die Ausbildung von Organellen gebraucht werden. Diese erfüllen wiederum genau definierte Aufgaben und bilden in ihrer Gesamtheit eine lebende Zelle. Auf einer nächsten Hierarchiestufe bilden Zellverbände spezielle Gewebe, die zu Organen zusammengefaßt sind, die in ihrer Gesamtheit schließlich ein Lebewesen ergeben. Das einzelne Lebewesen ist aber meistens wiederum Mitglied eines übergeordneten sozialen Systems, das als Ganzes lediglich ein einzelnes Glied in der Nahrungskette bilden kann.

Im Falle des Menschen wäre hier zusätzlich das komplexe ökonomische Beziehungsnetz zu erwähnen. Es handelt sich also innerhalb der Biosphäre um ganze *Ordnungs-Hierarchien* mit sehr vielen komplex verwobenen Interdependenzen und es ist vielleicht die größte und umfaßendste Frage, die im Rahmen der Naturwissenschaften behandelt werden kann, wie die Evolution eines solchen Systems sich gegen die dauernd nagenden Zerfallskräfte durchsetzen kann. Ich möchte diese große Frage anhand verschiedener Beispiele angehen und dabei mit einem einfachen abiotischen Beispiel beginnen, das ganz innerhalb des physikalischen Erfahrungsbereiches liegt.

4.1 Eine von selbst entstehende Maschine

Ich möchte den Gegensatz zwischen unserer Betrachtung und dem heutigen technischen Denken mit Hilfe eines Gedankenexperimentes verdeutlichen, indem ich zwei Realisierungsmöglichkeiten für dieselbe Aufgabe einander gegenüberstellte: die technische und eine der Biologie näherstehende, die ich kurz als "biologische" bezeichne. Die Aufgabe besteht darin, eine hexagonale Bienenwabenstruktur automatisch zu erzeugen.

Die technische Lösung im Computerzeitalter bestünde wohl darin, die Koordinaten der Eckpunkte der Hexagone mit Hilfe eines Programmes zu berechnen und das Resultat mittels eines Matrixdruckers auf Papier zu fixieren. Diese Lösung besitzt die in der linken Spalte der Tabelle 1 zusammengestellten Charakteristiken: Das gewünschte Resultat wird in mathematische Beziehungen umgesetzt, die einen Automaten steuern. Beide Schritte sind nur durch eine Intervention menschlichen Geistes durchführbar und es kann nicht davon gesprochen werden, daß eine hexagonale Struktur entstanden wäre; sie wurde konstruiert!

Es fragt sich nun, ob das Resultat auch durch Prozesse erreichbar wäre, die nicht die leiseste Andeutung einer hexagonalen Struktur in sich tragen, ob also das Resultat von selbst entstehen könnte. Eine solche "biologische" Lösung könnte folgendermaßen aussehen: In einer flachen Mulde aus dunklem Gestein hat sich etwas Regenwasser gesammelt, das durch die Sonne aufgewärmt wird. Da die Sonnenstrahlung vor allem den dunklen Gesteinsuntergrund erwärmt, setzt eine *Rayleigh-Bénard Konvektion* ein, wie sie im vorigen Abschnitt bereits besprochen wurde. Es läßt sich mit Hilfe der physikalischen Grundgleichungen (Bewegungsgleichung, Wärmetransportgleichung, Kontinuitätsgleichung, Zustandsgleichung, Randbedingungen) zeigen, daß selbst in einer völlig homogenen Situation bei bestimmten Rayleigh-Zahlen *hexagonale Konvektionszellen* entstehen, die kleine Sandkörner, die sich ebenfalls in der angenommenen Mulde befinden, so verschieben können, daß eine Bienenwabenstruktur sichtbar wird. Dieser *Selbstorganisationsprozeß*, der sich über den Ozeanen auch in der Atmosphäre abspielt, konnte auf der Erde ablaufen, lange bevor die erste Urzelle entstand. Betrachten wir nun die Eigenschaften dieses einfachen Selbstorganisationsprozeßes:

- Die in den Grundgleichungen enthaltenen *Nichtlinearitäten* sind entscheidend für die Ausbildung der räumlichen Struktur. Sie sind enthalten in der Bewegungsgleichung und in der Wärmetransportgleichung als Transportterme $v$grad v resp. $v$grad T (v = Geschwindigkeitsvektor, T = Temperatur).

- Der Prozeß findet weit *entfernt vom thermodynamischen Gleichgewicht* statt, das durch Bewegungslosigkeit und homogene Temperaturverteilung ausgezeichnet wäre.

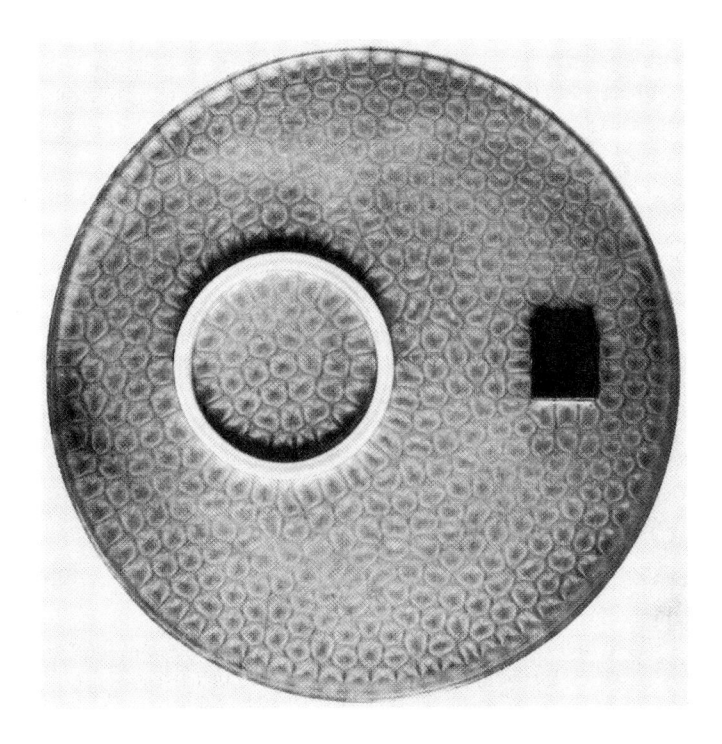

Abbildung 19: *Rayleigh-Bénard Zellen können am einfachsten in flachen Schalen mit Hilfe von Siliconöl und Aluminiumpulver sichtbar gemacht werden. Sie sind aber auch kurzzeitig beim Kochen von Spiegeleiern (kurz vor der Koagulation des Eiweißes) sichtbar. Beim Auftragen von Farben auf glatte Oberflächen können ebenfalls hexagonale Zellen entstehen, die in diesem Falle aber durch die Abkühlung, die durch das verdunstende Lösungsmittel zustande kommt und die damit veränderte Oberflächenspannung angetrieben werden. Dieses Phänomen kann absichtlich verwendet werden, um Oberflächen mit "Hammerschlag" zu imitieren (entnommen aus [3]).*

- Die Funktion, nämlich die Verschiebung der Sandkörner in unserem Beispiel, ist eng *verkoppelt mit der Struktur*, die als hexagonales Strömungsfeld vorliegt.

- Die Struktur wird durch einen das System durchquerenden Energiefluß aufrechterhalten, in unserem Beispiel durch den von der Sonne ausgehenden Wärmestrom. Es handelt sich also um ein im Sinne von I. PRIGOGINE *dissipatives System*, das seine Ordnung lokal auf Kosten einer Entropiezunahme seiner Umgebung erhöhen kann. Das Gesamtsystem (dissipatives System und Umgebung) steht deshalb nicht im Widerspruch zum Entropiegesetz der Thermodynamik, das eine Zunahme der Ordnung und damit eine Abnahme der Entropie nur für abgeschloßene Systeme verbietet.

- Die Struktur zeigt gewisse *Anpaßungsmechanismen*, indem sie sich der Geometrie der seitlichen Ränder in einem gewissen Sinne anpaßt: Anstelle der Hexagone können in runden Schalen kreisförmige Rollen oder in länglichen rechteckigen Gefäßen parallele Rollen entstehen.

- Die Struktur reagiert auf Störungen mit einer Art *"Heilungsprozeß"*. Das System "stürzt nicht ab" wie ein Computer bei der kleinsten Störung.

- Man könnte sogar von einer Art *Kreativität und Individualität* sprechen, die dem System innewohnt, indem bei langsamer Erhöhung der Rayleigh-Zahl (langsame Intensivierung der Sonnenstrahlung im Laufe des Tages in unserem Beispiel) sehr komplexe Formen entstehen können, die bei jedem Versuch anders ausfallen. Die bei bestimmten kritischen Rayleigh-Zahlen auftretenden abrupten Strukturveränderungen (z.B. Übergang von Rollen zu Hexagonen) sind *Phasenübergänge*, die eine entfernte Ähnlichkeit mit biomorphologischen Entwicklungsschritten erkennen lassen.

- Der *Konstruktionsplan* für die geschilderte "Maschine" ist unvergleichbar viel einfacher als derjenige der technischen Lösung, indem er fast nur Eigenschaften der Naturgesetze enthält, die im Plan nicht festgehalten werden müssen. Der kleine Rest des Konstruktionsplanes könnte dann gerade so gut rein zufällig entstehen.

Ein Vergleich dieser Eigenschaften der Rayleigh-Bénard Konvektion mit den in der Tabelle 1 zusammengestellten grundlegenden Eigenschaften natürlicher Systeme zeigt, daß rund die Hälfte dieser biologischen Eigenschaften durch das betrachtete einfache physikalische System in einem gewissen Sinne illustriert werden können. Diese entfernte Gemeinsamkeit mit Lebensphänomenen macht verständlich, weshalb der Rayleigh-Bénard Konvektion im Rahmen der nichtlinearen Dynamik eine derart große Aufmerksamkeit geschenkt wird. Über die Rolle eines Paradigmas hinaus dürfte die Rayleigh-Bénard Konvektion für die Temperaturregulierung der Erdoberfläche eine gewisse Bedeutung haben, die aber heute noch nicht quantifiziert werden kann. Neben Wolkenstraßen (parallelen Rollen), die man bei Atlantikflügen beobachten kann, wurden auf Satellitenbildern auch Hexagone mit Durchmessern von rund 100 km entdeckt, die in zwei Ausführungen gemäß den beiden zueinander symmetrischen Drehrichtungen vorliegen. Wenn die Luft im Innern der Hexagone absinkt und sich dabei durch die adiabatische Kompression erwärmt, so daß die Wolken aufgelöst werden, sind die Hexagone nur durch relativ schmale Wolkenbänder berändert (an den Rändern steigt die Luft auf, kühlt sich dabei ab, und es bilden sich Wolken) und deshalb im wesentlichen offen. Ist die Drehrichtung umgekehrt, sind die Zellen mit Ausnahme schmaler Ränder wolkenbedeckt, also geschlossen.

Die interessante Beobachtung ist nun die, daß die Zellen über warmen Ozeanen vorwiegend offen, über kalten hingegen vorwiegend geschlossen sind. Es scheint also, daß der Symmetriebruch bei der Entstehung der Zellen nicht ganz zufällig vor sich geht, sondern daß ein bislang unbekannter Prozeß das Zünglein an der Waage spielt und die Zellen derart steuert, daß ihre Ausbildung eine Temperaturstabilisation bewirkt, indem die offenen Zellen nachts die durch die warme Meeresoberfläche abgegebene Infrarotstrahlung in den Weltraum entweichen lassen, währenddem die Wolken der geschlossenen Zellen über kalten Meeresoberflächen als Isolierschicht wirken. Dies ist ein Beispiel dafür, wie große Strukturen durch kleine, als unwichtig übersehene Prozesse in "sinnvoller" Weise determiniert werden: Die Steuerung braucht nur im kritischen Bifurkationspunkt einzusetzen, um mit kleinstem Aufwand eine große Wirkung zu erzielen. Man vergleiche diesen Vorgang wiederum mit der technischen Lösung des Regelproblems mit Hilfe von Lamellenstoren!

4.2 Ordnung entsteht durch Energieflüsse

Es wurde bereits erwähnt, daß das betrachtete Konvektionsphänomen ab initio berechnet werden kann. Bereits 1916 hat O. M. RAYLEIGH, angeregt durch Experimente von H. BÉNARD im Jahre 1901, die nach ihm benannte kritische Zahl für den Phasenübergang von Wärmeleitung zu Konvektion zum ersten Mal berechnet. Die am Ende des vorigen Abschnittes angedeuteten bahnbrechenden Berechnungen von E. N. LORENZ im Jahre 1963 beruhen auf einer mathematisch stark vereinfachten Form dieser Bewegungsgleichungen, der sogenannten Lorenz-Gleichungen:

$$\begin{aligned}\dot{X} &= \sigma(X-Y)\\ \dot{Y} &= rX - Y - XZ \\ \dot{Z} &= -bZ + XY\end{aligned} \quad (11)$$

X und Y haben die Bedeutung einer Geschwindigkeits- resp. Temperaturamplitude und Z ist die mittlere Temperaturabweichung in der Flüssigkeitsschicht

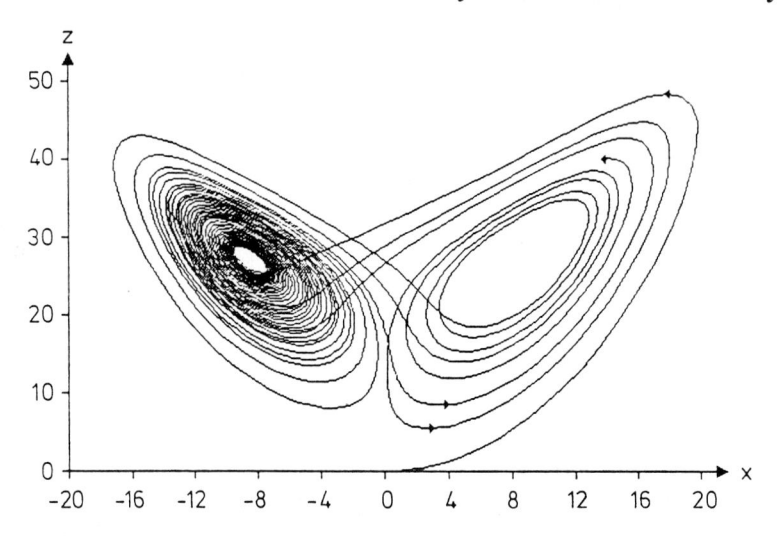

Abbildung 20: *Projektion des Lorenz-Attraktors für $\sigma = 10$, $b = 8/3$ und $r = 28$ auf die $X - Z$-Ebene. Die in den dreidimensionalen Raum eingebettete Trajektorie mit Beginn nahe dem Nullpunkt schneidet sich nie und hat mit einer fraktalen Dimension von 2,05 ein Volumen von Null.*

vom linearen Verlauf. Die für das Verhalten des Systems wesentlichen Nichtlinearitäten sind die Terme XZ und XY in der zweiten und dritten Gleichung. Die üblichen Parameterwerte sind $\sigma = 10$ und $b = 8/3$. Der Kontrollparameter r ist proportional zur Rayleigh-Zahl und damit zur Temperaturdifferenz zwischen unterer und oberer Begrenzung der Flüssigkeitsschicht. Für $r < 1$ ist die triviale Lösung $X = Y = Z = 0$ stabil und der Wärmetransport geschieht durch Wärmeleitung bei ruhender Flüssigkeit. $r = 0$ entspricht dem thermodynamischen Gleichgewichtszustand und r zwischen 0 und 1 ist der Bereich der linearen Thermodynamik nahe beim Gleichgewicht. Der erste kritische Wert ist $r = 1$, wo eine Konvektionsbewegung einsetzt, die zwischen $r = 1 \cdots 24{,}74$ (für die obigen Parameterwerte) stationär ist und zu Rollen, Hexagonen oder weiteren regelmäßigen Strukturen führt.

Der Anschluß an die früher gezeigten Phänomene der Periodenverdoppelungskaskade und des seltsamen Anziehungspunktes wird durch Werte des Kontrollparameters oberhalb 24,74 hergestellt. Der bekannt gewordene, in Abb. 20 dargestellte Lorenz-Attraktor gehört zum chaotischen Bereich bei $r = 28$.

Die Tatsache, daß das betrachtete System dissipativ ist, hat direkte Konsequenzen für die Eigenschaften des seltsamen Attraktors. Durch eine einfache Umformung der allgemeinen Bewegungsgleichung (8) kann die Veränderung eines Volumenelementes dV im Phasenraum folgendermaßen ausgedrückt werden:

$$\frac{dV}{dt} = \text{div } \boldsymbol{F}. \tag{12}$$

Setzt man die Bewegungsgleichung (11) in diese Beziehung ein, erhält man $dV/dt = -\sigma - 1 - b < 0$. Ebenso wird die Volumenänderung für das gedämpfte Pendel (9) negativ, nämlich $dV/dt = -b < 0$. b bedeutet beim Pendel die Dämpfungskonstante und macht so den Zusammenhang zwischen dem schrumpfenden Phasenvolumen und der *Energiedissipation* (Umwandlung in Wärme) deutlich. Ähnlich, aber etwas komplizierter, ist der Sachverhalt beim Lorenz-System, wo s proportional zur molekularen kinematischen Zähigkeit des Mediums ist, so daß die Schrumpfung des Phasenvolumens ebenfalls direkt mit der dissipierenden Reibung verbunden ist. Jedes Phasenvolumen, das man sich durch benachbarte Zustandspunkte im Phasenraum aufgespannt vorstellen kann, konvergiert also exponentiell gegen Null. Läßt man also den Einschwingvorgang beiseite und betrachtet nur den asymptotischen Verlauf der Trajektorien, die im Falle chaotischen Verhaltens den seltsamen Attraktor definieren, sieht man ein, daß dessen Volumen Null sein muß.

Sowohl im Falle des Pendels als auch des Lorenz-Systems liegen die Trajektorien aber ganz klar nicht auf einer Ebene, so daß die Dimension des Attraktors weder 2 noch 3 sein kann und deshalb fraktale Werte dazwischen annehmen muß. Die Vorstellung mit dem *schrumpfenden Phasenvolumen* ist aber insofern unvollständig, als daraus gefolgert werden könnte, daß der Attraktor auf einen Punkt oder eine geschlossene Linie konvergieren muß. Diese Fälle des Punkt-Attraktors oder Grenzzyklus mit stationärem oder periodischem Verhalten stellen denn auch wichtige Spezialfälle für das Verhalten dynamischer Systeme dar. Beim Pendel ist der sich bei verschwindender Anregungskraft einstellende Ruhezustand ein Punktattraktor und bei kleiner Anregung beschreibt die Trajektorie im dreidimensionalen Phasenraum eine geschlossene auf einen Torus aufgewickelte Spirale, also einen Grenzzyklus. Das alleinige Schrumpfen des Phasenvolumens ist also keine hinreichende Bedingung für das Auftreten eines seltsamen Attraktors: In mindestens einer Richtung muß das Phasenvolumen gleichzeitig zur Volumenschrumpfung gestreckt werden, was gleichbedeutend ist mit dem Auftreten eines positiven Liapunov-Exponenten. Zusammengenommen soll die Kompression der einen Phasenraumrichtung bei gleichzeitiger Streckung einer anderen wieder an die bereits erwähnte Bäckertransformation erinnern. Weil die eine Richtung unendlich stark gestreckt werden muß, damit der Attraktor nicht auf einen Punkt oder einen Grenzzyklus kollabiert, wird auch klar, weshalb er unendlich oft auf sich selbst zurückgefaltet werden muß, um in einem endlichen Teil des Phasenraumes Platz zu finden.

Nimmt man diese Überlegung zusammen mit der Bedingung, daß sich die Phasenbahn nie schneiden darf (dies ergäbe an den Schnittpunkten Zweideutigkeiten der Dynamik, was der Voraussetzung der Eindeutigkeit widersprechen würde), wird intuitiv verständlich, daß eine Dynamik nur chaotisch werden kann, wenn ihr Phasenraum mindestens drei Dimensionen hat: Eine Richtung zum Schrumpfen, eine zum Strecken und eine um "auszuweichen". Diese Vorstellung trägt gleichzeitig eine Antwort unserer Frage nach der Stabilisation komplexer Systeme in sich: Eine Struktur, also Ordnung, kann sich gegen den

Zerfall mit Hilfe eines das System durchströmenden Energieflußes durchsetzen und stabilisieren. Sobald dieser Energiefluß oder Metabolismus aufhört, löst sich die Struktur jedoch auf, das System "stirbt". Ordnung ist also ganz allgemein ein Produkt von Energie.

4.3 Ordnung beruht auf der Beschränkung der Freiheit

Eine weitere Frage, die im Zusammenhang mit dem Übergang von der Rayleigh-Bénard Konvektion mit unendlich vielen Freiheitsgraden zu den Lorenzgleichungen mit nur 3 Freiheitsgraden geklärt werden muß, ist die Berechtigung für die drastische Dimensionsreduktion des Phasenraumes. Dies berührt direkt die zentrale Frage nach den *Möglichkeiten einfacher (geordneter) Verhaltensweisen komplexer Systeme.* Der Physiker H. HAKEN hat diese Frage am Beispiel der Dynamik von Laser-Systemen aufgegriffen und mit der Ausdehnung seines *Prinzips der Versklavung von Freiheitsgraden* auf Systeme der Chemie, Biologie und Soziologie das Wissensgebiet der *Synergetik* begründet. Da die Technik der sogenannten *adiabatischen Elimination schnell relaxierender Variablen* für physikalisch interessante Systeme mathematisch zu anspruchsvoll ist, möchte ich das Prinzip anhand einer einfachen synthetischen Dynamik ohne physikalischen Hintergrund illustrieren: Wir betrachten nach einer Idee von H. HAKEN [4] die folgende spezielle Dynamik der allgemeinen Form (8):

$$\dot{x}_1 = F_1(x_1, x_2) = -x_1 + \beta x_2 - a(x_1^2 - x_2^2),$$
$$\dot{x}_2 = F_2(x_1, x_2) = \beta x_1 - x_2 + b(x_1 + x_2)^2. \tag{13}$$

Wir zerlegen die Dynamik F in einen linearen und einen nichtlinearen Anteil $F = L + N$ und bestimmen vorerst die allgemeine Lösung der linearen Teildynamik um die Gleichgewichtslage $x_1 = x_2 = 0$ des Gesamtsystems. Die Eigenwerte $\lambda_{1,2}$ und die Eigenvektoren $x_o^{1,2}$ von L lassen sich auf einfache Weise analytisch bestimmen zu

$$\lambda_1 = -1 + \beta, \quad x_o^1 = (1, 1),$$
$$\lambda_2 = -1 - \beta, \quad x_o^2 = (1, -1) \tag{14}$$

und ergeben die allgemeine Lösung des linearen Systems

$$x(t) = A_1 x_o^1 \exp(\lambda_1 t) + A_2 x_o^2 \exp(\lambda_2 t). \tag{15}$$

$A_{1,2}$ sind innerhalb des linearen Systems konstante Amplituden, die durch die Anfangsbedingungen ($t = 0$) vorgegeben sind. Im Rahmen der Gesamtdynamik

$F = L + N$ können jedoch diese Amplituden $A_{1,2}$ der beiden Moden x_o^1 und x_o^2 nicht mehr als konstant betrachtet werden. Mit dem Ansatz

$$x(t) = \xi_1 x_o^1 + \xi_2 x_o^2 \qquad (16)$$

erhält man durch Einsetzen in die Dynamik (13) eine Bewegungsgleichung für die Amplituden $\xi_{1,2}$

$$\dot{\xi}_1 x_o^1 + \dot{\xi}_2 x_o^2 = \lambda_1 \xi_1 x_o^1 + \lambda_2 \xi_2 x_o^2 + N(\xi_1, \xi_2). \qquad (17)$$

Um (17) in die gewohnte Form (13) zu transformieren, bestimmen wir die linksseitigen Eigenvektoren $^{1,2}x_o$ und Eigenwerte $^{1,2}\lambda$ von L, die die Relation $x_o L = \lambda L$ erfüllen. Als Folge der Symmetrie der linearen Teildynamik L sind die linksseitigen Eigenvektoren in unserem Beispiel identisch mit den bereits berechneten

$$\begin{aligned} ^1 x_o &= (1, -1), \\ ^2 x_o &= (1, 1). \end{aligned} \qquad (18)$$

Wie durch einen Vergleich zwischen (14) und (18) festgestellt werden kann, stehen links- und rechtsseitige Eigenvektoren orthogonal ($^i x_o x_o^i = 0$), was auch für den allgemeinen Fall mit asymmetrischer Dynamik gilt. Durch Multiplikation von (17) mit $^1 x_o$ und $^2 x_o$ ergeben sich die beiden gesuchten Bewegungsgleichungen für die Amplituden $\xi_{1,2}$ der beiden Moden

$$\begin{aligned} \dot{\xi}_1 &= (-1 + \beta)\xi_1 - 2a\xi_1\xi_2 + 2b\xi_1^2, \\ \dot{\xi}_2 &= (-1 + \beta)\xi_2 - 2a\xi_1\xi_2 - 2b\xi_1^2. \end{aligned} \qquad (19)$$

In einem letzten Schritt betrachten wir den Fall, daß der eine Mode ξ_1 instabil wird, was für $b > 1$ der Fall ist, da dann der lineare Term der ξ_1-Gleichung positiv wird, was zu einem exponentiellen Wachstum von ξ_1 führt: $\xi_1 \cong A_1 \exp(-1 + b)t$. Der Faktor $(-1 - b)$ der ξ_2-Gleichung bleibt jedoch negativ, so daß dieser Mode stabil bleibt und nach der Technik von H. HAKEN eliminiert werden kann, indem $\dot{\xi}_2 = 0$ gesetzt wird. Die nachträgliche Elimination von ξ_2 aus (19) ergibt dann die Bewegungsgleichung für den instabilen Mode $\xi = \xi_1$ allein, die die folgende Form annimmt

$$\dot{\xi} = (-1 + \beta)\xi + 2b\xi^2 + \frac{4ab}{1 + \beta + 2a\xi}\xi^3. \qquad (20)$$

Durch dieses recht allgemein anwendbare Verfahren wurde der gedämpfte Mode ξ_2 eliminiert, der dem sog. **Ordnungsparameter** $\xi = \xi_1$ adiabatisch folgt. Durch einen derartigen Versklavungsprozeß kann verstanden werden, weshalb das Verhalten komplexer Systeme mit sehr vielen Freiheitsgraden durch nur einen oder wenige Ordnungsparameter bestimmt werden kann. Komplexe Systeme können aufgrund dieses Versklavungsprozesses wohlgeordnetes, einfaches Verhalten zeigen.

Abschließend soll angemerkt werden, daß das Versklavungsprinzip im Falle unseres Beispiels (19) auf der Voraussetzung beruht, daß ξ_1 nicht allzu groß wird. Die ξ_2-Gleichung läßt sich nämlich formulieren als

$$\dot{\xi}_2 = \{-|\lambda_2| + 2a(-\xi_1)\}\xi_2 + \text{nichtlinearer Term.} \tag{21}$$

Sobald ξ_1 größere negative Werte annimmt, kann der in den geschweiften Klammern stehende Ausdruck positiv werden, so daß ξ_2 exponentiell anwächst und von ξ_1 unabhängig wird, eine Freiheit, die das System in vielen Fällen zu unvorhersagbarem chaotischem Verhalten veranlaßt.

4.4 Raum-zeitliche Strukturen in der Chemie

Nach diesen grundsätzlichen Erkenntnissen, die am Beispiel physikalischer Systeme gewonnen werden können, soll untersucht werden, unter welchen Bedingungen chemische Systeme raum-zeitliche Ordnungsstrukturen ausbilden können.

Das Paradebeispiel ist in diesem Zusammenhang eine chemische Uhr, also ein periodischer Vorgang, der unter dem Namen *Belousov-Zhabotinsky-Reaktion* seit 1958 von zahlreichen Forschern experimentell und theoretisch untersucht wird. Es handelt sich um eine Mischung von Kaliumbromat, Malon- und Bromalsäure sowie Cersulfat in Zitronensäure gelöst, die etwa im Minuten-Rhythmus die Farbe wechselt. Eine Analyse der heute bekannten chemischen Reaktionsgleichungen ergibt, daß *autokatalytische Reaktionen*, die prinzipiell zu nichtlinearen Termen führen, von zentraler Bedeutung für die verschiedensten Verhaltensweisen dieses interessanten Systems sind. Neben stationären Zuständen (Punkt-Attraktor) lassen sich wie erwähnt periodische Zustandsänderungen (Grenzzyklen) beobachten, die bei kritischen Parameterwerten in Periodenverdopplungskaskaden und schließlich chaotisches Verhalten münden können. Werden die Versuche nicht in einem Reaktor mit Rühreinrichtung und konstantem Zufluß von Edukten sowie Überlauf durchgeführt, sondern in flachen Schalen, lassen sich durch *Reaktions-Diffusionsprozesse* erzeugte *wellenförmige Strukturen* beobachten, die langsam (ca. 5mm/Min) "wachsen" und dem Verhalten gewisser Schleimpilz-Zellenverbände sehr ähnlich sehen.

Um das Wesen autokatalytischer Prozesse verstehen zu können, soll wiederum ein synthetisches System, das in der Chemie keine direkte Entsprechung hat, herbeigezogen werden. Der einfachste autokatalytische Prozess liegt dann vor, wenn ein Produkt X für seine eigene Herstellung gebraucht wird, also seine

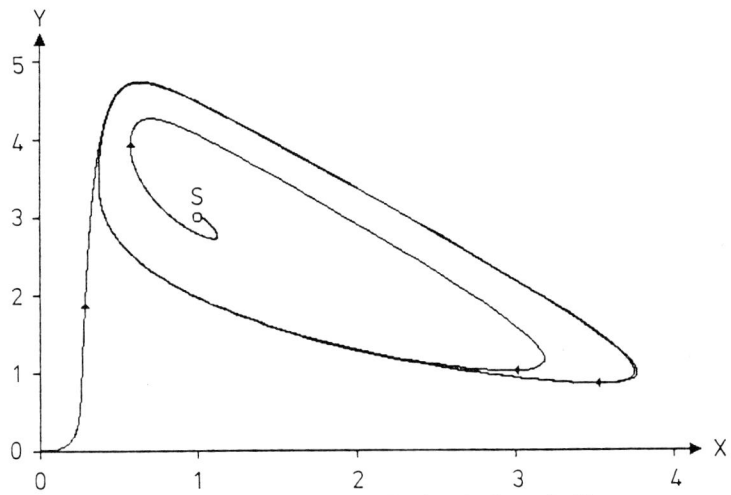

Abbildung 21: *Brüsselator: Unterschiedliche Anfangsbedingungen ergeben Trajektorien, die alle auf denselben periodischen Grenzzyklus konvergieren. S bezeichnet den instabilen stationären Zustand. Die verwendeten Parameter sind $A = 1$, $B = 3$, $r = 1.5$.*

Herstellung selbst katalysiert. Als chemische Reaktionsgleichung ausgedrückt lautet ein derartiger Prozeß

$$A + X \to X + X. \tag{22}$$

Der Katalysator X wird bei der Reaktion nicht verbraucht, so daß der Prozeß bis zur Erschöpfung der Ressourcen A ablaufen kann. Die Situation ist ähnlich der einer wachsenden Population und führt wie diese auf ein exponentielles Wachstum, solange die Ressourcen A konstant bleiben:

$$\begin{aligned} \dot{X} &= k_1 A X, \\ X(t) &= X_0 \exp(k_1 A t). \end{aligned} \tag{23}$$

Ein interessantes System, das trotzdem einfacher als die Belousov-Zhabotinsky-Reaktion zu berechnen ist, wurde von I. PRIGOGINE [5] für Untersuchungen verwendet und "Brüsselator" genannt. Es entspricht dem folgenden Reaktionssystem:

$$\begin{aligned} A &\to X, \\ 2X + Y &\to 3X, \\ B + X &\to Y + D, \\ X &\to E. \end{aligned} \qquad (24)$$

A und B sind Edukte, D und E Produkte, deren Konzentrationen konstant gehalten werden, währenddem X und Y zeitlich veränderliche Zwischenprodukte sind. Das entsprechende dynamische System besteht aus den beiden Gleichungen (der Einfachheit halber wurden alle Reaktionsgeschwindigkeiten $k_i = 1$ gesetzt):

$$\begin{aligned} \dot{X} &= A + X^2 Y - (B+1)X, \\ \dot{Y} &= -X^2 Y + BX. \end{aligned} \qquad (25)$$

Das System hat den stationären Zustand $X_0 = A$ und $Y_0 = B/A$, der instabil wird, sobald $B > 1 + A^2$ ist. Dem Ausdruck $r = B/(1 + A^2)$ käme also die Rolle eines Kontrollparameters zu. Interessant ist nun aber, daß der für $r > 1$ entstehende in Abb. 21 dargestellte stabile Grenzzyklus sowie seine Periodendauer nur von A und B abhängig ist.

Man kennt heute eine große Anzahl von oszillierenden Systemen, besonders im biologischen Bereich, deren Perioden ebenfalls durch den bio-chemischen Zustand des Systems festgelegt sind. Durch eine Koppelung von zwei identischen Systemen 1 und 2 nach (25) durch zwei Austauschterme $D_x(X_2 - X_1)$ und $D_y(Y_2 - Y_1)$ läßt sich ein Symmetriebruch simulieren. Das symmetrische System verstärkt die geringste Konzentrationsdifferenz zwischen den Teilsystemen 1 und 2 auf makroskopische Werte und stabilisiert sich hernach in einem stark asymmetrischen Zustand. Die Auswahl des einen der beiden möglichen Endzustände wird durch mikroskopische Fluktuationen besorgt.

4.5 Gestaltbildung in der Biologie

Die Faszination, die das neue Forschungsgebiet der nichtlinearen Dynamik sowohl auf Wissenschafter verschiedenster Fachrichtungen als auch auf Laien ausübt, rührt vor allem daher, daß erstmals in der Geschichte der Physik sich die Möglichkeit abzeichnet, eine Brücke über den unendlich erscheinenden Abgrund zu schlagen, der die tote von der lebenden Natur trennt. In keinem anderen Naturbereich erreichen die verschiedenen Erscheinungsformen auch nur annähernd die unüberschaubare Vielfalt und Komplexität der Biologie mit ihren schätzungsweise 5 Millionen heutigen Arten, die vielleicht etwa 1% aller dagewesenen Arten ausmachen. Nirgendwo sonst durchdringt das Spiel von Zufall und Notwendigkeit so intensiv sämtliche Aspekte des Daseins wie in der Biologie, wo jede Art aus einer riesigen Anzahl individueller Mitglieder besteht. Neueste Untersuchungen zeigen, daß Individualität kein Vorrecht des Menschen darstellt, sondern bei Pflanzen ebenso gilt: Jede einzelne Fichte in den großen Wäldern Europas ist ein einmaliges Individuum mit seinen charakteristischen individuellen Eigenschaften! In keiner anderen Wissenschaft hat man es mit derart kompakter Information zu tun, wie sie in einem Erbmolekül (DNS) niedergelegt ist: Eine Sequenz von rund $3 \cdot 10^9$ Nukleotiden, von denen möglicherweise nur etwa 1% codieren, d.h. als Bauplan des Menschen verwendet werden, fände im Massenspeicher einer kleineren Rechenanlage bequem Platz, währenddem eine vollständige Beschreibung aller Funktionen einer einzigen menschlichen Zelle mit Sicherheit ein Vielfaches an Speicherplatz beanspruchen würde. Es drängt sich bei diesen Überlegungen der Gedanke auf, daß ein Verständnis biologischer Systeme, wenn überhaupt möglich, nur über ein grundlegendes Verständnis evolutiver Vorgänge erreicht werden kann.

Ich möchte im folgenden einige Stellen beleuchten, an denen der erwähnte Abgrund durch provisorische und noch wackelige Brücken überschritten werden konnte, ohne jedoch ein wirkliches Verständnis der aufgezeigten Vorgänge suggerieren zu wollen.

4.6 Physiologische Uhren

Biologische Rhythmen wie die Herztätigkeit oder die Menstruationsperiode sind seit Urzeiten bekannt, aber kaum besser verstanden als die vor etwa einem Jahrhundert entdeckten endogenen circadianen Rhythmen, die uns beispielsweise in Form des Jet-Lag bei Transatlantikflügen Probleme bereiten. Interessant ist vor allem das Auftreten dieser Tagesrhythmen quer durch die gesamte Biosphäre, konnten sie doch sowohl bei Algen, Pflanzen (vgl. Abb. 22), Tieren wie auch beim Menschen in sehr ähnlicher Form beobachtet werden.

Bei den meisten Menschen wurde in Isolationsexperimenten eine Eigenperiode von rund 25 Stunden festgestellt, die sich beispielsweise im Schlaf-Wach-Zyklus, bei der Körpertemperatur, bei der Konzentration des Stresshormons Cortisol oder beim Melatoninspiegel beobachten läßt. Als Sitz des Zeitgebers, also der "inneren Uhr", wird bei allen Säugetieren der Hypothalamus vermutet.

Eine Population der einzelligen Alge Gonyaulax zeigt eine bläuliche Biolumineszenz-Aktivität mit einer Eigenperiode von 22 Stunden und 52 ± 2 Minuten, wenn sie im Dauerdunkel gehalten wird, währenddem sich die Leuchtaktivität normalerweise mit dem Tagesrhythmus synchronisiert. Bei den meisten Organismen wird die Synchronisation zur Hauptsache durch Lichteinwirkung gesteuert, wobei bei nachtaktiven Tieren bereits die Beleuchtungsstärke des Vollmondes ausreicht (ca. 0.2 Lux), währenddem beim Menschen nur große

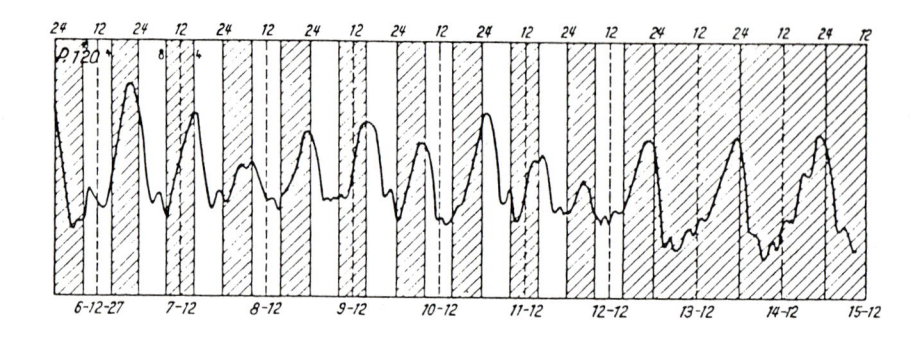

Abbildung 22: *Tagesperiodische Bewegungen bei Canavalia ensiformis. Im linken Teil der Abbildung synchronisiert sich die Pflanze auf einen 16-Stunden-Tag (Kurvenhochpunkte entsprechen der Nachtstellung mit gesenkten Blättern). Im anschließenden Dauerdunkel (ab 12.12.1927) kehrt die Pflanze sofort zu ihrem endogenen circadianen Rhythmus (Eigenperiode) zurück (Bild entnommen aus [6]).*

Beleuchtungsstärken ab ca. 2500 Lux (etwa Tageslicht bei bedecktem Himmel) die Phase der inneren Uhr beeinflussen können.

Ein interessantes Ergebnis vieler Untersuchungen zur Synchronisation biologischer Uhren ist die Beobachtung, daß die Reaktion je nach Größe b und Phase ϕ einer äußeren Störung sehr unterschiedlich ausfallen kann. Insbesondere wurde im $\phi - b$-Diagramm ein empfindlicher singulärer Punkt gefunden, der dramatische Auswirkungen haben kann: Im Falle des Herzrhythmus führt ein elektrischer Impuls einer ganz bestimmten Stärke bei einer bestimmten Phase zu Herzflimmern und damit zum Tod, was der junge Physiologe G. R. MINES der McGill University in Montreal 1914 am eigenen Körper ausprobierte und mit dem Leben bezahlen mußte.

Bei einem Schwarm der Stechmücke Culex kann durch eine bestimmte Lichteinwirkung im kritischen Moment (ca. 1 Stunde indirektes Tageslicht um Mitternacht) die Phasenbeziehung zwischen den Individuen vollständig verloren gehen. Bei einzelnen Individuen wird die Funktion der inneren Uhr durch diesen gezielten Stimulus sogar ganz aufgehoben und die sonst regelmäßigen morgendlichen und abendlichen Flugaktivitätsmaxima werden im nachfolgenden Dauerdunkel erratisch, bis eine erneute Lichteinwirkung die physiologische Uhr wieder startet.

Alle diese Beobachtungen sind das Resultat nichtlinearer Prozesse und können mit einem einfachen mathematischen Modell in den Grundzügen verstanden werden. Abb. 23 zeigt einen mit der Eigenperiode $T_0 = 1$ frei laufenden Poincaré-Oszillator, der durch einen Stimulus b gestört werden kann.

Dabei verändert sich die Phase ϕ gemäß der gezeigten geometrischen Konstruktion und der ausgelenkte Zustandspunkt P' soll schnell wieder auf die Peripherie des Kreises mit Radius 1 relaxieren. Die Phase ϕ wird der Einfachheit halber so normiert, daß eine volle Umdrehung einer Einheit entspricht. Die so entstehende Phasentransformationsfunktion $g(\phi, b)$ ist in der Abb. 23 für verschiedene b eingezeichnet und zeigt ein vollständig unterschiedliches Aussehen je nachdem, ob b kleiner oder größer als 1 ist. Bei schwacher Störung ($b < 1$) ist g invertierbar (sog. Typus 1), bei starker Störung ($b > 1$) ist dies jedoch nicht mehr der Fall, weil zu jedem g entweder keines oder zwei Urbilder gehören (sog. Typus 0). Ist $b = 1$, wird g an der Stelle $\phi = 0.5$ unbestimmt, das System zeigt einen singulären Punkt im $\phi - b$ - Diagramm.

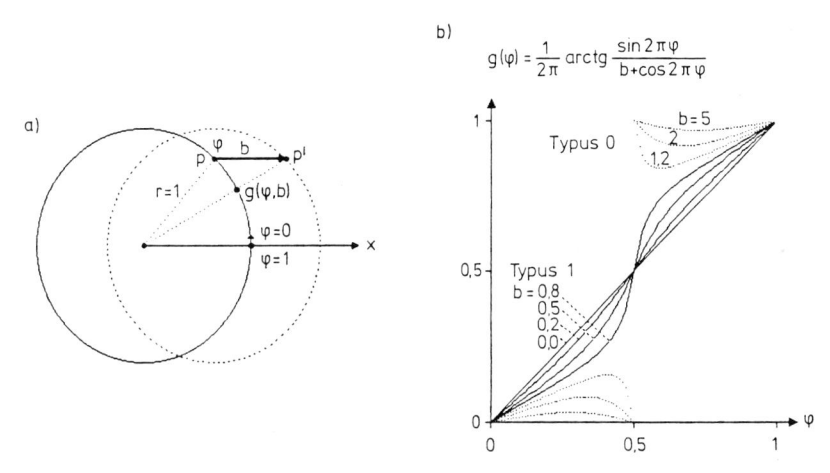

Abbildung 23: *links: Einfaches mathematisches Modell für einen biologischen Oszillator. Es wird angenommen, daß der ausgelenkte Punkt P' rasch auf den Kreis relaxiert und die Winkelgeschwindigkeit abgesehen vom Moment der Störung b konstant bleibt. Die Eigenperiode beträgt $T_0 = 1$, ebenso ist die Phase ϕ auf das Intervall [0,1] normiert. Da P' den Nullpunkt bei einer vollen Umdrehung von P einmal umfährt, spricht man von einer Phasentransformationsfunktion vom Typus 1. Für $b > 1$ kommt der gestrichelte Kreis rechts des Nullpunktes zu liegen und der Typus wird 0. rechts: Phasentransformationsfunktion g für verschiedene b.*

Zuerst soll gezeigt werden, daß sich das Modellsystem nach Abb. 23 auf periodische Störungen synchronisieren läßt, falls die äußere Periode T nicht zu stark von der Eigenperiode $T_0 = 1$ abweicht. Der gesuchte Synchronisationszustand entspricht den Fixpunkten der Kreisabbildung

$$\phi_{n+1} = g(\phi_n, b) + T \tag{26}$$

die im Gegensatz zur Logistischen Abbildung (5) nicht nur einen Kontrolpara-

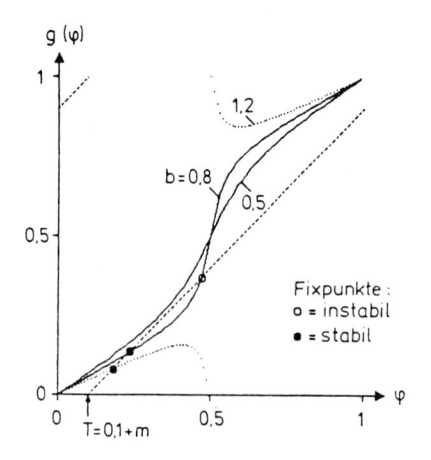

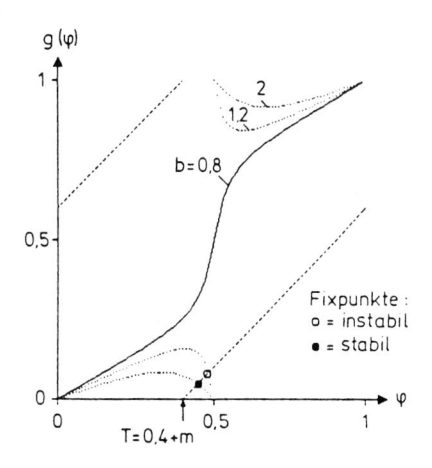

Abbildung 24: *Synchronisation des Oszillators (26) auf Perioden $T + m$ (m = ganze Zahl > 0). Synchronisation liegt nur vor, falls ein stabiler Fixpunkt existiert. Oben: Die äußere Periode T ist 10% größer als die Eigenperiode $T_0 = 1$ (m = 1). Der Oszillator ist synchronisierbar auf T mit Stimuli b, die größer als etwa 0,6 sind. Unten: T ist 60% kleiner als T_0 (m = 0). Der Oszillator ist nur noch mit sehr großen Impulsen b oberhalb etwa 1,8 synchronisierbar.*

meter, sondern derer zwei (b und T) enthält. Die Phase des Oszillators unmittelbar vor der n-ten Störung wurde in (26) als ϕ_n, diejenige vor der n+1-ten Störung als ϕ_{n+1} bezeichnet. Das Problem kann auf einfache Weise graphisch gelöst werden, indem die Winkelhalbierende um T verschoben und mit g geschnitten wird. In Abb. 24 sind die stabilen (synchronisierenden) sowie die instabilen Fixpunkte für verschiedene b und T eingezeichnet. Es wird von der Geometrie her klar, daß das System auf Perioden T um $m+0,5$ (m = ganze Zahl > 0) nur noch durch sehr große Impulse b synchronisierbar ist, währenddem für Perioden T um m bereits kleine Stimuli genügen. Anhand dieser graphischen Konstruktion wird klar, daß die Einstellung eines neuen Synchronisationszustandes nach einer sprunghaften Phasenverschiebung, wie sie beispielsweise bei einem Langstreckenflug eintritt, eine gewisse Zeit beansprucht, die stark von der eingetretenen Phasenverschiebung abhängt. Es ist somit verständlich, daß sich der Jet-Lag bei der Hin- und Rückreise verschieden auswirkt.

Die erläuterte Synchronisation des nichtlinearen Oszillators mit einer äußeren Störung ist wohl die wichtigste, aber nicht die einzige Möglichkeit einer Phasenkopplung (engl. phase locking). Numerische Simulationen zeigen phasengekoppelte Oszillationen, bei denen auf N Störungen M Oszillationen fallen. In Abb. 25 sind die Zonen mit $N : M$ - Phasenkopplung im $b - T$ - Diagramm dargestellt. Obschon für jede rationale Zahl N/M ein Kopplungs-

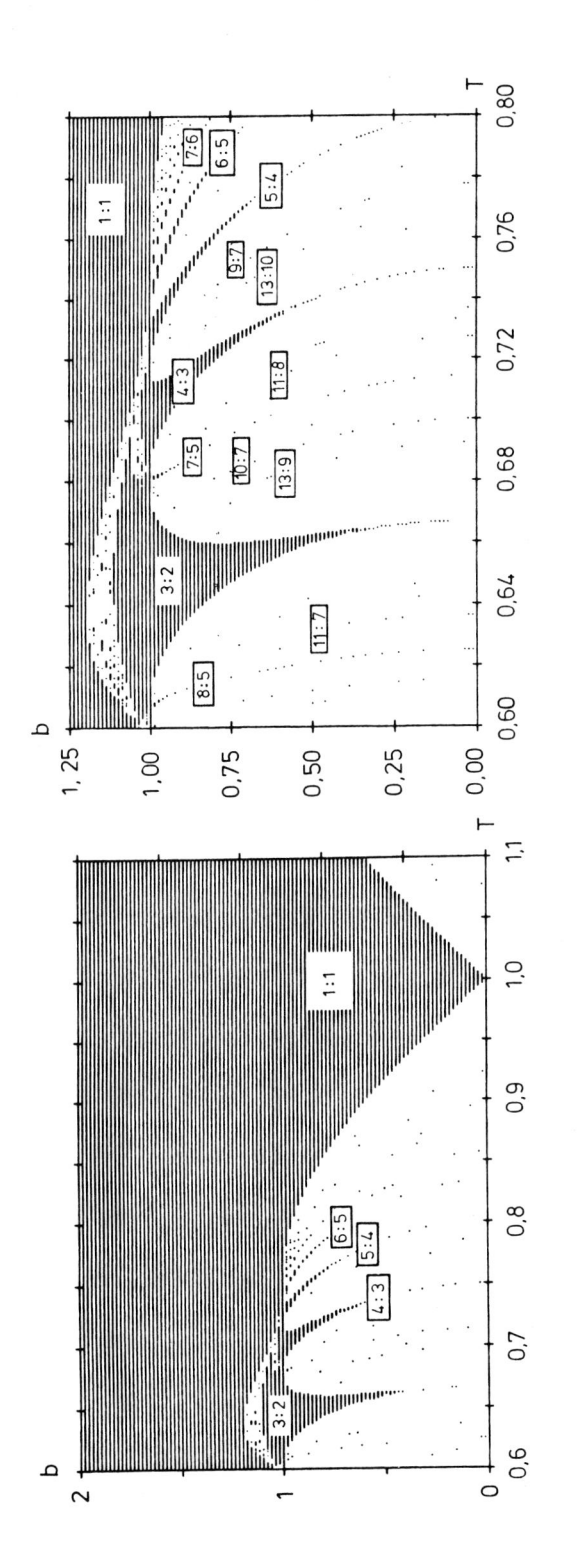

Abbildung 25: *Darstellung der Kombinationen der Parameter b und T der Kreisabbildung (26), für die $N : M$-Phasenkopplung vorliegt (Punkte resp. schraffierte Flächen). Die sogenannten Arnold-Zungen erreichen mit ihrer Spitze in jedem Falle die Achse $b = 0$, das entsprechende Intervall wird aber vielfach so schmal, daß es durch den diskreten Algorithmus (Δb und ΔT-Schritte) nicht gefunden wurde. Zwischen je zwei Zungen $N : M$ und $N' : M'$ liegt eine weitere, schmälere, die einer $N + N' : M + M'$ Phasenkopplung entspricht: Vgl. die unten gezeigte Vergrößerung.*

zustand auffindbar ist, sind nur die einfachsten Verhältnisse von Bedeutung ($N + M \lesssim 20$), weil die sog. Arnold - Zungen für kompliziertere Verhältnisse rasch schmaler werden.

In den Zonen zwischen den Hauptzungen herrschen unregelmäßige Oszillationen vor, die (zwischen 3:2 und 1:1) beispielsweise der bekannten Wenckebach-Herzrhythmusstörung sehr ähnlich sehen.

In der Abb. 25 kommt nicht zum Ausdruck, daß in der Zone $b > 1$ auch Periodenverdopplungskaskaden beobachtet werden können. Diese Eigenschaft wird im $\phi - b$ - Diagramm in Abb. 26 für zwei verschiedene T illustriert. Alle aufgeführten Eigenschaften des einfachen Modell-Oszillators konnten in physiologischen Experimenten an Aggregaten von Hühnerembrio-Herzzellen beobachtet werden, wobei die äußere Störung durch verschieden starke elektrische Impulse (b) in verschiedenen zeitlichen Abständen (T) realisiert wurde [7]. Analog wie im Falle der logistischen Abbildung verblüfft die strukturelle Übereinstimmung zwischen dem einfachen Oszillator und dem wesentlich komplexeren physiologischen System.

4.7 Gesetzmäßigkeiten bei Tierfell-Mustern

Ein physiologisch nicht bestätigtes aber einleuchtendes Modell für die Entstehung von flächenhaften biologischen Mustern beruht auf der Annahme, daß zwei sog. Morphogene sehr früh in der embryonalen Entwicklung innerhalb etwa eines Tages eine Art latentes chemisches Vorbild des späteren Musters erzeugen. Das eine Morphogen wird als Aktivator angenommen und soll die Zellen später zur Produktion von Melanin anregen, das andere Morphogen soll als Inhibitor wirken und die Melaninproduktion unterdrücken. Der Aktivator soll sich durch einen autokatalytischen Prozess selbst verstärken, der aber gleichzeitig den Inhibitor produziert. Diffundiert der Inhibitor schneller radial durch das Gewebe als der Aktivator, entsteht eine diffusionsgetriebene Instabilität, die zu einem Wachstum der Aktivatorzone führt, die aber wieder gestoppt wird, sobald der Aktivator zu weit ins umliegend erzeugte Inhibitorfeld vorstößt.

Die Analyse solcher Reaktions-Diffusionsmodelle zeigt, daß die anfängliche (marginale) Musterbildung mathematisch äquivalent zu den Membrangleichungen wird, die die Schwingungsmuster von Musikinstrumenten wie Trommeln, Geigen, Trompeten etc. beschreiben. Tierfell-Muster sind also eine Art Klänge der Natur und sprechen deshalb unser ästhetisches Empfinden genauso an wie akustische Klänge von Musikinstrumenten. Genau wie letztere haben auch die Tierfell-Muster ihre Individualität, die durch kleinste Inhomogenitäten bei der Genese zustande kommen.

Numerische Simulationsexperimente mit Reaktions-Diffusionsgleichungen zeigen, daß die entstehenden Muster bei konstant gehaltenen Diffusions- und Reaktionsparametern sehr empfindlich von der Geometrie und der absoluten

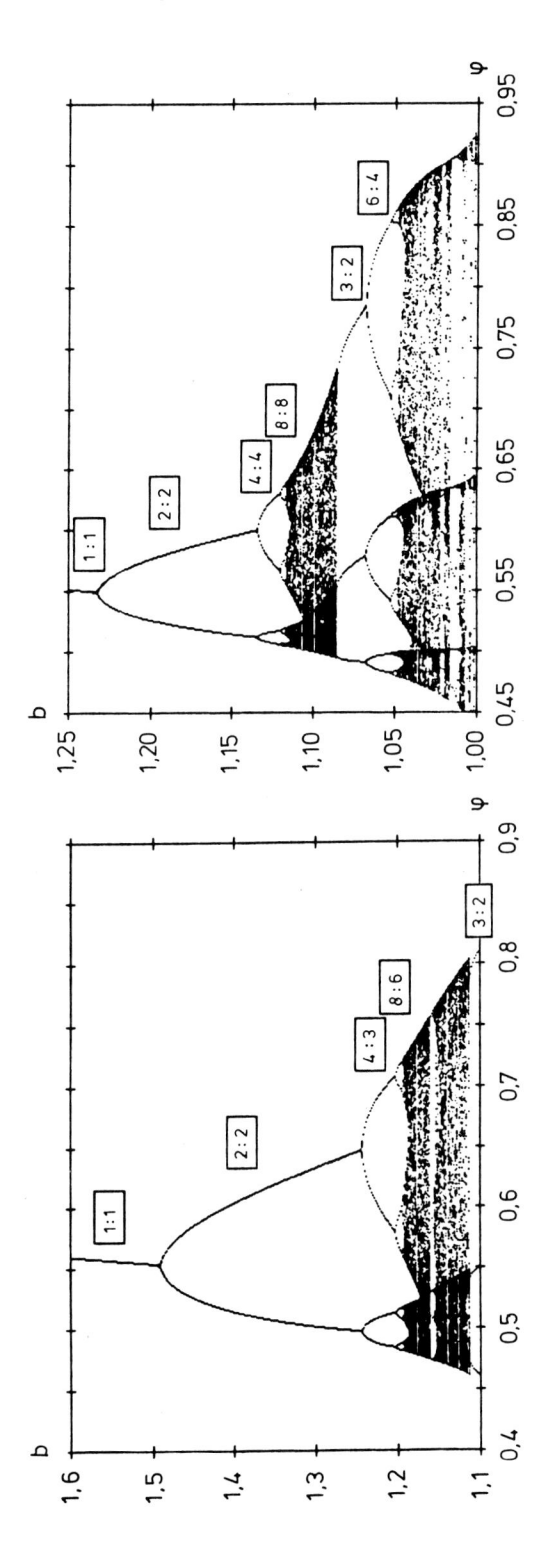

Abbildung 26: Bifurkationsdiagramme der Kreisabbildung (26) für $T = 0,64$ (oben) und $T = 0,682$ (unten) mit Periodenverdoppelungs-Kaskaden und chaotischen Bereichen. Man beachte die unterschiedlichen Synchronisationsverhältnisse $N : M$. N ist die Anzahl Störungen im Abstand T und entspricht der Anzahl sichtbarer Punkte. Die Anzahl M der Oszillationen des Systems ist in den Abbildungen nicht sichtbar. M wurde deshalb separat berechnet gemäß (vgl. Formel (26)): $M = NT + \sum_{i=1}^{N}(g(\phi_i) - \phi_i)$

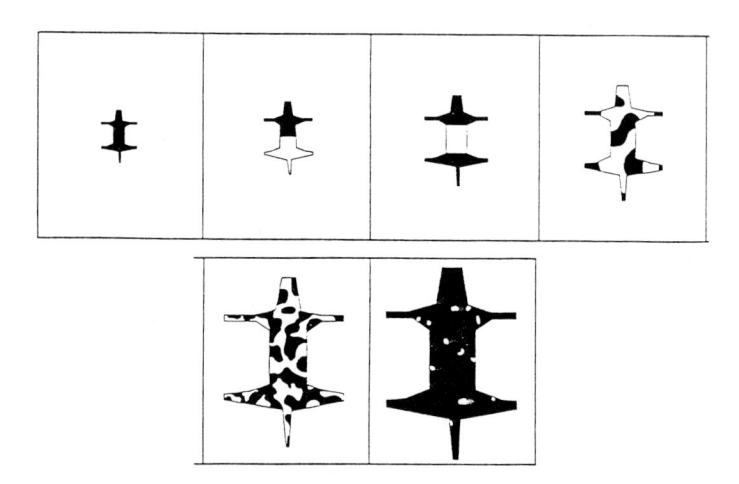

Abbildung 27: *Resultate eines Reaktions-Diffusionsmodells für eine typische Tiergeometrie. Als einziger Parameter wurde die Größe verändert (entnommen aus [8]).*

Größe der betrachteten Fläche abhängen, so daß der Zeitpunkt der Aktivierung der Morphogenproduktion bei der Embryogenese von entscheidender Bedeutung für das endgültige Muster sein dürfte. In Abb. 27 ist eine Sequenz solcher Rechnungen wiedergegeben, bei denen einzig die absolute Größe variiert wurde. Die Ergebnisse können eine Erklärung dafür liefern, weshalb sowohl kleine Tiere (z.B. Mäuse) wie auch sehr große (z.B. Elefanten) nicht gemustert sind, währenddem mittelgroße Tiere verschiedene Muster aufweisen können. Die Resultate zeigen aber auch, daß eine sehr frühe Aktivierung der Morphogene zu halb-schwarz halb-weißen Tieren führen kann, wie sie bei bestimmten Ziegenarten (capra aegagrus hircus) tatsächlich auch beobachtet werden kann.

Auf dieselbe Weise kann auch gezeigt werden, daß der Schwanz eines gestreiften Tieres (z.B. Zebra) nicht gefleckt sein kann, sondern gestreift oder uniform ist, währenddem der Schwanz eines gefleckten Tieres (z.B. Leopard) gefleckt, gestreift oder uniform sein kann. Dieses Ergebnis stellt ein Beispiel einer möglicherweise allgemein gültigen Gesetzmäßigkeit bei Tierfell-Mustern dar und gibt der Hoffnung Auftrieb, gewisse komplexe Zusammenhänge bei der Morphogenese mit relativ einfachen Modellen verstehen zu können.

4.8 Das Immunsystem zwischen Zufall und Notwendigkeit

Eines der erstaunlichsten Phänomene im Bereich der Biologie ist das Immunsystem mit seiner enormen Fähigkeit, zwischen dem zu schützenden Organismus und seiner Umgebung unterscheiden zu können. Obschon ein fundiertes

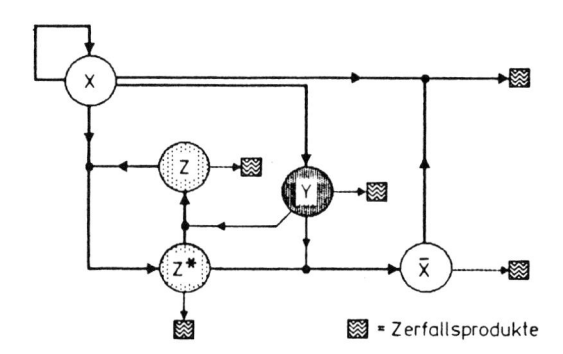

Abbildung 28: *Stark vereinfachtes Modell des Immunsystems*
x = Antigen (spezifischer Invasor)
$\bar{x}$ = Antikörper (vernichtet das Antigen)
y = Interleukin-2 (Hormon zur Steuerung des Immunsystems)
z = spezifische B-Zellen
z^* = angeregte spezifische B-Zellen

Verständnis der beteiligten Prozeße noch nicht abzusehen ist, haben neueste Forschungsergebnisse aufregende Resultate hervorgebracht, die eine überaus starke Verflechtung von Zufall und Notwendigkeit nahelegen. Auf der einen Seite verblüfft der überaus gezielte und koordinierte Angriff auf Invasoren, der ein Paradebeispiel für einen autokatalytischen Prozess darstellt, der die Zahl von spezialisierten "Kämpfern" in kurzer Zeit um das Milliardenfache erhöht. Auf der anderen Seite müssen kleine Einheiten dieser Spezialkämpfer (Lymphozyten) bereits vorhanden sein, um die autokatalytische Kettenreaktion in Gang zu setzen. Man schätzt, daß auf diese Weise Angriffe auf ca. $10^7 - 10^8$ verschiedene Invasoren vorbereitet sind, deren spezifische Reaktionsschnelligkeit durch Impfung noch gesteigert werden kann, um auch bei einem Großangriff der entsprechenden Invasoren genügend schnell die Oberhand zu gewinnen. Mit $3 \cdot 10^9$ Nukleotiden in der DNS, von denen nur ca. $3 \cdot 10^7$ codieren, ist aber eine vorprogrammierte Weitergabe des Aufbaus der verschiedenen Lymphozyten ausgeschlossen, so daß sich der Organismus diese nach einem vererbten Rezept selbst aufbauen muß. Dieses Rezept scheint weitgehend einen Zufallsprozeß zu enthalten, der DNS-Sequenzen mischt, ähnlich wie man es mit Spielkarten zu Beginn eines Spiels tut.

Um den Reaktionsmechanismus des Immunsystems zu untersuchen, kann das in Abb. 28 dargestellte stark vereinfachte Modell herangezogen werden. Es berücksichtigt nur die im Knochenmark gebildeten B-Zellen (Lymphozyten) sowie die Rolle des Hormons Interleukin-2.

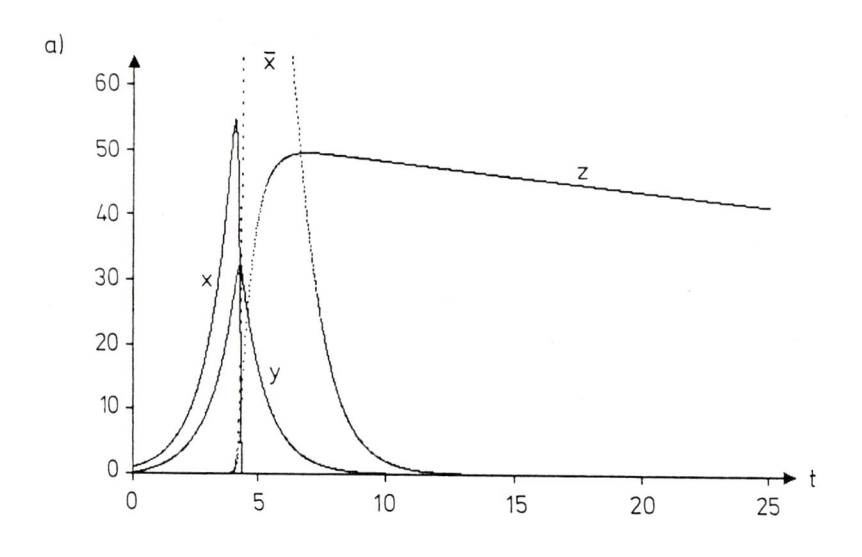

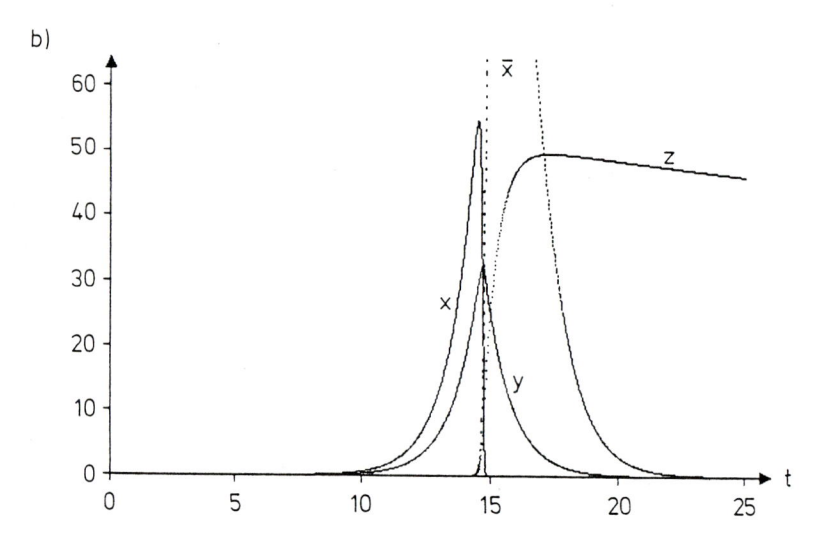

Abbildung 29: *Dynamisches Verhalten des Modell-Immunsystems (27) mit Anfangsbedingungen* $x_o = y_o = z_o^* = 0$. a) Eine Infektion ($x_o = 1$) bei wenigen bereitgehaltenen spezifischen B-Zellen ($z_o = 10^{-5}$) bewirkt einen raschen Ausbruch der Krankheit ($x_{max} = 55$ bei $t = 4$). b) Eine sehr schwache Infektion ($x_o = 3 \cdot 10^{-5}$, $z_o = 10^{-5}$) bewirkt nach einer längeren Latenzzeit dieselbe Krankheit ($x_{max} = 55$ bei $t = 14$).

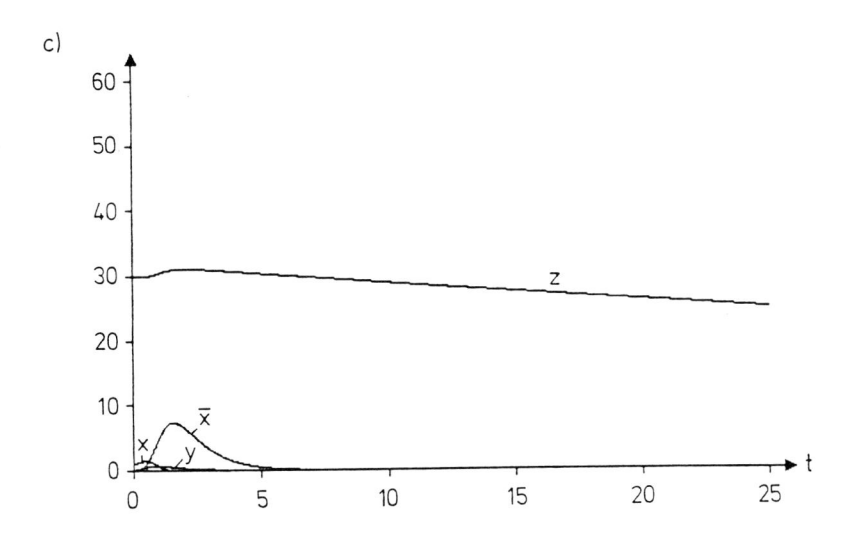

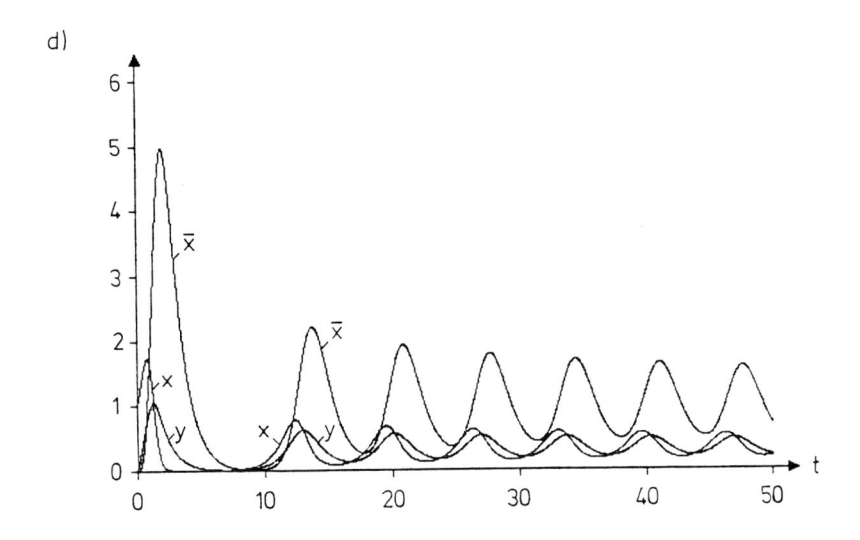

Abbildung 29: *Dynamisches Verhalten des Modell-Immunsystems (27) mit Anfangsbedingungen* $x_o = y_o = z_o^* = 0$. c) Eine wiederholte Infektion ($x_o = 1$) vor dem Abklingen des Immunschutzes ($z_o = 30$) unterdrückt die Krankheit sofort ($x_{max} = 1,5$ bei $t = 0,5$). d) Weil der stationäre Zustand $x = 0$ instabil ist, können sich bei nicht vollständiger Elimination der Krankheitserreger Rückfälle ergeben, die gegen einen stabilen Grenzzyklus um den ebenfalls instabilen, stationären Zustand $x = y = 10^{-1/2}$, $\bar{x} = 1$, konvergieren, der einer wellenförmigen, chronischen Restkrankheit entsprechen könnte. Die Rechnung wurde durchgeführt mit den Anfangswerten $x_o = 1$ und $z_o = 10$.

Der Mechanismus zum Aufbau des Hormonspiegels [9] wurde ebenfalls vereinfacht, indem die Rollen der Makrophagen (Zellen, die Mikroorganismen aufnehmen und Teile der Antigene auf ihrer Oberfläche präsentieren) sowie der Helfer-T-Zellen (produzieren nach Anregung Interleukin-2) nicht explizit dargestellt wurden. Die mit den zytotoxischen T-Zellen sowie mit den Killerzellen verbundenen Prozesse wurden ganz weggelassen. Trotz dieser Vereinfachungen vermag das Modell gewisse Eigenschaften des Immunsystems zu simulieren. Die entsprechenden Gleichungen lauten:

$$\begin{aligned}
\dot{x}, &= x(1-\bar{x}) & &\text{Antigen,} \\
&\text{IF } x < 2\cdot 10^{-5} \text{ THEN } x = 0, & &\text{(Stabilitätsbedingung)} \\
\dot{\bar{x}} &= yz^* - \bar{x}(1+x), & &\text{Antikörper,} \\
\dot{y} &= x - y, & &\text{Interleukin-2,} \\
\dot{z} &= \tfrac{1}{10}yz^* - \tfrac{1}{100}z, & &\text{B-Zellen,} \\
\dot{z}^* &= xz - z^*, & &\text{B-Zellen akiviert.}
\end{aligned} \qquad (27)$$

Da nur das prinzipielle Verhalten des Systems (27) untersucht werden soll, wurden die meisten Reaktionskonstanten gleich eins gesetzt. Weiter wurden nur genau die zu einem bestimmten Antigen x korrespondierenden B-Zellen z, z^* berücksichtigt, die die spezifischen Antikörper $\bar{x}$ produzieren. Man beachte die quadratischen Terme $x\bar{x}$, xz und yz^*, die zu komplexem Verhalten führen können. In Abwesenheit von Antigenen ($x = 0$) verschwinden die angeregten B-Zellen ($z^* = 0$) und die übrigen Konzentrationen werden stationär. Sinnvolle Anfangsbedingungen vor einer Infektion sind deshalb $x = \bar{x} = y = z^* = 0$ und $z > 0$. Ohne das Vorhandensein mindestens einiger dem Antigen entsprechenden B-Zellen (d.h. $z = 0$) erfolgt keine Abwehrreaktion des betrachteten Modell-Immunsystems, und die Antigenpopulation kann ungestört exponentiell anwachsen.

Im Immunsystem des Menschen würden hingegen in einem solchen Fall aufgrund des ansteigenden Interleukin-2-Spiegels immer noch unspezifische Killerzellen stimuliert, die eine Schnellantwort auf einen Invasoreneinfall darstellen, sowie spezifische zytotoxische T-Zellen aktiviert und stimuliert, die auf den Invasor abgerichtete toxische Moleküle herstellen. Indem für jegliche Reaktionen immer Interleukin-2 "grünes Licht" geben muß, wird die zentrale Rolle dieser Kontrollsubstanz klar. Das Verhalten des Modell-Immunsystems für $z > 0$ wird in Abb. 29 für verschiedene Situationen gezeigt. Es ist verständlich, daß das stark vereinfachte Modellsystem nur gewisse Aspekte der Realität beschreibt. Es zeigt jedoch deutlich auf, wie ein derartiges System organisiert ist: Das Interleukin-2 spielt die Rolle des Generals, der absolut über den Einsatz des Immunsystems entscheidet; die Spezialeinheiten, die daraufhin zum Einsatz gelangen, formieren sich aber erst im Bedarfsfalle und abgestimmt auf den Invasor durch einen autokatalytischen Prozeß, der durch den Invasor selbst gesteuert wird. Dadurch wird der Anschein erweckt, daß sich das System von selbst organisiert und in genau koordinierter Art und Weise gegen den Invasor ankämpft.

4.9 Leben aus dem Chaos? - Eine Zusammenfassung

Es ist sicher verfrüht, die jahrhunderte alte Frage nach dem Ursprung des Lebens beantworten zu wollen. Es macht jedoch den Anschein, daß die Hoffnungen berechtigt sein könnten, auf der Basis nichtlinearer Prozesse bald wissenschaftliche Antworten auf Teilfragen geben zu können. Diese Hoffnungen werden genährt durch die Erkenntnis, daß einerseits sehr einfache Prozesse eine komplexe Mannigfaltigkeit von Erscheinungen erzeugen und andererseits sehr komplex aufgebaute Systeme mit vielen Freiheitsgraden einfache Ordnungsstrukturen aufweisen können. Die folgenden Ingredienzen scheinen im Hinblick auf ein Verständnis von Evolutionsvorgängen von zentraler Bedeutung zu sein:

- autokatalytische Prozesse, die sich zu Zyklen und Hyperzyklen auswachsen können,

- ein Energiefluß durch das System, der für ein starkes Nichtgleichgewicht sorgt,

- eine hierarchische Struktur stark gekoppelter Teilprozesse,

- mikroskopische Zufallsprozesse durch thermisches Rauschen oder radioaktiven Zerfall, die durch nichtlineare Prozesse auf makroskopische Werte verstärkt werden und dadurch für Individualität, Kreativität sowie beschränkte Vorhersagemöglichkeiten sorgen.

Es scheint mir von großer Bedeutung zu sein, daß all diese Forderungen im Rahmen der nichtlinearen Dynamik mühelos Platz finden, währenddem sich in der traditionellen Physik kaum die entsprechenden zentralen Begriffe auffinden lassen.

Thomas Mann läßt in seinem Roman "Der Zauberberg" [10] seinen Hauptdarsteller Hans Castorp während einer kalt-klirrenden, kristallklaren Davoser-Nacht auf der Zinne eines Lungensanatoriums, in Wolldecken eingehüllt, in wissenschaftlichen Büchern nach der Entstehung des Lebens suchen und seine Gedanken dazu formulieren, worin die extreme Verwobenheit von Chaos und Ordnung bestehend schön zum Ausdruck kommt: "Was war also das Leben? Es war Wärme, das Wärmeprodukt formerhaltender Bestandlosigkeit, ein Fieber der Materie, von welchem der Prozeß unaufhörlicher Zersetzung und Wiederherstellung unhaltbar verwickelt, unhaltbar kunstreich aufgebauter Eiweißmolekel begleitet war. Es war das Sein des eigentlich Nicht-sein-Könnenden, des nur in diesem verschränkten und fiebrigen Prozeß von Zerfall und Erneuerung mit süß-schmerzlich-genauer Not auf dem Punkte des Seins Balancierenden."

Verdankungen

Ich möchte mich bei Frau R. Schoch für die sorgfältige Schreibarbeit, sowie Herrn PD Dr. P. Talkner für seine kritische Durchsicht meines Manuskriptes bedanken. Ein spezieller Dank gehört schließlich meiner Frau Barbara für ihre Duldung der Herstellung der Abbildungen, die zu verschiedensten Tageszeiten auf meinem ATARI entstanden und teileweise mehr Zeit als erwartet in Anspruch nahmen.

Literatur

[1] E. N. LORENZ, Deterministic Nonperiodic Flow, *J. Atm. Sci.*, **20**, p. 130-141, 1963

[2] H. G. SCHUSTER, *Deterministic Chaos - An Introduction*, Physik-Verlag, 1984.

[3] M.G. VELARDE, CH. NORMAND, Convection, *Sci. Am.* **243**, p. 78, 1980.

[4] H. HAKEN, *Synergetik - Eine Einführung*, Springer, 1983.

[5] G. NICOLIS, I. PRIGOGINE, *Exploring Complexity, An Introduction*, Freeman Co. (New York), Piper (München), 1989.

[6] E. BÜNNING, *Die physiologische Uhr*, 3. Aufl., Springer 1977, nach Experimenten von A. Kleinhoonte, Arch. Néerl. Sci. exp. et nat. III b 5, 1-100, 1929.

[7] M.R. GUEVARA, L. GLASS, A. SHRIER, Phase Locking, Period-Doubling Bifurcations, and Irregular Dynamics in Periodically stimulated Cardiac Cells, *Science* **214**, p. 1350-1353, Dec. 81.

[8] J.D. MURRAY, How the Leopard gets its spots, *Sci. Am.* **258**, No. 3, p. 62-69, March 1988.

[9] K.A. SMITH, Interleukin-2, *Sci. Am.* **262**, No. 3, p. 26-33, March 1990.

[10] TH. MANN, *Der Zauberberg*, S. Fischer Verlag, Frankfurt a.M., p. 384-385, 1986.

G. Mégie, Universität Paris

Ozon

Atmosphäre aus dem Gleichgewicht

Aus dem Französischen übersetzt von P. Hiltner
1991. XII, 177 S. 24 Abb. DM 39,80 ISBN 3-540-52416-9

Unter den weltweit fortschreitenden Beeinträchtigungen der natürlichen Lebensbedingungen nimmt die zunehmende Zerstörung der Ozonschicht eine besondere Bedeutung ein. Dieser Text von Gérard Mégie, Professor an der Universität Pierre et Marie Curie in Paris, stellt die komplizierte Chemie der Atmosphäre einfach, aber präzise dar.
Die drei Hauptteile geben eine klare Übersicht über das Thema: das natürliche Gleichgewicht der Atmosphäre, das gestörte Gleichgewicht; die Wiederherstellung des Gleichgewichts. Im ersten Teil ist dargestellt, in welchen Prozessen atmosphärisches Ozon gebildet wird. Auf dieser Basis wird im folgenden der Einfluß menschlicher Aktivitäten gut verständlich. Mit der Autorität des Fachmanns stellt Mégie verschiedene Modelle vor, welche die Entwicklung der Atmosphäre und der Ozonkonzentration vorhersagen, und er informiert über die internationale Zusammenarbeit zum Schutz der Ozonschicht.

Sterne und Weltraum schreibt zur französischen Ausgabe: „Es gibt wenige populärwissenschaftliche Werke, die mit solcher Genauigkeit und Verständlichkeit ein wichtiges Problem wirklich gut untersuchen."

Springer-Verlag
Berlin
Heidelberg
New York
London
Paris
Tokyo
Hong Kong
Barcelona
Budapest

H. Leser, Universität Basel

Ökologie wozu ?

Der graue Regenbogen oder Ökologie ohne Natur

1991. XII, 362 S. 30 Abb. 3 Tab. Brosch. DM 29,80
ISBN 3-540-52783-4

Hartmut Leser behandelt hier die Begriffe "Ökologie", "Ökosystem","Landschaft" und die verschiedenen Begriffsinhalte, die sich in Wissenschaft, Praxis und Öffentlichkeit herausgebildet haben. Er vertritt die These, daß die Öko-Begriffsverwirrung zu Unklarheiten bei den politischen Zielsetzungen ebenso beiträgt wie zu Fehlentscheidungen bei der Planungsarbeit.

Als Voraussetzung für eine alternative Gestaltung des Lebensraumes müssen sowohl eine "ökologische Planung" als auch eine "ökologische Politik" realisiert werden. Erst dann werden Mensch und Natur im Lebensraum keinen Gegensatz mehr darstellen, sondern der Lebensraum als wirtlich empfunden.

Die Besonderheit des Buches besteht in den systematischen Begriffserklärungen, die für eine breitere Öffentlichkeit erläutert werden. Es wird gezeigt, daß zwischen dem "öffentlichen" und dem wissenschaftlichen Ökologie-Begriffsvokabular an sich kein Unterschied besteht.

Springer-Verlag
Berlin
Heidelberg
New York
London
Paris
Tokyo
Hong Kong
Barcelona
Budapest